Edition HMD

Herausgegeben von:

Hans-Peter Fröschle
Stuttgart, Deutschland

Knut Hildebrand
Landshut, Deutschland

Josephine Hofmann
Stuttgart, Deutschland

Matthias Knoll
Darmstadt, Deutschland

Andreas Meier
Fribourg, Schweiz

Stefan Meinhardt
Walldorf, Deutschland

Stefan Reinheimer
Nürnberg, Deutschland

Susanne Robra-Bissantz
Braunschweig, Deutschland

Susanne Strahringer
Dresden, Deutschland

Die Reihe Edition HMD wird herausgegeben von Hans-Peter Fröschle, Prof. Dr. Knut Hildebrand, Dr. Josephine Hofmann, Prof. Dr. Matthias Knoll, Prof. Dr. Andreas Meier, Stefan Meinhardt, Dr. Stefan Reinheimer, Prof. Dr. Susanne Robra-Bissantz und Prof. Dr. Susanne Strahringer.

Seit über 50 Jahren erscheint die Fachzeitschrift „HMD – Praxis der Wirtschaftsinformatik" mit Schwerpunktausgaben zu aktuellen Themen. Erhältlich sind diese Publikationen im elektronischen Einzelbezug über SpringerLink und Springer Professional sowie in gedruckter Form im Abonnement. Die Reihe „Edition HMD" greift ausgewählte Themen auf, bündelt passende Fachbeiträge aus den HMD-Schwerpunktausgaben und macht sie allen interessierten Lesern über online- und offline-Vertriebskanäle zugänglich. Jede Ausgabe eröffnet mit einem Geleitwort der Herausgeber, die eine Orientierung im Themenfeld geben und den Bogen über alle Beiträge spannen. Die ausgewählten Beiträge aus den HMD-Schwerpunktausgaben werden nach thematischen Gesichtspunkten neu zusammengestellt. Sie werden von den Autoren im Vorfeld überarbeitet, aktualisiert und bei Bedarf inhaltlich ergänzt, um den Anforderungen der rasanten fachlichen und technischen Entwicklung der Branche Rechnung zu tragen.

Weitere Bände in dieser Reihe: http://www.springer.com/series/13850

Daniel Fasel • Andreas Meier

Herausgeber

Big Data

Grundlagen, Systeme und
Nutzungspotenziale

Springer Vieweg

Herausgeber
Daniel Fasel
Scigility AG
Zürich, Schweiz

Andreas Meier
Institut für Informatik
Univ. Fribourg
Fribourg, Schweiz

Das Herausgeberwerk basiert auf Beiträgen der Zeitschrift HMD – Praxis der Wirtschaftsinformatik, die entweder unverändert übernommen oder durch die Beitragsautoren überarbeitet wurden.

ISSN 2366-1127 ISSN 2366-1135 (electronic)
Edition HMD
ISBN 978-3-658-11588-3 ISBN 978-3-658-11589-0 (eBook)
DOI 10.1007/978-3-658-11589-0

Die Deutsche Nationalbibliothek verzeichnet diese Publikation in der Deutschen Nationalbibliografie; detaillierte bibliografische Daten sind im Internet über http://dnb.d-nb.de abrufbar.

Springer Vieweg
© Springer Fachmedien Wiesbaden 2016

Gedruckt auf säurefreiem und chlorfrei gebleichtem Papier

Springer Vieweg ist Teil von Springer Nature
Die eingetragene Gesellschaft ist Springer Fachmedien Wiesbaden GmbH

Vorwort

Big Data ist zum Hype geworden. Täglich werden in den Medien Erfolgsmeldungen veröffentlicht. Blogger streiten über die Vor- und Nachteile des Einsatzes von NoSQL-Datenbanken & Co., Führungsgremien stehen unter Druck, ihre Informatikbudgets nach oben anzupassen und in Big-Data-Technologien zu investieren. Politiker fordern regionale oder nationale Programme, auf den Big-Data-Schnellzug aufzuspringen und den Einsatz für Verkehrsregelung, Energieverteilung, Wasserversorgung etc. zu prüfen. In Universitäten und Fachhochschulen schließlich wird debattiert, spezifische Studiengänge für Data Science aufzuziehen.

Was ist Big Data? Damit werden Datenbestände bezeichnet, die aufgrund ihres Umfangs (Volume), ihrer Strukturvielfalt (Variety) und ihrer Volatilität und Verfügbarkeit (Velocity) nicht in herkömmlichen, sprich relationalen Datenbanken, gehalten und eventuell nicht mit SQL (Structured Query Language) ausgewertet werden können. Sobald Firmen oder Verwaltungen umfangreiche Datenströme, soziale Medien, E-Mails, heterogene Dokumentensammlungen etc. gezielt auswerten wollen, müssen sie auf NoSQL-Technologien zurückgreifen. NoSQL steht hier für ‚Not only SQL‘.

Das folgende Herausgeberwerk entstand aufgrund der HMD – Praxis der Wirtschaftsinformatik und der Publikation des Schwerpunktheftes Big Data (Band 51, Heft 4, August 2014, Springer Vieweg). Einige wenige Inhalte konnten übernommen und erweitert werden. Ein Großteil der Kapitel wurde hingegen neu konzipiert und von namhaften Experten aus Hochschule und Praxis mit aktuellem Inhalt gefüllt.

Das Werk ist in drei Teile gegliedert: Im ersten Teil I – Grundlagen – werden die Begriffe Big Data und NoSQL erläutert und die Technologien auf Reife und Nützlichkeit hin eingeschätzt. Sie entdecken hier u. a., welche Unterschiede zwischen ACID (Atomicity, Consistency, Isolation, Durability) und BASE (Basically Available, Soft State, Eventually Consistent) zur Konsistenzgewährung bestehen. Eine Marktanalyse bestätigt die Erwartungshaltung bezüglich der Nutzungspotenziale von Big Data. Sie finden zudem Anforderungsprofile und Einsatzgebiete für den Data Scientist. Ein spezifisches Kapitel widmet sich der Frage, wie die Privatsphäre im Zeitalter von Big Data geschützt resp. ein Eigentumsrecht an Daten durchgesetzt werden könnte. Der Exkurs in die datenschutzrechtlichen Themen zeigt, dass nach wie vor viele Fragen zu Big Data aus juristischer Sicht offen sind.

Der zweite Teil II – Systeme – gibt Ihnen einen Überblick über die wichtigsten NoSQL-Technologien und -Datenbanken. Unter anderem wird anschaulich erläutert, wie das Map/Reduce-Verfahren funktioniert und welcher Stellenwert ihm für paralleles Arbeiten zukommt. Data Warehousing sollte und kann mit NoSQL-Ansätzen erweitert werden, wobei Unterschiede zwischen Business Intelligence und Big Data auszumachen sind. Das massiv parallele Datenbanksystem Impala erlaubt Ihnen, weiterhin mit SQL analytische Arbeiten auf umfangreichen Datensammlungen leistungsstark durchzuführen. Um Kosten in der Cloud einzusparen, sollten die einzelnen Datenbankfunktionen beliebig konfiguriert und modular zusammengesetzt werden können. Falls Sie eine Big-Data-Anwendungsplattform anstreben, drängt sich eventuell SAP HANA auf.

NoSQL-Technologien alleine bringen Sie in Ihrem Berufsalltag nicht weiter. Aus diesem Grunde haben wir den Teil III – Nutzung – konzipiert und sind glücklich, einige interessante Anwendungsfälle aus Praxis und Wissenschaft vorstellen zu können. Als Einstieg zeigt das Kapitel über Cloud Service Management auf, wie Big Data die ITIL-Landschaft erweitert. Eine Reise in die Modellregion Salzburg lohnt sich allemal, denn hier erfahren Sie durch konkrete Anwendungsoptionen die Nutzung von Big Data in der Mobilität. Falls Sie mit den jetzigen Suchmaschinen resp. den entsprechenden Resultaten unzufrieden sind, verwenden Sie eventuell semantische Suchverfahren. Im Bereich Smart City finden Sie vielfältige Anwendungsoptionen für Big Data; ein Beispiel zur Optimierung der Wasserversorgung in Dublin soll hier das Potenzial aufzeigen. Dass die Einführung von Big Data das Unternehmen resp. die Organisation auf vielen Ebenen tangiert, illustrieren die beiden Fallbeispiele zur Migros als Detailhandelsunternehmen und zum Krankenversicherer sanitas ag. Ein weiterer Forschungsbeitrag zur Nutzung eines Granular Knowledge Cube rundet die Reihe der Fallbeispiele ab.

Die Welle von Big Data ist von den USA nach Europa übergeschwappt und die positive Einschätzung der NoSQL-Technologien wird in diesem Fachbuch bestätigt. Allerdings sind bahnbrechende Erfahrungen oder wichtige Erfolge in Unternehmen, die sich rechnen lassen, noch spärlich. Es bleibt deshalb die Hoffnung, dass die vielfältigen Potenziale für Big-Data-Anwendungen in Wirtschaft und Verwaltung breiter ausgeschöpft werden.

An dieser Stelle möchten wir uns bei all den Experten aus Forschung, Entwicklung und Praxis bedanken, die uns gemäß einem vorgeschlagenen Raster zu Grundlagen, Systeme und Anwendungen spannende Kapitel aus ihrem Erfahrungsbereich beisteuerten; eine Liste der Kurzlebensläufe finden Sie beigelegt. Zudem haben uns die Mitherausgeber der Edition HMD mit Rat und Tat unterstützt. Ein besonderes Dankeschön richten wir an Hermann Engesser von Springer Vieweg sowie an Sabine Kathke und Ann-Kristin Wiegmann, die unermüdlich das Werk betreut und viele Verbesserungen im Laufe der Zeit eingebracht haben.

Nun liegt es an Ihnen, liebe Leserinnen und Leser, sich ein kritisches Urteil zur Einschätzung von Big Data und NoSQL zu erarbeiten. Falls Sie eine Wertsteigerung für Ihr Unternehmen oder Ihre Organisation anstreben, drücken wir die Daumen.

Fribourg, im Mai 2016   Daniel Fasel und Andreas Meier

Geleitwort

Die weltweite Datenmenge explodiert.[1] Laut IBM[2] sollen 90 % der heutigen Daten erst in den vergangenen zwei Jahren entstanden sein. Eine Verzehnfachung in zwei Jahren! Diese Daten sind „big", also groß. Natürlich kann argumentiert werden, dass ein Großteil der heute neu hinzukommenden Daten Multimedia-Streams sind, also Audio und Video, welche zwar viele Bytes, aber wenig Information enthalten; und teilweise sogar völlig frei sind von anwendbarem Wissen. Dennoch bedeuten „Big Data" gesellschaftlich eine noch nie da gewesene, exponentielle Zunahme der weltweiten Datenmenge. Das heisst, dass der Anteil anwendbaren Wissens im Verhältnis zu vorhandenen Daten immer kleiner und kleiner wird. Ein Zitat von John Niasbitt macht das deutlich: „We are drowning in information but starved for knowledge."[3]

Aus technischer Sicht stellen „Big Data" die Frage nach Lösungen für das Problem der Datenflut. Es ist klar, dass „Big Data" zum Hype werden, wenn die Obama-Administration im Jahr 2012 mit der „Big Data Initiative" 200 Millionen US Dollar für die Forschung in diesem Bereich zur Verfügung stellt.[4] Die Affäre um die Internetschnüffelei im Jahr 2013 lässt das Thema allerdings in einem etwas anderen Licht erscheinen: „Die kopieren das ganze Internet", schrieb der Tages-anzeiger im Juni 2013.[5] Es ist die Rede von „Zettabytes". Die Frage drängt sich auf, ob ein Zusammenhang besteht zwischen Obama's Forschungsmittel-Giesskanne und der Tatsache, dass die unheimliche Menge an Überwachungsdaten mit herkömmlichen Methoden der Computer Science gar nicht mehr auswertbar ist. Der gläserne Bürger wird zur Nadel im Heuhaufen.

---

[1]Dieses Geleitwort entspricht dem Einwurf ‚Die Geister, die wir riefen' aus der Zeitschrift HMD – Praxis der Wirtschaftsinformatik, Band 51, Heft 4, August 2014, S. 383–385.

[2]IBM (2014). What is Big Data? http://www-01.ibm.com/software/data/bigdata/what-is-big-data.html.

[3]Naisbitt, J. (1988). Megatrends. Grand Central Publishing.

[4]Executive Office of the President of the United States (2012). Obama Adminstration unveils „Big Data" Initiative. http://www.whitehouse.gov/sites/default/files/microsites/ostp/big_data_press_release_final_2.pdf.

[5]Der Tagesanzeiger (2013). Nutzen die Spione Hintertüren zu Facebook Google und Apple? http://www.tagesanzeiger.ch/ausland/amerika/Nutzen-die-Spione-Hintertueren-zu-Facebook-Google-und-Apple/story/19734103.

Wohin wird uns die Datenexplosion führen? Wie wird sie uns verändern? In den Worten des Historikers Philip Blom[6]: „Man kann Technologie nicht gebrauchen, ohne durch sie verändert zu werden; und zwar bis ins Innerste, Intimste, verändert zu werden. (…) Wir sind mehr denn je überwältigt von Information, die wir gar nicht so schnell assimilieren können. Sie prasselt auf uns ein, 24 Stunden pro Tag. Das sind technologische Gegebenheiten, die uns verändern, und unser Verständnis hechelt dem hinterher. Wir können das gar nicht so schnell verstehen. Unser Verständnis ist linear, aber die technologische Entwicklung ist eigentlich exponentiell."

Die Daten wachsen uns über den Kopf. Die Geschichte ähnelt Goethes Zauberlehrling,[7] der aus lauter Faulheit einen Besen zum Leben erweckt, damit dieser für ihn den Boden wischt. Dieser durch Zauberei automatisierte Besen bringt immer mehr und mehr Wasser in die Zauberwerkstatt, bis diese überschwemmt wird: „Die Not ist gross! Die ich rief, die Geister, werd ich nun nicht mehr los!" Auf analoge Weise haben wir Menschen Daten verarbeitende Maschinen erschaffen, damit wir nicht mehr selbst denken müssen. Diese Maschinen schwemmen nun allerdings immer mehr und mehr Daten an.

Das Datenwachstum wird Methoden und Werkzeuge notwendig machen, um mit der Datenflut umzugehen. Das kann eine Rückkoppelung anheizen, da diese Werkzeuge selbst wieder zusätzliche Daten generieren. Wenn sich keine Sättigung einstellt, wenn die Daten und die Technologien immer weiter exponentiell anwachsen: ist dann eine technologische Singularität[8] möglich, eine künstliche Superintelligenz via progressio ad infinitum, wie es Vernor Vinge, Professor für Mathematik (und, zugegebenermaßen, Science-Fiction-Autor) im Jahr 1993 beschrieben hat…?

Der Bau von Supercomputern via parallelen Rechner-Clustern ist nur eine Variante zur Bewältigung der Datenflut. Vielleicht gibt es andere, antizyklische Lösungsansätze. Ich denke da an den Begriff der Wissenstechnologie[9,10] des Psychologen und Professors für künstliche Intelligenz, Sir Nigel Shadbolt. Die Wissenstechnologie erlaubt Individuen, direkt mit Wissen zu interagieren, in einer sublimierten Form; so werden wir von der Datenflut abgeschirmt. Es geht dann nicht mehr um Daten, sondern um anwendbares Wissen.

Luzern, im August 2015   Michael Kaufmann

[6]Philip Blom (2014). Europas Aufbruch ins Ungewisse. Interview im Schweizer Fernsehen SRF1, Sternstunde Philosophie vom 18. April, Minuten 18–19. http://www.srf.ch/player/tv/sternstunde-philosophie/video/philipp-blom-europas-aufbruch-ins-ungewisse?id=f9fecea0-59cc-4d22-ae23-bc1d7f895e6a.

[7]Goethe, J. W. v. (1797). Der Zauberlehrling. http://meister.igl.uni-freiburg.de/gedichte/goe_jw07.html.

[8]Vinge, V. (1993). The Coming Technological Singularity: How to Survive in the Post-Human Era. NASA technical Report No. CP-10129, S. 11–22. http://ntrs.nasa.gov/archive/nasa/casi.ntrs.nasa.gov/19940022855.pdf.

[9]Milton, N., Shadbolt, N., Cottam, H., & Hammersley, M. (1999). Towards a knowledge technology for knowledge management. International Journal of Human-Computer Studies, 51(3), 615–641.

[10]Shadbolt, N. R. (2001) Knowledge Technologies. Ingenia (8), 58–61, London: The Royal Academy of Engineering.

Die Autoren

Filip-Martin Brinkmann Filip-Martin Brinkmann ist wissenschaftlicher Mitarbeiter am Departement Mathematik und Informatik der Universität Basel. In der Forschungsgruppe Datenbanken und Informationssysteme von Prof. Dr. Heiko Schuldt beschäftigt er sich mit der verteilten Datenverwaltung in der Cloud. Zuvor war er mehrere Jahre lang als Gesellschafter eines IT-Systemhauses tätig. Dort betreute er mittelständische Unternehmen speziell in Fragen der Datenverwaltung und IT-Infrastrukturplanung. Er studierte Informatik an der Fachhochschule Nordwestschweiz (FHNW) und an der Universität Basel.

Richard Brunauer Richard Brunauer ist ausgebildeter Tiefbauingenieur. 2008 bzw. 2012 hat er sein Masterstudium für Angewandte Informatik und sein Diplomstudium für Analytische Philosophie an der Paris-Lodron Universität Salzburg abgeschlossen. Im Jahr 2015 promovierte er am Fachbereich Mathematik der Universität Salzburg in Technischer Mathematik zu einem Thema des Maschinellen Lernens und der Künstlichen Intelligenz. Ab 2008 arbeitete und leitete Richard Brunauer F&E-Projekte in den Bereichen Verkehrsregelung, Verkehrsprognosen und Luftschadstoffprognosen. Zum Einsatz kamen vor allem Methoden des Maschinellen Lernens, des Data-Minings und der Signalverarbeitung. Seit 2012 ist Richard Brunauer Mitarbeiter der Salzburg Research und arbeitet dort als Data Scientist mit Fokus auf Bewegungsdaten.

Philippe Cudré-Mauroux Philippe Cudré-Mauroux promovierte 2006 in Distributed Information Systems an der EPFL Lausanne in der Schweiz. Seit dem Jahr 2010 ist Philippe Cudré-Mauroux assoziierter Professor an der Universität Fribourg, Schweiz, nachdem er rund zwei Jahre am Computer Science & Artificial Intelligence Lab des MIT in den USA forschte. Er ist Autor zahlreicher internationaler Publikationen und ein gefragter Redner.

Djellel Eddine Difallah Djellel Eddine Difallah ist wissenschaftlicher Mitarbeiter am eXascale InfoLab. Dort forscht er u. a. zu Themen wie database systems (SciDB), systems performance evaluation (OLTPBench) und crowd-sourcing. Zudem promoviert er in Informatik an der Universität Fribourg, Schweiz.

Alexander Denzler Alexander Denzler doktoriert in Wirtschaftsinformatik an der Universität Fribourg, Schweiz. Er hat einen Bachelor in Wirtschaftswissenschaften und einen Master in Wirtschaftsinformatik von der Universität Fribourg. Seine Forschung fokussiert sich auf die Anwendung von Fuzzy Logic, Granular Computing und Inference Systems zur Strukturierung von Wissen und der Empfehlung von Wissensträgern zur Teilung von Wissen innerhalb einer Community.

Daniel Fasel Daniel Fasel, Gründer und CEO der Scigility AG, befasst sich seit 2008 mit High Performance Computing Clustern, NoSQL Technologien und Big Data im BI Bereich. Ab 2011 hat er diese Technologien auch im produktiven BI Umfeld der Swisscom Schweiz AG eingesetzt. 2013 gründete Dr. Daniel Fasel zusammen mit Prof. Dr. Philippe Cudré-Mauroux die Scigility AG. 2012 erhielt er den Doktortitel in Wirtschaft von der Universität Fribourg. Er schrieb eine These im Bereich Fuzzy Data Warehousing. Sein profundes Wissen und die praktischen Erfahrungen, wie man Big Data in innovativen Schweizer Unternehmungen integral einsetzen kann, fließen direkt in die Scigility AG. Scigility AG verbindet in der Schweiz einmalige praktische Erfahrungen und akademisches Expertenwissen im Bereich vom Big Data Technologien, Advanced Analytics, Integration von NoSQL Technologien, rechtliche Aspekte zur Datenverarbeitung und Governance.

Ilir Fetai Ilir Fetai studierte Informatik an der Universität Basel und war davor als Software Engineer und Architekt in Bankensektor tätig. Aktuell arbeitet er als wissenschaftlicher Mitarbeiter in der Forschungsgruppe Datenbanken und Informationssysteme von Prof. Schuldt. Seine Forschungsschwerpunkte liegen in der verteilten Datenverwaltung in der Cloud. Seit 2011 ist er im Nebenamt noch als Dozent für Software Entwicklung an der Fernfachhochschule Schweiz tätig.

Christian Gügi Christian Gügi arbeitet als Solution Architect bei Scigility AG und ist für die Konzeption, Architektur und Realisierung von modernen Big-Data-Analyticsplattformen in Kundenprojekten verantwortlich. Er ist in der Schweiz einer der Vorreiter der aufstrebenden Disziplin Big Data und Gründer der Swiss Big Data User Group, das größte Schweizer Netzwerk zum Thema Big Data.

Urs Hengartner Urs Hengartner ist bei der Canoo Engineering AG in Basel tätig. Er ist Spezialist für Information Retrieval und Wissensmanagement und unterrichtet u. a. an der Universität Basel auf diesem Gebiet. Nach Abschluss der regulären Schulzeit am Realgymnasium Basel im Jahre 1976, arbeitete er in der Schweizerischen National Versicherung als Analytiker-Programmierer und System-Programmierer. Nach Studien an der ETH Zürich und Universität Zürich erlangte er 1990 das Diplom in Wirtschaftsinformatik an der Rechts- und Staatswissenschaftlichen Fakultät der Universität Zürich. Er promovierte im Jahr 1996 mit der Dissertation „Entwurf eines integrierten Informations-, Verwaltungs- und Retrieval Systems für textuelle Daten". Neben seiner Lehrtätigkeit an der Uni Basel hielt er Vorträge im Bereich des Information Retrievals, Wissensmanagement und Software Engineering.

Olivier Heuberger-Götsch Olivier Heuberger-Götsch ist Rechtsanwalt und insbesondere im ICT- und Immaterialgüterrecht tätig, mit Schwerpunkten im

Persönlichkeits- und Datenschutzrecht sowie im Lizenz-, Internet- und Software-recht. Als Legal Counsel der Scigility AG berät er Unternehmen, Privatpersonen und Behörden in den Bereichen ICT/IP und Vertragsrecht. Zugleich verfasst Olivier Heuberger an der Universität Luzern seine Dissertation im IT-Recht.

Marcel Kornacker Marcel Kornacker ist Chefarchitekt für Datenbank-Tech-nologien bei Cloudera und Gründer des Cloudera Impala Projektes, das heute die wohl schnellste SQL Engine für Big Data auf Hadoop ist. Nach der Promotion im Jahr 2000 im Bereich Datenbanken an der UC Berkeley hielt er diverse Positionen im Datenbankbereich bei verschiedenen Startups. Im Jahr 2003 wechselte Marcel zu Google, wo er im Bereich der Onlinewerbung und Speicherinfrastruktur arbei-tete. Später wurde er der Tech Lead für den Bereich der verteilten Abfrageausführung in Google's F1 Projekt.

Dirk Kunischewski Dirk Kunischewski ist Spezialist im Bereich Business Intelligence, Datenbanken und Data Warehouse. Er verfügt über mehr als 10 Jahre praktische Erfahrung mit der Entwicklung und dem Betrieb von DWH/BI-Systemen bzw. Java-Anwendungen, die er bei der Begleitung von Projekten in der internatio-nalen Finanz- und Kundendienstleistungsindustrie sammeln konnte.

Sean A. McKenna Sean A. McKenna arbeitet als Senior Research Manager im Bereich Constrained Resources und Environmental Analytics bei IBM Research in Dublin, Irland. Zudem ist er Research Industry Specialist (RIS) im Bereich Smart Cities. Seinen Doktortitel erhielt Sean A. McKenna 1994 als Geoingenieur an der Colorado School of Mines, USA. McKeena ist Autor zahlreicher Artikel, Mitglied in verschiedenen Ausschüssen und war bzw. ist als Editor und Gutachter für ver-schiedene Zeitschriften tätig.

Andreas Meier Andreas Meier ist Professor für Wirtschaftsinformatik an der wirtschafts- und sozialwissenschaftlichen Fakultät der Universität Fribourg, Schweiz. Seine Forschungsgebiete sind eBusiness, eGovernment und Informations-management. Nach Musikstudien in Wien diplomierte er in Mathematik an der ETH in Zürich, doktorierte und habilitierte am Institut für Informatik. Er forschte am IBM Research Lab in Kalifornien/USA, war Systemingenieur bei der IBM Schweiz, Direktor bei der Großbank UBS und Geschäftsleitungsmitglied bei der CSS Versicherung.

Stefan Müller Stefan Müller leitet den Bereich Business Intelligence und Big Data beim Open Source-Spezialisten it-novum GmbH. Nach mehreren Jahren Tätigkeit im Bereich Governance & Controlling sowie Sourcing Management beschäftigt er sich bei it-novum mit dem Einsatz von Open Source Business Intelligence und Big Data Analytics-Lösungen. Er hält regelmäßig Vorträge und publiziert in Fachmedien. Im Dezember 2014 hat er sein erstes Buch zum Thema Pentaho und Jedox veröffentlicht.

Pascal Prassol Pascal Prassol ist als Chief Strategist verantwortlich, SAP in einer Vordenkerrolle zu etablieren und die Geschäftsfeldentwicklung für das Big Data-, IoT- und Platform Services-Business in Deutschland voranzutreiben. Er gestaltet und leitet innovative Transformationsprozesse für Kunden auf Führungsebene und lenkt die Services-Portfoliostrategie mit Fokus auf Innovation in Schlüsselindustrien wie Handel, Konsumgüter, Fertigung und Automobilbau. Pascal Prassol arbeitet seit fast 17 Jahren für SAP in unterschiedlichen nationalen wie internationalen Rollen. Sein Diplom in Wirtschaftsinformatik erlangte er im schönen Saarland.

Thorsten Pröhl Thorsten Pröhl (Dipl.-Phys.) ist wissenschaftlicher Mitarbeiter am Fachgebiet IuK-Management der Technischen Universität Berlin (Prof. Dr. Rüdiger Zarnekow). Seine Forschungsschwerpunkte liegen in den Bereichen IT-Service Management, Cloud Service Management und Big Data. Thorsten Pröhl studierte Physik an der Technischen Universität Berlin mit den Schwerpunkten Festkörperphysik sowie Elektronenmikroskopie und -holografie. Als Zusatzfächer wählte er Informations- und Kommunikationsmanagement sowie Technologie- und Innovationsmanagement. Parallel zum Studium hat er sich mit Fragestellungen aus dem strategischen Einkauf von Logistik-Dienstleistungen auseinandergesetzt, verschiedenartige Praktika bei der Fraunhofer Gesellschaft absolviert, eine webbasierte Branchenlösung für Bilderrahmenkalkulationen entwickelt und eine IT-Unternehmensberatung aufgebaut. Nachdem er selbst erfolgreich Teilnehmer bei Jugend forscht war, engagiert er sich ehrenamtlich als Juror beim Landeswettbewerb Jugend forscht in Berlin. Er ist Autor mehrerer Fachartikel.

Karl Rehrl Karl Rehrl hat 2002 sein Diplomstudium im Fachbereich Informatik an der Johannes Kepler Universität Linz sowie 2011 sein Doktorratsstudium im Fachbereich Geoinformation an der Technischen Universität Wien abgeschlossen. Seit 2004 leitet er bei Salzburg Research die Forschungslinie Mobile und Webbasierte Informationssysteme mit bis zu 15 wissenschaftlichen Mitarbeiterinnen und Mitarbeitern. Seine aktuellen Forschungsschwerpunkte liegen im Bereich der menschlichen Wegfindung, der räumlichen Informationsverarbeitung, der Lokalisierungstechnologien sowie der ortsbasierten Dienste. Karl Rehrl hat 10 Jahre Erfahrung als Projektleiter von Forschungsprojekten, er ist Autor und Co-Autor von mehr als 50 wissenschaftlichen Publikationen und seit 2013 im Editorial Board des International Journals of Location Based Services tätig. 2012 hat Karl Rehrl die Leitung von ITS Austria West, eines von zwei österreichischen Kompetenzzentren für Verkehrstelematik, übernommen und wurde zum Mitglied des ITS Austria Strategic Boards ernannt.

Andreas Ruckstuhl Andreas Ruckstuhl leitet den Schwerpunkt Statistische Datenanalyse am Institut für Datenanalyse und Prozessdesign (IDP) der Zürcher Hochschule für Angewandte Wissenschaften (ZHAW). Seine Forschungs- und Lehrgebiete umfassen statistische und explorative Datenanalyse sowie predictive modelling Methoden. Anwendungserfahrungen hat er unter anderem in den Bereichen Umwelt, predictive Maintenance, Business und Customer Analytics sowie alternative Investments. Andreas Ruckstuhl hat Mathematik mit Schwerpunkt Statistik an der ETH Zürich studiert, wo er 1995 in angewandter Statistik auch promovierte. Von 1996 bis 1999 war er zugleich Dozent am Department of Statistics and Econometrics und Research Fellow am Centre for Mathematics and Its Applications der Australian National University. 1999 kam er an die ZHAW, wo er sich am Aufbau des IDP und des Bachelor-Studienganges Wirtschaftsingeneurwesen mit seiner analytischen Ausrichtung beteiligte. Er ist Gründungsmitglied des interdisziplinären Labors für Data Science „ZHAW Datalab" und wirkte als Leiter des CAS Datenanalyse beim Aufbau des neuen ZHAW-Weiterbildungsprogramms Data Science mit.

Heiko Schuldt Heiko Schuldt ist Professor für Informatik am Departement Mathematik und Informatik der Universität Basel. Er studierte Informatik an der Universität Karlsruhe (heute KIT) und war danach wissenschaftlicher Mitarbeiter in der Datenbankgruppe von Prof. Dr. H.-J. Schek an der ETH Zürich, wo er 2000 promovierte. Nach einer Tätigkeit als Oberassistent an der ETH Zürich war Heiko Schuldt von 2003 bis 2006 Professor an der Privaten Universität für Gesundheitswissenschaften, Medizinische Informatik und Technik Tirol (UMIT). Seit Oktober 2005 leitet er an der Universität Basel die Forschungsgruppe Datenbanken und Informationssysteme. Seine Forschungsinteressen umfassen die Datenverwaltung in verteilten Informationssystemen, speziell in der Cloud, Multimedia Retrieval, mobile Informationssysteme und Service-orientierte Architekturen.

Andreas Seufert Andreas Seufert lehrt Betriebswirtschaftslehre und Informationsmanagement an der Hochschule Ludwigshafen und ist Direktor des Instituts für Business Intelligence an der Steinbeis Hochschule Berlin sowie Leiter des Fachkreises „Big Data und Business Intelligence" des Internationalen Controllervereins. Darüber hinaus ist er als Gutachter renommierter Zeitschriften und Konferenzen tätig. Prof. Dr. Seufert verfügt über langjährige Erfahrung im Bereich der akademischen Forschung und Lehre, u. a. an der Universität St. Gallen sowie dem Massachusetts Institute of Technology (MIT). Als (Co-) Autor und Herausgeber von Büchern, Zeitschriften und Konferenzbeiträgen verfasste er über 100 Publikationen. Er besitzt eine langjährige internationale Erfahrung im Bereich der IT- und Managementberatung. Schwerpunkte seiner internationalen Forschungs- und Beratungtätigkeiten sind Informationsmanagement, Unternehmenssteuerung, Business Intelligence und Big Data.

Thilo Stadelmann Thilo Stadelmann studierte Informatik in Gießen und Marburg aus seiner Leidenschaft für „künstliche Intelligenz" heraus: Wie lässt sich Maschinen etwas beibringen, das bisher nur Menschen vermochten? Diese Leidenschaft führte ihn über ein Doktorat in Multimedia-Analyse und Maschinellem Lernen sowie Positionen als Datawarehouse- und Applikationsentwickler in das Management eines schwäbischen Mittelständlers. Hier entwickelte er mit seinem Team von 15 hoch qualifizierten IT Architekten und Consultants Datenmanagement- und Data Mining Applikation für die europäische Automobilindustrie. Anfang 2013 kam er als Dozent für Information Engineering an die Zürcher Hochschule für Angewandte Wissenschaften (ZHAW), an der er eines der ersten interdisziplinären Labore für Data Science in Europa mit gründete: Das ZHAW Datalab, welches er heute leitet. Mit seinen Kollegen vom Datalab entwickelte er eines der ersten Weiterbildungs-curricula in Data Science, in denen Professionals in der Kunst und Wissenschaft trainiert werden, Schweizer Unternehmen fit für das Datenzeitalter zu machen.

Kurt Stockinger Kurt Stockinger ist Dozent für Informatik und Studienleiter für Data Science an der Zürcher Hochschule für Angewandte Wissenschaften (ZHAW). Sein Fachgebiet umfasst Data Science mit Fokus auf Big Data, Data Warehousing und Business Intelligence. Er ist auch im Advisory Board der Callista Group AG. Vorher arbeite Kurt Stockinger 5 Jahre als DWH und BI Architekt bei Credit Suisse in Zürich. Er beschäftigte sich mit Design & Implementierungen von Algorithmen für ein unternehmensweites DWH im Terabytebereich, Datensicherheit und Cloud Computing. Stationen seines Werdegangs umfassen 8-jährige For-schungstätigkeiten am Lawrence Berkeley National Laboratory, am CERN und am California Institute of Technology. Er wurde in Informatik am CERN und der Universität Wien promoviert. Kurt Stockinger hat mehr als 60 Publikationen in Journalen und Konferenzen in Wissenschaft und Wirtschaft. Im Jahr 2008 erhielt er einen „R&D 100 Technology Award" (gilt in den USA als Oscar für Innovationen) gemeinsam mit drei Kollegen vom Berkeley Lab für Forschungsarbeiten an dem Datenbankindex FastBit.

Marcel Wehrle Marcel Wehrle doktoriert aktuell in Wirtschaftsinformatik an der Universität Fribourg, Schweiz. Er hat einen Premaster in Computer Science und einen Master in Kommunikationswissenschaften von der Universität Fribourg, Schweiz. Seine Forschung fokussiert sich auf Granular Computing, Information Granulation, Self Organizing Maps. Nebenberuflich ist er Gesellschafter zweier Unternehmen mit Fokus auf Applikationsentwicklung im Bereich Immobilien-bewirtschaftungen.

Rüdiger Zarnekow Rüdiger Zarnekow ist Inhaber des Lehrstuhls für Informations-und Kommunikationsmanagement an der Technischen Universität Berlin. Seine Forschungsschwerpunkte liegen im Bereich des IT-Service-Managements, des stra-tegischen IT Managements und der Geschäftsmodelle für die ICT Industrie. Von 2001 bis 2006 war er am Institut für Wirtschaftsinformatik an der Universität St. Gallen tätig und leitete dort das Competence Center „Industrialisierung im Infor-mationsmanagement". Prof. Zarnekow promovierte 1999 an der Technischen Uni-versität Freiberg. Von 1995 bis 1998 war er bei der T-Systems Multimedia Solutions GmbH beschäftigt. Er studierte Wirtschaftsinformatik an der European Business School, Oestrich-Winkel und schloss den Master-of-Science in Advanced Software Technologies an der University of Wolverhampton in England ab. Prof. Zarnekow ist freiberuflich als Berater in Fragen des Informationsmanagements und des Electronic Business tätig. Im Jahr 2013 wurde er von der TU Berlin aufgrund seines außerordentlichem Engagement im Bereich Entrepreneurship mit dem Titel

„TUB Entrepreneurship Supporter des Jahres" ausgezeichnet. Er ist Autor mehrerer Fachbücher und zahlreicher Artikel.

Wolfgang Zimmermann Wolfgang Zimmermann leitet seit Mitte 2013 das Projekt M360 innerhalb des Migros-Genossenschafts-Bund. Mit mehr als 15 Jahren Erfahrung im Online Marketing, CRM und E-Commerce Bereich begleitete er die digitale Transformation seit deren Anfängen und als Diplom Volkswirt und Elektroingenieur bringt er Technik- und Businessverständnis zusammen.

Darius Zumstein Darius Zumstein ist seit 2013 Leiter Digital Analytics & Data Management bei Sanitas Krankenversicherung in Zürich und verantwortet dort das Digital Analytics und (Social) Digital Monitoring. Er studierte Betriebswirtschaftslehre an der Universität Freiburg (Schweiz), wo er am Lehrstuhl für Wirtschaftsinformatik als Forschungsassistent arbeitete und zum Thema Web Analytics promovierte. Als externer Web Analytics Consultant der BMW AG bei FELD M sowie als Web Analytics Manager bei der Scout24 Group und Kabel Deutschland sammelte er wertvolle Berufserfahrung in Deutschland. Seit 2014 leitet er ebenso den Kurs „Online Shop and Sales Management" an der Hochschule Luzern.

Inhaltsverzeichnis

Teil I

Grundlagen

Was versteht man unter Big Data und NoSQL?

Daniel Fasel und Andreas Meier

Zusammenfassung

Verfolgt man die Diskussionen in der europäischen Wirtschaft, erkennt man, dass der Begriff Big Data in der Praxis nicht klar definiert ist. Er ist zwar in aller Munde, doch nur wenige haben eine Antwort auf die Frage, was Big Data ist und welche Unterschiede zu den bestehenden Datenbeständen im Unternehmen existieren. Dieses Kapitel gibt eine Begriffsklärung für Big Data und NoSQL. Anhand der drei Merkmale Volume, Velocity und Variety werden grundlegende Aspekte von Big Data erläutert. Um Big Data wertschöpfend in einer Firma oder Organisation einzusetzen, braucht es Technologien und Fähigkeiten, neben formatierten Daten auch semi-strukturierte und unstrukturierte Daten effizient verarbeiten zu können. Neben den Grundlagen zu SQL- und NoSQL-Datenbanken werden die Kernkompetenzen für ein Datenmanagement im Zeitalter von Big Data aufgezeigt. Weiterführende Literaturangaben runden das Kapitel ab.

Schlüsselwörter

Big Data • Multistrukturelle Daten • Datenanalyse • NoSQL • Datenmanagement

vollständig neuer Original-Beitrag

D. Fasel (✉)
Scigility AG, Zürich, Schweiz
E-Mail: df@scigility.com

A. Meier
Universität Fribourg, Fribourg, Schweiz
E-Mail: andreas.meier@unifr.ch

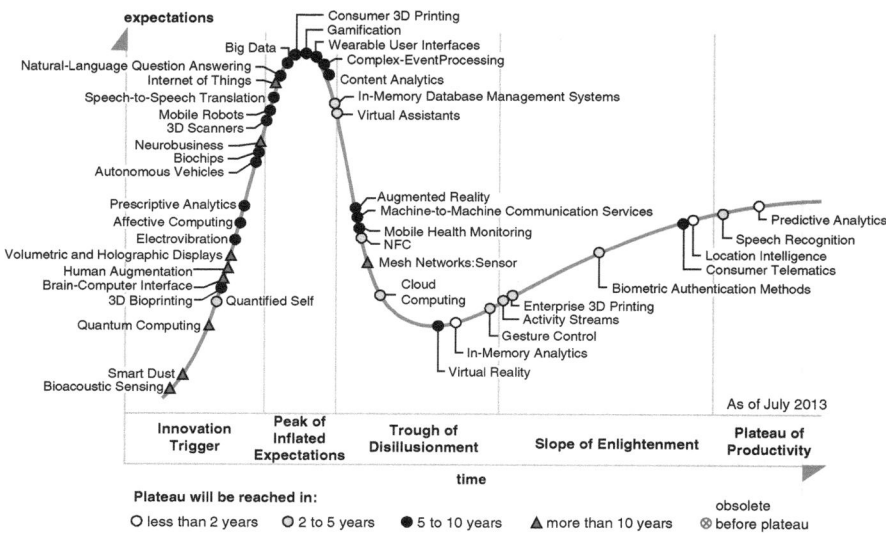

Abb. 1.1 Gartners Hype-Zyklus von 2013 (http://www.gartner.com/newsroom/id/2575515)

1.1 Hype Big Data

Big Data ist ein Schlagwort, das nicht nur in der Fachliteratur Einzug gefunden hat, sondern auch in der Tagespresse breit diskutiert wird: Smart Cities sind ohne die Werkzeuge für Big Data nicht realisierbar, Wettervorhersagen oder Klimaentwicklungen beruhen auf der Analyse umfassender Datenbestände und einzelne Organisationen nutzen die sozialen Netze dazu aus, der Meinungsbildung unterschiedlicher Bedarfsgruppen auf die Spur zu kommen.

Betrachtet man den Hype-Zyklus von Gartner in Abb. 1.1, liegt Big Data beinahe im Zenit der „Inflated Expectations" (überzogenen Erwartungen).[1] Im europäischen Raum trifft diese Kategorisierung von Gartner nach Erfahrung der Autoren für viele Unternehmen und Organisationen zu.

Unter traditionellen Firmen werden hier vor allem Firmen mit klassischen Strukturen und Geschäftsmodellen verstanden. Im Gegensatz zu den traditionellen Firmen haben webbasierte ihr Geschäftsmodell stark an die Technologieveränderungen im Internet, Cloud Computing sowie Web-Services angepasst. Sie verfügen weitgehend über webbasierte Geschäfts- und Vertriebsmodelle, die Datenhaltung erfolgt in der Cloud resp. auf massiv verteilten Rechnerstrukturen und Webservices ersetzen klassische Transaktionen resp. Geschäftsprozesse.[2]

---

[1] http://www.gartner.com/technology/research/methodologies/hype-cycle.jsp.

[2] Es ist hier zu vermerken, dass die Autoren die Kategorisierung webbasiert/klassisch nicht trennscharf betrachten. Firmen haben oft ein Mischmodell beider Kategorien und nur wenige sind Reinformen dieser Kategorien.

Als Beispiel von webbasierten Firmen können Amazon, Google oder Facebook genannt werden. Betrachtet man die Herkunft des Begriffs Big Data, ist zu erkennen, dass neben der Forschung vor allem webbasierte Firmen zu den ersten gehörten, die den Begriff prägten. Viele dieser Firmen haben Technologien auf den Markt gebracht, welche heute zu den populärsten Big-Data-Technologien gehören. So präsentierte Google beispielsweise 2003 das Google File System und im Jahr 2006 die Big Table (Chang et al. 2006). 2007 kam Amazon mit Dynamo auf den Markt (DeCandia et al. 2007) und Yahoo hat Hadoop, eine markante Big-Data-Technologie, irgendwann zwischen 2002 und 2006 entwickelt (Harris 2015).[3]

Viele Führungsverantwortliche in Unternehmen und Organisationen sprechen heute von Big Data. Sie weisen in ihren IT-Strategien auf die Vorzüge von Big Data hin und versuchen in Pilotstudien, das Potenzial der entsprechenden Technologien zu erfassen. Einige Unternehmen oder Organisationen haben sogenannte NoSQL-Technologien (siehe Abschn. 1.3.2) mittlerweile im produktiven Einsatz und versuchen, wirtschaftlichen Nutzen aus Big Data zu ziehen.

Vergleicht man die typischen Datenvorkommen webbasierter Firmen und deren Verarbeitung mit Daten traditioneller Firmen, scheint es auf den ersten Blick nicht immer evident zu sein, dass Big-Data-Technologien sinnvoll bei traditionellen Firmen eingesetzt werden können. Dieser Eindruck rührt daher, dass unter Big Data oft ausschließlich große unstrukturierte Daten verstanden werden, welche nicht in relationalen Datenbanken gehalten werden können. Dies ist aber nur ein Teilaspekt von Big Data. Ausserdem sind die meisten Firmen erstaunt, wenn sie entdecken, wie viele geschäftsrelevante Daten sie haben, die genau in die Charakteristik von Big Data passen.

1.2 Definition von Big Data

1.2.1 Volume, Variety, Velocity

Adrian Merv definiert Big Data als Daten, die in ihrer Größe klassische Datenhaltung, Verarbeitung und Analyse auf konventioneller Hardware übersteigen (Merv 2011). Weiterhin beschreibt er Big Data als weitaus heterogener als klassische Daten. So sollen auch externe Daten für analytische Aufgaben in Betracht gezogen werden. Es geht darum, das in sich geschlossene Datenuniversum einer Firma aufzusprengen und mit neuen Daten zu erweitern und damit eine globalere Sicht auf das Unternehmen zu erhalten.

Das McKinsey Global Institute hat 2011 das Phänomen Big Data in verschiedenen Industrien in den USA und Europa untersucht und daraufhin einige Aspekte zusammengetragen, welche sie als Mehrwert von Big Data sehen (Manyika et al. 2011). Big Data erhöht die Informationstransparenz und die Frequenz, wie Daten verarbeitet und analysiert werden können. Durch den größeren Detaillierungsgrad der Daten können erweiterte Applikationen vorangetrieben werden. So lassen sich

---

[3] Diese Aufzählung ist nicht als vollständig zu betrachten. Es gibt noch eine große Anzahl Firmen, wie Facebook, Twitter, etc., die viel zu diesen Technologien beigetragen haben.

beispielsweise Simulationen auf detaillierten Daten durchführen, die vorher nicht möglich waren. Auch sind Anreicherungen der bestehenden Applikationen möglich, was letztlich zu akkurateren Entscheidungen führen kann, so das McKinsey Global Institute.

Aus den Definitionen von Adrian Merv und dem McKinsey Global Institute lassen sich die folgenden Charakteristiken herauskristallisieren:

- Volume: Der Datenbestand ist umfangreich und liegt im Tera- bis Zettabytebereich (Megabyte $= 10^6$ Byte, Gigabyte $= 10^9$ Byte, Terabyte $= 10^{12}$ Byte, Petabyte $= 10^{15}$ Byte, Exabyte $= 10^{18}$ Byte, Zettabyte $= 10^{21}$ Byte).
- Variety: Unter Vielfalt versteht man bei Big Data die Speicherung von strukturierten, semi-strukturierten und unstrukturierten Multimedia-Daten (Text, Grafik, Bilder, Audio und Video).
- Velocity: Der Begriff bedeutet Geschwindigkeit und verlangt, dass Datenströme (Data Streams) in Echtzeit ausgewertet und analysiert werden können.

Die sogenannten 3 V's für Big Data werden von der Gartner Group[4] ebenfalls herausgestrichen. Zudem spricht die Gartner Group von Informationskapital oder Vermögenswert. Aus diesem Grunde fügen einige Experten ein weiteres V zur Definition von Big Data hinzu:

- Value: Big Data Anwendung sollen den Unternehmenswert steigern. Investitionen in Personal und technischer Infrastruktur werden dort gemacht, wo eine Hebelwirkung besteht resp. ein Mehrwert generiert werden kann.

Ein letztes V soll die Diskussion zur Begriffsbildung von Big Data abrunden (vgl. Meier und Kaufmann 2016):

- Veracity: Da viele Daten vage oder ungenau sind, müssen spezifische Algorithmen zur Bewertung der Aussagekraft resp. zur Qualitätseinschätzung der Resultate verwendet werden. Umfangreiche Datenbestände garantieren nicht per se bessere Auswertungsqualität.

Veracity bedeutet in der deutschen Übersetzung Aufrichtigkeit oder Wahrhaftigkeit. Im Zusammenhang mit Big Data wird damit ausgedrückt, dass Datenbestände in unterschiedlicher Datenqualität vorliegen und dass bei Auswertungen dies berücksichtigt werden muss. Neben statistischen Verfahren existieren unscharfe Methoden des Soft Computing, die einem Resultat oder einer Aussage einen Wahrheitswert zwischen ‚richtig' oder ‚falsch' zuordnen (vgl. unscharfe Logik).

1.2.2   Skalieren bei großen Datenmengen

Firmen wie Facebook oder Twitter speichern Petabytes an Daten. Die Struktur eines Facebook-Posts kann reiner Text sein, er kann aber auch ein Bild, ein Video oder einen Link auf einen Inhalt ausserhalb von Facebook enthalten. Webbasierte Firmen

---

[4] http://www.gartner.com/newsroom/id/1731916.

stießen im letzten Jahrzehnt auf die Probleme, welche Big Data bei herkömmlicher relationaler Datenhaltung verursachen. Sie müssen umfangreiche Datenbestände in kurzer Zeit verarbeiten. Zudem liegen die Daten verteilt über ganze Kontinente hinweg und zusätzlich auf Hardware, die auch mal ausfällt oder unzuverlässig arbeitet.

Relationale Datenbanken stossen bei solchen Aufgabenstellungen an ihre technischen und architektonischen Grenzen. Es wird schwer, Datenvolumen jenseits von 100 Terabyte auf klassischen relationalen Datenbanken zu speichern. Wenn man herkömmliche Datenbanken auf mehrere physische Maschinen verteilt, erhöht sich die Komplexität, die Datenbank operativ stabil und die Daten konsistent zu halten. Auch die Hardwarekosten steigen entsprechend an, da hochperformante und adaptierte Systeme benötigt werden. Um diese Probleme zu entschärfen, setzen webbasierte Firmen NoSQL-Technologien ein, die horizontal skalieren und auf günstigerer Mainstream-Hardware betrieben werden.

Der Begriff horizontales Skalieren bedeutet: Will man mehr Leistung, muss man einfach mehr Maschinen in den Systemverbund[5] einschließen. Im Gegensatz dazu müsste man beim vertikalen Skalieren die Leistungsfähigkeit der einzelnen Maschinen ausbauen, beispielsweise bessere CPU's oder mehr Arbeitsspeicher einbauen. Vertikales Skalieren führt dazu, dass die Maschinen schnell teuer werden, da die besten und neuesten Einzelkomponenten zum Einsatz kommen. Beim horizontalen Skalieren kann man ältere und billigere Komponenten einsetzen und über die Menge der Maschinen die Leistungsfähigkeit ausbauen. Bei Clouds, wo man binnen weniger Minuten neue Maschinen in einen Verbund einbinden und dann auch wieder entfernen kann, benutzt man oft den Begriff elastisch, um diese Art von horizontalem Skalieren zu umschreiben.

1.2.3 Verarbeitung multi-struktureller Daten

Neben dem Abspeichern von großen Volumen in hochverteilten Systemen ist die Vielfalt der Strukturen eine weitere Schwierigkeit, welche nur bedingt mit klassischen Datenbanken angegangen werden kann. In relationalen Datenbanken können zwar binäre Datenformate mittels dem Datentyp Binary Large Objects (BLOB) gespeichert werden, jedoch ist diese Form von Datenhaltung meist ungeeignet für größere Dateien. Die Restriktion relationaler Datenbanken, alle Datenvorkommen in Tabellen zu fassen und jede Transaktion konsistent zu halten, ist nicht immer möglich und wünschenswert (Fasel 2014). So können Daten von externen Quellen, wie beispielsweise Webservices, ihre Formate flexibel gestalten und schnell ändern, teils sogar bei jeder Anfrage.

Ein weiteres Beispiel von multistrukturellen Daten sind klassische Log-Dateien von Servern. Sie zeigen in sich verschachtelte Strukturen, die sich je nach Art des Log-Eintrages unterscheiden. Abb. 1.2 zeigt zur Visualisierung einen Auszug aus einer Log-Datei von einem Apple MacBook Pro.

---

[5] Systemverbund ist der Versuch der Autoren das englische Wort „Cluster" in diesem Kontext zu übersetzen. Im Folgenden werden die Wörter Cluster und Systemverbund synonym verwendet.

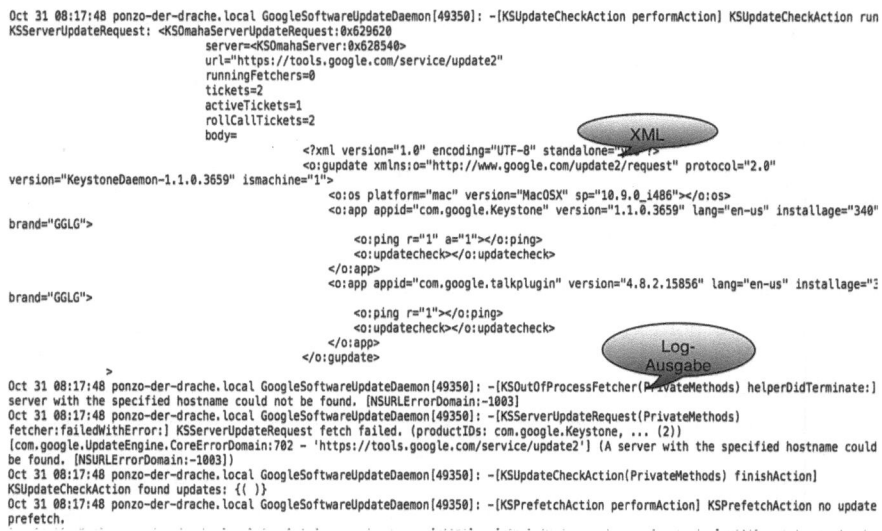

```
Oct 31 08:17:48 ponzo-der-drache.local GoogleSoftwareUpdateDaemon[49350]: -[KSUpdateCheckAction performAction] KSUpdateCheckAction run
KSServerUpdateRequest: <KSOmahaServerUpdateRequest:0x629620
                        server=<KSOmahaServer:0x628540>
                        url="https://tools.google.com/service/update2"
                        runningFetchers=0
                        tickets=2
                        activeTickets=1
                        rollCallTickets=2
                        body=
                                    <?xml version="1.0" encoding="UTF-8" standalone="     "?>
                                    <o:gupdate xmlns:o="http://www.google.com/update2/request" protocol="2.0"
version="KeystoneDaemon-1.1.0.3659" ismachine="1">
                                        <o:os platform="mac" version="MacOSX" sp="10.9.0_i486"></o:os>
                                        <o:app appid="com.google.Keystone" version="1.1.0.3659" lang="en-us" installage="340"
brand="GGLG">
                                            <o:ping r="1" a="1"></o:ping>
                                            <o:updatecheck></o:updatecheck>
                                        </o:app>
                                        <o:app appid="com.google.talkplugin" version="4.8.2.15856" lang="en-us" installage="
brand="GGLG">
                                            <o:ping r="1"></o:ping>
                                            <o:updatecheck></o:updatecheck>
                                        </o:app>
                                    </o:gupdate>
                    >
Oct 31 08:17:48 ponzo-der-drache.local GoogleSoftwareUpdateDaemon[49350]: -[KSOutOfProcessFetcher(PrivateMethods) helperDidTerminate:]
server with the specified hostname could not be found. [NSURLErrorDomain:-1003]
Oct 31 08:17:48 ponzo-der-drache.local GoogleSoftwareUpdateDaemon[49350]: -[KSServerUpdateRequest(PrivateMethods)
fetcher:failedWithError:] KSServerUpdateRequest fetch failed. (productIDs: com.google.Keystone, ... (2))
[com.google.UpdateEngine.CoreErrorDomain:702 - 'https://tools.google.com/service/update2'] (A server with the specified hostname could
not be found. [NSURLErrorDomain:-1003])
Oct 31 08:17:48 ponzo-der-drache.local GoogleSoftwareUpdateDaemon[49350]: -[KSUpdateCheckAction(PrivateMethods) finishAction]
KSUpdateCheckAction found updates: {( )}
Oct 31 08:17:48 ponzo-der-drache.local GoogleSoftwareUpdateDaemon[49350]: -[KSPrefetchAction performAction] KSPrefetchAction no update
prefetch.
```

Abb. 1.2 Multistrukturelle Log-Datei eines Apple MacBook Pro aus Fasel 2014

Wie zu erkennen ist, mischt die Log-Datei XML-Formate und einfache Log-Ausgaben. Solche Dateien erhöhen die Komplexität, ein relationales Datenbankschema zu definieren. Wenn machbar, führt es auf jeden Fall zu großen Konzeptions- und Wartungsaufwänden.

1.2.4 Analyse verteilter Daten

Bei Amazon fallen täglich Millionen von Transaktionen aus allen Teilen der Welt in ihrem Webshop an. In einem 2007 veröffentlichten Artikel über Amazons Dynamo (DeCandia et al. 2007) schreiben die Autoren von über 10 Millionen Transaktionen und über 3 Millionen Checkouts (Einkäufe) pro Tag. Um diese Masse an Transaktionen verteilt zu bewältigen, wurde die NoSQL-Datenbank Dynamo entwickelt. Diese ist verteilt und hochverfügbar, aber nicht immer konsistent. Das ist ein direktes Antiparadigma zu klassischen relationalen Datenbanken. Wenn ein Warenkorb inkonsistente Daten von Dynamo erhält, entscheidet der Warenkorb selbst, wie er damit umgehen soll. Der Artikel zeigt auch, dass Amazon mit Dynamo über 99.9995 % Verfügbarkeit weltweit garantieren kann und nur 0.06 % aller Daten inkonsistent an die Warenkörbe geliefert werden.

Hand in Hand mit den NoSQL-Technologien, die effizienteres Speichern und Analysieren ermöglichen, etablieren sich Techniken, wie man große und multistrukturelle Daten besser analysieren kann (Fasel 2014). Technologien, die horizontal skalieren, verteilen die Daten auf die partizipierenden Maschinen im Cluster. Durch diese Verteilung der Daten lassen sich Analysen auf Sub-Sets parallel durchführen. So kann zuerst die Datenpartition auf einem lokalen Knoten im Cluster verarbeitet werden, in einem zweiten Schritt werden die Teilresultate zusammengefasst (vgl. Map/Reduce-Verfahren).

Der Vorteile einer verteilten Berechnung besteht in der Parallelisierung und der Datenlokalität. Die Daten werden nicht zur berechnenden Entität gebracht, sondern die Berechnungsvorschrift wird zu den einzelnen Teildaten gebracht. Solche verteilten Berechnungen haben aber auch Nachteile. Beispielsweise lassen sich einige mathematische Funktionen nicht auf einzelnen Teilbereichen berechnen und anschließend auf das gesamte Dataset aggregieren. Ein Median beispielsweise kann nicht auf zehn Sub-Sets einzeln berechnet und daraus der globale Median aus den Teilmedianen hergeleitet werden.

Eine weitere Schwierigkeit bei Analysen von großen, unstrukturierten und heterogenen Datenmengen liegt darin, dass Scheinkorrelationen entstehen können (Fasel 2014). Betrachtet man beispielsweise die Schneeschmelze der Gletscher der Schweizer Alpen in den letzten hundert Jahren und die Entwicklung des Immobilienmarktes an der Zürcher Goldküste, könnte es gut sein, dass eine Korrelation erkannt werden kann. Die Kausalität dieser Korrelation ist aber für die Bestimmung des heutigen Marktwertes eines Grundstückes an der Goldküste irrelevant. Scheinkorrelationen können bei großen und heterogenen Datasets aus purem Zufall entstehen. Bill Franks (Franks 2012) geht explizit auf diese Problematik von Big Data in seinem Buch ein. Er beschreibt große Sets von Daten aus unterschiedlichen Quellen als chaotisch und hässlich. Mit dieser Aussage spricht er die unterschiedliche Qualität der Daten, die Problematik, die verschiedenen Quellen vernünftig zu kombinieren, und auch die Gefahr von Scheinkorrelationen an.

Bill Franks leitet aus dieser Problematik das bereits erwähnte vierte V für Big Data ab: Value. Value steht hier für die Charakteristik von Big Data, einen Mehrwert für das Unternehmen zu bieten und somit die Daten für zielgerichtete und wertschöpfende Geschäftsfälle zu verwenden.

Um die Problematiken zu entschärfen, können moderne Techniken, wie selbstlernende Algorithmen, Clustering-Methoden oder auch Algorithmen zum Erstellen von Prognosen verwendet werden. Diese müssen aber für verteilte Systeme optimiert sein; es eignen sich nicht alle Techniken gleich, um eine spezifische Problemstellung lösen zu können.

1.3 SQL- und NoSQL-Technologien

1.3.1 Relationale Datenbanken

Das Relationenmodell wurde Anfang der siebziger Jahre des letzten Jahrhunderts durch die Arbeiten von Edgar Frank Codd begründet. Daraufhin entstanden in Forschungslabors erste relationale Datenbanksysteme, die SQL (Structured Query Language) oder ähnliche Datenbanksprachen unterstützten. Ausgereiftere Produkte haben inzwischen die Praxis erobert.

Ein relationales Datenbanksystem ist gemäß Abb. 1.3 ein integriertes System zur einheitlichen Verwaltung von Tabellen. Neben Dienstfunktionen stellt es die

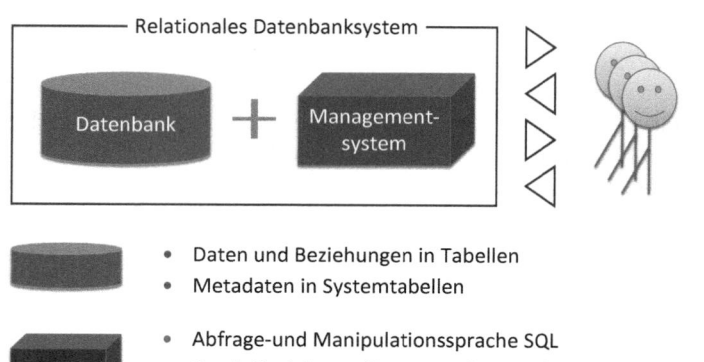

Daten und Beziehungen in Tabellen
Metadaten in Systemtabellen

Abfrage-und Manipulationssprache SQL
Spezialfunktionen (Recovery, Reorganisation, Sicherheit, Datenschutz etc.) in SQL

Abb. 1.3 Die zwei Komponenten eines relationalen Datenbanksystems

deskriptive Sprache SQL für Datenbeschreibungen, Datenmanipulationen und -selektionen zur Verfügung.

Jedes relationale Datenbanksystem besteht aus einer Speicherungs- und einer Verwaltungskomponente: Die Speicherungskomponente dient dazu, sowohl Daten als auch Beziehungen zwischen ihnen lückenlos in Tabellen abzulegen. Neben Tabellen mit Benutzerdaten aus unterschiedlichen Anwendungen existieren vordefinierte Systemtabellen, die beim Betrieb der Datenbanken benötigt werden. Diese enthalten Beschreibungsinformationen und lassen sich vom Anwender jederzeit abfragen, nicht aber verändern.

Die Verwaltungskomponente enthält als wichtigsten Bestandteil die relationale Datendefinitions-, Datenselektions- und Datenmanipulationssprache SQL. Daneben umfasst diese Sprache auch Dienstfunktionen für die Wiederherstellung von Datenbeständen nach einem Fehlerfall, zum Datenschutz und zur Datensicherung.

Die Eigenschaften eines relationalen Datenbanksystems lassen sich wie folgt zusammenfassen (vgl. Meier und Kaufmann 2016):

• Modell: Das Datenmodell ist relational, d. h. alle Daten werden in Tabellen abgelegt. Abhängigkeiten zwischen den Merkmalswerten einer Tabelle oder mehrfach vorkommende Sachverhalte können aufgedeckt werden. Die dazu notwendigen formalen Instrumente (sog. Normalformen) ermöglichen einen widerspruchsfreien Datenbankentwurf und garantieren saubere Datenstrukturen.
• Architektur: Das System gewährleistet eine große Datenunabhängigkeit, d. h. Daten und Anwendungsprogramme bleiben weitgehend voneinander getrennt. Diese Unabhängigkeit ergibt sich aus der Tatsache, dass die eigentliche Speicherungskomponente von der Anwenderseite durch eine Verwaltungskomponente entkoppelt ist. Im Idealfall können physische Änderungen in den relationalen Datenbanken vorgenommen werden, ohne dass die entsprechenden Anwendungsprogramme anzupassen sind.

- Schema: Die Definition der Tabellen und der Merkmale werden im relationalen Datenbankschema abgelegt. Dieses enthält zudem die Definition der Identifikationsschlüssel sowie Regeln zur Gewährung der Integrität.
- Sprache: Das Datenbanksystem verwendet SQL zur Datendefinition, -selektion und -manipulation. Die Sprachkomponente ist deskriptiv und entlastet den Anwender bei Auswertungen oder bei Programmiertätigkeiten.
- Mehrbenutzerbetrieb: Das System unterstützt den Mehrbenutzerbetrieb, d.h. es können mehrere Benutzer gleichzeitig ein und dieselbe Datenbank abfragen oder bearbeiten. Das relationale Datenbanksystem sorgt dafür, dass parallel ablaufende Transaktionen auf einer Datenbank sich nicht gegenseitig behindern oder gar die Korrektheit der Daten beeinträchtigen.
- Konsistenzgewährung: Ein relationales Datenbanksystem stellt Hilfsmittel zur Gewährleistung der Datenintegrität bereit. Unter Datenintegrität versteht man die fehlerfreie und korrekte Speicherung der Daten sowie ihren Schutz vor Zerstörung, vor Verlust, vor unbefugtem Zugriff und Missbrauch.

Nicht-relationale Datenbanksysteme erfüllen obige Eigenschaften nur teilweise. Aus diesem Grunde sind die relationalen Datenbanksysteme in den meisten Unternehmen, Organisationen und vor allem in KMU's (kleinere und mittlere Unternehmen) nicht mehr wegzudenken. Zudem legen relationale Datenbanksysteme auf dem Gebiet der Leistungsfähigkeit von Jahr zu Jahr zu, obwohl mengenorientierte Verarbeitung und Konsistenzsicherung ihren Preis haben. Bei massiv verteilten Anwendungen im Web hingegen oder bei Big-Data-Anwendungen muss die relationale Datenbanktechnologie mit NoSQL-Technologien ergänzt werden, um Webdienste rund um die Uhr und weltweit anbieten zu können.

1.3.2 NoSQL-Datenbanken

Nicht-relationale Datenbanken gab es vor der Entdeckung des Relationenmodells durch Ted Codd in der Form von hierarchischen oder netzwerkartigen Datenbanken. Nach dem Aufkommen von relationalen Datenbanksystemen wurden nicht-relationale Ansätze weiterhin für technische oder wissenschaftliche Anwendungen genutzt. Beispielsweise war es schwierig, ein CAD-System (CAD = Computer Aided Design) für Bau- oder Maschinenteile mit relationaler Technologie zu betreiben. Das Aufteilen technischer Objekte in eine Vielzahl von Tabellen war für CAD-Systeme problematisch, da geometrische, topologische und grafische Manipulationen in Echtzeit durchgeführt werden mussten (Meier 1987).

Mit dem Aufkommen des Internet und einer Vielzahl von webbasierten Anwendungen haben nicht-relationale Datenkonzepte gegenüber relationalen an Gewicht gewonnen. Es ist schwierig oder teilweise unmöglich, Big-Data-Anwendungen mit relationaler Datenbanktechnologie zu bewältigen.

Die Bezeichnung ‚nicht-relational' wäre besser geeignet als NoSQL, doch hat sich der Begriff in den letzten Jahren bei Datenbankforschern wie bei Anbietern im Markt etabliert. Der Begriff NoSQL wird heute für nicht-relationale Ansätze im

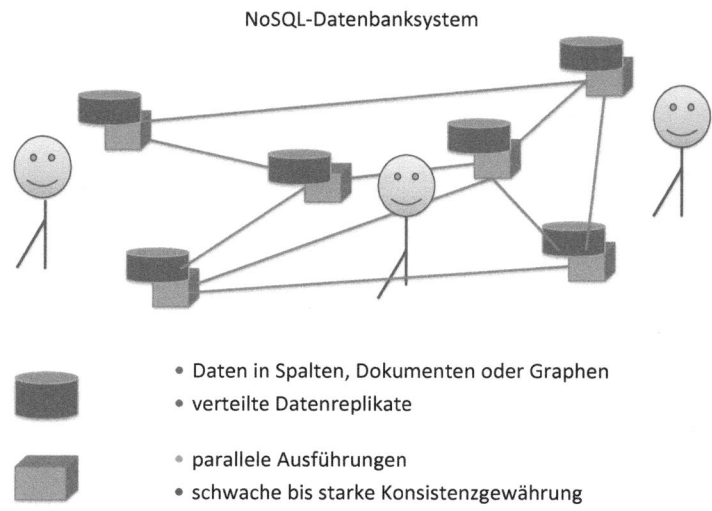

NoSQL-Datenbanksystem

- Daten in Spalten, Dokumenten oder Graphen
- verteilte Datenreplikate

- parallele Ausführungen
- schwache bis starke Konsistenzgewährung

Abb. 1.4 Grundstruktur eines NoSQL-Datenbanksystems

Datenmanagement verwendet. Manchmal wird der Ausdruck NoSQL durch ‚Not only SQL' übersetzt. Damit soll ausgedrückt werden, dass bei einer massiv verteilten Webanwendung nicht nur relationale Datentechnologien zum Einsatz gelangen. Vor allem dort, wo die Verfügbarkeit des Webdienstes im Vordergrund steht, sind NoSQL-Technologien gefragt.

Ein NoSQL-Datenbanksystem unterliegt gemäß Abb. 1.4 einer massiv verteilten Datenhaltungsarchitektur. Die Daten selber werden je nach Typ der NoSQL-Datenbank entweder als Schlüssel-Wertpaare (Key/Value Store), in Spalten oder Spaltenfamilien (Column Store), in Dokumentspeichern (Document Store) oder in Graphen (Graph Database) gehalten (siehe Kap. 2 und 6). Um hohe Verfügbarkeit zu gewähren und das NoSQL-Datenbanksystem gegen Ausfälle zu schützen, werden unterschiedliche Replikationskonzepte unterstützt (vgl. z. B. das Konzept Consistent Hashing in Meier und Kaufmann 2016).

Bei einer massiv verteilten und replizierten Rechnerarchitektur können parallele Auswertungsverfahren genutzt werden (vgl. Map/Reduce in Kap. 6). Die Analyse umfangreicher Datenvolumen oder das Suchen nach bestimmten Sachverhalten kann mit verteilten Berechnungsvorgängen beschleunigt werden. Beim Map/Reduce-Verfahren werden Teilaufgaben an diverse Rechnerknoten verteilt und einfache Schlüssel-Wertpaare extrahiert (Map) bevor die Teilresultate zusammengefasst und ausgegeben werden (Reduce).

In massiv verteilten Rechnernetzen werden zudem differenzierte Konsistenzkonzepte angeboten (vgl. Kap. 2). Unter starker Konsistenz (strong consistency) wird verstanden, dass das NoSQL-Datenbanksystem die Konsistenz jederzeit gewährleistet. Bei der schwachen Konsistenzforderung (weak consistency) wird toleriert, dass Änderungen auf replizierten Knoten verzögert durchgeführt und zu kurzfristigen Inkonsistenzen führen können. Daneben existieren weitere

Differenzierungsoptionen, wie z. B. Consistency by Quorum (vgl. Meier und Kaufmann 2016).

Die folgende Definition für NoSQL-Datenbanken ist angelehnt an das webbasierte NoSQL-Archiv[6] sowie an das Textbuch von Meier und Kaufmann 2016. Webbasierte Speichersysteme werden demnach als NoSQL-Datenbanksysteme bezeichnet, falls sie folgende Bedingungen erfüllen:

- Modell: Das zugrunde liegende Datenmodell ist nicht relational.
- Architektur: Die Datenarchitektur unterstützt massiv verteilte Webanwendungen und horizontale Skalierung.
- Mindestens 3V: Das Datenbanksystem erfüllt die Anforderungen für umfangreiche Datenbestände (Volume), flexible Datenstrukturen (Variety) und Echtzeitverarbeitung (Velocity).
- Schema: Das Datenbanksystem unterliegt keinem fixen Datenbankschema.
- Replikation: Das Datenbanksystem unterstützt die Datenreplikation.
- Mehrbenutzerbetrieb: Der Mehrbenutzerbetrieb wird unterstützt, wobei differenzierte Konsistenzeinstellungen gewählt werden können.
- Konsistenzgewährung: Aufgrund des CAP-Theorems (vgl. Kap. 2) ist die Konsistenz lediglich verzögert gewährleistet (weak consistency), falls hohe Verfügbarkeit und Ausfalltoleranz angestrebt werden.

Die Forscher und Betreiber des NoSQL-Archivs listen auf ihrer Webplattform 150 NoSQL-Datenbankprodukte. Der Großteil dieser Systeme ist Open Source. Allerdings zeigt die Vielfalt der Angebote auf, dass der Markt von NoSQL-Lösungen noch unsicher ist. Zudem müssen für den Einsatz von geeigneten NoSQL-Technologien Spezialisten gefunden werden, die nicht nur die Konzepte beherrschen, sondern auch die vielfältigen Architekturansätze und Werkzeuge (vgl. Abschn. 1.5).

1.4 Organisation des Datenmanagements

Viele Firmen und Institutionen betrachten ihre Datenbestände als unentbehrliche Ressource. Sie pflegen und unterhalten zu Geschäftszwecken nicht nur ihre eigenen Daten, sondern schließen sich mehr und mehr an öffentlich zugängliche Datensammlungen an. Das stetige Wachstum der Informationsanbieter mit ihren Dienstleistungen rund um die Uhr untermauert den Stellenwert webbasierter Datenbestände.

Die Bedeutung aktueller und realitätsbezogener Information hat einen direkten Einfluss auf die Ausgestaltung des Informatikbereiches. So sind vielerorts Stellen des Datenmanagements entstanden, um die datenbezogenen Aufgaben und Pflichten bewusster angehen zu können. Ein zukunftsgerichtetes Datenmanagement befasst sich sowohl strategisch mit der Informationsbeschaffung und -bewirtschaftung als auch operativ mit der effizienten Bereitstellung und Auswertung von aktuellen und konsistenten Daten.

---

[6] NoSQL-Archiv; http://nosql-database.org/, Zugegriffen am 17.02.2015.

Aufbau und Betrieb eines Datenmanagements verursachen Kosten mit anfänglich nur schwer messbarem Nutzen. Es ist nicht immer einfach, eine flexible Datenarchitektur, widerspruchsfreie und für jedermann verständliche Datenbeschreibungen, saubere und konsistente Datenbestände, griffige Sicherheitskonzepte, aktuelle Auskunftsbereitschaft und anderes mehr eindeutig zu bewerten und aussagekräftig in Wirtschaftlichkeitsüberlegungen einzubeziehen. Erst ein allmähliches Bewusstwerden von Bedeutung und Langlebigkeit der Daten relativiert für das Unternehmen die notwendigen Investitionen.

Um den Begriff Datenmanagement besser fassen zu können, sollte das Datenmanagement in seine Aufgabenbereiche Datenarchitektur, Datentechnik und Datennutzung aufgegliedert werden:

- Datenarchitektur: Neben der eigentlichen Analyse der Daten- und Informationsbedürfnisse müssen die wichtigsten Datenklassen und ihre gegenseitigen Beziehungen untereinander in unterschiedlichster Detaillierung analysiert und modelliert werden (vgl. das Relationen- resp. Graphenmodell in Kap. 2).
- Datentechnik: Die Spezialisten der Datentechnik installieren, überwachen und reorganisieren SQL- und NoSQL-Datenbanken und stellen diese in einem mehrstufigen Verfahren sicher.
- Datennutzung: Mit einem besonderen Team von Datenspezialisten (Berufsbild Data Scientist, siehe unten resp. Kap. 4) wird das Business Analytics vorangetrieben, das der Geschäftsleitung und dem Management periodisch Datenanalysen erarbeitet und rapportiert. Zudem unterstützen diese Spezialisten diverse Fachabteilungen wie Marketing, Verkauf, Kundendienst etc., um spezifische Erkenntnisse aus Big Data zu generieren.

Für das Datenmanagement sind im Laufe der Jahre unterschiedliche Berufsbilder entstanden. Die wichtigsten lauten:

- Datenarchitekt: Datenarchitekten sind für die unternehmensweite Datenarchitektur verantwortlich. Aufgrund der Geschäftsmodelle entscheiden sie, wo und in welcher Form Datenbestände bereitgestellt werden müssen. Für die Fragen der Verteilung, Replikation oder Fragmentierung der Daten arbeiten sie mit den Datenbankspezialisten zusammen.
- Datenbankspezialist: Die Datenbankspezialisten beherrschen die Datenbank- und Systemtechnik und sind für die physische Auslegung der Datenarchitektur verantwortlich. Sie entscheiden, welche Datenbanksysteme (SQL- und/oder NoSQL-Technologien) für welche Komponenten der Anwendungsarchitektur eingesetzt werden. Zudem legen sie das Verteilungskonzept fest und sind zuständig für die Archivierung, Reorganisation und Restaurierung der Datenbestände.
- Data Scientist: Die Data Scientists sind die Spezialisten des Business Analytics. Sie beschäftigen sich mit der Datenanalyse und -interpretation, extrahieren noch nicht bekannte Fakten aus den Daten (Wissensgenerierung) und erstellen bei Bedarf Zukunftsprognosen über die Geschäftsentwicklung. Sie beherrschen die Methoden und Werkzeuge des Data Mining (Mustererkennung), der Statistik und der Visualisierung von mehrdimensionalen Zusammenhängen unter den Daten.

Die hier vorgeschlagene Begriffsbildung zum Datenmanagement sowie zu den Berufsbildern umfasst technische, organisatorische wie betriebliche Funktionen. Dies bedeutet allerdings nicht zwangsläufig, dass in der Aufbauorganisation eines Unternehmens oder Organisation die Funktionen der Datenarchitektur, der Datentechnik und der Datennutzung in einer einzigen Organisationseinheit zusammengezogen werden müssen.

1.5   Weiterführende Literaturangaben

Dieses Kapitel beruht auf dem Überblicksbeitrag ‚Big Data – Eine Einführung' von Daniel Fasel (2014) sowie aus Auszügen aus dem Textbuch ‚SQL- & NoSQL-Datenbanken' von Meier und Kaufmann (2016).

Was Big Data betrifft, so ist der Markt in den letzten Jahren mit Büchern überschwemmt worden. Allerdings beschreiben die meisten Werke den Trend nur oberflächlich. Zwei englische Kurzeinführungen, das Buch von Celko (2014) sowie dasjenige von Sadalage und Fowler (2013), erläutern die Begriffe und stellen die wichtigsten NoSQL-Datenbankansätze vor. Für technisch Interessierte gibt es das Werk von Redmond und Wilson (2012), die sieben Datenbanksysteme konkret erläutern.

Erste deutschsprachige Veröffentlichungen zum Themengebiet Big Data gibt es ebenfalls: Das Textbuch von Meier und Kaufmann (2016) zeigt sowohl die Grundlagen für SQL- wie für NoSQL-Datenbanken: Modellierungsaspekte mit Tabellen resp. mit Graphen, relationale und graphorientierte Abfrage- und Manipulationssprachen, Konsistenzbetrachtungen (CAP-Theorem, ACID und BASE, Vektoruhren etc.), Systemarchitektur sowie eine Übersicht über postrelationale Datenbanken (objekt-relationale, föderierte, temporale, multidimensionale und wissensbasierte Datenbanken sowie Fuzzy-Datenbanken) und NoSQL-Datenbanken (Key/Value Store, Column Store, Document Store, XML-Datenbanken, Graphdatenbanken). Das Buch von Edlich et al. (2011) gibt eine Einführung in NoSQL-Datenbanktechnologien, bevor unterschiedliche Datenbankprodukte für Key/Value Store, Document Store, Column Store und Graphdatenbanken vorgestellt werden. Das Werk von Freiknecht (2014) beschreibt das bekannte System Hadoop (Framework für skalierbare und verteilte Systeme) inkl. der Komponenten für die Datenhaltung (HBase) und für das Data Warehousing (Hive). Das HMD-Schwerpunktheft über ‚Big Data' von Fasel und Meier (2014) gibt einen Überblick über die Big-Data-Entwicklung im betrieblichen Umfeld. Die wichtigsten NoSQL-Datenbanken werden vorgestellt, Fallbeispiele diskutiert, rechtliche Aspekte erläutert und Umsetzungshinweise gegeben.

Literatur

Celko, J.: Joe Celko's Complete Guide to NoSQL – What Every SQL Professional Needs to Know About Nonrelational Databases. Morgan Kaufmann, Waltham (2014)

Chang, F., Dean, J., Ghemawat, S., Hsieh, W.C., Wallach, D.A., Burrows, M., Chandra, T., Fikes, A., Gruber, R.E.: Bigtable – A distributed storage system for structured data. In: Seventh USENIX

Symposium on Operating System Design and Implementation, OSDI'2006, Seattle, 6–8 Nov (2006)

De Candia, G., Hastorun, D., Jampani, M., Kakulapati, G., Lakshman, A., Pilchin, A., Sivasubramanian, S., Vosshall, P., Vogels, W.: Dynamo – Amazon's Highly Available Key-value Store. 21st ACM Symposium on Operating Systems Principles, SOSP'07, S. 205–230, Stevenson, 14–17 Oct (2007)

Edlich, S., Friedland, A., Hampe, J., Brauer, B., Brückner, M.: NoSQL – Einstieg in die Welt nichtrelationaler Web 2.0 Datenbanken. Carl Hanser Verlag, München (2011)

Fasel, D.: Big Data – Eine Einführung. In: Fasel, D., Meier, A. (Hrsg.) Big Data. HMD-Zeitschrift Praxis der Wirtschaftsinformatik, Nr. 298, S. 386–400. Springer, Heidelberg (2014)

Fasel, D., Meier, A. (Hrsg.): Big Data. HMD-Zeitschrift Praxis der Wirtschaftsinformatik, Nr. 298. Springer, Heidelberg (2014)

Franks, B.: Taming the Big Data Tidal Wave. Wiley, Heidelberg (2012)

Freiknecht, J.: Big Data in der Praxis – Lösungen mit Hadoop, HBase und Hive – Daten speichern, aufbereiten und visualisieren. Carl Hanser Verlag, München (2014)

Harris, D.: The history of hadoop: From 4 nodes to the future of data. http://gigaom.com/2013/03/04/the-history-of-hadoop-from-4-nodes-to-the-future-of-data/ (2015). Zugegriffen im März (2015)

Manyika, J., Chui, M., Brown, B., Bughin, J., Dobbs, R., Roxburgh, Ch., Byers, A.H.: Big Data – The next frontier for innovation, competition, and productivity. Technical report, McKinsey Global Institute (2011)

Meier, A.: Erweiterung relationaler Datenbanksysteme für technische Anwendungen. Informatik-Fachberichte, Nr. 135, Springer, Berlin (1987)

Meier, A., Kaufmann, M.: SQL- & NoSQL-Datenbanken. Springer (2016)

Merv, A.: It's going mainstream, and it's your next opportunity. Teradata Magazine, 01, (2011)

Redmond, E., Wilson, J.R.: Seven Databases in Seven Weeks – A Guide to Modern Databases and the NoSQL Movement. The Pragmatic Bookshelf, Dallas (2012)

Sadalage, P.J., Fowler, M.: NoSQL Distilled – A Brief Guide to the Emerging World of Polyglot Persistence. Addison-Wesley, Upper Saddle River (2013)

Datenmanagement mit SQL und NoSQL

2

Andreas Meier

Zusammenfassung

Viele webbasierte Anwendungen setzen für die unterschiedlichen Dienste adäquate Datenhaltungssysteme ein. Die Nutzung einer einzigen Datenbanktechnologie, z. B. der relationalen, genügt nicht mehr. In diesem Kapitel werden entsprechend die Grundlagen für relationale Datenbanken – SQL-Datenbanken – sowie für NoSQL-Datenbanken gegeben. Als Einstieg dient ein elektronischer Shop, welcher gleichzeitig SQL- und NoSQL-Datenbanken als Architekturkomponenten beansprucht. Danach werden Modellierungsansätze für den Einsatz von relationalen und graphorientierten Datenbanken einander gegenüber gestellt. Die Nutzung von Daten mittels Datenbankabfragesprachen wird exemplarisch mit SQL (Structured Query Language) für relationale und mit Cypher für graphorientierte Datenbanken illustriert. Zudem werden unterschiedliche Konsistenzvarianten besprochen.

Schlüsselwörter

Semantische Modellbildung • Relationenmodell • Graphenmodell • Abfragesprachen • Konsistenz

---

Dieses Kapitel beruht teilweise auf Auszügen aus den beiden Textbüchern ‚Relationale und postrelationale Datenbanken' (Meier 2010) resp. ‚SQL- und NoSQL-Datenbanken' (Meier und Kaufmann 2016).

A. Meier (✉)
Universität Fribourg, Fribourg, Schweiz
E-Mail: andreas.meier@unifr.ch

© Springer Fachmedien Wiesbaden 2016
D. Fasel, A. Meier (Hrsg.), *Big Data*, Edition HMD,
DOI 10.1007/978-3-658-11589-0_2

2.1   Nutzung strukturierter und unstrukturierter Daten

Mit dem Aufkommen der Computer wurden die Daten bald auf Sekundärspeichern wie Band, Magnettrommel oder Magnetplatte gehalten. Das Merkmal solcher Datenhaltungssysteme war der wahlfreie oder direkte Zugriff auf das Speichermedium. Die Daten waren strukturiert und mit der Hilfe einer Adresse konnte ein bestimmter Datensatz selektiert werden, meistens unter Nutzung eines Index oder einer Hash-Funktion.

Die Großrechner mit ihren Dateisystemen wurden zu Beginn für technisch-wissenschaftliche Anwendungen genutzt. Der Rechner war ein Zahlenkalkulator resp. Computer im eigentlichen Sinne, ohne den z. B. das Projekt ‚Man on the Moon‘ keine Chance zum Erfolg gehabt hätte. Mit dem Aufkommen von Datenbanksystemen (CODASYL, hierarchische, relationale) eroberten die Rechner die Wirtschaft: Der Computer wurde zum Zahlen- und Wortkalkulator (vgl. Gugerli et al. 2014). Rechner mit Datenbanksystemen entwickelten sich zum Rückgrat administrativer und kommerzieller Anwendungen, da ein Mehrbenutzerbetrieb auf konsistente Art und Weise unterstützt werden konnte (vgl. ACID in Abschn. 2.4.1).

Nach wie vor basieren die meisten Informationssysteme in Organisationen und Unternehmen auf der relationalen Datenbanktechnik, welche die früher eingesetzten hierarchischen oder netzwerkartigen Datenbanksysteme ablöste. Relationale Systeme verarbeiten strukturierte und formatierte Daten in Form von Tabellen. Zudem muss die Struktur der Daten inkl. der verwendeten Datentypen dem Datenbanksystem durch die Spezifikation eines Schemas mitgeteilt werden (vgl. CREATE TABLE Befehl von SQL). Bei jedem SQL-Aufruf werden die Systemtabellen konsultiert, um u. a. Autorisierungs- und Datenschutzbestimmungen zu prüfen. Erweiterungen von SQL lassen es zu, Buchstabenfolgen (CHARACTER VARYING), Bitfolgen (BIT VARYING, BINARY LARGE OBJECT) oder Textstücke (CHARACTER LARGE OBJECT) zu verarbeiten. Zudem wird die Einbindung von XML (eXtensible Markup Language) unterstützt (Meier und Kaufmann 2016).

Mit dem Aufkommen des Webs resp. webbasierter Dienste haben sich neben der relationalen Datenbanktechnik vor allem NoSQL-Ansätze bewährt. Diese können strukturierte, semi-strukturierte und unstrukturierte Daten sowie Datenströme (Multimedia) in Echtzeit verarbeiten. Es lassen sich differenzierte Verfahren zur Konsistenzgewährung, Verfügbarkeit und Ausfalltoleranz nicht zuletzt aufgrund des sogenannten CAP-Theorems (Consistency, Availability, Partition Tolerance; vgl. Abschn. 2.4.2) mit Einschränkungen kombinieren.

In Abb. 2.1 ist ein elektronischer Shop schematisch dargestellt. Um eine hohe Verfügbarkeit und Ausfalltoleranz zu garantieren, wird ein Key/Value-Speichersystem (siehe Kap. 6) für die Session-Verwaltung sowie den Betrieb der Einkaufswagen eingesetzt. Die Bestellungen selber werden im Dokumentspeicher abgelegt (Kap. 6), die Kunden- und Kontoverwaltung erfolgt mit einem relationalen Datenbanksystem.

Bedeutend für den erfolgreichen Betrieb eines Webshops ist das Performance Management. Mit der Hilfe von Web Analytics werden wichtige Kenngrößen (Key Performance Indicators) der Inhalte (Content) wie der Webbesucher in einem Datawarehouse aufbewahrt. Mit spezifischen Werkzeugen (Data Mining, Predictive

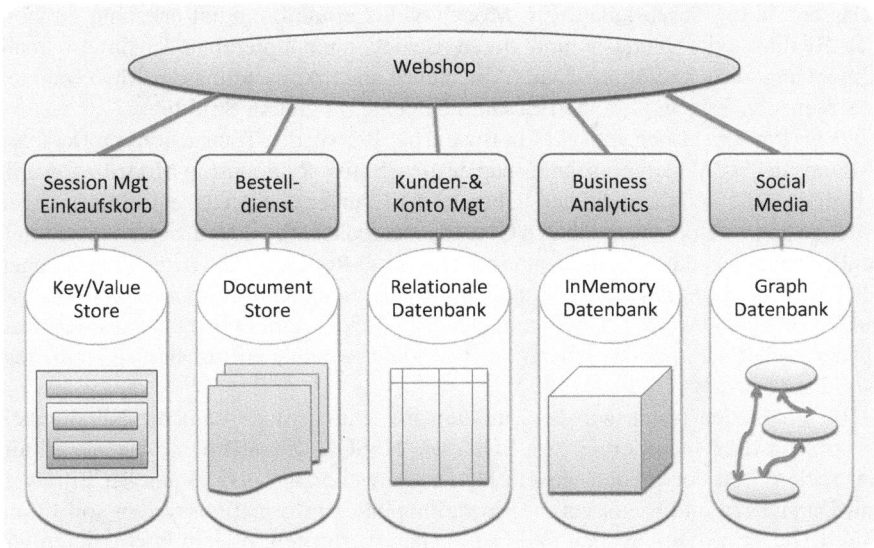

Abb. 2.1 Nutzung von SQL- und NoSQL-Datenbanken im Webshop nach Meier und Kaufmann 2016

Business Analysis) werden die Geschäftsziele und der Erfolg der getroffenen Maßnahmen regelmäßig ausgewertet. Da die Analysearbeiten auf dem mehrdimensionalen Datenwürfel (Datacube) zeitaufwendig sind, wird dieser InMemory gehalten (vgl. Kap. 6 und 10).

Die Verknüpfung des Webshops mit sozialen Medien drängt sich aus unterschiedlichen Gründen auf. Neben der Ankündigung von Produkten und Dienstleistungen kann analysiert werden, ob und wie die Angebote bei den Nutzern ankommen. Bei Schwierigkeiten oder Problemfällen kann mit gezielter Kommunikation und geeigneten Maßnahmen versucht werden, einen möglichen Schaden abzuwenden oder zu begrenzen. Darüber hinaus hilft die Analyse von Weblogs sowie aufschlussreicher Diskussionen in sozialen Netzen, Trends oder Innovationen für das eigene Geschäft zu erkennen. Falls die Beziehungen unterschiedlicher Bedarfsgruppen analysiert werden sollen, drängt sich der Einsatz von Graphdatenbanken auf (vgl. Abschn. 2.3.2 resp. Kap. 6).

2.2   Semantische Modellbildung

Unter Modellbildung versteht man die Abstraktion eines Ausschnitts der realen Welt oder unserer Vorstellung in Form einer formalen Beschreibung. Ein semantisches Datenmodell bezweckt, die Datenarchitektur eines Informationssystems unter Berücksichtigung der semantischen Zusammenhänge der Objekte und Beziehungen zu erfassen. Konkret werden Daten und Datenbeziehungen durch Abstraktion und

Klassenbildung beschrieben. Ein Modellzyklus erlaubt, einmal erkannte Objekte der Realität oder Fantasie und deren Beziehungen untereinander in die reale Umgebung zurückzuführen. Durch die mehrmalige Anwendung der Modellzyklen eröffnen sich Erkenntnisse und Zusammenhänge (kognitive Struktur).

Peter Pin-Shan Chen vom MIT in Boston hat 1976 in den Transactions on Database Systems der ACM sein Forschungspapier ‚The Entity-Relationship Model – Towards a Unified View of Data' publiziert (Chen 1976). Er unterscheidet dabei Entitätsmengen (Menge von wohlunterscheidbaren Objekten der realen Welt oder unserer Vorstellung) und Beziehungsmengen. Entitätsmengen werden als Rechtecke und Beziehungsmengen als Rhomben grafisch dargestellt, wobei die Eigenschaften (Attribute) diesen Konstrukten angehängt werden. Chen stellt gleich zu Beginn seines Forschungspapiers fest: ‚[This model] incorporates some of the important semantic information about the real world …'.

Im Folgenden testen wir das Entitäten-Beziehungsmodell auf die Nützlichkeit sowohl für die Modellierung von SQL- wie NoSQL-Datenbanken. Als Ausschnitt der realen Welt verwenden wir ein kleines Anwendungsbeispiel aus der Filmwelt mit Darstellern und Regisseuren. Ein rudimentäres Informationssystem soll Filme durch Titel, Erscheinungsjahr und Genre charakterisieren. Zudem interessieren wir uns für Schauspieler mit Namen und Geburtsjahr; ebenso für Regisseure. Das Informationssystem soll nicht nur Auskunft geben über Filme und Filmemacher, sondern auch aufzeigen, wer welche Rollen bei Filmprojekten eingenommen hat.

Objekte oder Konzepte der realen Welt werden im Entitäten-Beziehungsmodell als Entitätsmengen dargestellt. Aus diesem Grunde definieren wir in Abb. 2.2 die Entitätsmengen FILM, DARSTELLER und REGISSEUR mit ihren jeweiligen

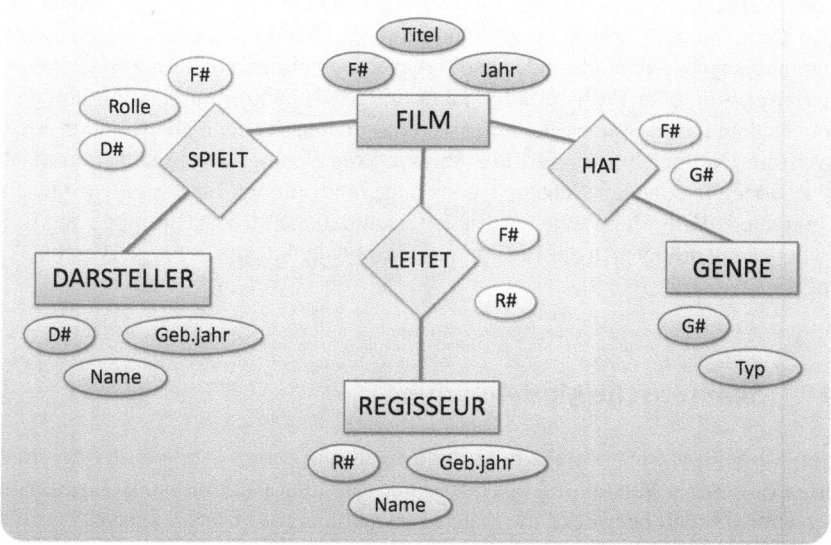

Abb. 2.2 Entitäten-Beziehungsmodell für Filme und Filmemacher

Merkmalen. Da das Genre des Films von Bedeutung ist, entscheiden wir uns für eine eigenständige Entitätsmenge GENRE, um die Filme typisieren zu können.

Beziehungen unter den Objekten werden als Beziehungsmengen modelliert, wobei die Eindeutigkeit einer Beziehung in der Menge durch Schlüsselkombinationen ausgedrückt wird. Die Beziehungsmenge SPIELT besitzt gemäß Abb. 2.2 die beiden Fremdschlüssel F# aus der Entitätsmenge FILM resp. D# aus DARSTELLER. Zudem enthält die Beziehungsmenge SPIELT das eigenständige Beziehungsmerkmal ‚Rolle‘, um das Auftreten des jeweiligen Schauspielers in seinen Filmen ausdrücken zu können.

Das Entitäten-Beziehungsmodell unterstützt den konzeptionellen Entwurf und besticht, weil es für unterschiedliche Datenbankgenerationen verwendet werden kann. Im ursprünglichen Forschungspapier hat Peter Chen aufgezeigt, wie sich ein Entitäten-Beziehungsmodell in relationale oder netzwerkartige Datenbanken abbilden lässt.

In der Praxis können bei der Entwicklung eines Informationssystems die Bedürfnisse der Anwender im Entitäten-Beziehungsmodell unabhängig von der Datenbanktechnik ausgedrückt werden. Neben der Datenstruktur mit Entitätsmengen und Beziehungsmengen lassen sich Fragen diskutieren, die später durch das Informationssystem beantwortet werden. Auf unser Filmbeispiel bezogen könnte interessieren, in welchen Filmen der Schauspieler Keanu Reeves aufgetreten ist, welche Rollen er jeweils hatte oder ob er bereits als Regisseur Erfahrungen gesammelt hat.

Objekte der realen Welt lassen sich meistens durch Substantive ausdrücken; sie werden durch Entitätsmengen dargestellt und durch Rechtecke symbolisiert. Beziehungen zwischen Objekten werden mit Verben charakterisiert. Chen wählte in seinem Modell für diese Beziehungsmengen ebenfalls ein eigenes Konstrukt (Rhombus). Frage: Was in unserem Leben lässt sich nicht durch Objekte und Objektbeziehungen ausdrücken?

Eine Diskussion des Entitäten-Beziehungsmodells mit den Auftraggebern, mit künftigen Nutzern verschiedener Fachbereiche oder mit Kunden und Lieferanten verifiziert die Datenarchitektur, bevor teure Investitionen in Infrastruktur und Personal geleistet werden. Hinzu kommt, dass die Vertreter unterschiedlicher Anspruchsgruppen sich nicht in den vielfältigen Datenbank- oder Softwaretechnologien auskennen müssen. Ein Entitäten-Beziehungsmodell verwendet natürlich-sprachliche Begriffe (Substantive, Verben, Eigenschaften) bei der Lösungssuche und benötigt keine Übersetzung des Untersuchungsgegenstandes (Universe of Discourse).

2.2.1 Relationenmodell

Das Relationenmodell wurde vom englischen Mathematiker Edgar Frank Codd konzipiert und 1970 unter dem Titel ‚A Relational Model of Data for Large Shared Data Banks‘ bei den Communications of the ACM veröffentlicht (Codd 1970). Er arbeitete zu dieser Zeit am IBM Forschungslabor San Jose in Kalifornien, wo eines der ersten relationalen Datenbanksysteme unter dem Namen ‚System R‘

entwickelt wurde. Damals verwendete dieser Prototyp die Abfragesprache
SEQUEL (Structured English Query Language), die als Grundlage für die international standardisierte Abfragesprache SQL (Structured Query Language)
diente. Das Forschungsvehikel System R bildete die Basis für die relationalen
Datenbanksysteme von IBM (DB2, SQL/DS), Oracle (Oracle Database Server
und Derivate) oder Microsoft (SQL Server).

Das Relationenmodell kennt ein einziges Konstrukt, das einer Tabelle. Eine
Tabelle oder Relation ist eine Menge von Tupeln (Datensätzen). Jedes Tupel besteht
wiederum aus einer Menge von Attributen (Merkmalen), welche die Eigenschaften
des Tupels aus vordefinierten Wertebereichen in Spalten darstellen (siehe Fallbeispiel
Abb. 2.3).

Ted Codd wollte mit der Definition eines Tabellenkonstrukts keine Ordnungs-
relationen vorgeben, um möglichst unabhängig zu bleiben. Sowohl die Anzahl
als auch die Ordnung der Tupel wie der Spalten ist demnach beliebig, da Mengen
im mathematischen Sinne ungeordnet sind. Was den Geschmack oder das
Bedürfnis des Anwenders betrifft, kann dieser jederzeit mit der Abfragesprache
SQL seine Resultatstabelle nach unterschiedlichen Kriterien generieren (z. B.
ORDER-BY-Klausel mit aufsteigender oder absteigender Reihenfolge bestimmter Merkmale).

Wenden wir uns der Abbildung eines Entitäten-Beziehungsmodells auf ein Relationenmodell zu (Abb. 2.3). Aus jeder Entitätsmenge des Fallbeispiels aus der Film-
branche wird eine Tabelle, wobei die Merkmale der Entitätsmengen in Attribute

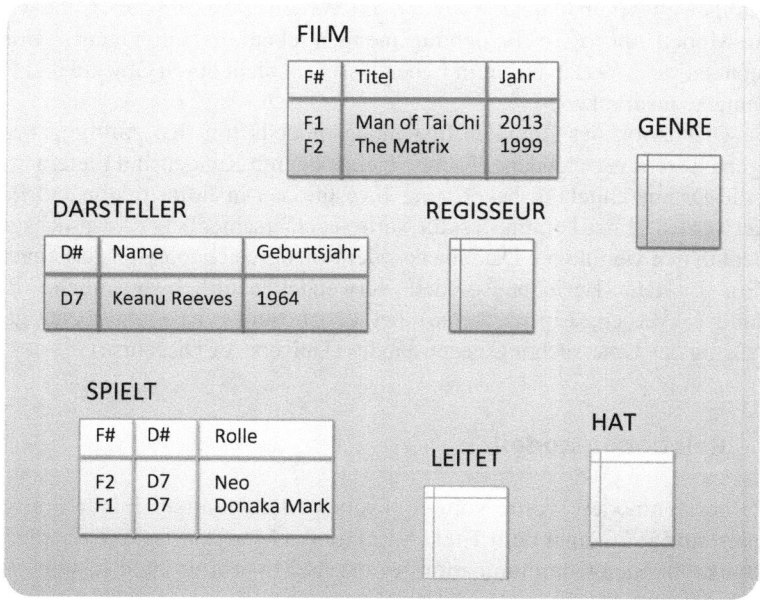

Abb. 2.3 Auszug Relationenmodell für Filme und Filmemacher

resp. Spaltennamen der Tabelle übergehen. So erhalten wir die Tabellen FILM, DARSTELLER, REGISSEUR und GENRE. Auf analoge Art und Weise werden die Beziehungsmengen in Tabellen überführt, mit der Mitnahme der Beziehungsmerkmale. Hier erhalten wir die drei Tabellen SPIELT, LEITET und HAT. Die Tabelle SPIELT drückt beispielsweise die Rollen der Schauspieler (D#) in ihren Filmen (F#) aus: Keanu Reeves spielte den Neo im Film ‚The Matrix‘, was im Beziehungstupel (F2, D7, Neo) resultiert.

Die Stärke des Relationenmodells liegt in seiner Einfachheit: Alle Objekte und Beziehungen der realen Welt oder unserer Vorstellung werden in Tabellen ausgedrückt. Von jeher sind wir es gewohnt, tabellarische Datensammlungen ohne Interpretationshilfen zu lesen und zu verstehen. Bei der Nutzung der Abfragesprache SQL werden wir sehen, dass das Resultat jeder Recherche in einer Tabelle resultiert. Demnach werden Tabellen (Input) durch Operatoren der sogenannten Relationenalgebra (Processing, siehe Abschn. 2.3.1) in Resultatstabellen (Output) überführt.

Als Modellierwerkzeug ist das Relationenmodell schlecht geeignet, denn Entitätsmengen wie Beziehungsmengen müssen in Tabellen ausgedrückt werden. Aus diesem Grunde wählt man meistens das Entitäten-Beziehungsmodell (oder ähnliche Modelle, wie z.B. die Unified Modelling Language UML), um einen Ausschnitt der realen Welt abstrakt zu beschreiben. Entsprechend existieren klare Abbildungsregeln, um Entitätsmengen sowie einfach-einfache, hierarchische oder netzwerkartige Beziehungsmengen oder weitere Abstraktionskonstrukte wie Generalisierungshierarchien resp. Aggregationsstrukturen in Tabellen zu überführen (vgl. Meier 2010).

2.2.2 Graphenmodell

Graphenmodelle sind in vielen Anwendungsgebieten kaum mehr wegzudenken. Sie finden überall Gebrauch, wo netzwerkartige Strukturen analysiert oder optimiert werden müssen. Stichworte dazu sind Rechnernetzwerke, Transportsysteme, Robotereinsätze, Energieleitsysteme, elektronische Schaltungen, soziale Netze oder betriebswirtschaftliche Themengebiete.

Ein ungerichteter Graph besteht aus einer Knotenmenge und aus einer Kantenmenge, wobei jeder Kante zwei nicht notwendigerweise verschiedene Knoten zugeordnet sind. Auf diesem abstrakten Niveau lassen sich Eigenschaften von Netzstrukturen analysieren (vgl. z.B. Tittmann 2011): Wie viele Kanten muss man durchlaufen, um von einem Ausgangsknoten zu einem bestimmten Knoten zu gelangen? Gibt es zwischen je zwei Knoten einen Weg? Kann man die Kanten eines Graphen so durchlaufen, dass man jeden Knoten einmal besucht? Wie kann man einen Graphen so zeichnen, dass sich keine zwei Kanten in der Ebene schneiden? etc.

Viele praktische Problemstellungen werden mit der Graphentheorie elegant gelöst. Bereits 1736 hat der Mathematiker Leonhard Euler anhand der sieben Brücken von Königsberg herausgefunden, dass nur dann ein Weg existiert, der jede Brücke genau einmal überqueren lässt, wenn jeder Knoten einen geraden Grad besitzt. Dabei drückt der Grad eines Knotens die Anzahl der zu ihm inzidenten Kanten aus. Ein sogenannter Eulerweg existiert also dann, wenn ein Graph zusammenhängend ist, d. h. zwischen je zwei Knoten gibt es einen Weg, und wenn jeder Knoten einen geraden Grad besitzt.

Wichtig für viele Transport- oder Kommunikationsnetze ist die Berechnung der kürzesten Wege. Edsger W. Dijkstra hat 1959 in einer dreiseitigen Notiz einen Algorithmus beschrieben, um die kürzesten Pfade in einem Netzwerk zu berechnen. Dieser Algorithmus, oft als Dijkstra-Algorithmus bezeichnet (Dijkstra 1959), benötigt einen gewichteten Graphen (Gewichte der Kanten: z. B. Wegstrecken mit Maßen wie Laufmeter oder Minuten) und einen Startknoten, um von ihm aus zu einem beliebigen Knoten im Netz die kürzeste Wegstrecke zu berechnen.

Eine weitere klassische Frage, die mittels Graphen beantwortet werden kann, ist die Suche nach dem nächsten Postamt. In einer Stadt mit vielen Postämtern (analog dazu Diskotheken, Restaurants oder Kinos etc.) möchte ein Webnutzer das nächste Postamt abrufen. Welches liegt am nächsten zu seinem jetzigen Standort? Dies sind typische Suchfragen, die standortabhängig beantwortet werden sollten (location-based services).

In Abb. 2.4 ist ein Ausschnitt eines gerichteten und attributierten Graphen für das Filmbeispiel gegeben. Hier haben die Knoten ebenso wie die Kanten eindeutige Namen und je nach Bedarf auch Eigenschaften. Filme beispielsweise werden im Knoten FILM abgelegt, mit den Eigenschaften Titel und Jahr (Erscheinungsjahr). Entsprechend werden die Knoten DARSTELLER, REGISSEUR und GENRE definiert. Die Kante SPIELT ist gerichtet und führt vom Knoten DARSTELLER zum Knoten FILM; sie weist als Eigenschaft die Rollen der Schauspieler in unterschiedlichen Filmen aus.

Für die Abbildung eines Entitäten-Beziehungsmodells auf ein Graphenmodell existieren Abbildungsregeln (vgl. Meier und Kaufmann 2016). So werden Entitätsmengen in Knoten und Beziehungsmengen in Kanten überführt, je nachdem, ob

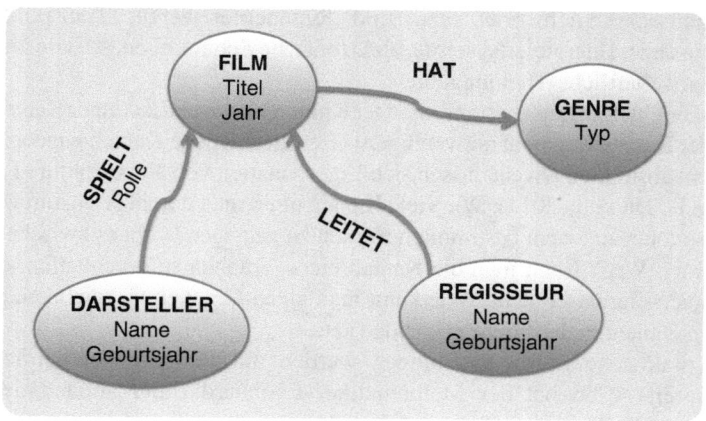

Abb. 2.4 Ausschnitt eines Graphenmodells für Filme und Filmemacher

die Beziehungsmengen einfach-einfache, hierarchische oder netzwerkartige Konstellationen ausdrücken. Entsprechend lassen sich Generalisierungshierarchien sowie hierarchische oder netzwerkartige Aggregationsstrukturen in Graphen überführen.

Das Graphenmodell zeigt seine Stärken, weil es viele semantische Zusammenhänge ausdrücken kann. Es besitzt je ein Konstrukt für Objekte (Knoten) und für Beziehungen zwischen Objekten (Kanten). Knoten wie Kanten können mit Namen und Eigenschaften versehen werden. Zudem kann jederzeit auf die umfangreiche Sammlung von Graphalgorithmen zurückgegriffen werden.

Bei der Nutzung von Graphdatenbanken (Robinson et al. 2013) zeigt sich, dass die Graphen mit ihren Ausprägungen rasch komplex werden. Um die Übersichtlichkeit zu gewährleisten, lohnt es sich, Visualisierungstechniken eventuell mit Farbstufen zu verwenden. Zudem sollten grafische Benutzerschnittstellen angeboten werden, um Abfragen in der Graphdatenbank benutzerfreundlich durchzuführen.

2.3 Abfragesprachen

Informationen sind eine unentbehrliche Ressource sowohl im Geschäfts- wie im Privatleben. Mit der Hilfe von Abfragesprachen können die Benutzer elektronische Datenbestände im Web oder in spezifischen Datensammlungen durchforsten. Das Ergebnis einer Abfrage (Query) ist ein Auszug des Datenbestandes, der die Frage des Anwenders mehr oder weniger beantwortet. Der Wert des Resultats ist abhängig von der Güte des Datenbestandes wie der Funktionalität der gewählten Abfragesprache.

Das Fachgebiet Information Retrieval widmet sich der Informationssuche. Ursprünglich ging es darum, Dokumente in elektronischen Sammlungen aufzufinden. Mit der Hilfe von Deskriptoren wurden die Textsammlungen verschlagwortet und elektronisch abgelegt. Mit geeigneten Retrieval-Sprachen, bei denen man Begriffe im Suchfenster eingab, wurde ein Matching der Anfrage mit den Vorkommen in der Datensammlung berechnet. Diejenigen Dokumente, die am nächsten bei der Anfrage lagen, wurden als Resultat aufgelistet. Beim Aufkommen des Web wurden die Ansätze verwendet, um geeignete Suchmaschinen zu bauen.

Beim Information Retrieval geht es darum, mit geeigneten mathematischen Verfahren (Matching, Clustering, Filter) Informationen aufzufinden. Beim weiterführenden Knowledge Discovery in Databases (KDD) wird versucht, noch nicht bekannte Zusammenhänge aus den Daten zu gewinnen. Dazu dienen Algorithmen der Mustererkennung resp. des Text und Data Mining.

Im Folgenden werden zwei Abfragesprachen vorgestellt: SQL für die Auswertung relationaler Datenbanken sowie Cypher für das Durchforsten von Grahpdatenbanken. Beide Sprachansätze filtern gewünschte Informationen aus den darunterliegenden Datensammlungen heraus. Weitergehende Sprachelemente für Mustererkennung sind teilweise vorhanden.

2.3.1   Structured Query Language

Die Structured Query Language oder abgekürzt SQL ist die Abfragesprache für relationale Datenbanken. Alle Informationen liegen in Form von Tabellen vor. Eine Tabelle ist eine Menge von Tupeln oder Datensätzen desselben Typs. Dieses Mengenkonstrukt ermöglicht eine mengenorientierte Abfragesprache. Das Resultat einer Selektion ist eine Menge von Tupeln, d. h. jedes Ergebnis eines Suchvorgangs wird vom Datenbanksystem als Tabelle zurückgegeben. Falls keine Datensätze der durchsuchten Tabelle die gewünschten Eigenschaften (Selektionsbedingungen) erfüllen, wird dem Anwender eine leere Resultatstabelle zurückgegeben.

Ted Codd hat in seinem Forschungspapier von 1970 (Codd 1970) neben dem Relationenmodell auch die Relationenalgebra vorgeschlagen. Sie bildet den formalen Rahmen für relationale Datenbanksprachen. Die Relationenalgebra umfasst einen Satz algebraischer Operatoren, die immer auf Tabellen wirken und als Resultat eine Tabelle zurückgeben. Neben mengenorientierten Operatoren (Vereinigung, Durchschnitt, Differenz, Kartesisches Produkt) umfasst die Relationenalgebra auch relationenorientierte Operatoren (Projektion, Selektion, Division, Verbund). Eine relational vollständige Abfragesprache umfasst fünf Operatoren (Vereinigung, Differenz, Kartesisches Produkt, Projektion, Selektion), da die übrigen Operatoren mit einer Kombination dieser fünf Operatoren ausgedrückt werden können.

Die Relationenalgebra ist ein mathematisches Konstrukt. Da dieses den gelegentlichen Nutzern einer Datenbank Schwierigkeiten bereitet, wurde SQL mit der folgenden Grundstruktur vorgeschlagen (Astrahan et al. 1976):

SELECT	Merkmale der Resultatstabelle
FROM	Tabelle oder Tabellen
WHERE	Selektionsbedingung

Der Ausdruck SELECT-FROM-WHERE wirkt auf eine oder auf mehrere Tabellen und erzeugt als Resultat immer eine Tabelle. Dabei muss die Selektionsbedingung in der WHERE-Klausel erfüllt sein. Ein Select-Statement ist nichts anderes als ein Kombinat der Filteroperatoren der Relationenalgebra. Intern wird eine SQL-Anfrage immer in einen Anfragebaum (Menge von binären und unären Operatoren der Relationenalgebra) übersetzt, optimiert und berechnet.

Interessieren wir uns beispielsweise für das Erscheinungsjahr des Films ‚The Matrix‘, so formulieren wir ein einfaches SQL-Statement:

SELECT	Jahr
FROM	FILM
WHERE	Titel = ‚The Matrix‘;

Dieses SQL-Statement gibt als Resultat das Jahr 1999 zurück, als einelementige Menge. Die Filteroperation entspricht einer Kombination eines Selektionsoperators mit einem Projektionsoperator (siehe Abb. 2.5): In der Tabelle FILM wird das Tupel mit dem Titel ‚The Matrix‘ gesucht, bevor es auf die Spalte ‚Jahr‘ projiziert wird und das Resultat ‚1999‘ erzeugt.

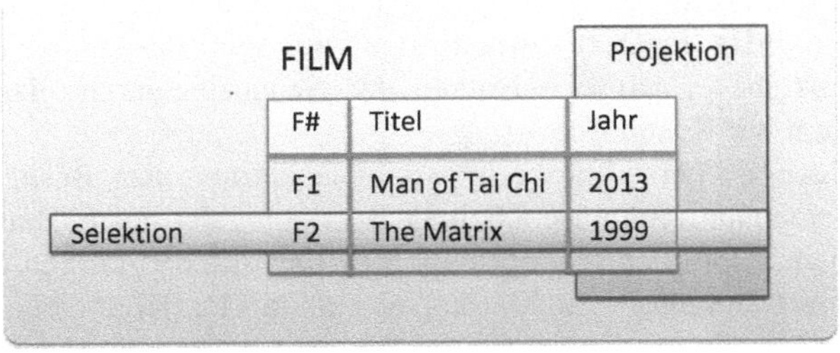

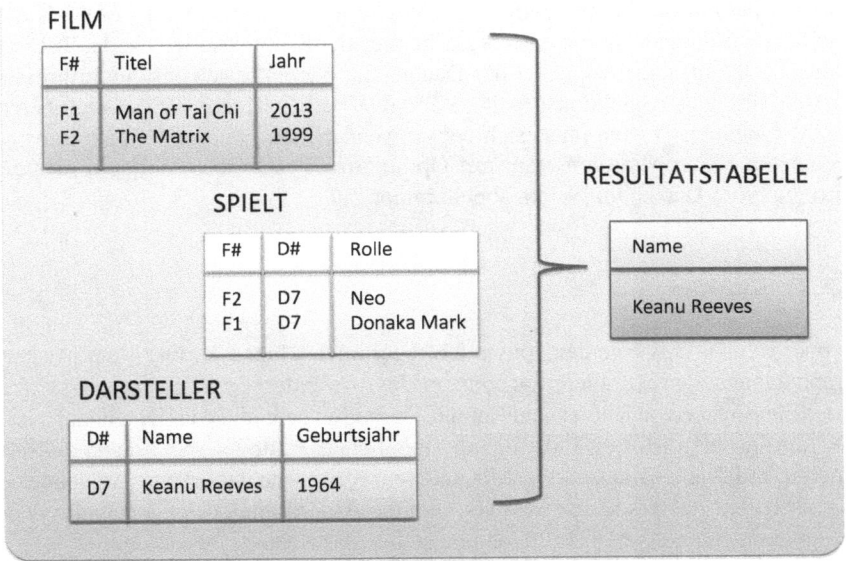

Abb. 2.5 Filteroperatoren der Relationenalgebra

Abb. 2.6 Zur Kombination (Join) dreier Tabellen

Eine etwas anspruchsvollere Abfrage ist die folgende (Abb. 2.6): Wie lautet der Name des Schauspielers, der im Film ‚The Matrix' den ‚Neo' darstellte? Das entsprechende SQL-Statement lautet:

```
SELECT      Name
FROM        FILM, SPIELT, DARSTELLER
WHERE       FILM.F# = SPIELT.F# AND
            SPIELT.D# = DARSTELLER.D# AND
            Titel = ‚The Matrix' AND
            Rolle = ‚Neo';
```

Dieses SQL-Statement kombiniert verschiedene Operatoren der Relationenalgebra. Zuerst werden die beiden Tabellen FILM und SPIELT über die Filmnummer F#

verbunden; desgleichen die beiden Tabellen SPIELT und DARSTELLER über die Darstellernummer D#. Danach wird das Tupel mit den Einträgen ‚The Matrix' und ‚Neo' selektiert, bevor auf den Namen des Schauspielers projiziert wird. Als Resultat erhalten wir Keanu Reeves.

Bei der algebraischen Optimierung geht es darum, das Resultat mit wenig Aufwand zu berechnen. Aus diesem Grunde würde ein relationales Datenbanksystem den Anfragebaum optimieren: Zuerst würden die Filteroperatoren Selektion (für das Filmtupel mit dem Film ‚The Matrix' resp. für das Beziehungstupel aus SPIELT mit der Rolle ‚Neo') resp. Projektionen (auf F# und Jahr in der Tabelle FILM) ausgeführt, bevor die teuren Berechnungsoperatoren Verbund (Join) berechnet würden.

Die Sprache SQL ist mengenorientiert und deskriptiv. Für die Suche im Tabellenraum muss der Anwender lediglich die Suchtabellen in der FROM-Klausel (Input) sowie die gewünschten Merkmalsnamen der Resultatstabelle in der SELECT-Klausel (Output) angeben, bevor das Datenbanksystem die gewünschte Information mit der Hilfe eines Selektionsprädikats in der WHERE-Klausel (Processing) berechnet. Mit anderen Worten muss sich der Anwender nicht mit der Formulierung von geeigneten Filteroperatoren resp. mit Optimierungsfragen beschäftigen, dies alles wird ihm vom Datenbanksystem abgenommen.

2.3.2 Cypher

Cypher ist ebenfalls eine deklarative Abfragesprache, hier allerdings, um Muster in Graphdatenbanken extrahieren zu können. Der Anwender spezifiziert seine Suchfrage durch die Angabe von Knoten und Kanten. Daraufhin berechnet das Datenbanksystem alle gewünschten Muster, indem es die möglichen Pfade (Verbindungen zwischen Knoten und Kanten) auswertet. Mit anderen Worten deklariert der Anwender die Eigenschaften des gesuchten Musters, und die Algorithmen des Datenbanksystems traversieren alle notwendigen Pfade und stellen das Resultat zusammen.

Gemäß Abschn. 2.2.2 besteht das Datenmodell einer Graphdatenbank aus Knoten (Objekte) und gerichteten Kanten (Beziehungen zwischen Objekten). Sowohl Knoten wie Kanten können neben ihrem Namen eine Menge von Eigenschaften haben. Die Eigenschaften werden durch Attribut-Wert-Paare ausgedrückt.

In Abb. 2.7 ist ein Ausschnitt der Graphdatenbank über Filme und Schauspieler aufgezeigt. Der Einfachheit halber werden nur zwei Knotentypen aufgeführt: DARSTELLER und FILM. Der Knoten für die Schauspieler enthält zwei Attribut-Wert-Paare, nämlich (Name: Vorname Nachname) und (Geburtsjahr: Jahr).

Der Ausschnitt aus Abb. 2.7 zeigt zudem den Kantentyp SPIELT. Diese Beziehung drückt aus, welche Schauspieler in welchen Filmen mitwirkten. Auch Kanten können Eigenschaften besitzen, falls man Attribut-Wert-Paare anfügt. Bei der Beziehung SPIELT werden jeweils die Rollen gelistet, welche die Schauspieler hatten. So war beispielsweise Keanu Reeves im Film ‚The Matrix' als Hacker unter dem Namen ‚Neo' engagiert.

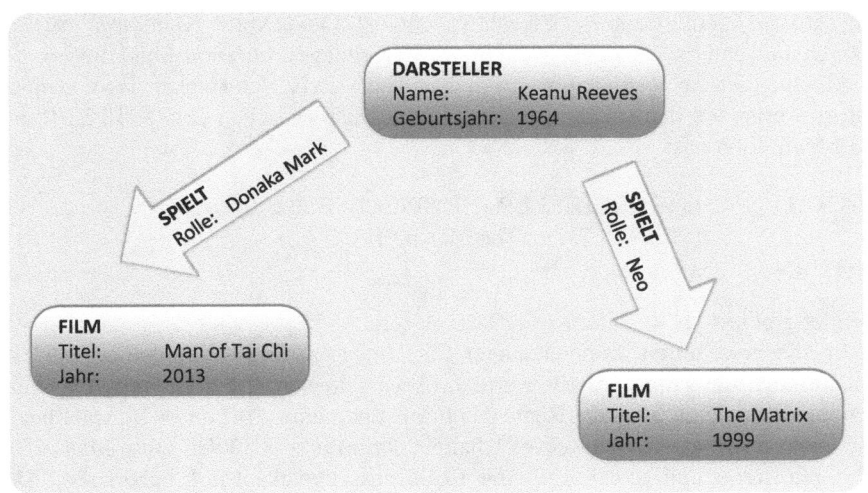

Abb. 2.7 Ausschnitt der Graphdatenbank über Keanu Reeves

Möchte man die Graphdatenbank über Filme auswerten, so kann Cypher (Van Bruggen 2014) verwendet werden. Die Grundelemente des Abfrageteils von Cypher sind die folgenden:

MATCH   Identifikation von Knoten und Kanten sowie Deklaration von Suchmustern

WHERE   Bedingungen zur Filterung von Ergebnissen

RETURN   Bereitstellung des Resultats, bei Bedarf aggregiert

Möchte man das Erscheinungsjahr des Films ‚The Matrix' berechnen, so lautet die Anfrage in Cypher:

MATCH   (m: FILM {Titel: „The Matrix"})
RETURN   m.Jahr

In dieser Abfrage wird die Variable m für den Film ‚The Matrix' losgeschickt, um das Erscheinungsjahr dieses Filmes durch m.Jahr zurückzugeben. Die runden Klammern drücken bei Cypher immer Knoten aus, d. h. der Knoten (m: FILM) deklariert die Laufvariable m für den Knoten FILM. Neben Laufvariablen können konkrete Attribut-Wert-Paare in geschweiften Klammern mitgegeben werden. Da wir uns für den Film ‚The Matrix' interessieren, wird der Knoten (m: FILM) um die Angabe {Titel: „The Matrix"} ergänzt.

Interessant sind nun Abfragen, die Beziehungen der Graphdatenbank betreffen. Beziehungen zwischen zwei beliebigen Knoten (a) und (b) werden in Cypher durch das Pfeilsymbol „– – >" ausgedrückt, d. h. der Pfad von (a) nach (b) wird durch „(a) – – > (b)" deklariert. Falls die Beziehung zwischen (a) und (b) von Bedeutung ist, wird die Pfeilmitte mit der Kante [r] ergänzt. Die eckigen Klammern drücken Kanten aus, und r soll hier als Variable für Beziehungen (relationships) dienen.

Möchten wir herausfinden, wer im Film ‚The Matrix' den Hacker ‚Neo' gespielt hat, so werten wir den entsprechenden Pfad SPIELT zwischen DARSTELLER und FILM wie folgt aus:

MATCH   (a: DARSTELLER) – [: SPIELT {Rolle: „Neo"}] – >
             (: FILM {Titel: „The Matrix"})
RETURN   a.Name

Cypher gibt uns als Resultat Keanu Reeves zurück.

In einer erweiterten Graphdatenbank für Filme (vgl. Graphenmodell in Abb. 2.4) könnte auch die Frage gestellt werden, ob es Filme gibt, bei welchen einer der Schauspieler gleichzeitig die Regie des Films übernahm. Auf unser Beispiel bezogen würden wir u. a. Keanu Reeves erhalten, der im Jahr 2013 den Film ‚Man of Tai Chi' realisierte und gleichzeitig die Rolle des ‚Donaka Mark' übernahm. Der Ausschnitt der Graphdatenbank aus Abb. 2.7 würde mit dem Knoten REGISSEUR und einer Kante zwischen REGISSEUR und FILM ergänzt. Konkret würde eine Kante vom Regisseur ‚Keanu Reeves' auf den Film ‚Man of Tai Chi' verweisen und die Doppelrolle von Keanu Reeves würde ersichtlich.

Graphorientierte Sprachen eignen sich zur Auswertung unterschiedlicher Netzwerke und Beziehungen. So erfreuen sie sich großer Beliebtheit bei der Analyse sozialer Medien, beim Auswerten von Transportnetzen oder beim Community Marketing.

2.4   Konsistenzgewährung

Unter dem Begriff Konsistenz oder Integrität einer Datenbank versteht man den Zustand widerspruchsfreier Daten. Integritätsbedingungen sollen garantieren, dass bei Einfüge- oder Änderungsoperationen die Konsistenz der Daten jederzeit gewährleistet bleibt.

Eine weitere Schwierigkeit ergibt sich aus der Tatsache, dass mehrere Benutzer gleichzeitig eine Datenbank zugreifen und gegebenenfalls verändern. Transaktionsverwaltungen erzwingen, dass konsistente Datenbankzustände immer in konsistente Datenbankzustände überführt werden. Ein Transaktionssystem arbeitet nach dem Alles-oder-Nichts-Prinzip. Es wird damit ausgeschlossen, dass Transaktionen nur teilweise Änderungen auf der Datenbank ausführen. Entweder werden alle gewünschten Änderungen ausgeführt oder keine Wirkung auf der Datenbank erzeugt. Mit der Hilfe von pessimistischen oder optimistischen Synchronisationsverfahren wird garantiert, dass die Datenbank jederzeit in einem konsistenten Zustand verbleibt.

Bei umfangreichen Webanwendungen hat man erkannt, dass die Konsistenzforderung nicht in jedem Fall anzustreben ist. Der Grund liegt darin, dass man aufgrund des sogenannten CAP-Theorems (Abschn. 2.4.2) nicht alles gleichzeitig haben kann: Konsistenz (Consistency), Verfügbarkeit (Availability) und Ausfalltoleranz (Partition Tolerance). Setzt man beispielsweise auf Verfügbarkeit und Ausfalltoleranz, so muss man zwischenzeitlich inkonsistente Datenbankzustände in Kauf nehmen.

Im Folgenden wird zuerst das klassische Transaktionskonzept in Abschn. 2.4.1 erläutert, das auf Atomarität (Atomicity), Konsistenz (Consistency), Isolation (Isolation) und Dauerhaftigkeit (Durability) setzt und als ACID bezeichnet wird. Danach wird in Abschn. 2.4.2 die leichtere Variante BASE (Basically Available, Soft State, Eventually Consistent) erläutert. Hier wird erlaubt, dass replizierte Rechnerknoten zwischenzeitlich unterschiedliche Datenversionen halten und erst zeitlich verzögert aktualisiert werden. Abschnitt 2.4.3 stellt die beiden Ansätze ACID und BASE einander gegenüber.

2.4.1 Das Zweiphasen-Sperrprotokoll

In den meisten Fällen besitzen die Anwender einer Datenbank diese nicht für sich alleine, sondern teilen sie mit anderen Anwendern (shared databases). Dabei sollte das Datenbanksystem dafür sorgen, dass die einzelnen Anwender sich nicht gegenseitig in die Haare kommen und Inkonsistenzen in den Datenbeständen entstehen.

Eine Transaktion ist eine Einheit von mehreren Datenbankoperationen, die einen konsistenten Datenbankzustand in einen konsistenten Datenbankzustand überführt. Konkret erfüllt eine Transaktion die unter dem Kürzel ACID (Härder und Reuter 1983) bekannten Forderungen:

- Atomicity: Eine Transaktion wird entweder vollständig durchgeführt oder erzeugt keine Wirkung auf der Datenbank.
- Consistency: Jede Transaktion überführt einen konsistenten Datenbankzustand in einen konsistenten Datenbankzustand.
- Isolation: Gleichzeitig ablaufende Transaktionen erzeugen dasselbe Resultat wie im Falle einer Einbenutzerumgebung, d. h. äquivalent zu einer seriellen Ausführung.
- Durability: Datenbankzustände sind dauerhaft und bleiben so lange gültig, bis sie von anderen Transaktionen konsistent nachgeführt werden.

Eine Transaktion ist eine Folge von Datenbankoperationen, die mit BEGIN_OF_ TRANSACTION eröffnet und mit END_OF_TRANSACTION abgeschlossen wird. Start und Ende einer Transaktion signalisieren dem Datenbanksystem, welche Datenbankoperationen eine Einheit bilden und durch ACID geschützt bleiben.

Das klassische Beispiel konkurrierender Transaktionen stammt aus dem Bankenbereich. Bei Buchungstransaktionen lautet die bekannte Konsistenzforderung, dass Belastungen und Gutschriften sich ausgleichen.

In Abb. 2.8 sind zwei konfliktträchtige Buchungstransaktionen aufgezeigt, die parallel ausgeführt werden. Die Transaktion TRX_1 erhöht das Konto a um 100 Euro und belastet das Gegenkonto b um denselben Betrag. Würde TRX_1 isoliert ablaufen, würde die Konsistenzregel der Buchhaltung erfüllt bleiben und den Saldo

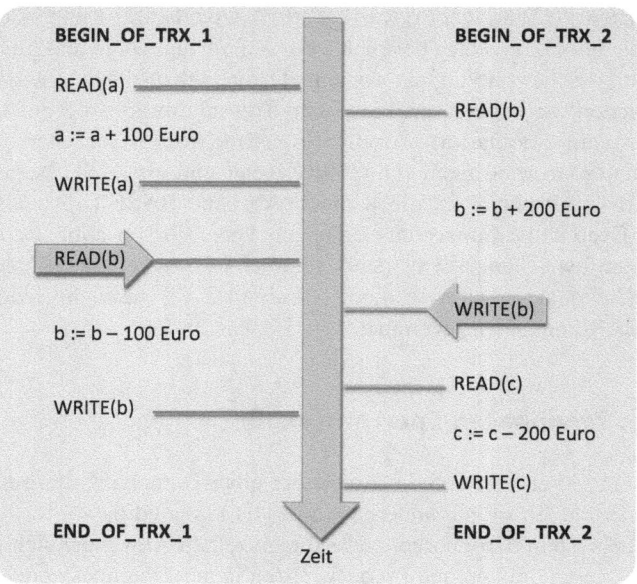

Abb. 2.8 Konfliktträchtige Buchungstransaktionen angelehnt an Meier 2010

auf Null belassen. Dasselbe gilt für die Transaktion TRX_2, welche dem Konto b 200 Euro gutschreibt und das Konto c um diesen Betrag belastet; hier ebenfalls mit Saldo gleich Null. Beim gleichzeitigen Ausführen der beiden Buchungstransaktionen TRX_1 und TRX_2 allerdings entsteht ein Konflikt: TRX_1 liest den falschen Kontozustand von b (die Erhöhung um 200 Euro durch TRX_2 ist TRX_1 entgangen) und am Schluss bleiben die Saldi nicht auf Null (Konto a mit 100 Euro aufgestockt, Konto b um 100 Euro reduziert und Konto c um 200 Euro reduziert; Fazit: Saldi negativ mit 200 Euro).

Inkonsistente Zustände auf Konten hätten eine verheerende Wirkung für unsere Wirtschaft. Aus diesem Grunde wurde schon früh darauf geachtet, dass mittels eines Protokolls inkonsistente Zustände verhindert werden. Pessimistische Synchronisationsverfahren zielen darauf ab, dass keine Inkonsistenzen aufkommen, indem Sperren oder Zeitstempel auf Konten gesetzt werden:

Zweiphasen-Sperrprotokoll

Das Zweiphasen-Sperrprotokoll (two-phase locking protocol, Eswaran et al. 1976) untersagt einer Transaktion, nach dem ersten UNLOCK (Entsperren eines Datenbankobjekts) ein weiteres LOCK (Sperre) anzufordern.

Die Konten einer Buchungstransaktion müssen mit Sperren (LOCKs) geschützt und nach der Verarbeitung wieder freigegeben werden (UNLOCK). Das Zweiphasen-Sperrprotokoll sagt aus, dass in der Wachstumsphase sämtliche Sperren angefordert und in der Schrumpfungsphase sukzessive wieder freigegeben werden müssen. Es verbietet das Durchmischen von Errichten und Freigeben von Sperren.

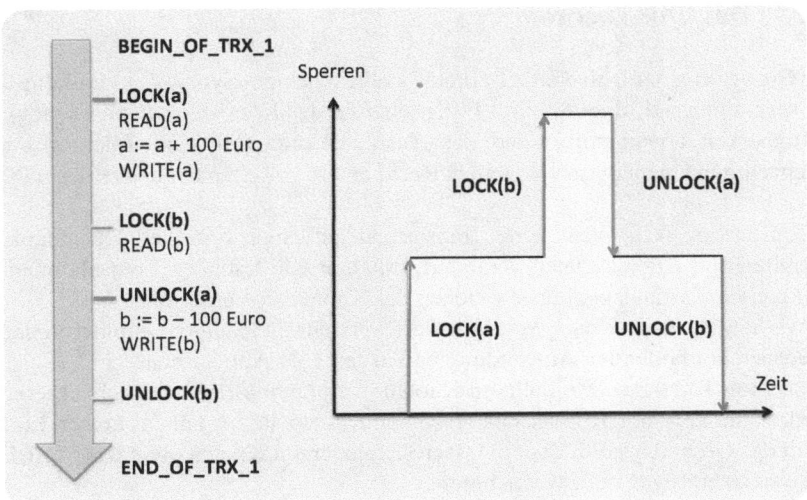

Abb. 2.9 TRX_1 unterliegt dem Zweiphasen-Sperrprotokoll nach Meier 2010

In Abb. 2.9 unterliegt die Buchungstransaktion TRX_1 dem Zweiphasen-Sperrprotokoll. Zuerst werden die beiden Konten a und b mit Sperren versehen, bevor sie schrittweise wieder zurückgenommen werden. Wichtig dabei ist, dass die Sperren nicht alle zu Beginn angefordert resp. am Ende erst wieder freigegeben werden. Man möchte die Fläche der Wachstums- und Schrumpfungsphase möglichst gering halten, um den Parallelisierungsgrad konkurrierender Transaktionen zu erhöhen.

Die Buchungstransaktion TRX_2 wird mit der Hilfe des Zweiphasen-Sperrprotokolls ebenfalls mit LOCKs und UNLOCKs versehen. Beim parallelen Ausführen der beiden Transaktionen TRX_1 und TRX_2 wird ein Konflikt verhindert, da TRX_1 kurz warten muss, bis sie den Kontostand b lesen kann. Immerhin bekommt TRX_1 dank der Sperrverwaltung mit, dass TRX_2 das Konto b um 200 Euro erhöht hat. Am Schluss sind die Saldi der beiden Buchungstransaktionen auf Null und die Konsistenz bleibt gewahrt (Konto a mit 100 Euro Gutschrift, Konto b mit 100 Euro Gutschrift und Konto c mit 200 Euro Belastung).

Das kleine Buchungsbeispiel illustriert, wie wichtig im Alltag die Transaktionsverwaltung mit ACID ist. Wir sind darauf angewiesen, dass unsere Konten beim Abheben von Geld resp. beim Gutschreiben korrekt nachgeführt werden. Das Zweiphasen-Sperrprotokoll garantiert uns die Regel der doppelten Buchhaltung.

Neben pessimistischen Synchronisationsverfahren gibt es pessimistische Verfahren, die konkurrierende Transaktionen laufen lassen und nur bei Konfliktfällen eingreifen (vgl. Meier und Kaufmann 2016). Da Konflikte konkurrierender Transaktionen in gewissen Geschäftsabläufen selten vorkommen, verzichtet man auf den Aufwand für das Setzen und Entfernen von Sperren. Damit erhöht man den Parallelisierungsgrad und verkürzt die Wartezeiten.

2.4.2 Das CAP-Theorem

Eric Brewer von der Universität Berkeley stellte an einem Symposium im Jahre 2000 die Vermutung auf, dass die drei Eigenschaften der Konsistenz (Consistency), der Verfügbarkeit (Availability) und der Ausfalltoleranz (Partition Tolerance) nicht gleichzeitig in einem massiv verteilten Rechnersystem gelten können (Brewer 2000):

- Consistency (**C**): Wenn eine Transaktion auf einer verteilten Datenbank mit replizierten Knoten Daten verändert, erhalten alle lesenden Transaktionen den aktuellen Zustand, egal über welchen der Knoten sie zugreifen.
- Availability (**A**): Unter Verfügbarkeit versteht man einen ununterbrochenen Betrieb der laufenden Anwendung und akzeptable Antwortzeiten.
- Partition Tolerance (**P**): Fällt ein Knoten in einem replizierten Rechnernetzwerk oder eine Verbindung zwischen einzelnen Knoten aus, so hat das keinen Einfluss auf das Gesamtsystem. Zudem lassen sich jederzeit Knoten ohne Unterbruch des Betriebs einfügen oder wegnehmen.

Später wurde die obige Vermutung von Wissenschaftlern des MIT bewiesen und als CAP-Theorem (Gilbert und Lynch 2002) etabliert:

CAP-Theorem
Das CAP-Theorem sagt aus, dass in einem massiv verteilten Datenhaltungssystem jeweils nur zwei Eigenschaften aus den drei der Konsistenz (**C**), Verfügbarkeit (**A**) und Ausfalltoleranz (**P**) garantiert werden können.

Mit anderen Worten lassen sich in einem massiv verteilten System entweder Konsistenz mit Verfügbarkeit (**CA**) oder Konsistenz mit Ausfalltoleranz (**CP**) oder Verfügbarkeit mit Ausfalltoleranz (**AP**) kombinieren, alle drei sind nicht gleichzeitig zu haben (siehe Abb. 2.10).

Beispiele für die Anwendung des CAP-Theorems sind die folgenden: An einem Börsenplatz wird auf Konsistenz und Verfügbarkeit gesetzt, d. h. **CA** wird

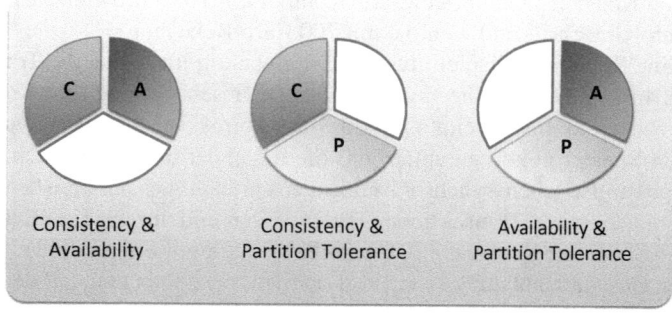

Abb. 2.10 Die möglichen drei Optionen des CAP-Theorems

hochgehalten. Dies erfolgt, indem man relationale Datenbanksysteme einsetzt, die dem ACID-Prinzip nachleben.

Unterhält ein Bankinstitut über das Land verbreitet Geldautomaten, so muss nach wie vor Konsistenz gelten. Daneben ist erwünscht, dass das Netz der Geldautomaten ausfalltolerant ist, gewisse Verzögerungen in den Antwortzeiten werden hingegen akzeptiert. Ein Netz von Geldautomaten wird demnach so ausgelegt, dass Konsistenz und Ausfalltoleranz gelten. Hier kommen verteilte und replizierte relationale oder NoSQL-Systeme zum Einsatz, die **CP** unterstützen.

Der Internetdienst Domain Name System oder DNS muss jederzeit verfügbar und ausfalltolerant sein, da er die Namen von Websites zu numerischen IP-Adressen in der TCP/IP-Kommunikation auflösen muss (TCP = Transmission Control Protocol, IP = Internet Protocol). Dieser Dienst setzt auf **AP** und verlangt den Einsatz von NoSQL-Datenhaltungssystemen, da weltumspannende Verfügbarkeit und Ausfalltoleranz von einem relationalen Datenbanksystem nicht zu haben sind.

2.4.3 Vergleich von ACID und BASE

Zwischen den beiden Ansätzen ACID (Atomicity, Consistency, Isolation, Durability) und BASE (Basically Available, Soft State, Eventually Consistent) gibt es gewichtige Unterschiede, die in Abb. 2.11 zusammengefasst sind.

Relationale Datenbanksysteme erfüllen strikt das ACID-Prinzip. Dies bedeutet, dass sowohl im zentralen wie in einem verteilten Fall jederzeit Konsistenz gewährleistet ist. Bei einem verteilten relationalen Datenbanksystem wird ein Koordinationsprogramm benötigt (Zweiphasen-Freigabeprotokoll, siehe Meier 2010), das bei einer Änderung von Tabelleninhalten diese vollständig durchführt und einen konsistenten Zustand erzeugt. Im Fehlerfall garantiert das Koordinationsprogramm, dass

ACID	BASE
• Konsistenz hat oberste Priorität (strong consistency)	• Konsistenz wird verzögert etabliert (weak consistency)
• meistens pessimistische Synchronisationsverfahren mit Sperrprotokollen	• meistens optimistische Synchronisationsverfahren mit Differenzierungsoptionen
• Verfügbarkeit bei überschaubaren Datenmengen gewährleistet	• hohe Verfügbarkeit resp. Ausfalltoleranz bei massiv verteilter Datenhaltung
• einige Integritätsregeln sind im Datenbankschema gewährleistet (z. B. referenzielle Integrität)	• kein explizites Schema vorhanden

Abb. 2.11 Vergleich zwischen ACID und BASE nach Meier und Kaufmann 2016

keine Wirkung in der verteilten Datenbank erzielt wird und die Transaktion nochmals gestartet werden kann.

Die Gewährung der Konsistenz wird bei den NoSQL-Systemen auf unterschiedliche Art und Weise unterstützt. Im Normalfall wird bei einem massiv verteilten Datenhaltungssystem eine Änderung vorgenommen und den Replikaten mitgeteilt. Allerdings kann es vorkommen, dass einige Knoten bei Benutzeranfragen nicht den aktuellen Zustand zeigen können, da sie zeitlich verzögert die Nachführungen mitbekommen. Ein einzelner Knoten im Rechnernetz ist meistens verfügbar (Basically Available) und manchmal noch nicht konsistent nachgeführt (Eventually Consistent), d. h. er kann sich in einem weichen Zustand (Soft State) befinden.

Bei der Wahl der Synchronisationsverfahren verwenden die meisten relationalen Datenbanksysteme pessimistische Ansätze. Dazu müssen für die Operationen einer Transaktion Sperren nach dem Zweiphasen-Sperrprotokoll (vgl. Abschn. 2.4.1) gesetzt und wieder freigegeben werden. Falls die Datenbankanwendungen wenige Änderungen im Vergleich zu den Abfragen durchführen, werden eventuell optimistische Verfahren angewendet. Im Konfliktfall müssen die entsprechenden Transaktionen nochmals gestartet werden.

Massiv verteilte Datenhaltungssysteme, die verfügbar und ausfalltolerant betrieben werden, können laut dem CAP-Theorem nur verzögert konsistente Zustände garantieren. Zudem wäre das Setzen und Freigeben von Sperren auf replizierten Knoten mit zu großem Aufwand verbunden. Aus diesem Grunde verwenden die meisten NoSQL-Systeme optimistische Synchronisationsverfahren.

Was die Verfügbarkeit betrifft, so können die relationalen Datenbanksysteme abhängig von der Größe des Datenbestandes und der Komplexität der Verteilung mithalten. Bei Big-Data-Anwendungen allerdings gelangen NoSQL-Systeme zum Einsatz, die hohe Verfügbarkeit neben Ausfalltoleranz oder Konsistenz garantieren.

Jedes relationale Datenbanksystem verlangt die explizite Spezifikation von Tabellen, Attributen, Wertebereichen, Schlüsseln und weiteren Konsistenzbedingungen und legt diese Definitionen im Systemkatalog ab. Zudem müssen die Regeln der referenziellen Integrität im Schema festgelegt werden. Abfragen und Änderungen mit SQL sind auf diese Angaben angewiesen und könnten sonst nicht durchgeführt werden. Bei den meisten NoSQL-Systemen liegt kein explizites Datenschema vor, da jederzeit mit Änderungen bei den semi-strukturierten oder unstrukturierten Daten zu rechnen ist.

Einige NoSQL-Systeme erlauben, die Konsistenzgewährung differenziert einzustellen. Dies führt zu fließenden Übergängen zwischen ACID und BASE.

2.5   Ausblick

Das World Wide Web stellt die größte Datensammlung der Welt dar. Der Inhalt besteht aus strukturierten, semi-strukturierten und unstrukturierten Datenbeständen. Zwangsläufig können diese nicht wie bis anhin mit einer einzigen Datenbanktechnologie, der relationalen, bewältigt werden. Vielmehr wird die relationale Datenbanktechnik durch NoSQL-Datenbanken ergänzt.

Drei wichtige V-Anliegen für Big-Data-Anwendungen bleiben in den nächsten Jahren eine Herausforderung:

- Value: Das Sammeln von Datenbeständen im Petabyte-, Exabyte- oder Zettabyte-Bereich ist alleine kein Garant, dass Werte generiert oder neue Erkenntnisse gewonnen werden. Methoden zur Verbesserung der Qualität der Daten, innovative Architekturen, effiziente Filter oder ausgeklügelte Algorithmen zur Wertschöpfung werden notwendig sein, um die Investitionen zu amortisieren.
- Veracity: Es ist eine Binsenwahrheit, dass Aussagen (Posts), Forschungsberichte, Sensordaten oder weitere Bestände von Datenspendern oft unsicher und vage bleiben (vgl. internationale Buchserie Fuzzy Managment Methods unter FMM 2015). Daten müssen zu Informationen veredelt und auf Nützlichkeit hin überprüft werden. Das Computing with Words stellt in Zukunft eine besondere Herausforderung für Wissenschaft und Praxis dar.
- Verification: Der Validierung generierter Zusammenhänge kommt eine große Bedeutung zu. Es kann nicht sein, dass Zufallskorrelationen unser Denken und Handeln prägen. Vielmehr müssen Erkenntnisse laufend auf Gültigkeit hin überprüft und differenziert bewertet werden. Gleichzeitig muss uns bewusst bleiben, dass die Wahrheitssuche oder Verifikation selbst immer wieder an Grenzen stößt.

Für die Bewältigung der drei hier aufgeführten V's braucht es Forschende und Praktiker, die sich durch Volume, Variety und Velocity nicht entmutigen lassen.

Literatur

Astrahan, M.M., Blasgen, M.W., Chamberlin, D.D., Eswaran, K.P., Gray, J.N., Griffiths, P.P., King, W.F., Lorie, R.A., McJones, P.R., Mehl, J.W., Putzolu, G.R., Traiger, I.L., Wade, B.W., Watson, V.: System R – relational approach to database management. ACM Trans. Database Syst. **1**(2), 97–137 (1976)

Brewer E.: Keynote – towards robust distributed systems. 19th ACM Symposium on Principles of Distributed Computing, Portland, 16–19 July (2000)

Chen, P.P.-S.: The entity-relationship model – towards a unified view of data. ACM Trans. Database Syst. **1**(1), 9–36 (1976)

Codd, E.F.: A relational model of data for large shared data banks. Commun. ACM **13**(6), 377–387 (1970)

Dijkstra, E.W.: A note on two problems in connexion with graphs. Numerische Mathematik **1**, 269–271 (1959)

Eswaran, K.P., Gray, J., Lorie, R.A., Traiger, I.L.: The notion of consistency and predicate locks in a data base system. Commun. ACM **19**(11), 624–633 (1976)

FMM – Fuzzy Management Methods. International Research Book Series. Springer, Heidelberg. http://www.springer.com/series/11223 (2015). Zugegriffen am 21.07.2015

Gilbert, S., Lynch, N.: Brewer's Conjecture and the Feasibility of Consistent, Available, Partition-Tolerant Web Services. Massachusetts Institute of Technology, Cambridge, MA (2002)

Gugerli, D., Meier, A., Zehner, C.A., Zetti, D.: Sharing als Konzept, Lösung und Problem – Ein Gespräch über Informatik im technikhistorischen Wandel. In: Fröschle et al. (Hrsg.) Paradigmenwechsel. HMD-Zeitschrift Praxis der Wirtschaftsinformatik, **51**(6), 898–910. Springer-Verlag, Heidelberg Dezember (2014)

Härder, T., Reuter, A.: Principles of transaction-oriented database recovery. ACM Comput. Surv. **15**(4), 287–317 (1983)

Meier, A.: Relationale und postrelationale Datenbanken. Springer, Heidelberg (2010)

Meier, A., Kaufmann, M.: SQL- & NoSQL-Datenbanken. Springer, Heidelberg (2016)

Robinson, I., Webber, J., Eifrem, E.: Graph Databases. O'Reilly and Associates, Cambridge (2013)

Tittmann, P.: Graphentheorie – Eine anwendungsorientierte Einführung. Fachbuchverlag Leipzig, München (2011)

Van Bruggen, R.: Learning Neo4j. Packt Publishing Inc., Birmingham (2014)

Die Digitalisierung als Herausforderung für Unternehmen: Status Quo, Chancen und Herausforderungen im Umfeld BI & Big Data

Andreas Seufert

Zusammenfassung

Information wird immer stärker zur strategischen Ressource, deren sinnvolle Erschließung und Nutzung wettbewerbskritisch ist. Aktuelle Forschungsergebnisse lassen vermuten, dass insbesondere der richtige Umgang mit Informationen zu einem zentralen Wettbewerbsfaktor geworden ist. Vor diesem Hintergrund hat das Institut für Business Intelligence (IBI) die Studie „Competing on Analytics – Herausforderungen – Potenziale und Wertbeiträge von Business Intelligence und Big Data" aufgesetzt. Aufbauend auf diese Studie analysiert dieser Beitrag, ausgehend von ausgewählten Dimensionen der Digitalisierung, den Status Quo von Business Intelligence (BI) und Big Data im deutschsprachigen Raum. Im Fokus dabei stehen nicht einzelne Technologien, sondern Fragestellungen über den Entwicklungsstand und Anwendungspotenzialen. Anhand dieser Bestandsaufnahme werden die Herausforderungen für die Unternehmen im Bereich BI & Big Data Verständnisses abgeleitet und thesenartig zusammengefasst.

Schlüsselwörter

Big Data Entwicklungsstand • Big Data Potenziale • Big Data Barrieren • Big Data Analytik • Big Data Einsatzbereiche • Herausforderungen der Digitalisierung • Reifegradmodell BI & Big Data

Überarbeiteter Beitrag basierend auf „Entwicklungsstand, Potenzial und zukünftige Herausforderungen von Big Data – Ergebnisse einer empirischen Studie". In: HMD – Praxis der Wirtschaftsinformatik, HMD-Heft Nr. 298, 51 (4): 412–423, 2014.

A. Seufert (✉)
Steinbeis Hochschule Berlin, Institut für Business Intelligence, Ludwigshafen, Deutschland
E-Mail: Andreas.Seufert@i-bi.de

© Springer Fachmedien Wiesbaden 2016
D. Fasel, A. Meier (Hrsg.), *Big Data*, Edition HMD,
DOI 10.1007/978-3-658-11589-0_3

3.1   Ausgewählte ökonomische Dimensionen der Digitalisierung

Die immer stärkere Digitalisierung führt zu gigantischen, ständig ansteigenden Datenvolumina, die zunehmend alle Lebensbereiche erfasst (Gantz und Reinsel 2011, S. 1–12). Zentrale Treiber dieser digitalen Datenflut sind insbesondere die technologischen Innovationen der letzten Jahre. So forcieren neue Endbenutzergeräte, wie beispielsweise Digitale Kameras, Smartphones, Tablets oder Wearables in Verbindung mit einfachen Plattformen zum Austausch dieser Daten über Chats, Blogs oder Soziale Netzwerke, ein massives Ansteigen der Datenströme durch Generierung und Vernetzung des sog. „User Generated Contents". Neben dieser aktiven Nutzung von z. B. Chat-, Foto- oder Videofunktionen werden immer stärker – auch unbewusst – durch automatische Aufzeichnungen von Position und Umgebungsbedingungen, beispielsweise im Rahmen von Navigationsprofilen oder Nutzung der eingebauten Sensorik (z. B. Bewegungen, Temperaturen), Daten erhoben und ausgetauscht.

Erheblich umfangreichere Datenmengen dürften jedoch zusätzlich noch durch die Erfassung und Vernetzung von Maschinendaten entstehen. Diese sog. Machine-to-Machine Kommunikation ermöglicht es, Maschinendaten in Echtzeit zu vernetzen und in Wertschöpfungsprozesse zu integrieren (z. B. Produktion 4.0, vernetztes Automobil, vernetztes Zuhause, vernetzte Energieerzeugung und -verteilung).

Hinzu kommt die seit einigen Jahren zu beobachtende Open Data Entwicklung. Erklärtes Ziel dieser Initiativen ist es, dass Regierungen und Institutionen öffentliche Daten auch für die kommerzielle Nutzung zur Verfügung stellen (Jetzek et al. 2014, S. 62–82).

Insgesamt hat diese immer stärker um sich greifende Digitalisierung aller Lebensbereiche – wie Abb. 3.1 zeigt – dramatische Auswirkungen auf die Wertketten, aber auch auf die Produkte und Dienstleistungen der Unternehmen.

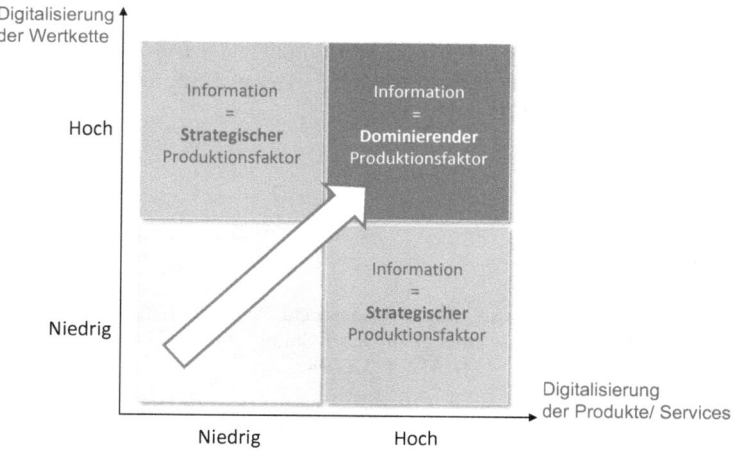

Abb. 3.1 Implikationen zunehmender Digitalisierung für Unternehmen

- Einerseits ist seit Jahren eine immer stärkere Informationsintensität in der Wertkette zu beobachten. Physische Teilbereiche der Wertschöpfung werden zunehmend ganz oder teilweise durch digitale Informationsplattformen ersetzt (z. B. Online-Shopping). Aber auch die Kooperation im Rahmen von Wertschöpfungsnetzwerken wird immer unabhängiger von bestehenden Unternehmensgrenzen in flexibler Weise und unter Einbeziehung von Partnern bzw. ganzen Eco-Systemen elektronisch organisiert.
- Darüber hinaus steigt auch die Informationsintensität in den eigentlichen Produkten bzw. Dienstleistungen. Traditionelle Produkte werden immer stärker durch Information angereichert (z. B. Connected Car Dienste in der Automobilbranche) oder gleich ganz durch digitale Produkte substituiert. Dabei erfasst die Umwandlung ehemals physischer in digitale Produkte und Dienstleistungen immer schneller neue Bereiche (z. B. Musik, E-Books, Kommunikationsdienste, Vermittlungsdienste wie Reisen, Versicherungen etc.). Treiber dieser Entwicklung sind die erheblichen komparativen Vorteile digitaler Produkte im Vergleich zu physischen Produkten.

3.2   Informationen zur Studie

Die Studie, aus der nachfolgend ausgewählte Teilergebnisse dargestellt werden, wurde als Online-Befragung im Zeitraum vom 01. Juli bis 30. September 2013 durchgeführt. Primäre Zielgruppe waren Teilnehmer mit hoher Business Intelligence Erfahrung aus dem deutschsprachigen Raum, sog. BI-Professionals. Vor dem Hintergrund der Zielsetzung der Studie umfasste der Fragebogen die Themenkategorien Kontextfaktoren, Wettbewerbsrelevante Faktoren, Einsatz von Business Intelligence im eigenen Unternehmen sowie Einschätzung zu Big Data. Die Auswertung der Studie basiert auf einem verwertbaren Rücklauf von 310 Fragebögen. Die Einschätzungen der Teilnehmer wurden auf einer 5-stufigen Skala erhoben. Aus Gründen der Übersichtlichkeit wurden im Rahmen dieses Beitrages die Skalenwerte 1–2 (Niedrig), 3 (Moderat) sowie 4–5 (Hoch) zusammengefasst.

Die Zusammensetzung der Stichprobe repräsentiert einen breiten Mix an Branchen aus dem produzierenden Gewerbe, dem Finanz- und Dienstleistungssektor sowie dem Handel und dem Gesundheitswesen. Stärkste Gruppe ist mit 40 % das Segment Industrie, gefolgt von sonstigen Dienstleistungen mit 31 % sowie mit je 10 % Finanzdienstleistungen und Handel. 5 % der Teilnehmer kamen aus dem Gesundheitswesen. Zu beachten ist dabei, dass im Segment Sonstige Dienstleistungen die Gruppe Unternehmensberatung/IT-Dienstleister (Anbieter) mit knapp 20 % vertreten ist.

Zur Unternehmensgröße machten 98 % der Befragten eine Angabe. 53 % der Unternehmen stammen aus dem Mittelstand (bis eine Milliarde Euro Umsatz), 45 % aus Großunternehmen, rund 2 % der Befragten machten keine Angaben zu Umsatzgrößen. Rein auf die Anwender bezogen stammten 50 % aus KMU, 48 % aus Großunternehmen, 2 % machten keine Angaben zur Größe des Unternehmens.

Die Teilnehmer der Studie stammen zu rund 74 % aus fachlichen Bereichen (davon 47 % aus dem Bereich Unternehmenssteuerung/Controlling) und zu rund 26 % aus der IT. Sie verfügen insgesamt über eine hohe bis sehr hohe Erfahrung im Bereich Business Intelligence (Mittelwert 4,08). Die Erfahrung der Teilnehmer aus Anwendungsunternehmen mit BI (ohne Anbieter) ist mit 3,98 ebenfalls hoch bis sehr hoch und liegt nur knapp unter dem Wert der Gesamtstichprobe. Anwender aus Großunternehmen verfügen mit 4,15 über eine höhere Erfahrung als Anwender aus KMU (3,98). Vertreter der IT aus Anwendungsunternehmen verfügen mit 4,32 im Vergleich zu Anwendern aus den Fachbereichen mit 3,85 erwartungsgemäß über eine höhere Erfahrung. Aufgrund der insgesamt hohen bis sehr hohen BI Erfahrung deckt die Studie damit die adressierte Zielgruppe BI-Professionals gut ab.

Ziel der Studie war die Erfassung der BI-Professionals im deutschsprachigen Raum. Knapp 84 % der befragten Unternehmen haben ihren Hauptsitz in der DACH-Region. 73 % in Deutschland, 9 % in der Schweiz und 1 % in Österreich. Diese Verteilung der Gesamtstichprobe deckt sich stark mit der Verteilung in der Teilstichprobe der reinen Anwender. 85 % der Anwender kommen aus der DACH-Region. Davon 74 % aus Deutschland, 10 % aus der Schweiz und 1 % aus Österreich. Damit deckt die Studie auch die Zielregion deutschsprachigen Raum gut ab.

Im Rahmen dieses Beitrages können aus Platzgründen nur ausgewählte Erkenntnisse skizziert werden. Aus diesem Grund werden zunächst die Einschätzung der Teilnehmer zum Themenkomplex Big Data (Abschn. 3.3), gefolgt von einer überblickartigen Darstellung ausgewählter aktueller Schwachstellen in Unternehmen (Abschn. 3.4) sowie einer Übersicht über daraus resultierende ausgewählte Herausforderungen (Abschn. 3.5) dargestellt.

3.3 Einschätzungen der Unternehmen zu Big Data

3.3.1 Verständnis von Big Data

Angesichts der Zielgruppe – BI Professionals – und aufgrund der hohen Medienpräsenz ist es nicht überraschend, dass das Thema Big Data den Teilnehmern grundsätzlich bekannt ist. Lediglich 8 % der Befragten können mit dem Begriff nichts anfangen.

Allerdings ist der Kenntnisstand eines auf der Basis der Antworten der Teilnehmer ermittelten Indexes mit einem Mittelwert von 2,97 (reine Anwender 2,83) nur als moderat einzustufen. Dies ist insofern überraschend, da die Teilnehmerbasis mit 4,08 (reine Anwender 3,98) eine hohe BI Erfahrung besitzt. U.E. ist dies ein Indiz dafür, dass BI und die neuen Möglichkeiten von Big Data zwar durchaus wesensverwandt sind, Big Data jedoch völlig neue, bislang in vielen Unternehmen noch nicht realisierte Möglichkeiten, bietet.

Erwartungsgemäß ist der Kenntnisstand bei Anwendern aus Großunternehmen deutlich höher als bei Anwendern aus KMU. Aus Branchensicht verfügen die Teilnehmer aus den Bereichen Sonstige Dienstleistungen, zusammen mit Finanzdienstleistungen und Handel über die höchsten Werte. Allerdings gilt es auch hier zu berücksichtigen, dass die Werte einerseits nah beieinander liegen, andererseits die Größe der Teilstichproben teilweise recht gering ist. Bemerkenswert ist allerdings der bei einer recht großen Teilstichprobe überraschend niedrige Wert für die Industrie.

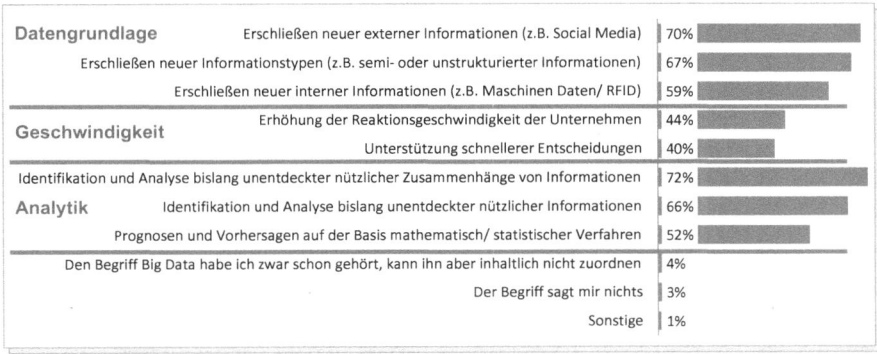

Abb. 3.2 Big Data Verständnis – Einzelkategorien

Abb. 3.2 zeigt die Einschätzungen der Studienteilnehmer im Detail (Mehrfachnennungen möglich). Die Daten wurden innerhalb der Kategorien Datengrundlage, Geschwindigkeit und Analytik absteigend sortiert.

Auffällig sind die vergleichsweise geringen Werte im Bereich Geschwindigkeit. Die Teilnehmer scheinen Big Data bislang primär mit Datengrundlagen und Analytik in Verbindung zu bringen. Die Werte der Anwender sind zwar einerseits durchweg niedriger, weisen allerdings hinsichtlich der Reihenfolge der Nennungen die gleiche Struktur auf. Deutlichere Unterschiede zeigen sich zwischen KMU und Großunternehmen. Anwender in Großunternehmen bewerten schnellere Geschwindigkeit deutlich höher als KMU, etwas abgeschwächt, aber immer noch höher, gilt dies auch für den Bereich Daten. Ähnlich sind dagegen die Einschätzungen im Bereich Analytik.

3.3.2   Nutzung und Barrieren für den Einsatz von Big Data

Die Nutzung bzw. zukünftige Nutzungsbereitschaft von Big Data ist – wie Abb. 3.3 visualisiert, mit über 60 % der Teilnehmer recht hoch. 23 % haben Big Data bereits im Einsatz, 13 % planen den Einsatz innerhalb des nächsten Jahres.

Erwartungsgemäß gibt es deutliche Unterschiede zwischen KMU und Großunternehmen. Bei Großunternehmen haben mit 33 % rund doppelt so viele Firmen bereits Erfahrungen mit Big Data gesammelt wie bei KMU mit 15 %. Auch hinsichtlich der Planung für die nächsten 12 Monate liegen die Großunternehmen mit rund 19 % deutlich vor den KMU mit 8 %. Während knapp 46 % der KMU angeben, Big Data nicht im Unternehmen einführen zu wollen, sind dies bei Großunternehmen nur 21 %.

Barrieren im Bereich Big Data Analytik
Bezogen auf den Bereich Big Data Analytik sehen die Teilnehmer primär fehlendes Know-How und hohe Kosten als wesentliche Barrieren für den Einsatz von Big Data. Der Nutzen der Analytik wird dagegen weniger in Frage gestellt.

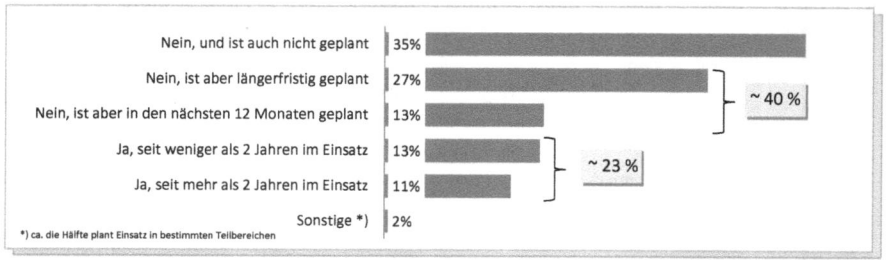

Abb. 3.3 Big Data Nutzung

Betrachtet man lediglich die Gruppe der Anwender so verstärkt sich dieses Bild sogar. Während fehlendes Know-How als gravierender eingeschätzt wird, sehen die Anwender fehlenden Nutzen als geringeres Problem. Die Beurteilung der Kosten liegt annähernd auf dem gleichen Niveau wie in der gesamten Teilnehmergruppe. Anwender in Großunternehmen sehen stärker den Nutzen von Big Data Analytik, während KMU – allerdings in sehr geringem Maße – eher Probleme mit fehlendem Know-How und zu hohen Kosten haben.

Auch die Analyse von Anwendern nach Fachbereich und IT zeigt Unterschiede. Die IT sieht fehlendes Know-How als größere Barriere als die Fachbereiche, umgekehrt sehen die Fachanwender weniger Probleme bei dem Nutzen von Big Data Analytik. In allen Teilstichproben bleibt interessanterweise die Reihenfolge der Barrieren gleich. Fehlendes Know-How scheint das Kernproblem zu sein, vor zu hohen Kosten und fehlendem Nutzen.

Barrieren im Bereich Big Data Datengrundlagen
Bezogen auf den Bereich Big Data Datengrundlagen sehen die Teilnehmer primär hohe Kosten und fehlendes Know-How. Der Nutzen neuer Datengrundlagen wird hingegen weniger in Frage gestellt.

Innerhalb der Anwender wird fehlendes Know-How noch stärker als Problem gesehen, wohingegen der fehlende Nutzen weniger als Barriere eingeschätzt wird. Die Beurteilung hinsichtlich der Kosten liegt auf dem gleichen Niveau wie in der gesamten Teilnehmergruppe. Anwender in Großunternehmen sehen stärker als KMU den Nutzen in der Erschließung neuer Datengrundlagen. Zu hohe Kosten scheinen im Vergleich zu KMU dagegen ein geringeres Problem zu sein.

Die Analyse von Anwendern nach Fachbereich und IT zeigt auch hier Unterschiede. Die Fachbereiche schätzen zwar die Kosten und das fehlende Know-How im Vergleich zur IT als größere Barriere, sehen aber gleichzeitig den Nutzen stärker als die IT.

3.3.3 Analytische Potenziale von Big Data

Neben anderen Bereichen wurden die Teilnehmer der Studie u. a. auch um ihre Einschätzung zu den analytischen Potenzialen von Big Data Analytik hinsichtlich der Anwendung in den Unterstützungskategorien besseres *Verstehen* der Einflussfaktoren des Geschäftsumfeldes, *Prognose* und *Vorhersage* sowie *Entscheidung* befragt.

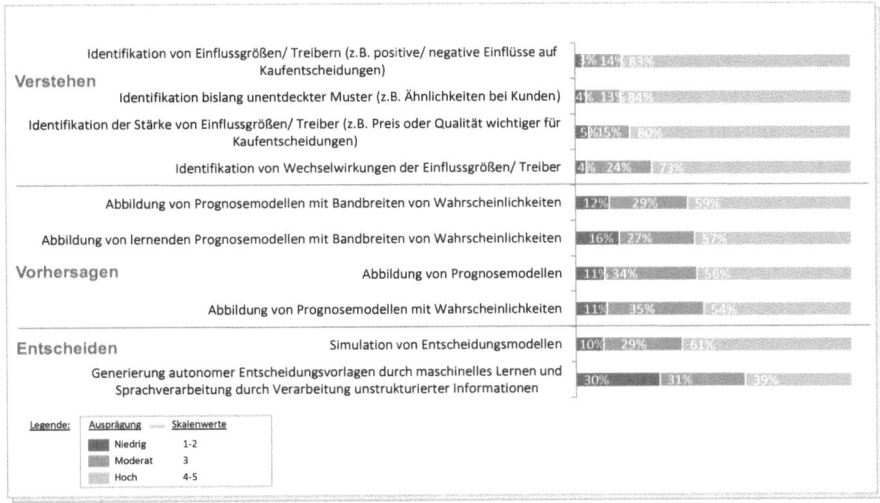

Abb. 3.4 Big Data – Analytische Potenziale

Dabei sind – wie Abb. 3.4 visualisiert – zunächst die durchgängig hohen Werte in den Kategorien *Verstehen* und *Vorhersagen* sowie dem Bereich *Entscheiden – Simulation von Entscheidungsmodellen* überraschend. Die *Generierung autonomer Entscheidungsvorlagen* durch maschinelles Lernen und Sprachverarbeitung steht dagegen – obwohl unter Experten intensiv diskutiert – noch nicht im Fokus der Studienteilnehmer.

Interessant ist auch, dass die Potenziale seitens der Teilnehmer bislang noch stärker in der Kategorie *Verstehen* des eigenen Geschäftsumfeldes als in der *Prognose* gesehen werden. Im Rahmen unserer Studie schätzen Anwender das Potenzial in der Kategorie *Vorhersage* höher ein als die Anbieter. Dies könnte als Indiz dafür gesehen werden, dass die bisherigen im Einsatz befindlichen Lösungen hier noch Verbesserungsbedarf zeigen, den man sich von neuen Ansätzen verspricht. Auffällig ist auch, dass die Fachabteilungen durchgängig höhere Anwendungspotenziale sehen als die IT. Die höchsten Unterschiede ergeben sich im Bereich der *fortgeschrittenen Prognoseverfahren* und der *Simulation von Entscheidungsmodellen*.

3.3.4 Analytische Potenziale von Big Data nach Einsatzbereichen

Hinsichtlich der betriebswirtschaftlichen Einsatzpotenziale von Big Data Analytik wurden die Teilnehmer nach ihrer Beurteilung zu möglichen Einsatzbereichen im Rahmen von Unternehmensfunktionen und -prozessen befragt. In der Kategorie Funktionen sehen die Teilnehmer – wie in Abb. 3.5 visualisiert – überdurchschnittliche Potenziale v. a. in den Funktionen Unternehmenssteuerung, Vertrieb, Marketing, sowie F&E.

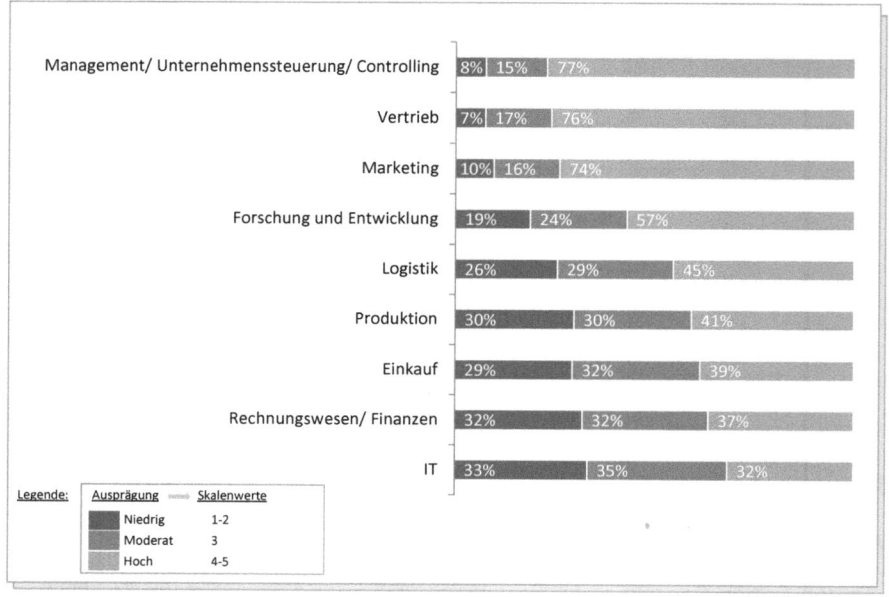

Abb. 3.5 Big Data – Analytische Potenziale in Funktionen

Diese Einschätzung deckt sich mit minimalen Abweichungen bei identischer Reihenfolge für die Teilstichprobe der Anwender. Allerdings sehen Anwender aus Großunternehmen insbesondere in den wertschöpfenden Bereichen (Einkauf, F&E, Produktion, Logistik) deutliche höhere Potenziale. Leicht abgeschwächt gilt dies auch für den Bereich IT. Anwender aus Fachabteilungen sehen insbesondere im Einkauf, in der Unternehmenssteuerung sowie in der Produktion und in der Logistik höhere Einsatzpotenziale.

In der Kategorie Prozesse sehen die Teilnehmer – wie Abb. 3.6 zeigt – überdurchschnittliches Einsatzpotenzial v. a. in den Prozesskategorien Kundenseitige-, Innovations- sowie Produktionsprozessen.

Auch in der Kategorie Prozesse deckt sich die Einschätzung mit minimalen Abweichungen ebenfalls für die Teilstichprobe Anwender. Identisch ist auch hier wieder die Rangfolge der einzelnen Prozesskategorien. Deutliche Abweichungen gibt es allerdings zwischen den Anwendern aus Großunternehmen und den Anwendern aus KMU. Anwender aus Großunternehmen sehen über alle Prozesskategorien teils erheblich höheres Potenzial. Dies gilt insbesondere in den Kundenseitigen und Lieferantenseitigen Prozesse. Aber auch bei IT-, Produktions- und HR- sowie Innovations- und Finanzprozessen sehen sie mehr Potenzial. Deutliche Unterschiede in den Einschätzungen gibt es auch zwischen Fachabteilungen und den Mitarbeitern der IT bei Anwendungsunternehmen. Auffallend ist, dass Fachanwender die Potenziale von Big Data Analytik durchweg erheblich höher bewerten als die IT. Spitzenreiter sind dabei die Lieferantenseitigen Prozesse gefolgt von Finanzprozessen und HR Prozessen. Es folgen Produktionsprozesse, IT-Prozesse und Kundenseitige Prozesse. Am geringsten weicht die Einschätzung bei Innovationsprozessen voneinander ab.

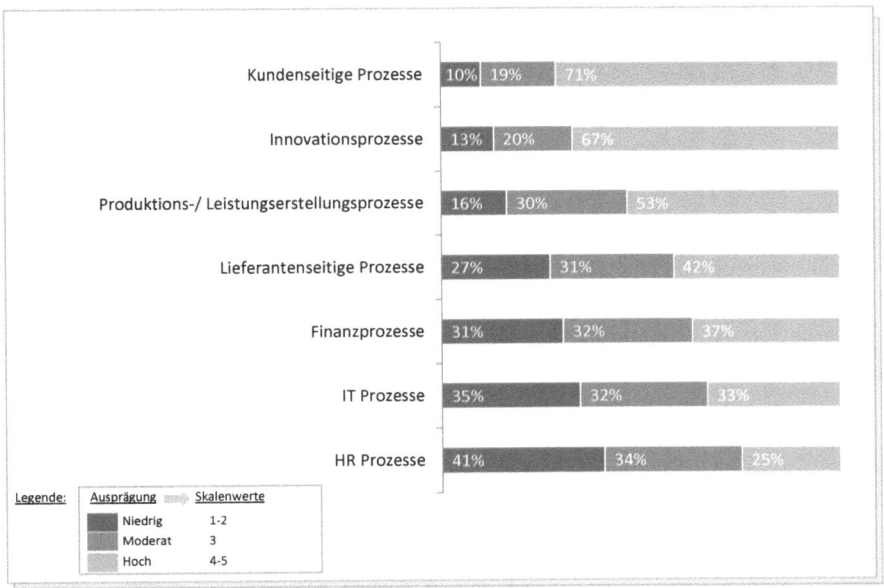

Abb. 3.6 Big Data – Analytische Potenziale in Prozessen

3.3.5 Potenziale von Big Data für Geschäftsziele

Einen hohen Zielerreichungsgrad durch Big Data sehen die Teilnehmer – wie in Abb. 3.7 veranschaulicht – v. a. in den Zielkategorien *Geschäft verstehen*, *Entscheidungen verbessern* sowie *Geschwindigkeit erhöhen*. Das Vertrauen in die Richtigkeit der Zahlen spielt hingegen nur eine untergeordnete Rolle. Hinsichtlich der Nutzung von Informationen als Produkt stehen die Teilnehmer der Studie allerdings noch am Anfang.

Anwender aus Großunternehmen sehen durchweg höhere Zielerreichungspotenziale durch Big Data als Anwender aus KMU. Insbesondere das Potenzial in den Zielkategorien *Information als Produkt* und *Geschwindigkeit erhöhen* bewerten sie deutlich höher. Unterschiede in den Beurteilungen gibt es auch zwischen Fachanwendern und der IT in Anwendungsunternehmen. Mit einer Ausnahme – *Information als Produkt* – bewerten die Fachanwender die Potenziale von Big Data durchweg höher als die IT.

3.3.6 Zukünftige Entwicklung von Big Data

Insgesamt sehen die Teilnehmer der Studie – wie in Abb. 3.8 visualisiert – eine erhebliche Zunahme der Nutzung von Big Data. Diese Einschätzung stützt sich sowohl auf hohe Werte bei den zugrundeliegenden technologischen Treibern als auch auf das stark kompetitive Wettbewerbsumfeld.

Leichte Abweichungen gibt es innerhalb der Größenklassen. Anwender aus Großunternehmen schätzen die zukünftige Nutzung von Big Data leicht höher ein

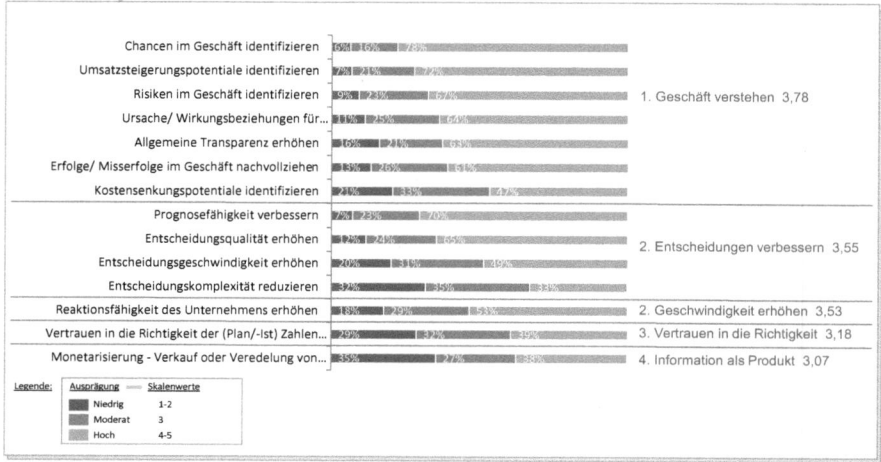

Abb. 3.7 Big Data – Potenziale für Geschäftsziele

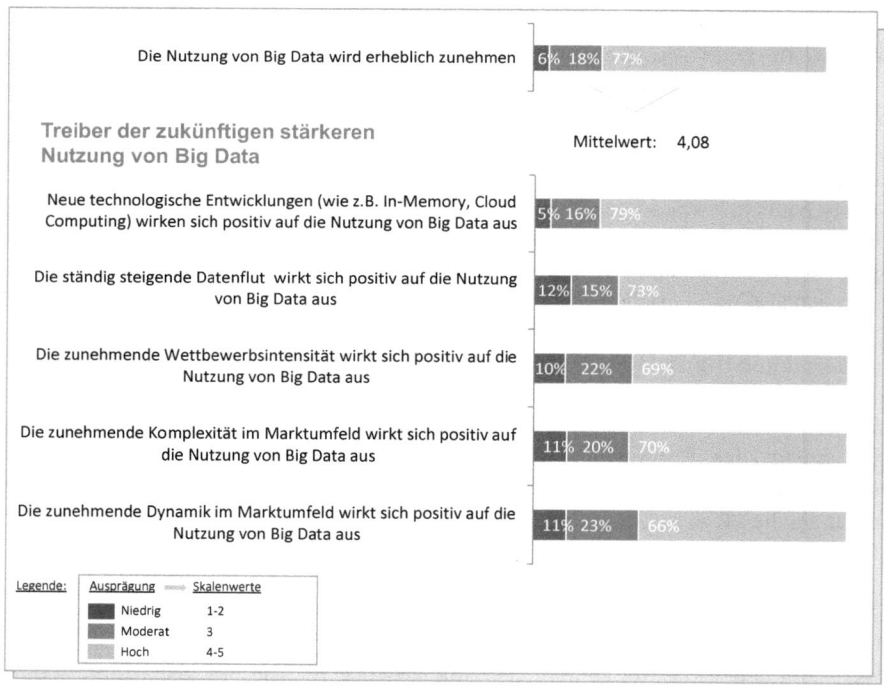

Abb. 3.8 Zukünftige Entwicklung von Big Data

als Anwender aus KMU. Auch schätzen Anwender aus Großunternehmen die Einflussfaktoren Datenflut und zunehmende Wettbewerbsintensität etwas höher ein. Interessant ist auch die leicht unterschiedliche Beurteilung der Anwender, analysiert nach Fachabteilungen und IT. Fachanwender schätzen die zukünftige Nutzung von Big Data höher ein als die IT in Anwendungsunternehmen. Bei den Treibern für diese zukünftige Nutzung sehen sie die Komplexität und die Dynamik des Wettbewerbs stärker als die IT.

3.4 Ausgewählte aktuelle Schwachstellen in deutschen Unternehmen

Auch wenn die Teilnehmer der Studie große Potenziale im Bereich Big Data sehen, so zeigt die Studie aber auch – gerade angesichts der hohen Wettbewerbsrelevanz von Informationen als strategische Ressource – einen deutlichen Handlungsbedarf deutscher Unternehmen hinsichtlich der Ausgestaltung von BI & Big Data.

An dieser Stelle sollen aus Platzgründen nur ausgewählte Bereiche kurz skizziert werden.

Schwachstellen im Bereich Methodik und Technologie

- Bei einer Vielzahl von Unternehmen ist aktuell der Prozess der Datensammlung und -validierung immer noch stark manuell geprägt.
- Die Unternehmen fokussieren stark auf einfache, traditionelle Analyseverfahren. Dies zeigt sich sowohl in der Nutzung der Werkzeugklassen als auch in der Nutzungsintensität.

Schwachstellen im Bereich Organisation

- Bezüglich der BI Strategie zeigt sich bei vielen Unternehmen, sowohl hinsichtlich des Ansatzes, wie auch der Verantwortung, keine klare strategische Fokussierung. Das Thema BI Strategie wird oft dezentralen Regelungen überlassen oder ist gar nicht explizit geregelt.
- Auch hinsichtlich des Themas Datenqualität fehlt in vielen Unternehmen eine klare unternehmensweite Verantwortung.
- Die ökonomische Beurteilung von BI Projekten zeigt sowohl bzgl. der Analyse des Nutzens, als auch hinsichtlich der Durchführung von Soll-/Ist-Vergleichen erhebliches Verbesserungspotenzial.

Schwachstellen im Bereich Einsatzbereiche

- Die Reichweite der Datennutzung zeigt noch erhebliches Potenzial. Insbesondere die Einbeziehung externer Datenquellen, wie z. B. die Nutzung externer Websites und sozialer Netzwerke, steht bei vielen Unternehmen erst am Anfang.

- Der Vergleich von Bedeutung einzelner Funktionen für den Unternehmenserfolg und der Nutzungsintensität von BI zeigt deutlichen Nachholbedarf in den Bereichen F&E, IT, Produktion und Logistik auf.
- Hinsichtlich der Nutzungsintensität von BI in den einzelnen Prozesskategorien weisen IT-, Innovations-, HR-, sowie Lieferantenseitige Prozesse unterdurchschnittliche Werte auf.
- Der Vergleich von Bedeutung einzelner Prozesskategorien für den Unternehmenserfolg und der Nutzungsintensität von BI zeigt deutlichen Nachholbedarf in den Bereichen Innovations-, IT-, Produktions-, HR- und Lieferantenseitige Prozesse auf.

Schwachstellen im Bereich Wertbeiträge/BI Wirkungsgrad

- Der zugesprochene Wertbeitrag von BI für einzelne Funktionen im Vergleich zur tatsächlichen Realisierung des Wertbeitrages im eigenen Unternehmen zeigt deutliche Potenziale hinsichtlich der Wirksamkeit des BI Einsatzes in den Bereichen Logistik, F&E, Produktion sowie Einkauf auf.
- Dies gilt auch für die Prozessunterstützung durch BI. Der zugesprochene Wertbeitrag von BI für die Unterstützung einzelner Prozesskategorien im Vergleich zur tatsächlichen Realisierung des Wertbeitrages im eigenen Unternehmen zeigt ebenfalls deutliche Potenziale auf. Insbesondere in den Bereichen Lieferantenseitige Prozesse, Produktionsprozesse, Innovationsprozesse und HR Prozesse.

3.5 Ausgewählte zukünftige Herausforderungen der Digitalisierung

Die Darstellung zukünftiger Herausforderungen orientiert sich am im Abb. 3.9 visualisierten Lebenszyklusmodell der Informationswirtschaft (Krcmar 2010, S. 60).

Ziel der Informationswirtschaft ist das Management der Informationsverwendung. Zu diesem Zweck müssen Informationen verständlich und interpretierbar angeboten und entsprechend bewertet werden. Dabei können einzelne Lebenszyklusphasen unterschieden werden.

Das Management der Informationsquellen umfasst die Identifikation, den Zugriff, die Vernetzung und das Zusammenführen unternehmensrelevanter Quellen. Durch die massive Digitalisierung nahezu aller Lebensbereiche ist dieser Bereich erheblich ausgeweitet worden. Das Management der Informationsressourcen beinhaltet die unternehmensweite Sicherstellung des Zugriffs auf relevante Informationen. Zu diesem Zweck müssen Informationen ggf. neu strukturiert, in einer anderen Form repräsentiert oder in andere Speicherformen überführt werden. Im Rahmen des Managements des Informationsangebotes werden Informationen z. B. durch analytische Verfahren und das Überführen in entscheidungsrelevante Formen (z. B. multidimensionale Entscheidungsmodelle) schließlich für die Entscheider zur Verfügung gestellt (Management der Informationsnachfrage). Bei diesem Schritt

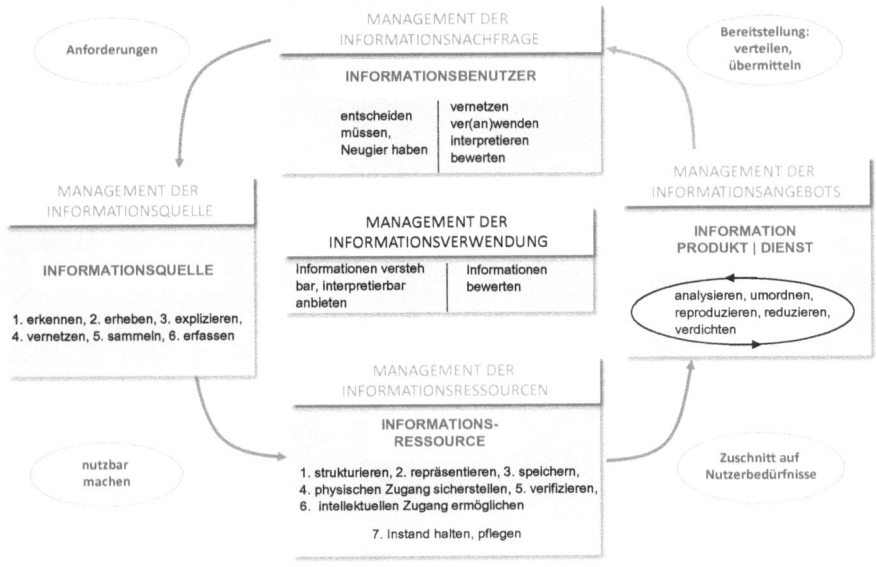

Abb. 3.9 Lebenszyklusmodell der Informationswirtschaft

erfolgt u. U. eine weitere Hilfestellung durch Vernetzung, Interpretation und die Bewertung von Informationen.

Wie eingangs dargestellt, stellt der Zugriff auf neue Informationsquellen wie Mobil Devices, intelligente Endgeräte und Maschinen, welche in den Bereichen Industrie 4.0, vernetztes Zuhause, vernetzte Energieerzeugung und Verteilung oder dem vernetztem Automobil zum Einsatz kommen, eine völlig neue Herausforderung dar, welche ein entsprechendes Management dieser Informationsquellen erfordert. Aus Platzgründen sollen auf Basis der durchgeführten Studie nur ausgewählte Herausforderungen beim Management der Informationsressourcen sowie dem Management des Informationsangebotes skizziert werden.

3.5.1 Management der Informationsressourcen

Eine grundlegende Voraussetzung für die Nutzung dieser neuen Potenziale liegt in der Möglichkeit, systematisch neue Datenquellen zu erschließen, die gewonnenen Daten zu vernetzen und für die Verbesserung der Unternehmensleistung nutzbar zu machen (Pospiech und Felden 2013, S. 7–13). Dies bedeutet nicht notwendigerweise, dass diese Informationen unternehmensintern gespeichert werden müssen. Je nach Anwendungsfall werden vielmehr immer stärker auch Cloud-basierte Lösungen genutzt (Seufert und Bernhardt 2010, S. 34–41).

Allerdings steht diese Erschließung, Vernetzung und Nutzbarmachung neuer Datenquellen – wie die Studie gezeigt hat – bei vielen Unternehmen erst am Anfang.

Eigenschaften Datengrundlagen			
Kategorien	Herkunft	Struktur	Volumen
Interne Daten aus operativen Systemen (z.B. SAP ERP)	Intern	Strukturiert	Mittel
Interne Daten aus analytischen Systemen (z.B. Data Warehouse)	Intern	Strukturiert	Mittel
Interne Daten aus Content/ Knowledge Management Systemen	Intern	Semi-Strukturiert	Hoch
Interne Daten aus Web 2.0 Anwendungen (z.B. Wikis, Soziale Netze)	Intern	Semi-Strukturiert	Mittel
Interne Maschinen Daten (z.B. Sensorik/ RFID)	Intern	Strukturiert	Hoch
Externe Daten von Kooperationspartnern (z.B. Bestellungen, Qualität)	Extern	Strukturiert	Niedrig
Externe Daten von Datenprovidern (z.B. Sozio-demografische Daten)	Extern	Strukturiert	Mittel
Externe Daten von Websites (z.B. elektronische Marktplätze)	Extern	Strukturiert	Mittel
Externe Daten aus dem Social Web (z.B. Soziale Netzwerke, Blogs)	Extern	Semi-Strukturiert	Hoch

Bisheriger Schwerpunkt (erste zwei Zeilen)

Neue Datengrundlagen (übrige Zeilen)

Abb. 3.10 Eigenschaften ausgewählter neuer Datengrundlagen

Aktuell nutzen weniger als die Hälfte der Unternehmen externe Informationen von Geschäftspartnern oder externen Datenprovidern. Bei externen Informationen, z.B. von digitalen Marktplätzen oder aus dem Social Web sind es sogar nur 28 % bzw. 17 %. Zudem zeigen die Unternehmen erhebliche Schwächen in der automatisierten Sammlung von Daten. Aufgrund der immer größeren Datenvolumina ist die noch sehr stark manuell geprägte Datensammlung allerdings ein ernsthaftes Problem. Hinzu kommt, dass die technische Erschließung dieser neuen Datenquellen – wie in Abb. 3.10 skizziert – die Unternehmen hinsichtlich der Herkunft (z.B. Zugang zu externen Quellen), der Struktur (semi-strukturiert) und des Datenvolumens vor neue technologische Herausforderungen stellt.

Trotzdem wird – wie Abb. 3.11 zeigt – in der Ausweitung der Datenbasis und der Nutzung neuer Datenquellen seitens der Studienteilnehmer ein sehr hohes Potenzial gesehen.

3.5.2 Management des Informationsangebotes

Neben der Erweiterung um neue Datenquellen ist die Aufbereitung und Nutzbarmachung der Daten von zentraler Bedeutung. Hierbei spielt insbesondere die Nutzung moderner, fortschrittlicher Analyseverfahren eine wichtige Rolle. Dies umfasst sowohl die Auswahl geeigneter Analyseverfahren als auch die betriebswirtschaftliche Konzeption relevanter KPI's sowie Steuerungs- und Entscheidungsmodelle.

Um beurteilen zu können, welche Datengrundlagen für welche Anwendungszwecke sinnvoll sind und hierfür Entscheidungsmodelle konzipieren zu können, ist allerdings einerseits ein sehr tiefes Verständnis des Geschäftsmodells sowie der Treiber/Einflussgrößen des jeweiligen Einsatzbereiches (z.B. Logistik, Vertrieb) erforderlich. Hinzu kommt, dass die Potenziale fortschrittlicher Analyseverfahren für diese

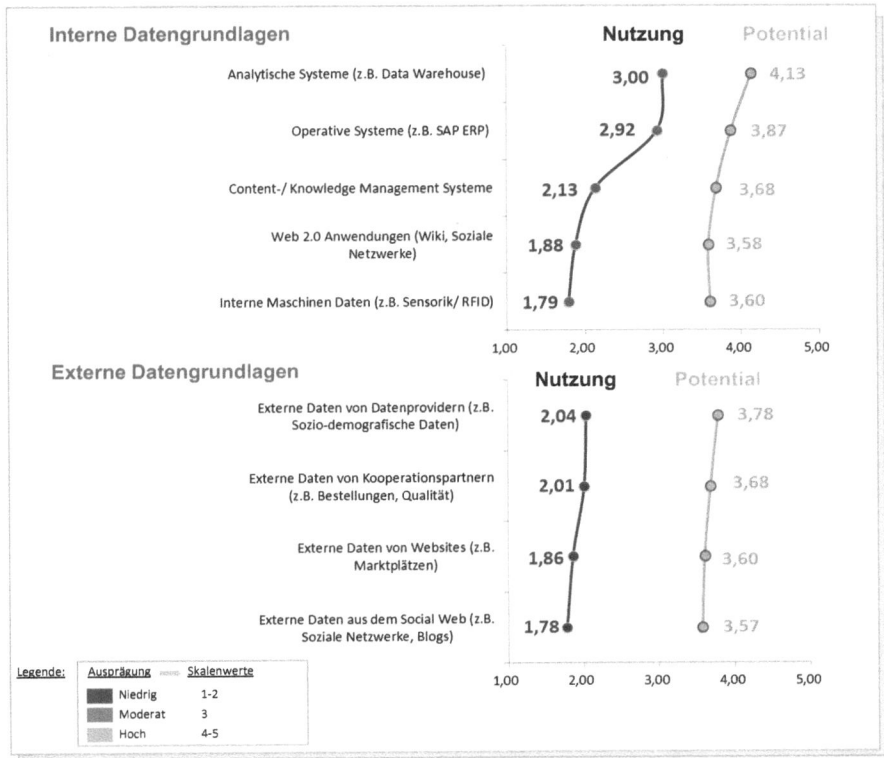

Abb. 3.11 Potenzielle vs. tatsächliche Nutzung neuer Datengrundlagen

Einsatzbereiche nur genutzt werden können, wenn ein grundlegendes Verständnis über die Einsatz- und Nutzungsmöglichkeiten fortschrittlicher Analyseverfahren (mathematisch-statistischer bzw. Mining Verfahren) vorhanden ist. Abb. 3.12 zeigt eine Übersicht ausgewählter Beispiele für unterschiedliche Einsatzzwecke.

Auch in diesem Bereich gibt es – wie die Studie zeigt – in vielen Unternehmen erheblichen Nachholbedarf. Eine Vielzahl von Unternehmen nutzt aktuell v. a. einfache, traditionelle Analyseverfahren. Dies zeigt sich empirisch sowohl in der Nutzung der Werkzeugklassen als auch in der Nutzungsintensität fortschrittlicher Verfahren. Gleichwohl werden – wie Abb. 3.13 visualisiert – die Potenziale für völlig neue Wertbeiträge fortschrittlicher Analyseverfahren erkannt.

3.6   Ausblick – Integration von BI und Big Data

Die dargestellten Teil-Auswertungen unserer Studie können naturgemäß nur erste Einblicke in das Themengebiet BI & Big Data geben. Trotzdem scheint sich abzuzeichnen, dass sich das Anwendungsfeld überaus dynamisch entwickelt. Die Anwendungsunternehmen beginnen zwar erst zaghaft damit, das Themenfeld für sich zu erschließen, erkennen aber offensichtlich zunehmend das erhebliche Potenzial. Eine zentrale Herausforderung scheint dabei speziell das bislang noch fehlende Know-How zu sein.

Eigenschaften Analytik				
Kategorien	Zeitbezug	Ziel	Komplexität	
Identifikation bislang unentdeckter Muster (z.B. Ähnlichkeiten bei Kunden)	Ist	Kausalanalyse	Niedrig	
Identifikation von Einflussgrößen/ Treibern (z.B. positive/ negative Einflüsse auf Kaufentscheidungen)	Ist	Kausalanalyse	Niedrig	Kausal-analytik
Identifikation der Stärke von Einflussgrößen/ Treibern (z.B. Preis oder Qualität wichtiger für Kaufentscheidungen)	Ist	Kausalanalyse	Mittel	
Identifikation der Wechselwirkungen von Einflussgrößen/ Treibern	Ist	Kausalanalyse	Hoch	
Abbildung von Prognosemodellen	Zukunft	Prognose	Niedrig	
Abbildung von Prognosemodellen mit Wahrscheinlichkeiten	Zukunft	Prognose	Mittel	Prognose-analytik
Abbildung von Prognosemodelle mit Bandbreiten von Wahrscheinlichkeiten	Zukunft	Prognose	Mittel	
Abbildung von lernende Prognosemodellen mit Bandbreiten von Wahrscheinlichkeiten	Zukunft	Prognose	Hoch	
Simulation von Entscheidungsmodellen	Zukunft	Entscheidungs-unterstützung	Mittel	Entscheidungs-analytik
Generierung autonomer Entscheidungsvorlagen durch maschinelles Lernen und Sprachverarbeitung	Zukunft	Autonome Entscheidungen	Hoch	

Abb. 3.12 Eigenschaften ausgewählter Analysekategorien

Entscheidend für die Umsetzung in Geschäftspotenziale wird dabei ein deutlich erweitertes Verständnis von Information als Ressource sein, welches die Auswirkungen auf die Wertketten aber auch auf die Produkte und Dienstleistungen der Unternehmen integriert. Ziel ist es damit nicht mehr nur Informationen als Grundlage für aktuelle Entscheidungen im angestammten Geschäftsumfeld zu nutzen. Informationen sind vielmehr selbst Bestandteil von Innovationen, welche Geschäftsmodelle grundlegend verändern können (vgl. (Kiron und Shockely 2011, S. 57–62), (Seufert und Sexl 2011, S. 201–218) sowie (Chen et al. 2012, S. 1165–1188)). Vor diesem Hintergrund lassen sich empirisch in Abb. 3.14 skizzierte Reifegrade beobachten.

- **Stufe 1 – Unternehmensbereiche:** Traditionell wurde BI häufig isoliert und in ausgewählten Funktionalbereichen eingesetzt. Typische Hauptanwendungsfelder waren lange Zeit v. a. die Bereiche Finanzen/Controlling und Marketing/Vertrieb. Zu beobachten ist zunehmend eine Ausweitung auf die Bereiche Logistik, Produktion oder Personal.
- **Stufe 2 – Interne Prozesse:** Eine empirisch beobachtbare Erweiterung besteht im prozessorientierten Einsatz von BI. Auffällig ist, dass viele Unternehmen zunächst in den Ausbau der Unterstützungsprozesse (z. B. Finanzen/Konsolidierung) investierten und erst allmählich beginnen, die wertschöpfenden Kernprozesse analytisch zu durchdringen.
- **Stufe 3 – In- und externe Prozesse:** Eine weitere Reifegradstufe besteht im Ausbau des prozessorientierten BI-Einsatzes auf unternehmensübergreifende Unterstützungs- und Wertschöpfungsprozesse, z. B. für die Liquiditätssteuerung im Unternehmensverbund oder die unternehmensübergreifende Steuerung der Supply Chain in Echtzeit.
- **Stufe 4/Stufe 5 – Branchentransformation und neue Geschäftsmodelle sowie Management umfassender Wertschöpfungsnetzwerke:** Die Nutzung von Information zur Etablierung neuer Geschäftsmodelle oder zur Etablierung ganzer

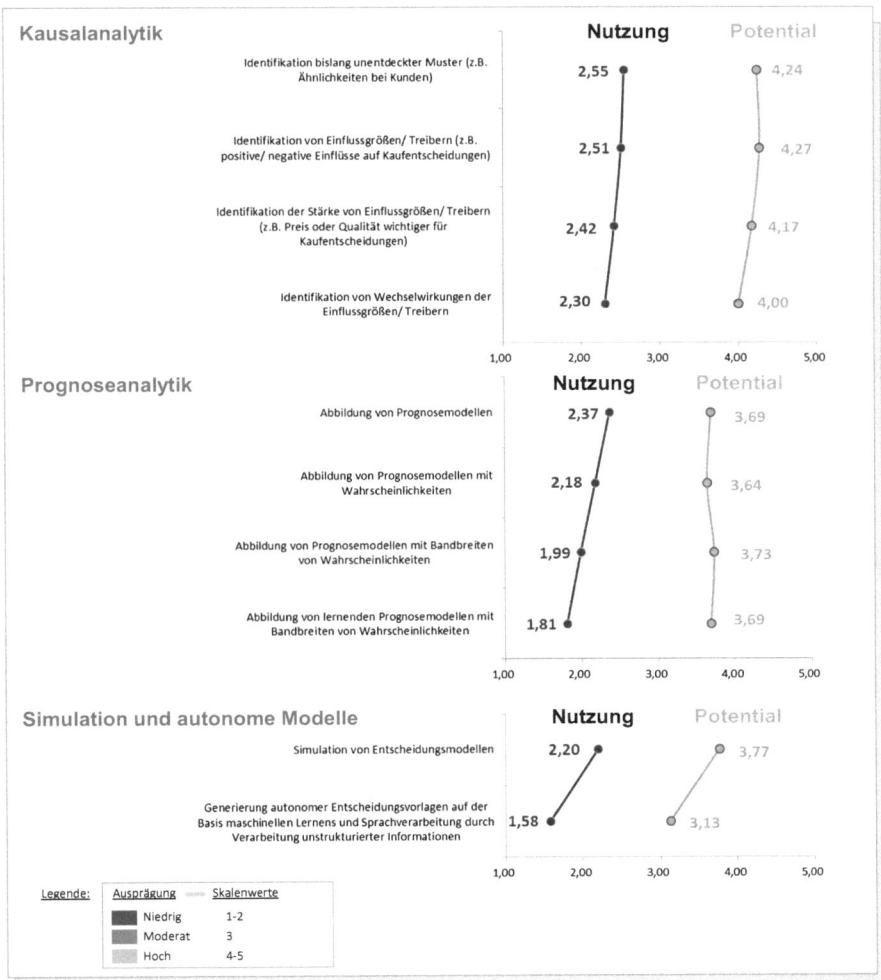

Abb. 3.13 Potenzielle vs. tatsächliche Nutzung neuer Analyseverfahren

Ecosysteme befindet sich bei „traditionellen" Unternehmen erst am Anfang. Völlig anders stellt sich die Situation in informationsbasierten Industrien dar. Das Zusammenspiel in- und externer Informationsstrukturen, z. B. auf Basis von Cloud Diensten spielt dabei eine zentrale Rolle (Seufert und Bernhardt 2011). Informationen werden unter Nutzung von BI/Big Data vernetzt und Analytik intensiv für die Etablierung neuer disruptiver Geschäftsmodelle, die Transformation ganzer Branchen sowie die Steuerung umfassender Ecosysteme eingesetzt. Diese Unternehmen weiten ihre Tätigkeitsfelder kontinuierlich aus und konkurrieren zunehmend mit Unternehmen in „traditionellen" Branchen (z. B. Google).

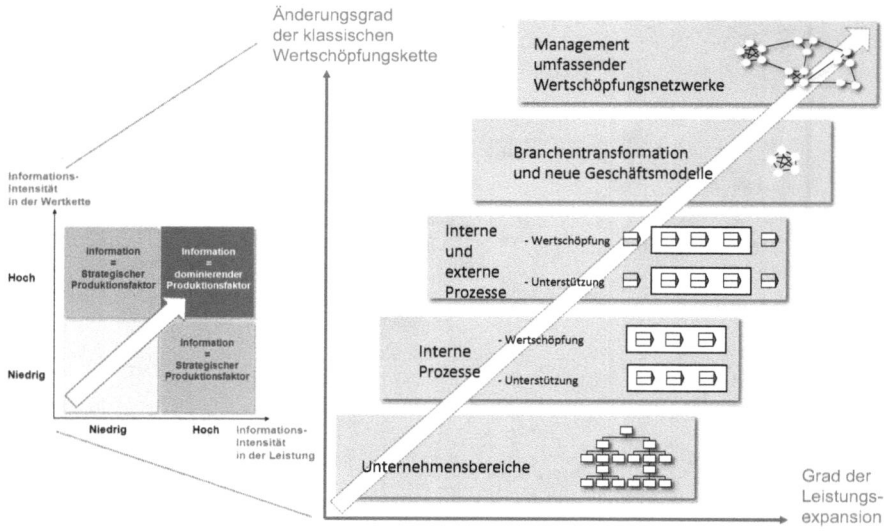

Abb. 3.14 Reifegradmodell BI & Big Data

Auch wenn BI als integriertes Konzept einer informationsbasierten, analytischen Unternehmenssteuerung seit vielen Jahren diskutiert wird (Kemper et al. 2004, S. 1–10), (Gluchowski et al. 2008, S. 1–15), befindet sich eine nicht unerhebliche Anzahl von Unternehmen immer noch auf den Stufen 1 und 2. Die Herausforderungen für Unternehmen bestehen aktuell darin, völlig neuartige Verfahren und Anwendungsmöglichkeiten hinsichtlich der Erschließung und Vernetzung neuer Datengrundlagen und der Nutzung fortschrittlicher Analyse-Methoden (Shmueli und Koppius 2011), (Seufert 2012) für sich nutzbar zu machen, ohne die bekannten Fehler aus den frühen BI-Reifegradphasen zu wiederholen.

Literatur

Chen, H., Chiang, R., Storey, V.: Business intelligence and analytics: from big data to big impact. MIS Q. **36**(4), 1165–1188 (2012)

Gantz, J., Reinsel, D.: Extracting value from Chaos. IDC View, June 2011. http://www.emc.com/collateral/analyst-reports/idc-extracting-value-from-chaos-ar.pdf (2015). Zugegriffen am 23.10.2015

Gluchowski, P., Gabriel, R., Dittmar, C.: Management Support Systeme und Business Intelligence, 2. Aufl. Springer, Berlin (2008)

Jetzek, T., Avital, M., Bjorn-Andersen, N.: Generating sustainable value from open data in a sharing society. In: Creating Value for All Through IT. IFIP Advances in Information and Communication Technology, Bd. 429, S. 62–82. Springer, Heidelberg (2014)

Kemper, H.-G., Mehanna, W., Unger, C.: Business Intelligence – Grundlagen und praktische Anwendungen. Vieweg, Wiesbaden (2004)

Kiron, D., Shockley, R.: Creating business value with analytics. Sloan Manage. Rev. **53**(1), 57–62 (2011)

Krcmar, H.: Informationsmanagement. 5. Aufl. Springer, Heidelberg (2010)

Pospiech, M., Felden, C.: Big Data – Stand der wissenschaftlichen Betrachtung – Zu viele Daten, zu wenig Wissen. BI Spektrum **8**(1), 7–13 (2013)

Seufert, A.: Business Intelligence und Advanced Analytics/Data Mining: Status Quo – Potentiale – Wertbeitrag. Institut für Business Intelligence, Stuttgart (2012)

Seufert, A.: Entwicklungsstand, Potentiale und zukünftige Herausforderungen von Big Data – Ergebnisse einer empirischen Studie. In: HMD-Handbuch der modernen Datenverarbeitung, Schwerpunktheft Big Data. HMD-Heft Nr. 298, S. 412–423. dpunkt Verlag, Heidelberg (2014)

Seufert, A., Bernhardt, N.: Business Intelligence und Cloud Computing: Anforderungen – Potentiale – Einsatzbereiche. HMD-Handbuch der modernen Datenverarbeitung **47**(5), 34–41 (2010)

Seufert, A., Bernhardt, N.: BI as a Service – Cloud Computing: Facetten eines neuen Trends. BI Spektrum 6, S. 23–27 (2011)

Seufert, A., Sexl, S.: Competing on Analytics – Wettbewerbsvorsprung durch Business Intelligence. In: Gleich, R., Gänßlen, S., Losbichler, H. (Hrsg.) Challenge Controlling 2015 – Trends und Tendenzen, S. 201–218. Haufe, München (2011)

Shmueli, G., Koppius, O.: Predictive analytics in information systems research. MIS Q. **35**(3), 553–572 (2011)

Data Scientist als Beruf

Kurt Stockinger, Thilo Stadelmann, und Andreas Ruckstuhl

Zusammenfassung

Data Scientists sind gefragt: Laut Mc Kinsey Global Institute wird es in den nächsten Jahren allein in den USA einen Nachfrageüberschuss an 190.000 Data Scientists geben. Dieser sehr starke Nachfragetrend zeigt sich auch in Europa und im Speziellen in der Schweiz. Doch was verbirgt sich hinter einem Data Scientist und wie kann man sich zum Data Scientist ausbilden lassen?

In diesem Kapitel definieren wir die Begriffe Data Science und das zugehörige Berufsbild des Data Scientists. Danach analysieren wir drei typische Use Cases und zeigen auf, wie Data Science zur praktischen Anwendung kommt. Im letzten Teil des Kapitels berichten wir über unsere Erfahrungen aus dem schweizweit ersten Diploma of Advanced Studies (DAS) in Data Science, das an der ZHAW im Herbst 2014 erstmals gestartet ist.

Schlüsselwörter

Data Science • Data Warehousing • Machine Learning • Angewandte Statistik • Datenanalyse • Weiterbildung • Data Science Use Cases

Vollständig überarbeiteter und erweiterter Beitrag basierend auf „Data Science für Lehre, Forschung und Praxis". In: HMD – Praxis der Wirtschaftsinformatik, HMD-Heft Nr. 298, 51 (4): 469–479, 2014.

K. Stockinger (✉) • T. Stadelmann • A. Ruckstuhl
Zürcher Hochschule für Angewandte Wissenschaften, Winterthur, Schweiz
E-Mail: Kurt.Stockiger@zhaw.ch; Thilo.Stadelmann@zhaw.ch; Andreas.Ruckstuhl@zhaw.ch

D. Fasel, A. Meier (Hrsg.), *Big Data*, Edition HMD,
DOI 10.1007/978-3-658-11589-0_4

4.1 Data Science als Disziplin

Mit dem rasanten Aufkommen von Data Science als Disziplin geht die Genese des Berufsbildes des „Data Scientists" einher (Loukides 2010). Beide Konzepte in ihrer heute populären Form entstanden dabei aus den Bedürfnissen der Wirtschaft heraus (Patil 2011). Eine wissenschaftliche Auseinandersetzung folgte etwas verzögert und nimmt aktuell an Fahrt auf (Brodie 2015a). Von Beginn an wurden sie jedoch begleitet von enormer medialer Beachtung bis hin zum Hype (z. B. Davenport und Patil 2012). Dies weckt Skepsis unter Fachleuten, sollte jedoch nicht den Blick für das reale Potenzial der Thematik trüben:

- Wirtschaftliches Potenzial – Das McKinsey Global Institute errechnet einen weltweiten Wert von ca. drei Billionen Dollar für die Nutzung von Open Data allein (Chui et al. 2014), zu dessen Realisierung bis zu 190.000 Data Scientists benötigt werden (Manyika et al. 2011).
- Gesellschaftliche Auswirkungen – Medizinische Versorgung, politische Meinungsbildung und die persönliche Freiheit werden durch Datenanalyse beeinflusst (Parekh 2015).
- Wissenschaftlicher Einfluss – Datenintensive Analyse als viertes Paradigma der Wissenschaft verspricht Durchbrüche von der Physik bis zu den Lebenswissenschaften (Hey et al. 2009).

Der Hype sagt: „*Data is the new oil!*". Im Original setzt sich dieses Zitat fort mit „*[…] if unrefined, it cannot really be used. It has to be changed […] to create a valuable entity that drives profitable activity*" (Humby 2006). Schon hier wird die Notwendigkeit der Arbeit des Data Scientists zur Realisierung dieses großen Potenzials angesprochen.

4.2 Definition: Data Scientists, Data Science und Data Products

4.2.1 Der Data Scientist

Geschichte

Data Science nach heutigem Verständnis[1] beginnt mit der Einführung des Begriffs „Data Scientist" durch Patil und Hammerbacher während ihrer Arbeit bei LinkedIn respektive Facebook (Patil 2011). Sie empfinden, dass für die Mitarbeiter ihrer Teams, die über tief gehendes Ingenieurswissen verfügen und oft direkten Einfluss auf die Wirtschaftlichkeit der Kernprodukte im Unternehmen haben, eine neue Tätigkeitsbeschreibung notwendig sei: „*those who use both data and science to create something new*".

---

[1] Der Begriff „Data Science" ist jedoch älter. Unter anderem hat William S. Cleveland 2001 in einem unveröffentlichten Artikel (vgl. Cleveland 2014) „Data Science" als eigenständige Disziplin vorgeschlagen. Darin finden sich schon viele Elemente des heutigen Verständnisses.

Jones (2014) stellt in seinem Bericht anschaulich dar, wie es aus diesem Kerngedanken heraus sowie der Anforderung, dass Data Scientists ihre Ergebnisse und Einsichten auch selber kommunizieren können sollen, innerhalb kurzer Zeit zu einer inhaltlichen Explosion des Anforderungsprofils kommt: „...*business leaders see Data Scientists as a bridge that can finally align IT and Business*". Auch auf technischer Seite gehen die Anforderungen über das ursprünglich geforderte „Deep Analytical Talent" (Manyika et al. 2011) hinaus: Die Vorbereitung der Analyse, Data Curation genannt und bestehend aus dem Suchen, Zusammenstellen und Integrieren der möglicherweise heterogenen Datenquellen, macht ca. 80 % der täglichen Arbeit eines Data Scientists aus (Brodie 2015b). Dies schliesst die Arbeit an und mit großen IT-Systemen ein.

Darüber hinaus trägt der Data Scientist hohe Verantwortung: Analysen wollen nicht nur vorbereitet, durchgeführt und kommuniziert werden; aufgrund des disruptiven Potenzials des datengetriebenen Paradigmas (Needham 2013) ist es angezeigt, deren inhärente Risiken explizit zu machen. Hierzu sind Analyseergebnisse auch mit Maßen über die erwartete Korrektheit, Vollständigkeit und Anwendbarkeit auszustatten (Brodie 2015b). Gerade in großen Datenbeständen und hohen Dimensionen versagt intuitives Verständnis für Zusammenhänge und macht Konfidenzbetrachtungen unumgänglich.[2] Eine informelle Umfrage unter allen ca. 190 Teilnehmern der SDS|2015 Konferenz[3] ergab jedoch, dass von 80 praktizierenden Data Scientists nur etwa die Hälfte regelmässig solche Überlegungen anstellen – auch, da ihre Kunden nicht danach fragen.

Trends
Dem entgegen beobachten wir aktuell im Bereich der deutschsprachigen Wirtschaft, vor allem im Umfeld der Solution Provider für Big Data, folgende Trends:

- Die Arbeit des Data Scientist wird reduziert auf das Bedienen eines Tools im Sinne von „Self-Service BI".
- Ergebnisse für komplexe und wissenschaftlich ungelöste Fragestellungen wie etwa Social Media Monitoring (Cieliebak et al. 2014) werden auf Knopfdruck versprochen.

In Beziehung gesetzt zu obiger Verantwortung offenbart diese Entwicklung Gefahren. Data Scientists sollten genau verstanden haben, welche Schlüsse die eingesetzten Methoden und Verfahren zulassen und welche nicht.

Gleichzeitig nehmen wir eine Zunahme an Data Scientist Positionen in der Schweiz war. Eine weitere informelle Umfrage am SDS|2015 ergab folgendes Bild: Circa 40 % der Teilnehmer betrachten sich selber als praktizierende Data Scientists – jedoch trägt nur ein Viertel von ihnen den Titel „Data Scientist" in der Arbeitsplatzbeschreibung. Zum Zeitpunkt der Planung der Vorgängerveranstaltung, 2013 waren schweizweit kaum 2 Data Scientists identifizierbar.

---

[2] Eine nicht unumstrittene Forderung – siehe die Abschaffung der Angabe von p-Werten in diesem Journal: http://www.tandfonline.com/doi/pdf/10.1080/01973533.2015.1012991

[3] SDS|2015 – The 2nd Swiss Workshop on Data Science (12. Juni 2015 in Winterthur), ist einer der Treffpunkte der Schweizer Data Science Community. http://www.dlab.zhaw.ch/sds2015

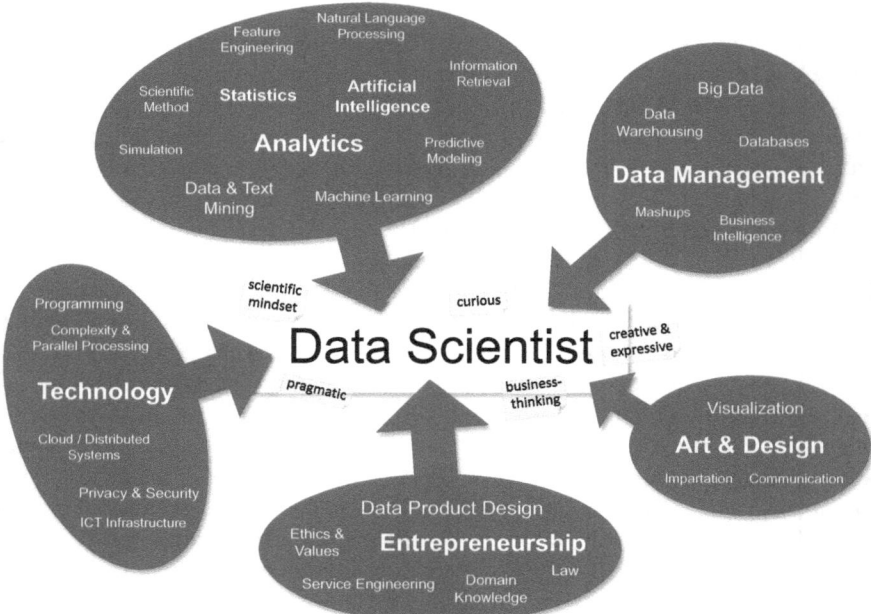

Abb. 4.1 Die im Vergleich zum Original leicht überarbeitete „Data Science Skill Set Map" (Stadelmann et al. 2013)

Definition
Wie also kann das Berufsbild des Data Scientists aktuell definiert werden? Wir verwenden dafür die in Abb. 4.1 dargestellte Landkarte der zugeordneten Fertigkeiten und Eigenschaften des Data Scientists. Diese Landkarte dient zur Präzisierung der verwendeten Begriffe im Alltag unseres interdisziplinären Forschungslabors[4] und ermöglicht einen schnellen Überblick über die SkillBereiche eines Data Scientists.

Die in den Ovalen zusammengefassten Gebiete auf dieser Karte entsprechen dabei wichtigen Kompetenzclustern, die sich der Data Scientist aus dem Repertoire teils mehrerer etablierter Teildisziplinen aneignet; die grauen Etiketten im Zentrum beschreiben Eigenschaften seiner Denk- und Arbeitsweise.

Im Einzelnen erfordert die zielgerichtete, analytische Arbeit an Datensätzen folgende Eigenschaften auf Seiten des Data Scientists:

*   Kreativität, Neugier und wissenschaftliche Denkweise fördern neuartige Erkenntnisse zu Tage.
*   Unternehmerisches Denken hält dabei ein klares Ziel vor Augen.

---

[4] Datalab – The ZHAW Data Science Laboratory. http://dlab.zhaw.ch/

- Pragmatismus sorgt für die notwendige Effizienz in einer komplexen Tool-Landschaft.

Diese Eigenschaften sind schwer trainierbar, aber wichtig für den praktischen Erfolg.

Im Folgenden gehen wir auf die einzelnen Kompetenzcluster im Profil des Data Scientists genauer ein:

Technologie und Datenmanagement. Der Umgang mit Daten ist so entscheidend, dass Datenmanagement-Fähigkeiten als eigenes Kompetenzgebiet auftauchen, auch (aber keineswegs nur) „at scale" im Umfeld von Big Data. Doch auch andere technologische Fähigkeiten aus der Informatik und angrenzenden Gebieten sind in der Praxis des Data Scientists wichtig, allen voran das Programmieren – jedoch eher im Sinne von Scripting als der Entwicklung großer Softwaresysteme. Systemdesign spielt im Sinne des Zusammensetzens verschiedener (auch verteilter) Frameworks und Dienste eine Rolle.

Analytics. Analytische Fähigkeiten aus dem Bereich der Statistik, des maschinellen Lernens und der künstlichen Intelligenz zur Extraktion von Wissen aus Daten und zur Generierung von (Vorhersage-)Modellen sind die Kernfähigkeit des Data Scientists. Hierbei ist der unterschiedliche Zugang der Teildisziplinen, etwa von Statistikern und Informatikern bzgl. Modellierung (Breimann 2001), besonders wertvoll.[5]

Unternehmertum. Der Data Scientist hat nicht nur die Verantwortung zur Implementierung einer analytischen Lösung für ein gegebenes Problem. Er benötigt auch die Fähigkeit zum Stellen der richtigen Fragen bzgl. geschäftlichem Mehrwert sowie Folgen für Betrieb und Gesellschaft. Dies bedingt auch den Aufbau substanziellen Wissens aus der jeweiligen Fachdomäne sowie das Wahrnehmen ethischer Verantwortung: Viele Fragestellungen in Data Science berühren grundlegende Fragen des Datenschutzes und der Privatheit und sollten auch entsprechend rechtlich abgesichert sein.

Kommunikation und Design. Als Verantwortlicher für den gesamten analytischen Workflow kommuniziert der Data Scientist selbst seine Ergebnisse auf (Senior) Management Ebene. Dies benötigt neben adressatengerechter Kommunikation die Fähigkeit zur korrekten grafischen Aufbereitung komplexester Zusammenhänge via Informationsvisualisierung. Auch als Teil analytischer Lösungen und Services für den Kunden sind angemessene grafische Darstellungen bedeutend. Gleichzeitig spielt die grafische Aufbereitung von Daten unter dem Stichwort Visual Analytics bereits während der Datenexploration eine große Rolle.

---

[5] Breiman diskutiert den Unterschied zwischen modellgetrieben Ansätzen und sogenanntem „algorithmischen" Vorgehen. Der Unterschied liegt im Umfang der a priori Annahmen, welche den Raum möglicher Lösungen unterschiedlich einschränken bzw. formen. Beispielhaft sei die Annahme bestimmter Verteilungen der Daten vs. rein algorithmische Erfassung etwa mittels eines neuronalen Netzes genannt.

Schicht	Inhalt
Infrastruktur 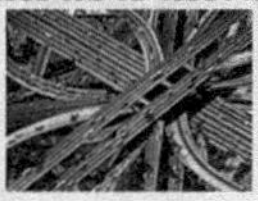	• Datenbanken • Cloud Computing • Big Data Technologien
Algorithmen 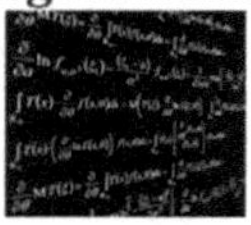	• Data Mining, Statistik & Predictive Modeling • Maschinelles Lernen & Graphanalyse • Information Retrieval & Sprachverarbeitung • Business Intelligence & Visual Analytics • Data Warehousing & Entscheidungsuntersützung
Geschäft 	• Visualisierung & Kommunikation der Ergebnisse • Privatheit, Sicherheit & Ethik • Unternehmertum & Data Product Design

Abb. 4.2 Logischer Aufbau eines Data Science Curriculums

Der Weg zum Data Scientist

Ein erfahrener Data Scientist sollte etwa 80 % dieser Kompetenzlandkarte abdecken, verteilt über alle fünf Ovale. Dies bedingt eine feste Verankerung als Experte in einem der vier Kompetenzcluster sowie gut abgestütztes Wissen und Fähigkeiten in wenigstens 2 weiteren, ohne dabei den Spagat zwischen technisch-analytischen und ökonomisch-kommunikativen Kompetenzen völlig zu vermeiden.

Die notwendigen Fähigkeiten können trainiert werden, gegeben eine Veranlagung zu quantitativen, komplexen und technischen Fragestellungen. Ein typischer Werdegang beginnt mit einem Studium etwa in Statistik, Informatik oder datenintensiven Wissenschaften, von dem aus Fähigkeiten in den anderen Bereichen durch interdisziplinäre Arbeit und Weiterbildung hinzugewonnen werden.

Abb. 4.2 skizziert die Inhalte eines Data Science Curriculums, aufgeteilt in Schichten nach Abstraktionsgrad vom Business Case. Die Inhalte des Geschäfts-Layers liegen nah an den Use Cases der Praxis, die vom Data Scientist nicht nur oberflächlich verstanden werden müssen. Dies spielt in die Auswahl der Verfahren aus dem Algorithmen-Layer hinein, abstrahiert aber weitgehend von der technischen Infrastruktur.

Aus oben diskutierten Gründen der Verantwortung für weitreichende Entscheidungen heraus scheint es uns wichtig zu betonen, die analytischen Aspekte ins Zentrum der Ausbildung zu stellen: Maschinelles Lernen, Statistik und deren zugrunde liegende Theorien müssen fest verankert sein, da sich aus ihnen heraus Machbarkeit und Folgenabschätzung ergeben.

In Abschn. 4.4 werden wir auf die Umsetzung dieses Konzepts eingehen.

4.2.2 Data Science als interdisziplinäre, angewandte Wissenschaft

Nachdem wir definiert haben, was ein Data Scientist können und wie er arbeiten sollte, wollen wir uns seiner Tätigkeit zusätzlich aus anderer Richtung nähern, nämlich über die Abgrenzung von Data Science als Disziplin seines Wirkens. Nach Brodie (Brodie 2015b) ist Data Science (oder *„Data-Intensive Analysis"*) die Anwendung der wissenschaftlichen Methode[6] auf Daten. Wie grenzt sich diese Disziplin von ihrem Umfeld ab?

Data Science ist eine interdisziplinäre Wissenschaft, die Methoden zur Auswertung unterschiedlichster Arten von Daten mit verschiedensten Mitteln bündelt. Ausgehend von konkreten Fragestellungen wird ein Data Product entwickelt, d. h. eine neue Information oder ein neuer Service, der Wertschöpfung aus der Analyse bestehender Daten betreibt.

Es ist schwierig, sich mit Data Science auseinanderzusetzen und nicht allenthalben diese inhärente Interdisziplinarität wahrzunehmen. Gleichzeitig wird nirgends der Anspruch erhoben, diese Begriffe seien ihren Ursprungsdisziplinen zu enteignen und dieser neuen „Disziplin-in-Entstehung" einzuverleiben.

Vielmehr ist Data Science ist eine einzigartige, also neue Mischung von Fertigkeiten aus Analytics, Engineering und Kommunikation, um ein spezifisches Ziel zu erreichen, nämlich die Erzeugung von einem (gesellschaftlichen oder betrieblichen) Mehrwert aus Daten. Als angewandte Wissenschaft lässt sie den Teildisziplinen ihren Wert und ist dennoch eigenständig und notwendig (siehe die Diskussion in (Provost und Fawcett 2013)).

Ob die Entwicklung dabei ähnlich verläuft wie die Bildung der Subdisziplin Data Mining, die bis heute etwa *in* Statistik- und Informatik-Curricula zu finden ist, oder analog zum *Herausschälen* der Informatik aus den Fachgebieten Elektrotechnik und Mathematik, ist noch nicht endgültig auszumachen. Wir beobachten, dass die Bündelung analytischen Wissens aller Fachgebiete in Forschungszentren und Ausbildungscurricula voranschreitet, während sich die prognostizierte Omnipräsenz analytischer Fragestellungen in Wirtschaft und Gesellschaft weiter entwickelt. Gleichzeitig sehen wir momentan eher interdisziplinäre Initiativen und Kooperationen anstatt einer grundlegende Neuordnungen der akademischen Landkarte bezüglich der Fachgebiete.

4.2.3 Data Products und wie sie entwickelt werden

In Erweiterung des explorativen Paradigmas im Data Mining plant der Data Scientist gezielt, was seiner Organisation einen Mehrwert verschaffen könnte. Entsprechend rückt das Data Product ins Zentrum des Analyseprozesses: Es ist das Ergebnis der wertgetriebenen Analyse (Loukides 2010) und kann dabei ein Service

---

[6] Experiment, Messung und Theoriebildung. In diesem Sinne wäre ein Data Scientist „*...a person (professionally) involved in the conduct of data science*" (Brodie 2015b).

für Endkunden oder auch nur eine einzige Zahl als Entscheidungsunterstützung für interne Stakeholder sein; wesentlich ist, dass Mehrwert aus der Analyse von Daten geschöpft und realisiert wurde.

Was macht das Data Product aus? Siegel nennt 147 Beispiele erfolgreicher Data Products aus 9 Branchen (Siegel 2013). Zu den bekanntesten zählen sicher die Empfehlungsservices von Amazon und Netflix sowie diverse Kundenkartenprogramme, beispielsweise von Tesco. Doch Loukides weist darauf hin, dass, was auch immer mit den Daten „unter der Haube" passiere, „*...the products aren't about the data; they're about enabling their users to do whatever they want, which most often has little to do with data*" (Loukides 2011).

Entsprechend wichtig für die Entwicklung erfolgreicher Data Products erscheinen uns daher die Gedanken aus den Bereichen Service Engineering und klassische Produktentwicklung zu sein, welche mit dem „Value Proposition Design" starten und vom Kunden aus denken (Osterwalder et al. 2014). Diese Ansätze fragen zuerst nach dem realisierbaren Wert des Produkts in spe, bevor die Analytik angestossen wird.

Einen ähnlichen Weg schlagen Howard und Kollegen mit dem „Drivetrain Approach" vor (Howard et al. 2012): Zu Beginn ihres vierstufigen Prozesses steht die Definition des Ziels: Welches Kundenbedürfnis sollte idealerweise als nächstes adressiert werden? Im zweiten Schritt werden diejenigen Hebel identifiziert, mit deren Bewegung der Data Scientist die Erreichung dieses Ziels beeinflussen kann. Dies kann etwa eine neue analytische Idee sein, wie seinerzeit die Einführung des „Page Rank" als Kriterium für die Güte von Suchresultaten bei Google.

Um die identifizierten Hebel in Bewegung setzen zu können, werden im dritten Schritt die notwendigen Datenquellen betrachtet. Diese müssen nicht nur bereits vorhandenen, internen Töpfen entstammen. In der Verknüpfung unternehmensinterner sowie externer Daten liegt manchmal der Schlüssel zum Beantworten analytischer Fragestellungen. Daher ist die Frage nach der Entwicklung von Data Products eng verknüpft mit Kenntnissen über den Datenmarkt sowie die Open Data Bewegung: Hier finden sich Möglichkeiten zum Aufstocken des verfügbaren eigenen Rohmaterials. Erst im vierten und letzten Prozessschritt wird schliesslich über analytische Modelle nachgedacht, denn deren Auswahl wird zu einem guten Teil durch das vorgegebene Ziel und dessen Rahmenbedingungen, die anzusetzenden Hebel sowie die verfügbaren Datenquellen (und -Mengen) bestimmt.

Es erstaunt uns, dass unserer Recherche nach bislang nur sehr wenige Ausbildungsprogramme für Data Product Design existieren. Im Syllabus eines der wenigen existierenden Kurse heißt es (Caffo 2015): „*The course will focus on the statistical fundamentals of creating a data product that can be used to tell a story about data to a mass audience*". Anschließend stehen technologische Details zum Implementieren von Webanwendungen im Zentrum. Wir sehen hingegen einen starken Bedarf nach einem interdisziplinär ausgerichteten Kurs, der das „Data Storytelling" nicht vergisst, jedoch den technisch ausgerichteten Data Scientists (siehe oben) das notwendige Businesswissen vermittelt, um erfolgreiche Produkte zu kreieren. In Abschn. 4.4 berichten über die erste Durchführung eines Kurses, der diese Gedanken aufnimmt.

4.3   Data Science Use Cases

In diesem Abschnitt stellen wir drei unterschiedliche Data Science Use Cases vor, die wir im Zuge von angewandten Forschungsprojekten mit Wirtschaftspartnern umgesetzt haben. Der erste Use Case (Markt Monitoring) basiert auf Technologien aus den Bereichen Data Warehousing und Machine Learning. Der zweite Use Case (Analytisches Customer Relationship Management) beruht auf dem Konzept des Customer Lifetime Value und Methoden aus dem predictive Modelling. Im dritten Use Case wird ein laufendes Projekt zur Entwicklung eines Systems für prädiktive Instandhaltung von Flugzeugkomponenten vorgestellt.

4.3.1   Markt Monitoring

Ausgangslage dieses Use Cases ist eine eCommerce Plattform mit Millionen von Produkten des täglichen Lebens. Ziel der Plattform ist es, den Usern gesündere Produkte bzw. Produkte aus nachhaltiger Produktion zu empfehlen. Im Unterschied zu typischen Recommender Systemen, die von Amazon oder Netflix bekannt sind, bleiben die User dieser eCommerce Plattform vollkommen anonym, da für das Durchsuchen der Produkte kein User Account notwendig ist. Ein weiterer Unterschied zu Amazon und Netflix ist, dass die User dieser Plattform nur in den seltensten Fällen ein Produkt kaufen, sondern sich lediglich über Produkteigenschaften informieren wollen. Somit stellt dieser Use Case eine andere und teilweise schwierigere Herausforderung dar, als die beiden bereits erwähnten Plattformen. Herkömmliche Ansätze verbinden Nutzerprofile mit dem positiven Feedback bestätigter Einkäufe. Da es jedoch weder Nutzerprofile noch bestätigte Einkäufe gibt, müssen andere Methoden herangezogen werden, um die Klickpfade auszuwerten.

Um die Kundenbedürfnisse besser zu verstehen, kann somit einerseits nur das Klickverhalten auf der eCommerce Webseite analysiert werden. Andererseits müssen auch die Eigenschaften der Produkte untersucht werden, sodass dem User bessere und nachhaltigere Produkte empfohlen werden können. Um diese Analysen durchzuführen, wurde zunächst ein *Data Warehouse* (DWH) erstellt, das die Produktinformation und die Klickpfade enthält (siehe Abb. 4.3).

Das Data Warehouse besteht aus den drei Schichten *Staging Area*, *Integration Layer* und *Enrichment Layer*. In der Staging Area werden zunächst die Daten der Produktdatenbank abgespeichert. Zusätzlich werden via Google Analytics statistische Information über Geschlecht und Altersgruppen der User hinzugefügt. Im Integration Layer werden die Daten homogenisiert, Duplikate entfernt und in einheitliches Datenmodell integriert. Da die Analyseergebnisse in einem Web-Portal mit vernünftigen Antwortzeiten dargestellt werden sollen, beinhaltet das Data Warehouse einen Enrichment Layer, in dem komplexe Berechnungen materialisiert und physisch reorganisiert werden. Der Enrichment Layer dient somit dazu, eine höchstmögliche Datenbank-Query-Performance zu erzielen.

Um die Kundenbedürfnisse zu analysieren, wurden unterschiedliche Machine Learning Ansätze verwendet. Abb. 4.4 zeigt eine schematische Darstellung einer

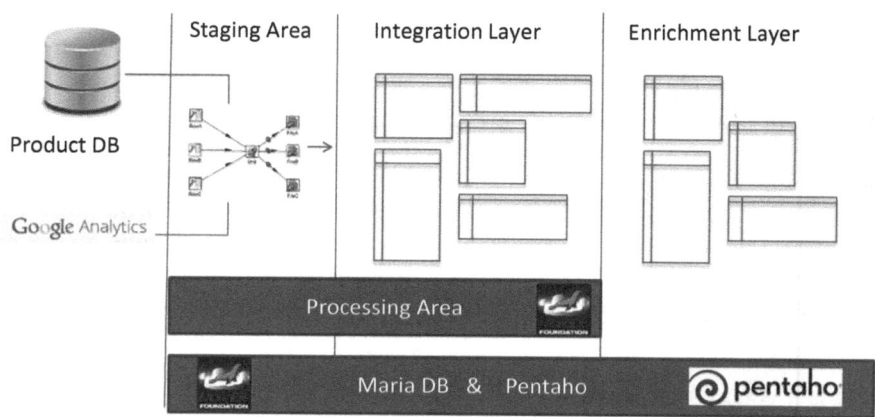

Abb. 4.3 Data Warehouse Architektur des Markt Monitoring

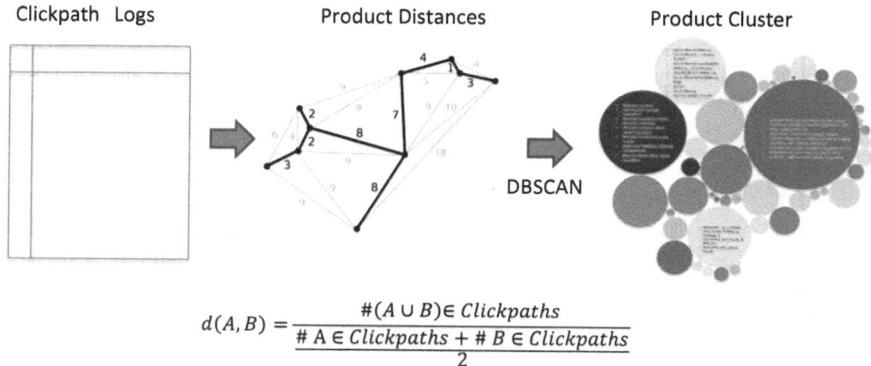

$$d(A, B) = \frac{\#(A \cup B) \in Clickpaths}{\dfrac{\# A \in Clickpaths + \# B \in Clickpaths}{2}}$$

Abb. 4.4 Clusteranalyse von Produkten unterschiedlichster Klick-Pfade

Cluster-Analyse basierend auf den Klickpfaden der User sowie den Produkten, die sie angewählt haben. Mit Hilfe des Clustering-Algorithmus DBScan (Density-Based Spatial Clustering), konnten die ausgewählten Produkte in sinnvolle Cluster unterteilt werden, die es dann ermöglichen, entsprechend ähnliche Produkte zu finden. Um jedoch gesündere Produkte empfehlen zu können, müssen die gefundenen Cluster noch mit den Produktinhaltsstoffen kombiniert und entsprechend bewertet werden. Diese Bewertung kann vom End-User nach bestimmten Kriterien wie z. B. Zucker- oder Glutengehalt gewichtet und entsprechend priorisiert werden.

In unserem Projekt verwendeten wir ausschliesslich Open-Source-Technologien, da wir mit einem kleinen Start-Up zusammenarbeiteten und somit teure, kommerzielle Data Warehouse- und Analyse-Lösungen nicht in Frage kamen. Das Data Warehouse basiert auf MariaDB und Pentaho. Als Machine Learning Library wird Apache Mahout verwendet (vor allem die Algorithmen K-means, K-means mit Canopy und Fuzzy

K-Means). Da DBScan nicht in Mahout vorhanden ist, wurde dieser Algorithmus selbst in Java implementiert und optimiert.

Eine der wichtigsten Erkenntnisse dieses Projektes ist, dass ein gut entworfenes Data Warehouse eine wesentliche Grundvoraussetzung für komplexe Analysen ist. Durch das Integrieren und Bereinigen der Daten ermöglicht das Data Warehouse, Datenqualitätsprobleme zu erkennen und somit korrekte Analysen durchzuführen. Darüber hinaus ermöglicht ein physisch optimierter Enrichment Layer, dass End-User-Queries signifikant schneller ausgeführt werden können, als wenn die Queries direkt auf den Rohdaten abgesetzt werden. Eine der großen Herausforderungen war es, mehrere Tabellen mit 10^7 bis 10^8 Einträgen miteinander zu joinen, um möglichst effiziente Auswertungen zu machen. Hierfür mussten wir die Zugriffspfade und die End-User-Queries analysieren und entsprechende Datenbankindizes aufbauen, um einerseits die Abfragen zu beschleunigen und andererseits die Ladegeschwindigkeit des Data Warehouses möglichst wenig zu beeinträchtigen.

Ein weiterer wichtiger Punkt ist, möglichst früh mit einer explorativen Datenanalyse zu beginnen. Dies hilft einerseits, die Grundeigenschaften der Daten zu verstehen und somit erste Erkenntnisse zu gewinnen. Andererseits hilft es auch dabei, die Datenqualität besser zu verstehen und somit in einem iterativen Prozess das DWH zu erstellen und kontinuierlich zu erweitern bzw. die Query-Performance der Abfragen zu optimieren. Erst danach ist es angebracht, skalierende Machine Learning Algorithmen zu implementieren, um Millionen von Datensätzen in sinnvoller Zeit zu analysieren.

4.3.2 Analytisches Customer Relationship Management

Eine typische Aufgabe im Customer Relationship Management (CRM) ist die Selektion von geeigneten Kunden für Up-Selling-, Cross-Selling- oder Retensions-Maßnahmen. Traditionell wird dazu im analytischen CRM die Auswahl gemäß der Wahrscheinlichkeit, positiv auf die Maßnahme zu reagieren, oder äquivalent gemäß eines Scoring-Wertes getroffen. Allerdings müssen die auf diese Weise identifizierten Kunden nicht notwendigerweise diejenigen sein, von denen das Unternehmen am meisten profitiert. Deshalb fand in den letzten Jahren das Konzept des *Customer Lifetime Value (CLV)* zunehmend Beachtung. Die Selektion der Kunden beruht darin auf dem aktuellen (d. h. diskontierten) Wert aller zukünftigen Einnahmen, die durch die jeweiligen Kunden generiert werden. Während der traditionelle Ansatz dazu führt, dass die Anzahl der Kunden maximiert wird, führt der CLV-Ansatz zu einem finanziell ergiebigeren Portfolio von Kunden.

Das sind nicht nur aus betriebsökonomischer Sicht unterschiedliche Ansätze, sondern sie verlangen auch ein unterschiedliches Vorgehen in der Analyse. Im ersten Ansatz genügen geeignete Klassifikationsmethoden, die aufgrund der Kundeneigenschaften eine positive oder negative Selektion vornehmen. Der zweite Ansatz klingt sinnvoller, impliziert jedoch eine große analytische Herausforderung. Der CLV wird durch das künftige Verhalten der Kunden festgelegt. Wollen wir also einen CLV-Wert für einen Kunden bestimmen, muss das zukünftige Verhalten der

Kunden vorhergesagt werden. Eine Möglichkeit dafür ist die Verwendung geeigneter dynamischer Modelle, die an (umfangreichen) Daten aus der Vergangenheit kalibriert sind.

Bevor wir uns noch etwas detaillierter mit der dynamischen Modellierung befassen, sei hier auf das Verhältnis zwischen den drei Elementen Daten, Analytics und Einbettung des Produkts ins betriebliche Umfeld eingegangen. Im obigen Zusammenhang ist klar, dass die betriebsökonomische Einbettung der CRM-Aktion vorgibt, welche Eigenschaften oder Bedingungen das Endprodukt (oder das Data Product) erfüllen muss. Daraus lässt sich ableiten, welche Analysemethoden einsetzbar sind, und welche Daten zur Verfügung stehen müssten.

Umgekehrt wird im betrieblichen Umfeld oft auf Daten zurückgegriffen, die man sowieso zur Verfügung hat, d. h. die meistens aus anderen Gründen gesammelt wurden. Diese Gegensätze können im Projekt zu Spannungen führen und verlangen ein pragmatisches Vorgehen. Ein Data Science Projekt wird aus Sicht des Unternehmens dann erfolgreich sein, wenn alle drei Elemente, Daten, Analytics und betriebliche Einbettung des Data Products, zusammenpassen und eine zielführende Qualität haben. Weil das dritte Element von einer anderen Natur ist, wird es von Data Scientists gerne etwas vernachlässigt, ist aber für den Erfolg des Projekts unabdingbar.

Die dynamische Modellierung kann, wie Heitz, Ruckstuhl und Dettling zeigen, auf einem *Semi-Markov-Modell-Ansatz* aufbauen (Heitz et al. 2010). Die Grundlage dieses Ansatzes basiert auf der Unterteilung des Kundenverhaltens in mehrere disjunkte Zustände. Dies erlaubt eine differenzierte Modellierung der jeweiligen Verweildauer, der Übergangswahrscheinlichkeiten und der Verteilung der Umsätze.

In Abb. 4.5 hat das Beispiel für Zeitungsabonnemente vier verschiedene Zustände (bei anderen Beispielen können aber weit mehr Zustände nötig sein). Zu bemerken ist, dass eine Kundin oder ein Kunde nicht beliebig zwischen den Zuständen wechseln kann. Die Pfeile geben an, was möglich ist. Für jeden Zustand werden nun je drei zustandsspezifische Modelle benötigt:

Abb. 4.5 Zustände und erlaubte Übergänge für das Beispiel Zeitungsabonnemente

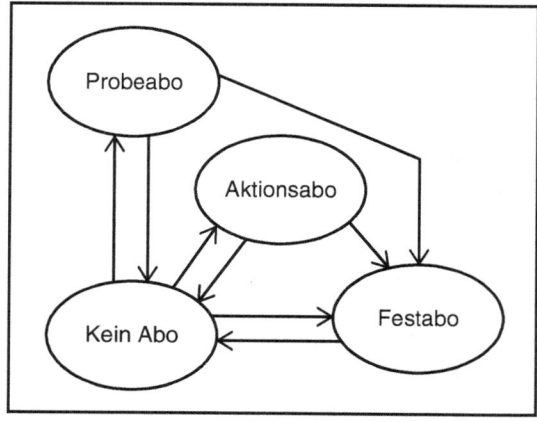

- ein *Vorhersagemodell für die Verweildauer* der Kundin im entsprechenden Zustand basierend auf discrete-duration models
- ein *Vorhersagemodell für die individuellen Übergangswahrscheinlichkeiten* bei einem Wechsel des Zustands (wir verwenden multinominale Logit-Modelle bei wenigen Merkmalen und das Random Forest Verfahren bei vielen Merkmalen)
- ein *Vorhersagemodell für die Umsätze*, die der Kunde generiert. Dies sind in unserem Fall jeweils zustandsspezifische Werte.

Diese Art der dynamischen Modellierung bedingt eine große Anzahl von Vorhersagemodellen und die Notwendigkeit von deren Kalibrierung. Im Weiteren beruhen diese Modelle auf unterschiedlichen Kundenmerkmalen, die sich üblicherweise aus der Benutzung der Produkte und sozio-demografischen Eigenschaften ergeben. Je nach Modellansatz muss eine Merkmalsselektion explizit vorgenommen werden. Werden viele Details der Produktnutzung festgehalten wie z. B. in der Telekommunikation, so müssen enorme Datenmengen verarbeitet und geeignet aufbereitet werden.

Bei Zeitungsabonnementen ist die Datenlage viel spärlicher und man kämpft damit, überhaupt einen geeigneten Merkmalssatz zur Verfügung zu haben. In der letzten Zeit kam die Nachfrage auf, Merkmale, die auf Textdaten basieren, wie sie z. B. in Call-Centern entstehen, einzubeziehen. Unsere Erfahrung im Fall von Call-Center-Textdaten zeigt bisher, dass die (finanziellen) Vorteile den Aufwand für die immer wiederkehrende z. T. manuelle Textdatenbereinigung und das Textmining nicht decken.

Sind einmal alle Modelle für jeden Kunden kalibriert, so kann man die konkreten CLV-Werte explizit berechnen. Mit dem erstmaligen Aufsetzen und expliziten Berechnen des CLV-Ansatzes ist die Aufgabe jedoch lange nicht beendet. Üblicherweise müssen die Berechnungen periodisch (z. B. monatlich) wiederholt werden, um auch die Dynamik in der Kundschaft wie z. B. Verhaltensänderungen zu erfassen. Es zeigt sich, dass dabei eine vollständige Neuaufsetzung der Modelle nicht nötig ist, da sich in der Regel von einer Periode zur anderen die Situation nicht allzu sehr ändert, und dies auch viel zu aufwändig wäre. Deshalb werden nur die Parameter neu geschätzt, ohne Änderungen am eigentlichen Modell oder am benötigen Satz von Merkmalen vorzunehmen.

Über längere Zeit jedoch könnten sich dann aber doch Änderungen aufdrängen. Solche Bedürfnisse rufen nach einem automatischen System, welches die periodischen Resultate liefert und die Qualität der Resultate festhält im Sinne einer statistischen Prozessüberwachung. Ergeben sich deutliche Abweichungen in der Qualität der Resultate, muss das System entsprechende Warnungen ausgeben, sodass der Data Scientist die nötigen Modifikationen an den Vorhersagemodellen, respektive dem Merkmalssatz, vornehmen kann. Der Bau und der Betrieb eines solchen automatischen Überwachungssystems sind aufwendig. Weil die Ansätze inklusive des zur Verfügung stehenden Merkmalsatzes zudem oft (zu) kurzlebig sind, wird ein solches Überwachungssystem oft nur rudimentär implementiert.

Mehr zum oben beschriebenen Ansatz der dynamischen Modellierung findet sich in (Heitz et al. 2010) sowie (Heitz et al. 2011).

4.3.3 Predictive Maintenance

In letzter Zeit beschäftigen uns zunehmend Fragen aus dem Umfeld der prädiktiven oder zustandsbasierten Instandhaltung. Inzwischen sind einige Projekte gestartet worden und laufen. Obwohl wir noch keine abschließenden Resultate haben, möchten wir hier eines dieser laufenden Projekte vorstellen und aufzeigen, welche Herausforderungen bestehen.

Unser Wirtschaftspartner ist ein führender Anbieter von technischen Lösungen für Fluggesellschaften, unter anderem auch in der Instandhaltung von demontierbaren Flugzeugkomponenten (Pumpen, Computer, Ventile, Stellmotoren …). Für die meisten Teile ist das Flugzeug so ausgelegt, dass es sicherheitstechnisch kein Risiko darstellt, die Komponenten bis zum Ausfall zu betreiben und den Fehler erst bei dessen Auftreten zu beheben; d. h. es wird eine reaktive Instandhaltungsstrategie gefahren. Sie hat zur Folge, dass die Materialplanung schwierig sowie aufwändig ist und ungeplante Betriebsunterbrechungen unvermeidlich sind. Dies kann dann zu Flugverspätungen und entsprechenden Kostenfolgen führen.

Das Ziel des Projekts ist es, neuartige Dienstleistungen im Bereich prädiktive Instandhaltung anbieten zu können. Dies bedingt, entsprechende Maintenance-Konzepte und Service-Produkte zu entwickeln, ein dazu passendes IT-System aufzubauen und auf die Service-Produkte ausgerichtete Analysekonzepte für Zustandsschätzung zu entwickeln. Weil man keine zusätzlichen Sensoren einbauen kann oder will, müssen die Analysen auf bereits vorhandenen Sensor- und Betriebsdaten der Flugzeugkomponenten beruhen. Aber auch schon so ist mit einem gewaltigen Datenfluss zu arbeiten. Der vorgesehene Daten- und Informationsfluss ist in Abb. 4.6 ersichtlich.

Erste Ergebnisse im Analytic-Teil zeigen, dass Störungen und Fehler von Komponenten mit geeigneten datenanalytischen Verfahren wie Hautkomponentenanalyse, auf robust geschätzten Kovarianzmatrizen beruhenden Mahalanobis-Distanzen, oder robusten nichtparametrischen Glättungsverfahren identifiziert werden können

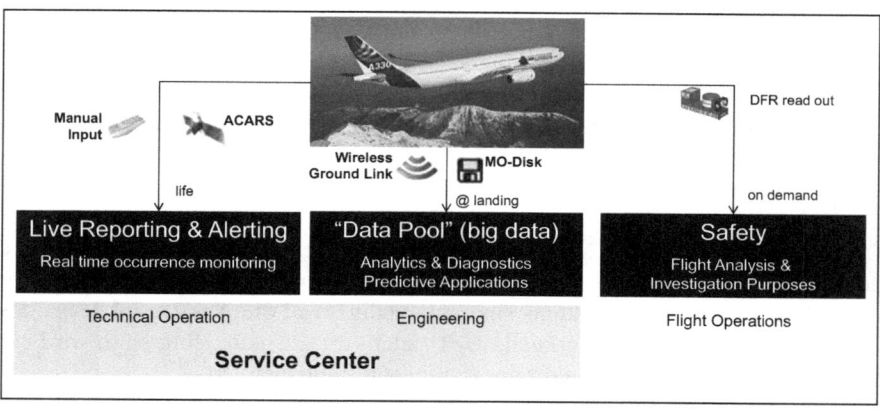

Abb. 4.6 Vorgesehener Daten- und Informationsfluss

Abb. 4.7 Identifizieren von
defekten Komponenten mittels
Mahalanobis-Distanzen

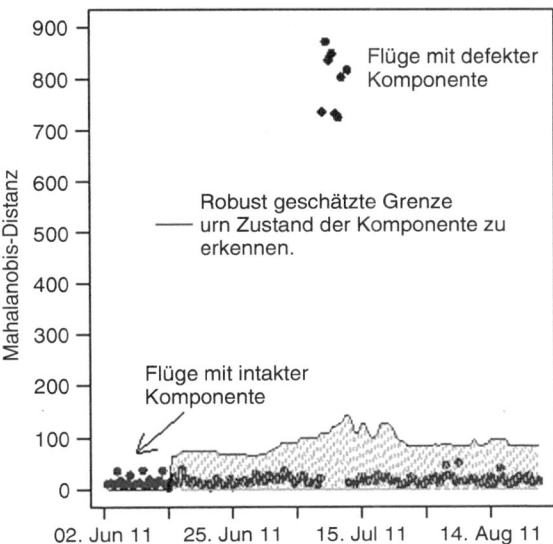

(vgl. Abb. 4.7). Dabei sind Komponentenausfälle teilweise mehrere Tage im Voraus in den Sensordaten zu erkennen. Ob das ausreicht, werden die Anforderungen aus dem Maintenance-Konzept, respektive aus den Service-Produkten zeigen.

4.4   Erfahrungen aus der Weiterbildung DAS Data Science

In diesem Kapitel berichten wir über unsere Erfahrungen bei der Durchführung des schweizweit ersten Diploma of Advanced Studies in Data Science (DAS). Insbesondere analysieren wir, welche Auswirkungen die Weiterbildung in Bezug auf neuerlernte Fähigkeiten, Jobprofil und Einsatzbereiche der Teilnehmer hat. Hierfür setzen wir einen Fragebogen ein, der das Jobprofil und die Skills der Kursteilnehmer vor und nach der Data Science Ausbildung sowie ihre Zukunftserwartungen erfasst.

4.4.1   Data Science Curriculum

Bevor wir uns die Analyseergebnisse im Detail ansehen, stellen wir kurz das Curriculum unseres DAS Data Science vor. Die gesamte Weiterbildung besteht aus den folgenden drei Certificats of Advanced Studies (CAS):

- **CAS Datenanalyse**: Dieser CAS besteht aus 5 Modulen und liefert vor allem die statistischen Grundlagen der Datenanalyse. Es werden Konzepte und Werkzeuge zur Beschreibung & Visualisierung von Daten behandelt und die in der Praxis wichtigen Methoden wie multiple Regression, Zeitreihenanalysen & Prognosen sowie Clustering & Klassifikation erarbeitet und vertieft.

- **CAS Information Engineering:** Dieser CAS besteht aus 4 Modulen und liefert vor allem die Informatikgrundlagen, die für einen Data Scientist wichtig sind. Die Module behandeln Scripting mit Python, Information Retrieval & Text Analytics, Datenbanken & Data Warehousing sowie Big Data.
- **CAS Data Science Applications:** Dieser CAS baut auf den beiden anderen CAS auf und vertieft das Wissen. Die Themen des aus vier Modulen bestehenden CAS sind Machine Learning, Big Data Visualisierung, Design & Entwicklung von Data Products sowie Datenschutz & Datensicherheit. Zusätzlich wird eine Projektarbeit mit Themen aus der Praxis absolviert.

Ein wesentliches Merkmal der Data Science Weiterbildung ist die Praxisrelevanz. Dies wird dadurch garantiert, dass die Dozierenden zusätzlich zu ihrer Hochschultätigkeit eine mehrjährige Berufserfahrung in der Wirtschaft haben und somit die Anforderungen der Wirtschaft mit den neueste Erkenntnissen aus der Forschung gut in Einklang bringen können. Des Weiteren wird in der Weiterbildung großer Wert auf praktische Umsetzung und Implementierung gesetzt: Neben dem Besuch der Vorlesungen beschäftigen sich die Teilnehmer mit der konkreten Implementierung von Aufgaben in R, Python, SQL bzw. mit den entsprechenden Tools aus Data Warehousing, Information Retrieval und Big Data etc. Für weitere Informationen über den DAS Data Science verweisen wir auf die entsprechende Webseite[7] der Hochschule.

4.4.2 Auswertung der Data Science Befragung

Nachdem wir das Data Science Curriculum kurz vorgestellt haben, widmen wir uns nun der Auswertung der ersten Kursdurchführung anhand der Umfragerückläufer der Teilnehmer. Insgesamt erhielten wir eine Rückmeldung von 25 der 30 Kursteilnehmer.

Abb. 4.8 zeigt, aus welchen Wirtschaftszweigen die Teilnehmer kommen. Auffallend ist, dass ein Großteil aus den Bereichen Beratung/Dienstleistung bzw. Versicherungswesen stammt. Dahinter reihen sich die Bereiche Verkehr, Softwareentwicklung, Finanzindustrie und Telekommunikation ein.

Abb. 4.9 zeigt die Berufsbezeichnung und Kenntnisse der Teilnehmenden vor der Data Science Weiterbildung. Hier fallen vor allem die beiden Berufsbezeichnungen Berater und BI Specialist auf. Die Teilnehmenden aus diesen beiden Bereichen haben fundierte Kenntnisse in Datenbanken und DWH Architekturen. Berater haben allerdings zusätzlich fundierte Kenntnisse in fortgeschrittener Analyse und Statistikpaketen, während BI Specilists sich durch Skills in BI Tools auszeichnen.

In Abb. 4.10 sehen wir diejenigen Skills, deren Erwerb innerhalb der Weiterbildung die Teilnehmer als am wichtigsten empfunden haben: Programmierung in R,

---

[7]DAS Data Science der ZHAW: www.weiterbildung.zhaw.ch/de/school-of-engineering/programm/das-data-science.html

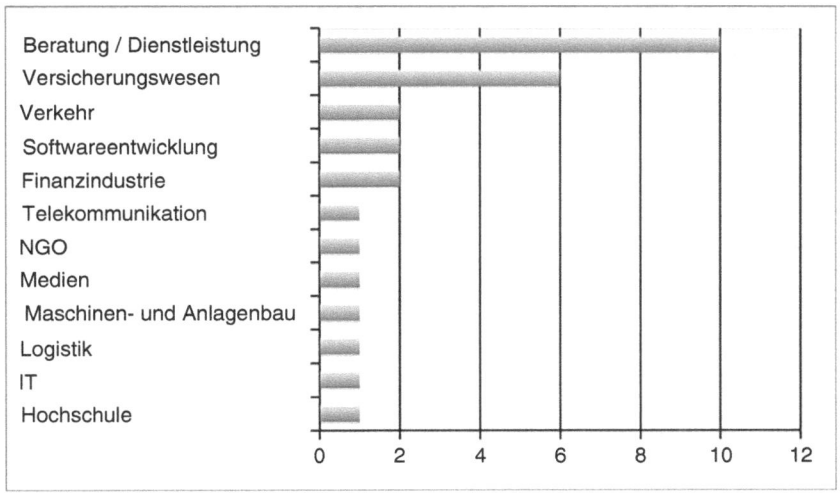

Abb. 4.8 Herkunftsbranchen der Teilnehmenden

Kenntnisse

Berufsbezeichnung	BI Tools	Big Data	Data Governance	Data Literacy	Datenbanken / SQL-Abfragen	Desk Research	Desktiptive Statistik	DWH Architekturen	Ethik	Fahrzeugkenntnisse (Bahn)	Fortgeschrittene Analysen	Programmiersprachen	Statistikpakete	Visualisierung
Berater	2	1	3	2	4	0	3	3	1	0	6	1	3	0
BI Specialist	5	0	0	1	5	0	0	4	0	0	0	0	0	0
Business Analyst	1	0	1	0	1	1	1	1	0	0	1	0	0	0
CFO	0	0	0	0	1	0	1	0	0	0	0	1	0	0
Data Miner	1	1	1	1	1	0	2	0	1	0	1	0	1	1
Datenanalytike/in	2	0	0	1	2	0	2	0	0	0	0	0	1	1
DWH Consultant	1	0	0	0	1	0	0	1	0	0	0	0	0	0
IT-Projekt-Manager	1	0	1	1	1	0	1	1	0	0	1	0	1	0
Software-Entwickler	1	0	0	1	2	0	1	1	0	0	1	2	0	0
Stabstelle Marketing	0	0	0	0	0	0	1	0	0	0	1	0	1	0
Systemingenieur	0	0	0	1	0	0	0	0	0	1	0	1	0	0
Treuhänder	0	0	0	1	0	0	0	0	0	0	0	0	0	0

Abb. 4.9 Berufsbezeichnung und Kenntnisse der Teilnehmenden vor der Data Science Weiterbildung. Mehrfachnennungen kommen vor, vor allem bei den Kenntnissen

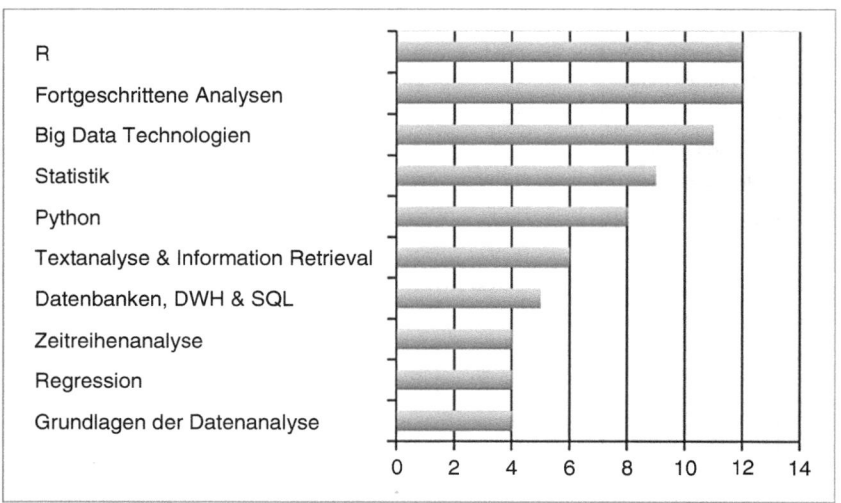

Abb. 4.10 Empfundene Wichtigkeit der Skills, die in der Data Science Ausbildung erworben wurden

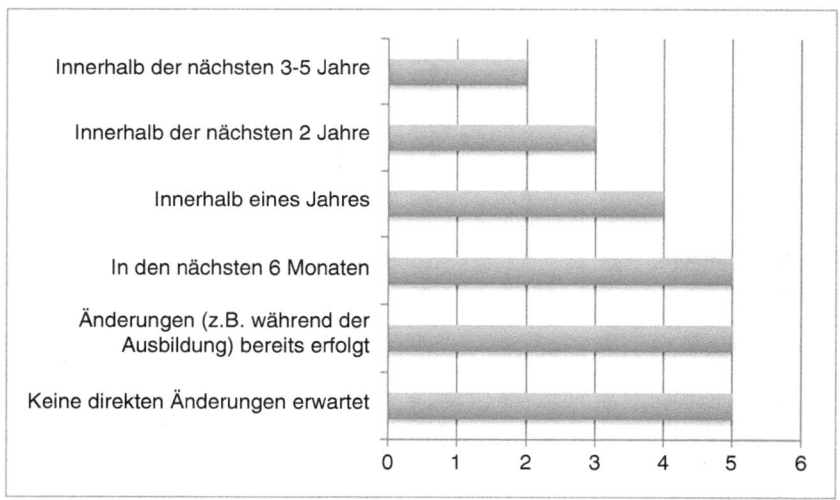

Abb. 4.11 Zeithorizont für erwartete Auswirkungen der Data Science Ausbildung

fortgeschrittene Analysen und Big Data Technologien, gefolgt von Statistik und Programmierung in Python.

Abb. 4.11 zeigt den Zeithorizont, ab wann die Teilnehmer eine konkrete Auswirkung der Data Science Weiterbildung in ihrem Job-Alltag erwarten. Hier ist zu erkennen, dass ein Großteil der Teilnehmer bereits während der Ausbildung bzw.

innerhalb der nächsten 6 Monate eine Veränderung erwartet. Interessant ist auch, dass eine gleiche Anzahl an Teilnehmern keine direkten Änderungen erwartet. Bei genauerer Analyse konnte festgestellt werden, dass letztere Teilnehmergruppe vor allem an Data Science Methoden und Tools interessiert ist: Bereits als Lösungs-architekten oder Führungskräfte tätig, möchten sie technologisch up-to-date bleiben.

Abb. 4.12 zeigt die antizipierte Job-Bezeichnung nach der Data Science Weiterbildung und vergleicht sie mit derjenigen vor der Weiterbildung. Wie zu erkennen ist, plant ein Großteil der Teilnehmer, als Berater oder BI Specialist zu arbeiten. In diesen beiden Fällen können wir keine Veränderung nach der Data Science Weiterbildung feststellen. Auffallend ist jedoch die neue Job-Bezeichnung des Data Scientists. Hier lässt sich erkennen, dass die Veränderungen aus den unter-schiedlichsten Jobs resultieren.

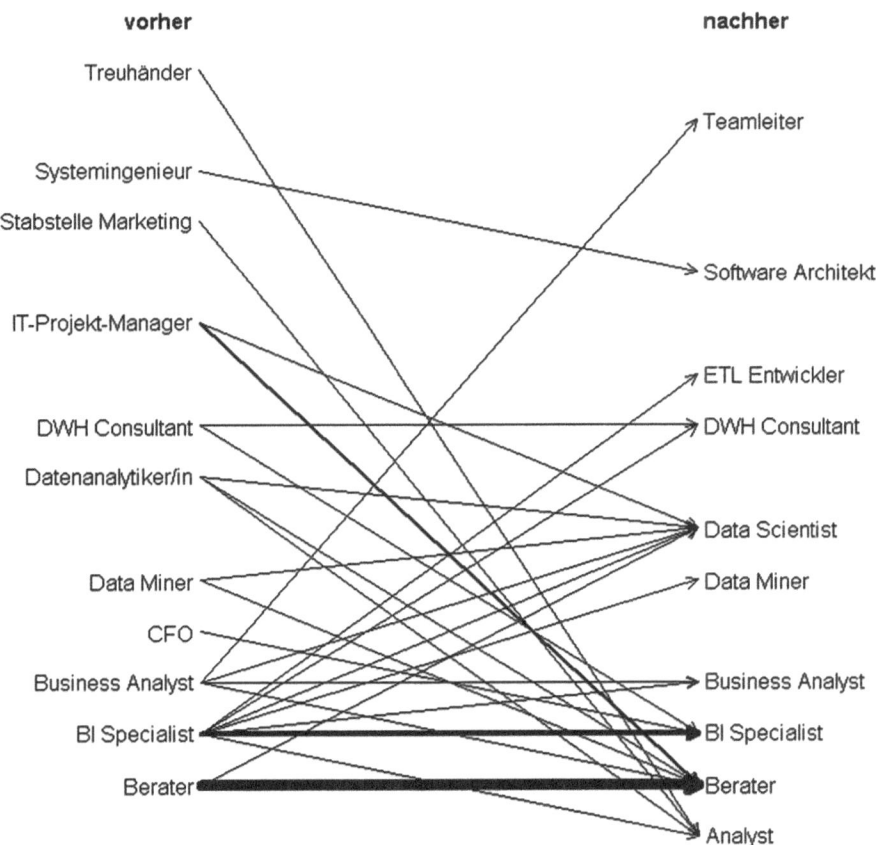

Abb. 4.12 Job-Bezeichnung vor und nach der Data Science Ausbildung. Die entsprechenden Entwicklungen sind mit Pfeilen sichtbar gemacht. Die Liniendicke ist proportional zu den Nennungen. Vereinzelt kommen Mehrfachnennungen vor

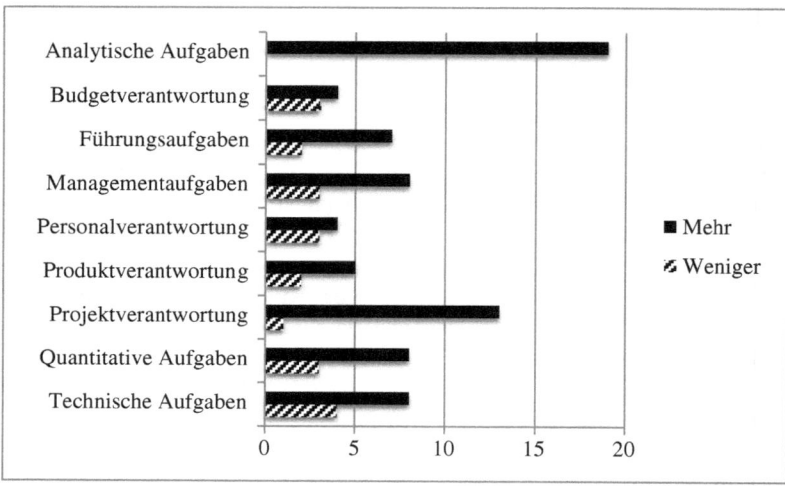

Abb. 4.13 Erwartete Veränderungen in Verantwortung und Aufgabenstellungen nach der Data Science Weiterbildung

Abb. 4.13 zeigt die erwarteten Veränderungen in Verantwortung und Aufgabenstellungen nach der Data Science Ausbildung. Ein Teil der Teilnehmer erwartet vor allem mehr Verantwortung bei analytischen, quantitativen und technischen Aufgaben als auch in Projekten. Andererseits lässt sich auch erkennen, dass andere Teilnehmer wiederum weniger Verantwortung bei technischen und quantitativen Aufgaben bzw. bei Budget-, Personal- und Managementfragen erwarten.

Abb. 4.14 zeigt den geplanten Einsatz der erworbenen Skills. Hier ist klar erkennbar, dass die Teilnehmer vor allem neue analytischen Aufgaben umsetzen wollen mit Schwerpunkt Marketing und Customer Analytics. Kundenberatung unter Zuhilfenahme eines Teams von Data Scientists bzw. das Verstehen und Analysieren von neuen Technologien sind weitere geplante Einsatzfelder für die neu erworbenen Data Science Skills.

Zusammenfassend lassen sich folgende **Erkenntnisse** gewinnen:

- Ein Großteil der Teilnehmer kam aus den datenintensiven Bereichen wie Data Warehousing und Business Intelligence und hatte bereits gute Kenntnisse in SQL und Data Warehousing. Diese Teilnehmer profitierten vor allem von den neu erworbenen Kenntnissen im Bereich tief gehender Analyse (vor allem mit R) und Big Data Technologien (siehe Abb. 4.10). Letztere Technologie wird oft als komplementär zum Data Warehousing angesehen und ist deshalb für Berater von Relevanz, die neue Technologie bewerten und in existierende Applikationslandschaften integrieren müssen.
- Die Analyse der erwarteten Veränderungen in Verantwortung und Aufgabenstellung zeigt zwei komplementäre Tendenzen. Ein Teil der Teilnehmer sieht die Weiterbildung als Sprungbrett für einen neuen Karrierepfad mit mehr Verantwortung im Sinne von Führung, während der andere Teil der Teilnehmer ein

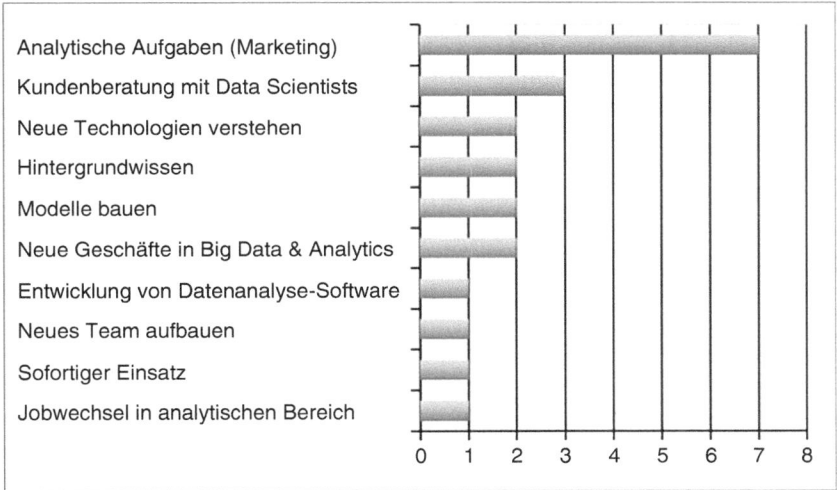

Abb. 4.14 Geplanter Einsatz der neu erworbenen Skills

ziemlich konträres Bild zeigt, nämlich einen Rückzug auf rein technische Aufgaben ohne „lästige" Managementfunktionen.

- Wie aus den gewählten Themen für die Schlussarbeit zu schliessen ist, fokussiert sich die große Mehrheit der Teilnehmenden auf analytische Fragestellungen. Diese Fokussierung ist ganz im Einklang mit dem ersten Punkt, dass die Teilnehmenden im DAS vor allem von tiefergehenden analytischen Methoden und Big Data Technologien profitierten (siehe Abb. 4.10). Im Weiteren zeigt sich darin auch die große Kompetenzlücke „Analytics" im betrieblichen Umfeld.

4.5   Ausblick

Wir betrachteten den Beruf des Data Scientists in seiner Entstehung, seiner Definition und Praxis sowie unter Ausbildungsgesichtspunkten. Folgender Punkt erscheint uns dabei aktuell betonenswert: Der „Scientist" in „Data Scientist" ist ernst zu nehmen.

Data Science ist eine gleichermaßen anspruchsvolle und verantwortungsvolle Tätigkeit aufgrund ihres allumfänglichen Potenzials zur teilweise disruptiven Veränderung von Wirtschaft und Gesellschaft. Aktuelle Tendenzen in der Industrie, Data Scientists gleichzusetzen mit Bedienern ausgefeilter Softwaretools, sind daher kritisch zu sehen. Die Aufgabe, Unternehmen und andere Organisationen mehr Datengetrieben zu machen, sollte in den Händen gut ausgebildeter Fachleute mit viel Sachverstand und Weitblick liegen. Gleichzeitig werden, während mehr Data Scientists in die organisatorischen Strukturen der Unternehmen eingebunden werden, Leitungs- und Schnittstellenfunktionen im Umfeld der Data Scientists notwendig.

Aktuelle Trends zeigen, dass sich das Berufsbild des Data Scientists grob in zwei Stossrichtungen entwickeln wird: Die eine Stossrichtung ist eher im Bereich des

Managements von Data Science Aufgaben verankert. Die andere wird sich eher auf die technisch/methodischen Herausforderungen von Data Science fokussieren. Die zweite Stossrichtung ist allerdings so breit, dass sich vermutlich weitere Spezialisierungen ausbilden werden. Die Ansprüche werden auch so hoch sein, dass mindestens ein MSc als Ausbildung erforderlich sein wird. In jeden Fall verlangt die Arbeit im Data Science Bereich eine hohe Abstraktions-Kompetenz. Auch jemand in der Management-Stossrichtung muss die Möglichkeiten und Grenzen der Modelle und Algorithmen erkennen können. Entscheiden für einen für das Unternehmen nachhaltigen Einsatz von Data Science wird sein, dass sich die Data Scientists nicht selbstverliebt um die Methoden und Algorithmen kümmern, sondern Business Cases erkennen und den Einsatz von Methoden und Algorithmen zielgerichtet auf den Business Case lenken können.

Für die zukünftige Data Science Weiterbildung könnte dies bedeuten, mehr Wahlmöglichkeiten bzw. Spezialisierungen anzubieten. Beispielsweise könnte man sich einen Data Science Management Track und einen Data Science Technical Track vorstellen. Während der Technical Track Data Scientists wie in Abschn. 4.2.1 definiert ausbildet, würde der Management Track – zu Lasten technisch-analytischer Kompetenz – Technik-affine Manager von Data Scientists zum Ziel haben. Hier wäre es sinnvoll, verstärkt auf das Data Product und seine Einbettung in die Prozesslandschaft und Wertschöpfungskette des Unternehmens einzugehen. Im Technical Track wäre es sinnvoll, den Schwerpunkt noch vertiefender auf technischen Umsetzung bzw. Implementierung zu legen. Somit hätten Teilnehmer die Möglichkeit, sich entsprechend ihren Fähigkeiten und Zukunftsplänen weiterzubilden.

Literatur

Breimann, L.: Statistical modeling: The two cultures. Stat. Sci. **16**(3), 199–309 (2001)

Brodie, M.: Doubt and verify: Data science power tools. Blog Post. http://www.kdnuggets. com/2015/07/doubt-verify-data-science-power-tools.html (2015a). Zugegriffen im Juli 2015

Brodie, M.: The emerging discipline of data science – Principles and techniques for data-intensive analysis. Keynote, SDS|2015, Winterthur, Schweiz. www.zhaw.ch/dlab/brodie (2015b). Zugegriffen im Juni 2015

Caffo, B.: Developing Data Products. MOOC der Johns Hopkins University, Coursera. https://www. coursetalk.com/providers/coursera/courses/developing-data-products (2015). Zugegriffen im Mai 2015

Chui, M., Farrell, D., Jackson, K.: How government can promote open data and help unleash over $3 Trillian in economic value. http://www.mckinsey.com/insights/public_sector/how_government_can_promote_open_data (2014). Zugegriffen im April 2014

Cieliebak, M., Dürr, O., Uzdilli, F.K.: Meta-Classifiers Easily Improve Commercial Sentiment Detection Tools. LREC. (2014, Mai)

Cleveland, W.S.: Data science: An action plan for expanding the technical areas of the field of statistics. Stat. Anal. Data Min.: The ASA Data Sci. J. **7**(6), 414–417 (2014)

Davenport, T.H., Patil, D.J.: Data scientist: The sexiest job of the 21st century. http://hbr.org/2012/10/ data-scientist-the-sexiest-job-of-the-21st-century/ar/1 (2012). Zugegriffen im Oktober 2012

Heitz, Ch., Ruckstuhl, A., Dettling, M. Customer lifetime value under complex contract structures. In Morin, J.-H., Ralyt'e, J., Snene, M. (Hrsg.) IESS 2010, LNBIP 53, 276–281 (2010)

Heitz, C., Dettling, M., Ruckstuhl, A.: Modelling customer lifetime value in contractual settings. Int. J. Serv. Technol. Manag. **16**(2) 172–190 (2011)

Hey, T., Tansley, S., Tolle, K.: The forth paradigm, microsoft research. (2009, Oktober)

Howard, J., Zwemer, M., Loukides, M.: Designing Great Data Products. O'Reilly Media, ISBN 978-1-449-33367-6 (2012, März)

Humby, C.: Data is the new Oil!, ANA Senior marketer's summit, Kellogg School. http://ana. blogs.com/maestros/2006/11/data_is_the_new.html (2006). Zugegriffen im November 2006

Jones, A.: Data science skills and business problems. Blog Post. http://www.kdnuggets. com/2014/06/data-science-skills-business-problems.html (2014). Zugegriffen im Juni 2014

Loukides, M.: What is data science?. Blog Post. http://radar.oreilly.com/2010/06/what-is-datascience.html (2010). Zugegriffen im Juni 2010

Loukides, M.: The Evolution of Data Producst. O'Reilly Media, ISBN 978-1-449-31651-8 (2011, September)

Manyika, J., Chui, M., Brown, B., Bughin, J., Dobbs, R., Roxburgh, C., Byers, A.H.: Big data: The next frontier for innovation, competition, and productivity. Report. http://www.mckinsey.com/ insights/business_technology/big_data_the_next_frontier_for_innovation (2011). Zugegriffen im Mai 2011

Needham, J.: (2013) Disruptive Possibilities – How Big Data Changes Everything. O'Reilly Media, ISBN 978-1-449-36567-7 (2013, Februar)

Osterwalder, A., Pigneur, Y., Bernarda, G., Smith, A.: Value Proposition Design. Wiley, Hoboken (2014)

Parekh, D.: How big data will transform our economy and our lives in 2015. Blog Post. http:// techcrunch.com/2015/01/02/the-year-of-big-data-is-upon-us/ (2015). Zugegriffen im Januar 2015

Patil, D.J.: Building data science teams. Blog Post. http://radar.oreilly.com/2011/09/building-datascience-teams.html (2011). Zugegriffen im September 2011

Provost, F., Fawcett, T.: Data science and its relationship to big data and data-driven decision making. Big Data 1(1) (2013)

Siegel, E.: Predictive Analytics – The Power to Predict Who Will Click, Buy, Lie, or Die. John Wiley & Sons, ISBN 978-1-118-35685-2 (2013)

Stadelmann, T., Stockinger, K., Braschler, M., Cieliebak, M., Baudinot, G., Dürr. O., Ruckstuhl, A.: Applied data science in Europe – Challenges for academia in keeping up with a highly demanded topic. In: European Computer Science Summit. ECSS 2013, Informatics Europe, Amsterdam, August 2013

Stockinger, K., Stadelmann, T.: Data Science für Lehre, Forschung und Praxis. Praxis der Wirtschaftsinformatik, HMD. **298** Springer, Heidelberg, S. 469–477 (2014)

Der Wert von Daten aus juristischer Sicht am Beispiel des Profiling

Olivier Heuberger-Götsch

Zusammenfassung

Im Zusammenhang mit Big Data wird häufig erwähnt, Daten seien das neue Öl unserer digitalisierten Wirtschaft. Kann Daten tatsächlich wie Öl ein Wert zugemessen werden? Wie verhält es sich dazu aus rechtlicher Sicht? Können Daten mithin gekauft und verkauft werden? Wäre dies von Unternehmen und Konsumentinnen und Konsumenten sogar gewünscht? Welche rechtlichen Probleme stellen sich im Zusammenhang mit der Datenbearbeitung beim Profiling? Am Beispiel des Profiling sollen diese Fragen nachfolgend erörtert werden.

Schlüsselwörter

Big Data • Wert von Daten • Profiling • Informationelle Selbstbestimmung • Einwilligung • Allgemeine Geschäftsbedingungen • Zweckbindung • Eigentum an Daten

---

Vollständig neuer Beitrag. Ergänzend dazu: „Datenschutz in Zeiten von Big Data". In: HMD – Praxis der Wirtschaftsinformatik, HMD-Heft Nr. 298, 51 (4): 480–493 (2014).

O. Heuberger-Götsch (✉)
Scigility AG, Zürich, Schweiz
E-Mail: heuberger@scigility.com

© Springer Fachmedien Wiesbaden 2016
D. Fasel, A. Meier (Hrsg.), *Big Data*, Edition HMD,
DOI 10.1007/978-3-658-11589-0_5

5.1   Ausgangslage

Die Motivation für diesen Aufsatz entsprang dem folgenden Statement von Meglena Kuneva, der ehemaligen EU-Kommissarin für Verbraucherschutz: „Personal data is the new oil of the internet and the new currency of the digital world." Diese These wurde sowohl in der Literatur als auch an zahlreichen Tagungen zum Thema Big Data freudig aufgenommen und in manch origineller Weise weiter entwickelt. Obwohl die Inhalte dazu differieren, was genau das „neue Öl" bzw. die „neue digitale Währung" sein soll, geht es im Kern jeweils um die gleiche Frage: *Welchen Wert haben Daten?*

Daten im rechtlichen Sinne ist jede Angabe über eine bestimmte oder bestimmbare Person, d. h. jede Art von Information, die auf die Vermittlung, den Empfang oder auf die Aufbewahrung von Kenntnissen gerichtet ist, ungeachtet dessen, ob es sich dabei um eine Tatsachenfeststellung (objektive Angaben, wie etwa das Vorhandensein eines bestimmten physischen Merkmals) oder um ein Werturteil (subjektive Angaben, wie etwa Meinungen und Beurteilungen) handelt. Diese Definition entspringt dem schweizerischen Datenschutzgesetz (DSG). Unerheblich ist zudem, ob eine Aussage als Zeichen (analog, digital, alphanumerisch, numerisch), als Wort, Bild, Ton oder als Kombination aus diesen (bspw. Videoaufnahmen mit Untertiteln) erfolgt. Unerheblich ist ebenfalls, auf welcher Art Datenträger die Daten gespeichert werden (Papier, Film, elektronisch etc.). Die Angaben brauchen schließlich weder wahr noch bewiesen zu sein (Botschaft DSG, S. 444; Blechta 2014, Art. 3N 6).

Auf den ersten Blick ist es durchaus denkbar, dass Daten – auch aus juristischer Sicht – einen Wert haben könnten. Doch haben Daten – oder vielmehr Informationen – per se einen Wert? Die Information über die Aussentemperatur an einem beliebigen Montagmorgen am Flughafen Zürich an sich, ist ebenso wertlos, wie die Information, mit welcher Durchschnittsgeschwindigkeit ein Fahrzeug von Zürich nach Bern fährt. Informationen generieren erst dann einen Wert, wenn diese mit anderen Daten korreliert, analysiert und schließlich personalisiert werden. Der Prozess dieser Erkenntnisgewinnung wird als sog. Profiling bezeichnet, als die Erstellung von Profilen über Individuen (Kundenprofile) oder Gruppen von Personen (Segmentierungen). Bis vor wenigen Jahren war es technologisch nicht möglich, eine unbegrenzte Anzahl an Daten in Echtzeit zu korrelieren. Neue Technologien, die unter dem Schlagwort Big Data zusammengefasst werden, änderten dies grundlegend und ermöglichen die Erstellung äußerst präziser und umfangreicher Kundenprofile. *Durch das Profiling erhalten Daten einen Wert.* Diese hier vertretene These soll nachfolgend eingehend geprüft werden.

Im privaten Bereich wird in eine Datenbearbeitung üblicherweise mittels Allgemeinen Geschäftsbedingungen (AGB) eingewilligt. Häufig werden AGB durch die betroffenen Personen vor deren Übernahme kaum je gelesen bzw. verstanden. So handelt es sich bei der Übernahme von AGB im gelebten Alltag von Unternehmen und Konsumenten in der Regel um sog. fiktive Einwilligungen. Erfolgt die Einwilligung in dieser Art fiktiv, stellt sich die Frage, inwiefern noch davon gesprochen werden kann, dass die Konsumenten tatsächlich einer Datenbearbeitung zustimmen. Inwiefern kann also gesagt werden, dass die Konsumenten bei solchen Übernahmen von AGB auch wirklich der entsprechenden Datenbearbeitung wie dem Profiling zustimmen?

Die zweite zu prüfende These: *Die Einwilligung in eine Datenbearbeitung wie das Profiling ist ein wirklichkeitsfremdes Konstrukt, da es die Auswirkungen der modernen Datenbearbeitung nicht mehr genügend abzubilden vermag.*

Bei der Erstellung von Profilen werden Daten über Personen bearbeitet, womit zur rechtlichen Beurteilung namentlich das Persönlichkeitsrecht (Art. 28 ff. Zivilgesetzbuch, ZGB) und in Präzisierung hierzu das Datenschutzgesetz (DSG) beizuziehen sind. Das Persönlichkeits- und Datenschutzrecht enthalten zwar selbst keine Angaben darüber, ob Daten ein Wert zukommt. Das DSG bietet diesbezüglich immerhin einen möglichen Anknüpfungspunkt, nämlich das sog. Recht auf informationelle Selbstbestimmung. Die These: *Durch das Recht auf informationelle Selbstbestimmung, d. h. das Recht selbst zu bestimmen, wem welche Informationen offenbart werden und der damit verbundene Handel zwischen Unternehmen und Konsumenten, werden Daten werthaltig.*

Diese Aspekte zum Persönlichkeits- und Datenschutzrecht ermöglichen einen Brückenschlag zum Sachenrecht. Wären Informationen im juristischen Sinne als Sachen zu qualifizieren, bestünde ein Eigentumsrecht an Informationen, das gekauft und verkauft werden könnte, womit folglich ein bestimmter Preis, also ein Wert dieser Information, verbunden wäre. Die vierte und letzte zu prüfende These dazu lautet: *Daten bzw. Informationen sind als Sachen im juristischen Sinne zu qualifizieren.*

Der vorliegende Aufsatz führt diese nunmehr grob skizzierten vier Thesen aus, stellt sie in einen rechtlichen Kontext.

5.2 Daten: Das neue Öl der Wirtschaft?

Wir bewegen uns heute in einer vernetzten Welt, in welcher mobile Kommunikation, Applikationen, Sensoren und soziale Netzwerke die Menschen weltweit verbinden, wie in keiner anderen Ära vorher. Unternehmen speichern Daten über uns und unsere Umwelt. Wer wir sind und wer unsere Freunde sind, wie wir uns bewegen und was wir mögen, wer wir waren und wohin wir gehen. Das Sammeln, das Bearbeiten und das Analysieren dieser Daten ermöglicht Unternehmen nachzuvollziehen und bis zu einem gewissen Grad vorherzusagen, wie sich eine einzelne Person oder eine Gruppe von Personen verhalten wird.

Die Analyse dieser Daten ermöglicht Unternehmen zahlreiche neue Geschäftsmodelle zu entwickeln und mit diesen Daten einen Mehrwert zu schaffen. Der Umfang und die Art der gesammelten Daten sind äußerst breit und erstrecken sich beispielsweise über Finanz- und Gesundheitsdaten, über Daten betreffend das Arbeitsverhältnis oder Daten über die demografische Entwicklung. Der Suchverlauf von Google wird ebenso gespeichert wie die „Likes" auf Facebook oder die Kaufhistorie auf Amazon. Hinzu kommen Chats, E-Mails, Telefongespräche, Bilder, Videos, Logfiles, GPS-Daten – die Liste liesse sich fasst endlos weiterführen. Unternehmen profitieren von diesen Daten, indem neue oder verbesserte Geschäftsmodelle implementiert werden können. Der Benutzer auf der anderen Seite profitiert von neuen Angeboten sowie teilweise kostenlosen bzw. preislich individualisierten Dienstleistungen wie E-Mail oder Internetsuchdienste, sozialen Netzwerken oder Rabatten auf Prämien- oder Versicherungsbeiträgen.

Mit einiger Gewissheit kann gesagt werden, dass wir heute erst am Anfang dieser Entwicklung stehen. Daten, soweit sie denn korreliert und analysiert werden, entwickeln sich so zu einer neuen Art von Vermögenswerten.

5.3   Profiling

In einem Vorort von Washington D.C. wird sich in einigen Jahren etwas Seltsames ereignen. Mehrere Beamte der örtlichen Polizei werden einen Mann mit den folgenden Worten verhaften: „Im Auftrag der Precime-Devision von Washington D.C. verhafte ich sie wegen der zukünftigen Morde an Sarah Marks und Donald Dubin, die heute am 15. April um 08.04 Uhr stattfinden sollten." Der Mann wird abgeführt. Möglich machte diese Verhaftung ein System, welches zukünftige Verbrechen vorhersagen kann und zwar mit solcher Präzision, dass darauf gestützt Verhaftungen durchgeführt werden können. Die Szene stammt aus dem Film Minority Report von Steven Spielberg aus dem Jahre 2002 und ist pure Fiktion. Und doch liegt in diesem Film bereits ein Körnchen Gegenwart. In den USA verwenden einige Polizeistellen eine Vorhersage-Software der Firma Predpol, die verspricht, Verbrechen zu verhindern, indem markiert wird, wo und wann sehr wahrscheinlich zukünftige Verbrechen geschehen werden (The Guardian, Predicting Crime – LAPD-Style vom 25. Juni 2014). Auch wenn die Präzision der Predpol-Software nicht absolut verstanden werden kann, so zeigt sie doch eindrücklich, welche technologischen Möglichkeiten Big Data-Analysen heute bieten. Was bis vor wenigen Jahren undenkbar war und ins Genre der Science-Fiction abgeschoben wurde, ist heute Realität.

Im Kern geht es beim Profiling um die Vorhersage von zukünftigen Geschehnissen, basierend auf vergangenem Verhalten. Eine große Herausforderung besteht darin, aus der riesigen Masse von Informationen, die heute zur Verfügung stehen, die für den spezifischen Einzelfall relevanten Daten herauszufiltern. Die Technologien und Methoden des Profiling erlauben es, Ordnung in diesen Daten zu schaffen und spezifische Verbindungen zwischen Daten herauszukristallisieren. Über die vorhandenen Daten wird ein Raster gelegt und zwischen klar definierten Informationen Verbindungen hergestellt – die Daten werden korreliert.

Man könnte argumentieren, dass Profiling kein neues Phänomen sei, sondern nichts anderes darstelle, als das Ergebnis eines traditionellen *Data Mining*-Prozesses. Beim Data Mining handelt es sich um analytische Techniken, Daten aufzuspüren und zu kombinieren, um neue, bisher unbekannte Informationen zu finden, um aus diesen Informationen nutzbares Wissen zu extrahieren. Beispielsweise werden bestimmte Erkenntnisse aus einem publizierten medizinischen Fachartikel bei der Entwicklung eines neuen Medikaments verwendet. Diese Art von Data Mining ist langsam, teuer und wenig effizient. Warum? Der klassische Prozess Daten zu analysieren, besteht darin, Daten zu sammeln, ein Profil zu erstellen und dieses auf eine Person anzuwenden. In diesem Fall handelt es sich bei den gespeicherten Daten ausschließlich um strukturierte Daten, basierend auf vordefinierten Kriterien. Entsprechen Daten nicht diesen vordefinierten Kriterien, werden sie auch nicht gespeichert und können nicht analysiert werden. Für strukturierte Daten funktioniert dieser Datenanalyseprozess grundsätzlich einwandfrei. Doch mit Blick auf den Einsatz von Big Data-Technologien

besteht eine andere Ausgangslage. Der Unterschied zwischen strukturierten, unstruk-
turierten und semi-strukturierten Daten ist für dieses Verständnis grundlegend.
Strukturierte Daten bestehen aus einer bestimmten Länge und einem definierten
Format und enthalten Zahlen sowie einzelne oder Gruppen von Wörtern in einer spezifischen Reihenfolge, einem sog. String. Beispielsweise beginnt der Datensatz einer
Online-Kaufquittung mit dem Datumsformat TT/MM/JJJJ, gefolgt vom Namen und
Vornamen des Kunden, seiner Adresse, dem Geburtsdatum, der E-Mail-Adresse und
seiner Kreditkartennummer. Jede dieser Informationen enthält ein bestimmtes Format
und ist einer bestimmten Reihenfolge zugeordnet. Diese Art von Daten wird in „traditionellen", sog. relationalen Datenbanken gespeichert, ähnlich einer Excel-Tabelle.
Strukturierte Daten entsprechen rund 20 % der weltweiten digitalen Daten. Der übrige
Anteil sind unstrukturierte und semi-strukturierte Daten. *Unstrukturierte Daten* weisen keine solche Struktur auf und finden sich beispielsweise in Text-Dateien
(z. B. E-Mails), in Video- oder Audio-Dateien (z. B. von Youtube, Skype etc.). Beispielsweise besteht ein Bild eines Hundes aus Pixeln, die in einer bestimmten Reihenfolge
sein müssen, damit der Betrachter das Bild des Hundes erkennen kann. In welcher
Reihenfolge die Pixel angeordnet sein müssen, ist jedoch von Bild zu Bild unterschiedlich. Es lässt sich somit kein allgemeingültiges Format definieren. Die dritte
Kategorie von Daten sind semi-strukturierte Daten, teilweise auch als multi-struktu-
rierte Daten bezeichnet. *Semi-strukturierte Daten* enthalten Informationen in einer
bestimmten Reihenfolge und auch einem bestimmten Format, letzteres ist jedoch nicht
besonders „benutzerfreundlich", da sie in der Regel Daten enthalten, die für eine
Datenanalyse A irrelevant sind, für die Datenanalyse B jedoch wichtige Aussagen enthalten. Ein Beispiel hierzu sind sog. Log-Files. Sucht beispielsweise ein Benutzer in
einem Online-Buchladen nach einer passenden Ferienlektüre, wird jeder Klick, jedes
Verweilen auf einem Produkt, jeder Download etc. registriert und in einer Text-Datei
gespeichert, einem sog. Log. Ein Log-File kann beispielsweise wie folgt aussehen:

10.34.000.000 - - [31/May/2013:00:00:00 -0800] „GET/about/careers HTTP/1.1" 200 48091
http://www.google.com/search?q=laptop „Mozilla/5.0 (Windows NT 6.1; WOW64)
AppleWebKit/537.31 (KHTML, like Gecko) Chrome/26.0.1410.43 Safari/537.31"
„SESSIONID = 743021225616"
    192.168.000.000 - - [31/May/2013:00:00:02 -0800] „GET/contact HTTP/1.1" 500 176
http://www.example.com/ „Mozilla/5.0 (Windows NT 6.0; rv:19.0) Gecko/20100101
Firefox/19.0" „SESSIONID = 909881341477"
    192.168.000.000 - - [31/May/2013:00:00:02 -0800] „GET/css/style.css HTTP/1.1" 304
0 http://www.example.com/ „Mozilla/5.0 (Windows NT 6.0; rv:19.0) Gecko/20100101
Firefox/19.0" „SESSIONID = 909881341477"
    192.168.000.000 - - [31/May/2013:00:00:02 -0800] „GET/img/beacon.png HTTP/1.1"
304 0 http://www.example.com/ „Mozilla/5.0 (Windows NT 6.0; rv:19.0) Gecko/20100101
Firefox/19.0" „SESSIONID = 909881341477".

Die Analyse von unstrukturierten und semi-strukturierten Daten wurde erst durch
neue Technologien wie Spark, Hadoop, MapR u. a. technisch möglich und wirtschaftlich. Die Analyse unstrukturierter und semi-strukturierter Daten ist damit eine
neue Informationsquelle und kann Zusammenhänge aufzeigen, die bislang nicht zu
ermitteln waren. Der Prozess zur Erstellung eines Profils mittels Big Data-Analysen
gestaltet sich damit grundlegend anders, als bei der Analyse von rein

strukturierten Daten. In einem ersten Schritt werden Daten aus allen Quellen, Formaten, strukturierte, unstrukturierte wie semi-strukturierte Daten gesammelt und in einer NoSQL-Plattform aufbewahrt. NoSQL-Plattformen ermöglichen einfach erklärt, eine unbegrenzte Anzahl an Daten zu speichern. In einem zweiten Schritt wird über die Daten ein Metadaten-Layer gelegt und für eine spezifische Profiling-Applikation vorbereitet. Drittens werden die zur Profilerstellung notwendigen Daten aus der NoSQL-Plattform herausgefiltert und für die jeweils vorgesehenen Profile vorbereitet. In einem letzten Schritt werden die Datenprofile zu weiteren Analysen angewendet. Zusammengefasst besteht der Unterschied zum klassischen Data Mining darin, dass eine unbegrenzte Datenmenge an sowohl strukturierten, unstrukturierten als auch semi-strukturierten Daten gesammelt und in Echtzeit ausgewertet werden können (vgl. Krishnan 2013, S. 38 f.).

Wie werden Daten durch Profiling werthaltig? Es sind verschiedene Arten von Profiling zu unterscheiden. Grundsätzlich können Profile auf Gruppen von Personen (z. B. Personen in der Altersgruppe zwischen 30–35 Jahren) oder auf Individuen (z. B. ein bestimmter Kunde eines Bonusprogrammes eines Detailhändlers) angewendet werden. Die vorliegenden Ausführungen fokussieren sich auf das Gruppenprofiling. Profiling-Technologien stellen zwischen Daten eine Korrelation her, d. h. eine in irgendeiner Weise bestehende Beziehung zwischen Daten, ohne dass diese kausal sein müssen. Beispielsweise besteht eine Korrelation zwischen einer bestimmten Einkommenshöhe einer Person und dem Quartier, in welchem diese wohnt. Oder es besteht eine Korrelation zwischen einem bestimmten Hauttyp und der Erkrankung an Diabetes. Sobald der Datenprofiling-Prozess gestartet wurde und Korrelationen zwischen diesen Daten hergestellt werden, geschehen zwei Ereignisse gleichzeitig. Erstens wird eine bestimmte Kategorie von Personengruppen gebildet (z. B. Personen, die in einem bestimmten Quartier leben), die zweitens bestimmte Attribute aufweisen (z. B. eine bestimmte Einkommenshöhe). Ein solches Gruppenprofil identifiziert alle Einzelpersonen innerhalb dieser Gruppe, da sie alle die gleichen Attribute teilen. Damit können Gruppenprofile ohne weiteres auf die Mitglieder dieser Gruppe angewendet werden. Nicht notwendig ist, dass die Person, auf welches ein Profil angewendet wird, weiß, dass und ob sie Daten über sich bekannt gegeben hat.

Für Unternehmen kann dieses neu generierte Wissen von erheblichem Wert sein. Die mittels Profiling gewonnenen Informationen können diesen Unternehmen beispielsweise dazu dienen, gezielt zu werben oder Produkte in der Preisgestaltung zu individualisieren und so einen Wert zu generieren. Profiling ermöglicht weitläufige und präzise Analysen über Personen und Personengruppen, deren Tätigkeiten, Verhalten oder deren Gesundheit. Beispielsweise findet sich durch das Profiling von Genen eine Korrelation zwischen einem bestimmten Gen und einer bestimmten Krankheit. Je nachdem wie diese Korrelation gebildet ist (bspw. nach der Häufigkeit dieser Verbindungen) kann aufgrund einer Wahrscheinlichkeitsberechnung eine Vorhersage gemacht werden, dass bei einer Person mit einem ebensolchen Gen diese bestimmte Krankheit auftreten wird. In der Praxis können diese Korrelationen äußerst komplex berechnet sein. Mit den heutigen Technologien ist es indes möglich auf eine unbegrenzte Datenmenge zurückzugreifen und dies in Echtzeit, weshalb sehr komplexe Algorithmen gebildet werden können, welche diese Informationen zu generieren vermögen. Die Eingang gestellte These, ob durch das Profiling Daten ein Wert generiert werden kann, ist somit eindeutig zu bejahen.

5.4 Einwilligung und Zweckbindung

5.4.1 Die Einwilligung als wirklichkeitsfremdes Konstrukt?

Beim Abschluss eines Vertrages willigt eine Person in der Regel in eine Datenbearbeitung ein, beispielsweise bei der Nutzung des Google-Suchdienstes. Diese Einwilligung hat folgenden Hintergrund: Nach dem Grundkonzept des Datenschutzrechts muss jede Datenbearbeitung rechtmässig erfolgen, sprich es darf durch die Datenbearbeitung keine Persönlichkeitsverletzung resultieren, welche widerrechtlich erfolgt. Widerrechtlich ist eine Persönlichkeitsverletzung dann, wenn bestimmte Datenschutzgrundsätze verletzt werden, wenn Daten ohne Rechtfertigungsgrund gegen deren ausdrücklichen Willen bearbeitet werden oder wenn ohne Rechtfertigungsgrund besonders schützenswerte Personendaten oder Persönlichkeitsprofile Dritten bekannt gegeben werden (vgl. Art. 12 Abs. 1 DSG). Eine zulässige – rechtfertigende – Datenbearbeitung wird im privaten Bereich in der Praxis am häufigsten dadurch erreicht, dass der Betroffene in die Datenbearbeitung einwilligt, namentlich mittels AGB (Botschaft DSG-2003, S. 2127).

Der Sinn und Zweck von AGB liegen in erster Linie in der Rationalisierung der Geschäftsabwicklung, indem eine Vielzahl gleichartiger Verträge (von einer Partei) vorformuliert und mit diesem Inhalt abgeschlossen werden. Mehr oder weniger umfangreiche Regelwerke müssen so nicht jedes Mal neu verhandelt werden, was zu einer erheblichen Rationalisierung in der Geschäftsabwicklung führt. Doch AGB führen zu einem ganzen Bündel an rechtlichen Stolpersteinen. Ganz allgemein liegt die Problematik von AGB zum einen darin, dass diese oft einseitig ausgestaltet werden und eine wenig sachgerechte Verteilung von Rechten und Pflichten zuungunsten der AGB-Ausstellerin vorsehen. Zum anderen werden AGB von der Anwenderin (bspw. dem Konsumenten) in der Regel „global" übernommen, d. h. weder gelesen, geschweige denn im Einzelnen verstanden und dennoch im Sinne einer Fiktion akzeptiert. Dadurch kommt es häufig zu einer asymmetrischen Zuweisung von Risiken (Huguenin 2014, Rz. 605 – 607).

5.4.2 Die Theorie …

Die Einwilligung in einer Datenbearbeitung hat nach *angemessener Information freiwillig* zu erfolgen, d. h. der Betroffene muss über alle konkret notwendigen Informationen verfügen, um eine freie Entscheidung treffen zu können (Art. 4 Abs. 5 DSG).

Eine *angemessene Information* bezieht sich mindestens auf Informationen über die Art und den Umfang der Datenbearbeitung, die Datenbearbeiter, den Zweck der Datenbearbeitung, die Risiken der Datenbearbeitung und die Art und Weise der Information. Diese Informationen müssen für den Betroffenen verständlich sein. Auch wenn letztlich der Einzelfall entscheidet, ob die Information angemessen erfolgte, so muss als Leitmotiv zumindest gelten, dass die Information es ermöglicht, die Tragweite der Einwilligung zu erkennen (Epiney 2011, § 9N 17).

Freiwillig erfolgt die Einwilligung dann, wenn sie ohne Druck zustande gekommen ist. Dies ist insbesondere der Fall, wenn die betroffene Person über mögliche negative Folgen oder Nachteile informiert wurde, die sich aus der Verweigerung ihrer Zustimmung ergeben können. Die alleinige Tatsache, dass eine Verweigerung einen Nachteil für die betroffene Person nach sich zieht, kann dagegen die Gültigkeit der Zustimmung nicht beeinträchtigen. Dies ist nur dann der Fall, wenn dieser Nachteil keinen Bezug zum Zweck der Bearbeitung hat oder diesem gegenüber unverhältnismässig ist. So gibt eine Person, die einem Kreditinstitut das Einverständnis zur Überprüfung ihrer Kreditwürdigkeit erteilt, um eine Kreditkarte zu erhalten, ihre Zustimmung freiwillig. Dies, obwohl sie weiß, dass sie ohne Zustimmung keine solche Karte erhalten wird. In einer solchen Situation ist der aus der Nichtzustimmung resultierende Nachteil gegenüber dem Zweck der Bearbeitung verhältnismässig (Botschaft DSG-2003, S. 2127).

Die Einwilligung ist an keine bestimmte *Form* gebunden und kann stillschweigend bzw. durch konkludentes Handeln erfolgen, ausser es handelt sich um die Bearbeitung von besonders schützenswerten Daten oder Persönlichkeitsprofilen, weshalb die Einwilligung ausdrücklich erfolgen muss. Abgeleitet vom Verhältnismässigkeitsgrundsatz hat die Zustimmung umso klarer zu erfolgen, je sensibler die fraglichen Personendaten sind (Botschaft DSG-2003, S. 2128). Eine *konkludente* Einwilligung liegt vor, wenn sich aus den Umständen bzw. aus dem Verhalten der betroffenen Person ergibt, dass sie mit der in Frage stehenden Datenbearbeitung einverstanden ist (Rosenthal 2008, Art. 4N 79 ff.).

5.4.3 … und die Praxis

Soweit zur Theorie, die im Grundsatz klar und einleuchtend erscheint. Im Alltag ist hingegen nicht zu verkennen, dass die Voraussetzungen der Einwilligung auf zahlreiche Schwierigkeiten stösst, sodass mitunter der Eindruck entsteht, zumindest gewisse Einwilligungen bzw. die Bejahung ihres Vorliegens beruhten letztlich auf einer Fiktion (vgl. auch Epiney 2011, § 9N 20). Üblicherweise finden sich in AGB sog. Einwilligungsklauseln, wonach der Betroffene durch die Akzeptierung der AGB bestätigt, er habe diese und alle anderen Vertragsbestimmungen zur Kenntnis genommen.

Die Zustimmung zu den AGB der Google-Dienste beispielsweise erfolgt schlicht durch deren Verwendung, ausser es handle sich um sensible personenbezogene Daten, bei welchem eine ausdrückliche Einwilligung notwendig ist (AGB von Google vom 30. Juni 2015: „Durch die Verwendung unserer Dienste stimmen Sie diesen Nutzungsbedingungen zu"). Der in den Google-AGB aufgeführte Zweck der Datenbearbeitung lautet auszugsweise wie folgt: „*Wir nutzen die im Rahmen unserer Dienste erhobenen Daten zur Bereitstellung, zur Wartung, zum Schutz und zur Verbesserung unserer Dienste, zur Entwicklung neuer Dienste sowie zum Schutz von Google und unseren Nutzern. Wir verwenden diese Daten außerdem, um Ihnen maßgeschneiderte Inhalte anzubieten – beispielsweise, um Ihnen relevantere Suchergebnisse und Werbung zur Verfügung zu stellen. […] Mithilfe von Daten, die über Cookies und andere*

Technologien wie beispielsweise Pixel-Tags erfasst werden, verbessern wir Ihre Nutzererfahrung und die Qualität unserer Dienste insgesamt. Eines der Produkte, die wir zu diesem Zweck in unseren eigenen Diensten verwenden, ist Google Analytics. [...] Unsere automatisierten Systeme analysieren Ihre Inhalte (einschließlich E-Mails), um Ihnen für Sie relevante Produktfunktionen wie personalisierte Suchergebnisse, personalisierte Werbung sowie Spam- und Malwareerkennung bereitzustellen. Unter Umständen verknüpfen wir personenbezogene Daten aus einem Dienst mit Informationen und personenbezogenen Daten aus anderen Google-Diensten.“

Als anderes Beispiel der Zustimmung des Verwendungszwecks sind die AGB von Facebook interessant. Facebook sammelt unter anderem alle Information eines Nutzers, welcher die Webseite eines Dritten besucht, sofern diese Webseite die „Gefällt-mir“-Schaltfläche (das Like-Icon) anbietet. Auch ohne aktives Klicken auf jenes Icon durch den Benutzer speichert und analysiert Facebook die Informationen über die Nutzung der Webseite. Ob im Falle wie der umschriebenen AGB von Google oder in AGB von anderen Unternehmen im Einzelfall eine genügende Kenntnisnahme sowie eine angemessene freiwillige Information erfolgt, bleibt fraglich. Ähnlich unklar ist die Rechtslage bei zahlreichen anderen Internetplattformen.

Häufig findet sich bei solchen Diensten die Möglichkeit, dass der Betroffene die Nutzung der Daten (die vorab zunächst einmal freiwillig preisgegeben wurden) einschränken kann. Beispielsweise bietet Google die Möglichkeit die persönlichen Suchanfragen und Browseraktivitäten zu pausieren. Auf Facebook kann etwa die automatische Markierung auf fremden Fotos deaktiviert werden, wodurch andere Nutzer zwar nicht den Namen des Nutzers angezeigt erhalten, für Facebook diese Informationen jedoch weiterhin zur Verfügung stehen.

Werden AGB nicht gelesen, trotz Möglichkeit nicht zur Kenntnis genommen oder nicht verstanden, gelten diese, wie erwähnt, grundsätzlich trotzdem, nämlich durch das Konstrukt der Globalübernahme. Das Gegenstück zur Globalübernahme ist die Vollübernahme, bei welcher der Erklärende die Regeln des vorgeformten Inhalts prüft und sich über deren Tragweite Rechenschaft ablegt. Grundsätzlich gilt die Vermutung, dass eine betroffene Person die AGB global übernommen hat (ZR 104/2005 Nr. 42, S. 167).

Die Unterscheidung der beiden Übernahmearten ist deshalb von Relevanz, weil bei einer Globalübernahme die Geltung vorformulierter allgemeiner Geschäftsbedingungen gemäss der Rechtsprechung u. a. durch die *Ungewöhnlichkeitsregel* eingeschränkt wird. Danach sind von der global erklärten Zustimmung zu allgemeinen Vertragsbedingungen alle ungewöhnlichen Klauseln ausgenommen, auf deren Vorhandensein die schwächere oder weniger geschäftserfahrene Partei nicht gesondert aufmerksam gemacht worden ist. Als schwächere Partei muss auch diejenige gelten, welche unabhängig von ihrer wirtschaftlichen Leistungsfähigkeit oder anderen Umständen, die sie als stärkere Partei erscheinen lassen, gezwungen ist, allgemeine Geschäftsbedingungen als Vertragsbestandteil zu akzeptieren, weil sie andernfalls kaum einen Vertragspartner findet (BGE 109 II 452 E. 5a). Die Ungewöhnlichkeit beurteilt sich aus der Sicht des Zustimmenden im Zeitpunkt des Vertragsabschlusses. Die Ungewöhnlichkeitsregel kommt jedoch nur dann zur Anwendung, wenn die betreffende Klausel objektiv beurteilt einen geschäftsfremden Inhalt aufweist. Dies ist dann zu bejahen, wenn sie zu einer wesentlichen Änderung des Vertragscharakters führt oder in erheblichem Maße aus dem gesetzlichen Rahmen des Vertragstypus fällt. Je stärker eine Klausel die Rechtsstellung des Vertragspartners beeinträchtigt, desto eher ist sie als ungewöhnlich zu qualifizieren (BGE 138 III 411 E. 3.1).

Obwohl Bestimmungen wie die oben umschriebenen AGB-Klauseln von Google oder Facebook zuweilen sehr tief in die Persönlichkeitsrechte der betroffenen Personen eindringen, ist davon auszugehen, dass solche global übernommene AGB zulässig sind, d. h. grundsätzlich Geltung zwischen den Parteien erlangen. Nach diesem ersten Prüfungsschritt der Geltung von AGB, stellt sich sodann die Frage, der „Fairness" solcher AGB.

5.4.4 Die Inhaltskontrolle Allgemeiner Geschäftsbedingungen

5.4.4.1 „Faire" AGB

Selbst wenn man davon ausgeht, dass eine Globalübernahme von AGB durch den Anwender grundsätzlich zulässig ist, wenn in zumutbarer Weise von den vorformulierten Bestimmungen Kenntnis genommen werden konnte und auf untypische Klauseln aufmerksam gemacht wurde, stellt sich die Frage, ob solche AGB auch „fair" sind. Das Bundesgericht praktiziert eine solche „Fairnesskontrolle" – die Juristengemeinde spricht von Inhaltskontrolle – seit Jahren, indem es unfairen AGB die Anwendung versagt (vgl. etwa BGE 135 III 1ff., E. 3.2–3.5). Mit der Revision des Gesetzes über den Unlauteren Wettbewerb (UWG) per 1. Juli 2012 fand diese Rechtsprechung, zumindest teilweise, ein gesetzliches Gefäss.

Die Inhaltskontrolle ist wichtig für eine gerechte und ausgewogene Rechtsordnung. Marktmächtige Unternehmen sollen das dispositive Recht nicht per se durch unfaire Bestimmungen ersetzen können. Das gilt für Unternehmen sowohl in der Schweiz als auch in der EU. Alle EU-Mitgliedsstaaten haben eine entsprechende Richtlinie über die Verwendung missbräuchlicher Klauseln in Verbraucherverträgen unterzeichnet, welche eine Inhaltskontrolle vorsieht (vgl. RL 93/13/EWG vom 5. April 1993).

Nach Schweizer Recht liegt die Verwendung missbräuchlicher Geschäftsbedingungen gemäss Art. 8 UWG wie folgt vor: *„Unlauter handelt insbesondere, wer allgemeine Geschäftsbedingungen verwendet, die in Treu und Glauben verletzender Weise zum Nachteil der Konsumentinnen und Konsumenten ein erhebliches und ungerechtfertigtes Missverhältnis zwischen den vertraglichen Rechten und den vertraglichen Pflichten vorsehen."* Wie der Gesetzestext erkennen lässt, knüpft Art. 8 UWG daran, dass jemand AGB gegenüber einem Konsumenten oder einer Konsumentin verwendet. Der Anwendungsbereich von Art. 8 UWG erfasst somit nicht die Beziehung von Gewerbetreibenden untereinander (B2B), sondern ist auf das Verhältnis B2C (Business to Customer) beschränkt. Interessanterweise wurde diese Einschränkung im Gesetzgebungsprozess erst zu einem späten Zeitpunkt eingeführt. Der Bundesrat beschränkte in seinem Entwurf den Geltungsbereich noch nicht auf das Verhältnis B2C, da gerade auch KMU oftmals die schwächere Vertragspartei seien und sich häufig in einer vergleichbaren Situation befänden wie

Konsumenten (BBl 2009, S. 6173 und S. 6180). Im UWG selbst befindet sich zwar keine Definition des Konsumentenbegriffs. Der Gesetzgeber stützt sich jedoch explizit auf die oben genannte europäische Richtlinie 93/13/EWG über den Verbraucherschutz, wonach der Konsument oder die Konsumentin (sog. Verbraucher) als eine natürliche Person gilt, die bei Verträgen, die unter diese Richtlinie fallen, zu einem Zweck handelt, der nicht ihrer gewerblichen oder beruflichen Tätigkeit zugerechnet werden kann. Als Konsumentinnen und Konsumenten im Sinn von Art. 8 UWG sind daher natürliche Personen zu verstehen, die zu persönlichen oder familiären Zwecken Verträge schliessen, nicht jedoch zu gewerblichen oder beruflichen Zwecken. Das schliesst etwa Verträge mit Banken, Versicherungen, Leasing- und Reiseunternehmen als auch Verträge mit Internetsuchdiensten, Versandhäusern oder Social Media-Plattformen mit ein (Schmid 2012, S. 9).

5.4.4.2 Erhebliches und ungerechtfertigtes Missverhältnis zwischen Rechten und Pflichten

Wie beurteilt sich, ob eine AGB-Bestimmung fair bzw. unfair ist? Nach Art. 8 UWG muss zwischen den in den AGB stipulierten Rechten und Pflichten der Parteien zum Nachteil der Konsumenten ein *erhebliches und ungerechtfertigtes Missverhältnis* bestehen, welches in Treu und Glauben verletzender Weise besteht. Die Prüfung dieser Voraussetzungen erfolgt in zwei Schritten: Erstens ist zu untersuchen, ob ein *erhebliches Missverhältnis* zwischen den Rechten und Pflichten der Parteien besteht. Im zweiten Schritt ist zu klären, ob das Missverhältnis *ungerechtfertigt* ist, was sich nach dem Gebot von Treu und Glauben (Art. 2 Abs. 1 ZGB) beurteilt.

Die Feststellung, ob ein erhebliches Missverhältnis zwischen den Rechten und Pflichten besteht, bemisst sich im Vergleich der entsprechenden AGB-Klausel mit dem Gesetzesrecht, da dieses Recht im Falle der Ungültigkeit der AGB an deren Stelle tritt. Zudem ist das Gesetzesrecht die gesetzgeberische Idealvorstellung einer fairen Rechten- und Pflichtenverteilung zwischen den Parteien. Mangels anderer gesetzgeberischer Anhaltspunkte lässt sich ein erhebliches Missverhältnis demnach dann bejahen, wenn die betreffende AGB-Klauseln (zum Nachteil der Konsumentinnen) fühlbar von den dispositiven Gesetzesbestimmungen abweichen. Wann liegt – als zweiter Schritt der Prüfung – ein *ungerechtfertigtes* Missverhältnis vor? Ein (erhebliches) ungerechtfertigtes Missverhältnis zwischen den Rechten und Pflichten der Parteien besteht bei einer unangemessenen Benachteiligung einer der Parteien, d. h. ein fairer Interessensausgleich unter den Parteien fehlt. Dies erfolgt durch Abwägung aller schutzwürdigen Interessen der Parteien. Im Ergebnis erfolgt eine Wertung nach dem Grundsatz von Treu und Glauben und zwar, ob das erhebliches Missverhältnis zwischen den vertraglichen Rechten und Pflichten aus der Sicht einer loyalen, korrekten Person aufgrund besonderer Umstände als gerechtfertigt erscheint. Potenzial für ein erhebliches Missverhältnis bieten namentlich Einwilligungsklausel zur Datenbearbeitung, sowie Abreden über Fiktionen, etwa betreffend den Zugang von Erklärungen, deren Kenntnisnahme und die Zustimmung dafür (Schmid 2012, S 13 f.).

Wenn mit diesem Wissen nochmals die AGB von Google oder Facebook analysiert werden, fällt auf, dass die Einwilligung zur Speicherung, Sammlung und Bearbeitung von Daten zunächst zulässig erscheint: AGB werden typischerweise nicht gelesen, nicht zur Kenntnis genommen und/oder nicht verstanden. Werden AGB global übernommen, erlangen sie zwischen den Parteien dennoch *Geltung*, wodurch der Betroffene seine Verfügungsmacht über seine Daten verliert, auch wenn er diese (theoretisch) zurückholen könnte. Die *Inhaltskontrolle* von Art. 8 UWG bietet indes eine Möglichkeit AGB die Anwendung zu versagen, sofern ein fairer Interessensausgleich zwischen den Parteien fehlt. Bei der Abwägung dieser Interessen können nach hier vertretener Ansicht die Bestimmungen des DSG herangezogen werden. Das dispositive Gesetzesrecht des DSG garantiert gewisse Grundsätze, namentlich der Transparenz, der Zweckbindung sowie der Verhältnismässigkeit bei der Datenbearbeitung. Sofern AGB-Bestimmungen von den im DSG festgelegten Grundsätzen abweichen, besteht ein Anhaltspunkt für ein erhebliches Missverhältnis. Ob dieses erhebliche Missverhältnis sodann ungerechtfertigt ist, beurteilt sich wie gesehen, in Abwägung aller schutzwürdiger Interessen im Einzelfall. Namentlich dem Grundsatz der Zweckbindung kommt bei der Prüfung des erheblichen Missverhältnisses bei Big Data-Analysen eine erhebliche Bedeutung zu.

5.4.5   Grundsatz der Zweckbindung

Nach dem Grundsatz der Zweckbindung (Art. 4 Abs. 3 DSG) dürfen Personendaten nur für den Zweck bearbeitet werden, welcher bei der Beschaffung angegeben worden ist oder aus den Umständen ersichtlich oder gesetzlichen vorgesehen ist. Die Idee: Die von der Datenbearbeitung Betroffenen sollen wissen, wofür die erhobenen Daten verwendet werden. Dieses Verständnis der Betroffenen bildet auch die Grundlage für die Einwilligung. Der Verwendungszweck der Daten muss bereits bei der Datenbeschaffung angegeben worden sein oder sonst feststehen. Die einmal beschafften Daten dürfen später entsprechend *nicht zweckentfremdet* werden, d. h. der einmal gesetzt Zweck der Datenbearbeitung ist auch bei einer späteren Bearbeitung einzuhalten. Werden Daten später dennoch zu einem anderen Zweck bearbeitet als angegeben, liegt eine Persönlichkeitsverletzung vor. Da der Zweck der Verwendung der Daten bereits bei deren Beschaffung bekannt sein muss, verstösst die Datenbeschaffung ohne Zweckhintergrund gegen den Grundsatz der Zweckbindung, sodass etwa die Beschaffung von Personendaten „auf Vorrat" unzulässig ist, da eine solche meist ohne konkretes Ziel und damit ohne Zweckbindung erfolgt (Epiney 2011, § 9N 29 f. und N 33).

Keine Lösung besteht für Unternehmen darin, die Zweckbindung unbeschränkt auszudehnen. Die Zweckbindung kann ihre Funktion nur dann erfüllen, wenn der Zweck hinreichend detailliert ist, damit beurteilt werden kann, ob die Datenbearbeitung im Einzelfall davon abgedeckt ist oder nicht. Ein Beispiel hierzu sind die AGB von Amazon (AGB von Amazon vom 23. Juni 2015): Unter „Welche persönlichen Informationen unserer Kunden erheben und nutzen wir?" steht: „*Wir nutzen Ihre Informationen auch dazu, unser Kaufhaus und unsere Plattform zu verbessern, Missbrauch, insbesondere Betrug, vorzubeugen oder aufzudecken oder Dritten die Durchführung technischer, logistischer oder anderer Dienstleistungen in unserem Auftrag zu ermöglichen.*" Gerade mit dem letzten Teilsatz („*Dritten die Durchführung technischer, logistischer oder anderer Dienstleistungen in unserem Auftrag zu ermöglichen*") ist nicht ersichtlich, welche Daten wie verwendet werden und wie diese Dritten, die Daten verwenden.

Wie im Abschnitt des Profilings umschrieben, werden durch Big Data-Analysen Daten aus verschiedenen Datensets korreliert und möglicherweise an Datenbearbeiter weitergegeben. Damit stossen mit Bezug auf den Grundsatz der Zweckbindung Big Data-Analysen auf grundsätzliche Bedenken, da sowohl der Erstverwender der Daten als auch die nachfolgenden Datenverwender die Daten zu einem anderen Zweck als ursprünglich angegeben verwenden können. Die durch die Kombination geschaffenen sog. Sekundärdaten, sind durch den ursprünglichen Zweck nicht abgedeckt (Baeriswyl 2000, S. 7 f.). Zudem kann bei Big Data-Analysen dem Datenbearbeiter im Zeitpunkt der Angabe des Verwendungszwecks noch gar nicht bekannt sein, wie er die Daten der betroffenen Person zukünftig analysieren und welches Wissen er daraus extrahieren will. Damit erfolgen das Erstellen von Kundenprofilen und die Segmentierung von Personen in aller Regel mit Daten, die zu einem ganz anderen Zweck erhoben wurden, als ursprünglich angegeben (kritisch hierzu auch Epiney 2011, § 9N 34).

So gesehen ist der Grundsatz der Zweckbindung bei Big Data-Analysen zumindest nach heutigem Stand von Lehre und Rechtsprechung nach hier vertretener Ansicht nicht vereinbar und es liegt stets eine Persönlichkeitsverletzung vor.

Eine mögliche Lösung ist theoretisch in zweierlei Hinsicht denkbar. Der Grundsatz der Zweckbindung ist zwar spezifisch für das Datenschutzrecht entwickelt worden, der sich in dieser Form in anderen Rechtsgebieten nicht findet. Ähnlich wie die Einwilligung ist auch das Zweckbindungsprinzip in der Entstehungsgeschichte des DSG aus dem öffentlich-rechtlichen Vorentwurf hervorgegangen (dazu sogleich), welcher später mit dem Entwurf aus dem privatrechtlichen Bereich zusammengelegt wurde (siehe hierzu Protokoll der Datenschutzarbeitsgruppe vom 20. Januar 1980, S. 15). Eine *erste* Möglichkeit das Problem der Zweckbindung bei Big Data-Analysen zu bewältigen, könnte entsprechend darin bestehen, nach dem Sinn der Vorarbeiten zu einem Datenschutzrecht für den privatrechtlichen Bereich die Zweckbindung im privatrechtlichen Bereich weniger strikt anzuwenden. Freilich spricht dagegen, dass sich der Gesetzgeber in der Botschaft zum DSG klar für einen Zweckbindungsgrundsatz für den privaten und den öffentlichen Bereich ausgesprochen hat. Die *zweite* Möglichkeit bestünde darin, die Anforderungen an die Einwilligung herabzusenken, d. h. an die angemessene Information und die Freiwilligkeit. Auch diese Möglichkeit dürfte indes daran scheitern, dass der Betroffene über die Tragweite seines Entscheids im Klaren und damit über die möglichen Folgen der Einwilligung in seine Abwägung einbeziehen konnte.

5.5   Der Wert von Daten nach Datenschutzgesetz

5.5.1   Die informationelle Selbstbestimmung als umfassendes Verfügungsrecht?

Eine weitere ungelöste Rechtsfrage besteht in der Abgrenzung zwischen der Einwilligung und dem Konzept der sog. informationellen Selbstbestimmung. Das Datenschutzgesetz verbietet nicht nur die missbräuchliche Datenbearbeitung, sondern gewährt den Betroffenen ein sog. Recht auf informationelle Selbstbestimmung. Erfolgt die Einwilligung in eine Datenbearbeitung mittels global übernommener AGB stellt sich die Frage, inwiefern aus Sicht der Praxis das Konzept der informationellen Selbstbestimmung noch zu tragen kommt.

Nach dem Konzept der informationellen Selbstbestimmung kommt dem Einzelnen bei der Informationsbearbeitung ein umfassendes *Verfügungsrecht* über sämtliche ihn betreffenden Daten zu. Es gewährt einer Person das Recht, selbst zu bestimmen, wem welche Daten zugänglich gemacht werden sollen. Personen, über die Daten bearbeitet werden, erhalten somit ein Instrument in die Hand, um über ihre Daten zu verfügen, d. h. zu bestimmen.

Das Datenschutzgesetz bezweckt den Schutz der Persönlichkeit und der Grundrechte von Personen, über die Personendaten bearbeitet werden (Art. 1 DSG). Mit dieser Zweiteilung wird zum einen der private Bereich, d. h. der Informationsaustausch unter Privatpersonen abgedeckt und schützt damit die Persönlichkeit nach Art. 28 ff. ZGB. Zum anderen wird mit dem Schutz der Grundrechte auch der öffentliche Bereich erfasst, d. h. der Schutz vor staatlichem Handeln durch Behörden. Ein solchermaßen konzipiertes *Einheitsgesetz* schützt somit den Einzelnen vor einer bestimmten Art der Datenbearbeitung, unabhängig von der Frage, ob diese durch Unternehmen oder staatliche Behörden erfolgt (Botschaft DSG, S. 438). Das Datenschutzrecht ist auf die *Abwehr von Angriffen* von Datenbearbeitern ausgerichtet und beinhaltet keine explizite Bestimmung, ob Daten ein Wert zukommt. Es ist jedoch zu untersuchen, ob über das Recht auf informationelle Selbstbestimmung, dem eigentlichen Zweck des DSG, Daten ein Wert zugerechnet werden kann.

Das Recht auf informationelle Selbstbestimmung findet seinen Ursprung im deutschen Verfassungsrecht, welches das Bundesgericht in den 80er-Jahren in mehreren Entscheiden übernommen und weiterentwickelt hat. Aus juristischer Sicht stellen sich hierzu namentlich zwei Fragen: Erstens: Inwiefern ist ein Konzept aus dem öffentlich-rechtlichen Bereich auf das Recht unter Privatpersonen anwendbar? Und zweitens: Aus welchem Grund stützt sich das Bundesgericht auf ein Konzept des deutschen Verfassungsrechts?

5.5.2   Der Entwurf eines Datenschutzrechts aus dem öffentlichen Recht

Der wesentliche Grund für den Entwurf eines Datenschutzgesetzes in den siebziger Jahren lag in der Befürchtung verschiedenster negativer Auswirkungen durch die damals neue technologische Entwicklung der elektronischen Datenverarbeitung.

Es sollte insbesondere vermieden werden, dass durch unrichtige, unvollständige oder nicht mehr aktuelle Daten eine Benachteiligung oder eine unbillige Behandlung von Behörden gegenüber Privaten hervorgerufen werden könnte. Wie kam es aber, dass ein Konzept aus dem öffentlich-rechtlichen Bereich im Privatrecht angewendet werden sollte?

Das sich der Gesetzgeber dazu entschloss, ein Einheitsgesetz zu erlassen (Anwendbarkeit des DSG auf den privaten und den öffentlichen Bereich) war in den Vorarbeiten zum DSG alles andere als vorgegeben, sondern wurde zu Beginn noch abgelehnt. Zunächst bestand der Fokus für ein Datenschutzgesetz auf die Datenbearbeitung beschränkt auf Bundesbehörden. Da zur gleichen Zeit auch die Revision des Persönlichkeitsrechts von Art. 28 ff. ZGB durchgeführt wurde, reifte der Gedanke für spezifische Datenschutzbestimmungen auch für den privaten Bereich heran. Im Jahre 1971 wurde eine Motion eingereicht, zum Erlass einer Gesetzgebung, welche den Bürger und dessen Privatsphäre gegen missbräuchliche Verwendung der Computer schützen, andererseits dennoch eine normale Entwicklung der Verwendung von Datenverarbeitungsanlagen sicherstellen sollte. Im Vorentwurf zur Änderung von Art. 28 ZGB von 1975 wurde sodann der Persönlichkeitsschutz „beim Einsatz von Datenbanken" konkretisiert und dem betroffenen ein Einsichtsrecht eingeräumt, sofern diese Daten auch Dritten zur Verfügung stünden. Als weitere Maßnahme wurde vorgesehen, die im Obligationenrecht bestehenden Haftungsansprüchen für Datenbankbetreiber zu verschärfen. Im Verlaufe dieses Prozesses zur Frage, welche Schutzmaßnahmen sich beim Umgang mit elektronischen Datenbearbeitung eignen, reifte schließlich die Erkenntnis, dass einzelne Gesetzesbestimmungen im ZGB und anderen Gesetzen nicht genügen würden, um das anvisierte Ziel eines griffigen Datenschutzrechts zu erreichen. Aus diesem Grund wurde unter der Leitung von Prof. Mario Pedrazzini im Jahre 1981 ein Vorentwurf für ein Bundesgesetz über den Datenschutz im *Bereich der Bundesverwaltung* und im Jahre 1982 jener für den *privaten Bereich* vorgestellt. Noch im gleichen Jahr entschied das EJPD, die beiden Entwürfe *redaktionell zu einem einzigen Gesetzesentwurf* zusammen zu legen. Der Grund für diese Verschmelzung wurde vor allem in der Gefahr der Rechtszersplitterung gesehen, wenn für Private und Bundesbehörden unterschiedliche Datenschutzgesetze anwendbar sein würden. Der Entscheid für ein Einheitsgesetz fiel indes zu Recht nicht ohne kritische Stimmen (vgl. Aebi-Müller 2005, Rz. 556; Seethaler 2014, Entstehungsgeschichte DSG N 17–20).

Die Interessenslagen der Betroffenen sind im privaten und im öffentlichen Bereich grundlegend unterschiedlich. Das DSG trägt zwar diesen unterschiedlichen Ausgangslagen durch verschiedene Einzelregelungen Rechnung – jedoch nur teilweise. Ein wesentlicher Stolperstein ist bereits die Ausrichtung des Gesetzes, also der Sinn und Zweck des DSG. Sofern eine Bundesbehörde über eine genügende gesetzliche Grundlage verfügt, kann bei Vorliegen einer gesetzlichen Verpflichtung die Herausgabe bzw. die Beschaffung auch von höchst sensiblen Daten nicht verweigert werden. Beispielsweise wurde mit der aktuellen Revision des Bundesgesetzes betreffend die Überwachung des Post- und Fernmeldeverkehrs (BÜPF) im Juni 2015 eine solche gesetzliche Grundlage geschaffen bzw. erweitert. Neben Telekommunikationsbetreibern oder der Post können auch andere Fernmeldebetreibern,

Hosting-Provider sowie Betreiber von Chat-Foren zur Herausgabe von Daten verpflichtet werden. Als weiteres Beispiel ermöglicht das BÜPF den Strafverfolgungsbehörden technische Überwachungsgeräte und -software („Staatstrojaner") einzusetzen, um an entscheidungsrelevante Daten zu gelangen, ohne die betroffene Person zu vorab zu informieren.

Aus dieser *öffentlich-rechtlichen Perspektive* heraus, entstand das sog. Recht auf informationelle Selbstbestimmung, d. h. die prinzipiell umfassende Verfügungskompetenz des Betroffenen auch über objektiv harmlose Daten (BGE 103 Ia 1, E. 4b/bb, mit Bezug auf die deutsche Rechtsprechung zum sog. Volkszählungsentscheid BVerfGE 65, 1, S. 41 ff., C.I.2a ff., dazu sogleich). Das Interesse des Datenschutzes aus *privatrechtlicher Sicht* ist hingegen nicht der Schutz vor Behörden, sondern der Schutz vor anderen privaten Akteuren. Der Kern des Datenschutzes aus privatrechtlicher Sicht ist das Recht auf *persönliche Freiheit, beschränkt auf elementare Erscheinungen der Persönlichkeitsentfaltung* (Aebi-Müller 2005, § 13N 595).

5.5.3 Datenschutz als Verfassungsrecht

Um die Bedeutung des Rechts auf informationelle Selbstbestimmung zu erklären, führt die Diskussion in das schweizerische Verfassungsrecht. Art. 10 Abs. 2 der BV garantiert jedem Menschen das Recht auf persönliche Freiheit und zwar auf körperliche, geistige und psychische Unversehrtheit sowie auf Bewegungsfreiheit (BGE 90 I 29). Das Grundrecht der persönlichen Freiheit, das unmittelbar an das Recht auf Leben anschliesst, schützt die Integrität des menschlichen Körpers und seine Psyche und damit jene Gegebenheiten, die den Menschen in seinem Menschsein definieren. Es schützt das Recht jedes Menschen, über die wesentlichen Aspekte seines Lebens ohne staatliche Beeinträchtigung frei entscheiden zu können. Es schützt das Recht auf elementare Erscheinungen der Persönlichkeitsentfaltung, um dem Einzelnen ein Mindestmaß an persönlicher Entfaltung zu ermöglich. Zum Kern der Persönlichkeitsentfaltung zählt hierzu das Selbstbestimmungsrecht, d. h. das Recht über die wesentlichen Aspekte des eigenen Lebens selber zu entscheiden (Kiener und Kälin, Grundrechte 2013, S. 144–147; Belser, Datenschutzrecht 2011, § 6N 16).

Das Recht auf Persönlichkeitsentfaltung beschränkt sich auf die „elementaren Erscheinungen", weshalb kein Recht auf eine *allgemeine Handlungsfreiheit* wie im deutschen Recht besteht. Wie im Entscheid zum deutschen „Volkszählungsentscheid" zu zeigen sein wird (dazu sogleich), liegt hier ein erster Widerspruch zum Konzept der informationellen Selbstbestimmung vor.

Als zweite im vorliegenden Fall relevante Verfassungsbestimmung besteht mit Art. 13 BV der *Schutz der Privatsphäre*. Sie schützt die für die Entwicklung und Entfaltung der individuellen Persönlichkeit zentralen Lebensbereiche. Daraus hervorgehend, erfasst die Bestimmung zum einen das Privat- und Familienleben, die Unverletzlichkeit der Wohnung sowie das Post- und Telegrafengeheimnis (Abs. 1) und verankert zum anderen ausdrücklich den Anspruch auf den Schutz vor Missbrauch persönlicher Daten (Abs. 2). Der Schutz der Privatsphäre von Art. 13

Abs. 2 BV gilt als verfassungsrechtliche Grundlage des Datenschutzes und soll sicherstellen, dass staatliche Organe Personendaten nur bearbeiten, wenn die Bearbeitung zweckgebunden erfolgt und verhältnismässig ist. Ausserdem soll der grundrechtliche Schutz vor Missbrauch persönlicher Daten der betroffenen Person ein Recht auf Einsicht in die über die gesammelten Daten sowie ein Recht auf Berichtigung gewährleisten (Botschaft VE 96, S. 153).

Die persönliche Freiheit von Art. 10 Abs. 2 BV ist in Abgrenzung zum Recht auf Privatsphäre in erster Linie darauf ausgerichtet, die Integrität des menschlichen Körpers und der menschlichen Psyche zu wahren, Art. 13 BV hingegen dient dem Schutz des Menschen als soziales Wesen und auf die Unversehrtheit seiner Lebensgestaltung, worunter namentlich der Schutz vor Missbrauch persönlicher Daten fällt (BGE 133 I 58 E. 3.2 und E. 6.1). Die Abgrenzung zwischen dem Recht auf persönliche Freiheit und dem Recht auf Privatsphäre ist in der Lehre zwar umstritten. Indes herrscht die verbreitete Ansicht – auch des Bundesgerichts – vor, dass die Formulierung von Art. 13 Abs. 2 BV missglückt sei: Streng nach dem *Wortlaut* erfasst die Norm nur den Schutz vor dem Missbrauch persönlicher Daten. Der Gesetzgeber habe indes eine Norm formuliert, die nicht ausdrückt, was tatsächlich *beabsichtigt* war.

Aus diesem Grund entwickelte das Bundesgericht den Anspruch auf *informationelle Selbstbestimmung* ausgehend von den allgemeinen verfassungsmässigen Verfahrensgarantien, ergänzt durch den Persönlichkeitsschutz, der EMRK und vor allem in expliziter Anlehnung an die Rechtsprechung des deutschen Bundesverfassungsgerichts zum sog. Volkszählungsentscheid von 1983. Der Auslöser des Volkszählungsentscheid war ein geplantes deutsches Gesetz zur Erhebung der in Deutschland lebenden Bevölkerung (vollständige Kopfzählung) als auch die Erfassung umfangreicher weiterer Angaben, wie Einkommen, Religion, Beruf, Schulabschlüsse und sogar Arbeitszeiten. Das Bundesverfassungsgericht beurteilte dieses Gesetz als verfassungswidrig, da es erheblich und ohne Rechtfertigung in die Grundrechte des Einzelnen eingriffen würde. Es war unbekannt, welche Informationen über einzelne Personen gespeichert und vorrätig gehalten würden. Namentlich als Ausfluss der im deutschen Grundgesetz enthaltenen allgemeinen Handlungsfreiheit, erklärt das deutsche Verfassungsgericht (BVerfG, Urteil vom 15. Dezember 1983 E. C II 1 a): *„Mit dem Recht auf informationelle Selbstbestimmung wären eine Gesellschaftsordnung und eine diese ermöglichende Rechtsordnung nicht vereinbar, in der Bürger nicht mehr wissen können, wer was wann und bei welcher Gelegenheit über sie weiß. Wer unsicher ist, ob abweichende Verhaltensweisen jederzeit notiert und als Information dauerhaft gespeichert, verwendet oder weitergegeben werden, wird versuchen, nicht durch solche Verhaltensweisen aufzufallen. [...] Dies würde nicht nur die individuellen Entfaltungschancen des Einzelnen beeinträchtigen, sondern auch das Gemeinwohl, weil Selbstbestimmung eine elementare Funktionsbedingung eines auf Handlungsfähigkeit und Mitwirkungsfähigkeit seiner Bürger begründeten freiheitlichen demokratischen Gemeinwesens ist. Hieraus folgt: Freie Entfaltung der Persönlichkeit setzt unter den modernen Bedingungen der Datenverarbeitung den Schutz des Einzelnen gegen unbegrenzte Erhebung, Speicherung, Verwendung und Weitergabe seiner persönlichen Daten voraus. Dieser Schutz ist daher von dem Grundrecht des Art. 2 Abs. 1 in*

Verbindung mit Art. 1 Abs. 1 GG umfasst. Das Grundrecht gewährleistet insoweit die Befugnis des Einzelnen, grundsätzlich selbst über die Preisgabe und Verwendung seiner persönlichen Daten zu bestimmen".

Vier Jahre später nahm das Bundesgericht die Ausführungen des deutschen Bundesverfassungsgerichts explizit auf. Die Polizei führte an einem Ort eine Personenkontrolle durch, an welchem sich offenbar häufig homosexuelle Menschen aufhielten (der Entscheid entsprang im Jahre 1987!). Über die kontrollierte Person wurde eine Akte eröffnet, welcher dieser im Anschluss an die Kontrolle einsehen wollte. Die Polizei verweigerte die Einsicht. Dazu das Bundesgericht (BGE 113 Ia 1 E. 4b/aa): *„Der Beschwerdeführer begründet sein Begehren um Einsicht in den streitigen Registereintrag vorerst mit seinem Interesse an der Kenntnis der über ihn festgehaltenen Daten und dem Bedürfnis, prüfen zu können, ob diese korrekt registriert worden seien. Dieses allgemeine Interesse kann heute angesichts der technischen Möglichkeiten der Datenbearbeitung nicht mehr als unerheblich bezeichnet werden. Der einzelne Bürger kann es durchaus als Unbehagen und als Beeinträchtigung seiner Privatsphäre empfinden, wenn die Verwaltung personenbezogene Daten über längere Zeit hinweg aufbewahrt und allenfalls weitere Verwaltungsstellen zu diesen Daten auf unbestimmte Zeit hinaus Zugang haben. Soweit der Beschwerdeführer aus dem Umstand, dass er an einem Ort kontrolliert worden ist, an dem sich angeblich häufig Homosexuelle aufhalten sollen, allenfalls mit dem Kreis von Homosexuellen in Verbindung gebracht werden sollte, kann der Registereintrag für ihn von nicht geringer Tragweite sein und ihn aus diesem Grunde allenfalls davon abhalten, sich völlig frei zu bewegen".*

Obwohl das Bundesgericht in späteren Entscheiden das Recht auf informationelle Selbstbestimmung mehrmals explizit erwähnte, bewahrte sie sich stets von der Tendenz, die persönliche Freiheit zu einer allgemeinen Handlungsfreiheit auszuweiten. Mal verlangte es zur Akteneinsicht ein „berechtigtes Interesse" an der Einsichtnahme (BGE 120 III 118 E. 3b), mal führte es aus, die persönliche Freiheit umfasse nicht jede noch so nebensächliche Wahl- oder Betätigungsmöglichkeit des Menschen (101 Ia 336 E. 7a). Was bedeuten diese Grundsätze für Privatpersonen?

5.5.4   Indirekte Drittwirkung

Wie gesehen, liegt die Stossrichtung des Datenschutzrechts mit dem Schutz der Grundrechte primär auf dem Datenschutz im öffentlich-rechtlichen Bereich. Durch Art. 35 Abs. 3 BV wird dieser Grundrechtsschutz durch die sog. indirekte Drittwirkung auf Privatpersonen ausgeweitet: Freiheitsrechte, wie dasjenige der persönlichen Freiheit oder der verfassungsmässige Schutz der Privatsphäre wurden aus dem Verhältnis des Einzelnen zum Staat entwickelt (Abwehrrechte gegen den Staat). Die Freiheit von Einzelpersonen wird jedoch nicht vom Staat allein, sondern auch von Privaten gefährdet, weshalb die Grundrechte auch im Verhältnis zwischen Privatpersonen zu beachten sind. Im Einklang mit der Rechtsprechung anerkennt Art. 35 Abs. 3 BV, dass die Grundrechte auch unter Privaten wirksam werden, soweit sie sich dazu eignen (vgl. BVerGer B3588/2012 vom 15. Oktober 2014,

E. 6.7.1). Das Problem bei der Anwendung dieser verfassungsrechtlichen Grundsätze auf Privatpersonen besteht indes darin, dass sie häufig durch Allgemeine Geschäftsbedingungen (AGB) ausgehebelt werden (dazu sogleich Abschn. 5.5.4).

Was bedeutet dies nun für die eingangs gestellte These, Daten sind aufgrund des Rechts auf informationelle Selbstbestimmung, möglicherweise ein Wert anzurechnen? Das Recht auf informationelle Selbstbestimmung gewährt grundsätzlich ein Verfügungsrecht über Daten, d. h. die Betroffenen haben ein Recht über ihre Daten zu verfügen, sie einzusehen oder sie zu veröffentlichen. Es gewährt jedoch kein absolutes Herrschaftsrecht, über Daten im Sinne von „Angebot und Nachfrage" zu bestimmen. Alleine aufgrund des Rechts auf informationelle Selbstbestimmung kann dementsprechend nicht abgeleitet werden, dass Daten ein Wert zukommt.

5.6 Eigentumsrecht an Daten?

5.6.1 Körperlich, Abgegrenzt, Beherrschbar

Eine einfache und zugleich elegante Lösung Daten einen Wert zuzurechnen bestünde darin, Daten bzw. Informationen als Sachen zu qualifizieren. In diese Richtung geht beispielsweise das amerikanische Unternehmen Datacoup. Das Unternehmen bezahlt seinen Kunden einen bestimmten Betrag, abhängig von den zur Verfügung gestellten Daten, wie ihren sozialen Netzwerken, Kreditkartenabrechnungen, Gesundheitsdaten etc. Das Geschäftsmodell suggeriert, die Nutzer seien Eigentümer an diesen Daten. Aber kann an Daten überhaupt Eigentum bestehen? Sind Daten bzw. Informationen als Sachen im rechtlichen Sinne zu qualifizieren?

Das Sachenrecht gewährt dem Eigentümer einer Sache das Recht, in den Schranken der Rechtsordnung, beliebig über eine Sache zu verfügen, namentlich zu kaufen und zu verkaufen (vgl. Art. 641 ZGB). Im ZGB selbst findet sich keine Begriffsdefinition der Sache. Nach herrschender Lehre und Rechtsprechung sind Sachen unpersönliche, körperliche und abgegrenzte Gegenstände, welche der menschlichen Herrschaft unterworfen werden können. Diese vier Begriffsmerkmale entsprechen einem allgemein-abstrakten Sachbegriff. Liegen die vier Begriffsmerkmale bei einem Gegenstand vor, kann er grundsätzlich unter den Sachbegriff subsumiert und als Sache qualifiziert werden. Nicht vorausgesetzt ist, dass die Sache einen Geldwert aufweist oder dass über sie zwingend verfügt werden könnte. Auch ist die Sache aus rechtlicher Sicht nicht zwingend dem Verständnis der Naturwissenschaften gleichzusetzen, für welche Sachen eine physikalische Realität, ein Ding bildet. Ob etwas als Sache im Rechtssinne zu betrachten ist, hängt nicht von der physikalischen Beschaffenheit ab, sondern von der aktuellen Rechtsordnung und der dieser zu Grunde liegenden Verkehrsanschauung, namentlich der wirtschaftlichen Funktion, ob etwas der rechtlichen Herrschaft unterworfen werden kann, bestehend aus Aneignung, Nutzung oder Verfügung. Damit ist es möglich, dass Dinge, welche für die Naturwissenschaft eindeutig als Sache zu qualifizieren sind, es aus rechtlicher Sicht nicht sind, weil eine Sachherrschaft nicht möglich ist, etwa die Sonne, der Mond oder die Sterne. Umgekehrt können zwar Dinge der menschlichen Sachherrschaft unterworfen werden, aus einer

Wertung heraus, werden diese aber aus rechtlicher Sicht nicht als Sachen behandelt, beispielsweise der lebenden menschlichen Körper (Haab 1977, Einleitung vor ZGB 641N 20 f.; Kälin 2002, S. 133).

So absolut diese rechtliche Definition erscheint, ist sie in der Praxis indes nicht. Auch etwas Unkörperliches kann rechtlich wie eine Sache behandelt werden, d. h. der grundsätzlich allgemein-abstrakte Sachbegriff unterliegt insofern einem funktionsbestimmten Einfluss. Teleologische Erwägungen geben den Ausschlag darüber, ob die Rechtsordnung – und damit die Wertehaltung der heutigen Gesellschaft – etwas als Sache anerkennen will oder nicht. Der Begriff Sache ist daher aus rechtlicher Sicht einer stetigen Wandlung unterworfen (vgl. Meier-Hayoz 2003, S. 69; Haab 1977, Einleitung vor ZGB 641N 21). Als Beispiel sei nochmals auf den menschlichen Körper zurückzukommen. Nach heutiger unbestrittener Anschauung ist der menschliche lebende Körper keine Sache, sondern genießt den Schutz kraft des Persönlichkeitsrechts nach Art. 28 ff. ZGB. Doch wie verhält es sich bei einer Beinprothese? Eine solche künstliche Gliedmaße ist ohne Weiteres als Sache zu qualifizieren. Doch ist eine Beinprothese immer noch eine Sache, wenn sie mit dem übrig gebliebenen lebenden Bein des Trägers verbunden wird? Wie intensiv müsste eine solche Verbindung zwischen Beinstumpf und Prothese sein, um letztere als Teil des menschlichen lebenden Körpers zu betrachten?

Ein anderes anschauliches Beispiel ist Energie. Soweit sie der Mensch beherrschen und verwerten kann, stellt sie einen wirtschaftlichen Wert dar, der dem Schutz der Rechtsordnung bedarf. Dies ist heute zweifelsohne der Fall, wird beispielsweise mit Energie rege gehandelt. Lange Zeit wurde der Energie wegen des Fehlens der Körperlichkeit die Sacheigenschaft aberkannt. Doch der Gesetzgeber versah in Art. 713 ZGB explizit, dass Naturkräfte (=Energie), die der rechtlichen Herrschaft unterworfen werden können, den Sachen soweit möglich gleichzustellen sind. Energie wurde somit per Analogie auf die sachenrechtlichen Bestimmungen angewendet, obwohl es ihr am Merkmal der Körperlichkeit fehlt.

5.6.2 Informationen als Sache?

Ob Daten bzw. Informationen als Sachen zu qualifizieren sind, ist das entscheidende Merkmal die Körperlichkeit. Es ist demnach zu untersuchen, ob und wie weit die rechtliche Qualifikation der Sache auf Daten bzw. Informationen angewendet werden sollen. In der Einleitung dieses Aufsatzes wurde erwähnt, Daten seien das neue Öl der Wirtschaft. Öl, im Sinne von Energie, ist meist an einen körperlichen Träger gebunden (einen Behälter), wodurch die potenzielle Energie des Öls von der Eigenschaft des Energieträgers abhängt. Bei der Elektrizität, der Sonnen- oder Wärmeenergie verhält es sich indes anders. Diese sog. kinetische Energie ist – zumindest bis heute – in physikalischer Hinsicht unbeständig, d. h. es besteht keine technische Möglichkeit kinetische Energie in einem Träger zu übertragen, weshalb ihr die Sacheigenschaft mangels Körperlichkeit aberkannt wird (Zobl und Thurnherr 2010, Art. 884N 141).

Ebenso wie Öl lassen sich Daten mittels eins Trägers transportieren, beispielsweise einer CD, einem USB-Stick oder einer Festplatte. Bei Computerprogrammen findet eine analoge Unterscheidung statt. Nach überwiegender Ansicht handelt es sich bei Computerprogrammen, verstanden als eine Folge von Befehlen, die eine programmierbare Rechenanlage zur Lösung einer bestimmten Aufgabe befähigt, mangels Körperlichkeit nicht um eine Sache. Es ist zwischen dem Datenträger und dem darauf befindlichen Programm zu unterscheiden. Beim Datenträger handle es sich um eine Sache, beim Programm hingegen um sog. „geistiges Eigentum", ein Immaterialgut (Wiegand 2007, Vorb. zu Art. 641ff.N 10). Folgt man dieser Definition, hilft diese Unterscheidung zwischen dem Träger der Daten und den Daten bzw. Informationen an sich ebenfalls nicht, um Daten als Sache zu qualifizieren. Immaterialgüter bestehen nur, soweit sie im Gesetz ausdrücklich vorgesehen sind. Der Schutz des geistigen Eigentums besteht nur für Patente, Marken, Designs, Topographien und Sorten sowie für urheberrechtliche Werke wie Computerprogramme. Daten bzw. Informationen werden vom Immaterialgüterrecht nicht erfasst, weshalb an ihnen auch kein geistiges Eigentum begründet werden kann.

Dass zum heutigen Zeitpunkt an einem Objekt kein Eigentumsrecht besteht, bedeutet nicht, dass es auch in Zukunft so bleiben wird. Zudem ändert sich die Diskussion je nach Jurisdiktion, wie die Diskussion um den menschlichen Körper beispielhaft zeigt.

5.7 EU-Datenschutzreform: Alter Wein in neuen Schläuchen?

In der EU wird die Reform des Datenschutzrechts intensiv diskutiert und im Juni 2015 einigten sich die EU-Justizminister auf die Eckpunkte einer neuen Datenschutzgesetzgebung, welche voraussichtlich ab 2018 in der ganzen EU direkt anwendbar sein soll. Das grundlegende Ziel des Entwurfs für eine Datenschutzgrundverordnung ist die Einführung einheitlicher Standards für den Datenschutz für die gesamte EU, was zur Stärkung der Rechte der Benutzer führen soll. Neben einem einheitlichen Recht für die gesamte EU, sollen Benutzer genauer definierte Rechte auf Löschung ihrer Daten erhalten sowie auf Auskunft darüber, was mit den eigenen Daten geschieht.

Zudem soll die Einwilligung in eine Datenbearbeitung nicht mehr durch unverständliche AGB, sondern in verständlicher Weise erfolgen, die ohne Zwang, bezogen auf den konkreten Fall und in Kenntnis der Sachlage abgegeben worden ist. In welcher Form die Einwilligung zu erfolgen hat, ist analog dem Schweizer Recht, offen. Sie kann schriftlich, mündlich oder konkludent erfolgen, d.h. mit irgendeiner Handlung, mit welcher die betroffene Person zu verstehen gibt, dass sie mit der Verarbeitung der sie betreffenden personenbezogenen Daten einverstanden ist. Nicht genügen soll hingegen die stillschweigende Einwilligung, d.h. ohne Zutun der betroffenen Person. Eine genügende Einwilligung sollte auch vorliegen, wenn die Einstellung des Browser oder einer anderen Anwendung eine wirksame Einwilligung ermöglicht. In diesen Fällen sollte es ausreichend sein, wenn die betroffene Person zu Beginn des Nutzungsvorgangs die Informationen erhält, die für eine ohne Zwang und in Kenntnis der Sachlage erteilte Einwilligung für den konkreten Fall erforderlich sind (Datenschutzgrundverordnung Nr. 9398/15 vom 11. Juni 2015, S. 14).

Die Stärkung des Schutzes der Benutzer einerseits und die Erhöhung der Rechtssicherheit für Unternehmen andererseits, sind sehr zu begrüssen. Dass AGB kaum gelesen bzw. zur Kenntnis genommen werden und die betroffenen Personen somit nicht erkennen, wie ihre Daten bearbeitet werden, ist auch in der EU ein anerkanntes Dilemma. Die Schaffung von Transparenz, indem AGB beispielsweise grafisch benutzerfreundlich dargestellt werden, ist ein interessanter Ansatz. Die grundlegenden Fragen zur Abgrenzung zwischen der Einwilligung und dem Zweck der Datenbearbeitung, werden dadurch indes nicht beantwortet. Offen ist auch, wie eine Einwilligung widerrufen werden kann, mithin Daten zurückgeholt werden können, wenn die betroffene Person mit einer Datenverarbeitung nicht mehr einverstanden ist (vgl. Datenschutzgrundverordnung Nr. 9398/15 vom 11. Juni 2015, S.31). Welche Balance die EU in diesen und weiteren Fragen zu einem neuen Datenschutzrecht finden wird, bleibt somit vorerst noch offen.

Literatur

Aebi-Müller, R.: Personenbezogene Informationen im System des zivilrechtlichen Persönlichkeitsschutzes, Unter besonderer Berücksichtigung der Rechtslage in der Schweiz und in Deutschland, Habilitation Universität Bern. Stampfli, Bern (2005)
Amazon Allgemeine Geschäftsbedingungen vom 23. Juni 2015. http://www.amazon.de/gp/help/customer/display.html?ie=UTF8&nodeId=505048 (2015). Zugegriffen am 13.07.2015
Arbeitsgruppe Datenschutz im Privatbereich, Protokoll der 2. Sitzung vom 29./30. November 1979, vom 20. Januar 1980. http://www.fir.unisg.ch/de/research/datenschutzrecht (2015). Zugegriffen am 13.07.2015
Baeriswyl, B.: Data Mining und Data Warehousing: Kundendaten als Ware oder geschütztes Gut? Recht der Datenverarbeitung (RDV) **1**, 6–11 (2000)
Belser, E.M.: In: Belser, E.M., Epiney, A., Waldmann, B., Bickel, J. (Hrsg.) Grundlagen und öffentliches Recht. Stampfli, Bern (2011)
Blechta, G.: In: Maurer-Lambrou, U., Blechta, G.P. (Hrsg.) Basler Kommentar, Datenschutzgesetz – Öffentlichkeitsgesetz. 3. Aufl. Helbing Lichtenhahn, Basel (2014)
Bundesrätliche Botschaft vom 2. September 2009, https://www.admin.ch/opc/de/federal-gazette/2009/6151.pdf. Zugegriffen am 24.05.2016 (2009)
Epiney, A.: In: Belser, E.M., Epiney, A., Waldmann, B., Bickel, J. (Hrsg.) Grundlagen und öffentliches Recht. Stampfli, Bern (2011)
Google Inc. Datenschutzerklärung vom 30. Juni 2015. http://www.google.de/intl/de/policies/privacy/ (2015). Zugegriffen am 14.07.2015
Haab, R.: In: Haab, R., Simonius, A., Scherrer, W., Zobl, D. (Hrsg.) Das Eigentum, Art. 641–729 ZGB. Kommentar zum Schweizerischen Zivilgesetzbuch, Das Sachenrecht. Schulthess, Zürich (1977)
Huguenin, C.: Obligationenrecht – Allgemeiner und Besonderer Teil. Schulthess, Zürich (2014)
Kälin, O.: Der Sachbegriff im schweizerischen ZGB. ZStP – Züricher Studien zum Privatrecht, Bd. 174. Schulthess, Zürich (2002)
Kiener, R., Kälin, W.: Grundrechte. Stämpfli Verlag, Bern (2013)
Krishnan, K.: Data Warehousing in the Age of Big Data. Morgan Kaufmann, Amsterdam (2013)
Meier-Hayoz, A., Kommentar, B.: Systematischer Teil und allgemeine Bestimmungen, Artikel 641–654 ZGB. Stampfli, Bern (2003)

Rosenthal, D.: In: Rosenthal, D., Jöhri, Y. (Hrsg.) Handkommentar zum Datenschutzgesetz sowie weitere ausgewählte Bestimmungen. Schulthess Verlag, Zürich (2008)

Schmid, J.: Die Inhaltskontrolle Allgemeiner Geschäftsbedingungen: Überlegungen zum neuen Art. 8 UWG, ZBJV, S. 1 ff. (2012)

Seethaler, F.: In: Maurer-Lambrou, Blechta (Hrsg.) Basler Kommentar, 3. Aufl., Entstehungsgeschichte DSG N S. 17–20. Helbing Lichtenhahn Verlag, Basel (2014)

The Guardian, Predicting Crime – LAPD-Style, 25. Juni 2014. http://gu.com/p/3qae3/sbl (2015). Zugegriffen am 14.07.2015

Wiegand, W.: In: Honsell, H., Vogt, N.P., Geiser, T. (Hrsg.) Basler Kommentar, Zivilgesetzbuch II, Art. 457–977 ZGB. 3. Aufl. Helbing & Lichtenhahns, Basel (2007)

Zobl, D., Thurnherr, C.: In: Heinz, H., Walter, H.P. (Hrsg.) Berner Kommentar, Das Sachenrecht, Systematischer Teil und Art. 884–887 ZGB. Stampfli, Bern (2010)

Übersicht über NoSQL-Technologien und -Datenbanken

6

Daniel Fasel

Zusammenfassung

Dieses Kapitel bietet eine Übersicht über NoSQL-Technologien, Apache Hadoop und Real Time Streaming. Für jede Technologie werden ihre Einsatzgebiete erläutert. Des Weiteren wird bei jeder Technologie anhand eines kleinen praktischen Beispiels dargestellt, wie diese eingesetzt werden können.

Schlüsselwörter

NoSQL • Document Stores • Array Stores • Column Family Stores • Graphen Datenbanken • Hadoop • MapReduce • YARN • HDFS • Enterprise ready Hadoop • Real Time Streaming

---

Vollständig überarbeiteter und erweiterter Beitrag basierend auf „Big Data – Eine Einführung". In: HMD – Praxis der Wirtschaftsinformatik, HMD-Heft Nr. 298, 51 (4): 386–400, 2014.

D. Fasel (✉)
Scigility AG, Zürich, Schweiz
E-Mail: df@scigility.com

© Springer Fachmedien Wiesbaden 2016
D. Fasel, A. Meier (Hrsg.), *Big Data*, Edition HMD,
DOI 10.1007/978-3-658-11589-0_6

6.1   Grenzen relationaler Datenbanktechnologie

Relationale Datenbanken haben in den letzten 30 Jahren Informationssysteme dominiert und wurden in verschiedenen Bereichen von klassischen OLTP wie ERP-Systeme bis hin zum Backend Webshops benutzt. Ihr Siegeszug kam vor allem von einigen Eigenschaften, die sie zu Allzweck Informationsspeicher werden ließen. Zu diesen Eigenschaften gehören ihre ACID Eigenschaften und ihre ANSI normierte deskriptive Abfragesprache SQL. Ab Beginn des neuen Jahrtausends stiessen aber viele Akteure vermehrt an technologische Grenzen mit Relationalen Datenbanken. Diese Grenzen sind teils auch auf die ACID Eigenschaften der Datenbanken zurückzuführen. Sobald die Datenmengen größer werden, als dass sie auf einer physischen Maschine gespeichert werden können, wird es schwierig, lange noch nicht unmöglich, Daten in einer Relationalen Datenbank zu speichern. Das Konzept der Relationalen Daten wurde in einer Zeit entwickelt, zu der ein Programm in einem Prozess auf einer einzigen physischen und isolierten Maschine lief. Es gibt heute Relationale Datenbank, wie Oracle mit RACS oder MSSQL im Clusterverbund, welche sich auf mehrere physische Maschinen verteilen lassen. Dies ist aber mit sehr großem Aufwand verbunden und beeinflusst meist auch die Performanz und Architektur der darauf liegenden Applikationen. Beispielsweise muss bei einem Aktiv-Aktiv Cluster von MSSQL Servern das Eintragen von einem neuen Datensatz von allen Servern bestätigt werden, bevor eine Transaktion ACID-kompatibel gespeichert ist. Das führt zu erhöhter Latenzzeit vor solchen Transaktionen.

Ein weiterer Nachteil der Relationalen Datenbanken zeigte sich als analytische Applikationen wie Data Warehouse oder generell OLAP Systeme aufkamen. Die normalisierte, und dadurch atomare, Speicherung von Daten in einer Relationalen Datenbank ist zwar speicher- und betriebsoptimiert, führt aber bei analytischen Fragestellungen oftmals zu komplexen und aufwändigen Operationen. Bei solchen analytischen Operationen (beispielsweise einer Regressionsanalyse) ist es von Vorteil, wenn Daten denormalisert vorliegen. Des Weiteren sind analytische Operationen, wie Aggregationen, kolonnenorientierte Operationen. Da aber klassische Datenbanken reihenorientierte Speicher- und Indexierungsmechanismen haben, sind solche Aggregationsoperationen mit erhöhten Ressourcenaufwand verbunden.

Basierend auf den neuen Anforderungen an Relationale Datenbanken wurden diese auch erweitert. Es gab neue Datenbanken, die besser auf mehrere physische Maschinen verteilt werden können (beispielsweise Teradata RDBMS) oder auch neue Speichermechanismen, wie kolonnenorientierte Datenspeicherung so genannte Columnar Store Erweiterungen, wurden in Relationale Datenbanken implementiert. Neben diesen klassischen Relationalen Datenbanken fanden aber auch vermehrt neue Datenspeichermodelle ihren Einsatz. Dies konnte vor allem bei neuen „Internet"-Firmen betrachtet werden, die mit Daten umgehen mussten, welche ganz neue Eigenschaften aufwiesen. Solche Firmen hatten schon in ihrer Anfangsphase mit großen Datenmengen zu tun, welche nicht immer einfach in eine Relationale Struktur hineinzufügen waren; beispielsweise HTML Seiten. Ihnen fehlte oftmals das Kapital teure Relationale Datenbanken anzuschaffen, welche die Daten zwar hätte speichern können, aber durch ihre Limitierungen in der Erweiterbarkeit bald wieder mit noch mehr Investitionsaufwand ersetzt werden mussten. Dadurch wurden vermehrt neue Datenbanken entwickelt, welche mit den Eigenschaften von Relationalen Datenbanken brachen. Diese neuen Datenbanken sind nicht mehr ACID-konform und oft haben sie auch keine SQL-Zugriffstrukturen mehr. Heute werden solche neuen Datenbanken oft unter dem Namen NoSQL Datenbanken zusammengefasst.

Im Bereich von sehr großen Datenmengen, welche batchorientiert verarbeitet werden, entwickelte sich neben den typischen NoSQL Datenbanken noch eine weitere Technologie, die heute als Quasi-Standard für das Speichern und Verarbeiten von Big Data gleichgesetzt wird: Apache Hadoop. Dabei handelt es sich um ein intrinsisch verteiltes Dateisystem (HDFS) und ein verteiltes Ressourcenmanagementsystem (YARN). Hadoop ist ein Datenmanagementsystem, das sich leicht horizontal, mit weiteren physischen Maschinen, erweitern lässt ohne dadurch an Geschwindigkeit zu verlieren. Dies steht im Gegensatz zu Relationalen Datenbanken, welche sich vertikal, aber nur schlecht horizontal, erweitern lassen.

In den nächsten Kapiteln werden NoSQL Datenbanktechnologien im Detail erläutert. Dabei werden die einzelnen Untergruppen von NoSQL Technologien beschrieben und deren Einsatzgebiet in einem Beispiel erläutert. Am Ende von jeder Sektion werden einige Anhaltspunkte gegeben, für welche Einsatzgebiete sich die jeweilige Technologie eignet. Ein weiteres Kapitel widmet sich Apache Hadoop und Echtzeitverarbeitung von Daten.

6.2 NoSQL Datenbanken

NoSQL Datenbanken ist ein Begriff, welcher neue Datenbanktechnologien charakterisiert. Hierbei handelt es sich um Informationssystemtechnologien, die nicht den traditionellen relationalen, ACID-konformen Eigenschaften entsprechen. NoSQL schliesst aber die relationalen SQL-basierten Datenbanken explizit nicht aus, sondern betrachtet diese als eine Ausprägung von NoSQL Systemen. Daher kommt der Begriff NoSQL auch von Not only SQL.

NoSQL Technologien brechen mit einigen der klassischen Charakteristiken von Relationalen Datenbanken. So bieten viele NoSQL Datenbanken die Möglichkeit Daten ausserhalb von klassischen relationalen Schemas; Entitäten – Relationen Modell; zu speichern und zu verarbeiten. Datenobjekte können in einer NoSQL Datenbank, wie beispielsweise in Document Stores, variable Strukturen aufweisen und müssen nicht zwingenderweise in ein relationales Objekt umgewandelt werden. Dies hat den Vorteil, dass verschiedene Datenstrukturen viel flexibler gespeichert werden können. Dadurch ist es nicht notwendig Datenstrukturen schon vor dem Abspeichern immer im Detail zu kennen oder in relationalen Objekten alle Eventualitäten abzudecken. Diese erhöhte Flexibilität in Schemas erlaubt einen besseren Umgang mit multistrukturellen Daten. Auf der anderen Seite erhöht es die Komplexität, abgespeicherte Datenobjekte abzufragen und zu analysieren. Im folgenden Beispiel soll der Vorteil und die Komplexität dieser Schemaflexibilität illustriert werden.

Eine einfache Datenbank für ein Adressbuch Teil 1

In einem Adressbuch sollen Kontakte gespeichert werden und basierend auf Name und Vorname aufgefunden werden. Kontakte können verschiedene Felder enthalten. Bei einigen ist nur Name, Vorname und Telefonnummer bekannt. Bei anderen sind weitere Informationen, wie Email Adresse, LinkedIn Koordinaten oder Geburtsdatum bekannt.

In einer relationalen Datenbank könnte dieses Adressbuch in einer großen Tabelle modelliert werden, bei welcher alle möglichen Felder von allen Kontakten als Attribute modelliert werden. Dies führt zu einer sehr breiten Tabelle, da Kontakte auch mehrere Ausprägungen von Feldern haben können; beispielsweise mehrere Email Adressen. Die Tabelle wird also nicht nur ein Attribute Email Adresse haben, sondern mehrere: Email Adresse1 bis Email Adresse X. Wenn dann ein neuer Kontakt hinzugefügt werden soll, der aber $X+1$ Email Adressen hat, muss entweder die Tabellenstruktur geändert werden oder nicht alle Daten vom Kontakt können abgespeichert werden.

Eine elegantere Lösung mit einer Relationalen Datenbank wäre, die Daten in einem sauberen Entitäten-Relationen-Modell zu modellieren, welches die Daten in der 3. Normalenform abspeichert. Dabei werden Entitäten, wie Person, Email Adresse, Adresse identifiziert und dann in eigenen Tabellen abgelegt. Diese Entitäten haben Relationen, in verschiedenen Komplexitäten, zu einander. Beispielsweise kann eine Person keine, eine oder mehrere Email Adressen haben, eine E-Mail Adresse gehört aber immer genau einer Person. Diese Relationen werden, basierend auf ihrer Komplexität, entweder in eigenen Tabellen oder als Fremdschlüsselbeziehungen modelliert. Ein solches Modell ist zwar stabiler betreffend dem Auftauchen neuer Felder, aber erhöht massiv die Komplexität für die Datenhaltung einer einfachen Anwendung, wie ein Adressbuch.

Baut man die Datenhaltung für ein Adressbuch in einem Document Store, einer NoSQL Datenbank, vereinfacht sich die Modellierung massiv. In einem Document Store wird ein Kontakt im Adressbuch als in sich geschlossenes Objekt betrachtet; als Document. In diesem Objekt sind die Strukturen für den jeweiligen Kontakt abgelegt und wohl definiert. Alle Objekte können verschiedene Strukturen haben; ein Kontakt mit Email Adressen, ein anderer Kontakt mit Bild, etc. Das einzige Element, das alle Objekte besitzen ist ein eindeutiger Identifikationsschlüssel. Kontakte können neu hinzugefügt werden, ohne das Datenmodell anpassen zu müssen. Um Kontakte nach Namen und Vornamen suchen zu können, kann ein Index erstellt werden. Dieser Index muss mit Documents umgehen können, die keine Felder Namen und Vornamen enthalten.

Wie in diesem Beispiel beschrieben, haben NoSQL Datenbanken verschiedene Vorteile gegenüber Relationalen Datenbanken. Diese Vorteile kommen aber nur bei bestimmten Problemstellungen zu tragen und sind für andere Problemstellungen gar hinderlich. Wenn beispielsweise das Durchschnittsalter aller Personen in einem Adressbuch berechnet werden soll, sind Relationale Datenbanken mit deren

Aggregationsfunktionen besser geeignet als ein Document Store. Daher ist es umso wichtiger, die optimale Technologie für die spezifische Problemstellung zu finden. In Informationssystemumfeld einer Unternehmung bedeutet das zwangsläufig verschiedene Technologien für Applikationen zu verwenden, da selten alle Geschäftsanforderungen mit einer einzigen Technologie abgedeckt werden. Umso wichtiger ist es, zu verstehen wie verschieden Technologien funktionieren und wie diese sich in die bestehende Informationssystemlandschaft integrieren lassen.

Flexible Schemas, wie die meisten NoSQL Datenbanken unterstützen, haben den großen Vorteil, dass Datenstrukturen nicht im Vornherein genau definiert werden müssen. Dadurch kann flexibler auf Schemaänderungen in den Daten über die Zeit reagiert werden. Mit klassischen Relationalen Datenbanken sind solche Schemaänderungen oft mit hohem Migrationsaufwand verbunden. Trotz der neu gewonnenen Schemaflexibilität ist eine saubere Datenmodellierung für eine Applikation von großer Bedeutung. Gerade wenn Daten mit häufig ändernden Strukturen auftreten, ist es wichtig, dass die Applikation dank einem sauberen Datenmodell diese Variationen auch sauber abarbeiten kann. Ein sauberes Datenmodell heißt also nicht zwangsläufig ein starres Datenschema. Nur mit einem gut durchdachten Datenmodell kann eine Applikation auch langfristig performant mit variierenden Datenstrukturen umgehen.

Die Hauptuntergruppen von NoSQL Informationssysteme sind: Key/Value Stores, Document Stores, Column Family Systeme und Graphen Datenbanken. Stefan Edlich hat einen umfassenden Glossar über NoSQL Datenbanken zusammengestellt und unterscheidet hier auch noch weitere Gruppen.[1]

6.2.1 Key/Value Stores

Key/Value Stores sind die einfachsten Vertreter von NoSQL Datenbanken. Sie bestehen aus einer einfachen Struktur aus Schlüssel und Wert Paaren. Dabei bestehen meist weder die Schlüssel noch die Werte aus komplexen Datentypen. Ein Grundlegendes Prinzip von Key/Value Stores ist, dass der Schlüssel eineindeutig ist. Es werden keine Indexe aufgebaut und die Datenstruktur bleibt eine simple Schlüssel Werte-Paar Struktur. Dadurch können Datensätze sehr schnell geschrieben werden und auch schnell gelesen werden. Komplexere Operationen wie das Vergleichen von verschiedenen Datensätzen oder die Produktbildung von mehreren Datensätzen können aber nicht mit einem Key/Value Store direkt gemacht werden. Durch ihre einfache Struktur werden Key/Value Stores oft In-Memory gehalten und verarbeitet.

Einige heute bekannte Vertreter von Key/Value Stores sind Memcached[2] und Redis Store.[3] Mit Memcached können Objekte verteilt und hochperformant im Speicher gehalten werden. Es speichert die Objekte in einer Schlüssel Werte-Paar Struktur im Speicher ab und verwaltet die Verteilung der Objekte in einem verteilten System. Memcached wird oft als volatiler Zwischenspeicher für Applikationen gebraucht um

---

[1] http://nosql-database.org

[2] http://memcached.org/about

[3] http://redis.io

die Zugriffszeiten auf Datensätze zu verkleinern. Im Gegensatz zu Memcached kann Redis mit komplexeren Strukturen, wie Hashes umgehen und ist weniger limitiert in der Grösse von Schlüsseln. Redis hält seine Objekte primär In-Memory kann diese aber auch auf Festplatten persistieren. Ein weiterer Vorteil von Redis ist, dass Objekte, welche sich schon im Speicher befinden, manipulierbar sind.

Redis Store als volatiler Zwischenspeicher von Webapplikationen

Ein Newsportal, welches eine hohe Besucherzahl aufweist ist auf einer klassischen MVC Architektur aufgebaut. Das heißt, dass es eine Relationale Datenbank als Speicher Layer benutzt, in welchem alle Inhalte des Portals gespeichert werden. Ein zweiter Layer handhabt die gesamte Logik des Portals. Er nimmt die HTTP Anfragen der Clients entgegen, baut die Seite aus den Datensätzen der Datenbank auf und sendet die konstruierte HTML Seite an den Client zurück. Der Client, ein Web Browser, erhält die HTML Seite und stellt diese auf dem Client Rechner dar. Dabei hat die Seite sowohl statische HTML Elemente, wie auch dynamische Elemente, programmiert in JavaScript und Adobe Flash.

Bei dieser Architektur baut das Portal die HTML Seite für jeden Artikel bei jeder Abfrage immer wieder neu auf. Bei den oft besuchten Artikeln führt das zu einem massiven Aufwand für die Infrastruktur und zu verzögerten Antwortzeiten. Um die Antwortzeiten zu verkürzen wird ein Redis Store eingesetzt, um HTML Seiten zwischen zu speichern. Dabei wird folgende Logik angewendet:

- Wenn ein neuer Artikel angefragt wird, der noch nicht im Redis Store zwischengespeichert ist, wird die HTML Seite für diesen erstellt und sowohl an den Client geschickt, wie auch im Redis Store zwischengespeichert.
- Ein Artikel wird im Redis Store zwischengespeichert, in dem der URL des Artikels als Schlüssel und der HTML Text als Wert gespeichert wird.
- Bei jeder Client anfrage wird zuerst geprüft, ob der URL als Schlüssel im Redis Store existiert. Wird ein Schlüssel gefunden, wird der Wert als HTTP Antwort gesendet. Ansonsten wird, wie im ersten Schritt, die Antwort aufgebaut.
- Wenn ein Artikel abgeändert wird, wird beim Speichern in die Datenbank zusätzlich geprüft, ob der Artikel im Redis Store zwischengespeichert ist. Ist dies der Fall, wird dieser Datensatz aus dem Redis Store entfernt.

Durch das Zwischenspeichern der Artikel im Redis Store müssen Seiten nur noch einmal von der Logik Schicht aufgebaut werden. Teure Datenbankanfragen, die wiederum Datensätze von einer langsamen Disk lesen, können vermieden werden.

Key/Value Stores sind sehr einfache Datenbanken und bieten nur sehr limitierte Speicherstrukturen an. Dafür sind sie meist In-Memory und sehr schnell im Schreiben und Lesen. Durch diese Eigenschaften eigenen sie sich hervorragend als volatile Zwischenspeicher um Applikationen zu optimieren und deren Zugriffszeiten zu verringern. Sie sind aber nicht als vollwertige Datenbanken geeignet, wo auch komplexere Selektionen und Filter möglich sein sollen. Für folgende Einsatzgebiete eigenen sich Key/Value Stores gut:

- Volatile Zwischenspeicher für Webseiten und andere Applikationen.
- Persistente Speicherung von Datensätze mit sehr einfacher Datenstruktur, welche als Schlüssel Wert-Paar dargestellt werden können.

6.2.2 Document Stores

Document Stores sind eine Erweiterung der Key/Value Stores. Diese NoSQL Datenbanken weisen auch eine Schlüssel Werte-Paar Speicherstruktur auf, ihre Werte sind aber komplexe Datenstrukturen, die als Dokumente bezeichnet werden. Der Schlüssel ist ein eindeutiger Wert über die ganze Datenbank hinweg. Dokumente sind unabhängig von einander. Das heißt, dass die Struktur der jeweiligen Dokumente sich massiv unterscheiden können. Gegenüber Key/Value Stores bieten Document Stores die Möglichkeit Dokumente basierend auf ihren Attributen zu indexieren. Dadurch können Sichten auf ähnliche Dokumente, so genannte Kollektionen von Dokumente, erstellt werden. Dokumente können auch anhand der Attribute gefiltert werden und Relationen zwischen Dokumenten mit Verweise auf die Schlüsselwerte in einem Dokument erstellt werden. Neue Vertreter dieser NoSQL Datenbankgruppe implementieren auch Mechanismen zur automatischen Verteilung der Dokumente über mehrere Maschinen hinweg (Autosharding) und sind damit sehr gut horizontal skalierbar.

Bekannte Document Stores sind MongoDB[4] und CouchDB.[5] Beide Documents Stores speichern die Dokumente in JSON ähnliche Objekte ab. Dadurch erlauben sie eine sehr flexible Datenstruktur ihrer Datensätze. MongoDB bietet eine Vielzahl von API's für verschiedene Sprachen wie Java, Python, etc. Im Gegensatz dazu bietet CouchDB eine RESTful Web API, welche über eine HTTP Verbindung unabhängig von einer Programmiersprache angesprochen wird. Sowohl MongoDB als auch CouchDB haben verschiedene Indexierungsmechanismen auf Dokumente implementiert, welche performantere Zugriffe auf Dokumentkollektionen erlauben. Beide bieten Autosharding Mechanismen, welche die Datensätze auf mehrere physische Maschinen verteilen und somit die Document Stores horizontal skalieren lässt. Im Gegensatz zu MongoDB, wo die verteilte Abfrage der Dokumente für den Endbenutzer grösstenteils transparent geschieht, wird bei CouchDB ein direkterer Ansatz gefahren und der Endbenutzer schreibt MapReduce Anfragen per JavaScript.

> **Eine einfache Datenbank für ein Adressbuch Teil 2**
> Wie im ersten Teil schon beschrieben lässt sich ein Adressbuch recht gut mit einem Document Store aufbauen. Der große Vorteil gegenüber Relationalen Datenbanken ist der Fakt, dass Adressen in einem Adressbuch unterschiedliche

---

[4] https://www.mongodb.com
[5] http://couchdb.apache.org

Felder aufweisen. Angenommen im Adressbuch müssen folgende Angaben gespeichert werden:

- Daniel Fasel, df@scigility.com, Tel.: 00410001100, Rte du soleil 22, 1700 Fribourg, Schweiz, Korrespondenzsprache: französisch
- Andreas Meier, Prof., andreas.meier@unifr.ch, Bd de Pérolles 90, 1700 Fribourg
- Max Müllermann, Mobile: 001798975644
- Angelika Rentsch, LinkedIn: linkedin.com/arentsch

Um diese Daten in MongoDB einzufügen, kann die MongoDB API angesprochen werden. Dabei werden Dokumente bei MongoDB in eine Kollektion von Dokumenten geschrieben. Wenn die Kollektion beim ersten Einfügen eines Dokumentes noch nicht existiert wird diese erstellt. Die Daten werden als JSON Objekt beschrieben. Ein solcher Einfüge-Aufruf sieht folgender Maßen aus:

```
db.adressbuch.insert(
    {
    vorname : „Daniel",
    nachname : „Fasel",
    email : „df@scigility.com",
    addresse : {
            strasse : „Rte du soleil 22",
            ort : „Fribourg",
            plz : 1700,
            land : „Switzerland"
            },
    korrespondenzsprach : „französisch"
    }
)
```

In diesem Beispiel wird der Datensatz für den Adressbucheintrag Daniel Fasel in die Kollektion „adressbuch" eingefügt. Ist der Datensatz erfolgreich eingefügt worden, kann dieser mit dem Aufruf db.adressbuch.find() wiedergefunden werden. Das Resultat dieses Aufrufs wird ähnlich wie folgendes Resultat aussehen:

{ „_id" : ObjectId(„53d98f133b376492899"), vorname : „Daniel", nachname : „Fasel", email : „df@scigility.com", telefon : „00410001100", addresse : { strasse : „Rte du soleil 22", ort : „Fribourg", plz : 1700, land : „Switzerland" }, korrespondenzsprach : „französisch"}

MongoDB hat beim Eintragen ein Feld „_id" hinzugefügt, welches den eindeutigen Schlüssel des Dokuments beschreibt. Analog können die anderen Adressbucheinträge hinzugefügt werden:

```
db.adressbuch.insert(
    {
    vorname : „Andreas",
    nachname : „Meier",
    email : „andreas.meier@unifr.ch",
    addresse : {
            strasse : „Bd de Pérolles 90",
            ort : „Fribourg",
            plz : 1700
            }
        }
)

db.adressbuch.insert(
    {
    vorname : „Max",
    nachname : „Müllermann",
    mobile : „001798975644"
        }
)

db.adressbuch.insert(
    {
    vorname : „Angelika",
    nachname : „Rentsch",
    linkedin : „linkedin.com/arentsch"
        }
)
```

Keiner dieser Datensätze hat die gleiche Struktur, dennoch können sie ohne weiteres in die gleiche Kollektion eingetragen werden. Wenn ein Datenfeld in einem Eintrag nicht vorhanden ist, muss es nicht mit einem künstlichen NULL Wert befüllt werden, wie es bei Relationalen Datenbanken der Fall wäre, da hier die Strukturen der einzelnen Dokumente unabhängig von einander sind.

Das Adressbuch kann abgefragt werden. Dabei können Filterkonditionen angegeben werden. Um alle Einträge zu erhalten, deren Ort mit Fribourg angegeben ist, kann folgende Abfrage gemacht werden:

```
db.adressbuch.find({„adresse.ort" : „Fribourg"})
```

Im Gegensatz zu Key/Value Stores können Document Stores weitaus komplexere Werte enthalten und bieten bessere Indexierungsmöglichkeiten zum Selektieren und Filtern von Datensätzen. Mit diesen Eigenschaften können sie auch als vollwertige Datenbank verwendet werden, was bei Key/Value Store meist nicht der Fall ist. Für folgende Einsatzgebiete eigenen sich Document Stores gut:

• Einfache Datenbanken mit Objekten mit verschiedenen Schemas (beispielsweise: HTML Seiten, XML Dokument, Adressbücher).
• Datenbanken, welche nur einfache Relationen zwischen Dokumenten herstellt,
  d. h. keine komplexe Produktbildung zwischen den Dokumenten.

6.2.3 Column Family Stores

Column Families, oder auch Wide Column Stores genannt, ähneln in der NoSQL
Welt am meisten einer Relationalen Datenbank. Sie speichern Datensätze in multidimensionalen Maps ab, die relationalen Objekten ähnlich sind. Werte in dieser multidimensionalen Map bestehen aus einem Schlüssel-Wert Paar. Der Schlüssel wiederum
besteht aus einem Triplet aus Reihenschlüssel, Kolonnenschlüssel und Zeitstempel.
Der Reihenschlüssel ist der eindeutige Schlüssel eines Datensatzes und darf in einer
Tabelle nur einmal vorkommen. Dieser bestimmt auch die Sortierung in der Tabelle
und das Autosharding. Kolonnen werden in sogenannten Column Families zusammengefasst. Jede Column Family hat 1 oder mehrere Kolonnen. Ein Kolonnenschlüssel
besteht daher aus dem Identifikator der Column Family und dem Identifikator der
Kolonne. Wenn neue Werte in die Kolonne geschrieben werden, überschreiben diese
die alten Werte nicht, sondern werden mit einem neuen Zeitstempel hineingeschrie-
ben. Dadurch entsteht eine automatische Versionierung der Werte in einer Kolonne.
Datensätze in einer Tabelle haben alle die gleichen Column Families, diese können
aber unterschiedlich viele Kolonnen haben. Column Families werden benutzt, um die
Daten physisch abzuspeichern, zu komprimieren und zu verteilen.

Einige Column Family Datenbanken kennen Super Columns und Super Column
Families. Super Colums sind ähnliche Konstrukte wie Views in Datenbanken. Sie
beschreiben eine Sicht auf mehrere Kolonnen, ähnlich wie Column Families, ohne
aber die Kolonnen physisch zu kreieren. Super Column Families implementieren den
gleichen Mechanismus, wie Super Columns, nur auf Column Families aufgesetzt.

Column Family Stores sind nicht zu verwechseln mit Columnar Stores bei Relationalen Datenbanken. Columnar Stores sind klassische Relationale Datenbanken,
die Datensätze kolonnenorientiert abspeichern und nicht reihenorientiert. Dadurch
sind sie performanter bei analytischen Funktionen, welche Kolonnen über viele
Datensätze hinweg aggregieren. Column Familiy Stores speichern Datensätze rei-
henbasiert ab und sind, dadurch dass jeder Datensatz unterschiedliche Kolonnen
haben kann, sehr schlecht bei solchen analytischen Funktionen.

Zwei bekannte Column Family Stores sind Cassandra[6] und HBase.[7] Cassandra ist
eine Open Source Implementation von Amazons Dynamo (DeCandia et al. 2007)
und HBase von Googles Big Table(Chang et al. 2006). Dadurch unterscheiden sie
sich leicht im logischen und auch im physischen Datenmodell. Cassandra übernimmt
die Partitionierungs- und Verteilungsmechanismen von Amazons Dynamo. Alle
beteiligten Knoten sind in einem Cassandra Cluster gleich berechig und agieren als
Knoten um Datensätze zu schreiben oder zu lesen. Durch ein Gossip Protokoll wird

---

[6] http://cassandra.apache.org
[7] https://hbase.apache.org

im Cluster sichergestellt, dass neue Datensätze und Updates von Datensätzen auf die verschiedenen Knoten verteilt werden. Das logische Datenmodell von Cassandra besteht aus einem Keyspace, welcher eindeutige Schlüssel für jeden Datensatz und die Column Families enthält. Der Keyspace agiert hier also wie eine Tabelle.

HBase baut auf Apache Hadoop auf und braucht die Replikationsmechanismen von HDFS zur Verteilung der Daten in einem Cluster. Deswegen braucht HBase auch keine zusätzliche Hardware neben einem Hadoop Cluster und wird oft als Standarddatenbank bei Hadoop genutzt, wenn schnell atomare Datensätze nach Hadoop geschrieben werden müssen. Im Gegensatz zu Cassandra lässt sich HBase schlecht über mehrere Datenzentren hinweg verteilen, da die einzelnen Maschinen im Clusterverbund nicht als eigenständige und vollwertige Datenbank agieren. Auch ist HBase langsamer im Schreiben von Datensätzen, da ein zusätzlicher Layer mit Hadoop hinzukommt. HBase speichert Datensätze in einer Tabelle ab, welche, analog zu Cassandras Keyspace, eindeutige Schlüssel pro Datensatz und Column Families abspeichert. HBase kennt keine Konzepte von Super Columns oder Super Column Families. Tabellen können in Namespaces zusammengefasst werden. Dieses Konzept ist ähnlich zum Konzept der Schemas oder Datenbank bei Relationalen Datenbanken.

Trackingapplikation mit HBase
Dieses Beispiel zeigt, wie HBase dazu verwendet werden kann, eine Trackingapplikation zu schreiben. Die Trackingapplikation hat zum Ziel ein Paket, das per Post versendet wird, von seinem Ursprungsort bis zu seinem Zielort nachverfolgen zu können. Dabei hat das Paket eine eindeutige Kennnummer und wird an verschiedenen Stationen gescannt. Bei einem internationalen versandt wird es bei der Aufgabe an der ersten Poststelle registriert. Danach wird es bei jedem Übertritt in ein anderes Land zweimal gescannt: einmal beim Verlassen des Landes und einmal beim Eintritt in das neue Land. Zusätzlich wir es bei jedem Ein- und Austritt in ein Depot gescannt und wenn der Endempfänger das Paket entgegennimmt.

Die Trackingapplikation soll für ein abgefragtes Paket eine zeitliche Abfolge aller Events und den jeweiligen Staus des Events anzeigen. Ein Event kann insgesamt drei Status haben: Aufgegeben, Transit und Abgegeben. Für diese Trackingapplikation wird in HBase eine Tabelle mit einer Column Family namens „event" und einer Column Family namens „info" kreiert. Der Schlüssel der Datensätze ist die eindeutige Kennnummer des Pakets. In der Column Family „info" werden allgemeine Daten über das Paket gespeichert, wie Absender, Empfänger und aktueller Aufenthaltsort. Jeder neue Event kreiert eine neue Kolonne in der Column Family „event". Dabei ist der Schlüssel der Kolonne ein Zusammenzug aus Event Ort + Eventzeit und der Wert der jeweilige Status. Wenn der Event Ort wechselt, wird der Aufenthaltsort in der Column Family „info" auch geändert. Folgende Schritte zeigen, wie die Tabelle „traking" und die Column Families „info" und „events" in der HBase Shell angelegt werden:

create „tracking", {NAME => „info", VERSIONS => 100}, {NAME => „events"}

Ab jetzt kann diese Tabelle dazu benutzt werden, Datensätze zu schreiben. Angenommen ein Paket wird von Herrn A. in Shanghai zu Frau Z. in Fribourg in die Schweiz verschickt und dieses Paket macht die folgende Route:

1. Am 1.1.2015 wird es von Herrn A. in Shanghai aufgegeben. Dabei erhält das Paket die Kennnummer 2015CSCHF12345.
2. Am 1.1.2015 geht es in das Zolllager am Pudong Airport
3. Am 2.2.2015 kommt es am Zolllager in Amsterdam an
4. Am 3.2.2015 wird es von DHL in übernommen
5. Am 3.2.2015 wird es in Basel am Zoll eingelesen
6. Am 3.2.2015 wird es in Verteilzentrum Zürich der Schweizer Post eingelesen
7. Am 4.2.2015 wird es ausgeliefert und bei Frau Z. abgegeben.

Diese Events werden wie folgt in HBase eingetragen. Dazu werden hier die HBase Shell Kommandos aufgelistet:

1.1 put „tracking", „2015CSCHF12345", „info:absender", „Herr A."
1.2 put „tracking", „2015CSCHF12345", „info:empfänger", „Frau Z."
1.3 put „tracking", „2015CSCHF12345", „info:aufenthaltsort", „Shanghai"
1.4 put „tracking", „2015CSCHF12345", „events:Shanghai+2015.01.01-09:15", „Aufgegeben"
2.1 put „tracking", „2015CSCHF12345", „events:PudongAirport+2015.01.01-20:50 ", „Transit"
2.2 put „tracking", „2015CSCHF12345", „info:aufenthaltsort", „Pudong International Ariport"
3.1 put „tracking", „2015CSCHF12345", „events:AmsterdamZoll+2015.01.02-10:32 ", „Transit"
3.2 put „tracking", „2015CSCHF12345", „info:aufenthaltsort", „Amsterdam"
4.1 put „tracking", „2015CSCHF12345", „events:AmsterdamZoll+2015.01.03-11:00", „Transit"
5.1 put „tracking", „2015CSCHF12345", „events:BaselZoll+2015.01.03-17:00", „Transit"
5.2 put „tracking", „2015CSCHF12345", „info:aufenthaltsort", „Basel"
6.1 put „tracking", „2015CSCHF12345", „events:VerteilzentrumZürich+2015.01.03-22:00", „Transit"
6.2 put „tracking", „2015CSCHF12345", „info:aufenthaltsort", „Zürich"
7.1 put „tracking", „2015CSCHF12345", „events:Fribourg+2015.01.03-15:00", „Abgegeben"
7.2 put „tracking", „2015CSCHF12345", „info:aufenthaltsort", „Fribourg"

Die komplette HBase Tabelle „tracking" sieht nach dem Schritt 7.2 wie folgt aus:
get „tracking", „2015CSCHF12345"

COLUMN	CELL
events:AmsterdamZoll+2015.01.02-10	timestamp = 1434906083477, value = Transit
events:AmsterdamZoll+2015.01.03-11	timestamp = 1434906083544, value = Transit
events:BaselZoll+2015.01.03-17	timestamp = 1434906083575, value = Transit
events:Fribourg+2015.01.03-15	timestamp = 1434906083674, value = Abgegeben
events:PudongAirport+2015.01.01-20	timestamp = 1434906083420, value = Transit
events:Shanghai+2015.01.01-09	timestamp = 1434906083395, value = Aufgegeben
events:VerteilzentrumZurich+2015.01.03-22	timestamp = 1434906083625, value = Transit
info:absender	timestamp = 1434906083312, value = Herr A.
info:aufenthaltsort	timestamp = 1434906084538, value = Fribourg
info:empfanger	timestamp = 1434906083346, value = Frau Z.

Interessant zu sehen ist, dass die Schlüsselwerte der Kolonnen auch Informationen zum Datensatz enthalten wie beispielsweise: „AmsterdamZoll+2015.01.03-11:00". Sie sind also nicht, wie bei Relationalen Datenbanken, Namenshalter der Attribute. Diese Funktionalität übernehmen die Column Family Schlüsselwerte.

Um die Historie aller Aufenthaltsorte dieses Pakets zu erhalten kann folgende Abfrage auf der HBase Shell getätigt werden:

get „tracking", „2015CSCHF12345", {COLUMN => „info:aufenthaltsort", VERSIONS => 6}

COLUMN	CELL
info:aufenthaltsort	timestamp = 1434907263561, value = Fribourg
info:aufenthaltsort	timestamp = 1434907263442, value = Zurich
info:aufenthaltsort	timestamp = 1434907263322, value = Basel
info:aufenthaltsort	timestamp = 1434907263090, value = Amsterdam
info:aufenthaltsort	timestamp = 1434907262726, value = Pudong Inernational Ariport
info:aufenthaltsort	timestamp = 1434907262641, value = Shanghai

Column Family Stores kommen den Datenstrukturen von Relationalen Datenbanken sehr nahe. Dennoch sind diese flexibler in der Schema Definition da ausser den Column Families keine Kolonnen und Datentypen definiert werden müssen. Column Families erlauben sehr schnelle Schreib- und Lesezugriffe für atomare Datensätze. Schlechte Performance hingegen legen Column Family Stores an den Tag, wenn Produkte mit verschiedenen Datensätzen gebildet werden sollen oder über Kolonnen von Datensätzen aggregiert werden soll. Für folgende Einsatzgebiete eigenen sich Column Family Stores gut:

- Komplexe und möglichst Schema freie Objektstrukturen
- Schnelle Lese- und Schreiboperationen auf atomaren Datensätze
- Speicherung von Eventserien, wie im obigen Beispiel beschrieben

6.2.4 Graphen Datenbanken

Graphen Datenbanken sind die speziellste Form von NoSQL Datenbanken. Wenn die vorherigen NoSQL Datenbanktechnologien betrachtet werden, können einige gemeinsame Eigenschaften wie Schlüssel-Wert-Paare als Basiskonzept oder horizontale Skalierbarkeit gefunden werden. Graphen Datenbanken machen hier eine Ausnahme. Sie haben ein anderes Datenspeicherkonzept; meist verschachtelte Listen; und Graphen sind schwer auf mehrere Maschinen zu verteilen.

Relationen zwischen Entitäten, beispielsweise Personen, lassen sich gut in Graphen darstellen. Ein typischer Graph ist beispielsweise ein Social Graph, wie ihn Facebook oder LinkedIn nutzt. Dabei werden Personen und deren Beziehungen zu anderen Personen dargestellt. Vereinfacht beschrieben, stellt eine Person einen Knoten dar und eine Beziehung eine Kante zwischen den Personen. Beide Elemente, Knoten und Kanten, können Attribute besitzen. Des Weiteren kann eine Kante gerichtet sein, was so viel aussagt, dass eine Relation nur in eine bestimmte Richtung gültig ist.

Werden solche Graphen in einem Relationalen Datenmodell dargestellt, werden die Tabellen schnell sehr groß und Abfragen sind, aus Sicht der Datenbank, sehr teuer. Bei einem Social Graph zwischen 10 Personen, die alle miteinander verbunden sein können, entsteht eine Beziehungstabelle von maximal $10 * 9 = 90$ Einträgen. Bei 100 Personen sind es dann schon 9900 Einträge. Diese Relationstabelle nimmt also exponentiell zu der Anzahl Personen zu. Bei einer Graphen Datenbank werden die Knoten (Personen) und Relationen (Kanten) als verschachtelte Listen abgespeichert. Dabei weiss jeder Knoten, wer seine Nachbaren sind und wie er mit diesen in Verbindung steht (Kante). Das heißt, es braucht kein Relationstabelle und auch keine Indexes um die Nachbaren zu berechnen. Neue Knoten und Kanten können an jeder Stelle des Graphen eingesetzt werden, ohne dass die Kosten, den Graphen abzufragen, steigen.

Abfragen in einer Graphen Datenbank greifen auch nicht auf ein Speicherobjekt mit allen Informationen einer Entität oder Relation zu, sondern fangen bei einem Knoten an und wandern durch den Graph. Für Graphen typische Probleme, wie kürzeste Pfade berechnen, können mit einer Graphen Datenbank besser gelöst werden.

Eine der bekanntesten nativen Graphen Datenbanken ist Neo4J.[8] Im Gegensatz zu einigen Graphen Datenbanken, die ihre interne Speicherstruktur auf Relationalen Datenbanken haben, speichert Neo4J Graphen nativ ab und bietet analog zu SQL eine eigene deskriptive Graphen-Abfragesprache namens Cypher an. Daten können in Neo4J mittels API's für verschiedene Programmiersprache eingefügt werden oder auch direkt im WebGUI mittels Cypher Einfüge Kommando.

Eine Filmdatenbank in Neo4J
Eine interessante Applikation für eine Graphen Datenbank ist eine Filmdatenbank. Filme, Schauspieler und Direktoren können dabei als Knoten gespeichert werden. Für diese Knoten können mehrere Relationen definiert werden: Ein Schauspieler spielt in einem Film. Ein Regisseur führt bei einem Film Regie, etc. Um den Film „Stirb langsam" einzutragen wird folgende Cypher-Abfrage abgesetzt:

CREATE (m:Movie { movie_name : ‚Stirb langsam'})

Eine ähnliche Abfrage kann für den Schauspieler Bruce Willis und den Regisseur John McTiernan:

CREATE (a:Actor { actor_name : ‚Bruce Willis' })
CREATE (d:Director { director_name : ‚John McTiernan' })

Sind die Knoten eingefügt, können die Relationen zwischen Knoten aufgebaut werden. Die Relation „Bruce Willis spielt im Film Stirb langsam" wird wie folgt eingefügt:

MATCH (a:Actor),(m:Movie) WHERE a.actor_name = ‚Bruce Willis' AND m.movie_name = ‚Stirb langsam' CREATE (m)-[r:acts_in]->(t)

Die Relation „John McTiernan führt im Film Stirb langsam Regie" wird wie folgt hinzugefügt:

MATCH (d:Director),(m:Movie) WHERE d.director_name = ‚John McTiernan' AND m.movie_name = ‚Stirb langsam' CREATE (m)-[r:directed]->(t)

Sobald die Film Datenbank vollständig ist, lassen sich typische Graphen abfragen ausführen. So kann beispielsweise abgefragt werden was die kürzeste Verbindung zwischen Bruce Willis und Regisseur Oliver Stone ist. Dazu wird in Cypher eine „Kürzeste Pfad-Abfrage" gestartet, welche wie folgt aussehen kann:
MATCH (a:Actor { actor_name:„Bruce Willis" }),(d:Director { director_name:„Oliver Stone" }), p = shortestPath((a)-[:directed|:acts_in*]-(d)) RETURN p

Das Resultat dieser Abfrage in der Filmdatenbank ist ein Graph mit den folgenden Knoten:

---

[8] http://neo4j.com

(Oliver Stone) – directed -> (Any Given Sunday) <- acts_in – (Al Pacino) – acts_in -> (The Insider) < - acts_in - (Diane Venora) – acts_in -> (The Jackal) <- acts_in – (Bruce Willis).

Graphen Datenbanken können Graphen Strukturen und auch Graphen-typische Abfragen wie Pfadabfragen sehr effizient beantworten. Sie sind aber schlecht geeignet für analytische Abfragen, wie Aggregationen in Relationalen Datenbanken, über eine Vielzahl von Knoten und deren Attribute hinweg zu machen. Ein weiterer Vorteil von Graphen Datenbanken ist die effiziente Einbindung von neuen Knoten und Kanten in den Graphen. Dadurch ist auch der Graph selbst Schemaflexibel. Somit können neue Arten von Knoten und Kanten erstellt werden, ohne dass diese zuvor im Graph bekannt sein mussten. Für folgende Einsatzgebiete eigenen sich Graphen Datenbanken gut:

- Graphen Probleme, wie Personenbeziehungen, Netzwerktopologien, Fahrpläne darstellen und abfragen.

6.3   Apache Hadoop

Apache Hadoop[9] ist eine Open Source Implementation der Vorschläge von Google, welche in den Artikel GFS (Ghemawat et al. 2003) und MapReduce (Dean et al. 2004) beschrieben wurde. Ursprünglich wurde Hadoop bei Yahoo (Harris 2013) entwickelt, um ihre großen Datenmengen verteilt berechnen zu können. Hadoop wurde dann später der Apache Foundation übergeben und wird seither von einer Open Source Community weiterentwickelt.

Apache Hadoop gehört zu den Technologien im Bereich von Big Data die sehr weit verbreitet sind. Oft wird Big Data und Hadoop fast gleich gesetzt oder Hadoop wird als Rudelsführer der Big Data Technologien beschrieben. Die Stärke von Hadoop in Anbetracht von Big Data liegt in erster Linie darin, dass sehr große Datenmengen auf vielen günstigen Maschinen sicher gespeichert werden können. Zusätzlich können diese Daten lokal, also auf diesen günstigen Maschinen, in batchform verarbeitet werden. Dadurch sind Datenhaltungs- und Verarbeitungskosten viel tiefer als bei klassischen analytischen Systemen. Des Weiteren ist Hadoop im Gegensatz zu den klassischen Speichersystemen quasi-linear horizontal erweiterbar.

Die erste Version von Apache Hadoop bestand aus dem HDFS und einem Verarbeitungssystem, welches nur MapReduce Jobs zuliess. Diese Limitierung auf MapReduce wurde in der Version 2.0 entfernt in dem eine neue Ressourcenverwaltung namens YARN hinzugefügt wurde. Mit dieser können jetzt auch andere Arten von Applikationen auf Hadoop arbeiten.

Hadoop eignet sich sehr gut als unternehmensweite Informationsplattform (Data Lake oder Data Reservoir genannt) (Needham 2013). Dabei soll der Zugriff auf die Daten möglichst offen und frei verfügbar sein. Unternehmensdaten sollen

---

[9] http://hadoop.apache.org.

demokratisiert werden. Hadoop verfügt über gute Zugriffsteuerungen auf die einzelnen Daten und sehr gute Zugriffsauditierung. Somit können trotz offenem, demokratischen Ansatz gute Governanceprozesse erstellt werden, die einen Data Lake nicht zu einem unkontrollierbaren Datenmoloch werden lassen. Ein weiterer oft benutzter Einstiegspunkt für Hadoop ist die aktive Archivierung von Daten aus anderen Systemen. Data Warehouses und andere Informationssysteme sind teurer zum Abspeichern von Information als Hadoop. Durch die guten Integrationsmöglichkeiten von Hadoop in eine Informationssystemumwelt (siehe Kapitel Enterprise ready Hadoop) können kaum genutzte Daten aus den klassischen Informationssysteme nach Hadoop ausgelagert werden und trotzdem noch dem Endbenutzer zur Verfügung gestellt werden. Dies reduziert die Gesamtspeicherkosten für Daten in einem Unternehmen. Im Gegensatz zu einer klassischen Archivierung sind die Daten nicht offline und müssen erst wiederhergestellt werden, wenn sie bearbeitet werden sollen. Hier sind die Daten in einem so genannten aktiven Archiv. Für folgende Einsatzgebiete eignet sich Apache Hadoop gut:

• Unternehmensweite Informationsplattform, da Hadoop multi-strukturelle Daten speichern kann und quasi lineare Speicherkosten hat
• Batchorientierte Verarbeitung von Daten
• Aktive Archivierung von Daten
• Neue analytische Methoden, wie Machine Learning Algorithmen auf großen Datenmengen

In den folgenden Kapiteln wird eine Einführung in das MapReduce Paradigma und eine Übersicht über die Hadoopkomponenten gegeben.

6.3.1 MapReduce

MapReduce wurde das erste Mal einem Artikel von Google (Dean et al. 2004) beschrieben und zeigt eine Möglichkeit auf, wie verteilt Daten verarbeitet werden können. MapReduce ist kein eigenständiges Programm oder ein vollwertiges Framework. Am Besten lässt sich MapReduce als Programmiermodell bezeichnen. Im Grunde geht es darum sich die Datenlokalität bei verteilten Systemen zu Nutze zu machen und zuerst lokale Teilresultate zu berechnen, die Mapphase, und diese Teilresultate dann zu einem globalen Resultat zusammenzuführen, die Reducephase.

Bei MapReduce auf Hadoop ist dieses Programmiermodell in Java implementiert, wie auch der Rest von Apache Hadoop. Diese Implementation hat einige zusätzliche Annahmen, die das Entwerfen von MapReduce Programmen in Hadoop vereinfachen. Es werden immer Dateien von HDFS eingelesen und es werden auch immer Dateien ins HDFS geschrieben. Datensätze aus diesen Dateien, den Zwischenresultaten und dem finalen Resultat sind immer Schlüssel Wert-Paare. Jede Map Funktion liest eine Datei aus HDFS ein, generiert eine Datei mit Schlüssel Wert-Paaren. Jede Reduce Funktion konsumiert die von Map Funktionen generierten Dateien mit Schlüssel Wert Paaren und schreibt eine HDFS Datei als Endresultat.

Ein MapReduce Job auf Hadoop besteht aus 5 Phasen, welche in Abb. 6.1. illustriert sind. In der ersten Phase wird die zu verarbeitende Datei auf HDFS aufgeteilt

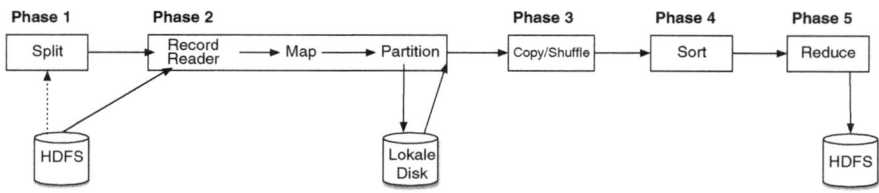

Abb. 6.1 MapReduce Prozess

und an die verschiedenen Maper verteilt. Die Aufteilung der Datei hängt von ihrer Aufteilung in HDFS Blöcke ab; im Detail im folgenden Kapitel erläutert. Danach wird in Phase 2 der eigentlich Map Task ausgeführt. In diesem Task werden die Datensätze eingelesen. Der Record Reader bestimmt wie diese Datensätze zu lesen sind. Danach werden sie, einer nach dem anderen, der eigentlichen Map Funktion übergeben. Das Resultat der Map Funktion ist ein Schlüssel Wert Paar. Der Schlüssel definiert zu welcher Partition der Datensatz gehört. MapReduce garantiert, dass Datensätze einer Partition immer von demselben Reduce Task abarbeitet werden. Ein Partitioner in der Map Phase macht schon eine Vorsortierung der Datensätze nach Schlüssel und Anzahl Reduce Task bevor sie dann in einen intermediären Cache geschrieben werden. Dieser Cache befindet sich nicht im HDFS sondern auf dem lokalen Dateisystem der jeweiligen Maschine. In der dritten Phase werden die intermediären Dateien zu der jeweiligen Maschine kopiert, wo der Reduce Task starten wird. Ein Reduce Task kann mehrere Partitionen verarbeiten und Partitionen mit gleichen Schlüsseln können von verschiedenen Map Tasks kommen. Daher muss eine Sortierung in der vierten Phase die gleichen Partitionen von verschiedenen Map Tasks zuerst noch zusammenbringen. In der fünften Phase kann der Reduce Task die Datensätze in den Partitionen verarbeiten und am Ende in eine Datei in das HDFS schreiben. In einem MapReduce Job auf Hadoop können sowohl mehrere Map Tasks laufen, als auch mehrere Reduce Tasks. Wenn mehrere Reduce Tasks laufen, wird das Endresultat auch in mehreren Dateien liegen; pro Reduce Task eine Datei.

Wortlänge zählen mit einem MapReduce Programm
Das folgende Beispiel soll schemenhaft illustrieren, wie ein MapReduce Programm funktioniert. Ziel dieses Programms ist es in einem Text die Wörter nach ihrer Länge zu zählen und diese nach der Länge zu gruppieren. Der Text sei die amerikanische Unabhängigkeitserklärung:

Abringe Declaration of Independence
A Declaration By the Representatives of the United States of America, in General Congress Assembled.

When in the course of human events it becomes necessary for a people to advance from that subordination in which they have hitherto remained, and to assume among powers of the earth the equal and independent station to which the laws of nature and of nature's god entitle them, a decent respect to the opinions of mankind requires that they should declare the causes which impel them to the change.

We hold these truths to be self-evident; that all men are created equal and independent; that from that equal creation they derive rights inherent and inalienable, among which are the preservation of life, and liberty, and the pursuit of happiness; that to secure these ends, governments are instituted among men, deriving their just power from the consent of the governed; that whenever any form of government shall become destructive of these ends, it is the right of the people to alter or to abolish it, and to institute new government, laying it's foundation on such principles and organizing it's power in such form, as to them shall seem most likely to effect their safety and happiness. Prudence indeed will dictate that governments long established should not be changed for light and transient causes: and accordingly all experience hath shewn that mankind are more disposed to suffer while evils are sufferable, than to right themselves by abolishing the forms to which they are accustomed. But when a long train of abuses and usurpations, begun at a distinguished period, and pursuing invariably the same object, evinces a design to reduce them to arbitrary power, it is their right, it is their duty, to throw off such government and to provide new guards for future security. Such has been the patient sufferings of the colonies; and such is now the necessity which constrains them to expunge their former systems of government. the history of his present majesty is a history of unremitting injuries and usurpations, among which no one fact stands single or solitary to contradict the uniform tenor of the rest, all of which have in direct object the establishment of an absolute tyranny over these states. To prove this, let facts be submitted to a candid world, for the truth of which we pledge a faith yet unsullied by falsehood.

Angenommen dieser Text würde auf HDFS in 2 Blöcke unterteilt werden, dann würden auch 2 Map Tasks (blau und rosa Blöcke) gestartet werden. Die beiden Map Task nehmen ihren Teil des Textes, und Gruppieren die Wörter basierend auf ihrer Länge in die Gruppe Gelb (grösser 10 Buchstaben), Rot (5 bis 9 Buchstaben), Blau (2 bis 4 Buchstaben) und Pink (1 Buchstabe). Die folgende Illustration zeigt den Text nach den Map Tasks und den gruppierten Wörtern eingefärbt:

Abringe Declaration of Independence

A Declaration By the Representatives of the United States of America, in General Congress Assembled.

When in the course of human events it becomes necessary for a people to advance from that subordination in which they have hitherto remained, and to assume among powers of the earth the equal and independent station to which the laws of nature and of nature's god entitle them, a decent respect to the opinions of mankind requires that they should declare the causes which impel them to the change.

We hold these truths to be self-evident; that all men are created equal and independent; that from that equal creation they derive rights inherent and inalienable, among which are the preservation of life, and liberty, and the pursuit of happiness; that to secure these ends, governments are instituted among men, deriving their just power from the consent of the governed; that whenever any form of government shall become destructive of these ends, it is the right of the people to alter or to abolish it, and to institute new government, laying it's foundation on such principles and organizing it's power in such form, as to them shall seem most likely to effect their safety and happiness. Prudence indeed will

dictate that governments long established should not be changed for light and transient causes: and accordingly all experience hath shewn that mankind are more disposed to suffer while evils are sufferable, than to right themselves by abolishing the forms to which they are accustomed. But when a long train of abuses and usurpations, begun at a distinguished period, and pursuing invariably the same object, evinces a design to reduce them to arbitrary power, it is their right, it is their duty, to throw off such government and to provide new guards for future security. Such has been the patient sufferings of the colonies; and such is now the necessity which constrains them to expunge their former systems of government. the history of his present majesty is a history of unremitting injuries and usurpations, among which no one fact stands single or solitary to contradict the uniform tenor of the rest, all of which have in direct object the establishment of an absolute tyranny over these states. To prove this, let facts be submitted to a candid world, for the truth of which we pledge a faith yet unsullied by falsehood .

Die Zwischenresultate der Map Phase sind dann pro Map Task wie folgt:

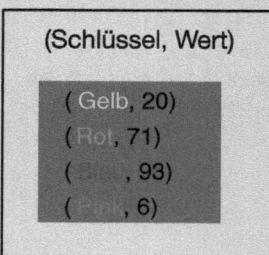

Nun werden die Copy und Sort Phasen ausgeführt und der Reduce Task zählt dann für jede Partition (Farbe), wie viele Male diese in den Map Task vorkamen. Folgende Illustration zeigt die Copy und Sort Phasen als Pfeile und auf der rechten Seite den Reduce Task mit dem Endresultat:

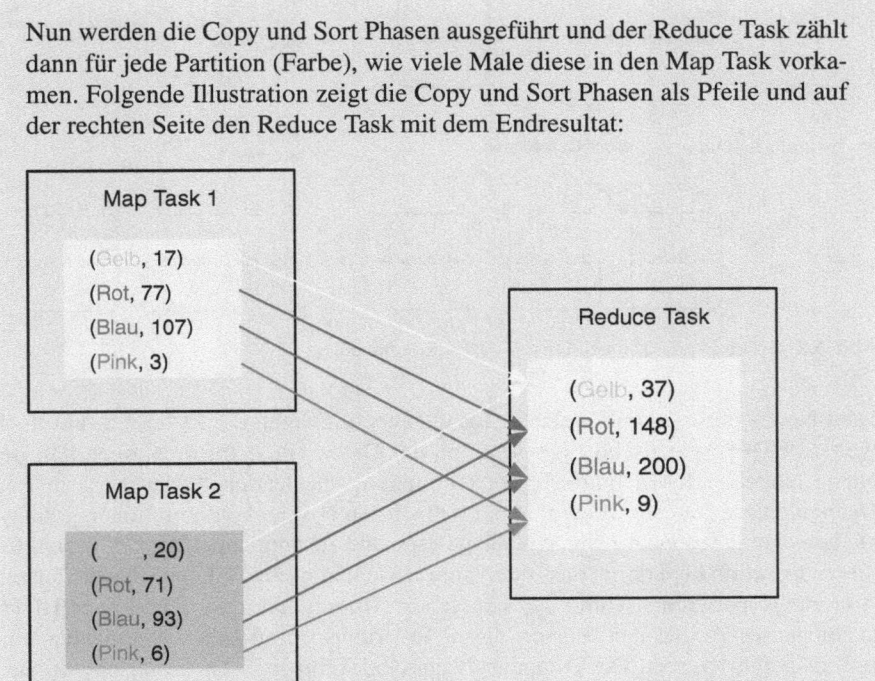

6.3.2   HDFS

Das Hadoop Distributed File System (HDFS) ist das Dateisystem von Hadoop. Es ist nachempfunden nach dem Google Distributed Files System GFS, welches in dem Artikel (Ghemawat et al. 2003) beschrieben wurde. HDFS ist ein virtuelles Dateisystem das über mehrere Maschinen verteilt ist. Jede Datei in HDFS wird in binäre Blöcke aufgeteilt. Diese Grösse dieser Blöcke ist relativ gross und ist in der Standardkonfiguration 128 MB. Die Blöcke werden repliziert, das heißt mehrere Kopien befinden sich auf verschiedenen Maschinen. Durch diese Replikation kann Hadoop sicherstellen, dass eine Datei nicht korrupt wird, wenn eine Maschine mit einem Block der Datei ausfällt. Ausserdem hat Hadoop somit mehr Möglichkeiten diesen Teil der Datei auf verschiedenen Maschinen parallel zu verarbeiten. HDFS hat Selbstheilungsmechanismen. Wenn nicht die konfigurierte Anzahl von Blöcken auf den Maschinen vorhanden ist, werden die existierenden Blöcke repliziert und auf den Maschinen verteilt. Somit kann eine Maschine ausfallen und die verlorenen Blöcke werden automatisch, von den noch vorhanden Kopien, wieder erstellt und auf eine anderen Maschine repliziert. Die Blöcke von HDFS werden auf Maschinen gelagert, die Data Nodes heißen.

Es gibt ein Name Node, welcher das gesamte HDFS verwaltet und die Data Nodes koordiniert. Der Name Node kennt von jeder Datei im HDFS, wo sie im HDFS Dateisystembaum liegt, in welche Blöcke sie unterteilt ist und auf welchen

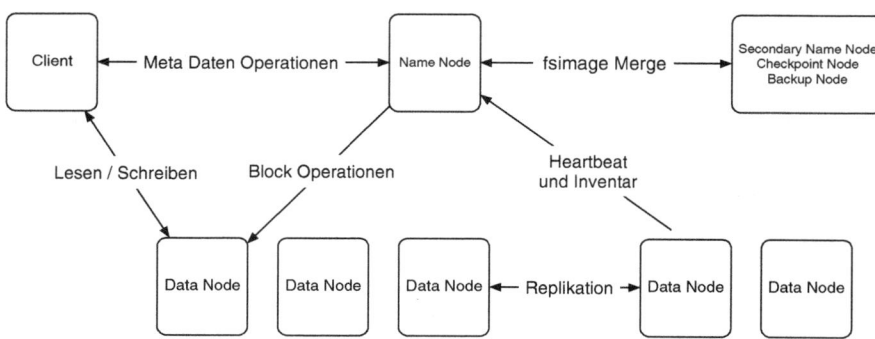

Abb. 6.2 Schematische Darstellung der HDFS Komponenten

Data Nodes diese lagern, welche Zugriffsberechtigungen die Datei hat und noch weitere HDFS spezifische Eigenschaften der Datei. Diese Informationen hält der Name Node im RAM und schreibt regelmässig die letzten Änderungen in Log Dateien. Diese Dateien werden, in der einfachsten Hadoopkonfiguration, regelmässig von einem Secondary Name Node gelesen und zusammengefügt. Der Grund für diese Operation liegt darin, dass der Name Node in die Log Datei jeweils die letzten Änderungsoperationen vom HDFS speichert. Um ein aktuelles Abbild des HDFS Dateibaumes zu erhalten müssen diese Änderungsoperationen nacheinander einzeln ausgeführt werden. Der Secondary Name Node führt diese Änderungsoperationen zusammen und rekonstruiert somit regelmässig den aktuellen HDFS Dateibaum. Dieser Dateibaum wird dann wieder in einer Log Datei auf dem Name Node abgespeichert und die alten Logs werden gelöscht. Wenn der Name Node neu startet, muss er dann nur noch die letzte zusammengeführte Logdatei und die allenfalls noch später hinzugefügten Tranksaktionslogs einlesen.

Wenn ein sogenannter Client eine Datei auf HDFS schreibt oder liest, dann kommuniziert dieser zuerst mit dem Name Node. Dabei sagt ihm der Name Node, ob er Leseberechtigung hat und wo sich die Blöcke der Datei befinden oder auf welche Data Nodes er die Blöcke der Datei schreiben soll. Bei einer Schreiboperation zerteilt der Client selbst die Datei in die Blöcke und schreibt diese dann direkt auf die Data Nodes. Die Data Nodes replizieren dann die Blöcke auf die anderen Data Nodes. Abb. 6.2. illustriert den schematischen Aufbau der HDFS Komponenten eines Hadoop Clusters.

6.3.3 YARN

YARN (Yet Another Resource Negotiator) ist der Ressourcenverwalter von Hadoop 2.0. Dieser agiert ähnlich wie ein Betriebssystem für das Hadoop Cluster. Wenn eine Applikation auf Hadoop gestartet wird, dann teilt dieser der Applikation die nötigen Ressourcen: CPU, RAM, Festplatten und Netzwerk zu und sagt wo diese ihre Prozesse starten darf. Die Applikation wird dann von YARN überwacht und verwaltet bis sie beendet ist. Die Einheit der Ressourcen in YARN sind Container. Ein Container definiert ein CPU Kern plus eine definierte Menge an RAM. Auf jedem Data Node existiert ein Node Manager, der die Container auf diesem Data

Node verwaltet. Auf einem zentralen Knoten des Clusters, meist auf der gleichen Maschine, wie der Name Node, arbeitet der Resource Manager von YARN. Dieser kommuniziert mit den Node Managern und verwaltet Hadoop weit die Ressourcen.

Wenn ein Benutzer eine Applikation starten will, übergibt er zuerst dem Resource Manager die nötigen Informationen und Artefakte, wie Java Jars. Der Resource Manager startet dann ein Container bei einem Node Manager der für das koordinieren und Überwachen der Applikation verantwortlich ist. Dieser zusätzliche Schritt wird gemacht, um die Last vom Resource Manager zu verteilen und im Falle eines Absturzes des Resource Manager nicht alle Applikationen, die gerade ausgeführt werden, mit in Leidenschaft zu ziehen. Ist der Application Manager gestartet und hat er die Informationen und Artefakte der Applikation analysiert, fordert dieser die zusätzlich nötigen Ressourcen beim Resource Manager an. Als Antwort kriegt der Application Manager eine Liste mit weiteren Data Nodes, wo er weitere Container anfordern kann. Sobald der Application Manager diese von den anderen Node Managern zugesprochen bekommen hat, startet dieser die verschiedenen Task; Ausführungsmodule der Applikation; bei den entsprechenden Node Managern. Die Node Manager melden den Zwischenstand der Task und der finale Status jeweils dem Application Manager und nicht dem Resource Manager. Wenn also der Benutzer den Stand seiner Applikation erfahren will, muss er den Application Manager kontaktieren. Sobald die Applikation beendet ist, schreibt der Application Manager die Applikation aus dem Resource Manager aus und beendet sich dann selber. Dieser Prozesse erlaubt es Hadoop effizient und ausfallsicher Applikationen auf einem verteilten System auszuführen und zu verwalten. Die einzelnen Ausführungsschritte sind in Abb. 6.3. nochmals beschrieben.

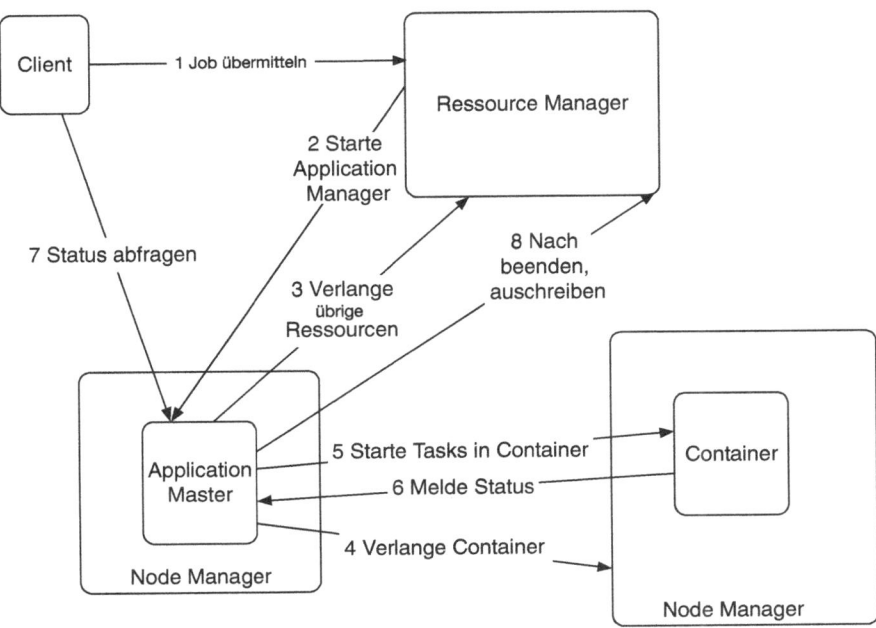

Abb. 6.3 Schematische Darstellung der YARN Komponenten

Übermittlung der Applikation „Wortlänge zählen mit einem MapReduce Programm" auf YARN

Im Beispiel in der vorherigen Sektion MapReduce wurde anhand einem Beispiel aufgezeigt, wie ein MapReduce Job aufgebaut ist und wie dieser abläuft. MapReduce Jobs sind Applikationen, die auch bei Hadoop 2.0 einen Großteil der Applikationen ausmachen, die auf Hadoop ausgeführt werden. Es wir folgend aufgezeigt, wie eine solche MapReduce Applikation auf Hadoop ausgeführt wird.

Das MapReduce Programm wurde als Java Applikation geschrieben und als Jar Datei kompiliert. Diese Jar Datei soll im Weiteren wg.jar heißen. Des Weiteren ist der Text der amerikanischen Unabhängigkeitserklärung in der Textdatei indep.txt gespeichert. Als erster Schritt muss die Textdatei auf das HDFS kopiert werden. Dazu wird folgender Befehl ausgeführt:

hdfs dfs – put indep.txt/tmp

Hdfs ist ein Teil der Hadoop CLI (Client Interface) und erlaubt es mit HDFS zu interagieren. Dfs – put ist ein Befehl der es erlaubt lokal gespeicherte Dateien in einen Ordner auf HDFS, in diesem Fall/tmp, zu kopieren. Sobald die indep.txt Datei auf HDFS ist, kann die MapReduce Applikation gestartet werden. Hierzu wird folgender Befehl ausgeführt:

yarn jar wd.jar WdMain/tmp/indep.txt/tmp/out

Dieser Befehl setzt den oben beschriebenen YARN Prozess in Gang. Yarn ist wiederum ein Befehl der Hadoop CLI. Um eine Applikation mittels dem Befehl yarn jar zu starten, muss die Jar Datei übergeben werden. Danach muss spezifiziert werden, welche Klasse in der Jar Datei die Main Klausel von Java enthält (hier: WdMain). Des Weiteren müssen die Übergabe Parameter angegeben werden. In diesem Fall ist der erste Übergabeparameter die Textdatei auf HDFS und der zweite der Ort auf HDFS, wo das Resultat hingeschrieben werden soll.

Sobald dieser Befehl abgesetzt ist, werden die Jar Datei und die nötigen Informationen, mindestens eine Job.xml Datei, auf ein HDFS temporäres Verzeichnis geladen. Daraus zieht der Resource Manager die Informationen und startet den Application Manager. Dieser analysiert die Aufgabe und verlangt beim Resource Manager 3 weitere Container: 2 für die Map Jobs und 1 für den Resource Job. Der Benutzer, der diese Applikation startet, kann die Anzahl Map und Reduce Jobs nur bedingt steuern. Hadoop definiert die Anzahl Map Jobs anhand der Blöcke einer Datei und daher kann diese Anzahl nur indirekt gesteuert werden. Hingegen kann angegeben werden, wie viele Reduce Jobs gestartet werden sollen. Der Resource Manager gibt die Liste der anderen Node Manager zurück auf denen die 3 Container angefordert werden können. Dabei versucht Hadoop Jobs möglichst datenlokal zu starten, um unnötigen Netzwerktransfer zu verhindern. Das heisst die Container sollen möglichst auf den Maschinen gestartet werden, wo sich auch die Blöcke der zur verarbeitenden Datei befinden. Ist dies nicht möglich, wird als nächstes versucht den Container auf einer Maschine im gleichen Rack zu starten und dann erst auf einer beliebigen Maschine im Cluster. Sobald der Application Manager die Container bei den anderen Node Manager zur Verfügung hat, startet dieser zuerst die Map Jobs und später den Reduce Job.

Ist die Applikation erfolgreich ausgeführt befindet sich als Resultat auf HDFS ein Ordner/tmp/out und darin eine Datei namens part-r-00000. In dieser Datei ist das Endresultat des Reduce Jobs gespeichert. Der Ausgabe Ort ist immer ein Ordner, da, wenn mehrere Reduce Jobs (oder auch keiner) gestartet werden, auch mehrere Dateien als Endresultat geschrieben werden. Diese Datei kann dann mit folgendem Befehl gelesen werden:

hdfs dfs – cat/tmp/out/part-r-00000

6.3.4   Enterprise ready Hadoop

Hadoop ist ein mächtiges System, um große Datenmengen zu speichern und batchorientiert zu verarbeiten. Es ist aber, für sich alleine betrachtet, nicht einfach in einer Unternehmung neben den klassischen Informationssystemen zu integrieren. Wenn Daten aus beispielsweise einer Datenbank auf Hadoop bearbeitet werden sollen, müssen diese zuerst aus der Datenbank extrahiert werden, auf HDFS geladen werden, verarbeitet und dann wieder in die Datenbank exportiert werden. Des Weiteren ist es nicht trivial ein verteiltes System wie Hadoop zu installieren und zu überwachen. Java Code zu schreiben, um Daten zu verarbeiten und analysieren ist kein Paradigma, das von Endbenutzern in klassischen Informationssystemen häufig angewendet wird. Aus diesem Grunde haben sich in den letzten Jahren zahlreiche Um-Technologien entwickelt, die die Integration und Benutzung von Hadoop unterstützen und massiv erleichtern. Es gibt heute Enterprise ready Hadoop Distributionen von Unternehmen wie Cloudera,[10] Hortonworks[11] oder MapR,[12] welche einen breiten Technologiestack neben Hadoop anbieten und darauf auch Support anbieten. Einige der bekanntesten Um-Technologien, die auch von jedem der genannten Enterprise Hadoop Distributionen unterstützt sind, werden im Folgenden kurz erläutert:

Hive[13] und Pig[14] sind wohl die ersten Technologien von diesem Schlag gewesen. Hive wurde ursprünglich von Facebook entwickelt und bietet einen SQL Layer über Hadoop an. Das heißt, Daten und Dateien in Hadoop werden als relationale Objekte interpretiert und können mittels SQL abgefragt werden. Dabei wird eine SQL Abfrage in ein oder mehrere MapReduce Jobs übersetzt und ausgeführt. Dies ist für den Benutzer transparent; er braucht keine Kenntnisse von MapReduce. Hive bietet

---

[10] http://www.cloudera.com

[11] http://hortonworks.com

[12] https://www.mapr.com

[13] https://hive.apache.org

[14] https://pig.apache.org

auch JDBC und ODBC Konnektoren an, was dazu führt, dass Hive eine oft benutzte Technologie ist, um klassische Analysewerkzeuge mit Hadoop zu koppeln.

Ähnlich wie Hive entstand und funktioniert auch Pig. Pig wurde bei Yahoo entwickelt und ist eine einfache Skriptsprache, welche seine Skripte in MapReduce Programme übersetzt. Pig unterstützt keine SQL Abfragen, dafür ist Pig auch nicht daran gebunden alle Daten als SQL konforme relationale Objekte zu interpretieren. Hive wie auch Pig erleichtern die Interaktion mit Hadoop sehr und mindern die Einstiegsbarriere für Endbenutzer um mit Hadoop zu arbeiten.

Um Datensätze von Hadoop aus und in Datenbanken zu bekommen, ist Sqoop[15] eine interessante Technologie. Sqoop kreiert MapReduce Jobs, welche mittels JDBC Konnektoren Datensätze aus und in eine Datenbank lesen und schreiben. Dabei übernimmt Sqoop die Partitionierungslogik der Datensätze, sodass Daten parallelisiert geschrieben und gelesen werden können.

Um Prozesse auf Hadoop zu kreieren und diese zu automatisieren, wird oft Oozie[16] als Scheduler verwendet. Oozie erlaubt es komplexe Workflows auf Hadoop abzubilden, die sowohl zeitlich, wie auch mit Begebenheiten auf Hadoop gesteuert werden können. So kann beispielsweise ein Workflow konfiguriert werden, der erst startet, wenn ein Ordner auf Hadoop mindestens eine gewisse Datenmenge beinhaltet oder Dateien ein gewisses Alter aufweisen.

6.4   Real Time Streaming

Für Echtzeitverarbeitung sind batchorientierte Systeme, wie Hadoop, nicht geeignet. Bei solchen Datenverarbeitungen geht es darum, Daten im unteren Sekundenbereich; unter einer Sekunde bis maximal 2 Sekunden; analysieren zu können. Eine oft zitierte Anwendung zu Echtzeitverarbeitung ist das zeitnahe Entdecken von Betrugsfällen bei monetären Transaktionen, wie bei Kreditkartenbetrug.

Eine Möglichkeit solche schnellen Analysen zu machen, ist es die Daten zu analysieren, noch bevor sie auf einer Festplatte persistiert werden. Wenn ein Datensatz entsteht, wird er in ein System gespeist, dass diesen Datensatz noch im Memory analysiert und nicht zuerst abspeichert. Diese Art von Datenanalyse wir als Realtime Streaming bezeichnet. Mit Realtime Streaming ist es möglich augenblicklich auf Begebenheiten in einem System zu reagieren. Es entstehen aber durch die volatile Natur der Daten auch Limitierungen. So kann, bei einem reinen Streaming System, nur bedingt auf historische Begebenheiten reagiert werden. Des Weiteren muss bei der Architektur in Betracht gezogen werden, ob ein Teilverlust der Daten, wenn beispielsweise das System kurzzeitig ausfällt, tragbar ist oder nicht. Wenn nicht, müssen die Daten zwischengespeichert werden, was wiederum einen Einfluss auf die zeitlichen Komponenten haben kann.

---

[15] http://sqoop.apache.org

[16] http://oozie.apache.org

Bei Twitter hat Nathan Marz STORM[17] entwickelt. STORM ist eine verteilte Realtime Streaming Applikation, die oft auch zusammen mit Hadoop zum Einsatz kommt. STORM erlaubt es verteilte Echtzeitverarbeitungssysteme zu erstellen, die sich sehr flexibel anpassen lassen. So können die Komponenten in einer STORM Topologie schnell auf wachsende Datenströme angepasst werden. Dabei wird die Anzahl der instanziierten Komponenten erhöht und die STORM Topologie übernimmt die korrekte Partitionierung der Ströme und das Verteilen auf die Komponenten.

Um die Nachteile von Streaming Systemen zu kompensieren, kann ein sogenannter Lambda-Ansatz (Marz und Warren 2014) gefahren werden. Bei einer Lambda Architektur werden batchverarbeitende Systeme, wie Hadoop, und Streaming Systeme, wie STORM, zusammen in einer Applikation genutzt. Datenflüssen werden dabei in STORM in Echtzeit analysiert verarbeitet und gleichzeitig auch in Hadoop gespeichert. Der Endanwender kann dann über eine gemeinsamen Abfrageschicht sowohl die Daten in Echtzeit betrachten, wie auch die historischen Daten.

Eine Echtzeitanwendung um Twitter Streams zu analysieren
Twitter bietet eine öffentliche API an, welches es Applikationen erlaubt Twitter Streams in Echtzeit zu erhalten. Dabei muss ein Suchbegriff mitgegeben werden, nach dem die Tweets gefiltert werden. Mit einer STORM Applikation lassen sich solche Streams abziehen und verwenden. Eine Applikation soll Tweets nach einem bestimmten Suchbegriff auf einer eigenen Webseite darstellen. Der Suchbegriff soll vom Benutzer auf der Webseite eingegeben werden können. Um eine solche Applikation zu erstellen braucht es neben STORM, einen Store (Redis Store) um die Suchbegriffe und die Tweets zwischen zu speichern und eine Webtechnologie (Node.js), die die Webseite aufbaut.

Eine STORM Topologie besteht aus 2 Typen von Komponenten: Spouts und Bolts. Ein Spout ist eine Java Klasse, die die Daten von einer externen Quelle, hier die Twitter API, in die STORM Topologie einkippt. Ein Bolt ist eine Java Klasse, die etwas mit den Datensätzen, die sie kriegt, macht. Dabei kann ein Bolt sehr flexibel gestaltet werden. In dieser Applikation interpretiert der Bolt die rohen Tweetdaten und schreibt die nötigen Teile in den Redis Store. Die Definition der STORM Topologie, beispielsweise in der Java Main Klasse geschrieben, beschreibt wie viele Instanzen der einzelnen Komponenten in der STORM Applikation initialisiert werden sollen und wie die Datensätze durch die Topologie fließen sollen.

Neben der STORM Topologie konsumiert Node.js in dieser Applikation die im Redis Store zwischengespeicherten Tweet Daten und stellt diese auf einer einfachen Webseite dar. Die Webseite zieht alle 0.5 Sekunden die neusten

---

[17] https://storm.apache.org

Tweets aus dem Redis Store und bereitet diese auf. Auf dieser Webseite befindet sich auch ein Eingabefeld, wo der Endbenutzer die Suchbegriffe ändern kann. Sobald diese geändert werden, werden diese in Redis Store geschrieben. Der Spout reagiert auf diese Änderung der Suchbegriffe im Redis Store und konfiguriert sich neu, um die neuen Tweets aus der Twitter API zu holen. Diese Applikation sieht schematisch wie folgt aus:

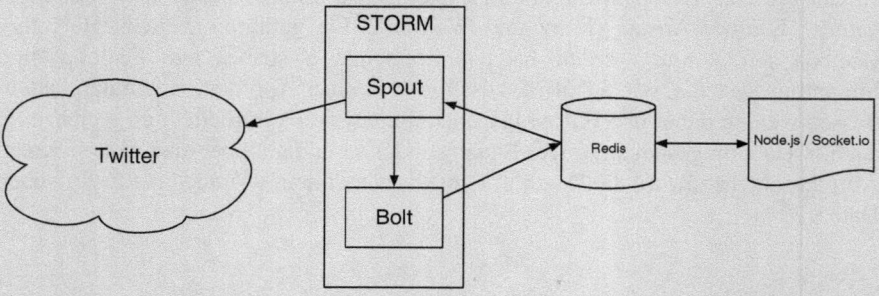

Mit dieser Applikation ist es möglich neue Tweets unterhalb von 2 Sekunden auf der eigenen Webseite darzustellen.

Streaming Technologien eignen sich sehr gut zur Echtzeitverarbeitung von Daten. Dabei haben sie aber auch Limitationen wie die historische Darstellung dieser Daten. In der Kombination mit batchverarbeitenden Systemen, wie Hadoop, entsteht eine Lambda Architektur, die versucht die Vorteile beider Systeme zu kombinieren. Für folgende Einsatzgebiete eigenen sich Streaming Technologien gut:

- Echtzeitverarbeitung oder Quasi-Echtzeitverarbeitung (unter 2 Sekunden) von Datensätzen
- Daten zu analysieren, ohne diese zuerst auf Disk abzuspeichern
- In einer Lambda Architektur sowohl für Echtzeit wie auch historische Analysen angemessen

Literatur

Chang, F., Dean, J., Ghemawat, S., Hsieh, W.C., Wallach, D.A., Burrows, M., Chandra, T., Fikes, A., Gruber, R.E.: Bigtable: A distributed storage system for structured data. OSDI'06: Seventh Symposium on Operating System Design and Implementation, Seattle (2006)

Dean, J., Ghemawat, S.: MapReduce: Simplified data processing on large clusters. In Proceedings OSDI'04: Sixth Symposium on Operating System Design and Implementation, San Francisco (2004)

DeCandia, G., Hastorun, D., Jampani, M., Kakulapati, G., Lakshman, A., Pilchin A., Sivasubramanian, S., Vosshall, P., Vogels, W.: Dynamo: Amazon's highly available key-value store. SOSP 2007: 21st ACM Symposium on Operating Systems Principles, New York (2007)

Ghemawat, S., Gobioff, H., Shun-Tak, L.: The google file system. 19th ACM Symposium on Operating Systems Principles, New York (2003)

Harris, D.: The history of Hadoop: From 4 nodes to the future of data. http://gigaom.com/2013/03/04/the-history-of-hadoop-from-4-nodes-to-the-future-of-data/ (2013). Zugegriffen im März 2013

Marz, N., Warren, J.: Big Data: Principles and Best Practices of Scalable Realtime Data Systems. Manning Publications, Shelter Island (2014)

Needham, J.: Disruptive Possibilities. O'Reilly Media, Inc., Sebastopol (2013)

Erweiterung des Data Warehouse um Hadoop, NoSQL & Co

Stefan Müller

Zusammenfassung

Datenintegration und Data Warehouse sind Technologien, die Unternehmen seit vielen Jahren helfen, wertvolles Wissen aus ihren unterschiedlichen IT-Systemen zu bergen. In den Datenfluten liegt ein enormes Optimierungspotenzial für das Geschäft begraben, welches sich durch Business Intelligence-Werkzeuge (BI) nutzbar machen lässt. Die Realität, in der BI-Werkzeuge eingesetzt werden, hat sich aber in jüngster Vergangenheit stark geändert: Heute erzeugen viele Unternehmen überproportional mehr Daten und die Reaktionsgeschwindigkeit für die Auswertung dieser Informationen hat sich drastisch verkürzt. Gleichzeitig nimmt der Wissensdurst von Organisationen und Unternehmen zu. Der klassische Data Warehouse(DW)-Ansatz stößt in diesem Umfeld schnell an seine Grenzen. Big Data-Technologien versprechen, den neuen Anforderungen gerecht zu werden und bieten vielversprechende Ansätze, um das althergebrachte Data Warehouse-Konzept zu erweitern und zu modernisieren.

Schlüsselwörter

Big Data • Data Warehouse • NoSQL • MapReduce • Hadoop • Analytische Datenbanken • Data Mart • Business Intelligence

---

Überarbeiteter Beitrag basierend auf „Die neue Realität – Erweiterung des Data Warehouse um Hadoop, NoSQL & Co". In: HMD – Praxis der Wirtschaftsinformatik, HMD-Heft Nr. 298, **51**(4): 447–457 (2014)

S. Müller (✉)
it-novum GmbH, Fulda, Deutschland
E-Mail: Stefan.Mueller@it-novum.com

© Springer Fachmedien Wiesbaden 2016
D. Fasel, A. Meier (Hrsg.), *Big Data*, Edition HMD,
DOI 10.1007/978-3-658-11589-0_7

7.1 Daten als Quelle wertvoller Informationen

In den operativen IT-Systemen von Unternehmen, z.B. im ERP- oder CRM-System werden tagtäglich neue Daten erzeugt. Tendenz steigend. Diese Daten können als Rohstoff verstanden werden, mit denen sich Geld verdienen oder sparen lässt. Um das in den Datenbanken des Unternehmens gespeicherte Wissen zu heben, müssen die Daten durch die Fachanwender analysiert werden.

Ein äußerst beliebtes Werkzeug für die Analyse der Daten ist Excel, da es sich um ein kostengünstiges und leicht zu bedienendes Werkzeug handelt. Allerdings stößt ein Tabellenkalkulationsprogramm schnell an seine Grenzen, wenn die Datenmengen und Userzahlen steigen. Aus diesem Grund investieren Unternehmen schon seit einigen Jahren in sogenannte Business Intelligence (BI)-Technologien. Der Einsatz von Business Intelligence verspricht eine Reihe von Vorteilen:

- **Identifizierung von Umsatz generierenden Gelegenheiten**
  Durch die Verbesserung der Informationslage werden Markttrends und -bewegungen schneller erkannt und eingeschätzt. Mit einer besseren Markteinschätzung werden Unternehmen agiler. Schnellere Reaktionen auf geänderte Marktbedingungen generieren Wettbewerbsvorteile.
- **Eliminierung von Ineffizienz und Kostentreibern**
  Ohne die Aggregation von Daten sind viele Effekte nicht sichtbar. Betrachten Unternehmen nur einzelne Transaktionen oder Einzelpositionen sind Ineffizienzen nicht erkennbar. BI-Systeme erlauben es, Daten schnell und einfach zusammenzufassen. Auf dieser höheren Abstraktionsebene werden Abweichungen und Anomalien schnell sichtbar und können beseitigt werden.
- **Verbesserung der operativen Effektivität**
  Durch die Einführung eines BI-Systems lässt sich eine Steigerung der Effektivität erreichen, indem die Automatisierung Zeit für die Analyse der Inhalte schafft. Selbstverständlich können die Ergebnisse der Analysen direkt operativ genutzt werden, beispielsweise um eine Verbesserung von Arbeitsabläufen zu erreichen.
- **Verbesserung der Kundenbeziehungen**
  Häufige Zielsetzung von BI-Projekten ist der Wunsch nach einem besseren Verständnis der eigenen Kunden, um diese zielgerichteter anzusprechen und ihre Anforderungen optimaler zu erfüllen. Vor dem Hintergrund stark umkämpfter Märkte und zunehmender Globalisierung wird ein 360 Grad Blick auf den Kunden immer wichtiger. BI hilft an dieser Stelle, die unterschiedlichen Perspektiven auf den Kunden zu integrieren und einem ganzheitlicheren Kundenbild näher zu kommen.
- **Beschleunigung der Entscheidungsfindung durch bessere Informationen**
  Die Verbesserung und Beschleunigung von Entscheidungsprozessen im Unternehmen ist ein zentrales Anliegen von BI-Systemen. Informationen sollen schnell und im richtigen Format zur Verfügung stehen. Entscheidungen erfolgen damit nicht mehr nach Bauchgefühl, sondern faktenbasiert. BI liefert diese Fakten auf Knopfdruck.

Strategisches Ziel von Business Intelligence ist es, bessere und schnellere Entscheidungen als der Wettbewerb zu treffen. Ein BI-System hilft Antworten auf kritische Fragen zu erhalten, indem Daten in Wissen verwandelt werden.

7.2 Die Grenzen des klassischen Data Warehouse in Zeiten von Big Data

Etwas angestaubt und in die Jahre gekommen wirkt das aus den 1980er-Jahren stammende Konzept des Data Warehouse in Zeiten von Big Data, MapReduce und NoSQL. Laut Definition ist es

> …eine themenorientierte, integrierte, chronologisierte und persistente Sammlung von Daten, um das Management bei seinen Entscheidungsprozessen zu unterstützen. (Inmon 1996)

Zielsetzung des Data Warehouse ist der Aufbau einer Datenbasis, welche die steuerungsrelevanten Informationen aus allen operativen Quellen eines Unternehmens integriert. Während die operativen Systeme sich auf die Unterstützung der Tätigkeiten im Tagesgeschäft konzentrieren, liegt der Fokus des Data Warehouse auf Analysen und Berichten zur Steuerung des Unternehmens.

Abb. 7.1 zeigt den typischen Aufbau eines Data Warehouse. Die benötigten Daten werden mit Extraktions-, Transformations- und Ladeprozessen (sogenannte ETL-Prozesse) automatisiert und zeitgesteuert in das Data Warehouse geladen. Während dieser Prozesse werden die Daten angereichert, aggregiert und veredelt. In der ETL-Phase wird also definiert, welche Daten aus den Vorsystemen extrahiert und verarbeitet werden. Typischerweise enthalten die Prozesse Berechnungen und Harmonisierungen. So können zum Beispiel abgeleitete Kennzahlen aus den Informationen einer oder mehrerer Quellen errechnet werden oder Kundeninformationen aus verschiedenen operativen Systemen konsolidiert werden. Je nach Architekturansatz lassen sich zusätzlich Data Marts aufbauen. Das sind für spezielle Anwendungen oder Organisationseinheiten aufbereitete Abzüge des Data Warehouse. Data Marts sind in der Regel multidimensional aufgebaut und daher optimal von analytischen Anwendungen nutzbar. Das Data Warehouse bzw. die Data Marts stellen die zentrale Datenbasis für alle Analysen und Berichte im Unternehmen dar. (Inmon 1996; Kimball und Margy 2013)

Technologisch ist ein Data Warehouse nicht zwingend erforderlich. Einige BI-Anbieter benötigen diese Datenschicht nicht und können direkt auf den operativen Systemen aufsetzen. Außerdem ist die Implementierung eines Data Warehouse eine zeit- und kostenaufwendige Unternehmung. Dennoch ist ein Data Warehouse die Basis eines guten BI-Systems und es sprechen eine Reihe von Gründen für die Entwicklung eines solchen zentralen Datenlagers:

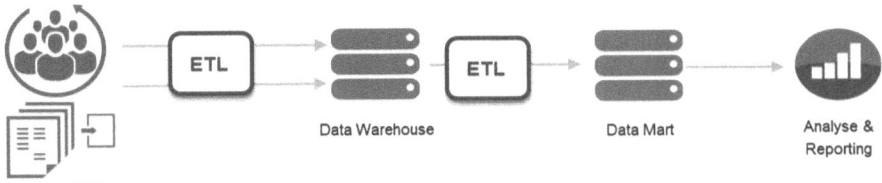

Abb. 7.1 Klassisches Data Warehouse

- **Auswertungen auf einer integrierten Datenbasis**
  Das Data Warehouse ist das zentrale Datenlager des Unternehmens. An dieser Stelle werden unterschiedlichste Informationen zusammengefasst. Durch die Integration der Daten erfolgen Entscheidungen nicht mehr auf der Grundlage eingeschränkter Informationen. Die einheitliche Datenbasis kann an einer Vielzahl von Stellen im Unternehmen sinnvoll eingesetzt werden, sodass bessere strategische und operative Entscheidungen getroffen werden können.

- **Zeitersparnis durch einheitlichen Datenzugriff**
  Ein weiterer Vorteil der integrierten Datenbasis eines Data Warehouse ist die Zeitersparnis. Die vielen manuellen Aktivitäten, um die Daten im Bedarfsfall zusammenzutragen können, entfallen. Die Daten werden durch die ETL-Prozesse automatisiert aufbereitet und in das Data Warehouse geladen. Alle relevanten Daten sind in einer Datenbank gespeichert, sodass auch Suchzeiten minimiert werden. Werden entsprechende Tools eingesetzt können Anwender eigenständig Auswertungen erstellen (so genannte Self Service BI). Somit muss die IT-Abteilung deutlich weniger einbezogen werden und Zeitaufwände werden eingespart.

- **Hohe Datenqualität**
  Ein Data Warehouse bietet eine hohe Datenqualität. Nachdem die Daten aus dem operativen System extrahiert wurden, werden sie in ein einheitliches Format gebracht. Begleitet wird dieser Prozess mit einer Reihe von qualitätssteigernden Maßnahmen. So findet u.a. eine Harmonisierung der Daten statt, indem beispielsweise unterschiedliche Datumsformate vereinheitlicht werden. Weiterhin können durch die Aggregation Daten im Data Warehouse schnell Unstimmigkeiten und Fehler entdeckt und beseitigt werden. Schließlich werden die Daten mit weiteren Informationen angereichert, sodass deren Aussagekraft steigt. Die Standardisierung der Daten schafft eine Vergleichbarkeit innerhalb der Organisation. Setzen beispielsweise Konzerntöchter unterschiedlich ERP-Systeme ein, kann im Data Warehouse eine einheitliche Sicht geschaffen werden und die Qualität der auszuwertenden Daten wird erhöht.

- **Verfügbarkeit historischer Daten**
  Im Gegensatz zu transaktionalen Systemen kann ein Data Warehouse sehr große Mengen an historischen Daten speichern. Basierend auf den historischen Daten können Zeitreihenanalysen und Vorperiodenvergleiche durchgeführt werden. Durch die Analysen der Kennzahlen im Zeitverlauf können interessante Schwankungen und Abweichungen entdeckt werden. Weiterhin können die historischen Daten für Hochrechnungen und Prognosen genutzt werden.

- **Data Mining**
  Die umfangreiche Datensammlung des Data Warehouse ist die ideale Basis für das so genannte Data Mining. Unter Data Mining versteht man Verfahren, welche große Datenmengen – hier das Data Warehouse – nach bisher unbekanntem Wissen und Mustern durchsuchen. Hierbei werden nicht Fragen durch Anwender gestellt, sondern vielmehr sollen Algorithmen eigenständig bislang unentdeckte Zusammenhänge zwischen den Daten entdecken.

Data Warehouse-Systeme basieren auf relationalen Datenbanksystemen (RDBMS). RDBMS sind seit einigen Jahrzehnten der Standard für die Speicherung von Daten.

Sie werden daher nicht nur für operative, sondern auch für analytische Systeme eingesetzt. RDBMS bieten eine Reihe von Vorteilen für den Einsatz im Data Warehouse-Umfeld:

- Ausgereifte, hoch entwickelte Datenbanksoftware
- Weit verbreitetes, schnell verfügbares Wissen
- SQL als mächtige und standardisierte Abfragesprache
- Viele Business Intelligence-Frontends verfügbar
- Hohe Zuverlässigkeit und Konsistenz
- Umfangreiche Security-Features für die Zugriffskontrolle
- Backup- und Rollback-Features bei Datenverlusten

Zusammenfassend ist das Data Warehouse ein bewährtes Konzept und in vielen Unternehmen das solide Fundament des Business Intelligence Systems. Ebenso bewährt und robust sind die Datenbank-Technologien, auf welchen das Data Warehouse basiert.

7.3   Big Data erfordert neue Mitspieler für das Data Warehouse

Unternehmen sehen sich gegenwärtig mit neuen Herausforderungen konfrontiert. Die zu verarbeitenden Datenmengen wachsen extrem an. So entstand die Datenmenge, welche bis zum Jahr 2002 erzeugt wurde, im Jahr 2014 in nur zehn Minuten. Woher kommt dieser rasante Datenanstieg? Jeder Einkauf im Online-Shop, jeder Klick in einem Online-Game, jede Aktivität in sozialen Netzwerken und viele weitere Aktivitäten erzeugen neue Daten. Eine weitere Datenquelle sind Maschinen- und Sensordaten. Smartphones beinhalten beispielweise eine ganze Reihe von Sensoren, welche permanent Informationen erzeugen. Man spricht von Big Data, wenn die traditionellen IT-Systeme an ihre Grenzen geraten und Schwierigkeiten bei der Speicherung und Verarbeitung dieser Datenberge bekommen. Big Data kann durch folgende Charakteristika beschrieben werden:

- Volume
  Das große Datenvolumen ist selbstverständlich ein wesentliches Kennzeichen von Big Data. In den Datenspeichern von Unternehmen liegen mehrere Terabytes bis hin zu Petabytes an Daten.
- Velocity
  Die Menge der Daten an sich ist aber nicht das einzige Kriterium von Big Data. Ein weiterer Punkt ist die Geschwindigkeit der Verarbeitung der Daten, um die immer größer werdenden Datenmengen performant analysieren zu können.
- Variety
  Big Data umfasst nicht nur die klassischen Datenquellen mit strukturierten Daten, sondern auch alle unstrukturierten. Man geht davon aus, dass bis zu 80 % der Daten im Unternehmen unstrukturiert sind. Es handelt sich um Daten in Textform, aber auch um Bilder, Videos usw.

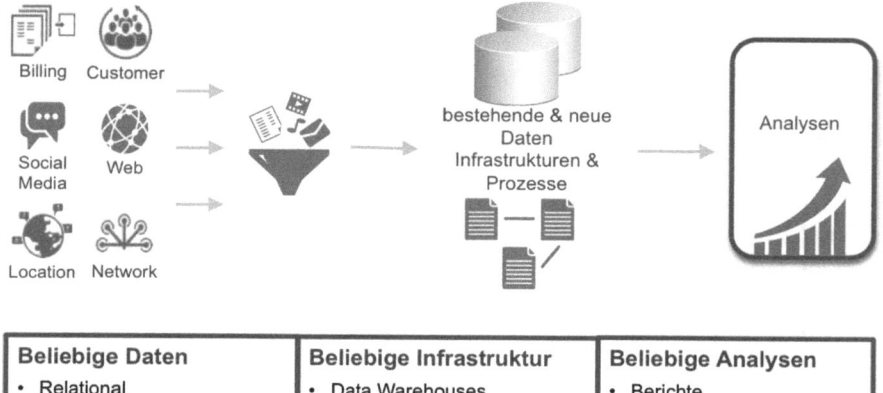

Abb. 7.2 Neue Anforderungen an Data Warehouse und Analysen [PEN13]

Beliebige Daten	Beliebige Infrastruktur	Beliebige Analysen
• Relational	• Data Warehouses	• Berichte
• Operational	• Data Marts	• Dashboards
• Big Data	• Stack vendors	• Visualisierung
• Bislang unbekannte Datenquellen…	• Cloud	• Discovery
	• Eingebettet / integriert	• Predictive

Abb. 7.2 gibt einen Überblick der neuen Anforderungen an analytische und Data Warehouse-Systeme. Konfrontiert mit extrem hohen Datenvolumina kann die Skalierung eines Data Warehouse sehr schwierig sein. Verwenden Unternehmen eine kommerzielle Datenbanksoftware, kann die Speicherung zudem hohe Lizenzkosten nach sich ziehen. Das schreckt viele Unternehmen ab, weshalb sie ihre Daten nicht analysieren und das Wissen darin nicht nutzen (TDWI 2013).

Eine weitere Schwierigkeit kann die fehlende Leistungsfähigkeit eines RDBMS bei hohen Datenvolumen sein. Davon können die ETL-Prozesse, aber auch die Abfragegeschwindigkeit betroffen sein. Bei umfangreichen Modellen ist es außerdem möglich, dass das Schema einer relationalen Datenbank nicht erweitert und angepasst werden kann. Neben dem reinen Volumen können auch die hohe Frequenz der Datenerzeugung und deren Speicherung eine Herausforderung darstellen. Weil immer mehr Daten in nicht standardisierten Formaten in den Mittelpunkt des Analyseinteresses rücken, stoßen relationale Datenbanken schnell an ihre Grenzen. Sie sind nicht auf die Speicherung von unstrukturierten Daten ausgelegt und stellen damit keine ideale Lösung für den Umgang mit heterogenen Datenformaten dar (Pentaho 2013).

Aus diesen Gründen haben sich unterschiedliche technologische Ansätze entwickelt, die in den folgenden Abschnitten vorstellt werden. Dabei wird auch auf das Zusammenspiel zwischen dem Data Warehouse und den Big Data Stores eingegangen, weil Synergien entstehen können, wenn die Vorteile beider Ansätze kombiniert werden.

7.3.1 Hadoop

Hadoop setzt dort an, wo traditionelle Data Warehouse-Systeme an ihre Grenzen geraten. Durch die explosive Zunahme von Daten bekommen bestehende Plattformen Probleme bei der Aufnahme und Verarbeitung der Datenmengen. Traditionelle Technologien führen zu einem rapiden Anstieg der Betriebskosten des Data Warehouse. Erschwerend kommt hinzu, dass nicht mehr nur strukturierte, sondern auch unstrukturierte Daten analysiert werden sollen. Diese Datentypen passen aber nicht in die Logik eines Data Warehouse. Neben der unzureichenden Performance bei der Verarbeitung der großen Datenmengen sind also auch die hohen Kosten ein Problem der traditionellen Data Warehouse-Systeme. Hadoop bietet für beide Probleme einen interessanten Lösungsansatz.

Hadoop ist ein auf Open Source basierendes Framework für die Erfassung, die Organisation, das Speichern, Suchen und Analysieren von unterschiedlich strukturierten Daten auf einem Cluster von Standardrechnern. Durch diese Architektur kann Hadoop extrem skalieren und sehr große Datenmengen performant verarbeiten. So eignet sich Hadoop hervorragend für die batch-orientierte Verarbeitung gigantischer Datenmengen. Durch die Verwendung von Standard-Hardware lassen sich die Kosten niedrig halten und ein interessantes Preis-Performance-Verhältnis erreichen.

Hadoop ist ein Top-Level-Projekt der Apache Foundation. Neben der reinen Open Source-Version der Software existieren einige kommerzielle Distributionen, wie zum Beispiel Cloudera, Hortonworks oder MapR. Diese Anbieter offerieren professionellen Support und erweiterte Funktionalitäten.

Hadoop zeichnet sich durch die folgenden Merkmale aus:

* Java-basiertes Open Source Framework
* Hadoop Distributed File System (HDFS) als verteiltes Dateisystem
* MapReduce-Framework für die parallele Verarbeitung der Daten
* Hive als Data Warehouse-Datenbank auf Hadoop
* Hbase als NoSQL-Datenbank auf Hadoop

Das Hadoop-Framework ermöglicht die Verarbeitung sehr großer Datenmengen und bringt technologisch einige Vorteile mit sich:

* **Schnelle und einfache Skalierbarkeit des Clusters**
  Hadoop ist eine hoch skalierbare Plattform. Riesige Datenmengen können auf einer Vielzahl von vergleichsweise günstigen Standard-Servern gespeichert und parallel verarbeitet werden. Hadoop ermöglicht es viele Terabytes bis hin zu Petabytes an Daten über hunderte von Nodes innerhalb des Clusters aufzubereiten und zu analysieren. Durch die Möglichkeit zur horizontalen Skalierung können steigende Mengen an Daten zu gleichbleibenden Zeiten verarbeitet werden. Eine derartige Skalierung ist mit herkömmlichen RDBMS technologisch nicht möglich oder nicht wirtschaftlich.

- **Hohe Verarbeitungs- und Analysegeschwindigkeit durch Parallelisierung**
  Die Verarbeitung von Terabytes oder sogar Petabytes an Daten bedarf einer gewissen Zeit und kann nicht in Sekunden gemessen werden. Hadoop setzt bei Datenhaltung und -verarbeitung auf das Prinzip der Parallelisierung.

  Im verteilten Dateisystem HDFS werden die Daten zunächst in Blöcke aufgeteilt und dann auf den Nodes des Clusters redundant gespeichert. Im Standard wird jeder Block dreifach im Cluster repliziert, um Ausfällen und Fehlern vorzubeugen. HDFS arbeitet nach dem Master-Slave-Prinzip. Der Name Node ist der Master-Knoten. Der Name Node speichert selbst keine Daten, sondern verwaltet nur die Metadaten für die auf den Data Nodes gespeicherten Daten. Die Data Nodes sind die Slave-Knoten, auf welchen die Daten abgelegt werden. Die Verarbeitung der Daten findet dann im MapReduce-Verfahren statt.

  MapReduce erlaubt die parallele Verarbeitung der Daten des HDFS. Berechnungen werden in der Map-Phase auf mehrere, parallele Prozesse innerhalb des Clusters verteilt. In den einzelnen Map-Prozessen werden Zwischenergebnisse berechnet. Innerhalb der Reduce-Phase werden diese Zwischenergebnisse von den Prozessen eingesammelt und zusammengefasst. Auch hier kommt ein Master-Slave-Prinzip zum Einsatz. Der Job-Tracker ist der Master und verwaltet alle Jobs und Ressourcen. Die Task-Tracker sind die Slaves und übernehmen die eigentliche Verarbeitung der MapReduce-Jobs.

  Durch die Verteilung der Daten auf die unterschiedlichen Nodes und die Parallelisierung der Berechnungen innerhalb des Hadoop-Clusters können entsprechend große Mengen an Daten zu akzeptablen Zeiten analysiert werden.
- **Gleichzeitige Verarbeitung mehrerer Datentypen (strukturiert, halbstrukturiert, unstrukturiert)**
  Die Analyse der strukturierten Daten aus dem ERP- oder CRM-System ist Standard. Soll jedoch der beachtliche Anteil unstrukturierter Daten wie Bilder, Videos oder Social Media Informationen betrachtet werden, kommt Hadoop ins Spiel. Hadoop ist in der Lage die unterschiedlichsten Datenformate zu speichern und zu verarbeiten. Die Zahl des Use Cases für die Analyse unstrukturierter Daten steigt ständig. Ein sehr populärer Use Case für Big Data Analytics ist die Auswertung von sozialen Medien. Kombiniert man diese Informationen mit den bestehenden Daten des Unternehmens, lassen sich wertvolle Erkenntnisse über die eigenen Kunden oder Produkte gewinnen. Hadoop bietet für derartige Analysen eine gute Basis bzw. ermöglicht dieses überhaupt erst.
- **Hohe Flexibilität für die explorative Analyse von Big Data**
  Data Science bzw. Data Mining erfreuen sich immer größer werdender Beliebtheit. Unternehmen wollen nicht nur zurückblickend, sondern auch nach vorne schauen und aus ihren Datenbeständen die notwendigen Prognosen herleiten. Weiterhin sollen bislang unbekannte Informationen entdeckt werden. Hadoop bietet in diesem Kontext einige Vorteile. Statt auf limitierten Datenausschnitten Analysen durchzuführen, können die Algorithmen mit MapReduce-Jobs auf vollständige Datenbestände angewendet werden. Da Daten im Rohformat gespeichert werden, kann Hadoop die Data Mining Werkzeuge und deren Modelle mit mehr Daten versorgen. So werden Daten genutzt, die zuvor aus wirtschaftlichen Gründen

nicht gespeichert werden konnten. Natürlich kann die Rechenpower von Hadoop auch für die Aufbereitung der Rohdaten genutzt werden, sodass diese für Analysen leichter und schneller zur Verfügung stehen. Flexibler ist das System auch, weil anders als bei RDBMS kein starres Schema zur Speicherung der Daten notwendig ist. Änderungen und Erweiterungen können schnell und unkompliziert erfolgen.

- **Niedrige Kosten durch Open Source und Standard-Hardware**
  Steigende Datenmengen bedeuten einen höheren Bedarf an Datenspeichern im Unternehmen. Die Beschaffung immer größerer Datenbanksysteme bzw. die Aufrüstung der bestehenden Server kann sehr kostspielig werden. Hadoop verspricht hier eine günstige Alternative zu sein. Zum einen kann vergleichsweise günstige Hardware für die Nodes des Clusters genutzt werden und zum anderen werden in der Regel Open Source Lizenzmodelle verwendet. Schätzungsweise sind die Kosten für ein Terabyte Speicher in einem Hadoop-System bis zu 20× geringer als mit traditionellen Systemen. Bedingt durch die wirtschaftlichen Rahmenbedingungen ergeben sich Möglichkeiten neue Analysen und Erkenntnisse zu erschaffen, da bislang ungenutzte Informationsquellen berücksichtigt werden können. In diesem Zusammenhang wird auch von der Nutzung von „Dark Data" gesprochen, also Informationen die täglich erzeugt werden, deren Erhebung ohne die Nutzung von Big Data Technologien aber nicht wirtschaftlich ist.

Die Vorteile von Hadoop liegen klar auf der Hand. Ersetzt Hadoop damit bestehende Data Warehouse Anwendungen? Von einem Ersatz kann keine Rede sein. Vielmehr ist Hadoop eine sinnvolle Ergänzung zum bestehenden Data Warehouse. Dieses Zusammenspiel kann auf unterschiedlichen Wegen erfolgen.

Hadoop ist keine Datenbank, sondern besteht aus dem verteilten Dateisystem HDFS und dem MapReduce-Framework zur Verarbeitung der Daten. Auf diese Weise ist Hadoop zum einen ein Datenarchiv und zum anderen eine Plattform zur Datenanalyse und -aufbereitung. Hadoop bietet die Basisfunktionalität eines Data Warehouse, ermöglicht also beispielsweise Aggregationen, Summen- oder Mittelwertbildungen. In Kombination mit anderen Technologien vervielfacht sich dadurch sein Nutzen enorm.

Eine Stärke von Hadoop ist die vergleichsweise günstige Speicherung von Daten. Im Hadoop können alle Daten im Rohformat gespeichert werden. Ein Hadoop-System kann somit eine Art Staging Area für das Data Warehouse mit seinem teuren Speicher sein. Neben der Speicherung reiner Rohdaten kann es sinnvoll sein, die aufbereiteten Detaildaten im Hadoop abzulegen und nur die aggregierten Daten im Data Warehouse zu speichern. Dies kann insbesondere bei sehr datenintensiven Anwendungen interessant sein, insbesondere wenn die Geschäftsleitung vorzugsweise auf verdichtete Kennzahlen Wert legt. Natürlich kann eine Verlagerung von historischen Daten in das Hadoop Cluster und somit in Richtung des günstigeren Speichers erfolgen. Nicht umsonst spricht man bei Hadoop auch von einem Online-Archive. Wo früher ältere Datenbestände auf Tapes oder Ähnliches verbannt wurden, können die Daten heute in einem Hadoop-System abgelegt werden und sind somit deutlich schneller verfügbar.

Weiterer Vorteil von Hadoop ist die performante Batchverarbeitung von großen Datenmengen. Die ETL-Logik kann zum Teil in das Hadoop-Cluster verlegt werden, um dort die massive parallele Verarbeitung der Daten nutzen zu können. Dies ist zum Beispiel dann interessant, wenn das nächtliche Zeitfenster für die Beladung des Data Warehouse nicht mehr ausreichend ist und nach Möglichkeiten zur Beschleunigung der Prozesse gesucht wird. Das Hadoop-Cluster kann also zur Vorverarbeitung und Verdichtung der Daten genutzt werden. Die Ergebnisse der Hadoop-Verarbeitung können im Data Warehouse oder den Data Marts abgelegt werden, während die Rohdaten nur im Hadoop-System existieren. Die Analyse der veredelten Daten lässt sich dagegen mit allen Vorzügen einer Data Warehouse-Plattform durchführen. Dabei kommt wieder das bewährte SQL als Abfragesprache zum Einsatz. Hadoop bietet zwar mit Hive auch eine zugehörige Datenbank mit SQL-ähnlicher Sprache, sie ist aber nicht so leistungsfähig wie SQL. In Abb. 7.3 ist exemplarisch die Erweiterung des Data Warehouse um einen Hadoop Cluster zu sehen.

Aktuell entwickeln nahezu alle Anbieter von Hadoop-Distributionen Werkzeuge für einen performanten SQL-Zugriff auf Daten in Hadoop. Diese Entwicklungen sind vielversprechend, angesichts des momentanen Stands der Technik ist es aber sinnvoller, Hadoop mit dem klassischen Data Warehouse-Ansatz zu kombinieren. Ziel ist es, das Data Warehouse nicht zu ersetzen, sondern sinnvoll zu ergänzen, um die Vorteile beider Welten zu nutzen.

Moderne Software-Tools ermöglichen die kombinierte Verwendung von Daten des Data Warehouse und des Hadoop. Das so genannte Data Blending ermöglicht die Verknüpfung von Informationen aus dem klassischen Data Warehouse beispielsweise

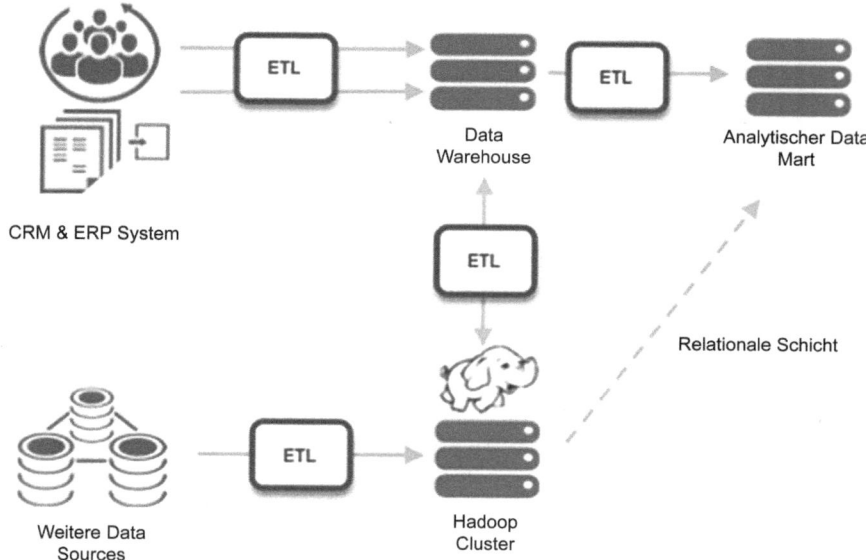

Abb. 7.3 NoSQL im Kontext des Data Warehouse

mit Hadoop im Bedarfsfall. Zielsetzung ist die Erstellung von Analysen zur Generierung von Wissen aus den kombinierten Daten. Die aufbereiteten Daten können
direkt von den Oberflächen durch die Anwender abgefragt werden. Die Problematik
der fehlenden bzw. unzureichenden SQL-Unterstützung einiger Datenquellen kann
somit umgangen werden. Durch dieses technologische Konzept lassen sich einige
Anforderungen realisieren, die sonst nicht oder nur mit deutlich höherem Aufwand
möglich wären. Beispielsweise lassen sich die in einem Hadoop-Cluster gespeicherten Sensordaten mit den hoch veredelten Produktionsdaten des Data Warehouse blen-
den. Zielsetzung hierbei ist es, den Einfluss von Umweltbedingungen auf die
Produktion zu untersuchen und schlussendlich die Produktionsprozesse zu optimieren.

Trotz aller Vorzüge ist Hadoop nicht für jeden Anwendungsfall geeignet, z.B.
wenn nur geringe Datenmengen analysiert werden sollen. Die Implementierung von
Hadoop ist außerdem mit der Notwendigkeit verbunden, erhebliches Wissen im
Unternehmen aufzubauen, und daher aufwendig (isreport 2013; TDWI 2013).

7.3.2   NoSQL

Eine weitere Technologie aus dem Big Data Umfeld sind NoSQL-Datenbanken.
Hierbei handelt es sich um nicht relationale Datenbanken. NoSQL-Datenbanken bieten
eine Alternative zu RDBMS, wenn sich ein starres Schema aus Tabellen und Relationen
nicht für die Speicherung der Daten eignet. NoSQL steht für „Not only SQL". Datenbanken dieser Kategorie sind Open Source, horizontal skalierbar, schemafrei, verteilt
und verfügen über ein nicht-relationales Modell. In jüngster Vergangenheit erfreut sich
diese Technologie zunehmender Beliebtheit, denn der Einsatz von NoSQL hilft, einige
der bekannten Schwächen der relationalen Datenbanken zu vermeiden. RDBMS
können in bestimmten Anwendungsszenarien (zum Beispiel bei Streaming-Media-
Applikation oder bei Webseiten mit hohen Lastaufkommen) Schwierigkeiten mit der
Performance bekommen. Sowohl die vertikale als auch die horizontale Skalierung sind
nur eingeschränkt möglich und zudem kostspielig. Weiterhin ist die Flexibilität bei der
Erweiterung des Schemas, z.B. das Hinzufügen einer Tabellenspalte, in Kombination
mit großen Datenmengen eingeschränkt.

NoSQL-Datenbanken können mit derartigen Anforderungen besser umgehen.
Durch die horizontale Skalierbarkeit, also durch das Hinzufügen weiterer Server,
können sie große Datenmengen vergleichsweise kostengünstig verarbeiten. Um die
Ausfallsicherheit zu erhöhen, lassen sich die Daten auf mehrere Server replizieren.
Durch die Verwendung vergleichsweise sehr einfacher Schemata in der Datenbank
bietet NoSQL mehr Agilität und Flexibilität bei Anpassungen und Erweiterungen.
Typische Anbieter in dieser Kategorie sind z.B. MongoDB, Cassandra, Neo4J oder
CouchDB.

NoSQL-Datenbanken werden in folgende Kategorien unterteilt:

- Core-NoSQL
    - Spaltenorientierte Datenbanken
    - Dokumentenorientierte Datenbanken
    - key/value-basierende Datenbanken
    - Graphenorientierte Datenbanken

- Soft-NoSQL
  - Objekt-Datenbanken
  - XML-Datenbanken
  - Grid-Datenbanken

Zusammenfassend besitzt die Nutzung von NoSQL folgende Vorteile:

- **Scale-out: kostengünstige, horizontale Skalierung**
  Skalierung ist eine Stärke der NoSQL-Datenbanken. In der Vergangenheit wurde mehrheitlich auf ein Scale-up, also die vertikale Skalierung gesetzt. Datenbankadministratoren kauften stärkere Hardware und die zugehörigen Lizenzen, weil dies der komfortabelste Weg der Skalierung für Datenbanksysteme war. Im Gegensatz hierzu wird bei NoSQL-Datenbanken die Variante Scale-out genutzt. Es werden also mehr Datenbank-Server oder Cloud-Instanzen zur Kapazitätserweiterung hinzugefügt. Die Datenbank verteilt die Daten automatisch über die Server des Clusters. Dieser Variante kann auch mit relationalen Datenbanken verfolgt werden. Allerdings ist ein vergleichsweise wesentlich höherer Aufwand für die Realisierung notwendig,
- **Hochperformante Datenbanken für Realtime-Applikationen**
  Die Extraktion von Daten in Echtzeit aus den operativen Systemen ist eine wichtige Anforderung für viele Unternehmen. Je schneller Daten ausgewertet werden können, desto agiler kann sich das Unternehmen im Wettbewerb bewegen. Hadoop hat einen starken analytischen Fokus, ist aber nicht für Realtime-Anwendungen geeignet. NoSQL-Datenbanken haben weniger den Fokus auf Analysen, aber durchaus auf das Thema Realtime. In Big Data Architekturen werden beide Technologien aus diesem Grund im Bedarfsfall kombiniert eingesetzt. Relationale Datenbanksysteme dagegen bieten nicht ausreichenden Durchsatz für Echtzeitanwendungen mit großen Datenmengen.
- **Schnelle und einfache Anpassung des Datenbankschemas**
  Die Dynamik des Datenbankschemas ist eine der zentralen Stärken von NoSQL-Datenbanken. Neue Informationen können on-the-fly ergänzt werden. Dies steht im Einklang zu der agilen Entwicklung, welche im Big Data Umfeld gebräuchlich ist. Werden beispielsweise neue Features für eine große Webanwendung entwickelt, hat dies auch Anpassungen der Datenbankstrukturen zur Folge. Bei RDBMS muss in einem solchen Fall das Schema erneuert und die Daten migriert werden. Bei einem großen Datenbestand ist dies ein sehr langer Prozess, der eine entsprechende Downtime der Anwendung nach sich zieht. NoSQL erlaubt das Hinzufügen von Daten ohne vordefiniertes Schema. Dies hat den Effekt, dass Anpassungen an der Anwendung schneller durchgeführt werden können. Eine Downtime ist nicht notwendig. Neue Felder können vergleichsweise einfach hinzugefügt werden.
- **Hohe Ausfallsicherheit**
  Durch die Verteilung der Daten auf mehrere Server erreichen NoSQL eine hohe Ausfallsicherheit. Die zugrunde liegenden Prinzipien werden Sharding und Replikation genannt. Sharding ist eine Methode zur Speicherung von Daten auf mehreren Servern. Es handelt sich um die bereits vorgestellte horizontale Skalierung. Replikation meint die Redundanz der Daten auf den unterschiedlichen

Datenbank-Servern. Es sind also mehrere Kopien der Daten vorhanden. Der Ausfall eines Servers innerhalb des Cluster hat somit keine Konsequenzen, da automatisch auf einen anderen Server zugegriffen werden kann.

- **Speicherung von wenig strukturierten Daten ebenfalls möglich**
Die Art der zu speichernden Daten bestimmt die geeignete Datenbanktechnologie. Traditionelle Datenbanken speichern Daten, die sich in relativ einfachen Tabellen abbilden lassen. Sollen allerdings Daten mit anderen Strukturen gespeichert werden, bietet sich der Einsatz von NoSQL-Datenbanken an. Solche Daten sind zum Beispiel Events, Zeitreihen-Daten, Geospatial-Daten, Koordinaten oder Text. Durch die Flexibilität des Schemas können neue Datentypen schnell und einfach in die Datenbank integriert werden.

Wie bereits dargelegt, bieten NoSQL- im Vergleich zu relationalen Datenbanken einige Vorteile, besonders im Kontext großer Datenmengen. Bedingt durch ihre Skalierbarkeit und Flexibilität bieten NoSQL-Systeme sehr vielseitige Lösungsansätze für die Anforderungen von Big Data. Leider verfügen sie aber nur über eine sehr eingeschränkte Anzahl von Abfragesprachen, die nicht an die Möglichkeiten von SQL heranreichen. Der Grund dafür ist, dass Daten im NoSQL-Umfeld so gespeichert werden, wie sie von bestimmten Applikationen benötigt werden. Eine komplexe und mächtige Abfragesprache ist somit obsolet. Manager, Analysten und sonstige Businessanwender eines Data Warehouse legen allerdings großen Wert auf Funktionen wie Adhoc-Reporting, Dashboards und OLAP-Analysen. Für die Bereitstellung dieser analytischen Services spielt SQL daher aktuell noch eine tragende Rolle.

Wie in Abb. 7.4 dargestellt ist, gibt es im Wesentlichen zwei alternative Varianten für Analysen auf NoSQL-Datenbanken: Zum einen können Berichte direkt auf der Datenbank über entsprechende Schnittstellen erstellt werden. Moderne Business Intelligence-Software ermöglicht eine solche Umsetzung in Ansätzen. Der volle Funktionsumfang einer BI-Suite kann allerdings nicht erreicht werden, zumindest nicht beim aktuellen Stand der Technik. Die zweite Variante geht deshalb den Weg über das Data Warehouse basierend auf einem RDBMS. Die Vorteile von NoSQL werden also in den Applikationsdatenbanken genutzt, während die relationale Datenbank ihre Stärken als Data Warehouse ausspielt und die relevanten, aggregierten Daten speichert (Joe Caserta 2013).

7.3.3 Analytische Datenbanken

Analytische Datenbanken sind ein vergleichsweise einfacher und schneller Schritt in Richtung Big Data. Darunter werden Datenbankensysteme verstanden, die speziell für analytische Anwendungen konstruiert sind. Ihre Grundlage ist nach wie vor ein RDBMS, welches aber nicht mehr die optimale Transaktionsverarbeitung zum Ziel hat. Analytische Datenbanksysteme fokussieren auf schnelle Abfragen und sind in der Lage, Daten mit großer Geschwindigkeit zu lesen und zu verarbeiten. Der Einsatz analytischer Datenbanken ist dann interessant, wenn analyse-intensive Anwendungen entwickelt werden, welche den Anwender zahlreiche Adhoc-Analysen ermöglichen sollen. Geeignet ist diese Technologie nur für strukturierte Daten. Analytische

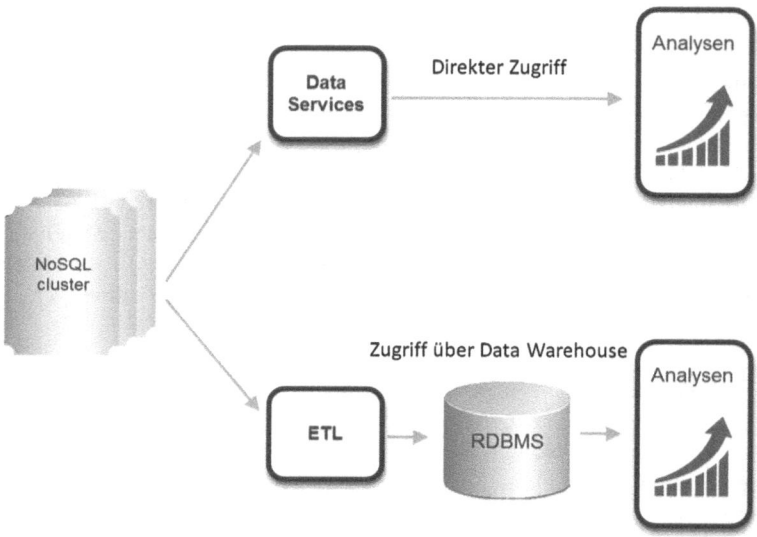

Abb. 7.4 Hadoop im Kontext des Data Warehouse

Tab. 7.1 Eignung analytischer Datenbanken für unterschiedliche Anwendungsfälle

	Best Fit Dynamische Analysen	Good Fit Statische Analysen	Not a Fit Heavy OLTP
Primärer Use Case	viele Adhoc-Abfragen Near Realtime Antwortzeiten schnelle Ladeprozesse viele Daten/schnelle Abfragen Aggregationen: Count, Summe usw hohe Kompression schnelles Deployment	End of Day Report unterschiedliche Intensität der Abfragen mäßige Änderung der Daten einfache Joins Beladung über Batch-Prozesse	viele Transaktionen hohe referentielle Integrität Zero downtime
Abfrage-Charakteristik	analyseintensive Abfragen Standard Datentypen eingeschränkte Anzahl an Joins	Abfragen gemischter Intensität Abfragen gegen Data Marts Standard SQL-Abfragen	viele Updates sehr häufige Änderungen Updates über mehrere Tabellen
Exemplarische Abfragen	durchschnittliche Clicks pro Besuch Gesamtzahl der Besuche Gesamte Besuchszeit Gesamte Bounce-Rate Anzahl der Kunden je Region	Umsatz je Region durchschnittlicher Verkaufspreis Absatz je Produkt Anzahl Neukunden je Monat Top-Seller	Update Kontensaldo Löschung des Warenkorbs

Datenbanken bieten schnelle Lade- und Abfragezeiten. Es ist von Vorteil, wenn die Anzahl der Joins limitiert ist. Weniger geeignet sind diese Datenbanken für transaktionale Anwendungen, mit vielen und häufigen Updates und Änderungen. Die Tab. 7.1 zeigt eine Übersicht typischer Anwendungsgebiete analytischer Datenbanken im Hinblick auf deren Eignung. Analytische Datenbanken werden in Betracht gezogen, wenn schnelle Deployments der Datenbank eine wichtige Rolle spielen. Ein weiterer Aspekt ist der geringe Administrationsaufwand dieser Lösungen und die vergleichsweise einfachen Anforderungen an Hardware. Wichtigstes Kriterium für den Einsatz analytischer Datenbank ist in jedem Falle die Abfrageperformance. Typische Vertreter sind beispielsweise die Datenbanken InfiniDB, Infobright, Vertica, oder Vectorwise.

Analytische Datenbanken nutzen eine Reihe besonderer Technologien, um die Datenverarbeitung zu beschleunigen. Dazu gehören:

* Spaltenorientierung
* massive parallele Verarbeitung (MPP)
* Datenkompression
* In-Memory Speicherung

Diese Datenbanken eröffnen eine Reihe von Vorteilen beim Einsatz für Analysen:

* **Nutzung von Daten, deren Speicherung normalerweise zu teuer und deren Verarbeitung zu langwierig wäre**
  Analytische Datenbanken bieten je nach Charakteristik der zu speichernden Daten eine hohe Kompression. Bei einer durchschnittlichen Kompression von 10:1 wird ein Terabyte Daten auf ca. 100 Gigabyte komprimiert. Eine solche Kompression verschafft den Anwendern den Zugang zu mehr Daten. Kann ein größeres Datenvolumen wirtschaftlich in der Datenbank für Analysen gespeichert werden, sind umfangreichere und tiefere Auswertungen möglich. Auf der anderen Seite lassen sich die Kosten für Storage gering halten. Natürlich sind die Möglichkeiten der Speicherung von Daten bei analytischen Datenbanken nicht mit Hadoop und NoSQL vergleichbar. Dennoch lassen sich mit dieser Technologie erste Schritte in Richtung Ausweitung der für Analysen nutzbaren Daten erreichen.
* **Schnelle Abfragen für zeitnahe Erkenntnisse**
  Abfragegeschwindigkeiten sind eine wichtige Messgröße für analytische Anwendungen. Die Nutzer solcher Systeme akzeptieren es verständlicher Weise nicht, wenn sie sehr lange auf die Ergebnisse ihrer Anfragen warten müssen. Analytische Datenbanken bieten eine Reihe von Technologien, um schnelle Abfragen gegen große Datenbestände zu ermöglichen. Auf der anderen Seite können diese Datenbanken sehr zügig mit Daten beladen werden. Diese ermöglicht Neartime-Analysen durch den Anwender. Wenn Informationen schneller zur Verfügung stehen, können wiederum schneller Entscheidungen getroffen werden. Analytische Datenbanken sind unter diesem Aspekt eine ideale technische Besetzung für Business Intelligence Systeme.

- **Nutzung von SQL als leistungsfähige, weit verbreitete Abfragesprache**
  Hadoop und NoSQL haben wie vorgestellt den Nachteil, dass SQL als Abfragesprache nicht oder nur eingeschränkt genutzt werden kann. Anwender wollen
  zur Analyse der Daten aber ihre vertrauten und weit entwickelten Business Intelligence Werkzeuge nutzen. Diese Werkzeuge verwenden aber mehrheitlich SQL
  für ihre Abfragen. Analytische Datenbanken stellen vor diesem Hintergrund eine
  interessante Zwischenschicht dar. Hier gilt es zu berücksichtigen, dass diese
  Datenbanken vom Datenvolumen her nicht mit Hadoop & Co vergleichbar sind.
  Dennoch bieten sie mit ihren guten Zugriffszeiten und der vergleichsweise hohen
  Menge an verfügbaren Daten viele gute Argumente für die Nutzung als Backend
  eines Business Intelligence Werkzeugs.
- **Vergleichsweise schnell zu implementieren und einfach zu administrieren**
  Im Vergleich zu den anderen vorgestellten Technologien lassen sich analytische
  Datenbanken schnell und einfach implementieren. Die Datenbank selbst ist in
  vergleichsweise kurzer Zeit implementiert und mit Daten befüllt. Analytische
  Datenbanken lassen selbst bei nur geringer Optimierung von Beginn deutliche
  Performancesteigerungen im Vergleich zu klassischen Datenbanken spüren. Der
  Aufwand für Tuning und Administration ist relativ gering. Die Verwendung von
  SQL und anderen bekannten Datenbanktechnologien bietet Datenbankadmi-
  nistratoren die Möglichkeit der schnellen Eingewöhnung an diese Technologie.
  Vor diesem Hintergrund lassen sich mit analytischen Datenbanken schnelle
  Ergebnisse erzielen. Auch die laufenden Kosten für den Betrieb solcher Systeme
  sind überschaubar, da der administrative Aufwand sich in Grenzen hält.
- **Keine besonderen Ansprüche an komplexe Hardware-Architekturen**
  Analytische Datenbanken haben keine besonderen Ansprüche an Hardware. In
  diesem Umfeld wird tendenziell vertikal skaliert. Große Datenmengen benötigen
  also entsprechend dimensionierte Hardware. Dennoch bieten einige Funktionen
  der Datenbanksoftware die Möglichkeit Hardware-Kosten einzusparen. Als Beispiel ist schon die hohe Kompression der Daten einhergehend mit geringerem
  Speicherbedarf genannt worden. Aber auch Methoden wie die Spaltenorientierung
  oder der intelligente Einsatz von Metadaten versprechen eine bessere Performance
  analytischer Datenbanken im Vergleich zu traditionellen System bei gleicher
  Hardware-Ausstattung.

Im Kontext Big Data spielen die Eigenschaften analytischer Datenbanken eine
wichtige Rolle, weil sie die Abfrageperformance auf große Datenmengen massiv
steigern. Auf diese Weise können sehr große Datenbestände per SQL oder durch
Business Intelligence-Werkzeuge abgefragt und analysiert werden. Insbesondere
die Nutzung von anwenderfreundlichen BI-Werkzeugen eröffnet Analysten und
Controllern ein bislang unbekanntes Spektrum an Auswertungsmöglichkeiten.
Über pivot-ähnliche OLAP-Oberflächen lassen sich große Datenbestände auch
ohne IT-Knowhow intuitiv analysieren.

Was nun die Erweiterung des Data Warehouse betrifft, ergeben sich bei analytischen Datenbanken unterschiedliche Optionen. Zum einen können unabhängige Data
Marts aufgebaut werden. In diesem Szenario hat man kein Data Warehouse mehr als

integrative Datenschicht für das gesamte Unternehmen, sondern baut themen- oder organisationsspezifische Data Marts direkt auf den operativen Quellen auf. Dieser Ansatz lässt sich schnell umsetzen, bringt aber Nachteile mit sich, was die Integration mit anderen Datenquellen betrifft. Die zweite Option ist die Entwicklung von abhängigen Data Marts. Diese Data Marts werden aus dem Data Warehouse und nicht aus den Quellen direkt gespeist. Dadurch wird auf die integrative Schicht zugegriffen, sodass ihre Vorteile erhalten bleiben. Allerdings ist diese Architekturvariante mit höherem Aufwand für die Modellierung und Entwicklung verbunden (BeyeNET-WORK 2010).

7.4 Big Data-Technologien im Zusammenspiel mit dem Data Warehouse

Big Data-Technologien werden im Unternehmen nicht nur isoliert genutzt, sondern auch in Kombination. Ein Beispiel ist in Abb. 7.5 zu sehen: eine Firma betreibt eine Webapplikation oder Webseite, die einen hohen Besucherverkehr aufweist. Die Daten sollen gesammelt werden, um das Verhalten der Besucher zu analysieren. Ziel ist eine so genannte Clickstream-Analyse der Webseitenbesuche und der Aktionen der Anwender. Basierend auf den Ergebnissen dieser Analyse kann das Marketing die Besucher besser verstehen und wertvolle Erkenntnisse aus ihrem Verhalten ableiten. Die Rohdaten dieser Analysen liegen in den Logs der Webserver.

Die Daten der Webapplikation werden in einer NoSQL-Datenbank gespeichert. Das ist sinnvoll, weil die Datenbank mit den großen Mengen an Log-Daten effizient

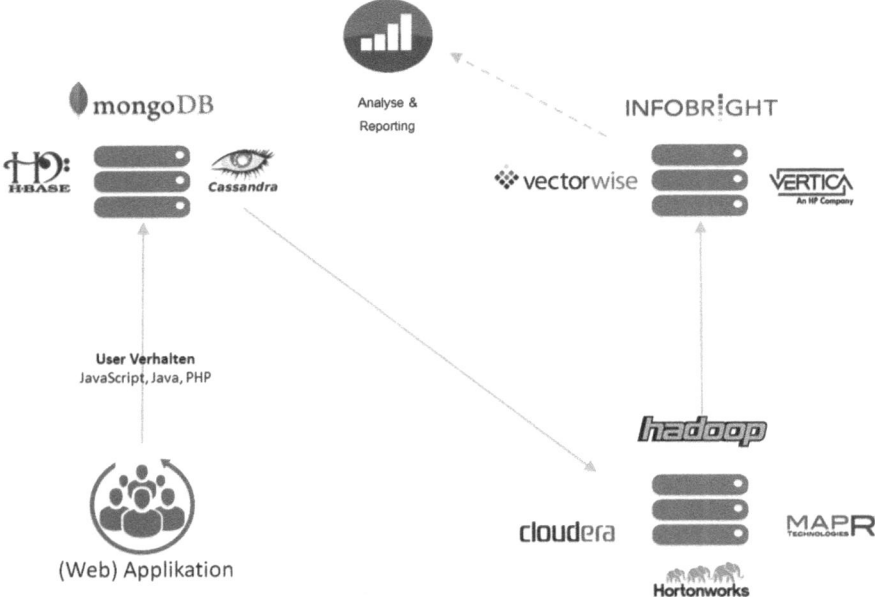

Abb. 7.5 Integrierte Big Data-Architektur

umgehen kann und über die Flexibilität verfügt, neue Datenobjekte unkompliziert ergänzen zu können.

Die Logdateien werden von den Webservern in einer gewaltigen Menge erzeugt: schnell können hier bei einer gut besuchten und genutzten Webapplikation beachtliche Datenmengen von vielen Gigabyte und mehr zusammenkommen. Logdaten liegen in einem technischen Format vor, das es unmöglich macht, sie in relationalen Datenbanken zu speichern und zu verarbeiten. Mit traditionellen ETL- und Data Warehouse-Technologien kann ihre Verarbeitung deshalb zeitlich ein Problem werden. Aus diesem Grund werden die Daten in Hadoop abgelegt. Hadoop ermöglicht eine extrem leistungsfähige Batch-Verarbeitung, um die Daten für die gewünschten Analysen aufzubereiten. So werden die Logdaten zu den Werten „Stunden", „Hosts" oder „Page Level" verdichtet und mit Informationen aus anderen Quellen angereichert.

Nach diesem Schritt werden die relevanten Daten aggregiert in das Data Warehouse bzw. die analytische Datenbank geladen. Auf dieser Ebene steht der volle Funktionsumfang von SQL zur Verfügung und es werden unterschiedliche Technologien für performante Abfragen auf dem veredelten Datenbestand genutzt. Das sind optimale Voraussetzungen für Abfragen mit komplexen Filtern, Joins und Gruppierungen sowie die Nutzung von OLAP (Online Analytical Processing).

Selbstverständlich sind bei dieser Architektur noch verschiedene Kombinationen bzw. Datenströme möglich. Wie bereits dargelegt, kann man zum Beispiel ein Reporting direkt auf NoSQL aufsetzen oder die Logdaten direkt in Hadoop ablegen.

7.5   Totgesagte leben länger – Koexistenz des Data Warehouse mit den Big Data Stores

In den vorangegangenen Absätzen ist klar geworden, dass das Konzept des Data Warehouse in Zeiten von Big Data aktueller denn je ist. Und das auch, weil die klassische Umsetzung mit einer relationalen Datenbank bei einigen Anforderungen an seine Grenzen stößt. Das grundsätzliche Data Warehouse-Modell bietet viele Vorteile und ermöglicht es, viele leistungsstarke BI-Frontends zu nutzen.

Die Herausforderung bei der Konfrontation mit Big Data und den dazugehörigen Analysen besteht darin, das Data Warehouse sinnvoll mit den neuen Technologien zu ergänzen und zu erweitern, um die Schwächen der klassischen Architektur auszugleichen. Moderne Business Intelligence und Data Warehouse-Architekturen müssen in der Lage sein, unterschiedlichste Daten verarbeiten zu können.

Big Data-Technologien stellen wiederum die ETL- und Datenintegrationswerkzeuge vor neue Anforderungen. Ziel ist es, Daten der unterschiedlichsten Quellen zu kombinieren und zu transformieren. Deshalb müssen sowohl Schnittstellen zu NoSQL, Hadoop usw. als auch zu relationalen Datenbanken, Files und anderen Quellen vorhanden sein.

Tab. 7.2 fasst die wesentlichen Unterscheidungspunkte zwischen Business Intelligence und Big Data zusammen.

Die Mühe der Integration der Technologien lohnt sich, weil wertvolles Wissen gewonnen wird. Dieses Wissen kann von den Fachabteilungen für qualitativ bessere

Tab. 7.2 Business Intelligence und Big Data im Vergleich

	Business intelligence	Big data
Hardware	Hoch getunter Server	Commodity Server
Datenvolumen	Terabytes und weniger	Mehrere Terabytes bis zu Petabytes und mehr
Datenstruktur	Strukturierte Daten	Polystrukturierte Daten
Storage Kosten	Vergleichsweise teuer	Günstig pro Terabyte
Datenzugriff	Schnell	Vgl. langsam
Skalierung	Vertikal	Horizontal
OLAP-Eignung	Schnell	Langsam
Datenqualität	Hoch	Mittel
Lizenzmodell	Oft Closed Source	Open Source

Entscheidungen genutzt werden. Die neue Realität ist nicht das Ende des alten Data Warehouse-Ansatzes, sondern der Aufbruch in eine Zukunft, die bessere und schnellere Analysen ermöglicht – alte und neue Ansätze werden richtig miteinander kombiniert. Bei der Betrachtung von Business Intelligence und Big Data sollten die nachstehenden drei Aspekte berücksichtigt werden:

Better together
Selten sind alle Anforderungen im Bereich Analytics mit einer monolithischen Lösung umsetzbar, insbesondere wenn Big Data eine Rolle spielt. Wie die vorgestellten Architekturen zeigen, bewähren sich hybride Ansätze mit mehreren integrierten Lösungen. Der Best-of-Breed-Ansatz setzt darauf, dass die einzelnen Komponenten ihre individuellen Stärken ausspielen und Hand in Hand zusammenarbeiten. Die Auswahl der Einzelkomponenten hängt von den individuellen Anforderungen ab.

Data Blending
In der Kombination der Daten aus den unterschiedlichen Quellen liegen die Schätze verborgen. Ein großer Teil des Aufwands liegt in der Integration der Daten, um diese Schätze heben zu können. Durch eine ganzheitliche Sicht auf Kunden, Prozesse, Produkte etc. können unterschiedliche Perspektiven eingenommen und ein ganzheitliches Bild gezeichnet werden.

Future Ready
Neue Anforderungen benötigen neue Technologien. Will man bisher ungenutzte Daten aus neuen Quellen wie zum Beispiel Social Media oder Weblogs nutzen, um neue Informationen zu generieren, muss die bestehende Tool-Landschaft kritisch hinterfragt werden. Oft sind bestehende Technologien aus genannten Gründen nicht geeignet und es müssen Investitionen in neue Techniken erfolgen. Nicht zielführend ist es, eine bestehende, ungeeignete Lösung zu verbiegen bis es einigermaßen passt. Technologie ist in diesem Fall eindeutig der Wegbereiter um Mehrwerte für das Geschäftsmodell zu erschaffen.

Literatur

Adrian, M., White, C.: Analytic Platforms: Beyond the Traditional Data Warehouse. *Beye Network Global Coverage of the Business Intelligence Ecosystem, TechTarget, BI Research, IT Market Strategy* (2010)

Caserta, J.: Intro to NoSQL Databases (2013), http://de.slideshare.net/CasertaConcepts/bdw-meetup-april-22-2013, zugegriffen am 24.05.2016

HMD Praxis der Wirtschaftsinformatik, (Hrsg.): Meier, A., Fasel, D. Ausgabe (2014)

Inmon, W.H.: Building the Data Warehouse. Wiley, New York (1996)

isreport: Hadoop erschließt Big Data für Data Warehouses (2013), http://www.isreport.de/news/hadoop-erschliesst-big-data-fuer-data-warehouses/. Zugegriffen am 24.05.2013

Kimball, R., Ross, M.: The Data Warehouse Toolkit: The Definitive Guide to Dimensional Modeling (3. Aufl.). Wiley, Indianapolis, USA (2013)

Pentaho: Driving Big Data (2013)

TDWI: Where Hadoop Fits in Your Data Warehouse Architecture (2013), https://tdwi.org/research/2013/07/tdwi-checklist-report-where-hadoop-fits-in-your-data-warehouse-architecture.aspx?tc=page0. Zugeriffen am 24.05.2016

Impala: Eine moderne, quellen-offene SQL Engine für Hadoop

8

Marcel Kornacker, Alexander Behm, Victor Bittorf,
Taras Bobrovytsky, Casey Ching, Alan Choi,
Justin Erickson, Martin Grund, Daniel Hecht,
Matthew Jacobs, Ishaan Joshi, Lenni Kuff, Dileep Kumar,
Alex Leblang, Nong Li, Ippokratis Pandis, Henry Robinson,
David Rorke, Silvius Rus, John Russel, Dimitris Tsirogiannis,
Skye Wanderman-Milne, und Michael Yoder

Zusammenfassung

Impala von Cloudera ist ein modernes, massiv paralleles Datenbanksystem, welches von Grund auf für die Bedürfnisse und Anforderungen einer Big Data Umgebung wie Hadoop entworfen wurde. Das Ziel von Impala ist es, klassische SQL-Abfragen mit geringer Latenz und Laufzeit auszuführen, so wie man es von typischen BI/DW Lösungen gewohnt ist. Gleichzeitig sollen dabei sehr große Quelldaten in Hadoop gelesen werden, ohne dass ein weiterer Extraktionsprozess in zusätzliche Systemlandschaften notwendig ist. Dieses Kapitel soll einen Überblick über Impala aus der Benutzerperspektive geben und detaillierter auf die Hauptkomponenten und deren Entwurfsentscheidungen eingehen. Zusätzlich werden wir einen Geschwindigkeitsvergleich mit anderen bekannten SQL-auf-Hadoop Lösungen vorstellen, der den besonderen Ansatz von Impala unterstreicht.

vollständig neuer Original-Beitrag

M. Kornacker (✉) • A. Behm • V. Bittorf • T. Bobrovytsky • C. Ching • A. Choi • J. Erickson • D. Hecht • M. Jacobs • I. Joshi • L. Kuff • D. Kumar • A. Leblang • N. Li • I. Pandis • H. Robinson • D. Rorke • S. Rus • J. Russel • D. Tsirogiannis • S. Wanderman-Milne • M. Yoder
Cloudera, Palo Alto, Kalifornien, Vereinigte Staaten von Amerika
E-Mail: marcel@cloudera.com; alex.behm@cloudera.com; victor.bittorf@cloudera.com; tbobrovytsky@cloudera.com; casey@cloudera.com; alan@cloudera.com; justin@cloudera.com; dhecht@cloudera.com; mj@cloudera.com; ishaan@cloudera.com; lskuff@cloudera.com; marcel@cloudera.com; alex.leblang@cloudera.com; nong@cloudera.com; ipandis@cloudera.com; henry@cloudera.com; marcel@cloudera.com; marcel@cloudera.com; marcel@cloudera.com; dtsirogiannis@cloudera.com; skye@cloudera.com; myoder@cloudera.com

M. Grund
Amazon Web Services, Palo Alto, Kalifornien, Vereinigte Staaten von Amerika
E-Mail: grundprinzip@gmail.com

Schlüsselwörter
Impala • Hadoop • Cloudera

8.1   Grundlagen zu Impala

Impala ist eine quellen-offene,[1] voll integrierte, massiv parallele SQL Datenbank
Engine auf dem neuesten Stand der Technik. Sie wurde explizit dafür entwickelt,
die Vorteile und Besonderheiten der Technologie rund um Hadoop auszunutzen.
Das Ziel von Impala ist es die Eigenschaften einer traditionellen analytischen
Datenbank, wie z. B. SQL Unterstützung und besondere Geschwindigkeitsoptimie-
rungen für Mehrbenutzersysteme, mit der Skalierbarkeit und Flexibilität von Apache Hadoop und den extrem wichtigen Erweiterungen für Sicherheit und Verwaltung
von Cloudera Enterprise zu verbinden. Impala wurde das erste Mal im Oktober
2012 als Vorversion vorgestellt und ist seit Mai 2013 direkt für alle Kunden inklusive Support verfügbar. Die aktuelle Impala Version ist 2.2 und wurde im Mai 2015
veröffentlicht. Die Benutzergruppe von Impala wächst immer noch sehr stark und
seit der Veröffentlichung im Mai 2013 wurde es mehr als 1 Million mal herunter-
geladen.

Anders als andere Systeme, die typischerweise Weiterentwicklungen von Post-
gres sind, ist Impala als neue Datenbank Engine entworfen worden, um bestmöglich
die Eigenschaften des gesamten Big Data Stacks ausnutzen zu können. So ist Impala
in der Lage die Flexibilität des Hadoop Stacks beizubehalten, in dem es sich mit
Standardkomponenten wie z. B. HDFS, HBase, Sentry und Hive integriert. Gleichzeitig ist Impala in der Lage die Mehrheit der verwendeten unterschiedlichen
Dateiformate (z. B. Parquet, Avro, Text, RCFile) zu lesen. Für die bestmögliche
Ausführungsgeschwindigkeit wurde Impala als verteiltes System entwickelt, bei
dem ein Impala-Prozess auf jedem Knoten des Hadoop-Clusters installiert wird.
Dadurch ist es möglich nahezu alle Daten lokal zu lesen und gleichzeitig die verfüg-
baren Ressourcen möglichst optimal auszunutzen. Auf Grund dieser Architektur ist
Impala in der Lage kommerzielle parallele Datenbanksysteme in bestimmten
Workloads in Bezug auf die Ausführungsgeschwindigkeit zu schlagen. Dieses
Kapitel präsentiert im Folgenden eine Übersicht der verschiedenen Komponenten
von Impala und zeigt, welche enormen Leistungssteigerungen in der analytischen
Datenverarbeitung mit Impala möglich sind.

8.2   Benutzersicht auf Impala

Aus Sicht eines Benutzers ist Impala eine Datenbank Engine, die direkt in die
Hadoop Umgebung eingebettet ist und diverse Standardkomponenten aus dem
Hadoop Umfeld wiederverwendet, wie z. B. den Hive Metastore, HDFS, HBase,

---

[1] https://github.com/cloudera/Impala

YARN oder Sentry, um eine Ausführungsumgebung zu bieten, die dem einer klassischen relationalen Datenbank möglichst ähnlich ist. Im weiteren Teil dieses Abschnitts wird detaillierter auf die wichtigsten Unterschiede zu diesen traditionellen Datenbanken eingegangen.

Impala wurde speziell dafür entwickelt, dass es sich möglichst nahtlos in bestehende Business Intelligence Umgebungen eingliedern kann und es die dafür notwendigen industriellen Standards unterstützt. So ist es möglich Impala direkt über ODBC oder JDBC anzusprechen, die Authentifizierung kann mittels Kerberos oder LDAP erfolgen und das Autorisierungskonzept folgt den Rollen und Privilegien so wie sie im SQL Standard definiert sind.[2] Im Gegensatz zu klassischen Datenbanken, bei denen die Datenbank die volle Kontrolle über die Ablage der Daten auf den Festplatten oder Storage Systemen hat, werden bei Impala die Daten in HDFS gespeichert. Um auf diese Daten aus dem Dateisystem zuzugreifen, kann der User mit dem bekannten SQL Befehl CREATE TABLE Tabellen anlegen, mit der besonderen Möglichkeit, direkt den Pfad zu den Quelldateien oder das Datenformat zu spezifizieren (z. B. GZip komprimierte CSV Dateien oder das Parquet Format).

8.2.1 Physikalischer Schemaentwurf

Wenn der Benutzer eine Tabelle anlegt, kann er direkt auch eine Anzahl von Partitionierungsspalten zur horizontalen Partitionierung definieren, z. B.: CREATE TABLE T() PARTITIONED BY (day INT, month INT) LOCATION STORED AS PARQUET. Im Falle einer nicht-partitionierten Tabelle werden die Quelldateien direkt im Ursprungsverzeichnis des Tabellenpfades gespeichert. Im Falle einer partitionierten Tabelle werden die einzelnen Dateien in Unterverzeichnissen entsprechend des Partitionierungskriteriums gespeichert. Für eine Tabelle mit dem obigen Schema wird für den Tag 17 im Monat 2 die folgende Verzeichnisstruktur angelegt: /root/day=17/month=2. Es ist hierbei wichtig darauf hinzuweisen, dass diese Art der Gliederung rein logisch ist und die Daten trotzdem über alle Knoten des verteilten Dateisystems HDFS verteilt sein können. Weiterhin gibt Impala dem Benutzer große Freiheiten in Bezug auf die tatsächliche Formatierung der Daten im Dateisystem HDFS. So werden derzeit eine große Spanne verschiedener unkomprimierter und komprimierter Quellformate unterstützt: Textdateien, Sequence File Dateien, Dateien im Avro Format, Dateien im RCFile Format und Dateien im Parquet Format. Das Parquet Format wird dabei vom Impala bevorzugt, da die interne Organisation der Dateien in ein Spaltenformat es Impala ermöglicht eine extrem hohe Geschwindigkeit bei der Abfrageausführung zu erreichen. Später gehen wir dabei detaillierter auf die verschiedenen Formate ein. Zusätzlich zu der Möglichkeit die Formate beim Anlegen der Tabelle zu spezifizieren, kann es immer auch für die gesamte Tabelle geändert werden oder auch nur für eine bestimmte

---

[2] Die Autorisierung ist dabei mittels einer Standard Hadoop Komponente mit dem Namen Sentry (http://sentry.incubator.apache.org) implementiert. Sentry erlaubt auch eine rollen-basierte Autorisierung für Hive und andere Komponenten.

Partition. Die Motivation für dieses Verhalten begründet sich aus den verschiedenen Eigenschaften der Dateiformate. So ist es z. b. möglich Daten schnell im Textformat zu schreiben, für eine hohe Lesegeschwindigkeit ist es jedoch von Vorteil die Dateien in das Parquet-Format umzuschreiben. Mit der eben beschriebenen Flexibilität von Impala kann so jede Partition einer Tabelle an die notwendigen Gegebenheiten der Datenproduktion angepasst werden.

8.2.2 SQL Unterstützung

Impala unterstützt nahezu alle Eigenschaften des SQL'92 SELECT Befehles und zusätzlich einige Besonderheiten der analytischen Funktionen aus dem SQL'2003 Standard. Weiterhin werden die Mehrheit der skalaren Datentypen unterstützt, wie z. b. Ganzzahltypen, Fließkommatypen, STRING, CHAR, VARCHAR, TIMESTAMP und DECIMAL als Dezimaltyp mit einer Genauigkeit von bis zu 38 Stellen. Benutzerdefinierte Funktionen können in Java oder C++ implementiert werden und benutzerdefinierte Aggregatsfunktionen können vom Benutzer in C++ bereitgestellt werden. Auf Grund der Beschränkungen von HDFS als Persistenzschicht unterstützt Impala keine Modifikation oder zeilenweises Löschen von Daten. Typischerweise werden Daten per Massenbefehl in Impala importiert. Im Unterschied zu klassischen relationalen Datenbanken kann der Benutzer auch einfach Daten zu einer Tabelle hinzufügen, indem die neuen Dateien einfach in die jeweiligen Quellverzeichnisse kopiert werden. Anstatt diesen Kopiervorgang mit den jeweiligen APIs von HDFS zu erledigen, kann auch das LOAD DATA Kommando benutzt werden, um das gleiche Resultat zu erreichen. Genau wie das massenhafte Laden von Daten unterstützt Impala auch das massenhafte Löschen von Daten mit Hilfe des ALTER TABLE DROP PARTITION Befehls. Um die Begrenzung HDFS Dateien nicht modifizieren zu können zu umgehen, ist es ein typischer Weg Partitionen in einem extra Schritt neu zu berechnen und danach direkt zu ersetzen. Um die Abfrageausführung zu beschleunigen und die Plangenerierung robuster zu machen, sollte möglichst nach jedem massenhaften Laden von Daten, oder wenn sich ein signifikanter Anteil der Daten geändert hat, der COMPUTE STATS Befehl ausgeführt werden, um grundlegende Statistiken über die Daten und deren Eigenschaften zu berechnen.

8.3 Architektur

Im Grunde ist Impala ein massiv paralleler Datenbankabfrageprozessor, der auf hunderten Knoten in einem bestehenden Hadoop Cluster Abfragen parallel verarbeiten kann. Im Vergleich zu traditionellen Datenbanken ist die gesamte Persistenz unabhängig von Impala. Abb. 8.1 zeigt die allgemeine Architektur von Impala. Die Installation von Impala besteht aus drei Hauptkomponenten. Der Impala Service *impalad* ist zugleich dafür zuständig, neue Anfragen entgegenzunehmen und deren Ausführung in dem gesamten Cluster zu verteilen und gleichzeitig Abfragefragmente anderer Koordinatoren aus dem Cluster lokal auszuführen. Ist ein Impala Service in

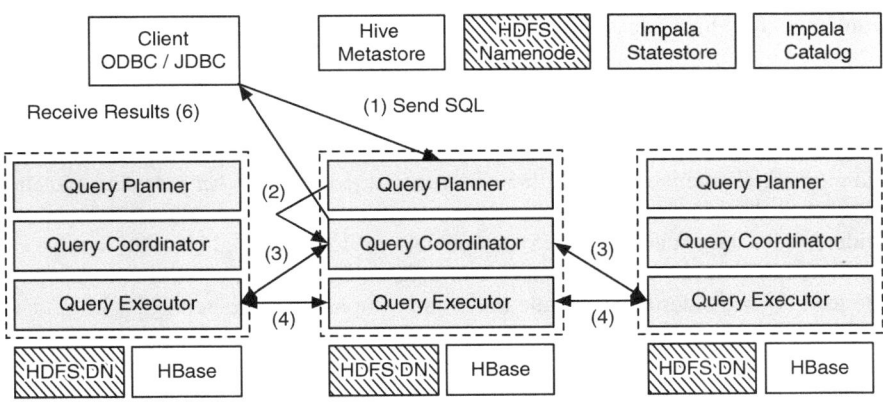

Abb. 8.1 Impala Architektur und Abfrageverarbeitung

der zuerst genannten Rolle aktiv, so wird er als Koordinator für diese Abfrage bezeichnet. Es ist jedoch wichtig anzumerken, dass sich alle Impala Knoten symmetrisch verhalten und gleichzeitig Anfragen koordinieren und ausführen können und es somit keinen einzelnen Fehlerpunkt gibt und die gesamte Systemlast auf alle Knoten verteilt werden kann.

Typischerweise wird ein Impala Service pro HDFS DataNode Knoten gestartet, mit dem Ziel, dass Impala die Lokalität zu den Daten ausnutzen kann und möglichst effizient die Daten lesen kann. Weiterhin ist es möglich, spezielle lokale Schnittstellen zu HDFS wie z.B. Short-Circuit-Reads auszunutzen. Das Entwurfsziel dieser Schnittstellen ist es, überflüssige Kopien bei der Übergabe von Daten von einem Dienst an den nächsten zu verhindern.

Der *statestored* Dienst ist dafür zuständig Metadaten Cluster-weit synchron zu halten und der *catalogd* Dienst dient als Tabellenkatalog und Metadatenprovider. Durch den Katalogdienst werden die jeweiligen DDL Befehle ausgeführt und gegenüber externen Katalogen wie z.B. dem Hive Metastore synchronisiert. Alle Dienste, sowie zusätzliche Konfigurationsparameter für Ressourcenverbrauch, Sicherheit und weitere werden gegenüber Cloudera Manager exponiert und erlauben somit eine komfortable Verwaltung der gesamten Clusterinfrastruktur bis ins kleinste Detail. Cloudera Manager kann dabei nicht nur für Impala verwendet werden, sondern für alle Komponenten, die direkt in den Hadoop Stack integriert werden und bietet damit eine holistische Übersicht über den Zustand des gesamten Clusters.

8.3.1 Zustands- und Metadatenmanagement

Eine der Hauptherausforderungen von parallelen Datenbanken, die für Umgebungen mit mehreren hunderten von Knoten optimiert sein sollen, ist der Cluster-weite Austausch und die Synchronisierung von Metadaten. Die symmetrische Architektur von Impala bedingt, dass alle Knoten im Cluster in der Lage sein müssen neue Abfragen anzunehmen und zu verarbeiten. Deshalb müssen alle Knoten die gleiche aktuelle Sicht auf den Zustand des Clusters und die notwendigen Katalogdaten haben. Eine Möglichkeit dieses Problem zu lösen, ist es einen zentralen Dienst zu verwenden, bei dem die jeweils aktuellen Daten abgefragt werden können. Der Hauptnachteil einer solchen Implementierung ist jedoch, dass für jede Anfrage eine synchrone Verbindung zu diesem Dienst aufgebaut werden muss, dies jedoch widerspricht dem fundamentalen Designziel von Impala möglichst auf synchrone Schnittstellen zu verzichten. Deshalb wurde der Metadatendienst so entworfen, dass die jeweiligen Änderungen an alle beteiligten Impala Dienste gepusht wird und so verhält sich der *statestored* als einfacher sogenannter *publish-subscribe* Dienst. Der Dienst speichert Informationen als sogenanntes Thema, bestehend aus einem Tripel von Schlüssel, Wert und Version. Die Schlüssel und Werte sind typ-agnostische Bytelisten und die Version ist als eine monoton steigende Ganzzahl definiert. Ein Thema wird von der Applikation definiert und der *statestored* hat keinerlei semantisches Verständnis der gespeicherten Information. Die Lebensdauer, der in diesem Dienst gespeicherten Daten, ist auf die Lebensdauer des Dienstprozesses beschränkt und hat keine weitere sekundäre Persistenz. Anwendungen, die Änderungen zu einem bestimmten Thema erhalten wollen, können sich als *subscriber* registrieren und erhalten zunächst den Inhalt des gesamten Themas und danach nur noch inkrementelle Änderungen. Nach erfolgreicher Registrierung sendet der Dienst zwei Nachrichtentypen an die Liste der bekannten Interessenten: Der erste Nachrichtentyp fasst alle Änderungen seit der letzten versendeten Nachricht zusammen. Jeder Interessent unterhält dabei eine Liste der aktuellsten Änderungen zu einem Thema und kann so die von dem *statestored* versendete inkrementelle Änderung interpretieren. Der zweite Nachrichtentyp ist ein sogenannter Pulsschlag, der dem Interessent signalisiert, dass weiterhin Änderungen zu erwarten sind, sollte diese Nachricht über einen längeren Zeitraum nicht empfangen worden sein, initialisiert der Interessent den Prozess zur Registrierung mit dem Dienst erneut. Die Trennung der Änderungsnachricht und des Pulsschlags ist darauf zurückzuführen, dass die variierende Latenz bei der Verarbeitung der Änderungsliste dazu führen kann, dass die Nachricht zu spät bei bestimmen Interessenten ankommt und es somit zu Falschmeldungen bei der Fehlererkennung im Cluster kommen kann. Zusätzlich können bestimmte Themen in dem Dienst als kurzlebig markiert werden. Diese werden gelöscht, sobald der entsprechende Client, der dieses Thema bereitgestellt hat, nicht mehr erreichbar ist. Diese Eigenschaft ist ein geeignetes Mittel, um die Zugehörigkeitsinformation und Lastinformation pro Knoten als auch im gesamten Cluster zu speichern und verfügbar zu machen.

Der *statestored* bietet nur sehr geringe semantisch Garantien, was es aber sehr flexibel macht, um es auch in sehr großen Umgebungen einzusetzen. So können Interessenten in unterschiedlicher Geschwindigkeit neue Änderungen erhalten. Der Dienst probiert jedoch die Änderungsmitteilungen möglichst fair zu verteilen, um Lastspitzen zu verhindern. Jedoch spielen diese Eigenschaften für die eigentliche Abfrageausführung keine Rolle, da alle Entscheidungen, die auf Grundlage von Metadaten getroffen werden, immer lokal im Koordinator gefällt werden und danach als absolute Information an die jeweilig beteiligten Knoten versendet wird. Dies bedeutet, dass kein beteiligter Impala Knoten zwangsweise die gleiche Sicht auf die Metadaten benötigt. Weiterhin ist anzumerken, dass der *statestored* nur ein einzelner Prozess ist. Aber unsere Erfahrungen haben gezeigt, dass die Grundeinstellungen des Dienstes selbst in mittel-großen Clustern sehr gut funktionieren und mit wenigen Konfigurationsänderungen auch in den größten uns bekannten Installationen verwendet werden kann. Wie schon angemerkt werden die im *statestored* gespeicherten Informationen nicht weiter persistiert. Sollte ein Interessent nicht mehr verfügbar sein, bekommt er automatisch nach einer erneuten Registrierung den aktuellen Zustand übermittelt. Sollte der Dienst an sich nicht mehr verfügbar sein, können die Interessenten direkt an eine weitere Instanz weitergeleitet werden und beginnen den Registrierungs- und Aktualisierungsprozess erneut. Typischerweise wird der *statestore*d nur über einen DNS Eintrag exportiert und sollte er nicht mehr verfügbar sein wird der DNS Eintrag umgeleitet.

8.3.2 Katalogdienst

Die Aufgabe des Katalogdienstes in Impala ist es, die notwendigen Metadaten zur eigentlichen Abfrageverarbeitung bereitzustellen und SQL DDL Operationen im Auftrag einer speziellen Impala Instanz auszuführen. Der Katalogdienst extrahiert dafür die Daten aus unterschiedlichen Quellen, wie z. B. dem Hive Metastore oder den HDFS NameNode und stellt dann eine aggregierte Sicht auf diese Daten zu Verfügung. Die Verteilung und Aktualisierung dieser Daten erfolgt unter Zuhilfenahme des *statestored*. Diese Unabhängigkeit gegenüber den einzelnen Katalogimplementierungen der Hadoop Plattform erlaubt es schnell auf wechselnde Anforderungen wie z. B. die Integration Apache HBase oder HDFS Caching zu reagieren. Weiterhin erlaubt dieses Vorgehen die Katalogdaten um spezielle Informationen, die nur für Impala von Relevanz sind, anzureichern. So werden z. B. vom Benutzer definierte eigene Aggregationsfunktionen nur im Katalogdienst registriert, da sie in Zusammenhang mit den Daten im Hive Metastore ohne Nutzen sind. Da Quellkataloge gerade im analytischen Umfeld sehr groß sein können, wird Anfangs nur ein Rumpfgerüst der jeweiligen Tabellen geladen, um zumindest die Existenz einer Tabelle zu überprüfen. Detailliertere Informationen können nun asynchron im Hintergrund geladen werden. Sollte ein Impala Dienst die Informationen zu einer Tabelle benötigen, ohne dass diese schon geladen ist, kann ein priorisierter Ladevorgang für diese Tabelle gestartet werden, der blockiert, bis die Information verfügbar ist.

8.3.3 Frontend

Das Impala Abfrage-Frontend ist dafür verantwortlich, eingehende Anfragen als SQL Text in entsprechende ausführbare Abfragepläne zu übersetzen, die danach vom Impala Backend ausgeführt werden können. Das Frontend ist in Java implementiert und besteht aus einem umfangreichen SQL Parser und einem kostenbasierten

Abfrageoptimierer, die beide von Grund auf für die Hadoop Umgebung entwickelt wurden. Zusätzlich zu den grundlegenden SQL Funktionen wie *select, project, join, group by, order by, limit* unterstützt Impala auch sogenannte *inline-views, uncorrelated* und *correlated subqueries* (welche vom Optimierer in Joins umgeschrieben werden). Weiterhin werden alle verschiedenen Join-Typen unterstützt, von einfachen *inner joins* und *outer joins* bis hin zu, *explicit left-/right-, semi-, anti-joins* und analytischen Fensterfunktionen.

Die Übersetzung der SQL Abfrage erfolgt dabei nach dem typischen Schema der Arbeitsteilung: Abfrageparsing, Abfrageanalyse und Abfrageplanung und Abfrageoptimierung. In diesem Abschnitt werden wir uns auf die Abfrageübersetzung, den letzteren, sehr anspruchsvollen Arbeitsschritt, konzentrieren. Die Eingabe für die Abfrageplanung und Optimierung besteht aus dem Parse-Baum der Abfrage und dem globalen Analysezustand der Abfrage, der die entsprechenden Informationen wie z. B. die Spalten- und Tabellenzugehörigkeit und auch Äquivalenzklassen für Prädikate enthält. Ein ausführbarer Abfrageplan wird nun in zwei Schritten erstellt. Zuerst wird ein nicht-paralleler Abfrageplan erstellt und aus diesem Plan wird in einem zweiten Schritt ein paralleler und fragmentierter Abfrageplan erstellt, der auf die besondere Topologie des Clusters angepasst ist. Dieser erste Abfrageplan besteht aus den jeweiligen Planknoten für die jeweiligen Scans vom HDFS oder auch HBase, den entsprechenden Join-Knoten, Aggregationen usw. Dieser erste Schritt ist notwendig, um die in der Abfrage verwendeten Prädikate an dem tiefst möglichen Punkt im Abfrageplan zu installieren. Weiterhin erlaubt es, zusätzliche Prädikate aus der Äquivalenzklassenanalyse zu extrahieren und diese zu den entsprechenden Planknoten zu propagieren. Weiterhin werden Prädikate daraufhin untersucht, ob sie es erlauben, direkt Einschränkungen bei der Selektion von horizontalen Partitionen der Tabelle vorzunehmen und den entsprechenden Join Plan auf Basis einer Kostenschätzung auszuwählen. Die Kostenanalyse nimmt dabei Informationen zu der Gesamtanzahl der zu lesenden Zeilen und der Menge der unterschiedlichen Werte für jede verwendete Spalte zu Hilfe.[3] Detaillierte Histogramme werden zurzeit noch nicht für die Planoptimierung verwendet. Um nicht den gesamten Lösungsraum für den optimalen Join Plan zu untersuchen, benutzt Impala einfache Heuristik, um einen möglichst optimalen Join Plan auszuwählen.

Im zweiten Schritt wird dieser einfache Abfrageplan in einen verteilten Plan umgewandelt. Das Ziel der Umwandlung ist es, die Menge der notwendigen Datenübertragungen zu minimieren und die Lokalität der entsprechenden Leseoperationen zu maximieren, da das Lesen von nicht-lokalen HDFS Knoten deutlich aufwendiger ist als das lokale Lesen. Die eigentliche Parallelisierung des Plans erfolgt durch das Einfügen von sogenannten Datenaustauschknoten für den Transfer von Daten zwischen den Knoten und besonderer Planknoten, die Datentransfer minimieren, wie z. B. eine lokale Voraggregation. In dieser zweiten Phase wird auch die Ausführungsstrategie für den Join ausgewählt. Während die eigentliche Join-Anordnung

---

[3] Zur Bestimmung der unterschiedlichen Werte pro Spalte benutzen wir das probalistische Zählverfahren HyperLogLog (Flajolet et al. 2007).

konstant ist, kann der Optimierer zwischen einer partitionierten und einer replizierten Join-Strategie wählen. Beim replizierten Join wird die Seite des Joins, auf der z. B. die Hashtabelle für den Join aufgebaut wird, zu allen Knoten repliziert, während der partitionierte Join die Daten entsprechend der Join-Prädikate verteilt. Impala wählt die entsprechende Strategie abhängig von der zu benötigten Transferdatenmenge aus.

Aggregationen werden nach einem ähnlichen Schema in zwei Suboperationen unterteilt, einer lokalen Vor-Aggregation und einer weiteren Gesamtaggregation. Je nach Aggregationstyp ist die Gesamtaggregation entweder vor-partitioniert auf Basis der Gruppierungsattribute oder die Gesamtaggregation wird auf einem Knoten ausgeführt. Ein ähnliches Verfahren gibt es für analytische Funktionen und Sortierungsknoten.

Der verteilte Plan wird nun an den Kanten der Austauschoperatoren getrennt und jeder Teilplan wird in einem sogenannten Fragment zusammengefasst. Ein Planfragment beinhaltet nun genau den Teil des Abfrageplans, der auf einem Knoten auf den gleichen Eingabedaten ausgeführt wird.

Abb. 8.2 illustriert die beiden Phasen der Abfrageplanung. Die linke Seite des Bildes zeigt den nicht-parallelen Plan bestehend aus dem Join der beiden HDFS Tabellen (t1, t2) und dem Join mit der HBase Tabelle (t3). Auf den Join folgt dann eine Aggregation und eine Sortierung mit einer Limit-Begrenzung. Die rechte Seite der Abbildung zeigt nun den verteilten Abfrageplan. Die farbliche Gruppierung zeigt die Fragmentzugehörigkeit und die Pfeile symbolisieren den Datenaustausch. Für den Join von (t1, t2) wird ein partitionierter Join ausgewählt. Der Leseprozess der Quelldaten wird in einem eigenen Fragment ausgeführt und die Ergebnisse werden direkt an den Join partitioniert, nach dem Join Prädikat gesendet. Die Datenseite des Joins wird jedoch nicht partitioniert, sondern zufällig gleichverteilt an die Instanzen des Join-Fragments gesendet. Der darauf folgende Join wird verteilt ausgeführt, kann jedoch in dem gleichen Fragment positioniert werden, da der verteilte Join die existierende Partitionierung beibehält (das Ergebnis des Joins von t1,t2 und t3 ist immer noch basierend auf den Join-Schlüsseln von t1 und t2 partitioniert). Nach dem Join folgt eine verteilte Aggregation, die in die Voraggregation und die folgende

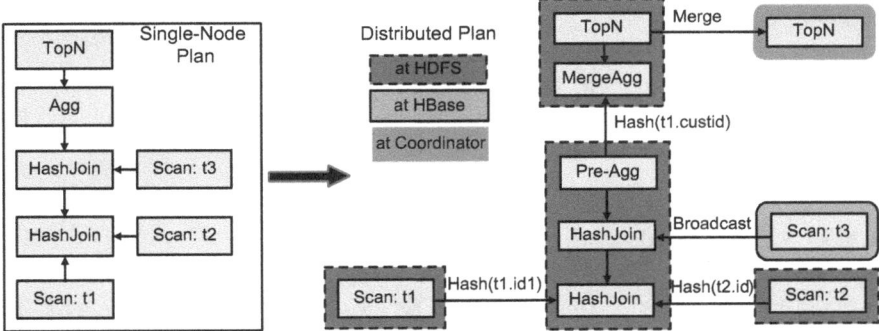

Abb. 8.2 Beispiel der zwei-phasigen Abfrageoptimierung

Gesamtaggregation aufgeteilt ist. Die Voraggregation wird wiederum basierend auf dem Hashwert der Gruppierungsattribute partitioniert. Selbiges wird für Sortieren und das Limit ausgeführt, bevor die finale Sortierung und das Limit im Koordinator ausgeführt wird.

8.3.4 Backend

Impalas Backend nimmt die serialisierten Abfrage-Fragmente entgegen und ist dafür zuständig, diese so effizient und schnell wie möglich auszuführen. Impala wurde deshalb auch von Grund auf daraus ausgelegt möglichst gut von moderner Hardware zu profitieren. Das Backend ist in C++ implementiert und benutzt Codegenerierung zur Laufzeit, um eine möglichst effiziente Ausführung zu garantieren. Dies führt zu deutlich weniger Instruktionen pro Fragment als in anderen Programmiersprachen wie z. B. Java möglich wäre.

Impala profitiert dabei von jahrzehntelanger Forschung im Bereich paralleler Datenbanken. Das Ausführungsmodell von Impala ist ein traditionelles Volcano-Modell mit Transferoperatoren (Graefe 1990). Die Ausführung geschieht dabei blockweise: Jeder Aufruf von **GetNext**() arbeitet auf einem Block von Zeilen ähnlich zu (Padmanabhan et al. 2001). Mit Ausnahme von „Stop-and-go" Operatoren (z. B. Sortierung) ist die gesamte Ausführung innerhalb einer Kette möglich, was den notwendigen Speichverbrauch für das Speichern von Zwischenergebnissen minimiert. Sobald die Zeilen in den Hauptspeicher geladen werden, sind sie in einem kanonischen Zeilenformat abgelegt.

Impala erlaubt die Partitionierung der Eingabedaten für Hash-basierte Join- und Aggregationsoperatoren. Dies bedeutet, dass ein Teil der Bits aus dem generierten Hashwert dafür verwendet wird, die eigentliche Partition zu identifizieren und die restlichen Bits dafür verwendet werden, den eigentlichen Lookup in der Hashtabelle auszuführen. Für den Fall, dass alle Partitionen im Hauptspeicher gehalten werden können, ist der zusätzlich notwendige Aufwand minimal, im Bereich von bis zu maximal 10 % im Vergleich zu nicht-partitionierbaren, nicht-auslagernden Operatoren. Wenn nicht genug Speicher vorhanden ist, kann eine Partition auf die Festplatte ausgelagert werden und der Operator kann trotzdem weiter ausgeführt werden. Als zusätzliche Optimierung für den Hash-Join können Bloomfilter verwendet werden, die auf der Datenseite verwendet werden können, um die Anzahl der Zeilen, die überprüft werden müssen, weiter zu reduzieren. Gleichzeitig kann dieser Bloomfilter auch als einfacher Semi-Join verwendet werden.

8.3.5 Laufzeitcodegenerierung

Generierung von spezialisiertem Code zur Laufzeit der Abfrage auf Basis von LLVM (Lattner et al. 2004) ist eine von Impalas wichtigsten Methoden, um die bestmögliche Performance zu erreichen. LLVM ist eine Compilerbibliothek und Sammlung von Tools, die es ermöglicht, relativ einfach einen vollständigen Compiler in eine beliebige Anwendung zu integrieren und so klassische Just-In-Time Compilation Ansätze zu ermöglichen. Gleichzeitig bietet das Framework genügend Stabilität und Features aus dem Bereich klassischer Programmübersetzung. Impala benutzt Laufzeitcodegenerierung, um Maschinencode für die Implementierung von Funktionen zu generieren, die spezifisch für die jeweilige Anfrage sind. Das Ziel ist es insbesondere die Programmteile zur Laufzeit zu generieren, die sehr oft, z. B. pro Zeile einmal, ausgeführt werden. Oft sind es solche Funktionen, die den Großteil der Gesamtverarbeitungszeit ausmachen. So muss z. B. eine Funktion, die die Daten aus einem Textformat ausliest und in das Impala Hauptspeicherformat schreibt, für jede Spalte und jedes Tupel ausgeführt werden. Das Ziel ist, dass diese Funktion möglichst effizient implementiert ist, um die beste Ausführungsgeschwindigkeit zu erreichen. Da nicht alle Informationen, die benötigt werden, zur Compilezeit von Impala verfügbar sind, bietet Codegenerierung eine sehr gute Alternative, da es so möglich wird die Informationen, die zur Laufzeit einer Abfrage zur Verfügung stehen, zu konstanten Werten bei der Generierung der speziellen Funktion zu machen. Durch diesen Ansatz kann sehr effizienter und damit auch performanter Code generiert werden. Als Beispiel seien hier Aufrufe virtueller Funktionen genannt. Virtuelle Funktionen sind ein gutes Abstraktionsmittel in polymorphen Vererbungshierarchien. Zur Laufzeit muss aber für jede virtuelle Funktion eine zusätzliche Indirektion interpretiert werden, um die tatsächliche Methode aufzulösen. Diese Abstraktion kann zu erheblichen Performanceeinbußen führen. Ein Anwendungsgebiet ist z. B. die Liste der Prädikate für eine Abfrage in Impala. Ein Prädikat ist dabei als Baum modelliert. Wenn auf dem Wurzelknoten `evaluate()` aufgerufen wird, wird dieser Aufruf an alle Kinder und deren Kinder weitergeben bis das Ergebnis berechnet ist. Da zur Compilezeit die jeweiligen Typen nicht bekannt sind, ist eine derartige Abstraktion hilfreich. Zur Abfragelaufzeit sind nun aber die entsprechenden Typen bekannt und auch alle Literale können als Konstanten ausgewählt werden. Impala löst dieses Problem, indem vor der Ausführung der Baum mit virtuellen Methodenaufrufen ersetzt wird durch Typ-entsprechende Aufrufe. Weiterhin werden Indirektionen zum jeweiligen Tupel Schema aufgelöst. Im letzten Schritt werden alle Funktionsaufrufe direkt eingebettet und die gesamte Funktion wird optimiert. So wird der generische Baum basierte Ansatz überführt in genau einen Funktionsaufruf mit allen zur Abfragelaufzeit bekannten festen Typen.

Abb. 8.3 zeigt ein Beispiel einer Funktion mit der auf einem Baum basierenden Interpretation, welche angereichert durch Informationen zur Abfragezeit in eine kompakte Form umgeformt werden kann (vgl. rechte Seite der Abbildung. Durch das direkte Inlining der Funktionen wird eine weitere Optimierung durch den Compiler möglich, wie z. B. Subexpression Elemination über einzelne Ausdrücke hinweg. Im Prinzip kann man den Prozess der Generierung von Code zur Laufzeit vergleichen mit der Handoptimierung von Datenbankabfragen. Die Generierung von Code zur Laufzeit hat einen drastischen Einfluss auf die Ausführungsgeschwindigkeit wie Abb. 8.4 zeigt.

In einem Cluster mit 10 Knoten, jeder Knoten hat 8 Cores, 48 GB RAM und 12 Festplatten, haben wir den Einfluss von Codegenerierung zur Laufzeit untersucht.

```
IntVal my_func(const IntVal& v1, const IntVal& v2) {
    return IntVal(v1.val * 7 / v2.val);
}
```

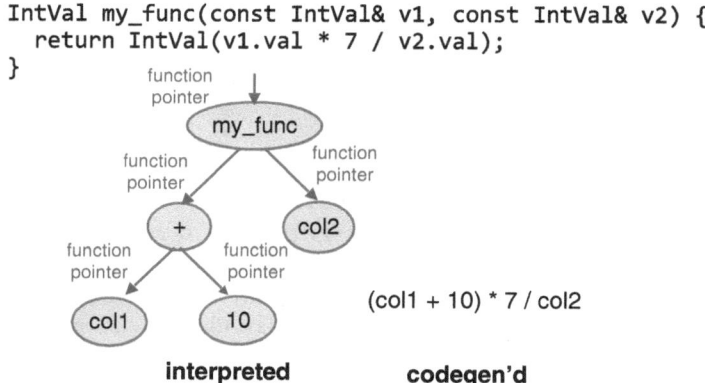

(col1 + 10) * 7 / col2

interpreted   **codegen'd**

Abb. 8.3 Interpretierte Ausführung im Vergleich zu äquivalentem generierten Code

Abb. 8.4 Leistungssteige-
rung durch dynamische
Codegenerierung

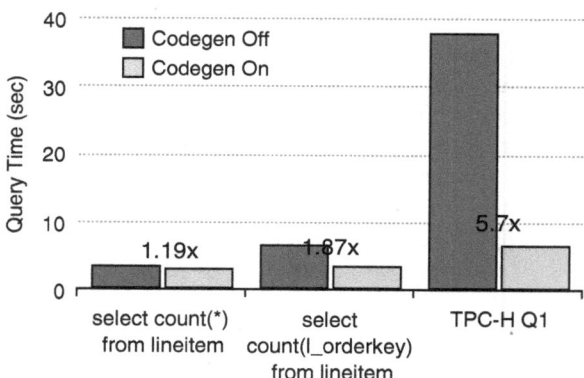

Als Basis dient eine vorgenerierte Datenbank mit dem TPC-H Schema im Skalierungsfaktor 100. Die Daten sind dabei im Avro Format abgelegt. Codegenerierung zur
Laufzeit kann die Ausführungsgeschwindigkeit bis zu einem Faktor von 5.7x erhöhen.

8.3.6 I/O Management

Das effiziente Lesen von Daten aus dem verteilten Dateisystem HDFS ist eine
große Herausforderung für alle SQL-on-Hadoop Datenbanksysteme. Um trotzdem
in der Lage zu sein, die Daten mit der höchstmöglichen Geschwindigkeit auszulesen, benutzt Impala eine besondere Eigenschaft des HDSF Clients – die sogenannten *short-circuit-reads* (http://hadoop.apache.org/docs/r2.5.1/hadoop-project-dist/
hadoop-hdfs/ShortCircuitLocalReads.html). Der Vorteil dieser Dateizugriffe ist,
dass das gesamte DataNode Protokoll dabei umgangen wird und die Daten effizient
vom lokalen Storage gelesen werden. Dabei ist es möglich, die Daten nahezu mit

der von den Festplatten theoretisch maximalen Geschwindigkeit auszulesen (~ca. 100 MB/s). In einem Experiment wurde von zwölf Festplatten Daten mit Impala gelesen und es war möglich, eine konstante Transferleistung von 1.2GB/s zu garantieren. Zusätzliche ermöglicht *HDFS caching* (https://hadoop.apache.org/docs/ r2.3.0/hadoop-project-dist/hadoop-hdfs/CentralizedCacheManagement.html) Daten direkt im Hauptspeicher des jeweiligen Knoten abzulegen. Wenn Impala dann auf diese Daten zugreift, ist der Zugriff noch schneller und hat eine geringere Latenz. Der I/O Manager in Impala ist dafür zuständig, das Lesen und Schreiben zu koordinieren. So wird eine fixe Anzahl von Threads pro Festplatte bereitgestellt – 1 Thread pro konventionelle Festplatte und 8 pro SSD. Diese Threads implementieren eine asynchrone Schnittstelle, so dass der eigentliche Dateizugriff entkoppelt von den darüber liegenden synchronen Planoperatoren ist. Die Effektivität von Impalas I/O Manager wurde in (Floratou et al. 2014) untersucht und gezeigt, dass der Durchsatz im Schnitt zwischen vier- und achtmal höher liegt als bei anderen getesteten Systemen.

8.3.7 Unterstützte Dateiformate

Impala unterstützt die gängigsten Speicherformate wie z. B. Avro, RC, Sequence Files, Text und auch Parquet. Diese Dateiformate können mit unterschiedlichen Kompressionsprozessoren kombiniert werden. Hier unterstützt Impala snappy, gzip und bz2.

In den meisten Fällen wird empfohlen, Impala mit Apache Parquet zu verwenden. Parquet ist ein open-source Spalten-orientiertes Dateiformat, das explizit dafür entwickelt wurde, möglichst effizienten Lesezugriff zu erlauben und gleichzeitig eine effiziente Komprimierung der Daten. Parquet ist ein Co-Innovationsprojekt zwischen Twitter und Cloudera mit Unterstützung von Criteo, Stripe, UC Berkely AMPlab und LinkedIn. Außer Impala können heute auch die meisten auf Hadoop basierenden Frameworks (z. B. Hive, Pig, MapReduce) Parquet Dateien verarbeiten.

Die interne Struktur einer Parquet Datei ist angelehnt an das PAX(Ailamaki et al. 2001) Format, jedoch optimiert für große Blockgrößen mit integrierter Unterstützung für verschachtelte Datenstrukturen. Ähnlich wie Dremel(Melnik et al. 2010) speichert Parquet dabei die verschachtelten Datenstrukturen als Spalten ab und fügt minimal Information hinzu, um die Daten beim Auslesen der Datei wieder in das ursprüngliche Format zu verwandeln. Die jeweiligen Feldwerte können zusätzlich effizient mittels Run-Length-Encoding, Dictionary Encoding oder Delta Encoding abgelegt werden. In der neuesten Version von Parquet können nun auch Statistiken – wie Min/Max Indizes – integriert werden, die eine noch bessere Verarbeitung der Daten erlaubt. Abb. 8.5 vergleicht den benötigten Speicherplatz der *lineitem* Tabelle aus dem TPC-H Schema im Skalierungsfaktor 1000 in unterschiedlichen Kombinationen von Dateiformaten und Komprimierungsalgorithmen.

Parquet mit Snappy Kompression zeigt dabei den geringsten Speicherverbrauch. Gleichzeitig haben wir die Ausführungsgeschwindigkeit verschiedener Abfragen

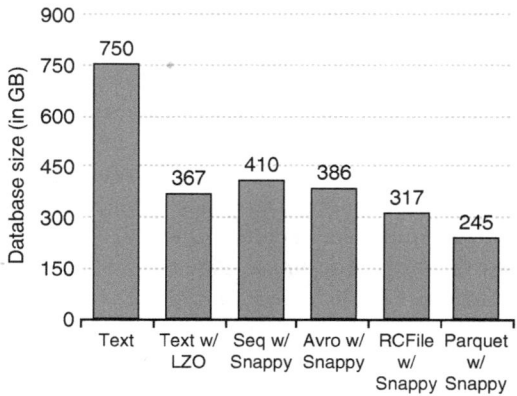

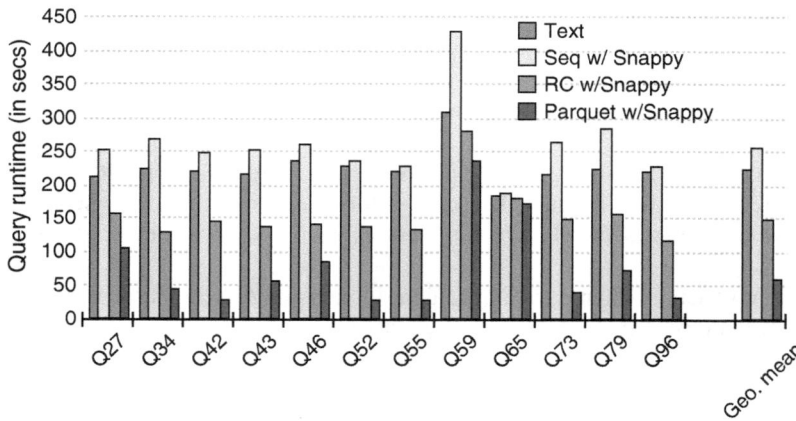

Abb. 8.5 Leistungsvergleich der verschiedenen Dateiformate

aus dem TPC-DS Benchmark für unterschiedliche Dateiformate verglichen. Im Vergleich zu Text, Sequence Files, RC Files zeigt Parquet mit Snappy Kompression die beste Performance und ist dabei bis zu Faktor 5 schneller als Scans mit den anderen Dateiformaten.

8.3.8 Ressourcenmanagement

Eine der Hauptherausforderungen für jedes Framework zur Verarbeitung verteilter Daten ist das Ressourcenmanagement. Im vergleich zu klassischen nicht-verteilten Datenbanken wird Impala häufig in Umgebungen benutzt, in denen es nicht ausschließlich auf die Ressourcen zugreifen kann. Das bedeutet, dass z. B. MapReduce Programme mit Impala Abfragen um die begrenzte Menge an CPU oder Hauptspeicher konkurriert. Die Herausforderung ist nun, das Ressourcenmanagement zwischen den verschiedenen Komponenten oder auch Frameworks zu koordinieren, möglichst ohne dabei die Ausführungsgeschwindigkeit der jeweiligen Abfragen negativ zu beeinflussen. Apache YARN(Vavilapalli et al. 2013) ist der heutige Standard für Ressourcenmanagement in einem Hadoop Cluster. Es erlaubt, die einzelnen Ressourcen wie CPUs oder Hauptspeicher zu teilen, ohne dabei die verfügbare Hardware statisch zu partitionieren. YARN bietet dabei eine zentralisierte Architektur, in dem der *Resource Manager* die Aufgabe der Ressourcenverteilung innehat. Der Vorteil dieser Architektur ist, dass immer dynamisch auf die aktuellen Gegebenheiten in einem Cluster reagiert werden kann. Der Nachteil dieser Architektur ist, dass die notwendige Ressourcenakquisition negativen Einfluss auf die Latenz der Abfrageausführung haben kann.

Impala ist dieser Einschränkung über zwei verschiedene Wege begegnet. Auf der einen Seite bietet Impala ein eigenes Mittel zur Kontrolle des Ressourcenverbrauchs. Dies erlaubt Anwendern, die notwendigen Ressourcen zu teilen, ohne dabei an eine zentrale Instanz zur Ressourcenverteilung gebunden zu sein. Auf der anderen Seite bietet Impala die Möglichkeit LLAMA (Low Latency Application Master) zu verwenden. LLAMA wurde dafür entwickelt zwischen YARN und Impala die entsprechenden Verhandlungen über Ressourcen vorzunehmen und gleichzeitig die Latenz bei der Abfrageausführung nicht negativ zu beeinflussen.

8.3.9 LLAMA und YARN

LLAMA wird als Servicedienst gestartet, an den alle Impala Dienste ihre Anfragen nach Ressourcen schicken. Diese Anfragen werden dabei für jede einzelne Abfrage geschickt. Jede Abfrage ist einem Ressourcenpool zugeordnet. Ein Ressourcenpool definiert eine bestimmte Menge der im Cluster verfügbaren Ressourcen. Wenn die von der Abfrage benötigten Ressourcen verfügbar sind und direkt aus dem Ressourcen-Cache von LLAMA entnommen werden können, kann die Abfrage direkt ausgeführt werden. Sind die Ressourcen nicht verfügbar, wird die Anfrage an YARN weitergeleitet. YARN gibt dann die Ressourcen an LLAMA frei und LLAMA wiederum an die Abfrage. Nach der Ausführung der Abfrage werden die Ressourcen wieder an LLAMA freigegeben. Dieses Modell der Ressourcenzuweisung unterscheidet sich stark von der von YARN vorgesehenen Ressourcenverwaltung. Während in YARN typischerweise der Ressourcenverbrauch inkrementell erhöht werden kann, benötigt Impala auf Grund des Pipeline-basierten Ausführungsmodell alle Ressourcen eines Plans immer sofort.

Auf Grund von Schwankungen bei der Kardinalitäts-Berechnung und Speicherverbrauchsschätzung der Ausführungspläne ist Impala in der Lage, nicht benötigte Ressourcen direkt wieder an LLAMA zurückzugeben oder neue Ressourcen anzufordern. Der Vorteil der Integration mit YARN durch LLAMA ist das Impala sich voll in das von YARN definierte Metamodell des Ressourcenmanagements integrieren und gleichzeitig die Nachteile dieser Architektur umgehen kann, weil Impala als Query Engine andere Anforderungen an das Ressourcenmanagement hat.

8.3.10 Zugangskontrolle

Zusätzlich zur Integration mit YARN für die Ressourcenverwaltung im gesamten Cluster bietet Impala eine integrierte Zugangskontrolle, um die Anzahl der eingehenden Abfragen zu limitieren. Neue Abfragen werden einem Ressourcenpool zugeordnet und dann entweder zugelassen, pausiert oder abgelehnt auf Basis der für den jeweiligen Ressourcenpool definierten Richtlinien. Die Richtlinien für einen Ressourcenpool erlauben es, die maximale Anzahl von gleichzeitig ausgeführten Abfragen und die maximale Speicherauslastung zu definieren. Das Entwurfsziel für die Zugangskontrolle im Impala war das eine Entscheidung über die Ausführung einer bestimmten Abfrage schnell und möglichst dezentral entschieden werden kann. Der für die Entscheidung zur Einhaltung der Richtlinie notwendige Zustand wird über den *statestored* an alle Impala Dienste im Cluster asynchron verteilt. Dabei wird es jedem Impala Dienst ermöglicht, Entscheidungen zu treffen, die auf der aggregierten Sicht des Ressourcenverbrauchs im gesamten Cluster basieren, ohne dabei synchron mit einem der beteiligten Dienste kommunizieren zu müssen. Auch wenn es in bestimmten Situationen zu einer minimalen zusätzlichen Latenz kommen kann bis der tatsächliche Zustand des Clusters über den *statestored* verbreitet wurde, hat es sich in der Praxis erwiesen, dass dies kein Problem ist, da die Latenz nicht-trivialer Abfragen in der Regel größer ist als die Latenz des Vorganges der alle Lastinformationen über den *statestored* asynchron verteilt.

8.4　Experimentelle Untersuchung

Die folgende experimentelle Untersuchung soll nicht dazu dienen, einen allumfassenden Überblick über die Leistungsmöglichkeiten von Impala zu gewinnen, sondern nur zeigen, welche typischen Leistungen erwartet werden können. Es gibt jedoch ähnliche, unabhängige akademische Studien(z. B. in (Floratou et al. 2014)), die zu einem vergleichbaren Ergebnis kommen.

Alle Experimente wurden in einem 21-Knoten Cluster ausgeführt, jeder einzelne Knoten ist ein 2-Sockel 6-core System mit Intel Xeon E5-2630 L CPU mit 2.00 GHz, 64 GB RAM und 12 932GB Festplatten. Eine der Festplatten ist für das Betriebssystem reserviert, der Rest für HDFS.

Es wurde ein Teil der Abfragen aus dem TPC-DS Benchmarks ausgeführt mit einem Skalierungsfaktor von 15 TB. In den folgenden Ergebnissen unterteilen wir die Abfragen in drei Gruppen: Interactive, Reporting, Deep-Analytics. Zu der Gruppe der interaktiven Abfragen gehören die Abfragen q19, q42, q52, q55, q63, q68, q73 und q98. Zu der *Reporting* Gruppe gehören die Abfragen q27, q3, q43, q53, q7 und q89. Die Gruppe der *Deep-Analytics* Abfragen besteht aus q34, q46, q59 und q79 und ss_max. Die für diesen Benchmark verwendeten Abfragen für Impala sind frei

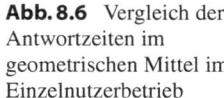

Abb. 8.6 Vergleich der
Antwortzeiten im
geometrischen Mittel im
Einzelnutzerbetrieb

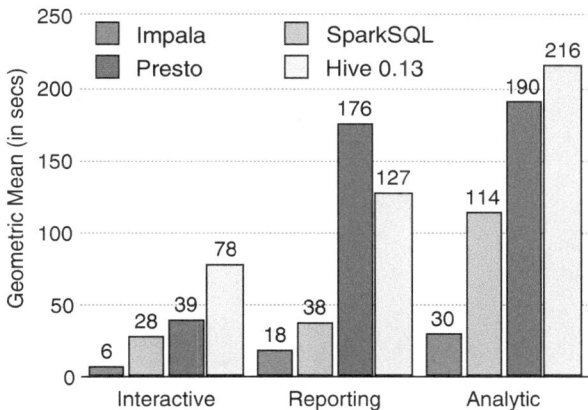

verfügbar.[4] Für unsere Vergleiche verwendeten wir die populärsten SQL-auf-Hadoop
System, für die wir in der Lage waren, auch Ergebnisse zu zeigen.[5]

8.4.1   Leistung im Einzelnutzerbetrieb

Abb. 8.6 vergleicht die Leistung aller vier Systeme im Einzelnutzerbetrieb. Dabei
wurden alle Abfragen sequenziell nacheinander abgeschickt, ohne eine Denkzeit
zwischen den Abfragen. Impala ist dabei deutlich besser als alle anderen verglichenen System und ist zwischen 2.1 und 13-mal schneller als die anderen Systeme. Im
Mittel ist Impala 6.7-mal schneller.

8.4.2   Leistung im Mehrbenutzerbetrieb

Impalas überlegene Leistung zeigt sich dabei besonders im Mehrbenutzerbetrieb,
welcher auch bei Kunden deutlich häufiger zu beobachten ist. Abb. 8.7 vergleicht
die Antwortzeit aller vier Systeme, wenn zehn Benutzer gleichzeitig Anfragen aus
der Gruppe der *interactive* Abfragen auswählen. In diesem Szenario ist Impala zwischen 6.7 und 18.7-mal schneller als die verglichenen Systeme. Es ist wichtig anzumerken, dass sich die Antwortzeit Impalas mit zehn gleichzeitigen Benutzern nur
halbiert hat, während alle anderen Systeme nur ca. 20 % der ursprünglichen Leistung
erzielen können. Dieses Verhalten ist ein wichtiges Merkmal der effizienten
Ausnutzung der verfügbaren Systemressourcen von Impala. Ähnlich zeigt Abb. 8.8
den Durchsatz der vier verschiedenen Systeme. In diesem Fallbeispiel ist Impala

---

[4] https://github.com/cloudera/impala-tpcds-kit

[5] Es gibt eine Menge weiterer SQL Engines für Haddop, wie zum Beispiel Pivotal HAWK und
IBM BigInsights. Leider dürfen wir soweit uns bekannt ist auf Grund der DeWitt Klausel in den
jeweiligen Nutzungvereinbarungen keine Vergleiche.

Abb. 8.7 Vergleich der
Antwortzeiten im
Mehrbenutzerbetrieb

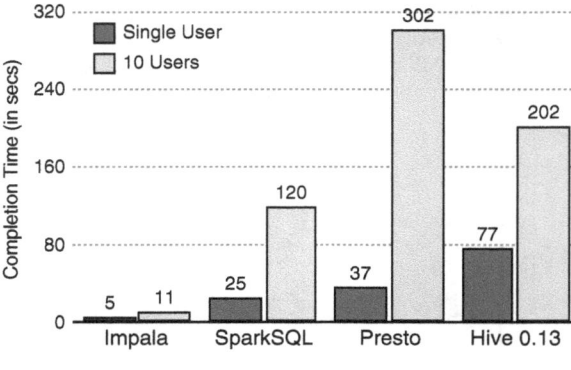

Abb. 8.8 Vergleich des
Durchsatzes an Abfragen
pro Stunde im
Mehrbenutzerbetrieb

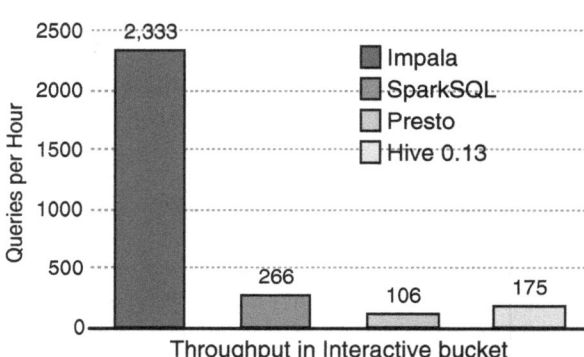

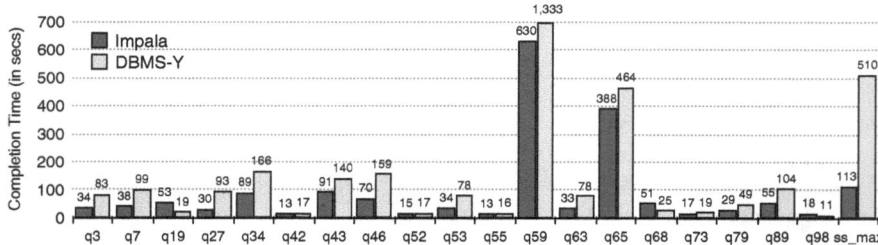

Abb. 8.9 Vergleich der Leistung von Impala mit einer kommerziellen analytischen Datenbank

zwischen 8.7 und 22-mal schneller als die anderen Systeme, wenn zehn Benutzer
gleichzeitig Abfragen absenden.

8.4.3 Vergleich mit einem kommerziellen Datenbanksystem

Auf Grund des vorhergehenden Vergleiches mit anderen SQL-auf-Hadoop Systemen
ist klar ersichtlich das Impala eine Führungsposition einnimmt. Im folgenden Vergleich
wird gezeigt, dass Impala auch für traditionelle Anwendungen im Data-Warehousing

Bereich verwendet werden kann. Abb 8.9 vergleicht die Leistung mit einem bekannten kommerziellen Spalten-orientierten Datenbanksystem, DBMS-Y, dessen Namen auf Grund der proprietären und restriktiven Lizenz nicht genannt werden kann. In diesem Fall wurden Daten des TPC-DS Benchmarks mit einem Skalierungsfaktor von 30 TB geladen und die gleichen Anfragen ausgeführt, wie am Anfang dieses Abschnittes geschildert. Die Abbildung zeigt, dass Impala im Vergleich zu System DBMS-Y eine bis zu 4.5-mal bessere Leistung hat und im Mittel doppelt so schnell ist. Von allen verglichenen Abfragen sind nur 3 langsamer als im Vergleichssystem.

8.5   Ausblick

In diesem Kapitel wurde ein Überblick über Cloudera Impala gegeben und es wurde gezeigt, welche besonderen Leistungssteigerungen mit Impala im Vergleich zu existierenden Lösungen möglich sind. Trotzdem sind noch viele Möglichkeiten offen, Verbesserungen zu erreichen. Die derzeitige Roadmap von Impala lässt sich deshalb grob in zwei Kategorien unterteilen: Auf der einen Seite stehen die Anforderungen Impala möglichst noch kompatibler zu bestehenden Anwendungen auf Basis von analytischen Datenbankprodukten zu machen. Auf der anderen Seite stehen die Anforderungen, die speziell dem einzigartigen Hadoop Umfeld geschuldet sind.

Während Impalas SQL Unterstützung nahezu ausreichend ist, um fast alle Anfragen auszuführen, gibt es eine bestimmte Teilmenge von Erweiterungen SQLs, die noch nicht unterstützt werden z. B. *MINUS* und *INTERSECT; ROLLUP* und *GROUPING SET* oder dynamische Partitionsfilter. Es ist geplant, diese Elemente innerhalb der nächsten Versionen zu implementieren. Zurzeit ist Impala noch darauf limitiert, Daten aus strikt flachen relationalen Schemata zu lesen. Während solche flachen Schemata die typische Ablageform in klassischen Data Warehouse Systemen sind, werden verschachtelte Datentypen immer wichtiger, da zusammenhängende Daten direkt und ohne zusätzliche Join verarbeitet werden können. Impala wird deshalb zusätzliche Spaltentypen wie *struct, array* und *map* einführen. Impala mit der Version 2.3, die im Herbst 2015 erscheint, wird die erste Version mit Unterstützung für verschachtelte Datentypen sein. Weiterhin geplant sind zusätzliche Verbesserungen der Leistungsfähigkeit durch parallele Aggregation und Join Operatoren und noch stärkere Codegenerierung zur Laufzeit für Materialisierung von Zwischenergebnissen oder den Netzwerktransfer. Potenziell wird auch überlegt, Zwischenergebnisse in Impala im Spaltenformat abzulegen, um einen weiteren Effizienzgewinn durch SIMD Operationen zu erzielen (Raman et al. 2013; Willhalm et al. 2009). Ein besonders wichtiges Thema im Hadoop Umfeld ist die Auswahl des richtigen Dateiformates. Da sich die Datenformate im Zufluss typischerweise von denen zur optimalen Ausführung von Abfragen unterscheiden, planen wir diesen Schritt so zu optimieren, dass er dynamisch im Hintergrund und so transparent für den Benutzer ausgeführt werden kann.

Literatur

Ailamaki, A., DeWitt, D.J., Hill, M.D., Skounakis, M.: Weaving relations for cache performance. In: VLDB (2001)

Apache. Centralized cache management in HDFS. Available at https://hadoop.apache.org/docs/r2.3.0/hadoop-project-dist/hadoop-hdfs/CentralizedCacheManagement.html. Zugegriffen am 24.05.2016

Apache. HDFS short-circuit local reads. Available at http://hadoop.apache.org/docs/r2.5.1/hadoop-project-dist/hadoop-hdfs/ShortCircuitLocalReads.html. Zugegriffen am 24.05.2016

Apache. Sentry. Available at http://sentry.incubator.apache.org/. Zugegriffen am 24.05.2016

Flajolet, P., Fusy, E., Gandouet, O., Meunier, F.: HyperLogLog: the analysis of a near-optimal cardinality estimation algorithm. In: AOFA (2007)

Floratou, A., Minhas, U.F., Ozcan, F.: SQL-on- Hadoop: full circle back to shared-nothing database architectures. In: PVLDB (2014)

Graefe, G.: Encapsulation of parallelism in the Volcano query processing system. In: SIGMOD (1990)

Lattner, C., Adve, V.: LLVM: A compilation frame- work for lifelong program analysis & transformation. In: CGO (2004)

Melnik, S., Gubarev, A., Long, J.J., Romer, G., Shivakumar, S., Tolton, M., Vassilakis, T.: Dremel: Interactive analysis of web-scale datasets. In: PVLDB (2010)

Padmanabhan, S., Malkemus, T., Agarwal, R.C., Jhingran, A.: Block oriented processing of relational database operations in modern computer architectures. In: ICDE (2001)

Raman, V., Attaluri, G., Barber, R., Chainani, N., Kalmuk, D., KulandaiSamy, V., Leenstra, J., Light-stone, S., Liu, S., Lohman, G.M., Malkemus, T., Mueller, R., Pandis, I., Schiefer, B., Sharpe, D., Sidle, R., Storm, A., Zhang, L.: DB2 with BLU acceleration: so much more than just a column store. PVLDB **6**, 1080–1091 (2013)

Vavilapalli, V.K., Murthy, A.C., Douglas, C., Agarwal, S., Konar, M., Evans, R., Graves, T., Lowe, J., Shah, H., Seth, S., Saha, B., Curino, C., O'Malley, O., Radia, S., Reed, B., Baldeschwieler, E.: Apache Hadoop YARN: yet another resource negotiator. In: SOCC (2013)

Willhalm, T., Popovici, N., Boshmaf, Y., Plattner, H., Zeier, A., Schaffner, J.: SIMD-scan: ultra fast in-memory table scan using on-chip vector processing units. PVLDB **2**, 385–394 (2009)

SLA-basierte Konfiguration eines modularen Datenbanksystems für die Cloud

9

Filip-Martin Brinkmann, Ilir Fetai, und Heiko Schuldt

Zusammenfassung

Die Popularität des Cloud Computing hat dazu geführt, dass viele Unternehmen ihre Anwendungen nicht mehr selbst mit eigenen Ressourcen betreiben. Diese Anwendungen laufen vielmehr komplett „in der Cloud". Da die Datenverwaltung ein wesentlicher Teil dieser Anwendungen ist, werden Cloud-Anbieter mit vielen unterschiedlichen Anforderungen an die Speicherung von und den Zugriff auf Daten konfrontiert. Daher müssen Cloud-Anbieter auch entsprechend viele verschiedene Varianten für die Verwaltung von Daten bereitstellen. Diese Varianten unterscheiden sich dabei nicht nur in den technischen Eigenschaften (z. B. Datenkonsistenz, Verfügbarkeit oder Antwortzeit), sondern auch in den Kosten für die benötigte Infrastruktur, die dafür anfallen. Zukünftige Cloud-Lösungen sollten daher nicht nur Einzellösungen oder wenige vorgegebene Konfigurationen anbieten, sondern aus konfigurierbaren Modulen und Protokollen bestehen, die dynamisch, je nach Anforderungen der Nutzer, kombiniert werden können. Damit kann eine größtmögliche Flexibilität erreicht werden, um gleichzeitig möglichst viele heterogene Anforderungen von Cloud-Nutzern zu befriedigen. Während Module die Bausteine eines solchen Systems darstellen, beschreiben die Protokolle das gewünschte Verhalten dieser Bausteine. Eine große Herausforderung ist die Auswahl der geeigneten Module und Protokolle, deren Konfiguration und dynamische Anpassung an sich verändernde Anforderungen.

Vollständig überarbeiteter und erweiterter Beitrag basierend auf Ilir Fetai, Filip-M. Brinkmann, Heiko Schuldt: „PolarDBMS: Towards a cost-effective and policy-based data management in the cloud" erschienen in Proceedings of the 6th International Workshop on Cloud Data Management (CloudDB 2014), Chicago, IL, USA, März 2014. IEEE.

F.-M. Brinkmann (✉) • I. Fetai • H. Schuldt
Universität Basel, Basel, Schweiz
E-Mail: filip.brinkmann@unibas.ch; ilir.fetai@unibas.ch; Heiko.Schuldt@unibas.ch

© Springer Fachmedien Wiesbaden 2016
D. Fasel, A. Meier (Hrsg.), *Big Data*, Edition HMD,
DOI 10.1007/978-3-658-11589-0_9

Schlüsselwörter

Datenverwaltung in der Cloud • Modulare Datenverwaltung • Service-Level Agreement • Datenkonsistenz • Datenarchivierung

9.1 Datenverwaltung in der Cloud

Die vertragliche Grundlage für die Nutzung von Cloud-Ressourcen stellen sogenannte Service-Level Agreements (SLAs) dar. Die Auswahl der Module für die Verwaltung von Daten in der Cloud sollte für die Nutzer so einfach wie möglich innerhalb der Vorgaben der SLAs geschehen, gleichzeitig aber auch die nötige Flexibilität bieten. In diesem Kapitel stellen wir das Forschungsprototypsystem PolarDBMS vor. PolarDBMS ist ein modular aufgebautes Datenverwaltungssystem für die Cloud, das eine dynamische Konfiguration für diverse Aspekte der Datenverwaltung erlaubt. Dafür stellt PolarDBMS unterschiedliche Module bereit, die wiederum verschiedene Protokolle implementieren können. Die Auswahl und Konfiguration dieser Module erfolgt automatisch durch die Vorgaben der SLAs. Das Kapitel beschreibt die Konzepte von PolarDBMS und stellt die automatische Auswahl und dynamische Anpassung von Modulen am Beispiel der Datenkonsistenz und der Archivierung von Daten vor.

Big Data ist eng mit dem *Cloud Computing* verbunden, da erst durch die Konzepte aus dem Cloud Computing die für Big Data-Anwendungen benötigten Ressourcen (sowohl Rechen- als auch Speicherkapazität) in ausreichendem Maße und dazu noch sehr kostengünstig zur Verfügung stehen. Gerade das Pay-as-you-go-Kostenmodell erlaubt es, gezielt die für Anwendungen nötigen Ressourcen zu allozieren ohne teure und zumeist private Rechenzentren zu betreiben. Das Ergebnis sind hochverfügbare, skalierbare und elastische Infrastrukturen.

Die Kosten für die Entwicklung und den Betrieb von Rechenzentren, die diese Anforderungen erfüllen, stellen eine Hürde für die Entwicklung von Anwendungen dar. Die Betreiber der Anwendungen müssten im Voraus in die Infrastruktur investieren, ohne den Marktwert der Anwendungen validiert zu haben und in der Regel ohne den Ressourcen-Bedarf genau zu kennen. Die Anbieter von Cloud-Umgebungen hingegen können die Infrastrukturkosten auf mehrere Kunden verteilten, indem sie diesen die Ressourcen gleichzeitig und geteilt zur Verfügung stellen (*economy of scale* (Agrawal et al. 2010)). Die Verwaltung der anfallenden Daten stellt große Herausforderungen an die Infrastruktur für Big Data-Anwendungen in der Cloud. Diese Anwendungen verlangen nicht nur strenge Performance-Garantien, sondern kommen zumeist auch mit individuellen Anforderungen an die Datenverwaltung, z. B. bezüglich Datenverfügbarkeit, Datenkonsistenz, oder Datenarchivierung. Alle diese Eigenschaften lassen sich auf mehrere Arten (durch verschiedene Protokolle oder Algorithmen) realisieren und stehen zum Teil sogar in Widerspruch zueinander. Dies lässt sich am Beispiel unterschiedlicher Stufen der Datenkonsistenz zeigen: die Konsistenz von Daten in verteilten Umgebungen (wenn Daten über mehrere Rechenzentren in der Cloud verteilt werden) steht dabei gemäß des

CAP-Theorems (Brewer 2000; Gilbert und Lynch 2002) im Widerspruch zu einer hohen Datenverfügbarkeit. Gleichzeitig lassen sich unterschiedliche Konsistenzstufen durch unterschiedliche Implementierungen bereitstellen, beispielsweise durch One-Copy-Serialisierbarkeit (1SR) (Bernstein und Goodman 1984; Kemme et al. 2000), Snapshot Isolation (Daudjee et al. 2006; Elnikety et al. 2005) oder abgeschwächte Konsistenzstufen (sogenannte Eventual Consistency) (Vogels 2009). Eine Folge des CAP-Theorems ist: je höher die Datenkonsistenz, desto eingeschränkter ist auch die Datenverfügbarkeit.

Eine flexible Umgebung für ein breites Spektrum unterschiedlicher Big Data-Anwendungen muss in der Lage sein, verschiedene Implementierungen für die individuellen Anforderungen der Anwendungen bereit zu stellen und zu kombnie-ren. Dies ist jedoch mit bestehenden Datenbankmanagement-Systemen (DBMS) nicht oder nur bedingt möglich. Diese DBMS bieten in der Regel nur bestimmte und vor allem fest vorgegebene Implementierungen für diverse Aspekte der Daten-verwaltung („one size fits all"). Damit sind sie auch nicht in der Lage, diese Eigenschaften dynamisch zur Laufzeit zu ändern. Neuere DBMS (z. B. http://aws. amazon.com/s3/; DeCandia et al. 2007) liefern eingeschränkte Datenkonsistenz (weak consistency), um die Skalierbarkeit und die Verfügbarkeit des Systems zu erhöhen (unter anderem auch um Fälle wie in (Pepitone 2011; Amazon Web Services 2011; Eaton 2012) beschrieben zu vermeiden), während die meisten tra-ditionellen DBMS starke Datenkonsistenz (klassische Serialisierbarkeit) garantie-ren und damit eine begrenzte Skalierbarkeit und Verfügbarkeit in Kauf nehmen (Gray et al. 1996). Die Betreiber von Big Data-Anwendungen müssen bei der Konfiguration der Laufzeitumgebung ein DBMS auswählen und sind dann an die-ses gebunden – haben also in der Regel keine Möglichkeit, zur Laufzeit Anpas-sungen vorzunehmen, falls sich die Anforderungen ändern sollten, ohne die gesamte Laufzeitumgebung neu einzurichten.

Ein wesentlicher Grund, die verwendeten Implementierungen für verschiedene Eigenschaften der Datenverwaltung flexibel und dynamisch anpassbar zu gestalten und nicht nur zum Startzeitpunkt einer Anwendung einmalig auszuwählen, sind die in der Cloud anfallenden Kosten. Je mehr Ressourcen benötigt werden (was im Fall der Datenkonsistenz mit strengeren Anforderungen einer Anwendung einhergeht), umso höher sind auch die (monetären) Kosten, die für die Infrastruktur aufgebracht werden müssen. Wenn sich nun beispielsweise im Lebenszyklus einer Anwendung die Art der Verwendung oder die Anfragelast signifikant ändern, dann ist mögli-cherweise die initiale Konfiguration nicht mehr ideal, was die anfallenden Kosten und/oder die erwarteten Garantien der Datenverwaltung betrifft. In diesem Fall sollte automatisch zu einer neuen, kostengünstigeren Konfiguration gewechselt wer-den. Ohnehin ist es in vielen Fällen durch die teilweise widersprüchlichen Anfor-derungen einer Anwendung (z. B. hohe Datenkonsistenz bei gleichzeitig hoher Verfügbarkeit und niedrigen Kosten) nicht möglich, vor dem Start exakt die benö-tigten Ressourcen zu bestimmen – mit der Konsequenz, dass entweder zu viele Ressourcen alloziert werden (und damit zu hohe Kosten anfallen), oder dass nicht ausreichend Ressourcen zur Verfügung stehen und damit die erwarteten Garantien nicht erbracht werden können.

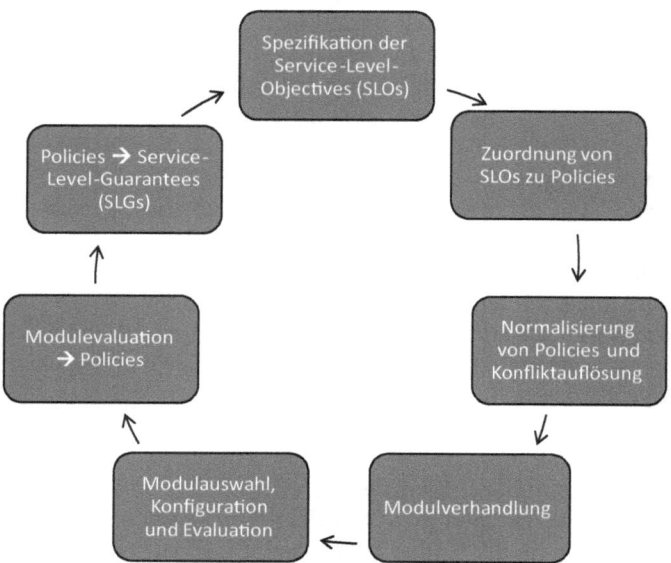

Abb. 9.1 Prozess zur Aushandlung von Systemkonfigurationen

Ein für die Betreiber von Big Data-Anwendungen intuitiverer Ansatz, die benötigten Ressourcen der Cloud-Infrastruktur zu bestimmen, ist es, die gewünschten Laufzeiteigenschaften der Anwendung über sogenannte *Service-Level Objectives (SLOs)* festzulegen. Diese erlauben es, die Laufzeiteigenschaften von Anwendungen zu spezifizieren und gleichzeitig von den vorhandenen Implementierungen und dazu benötigten Ressourcen zu abstrahieren. Ein Anbieter von Cloud-Ressourcen sammelt die SLOs aller Anwendungen und leitet daraus die Garantien ab, die er mit seiner Systemumgebung erbringen kann (*Service-Level Guarantees, SLGs*). Stimmt der Nutzer der Cloud-Ressourcen zu, lassen sich diese Garantien vertraglich im Rahmen eines sogenannten *Service-Level Agreement (SLA)* festhalten; ansonsten können Details der zu erbringenden Garantien weiter verhandelt werden, bis man sich schließlich auf ein SLA einigt. Dieser iterative Prozess ist in Abb. 9.1 illustriert.

Damit diese SLAs umgesetzt werden können, bedarf es eines modular aufgebauten DBMS, das mehrere unterschiedliche Implementierungen für unterschiedliche Aspekte der Datenverwaltung anbietet. Nachdem die SLAs feststehen, muss der Cloud-Anbieter aus den vorhandenen Modulen diejenigen auswählen, die die SLAs am besten und auch am kostengünstigsten realisieren. Der große Vorteil dieses flexiblen Ansatzes ist es, dass ein System, da es aus unterschiedlichen Modulen besteht und für jedes Modul verschiedene Implementierungen bereitgestellt werden, nicht nur einmalig den Bedürfnissen der Anwender entsprechend konfiguriert werden kann. Es kann vielmehr auch bei einer Anpassung der SLAs einfach neu konfiguriert werden, indem einzelne Module bzw. deren Implementierungen zur Laufzeit durch andere, besser geeignete bzw. billigere ersetzt werden.

9.2   Von SLOs zur Modulauswahl

Im Prozess der Aushandlung von SLAs sind, wie in Abb. 9.1 beschrieben, mehrere Akteure involviert, z. B. die Cloud-Benutzer, die Betreiber der Cloud, aber auch spezielle Systeme oder Hardware- bzw. Software-Komponenten, die jeweils individuelle Anforderungen (im Fall der Clients) bzw. Einschränkungen (z. B. im Fall der Server-Komponenten) besitzen. Um sicherzustellen, dass die jeweiligen Anforderungen und die speziellen Fähigkeiten und Einschränkungen so präzise wie möglich beschrieben werden können, wird ein formales Modell benötigt, das vom jeweiligen Akteur abstrahiert. Diese formalen Beschreibungen erfolgen mittels SLOs und werden letztendlich auf SLGs abgebildet. Der Prozess der Abbildung von SLOs auf SLGs ist in Abb. 9.2 dargestellt. Im ersten Schritt, mit a.) markiert, werden die SLOs aller Clients und die Beschreibungen der Eigenschaften (Systemfähigkeiten) der verfügbaren Ressourcen integriert. Dies lässt sich am Beispiel der Verfügbarkeit von Daten illustrieren: angenommen, ein Client drückt in Form einer SLO aus, dass die erwartete Verfügbarkeit (*expAvailability*) 99,995 % betragen soll. Zusätzlich verlangt der Client, dass Daten aus rechtlichen Gründen ausschließlich in Europa gespeichert werden müssen. Der Cloud-Anbieter betreibt jedoch nur Rechenzentren in den USA – dies wird ebenfalls formal spezifiziert. In diesem Fall kann bei der Integration der SLOs in Phase a.) bereits festgestellt werden, dass die SLOs des Clients nicht erfüllt werden können.

Sobald in Schritt a.) kein Widerspruch festgestellt wurde, der nicht aufgelöst werden kann, werden die SLOs und die Eigenschaften des Systems mittels Policies ausgedrückt. Dies ist in Abb. 9.2 in Schritt b.) dargestellt. Die Datenverfügbarkeit, zum Beispiel, wird auf eine Policy abgebildet, die verschiedene Parameter umfasst, wie unter anderem die Anzahl von Rechnerknoten, die Replikate der Daten

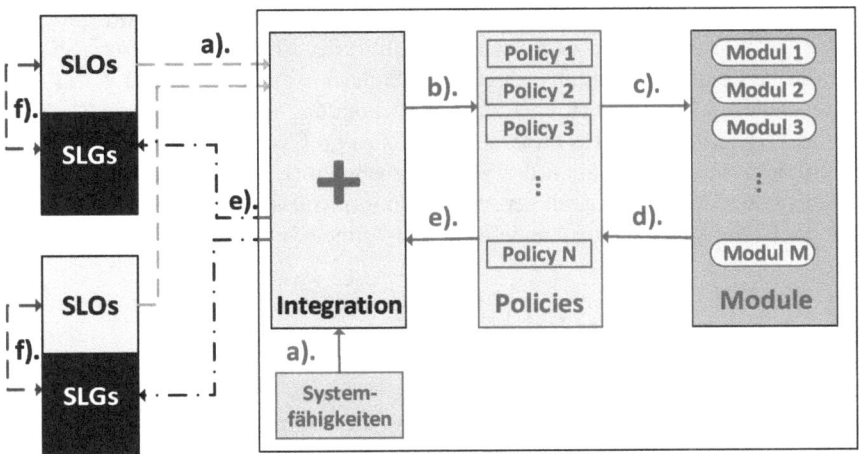

Abb. 9.2 Auswahl von Modulgarantien (SLG) auf der Basis von Service-Level Objectives (SLOs)

verwalten (*#replicas*). Ein hoher Verfügbarkeitsgrad impliziert auch einen hohen Wert von *#replicas* und damit auch hohe Kosten für die Infrastruktur. Die Beziehung zwischen *#replicas* und den entstehenden Kosten wird durch eine weitere Policy spezifiziert; diese muss berücksichtigt werden, wenn der Client in den SLOs beispielsweise auch die Ausgaben für die Infrastruktur pro Abrechnungsperiode limitieren möchte (z. B. in Form einer SLO *maxBudget = 1000$*). Die Abbildung von erwarteten Laufzeiteigenschaften auf Ressourcen und schließlich auf die entstehenden Kosten basiert auf einem vorgegebenen Kostenmodell, das im Betrieb des Systems kontinuierlich überprüft und gegebenenfalls angepasst wird.

In Schritt c.) erfolgt die eigentliche Aushandlung der (funktionalen und nicht-funktionalen) Eigenschaften zwischen Policies und den Modulen; Letztere implementieren die Funktionalität des Systems und stellen diese bereit. In der Regel stehen für eine Funktionalität mehrere Module zur Verfügung, die sich in Systemeigenschaften unterscheiden; die Optimierung wählt die Module (und deren Konfiguration) aus, die die Policies am besten umsetzen. Die Datenverfügbarkeit wird, wie oben erwähnt, unter anderem durch *#replicas* bestimmt. Gleichzeitig kommt es jedoch auch auf die konkreten Module an, die die Datenreplikation implementieren (eager replication oder lazy replication) und die damit ebenfalls einen Einfluss auf den möglichen Verfügbarkeitsgrad besitzen. Außerdem wird die Datenreplikation auch von Policies für andere Aspekte der Datenverwaltung bestimmt, wie z. B. die Datenkonsistenz (gemäß des CAP-Theorems (Brewer 2000; Gilbert und Lynch 2002)). Damit lässt sich die Optimierung nicht individuell für einzelne Module durchführen, sondern muss in ganzheitlicher Form für das Gesamtsystem erfolgen. Das bedeutet beispielsweise, dass (*#replicas* und *maxBudget*) zusammen betrachtet werden müssen. Sobald die Module ausgewählt wurden, die diese Vorgaben am besten unterstützen, werden die Garantien, die diese Module anbieten können, abgeleitet (z. B. die erwarteten Kosten *expBudget*). Die Garantien werden nun in Schritt d.) wieder auf (entsprechend angepasste) Policies abgebildet. In diesem Schritt erfolgt auch die Überprüfung, ob die neuen Policies die Vorgaben erfüllen (d. h. dass beispielsweise *expBudget* < *maxBudget* gilt). Wenn dies gewährleistet ist, dann ist der Aushandlungsprozess beendet und die neu entstandenen, ausgehandelten Policies werden in Schritt e.) in SLGs umgewandelt. Falls die Diskrepanz zwischen ursprünglich spezifizierten SLOs und den im Verhandlungsprozess ermittelten SLGs zu groß ist, kann der Client in Schritt f.) entweder eine Modifikation der SLOs vornehmen (z. B. den geforderten Verfügbarkeitsgrad reduzieren), damit der Aushandlungsprozess neu gestartet werden kann, oder der Client kann zu einem anderen Cloud-Anbieter wechseln.

9.3   Übersicht über PolarDBMS

PolarDBMS (*Policy-based and modular DBMS for the Cloud*) ist ein Forschungsprototypsystem der Universität Basel, in dem die Konzepte der modularen Datenverwaltung, bei der Module über SLAs flexibel und dynamisch konfiguriert werden können, umgesetzt sind (Fetai et al. 2014). Abb. 9.3 stellt die Architektur von PolarDBMS dar.

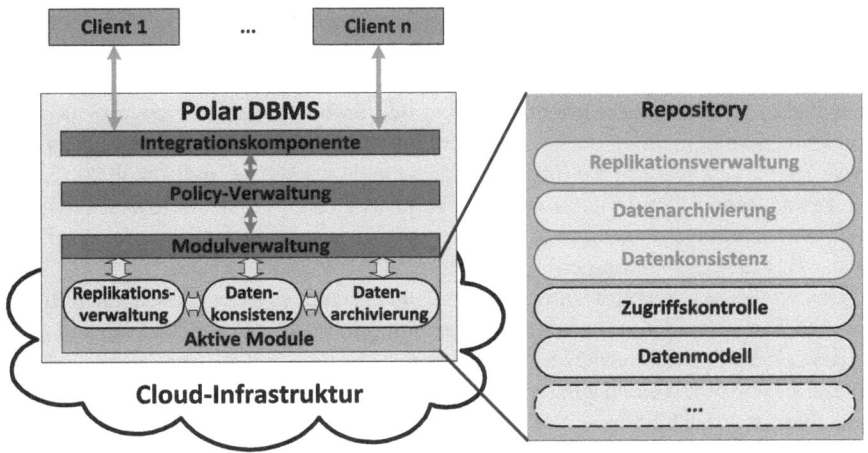

Abb. 9.3 Architektur von PolarDBMS

Kern des Systems ist ein Repository, in dem die Modulimplementierungen zusammen mit ihren Beschreibungen verwaltet werden. In den folgenden Abschnitten werden wir beispielhaft die Implementierungen für die Datenkonsistenz und die Datenarchivierung genauer beschreiben – das Konzept von PolarDBMS sieht jedoch verschiedene Implementierungen für sämtliche Bereiche der Datenverwaltung vor (z. B. die Unterstützung unterschiedlicher Datenmodelle, die Zugriffskontrolle, Replikationsverwaltung, Indexstrukturen und Anfrageoptimierung, etc.).

Die SLOs, die von den Clients spezifiziert werden, werden in der Integrationskomponente (Abb. 9.3, linke Seite oben) zusammengefasst. Die Abbildung der Anforderungen und Systemeigenschaften auf Policies erfolgt in der Policy-Verwaltung. Diese interagiert wiederum mit der Modulverwaltung, in der die eigentliche Auswahl der Module aus dem Repository und deren Konfiguration erfolgt. Außerdem ist diese Komponente auch für die Überwachung der Module zur Laufzeit und ggf. die Anpassung der Kostenmodelle verantwortlich.

Im Folgenden beschreiben wir im Detail unterschiedliche Module zur Sicherstellung von Datenkonsistenz unter Berücksichtigung der entstehenden Infrastrukturkosten (Abschn. 9.4) und die Archivierung von Daten bzw. die Optimierung des Zugriffs auf Archivdaten (Abschn. 9.5).

9.4 SLA-basierte Datenkonsistenz

Das CAP-Theorem besagt, dass jedes verteilte Datenbanksystem nur zwei der drei Systemeigenschaften Konsistenz (Consistency), Verfügbarkeit (Availability) und Toleranz bezüglich Netzwerkpartitionen (Partition Tolerance) garantieren kann (Brewer 2000; Gilbert und Lynch 2002). Da immer mit Netzwerkpartitionen gerechnet werden muss (diese Toleranz muss also immer gegeben sein) (Hale 2010), können verteilte

Datenbanksysteme also entweder die Konsistenz der Daten oder deren Verfügbarkeit garantieren, aber nicht beide Eigenschaften (in voller Ausprägung) zur gleichen Zeit. Als Folge dieses Zielkonfliktes bieten neue NoSQL-Datenbanken nur eingeschränkte (schwache) Konsistenzgarantien an. Ein Grund dafür ist, dass die erste Generation von Anwendungen, die in der Cloud installiert wurden, hauptsächlich ein hohes Maß an Verfügbarkeit benötigt hat (http://aws.amazon.com/s3/; DeCandia et al. 2007). Mit der gewachsenen Popularität von Cloud-Infrastrukturen werden dort aber auch vermehrt Anwendungen installiert, die auf strenge Konsistenzgarantien angewiesen sind (wie z. B. Finanzanwendungen) (Stonebraker 2012).

Das Pay-as-you-Go Kostenmodell der Cloud erlaubt es jeder Aktion, die nötig ist, um eine bestimmte Konsistenzstufe zu garantieren, explizite monetäre Kosten zuzuweisen. Diese Kosten werden errechnet anhand der für die Konsistenzgarantie benötigten Ressourcen, welche wiederum im Preismodell des Cloud-Anbieters aufgelistet sind. Dies ist auf der einen Seite eine zusätzliche Herausforderung für die Konsistenz, weil bei der Optimierung der Konsistenzstufe auch der Kostenfaktor mitberücksichtigt werden muss (Kraska et al. 2009). Auf der anderen Seite ermöglicht es transaktionalen Anwendungen, ein *kosten-basiertes Konsistenzmodell* anzubieten. Für viele Anwendungen ist zudem die genaue Konsistenz zweitrangig, solange sie über die Lebensdauer der Anwendung Kosten sparen (Florescu und Kossmann 2009).

Aus der Sicht der Cloud-Anwendungen lassen sich zwei Arten von konsistenzbezogenen Kosten unterscheiden: *Konsistenz-Kosten* und *Inkonsistenz-Kosten*. Konsistenz-Kosten entstehen als Folge des Einsatzes von Ressourcen, um die gewünschte Konsistenzstufe zu garantieren. Als Faustregel gilt hier, dass der Ressourcen-Verbrauch und damit die anfallenden Kosten mit der Konsistenzstufe ansteigen. Umgekehrt werden bei eingeschränkten Konsistenzstufen (wenn z. B. Daten temporär inkonsistent sein dürfen) weniger Ressourcen benötigt, und damit fallen auch geringere Kosten an. Allerdings muss mit Inkonsistenz-Kosten gerechnet werden, wenn Clients auf inkonsistente (und damit evtl. nicht korrekte weil veraltete Daten) zugreifen können. In den meisten Anwendungen lassen sich diese Inkonsistenz-Kosten exakt beziffern. Gerade bei Online Shops ist die Kompensation bei Verkäufen von Waren, die nicht verfügbar sind, die aber dennoch aufgrund verminderter Datenkonsistenz sichtbar sind, bekannt – und diese können in Einzelfällen signifikant hoch sein (wenn z. B. eine Fluglinie ein Flugticket verkauft, obwohl auf dem gebuchten Flug keine freien Plätze mehr vorhanden sind, dann muss der Kunde entsprechend kompensiert werden oder es muss ein alternatives und evtl. deutlich teureres Ticket ausgestellt werden). Je höher die Konsistenzstufe, umso niedriger sind die anfallenden Inkonsistenz-Kosten (bzw. umso seltener treten Fälle ein, in denen Inkonsistenz-Kosten entstehen). In der höchsten Konsistenzstufe, in der nur gültige Daten sichtbar sind, werden keine Inkonsistenz-Kosten generiert (dafür sind aber die Konsistenz-Kosten entsprechend hoch).

Grundlage der kosten-basierten Auswahl von Konsistenzstufen für die Datenverwaltung in PolarDBMS ist *C3* (*cost-based concurrency control*) (Fetai et al. 2012a, b). C3 implementiert die Konsistenzstufen One-Copy-Serialisierbarkeit (1SR) und Eventual Consistency (EC). Die wesentliche Eigenschaft von C3 ist es jedoch, die optimale Konsistenzstufe kosten-basiert zur Laufzeit auszuwählen

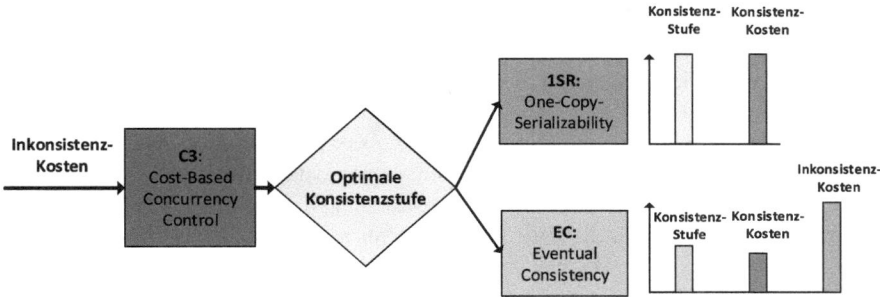

Abb. 9.4 C3 – Kosten-basierte Datenkonsistenz

(Abb. 9.4). C3 bietet eine einfache API an, die es den Entwicklern von Cloud-Anwendungen ermöglicht, die Konsistenz auf zwei Arten zu bestimmen. In der ersten Variante wird eine bestimmte Konsistenzstufe explizit und damit fix spezifiziert. Diese wird dann auf jeden Fall und unabhängig von den anfallenden Kosten garantiert. In der zweiten Variante werden die anwendungs-spezifischen Inkonsistenz-Kosten spezifiziert. Zusammen mit den Konsistenz-Kosten, die durch das Preismodell des Cloud-Anbieters und die Implementierung der jeweiligen Module gegeben sind, wählt C3 zur Laufzeit die optimale (u. a. bezüglich der anfallenden Kosten) Konsistenzstufe aus. Dabei ist C3 in der Lage, sich dynamisch an Veränderungen des Datenzugriffsverhaltens von Anwendungen anzupassen. Gerade mit der dynamischen Konfiguration oder Auswahl von Modulen werden die anfallenden Kosten im Vergleich zu einem statischen System signifikant reduziert (Fetai et al. 2013).

Das 1SR-Protokoll basiert auf dem Zwei-Phasen-Sperrprotokoll (2PL) für die Synchronisation von nebenläufigen Transaktionen sowie auf dem Zwei-Phasen-Commit-Protokoll (2PC) für das synchrone (eager) Commit von verteilten Schreibtransaktionen (Bernstein und Goodman 1984; Kemme et al. 2000). Um 1SR zu garantieren, muss eine lesende Transaktion alle Objekte, die von der Transaktion gelesen werden, im Lesemodus sperren und kann dann im Erfolgsfall lokal ein Commit durchführen (Sperren freigeben). Eine schreibende Transaktion muss hingegen über 2PC alle anderen Knoten synchronisieren. Bekanntlich braucht 2PC zwei Runden von Nachrichten, die über das Netz verschickt werden müssen. Insbesondere in verteilten Datenbanken mit Geo-Replikation kann die Kommunikation jedoch einen Flaschenhals bilden (Bailis et al. 2013). Sowohl 2PL als auch 2PC verursachen Kosten in der Cloud, da dadurch Ressourcen verbraucht werden (Brantner et al. 2008; Fetai et al. 2012b). Diese Kosten können genau beziffert werden und unterscheiden sich aufgrund der unterschiedlichen Implementierungen für Lese- und Schreibtransaktionen. Wenn die Anfragelast einer Anwendung bekannt ist oder präzise vorausgesagt werden kann, dann lassen sich damit die Konsistenz-Kosten für die Ausführung der Transaktionen mit 1SR bestimmen. Im Fall von 1SR entstehen keine Inkonsistenz-Kosten. hWie in Abb. 9.4 dargestellt, verursacht EC geringere Konsistenz-Kosten als 1SR. Der Unterschied liegt vor allem darin, dass EC kein teures, da ressourcen-aufwändiges 2PC-Protokoll für die Synchronisation der Knoten eines verteilten Datenbanksystems bei Schreibtransaktionen verwendet.

Durch die gelockerte Konsistenzgarantie kann es bei der Ausführung von Lese-transaktionen mit EC zu Inkonsistenzen kommen, welche dann auch Kosten für die Anwendung generieren. Generell lassen sich verschiedene Arten von Inkonsistenzen unterscheiden und auch mit monetären Kosten beziffern wie z. B. Constraint-Verletzungen, aber auch Verletzungen der Transaktions-Isolation wie dirty reads, non-repeatable reads oder lost updates. In den meisten Anwendungen erzeugen jedoch die Constraint-Verletzungen die Inkonsistenz-Kosten mit der größten prakti-schen Relevanz, da sie für die Nutzer des Systems auch sehr einfach ersichtlich sind (z. B. zu viel verkaufte Bücher oder Tickets). Die Häufigkeit der auftretenden Inkonsistenzen und somit die gesamthaft entstehenden Inkonsistenz-Kosten lassen sich auf der Basis der Anfragelast abschätzen.

Gestützt auf die beiden Parameter Konsistenz-Kosten und Inkonsistenz-Kosten kann C3 individuell für Anwendungen die optimale Auswahl treffen, sodass die Gesamtkosten, die der Betreiber einer Cloud-Anwendung für die Datenkonsistenz aufbringen muss, minimiert werden.

In C3 können unterschiedliche Anwendungen (und damit auch unterschiedliche Transaktionen) auf dem gleichen Datenbestand mit der gleichen oder mit unter-schiedlichen Konsistenzstufen ausgeführt werden. Letzteres tritt dann ein, wenn die adaptive Auswahl der Konsistenzstufe nur für bestimmte Anwendungen eingesetzt wird, während dies für andere Anwendungen fix spezifiziert ist. In diesem Fall wer-den bei Konflikten die Transaktionen mit der stärkeren Konsistenzgarantie (die mehr für die verwendeten Ressourcen bezahlen) bevorzugt. Generell lässt sich die-ser Fall gemäß der in (Fekete 2005) beschriebenen Systematik für ausgewählte Konsistenzmodelle behandeln. Diese Systematik beschreibt, wie Konsistenzstufen gemischt werden können, sodass trotzdem insgesamt Serialisierbarkeit garantiert wird. Durch die Erweiterbarkeit von C3 und den modularen Aufbau von PolarDBMS lässt sich das Modul-Repository beliebig um weitere Implementierungen erweitern, die dann gemäß dieser Systematik nahtlos integriert werden können.

9.5   SLA-basierte Datenarchivierung

Moderne Datenbanksysteme in der Cloud bieten eine hohe Verfügbarkeit auf Kosten der Datenkonsistenz. Erreicht wird dies durch asynchrone Datenreplikation zwi-schen den einzelnen geografisch getrennten Instanzen bzw. Knoten, welche sich in unterschiedlichen Rechenzentren befinden können. Dies führt in der Praxis dazu, dass zum selben Zeitpunkt verschiedene Versionen eines Datenobjekts im selben Cloud-Datenbanksystem (in unterschiedlichen Netzwerkknoten) existieren. Anstatt also Datenobjekte zu überschreiben, werden neue Versionen in das System geschrie-ben, welche nach einer gewissen Zeit die bestehenden Versionen ersetzen. Aufgrund der enorm gesunkenen Preise für Speichermedien ist es sogar möglich (und erschwinglich), auf die bestehende Strategie des Überschreibens von Datenobjekten nach Änderungen komplett zu verzichten und die vollständige Historie aller Daten-objekte aufzubewahren. Dies erzeugt einen enormen Mehrwert der Daten, z. B. durch die Möglichkeit, Zeitreihenanalysen durchzuführen oder den Zustand der

Datenbank zu einem bestimmten Zeitpunkt wiederherzustellen. Wenn garantiert werden kann, dass jederzeit immer mindestens eine Kopie jeder Datenobjektversion aufbewahrt wird, erhält man somit ein Datenbanksystem, welches mit nur geringem Zusatzaufwand eine lückenlose Archivierung von Daten bietet. Dies wird auch als *Archiving-as-a-Service (AaaS)* bezeichnet (Brinkmann et al. 2015). Der Unterschied zu herkömmlichen Archivierungslösungen besteht in der nahtlosen und für den Anwender nahezu transparenten Integration in die reguläre Datenbankumgebung und deren Verwendung. Falls gewünscht, kann die Archivierungsoption jederzeit gebucht oder wieder abbestellt werden.

Selbstverständlich steigt bei aktivierter Archivierung nicht nur der benötigte Speicherplatz für die erzeugten Daten, sondern auch der Verwaltungsaufwand für das Schreiben, Aufbewahren und Lesen der Daten nimmt zu. Gleichzeitig bietet der AaaS-Ansatz eine viel größere Flexibilität beim Zugriff auf Daten an. Während klassische 1SR-Systeme „nur" Zugriff auf die aktuellsten (frischesten) Daten ermöglichen, erlauben Archivanfragen in einer AaaS-Umgebung Zugriffssemantiken basierend auf temporalen Einschränkungen (Jensen et al. 1992; Snodgrass und Ahn 1986) wie *„ich möchte alle Daten, die zum Zeitpunkt* t *in der Vergangenheit gültig waren", „ich möchte Daten, die nicht älter als/nicht jünger als* t *sind", oder „ich möchte alle Versionen zwischen den Zeitpunkten* t1 *und* t2*",* etc. Jedoch sind mehrere Probleme zu lösen, um den Schritt von asynchroner Replikation zu AaaS zu machen. Die zentralen Herausforderungen sind die folgenden: Erstens muss das System jederzeit wissen, welche Versionen der Datenobjekte existieren – und sicherstellen, dass von jeder Version mindestens eine Kopie im System verbleibt. Zweitens muss die Platzierung der Versionskopien kontrolliert werden bzw. es muss zur Anfragezeit entschieden werden, welche Version/welche Kopie für die Beantwortung der Anfrage benutzt wird, um die Kosten für den Zugriff zu minimieren. Durch die Möglichkeit, aus mehreren Versionen (und damit Frischegraden von Daten) zu wählen, lassen sich bei der Verwaltung von Daten Kosten sparen (Röhm et al. 2002).

Der ersten Problemstellung kann durch eine geeignete Multiversions-Indexstruktur begegnet werden (z. B. Becker et al. 1996; Elmasri et al. 1990; Tsotras und Kangerlaris 1995; Muth et al. 2000). Die zweite Problemstellung birgt jedoch die wichtige Frage in sich: welches ist die geeignete Kopie, welche bei einer Anfrage zurückgeliefert werden soll? Um die Gesamtkosten des Systems zu minimieren, muss dies die günstigste Version sein. Anhand von SLAs kann entschieden werden, was „günstig" für ein System bedeutet. Es gibt jedoch unterschiedlichste Ziele, auf welche ein Datenbanksystem hin optimiert werden kann. Dies kann mit folgendem Beispiel eines einfachen, über zwei Rechenzentren A und B verteilten Datenbanksystems illustriert werden. Rechenzentrum A verfüge über eine enorm breitbandige Internetanbindung, welche jedoch hohe Kosten für den Datenverkehr erzeugt. Rechenzentrum B hat eine deutlich kleinere Bandbreite bei geringeren Kosten. Stellt nun ein Kunde eine Anfrage an das System, welche von beiden Rechenzentren beantwortet werden kann, so muss sich das System für ein Rechenzentrum entscheiden. In den gegenwärtigen Systemen wird die Entscheidung anhand starrer und a priori festgelegter Optimierungsalgorithmen getroffen. Wenn beispielsweise Kunde 1 (ein gelegentlicher Privatnutzer) möglichst wenig für die

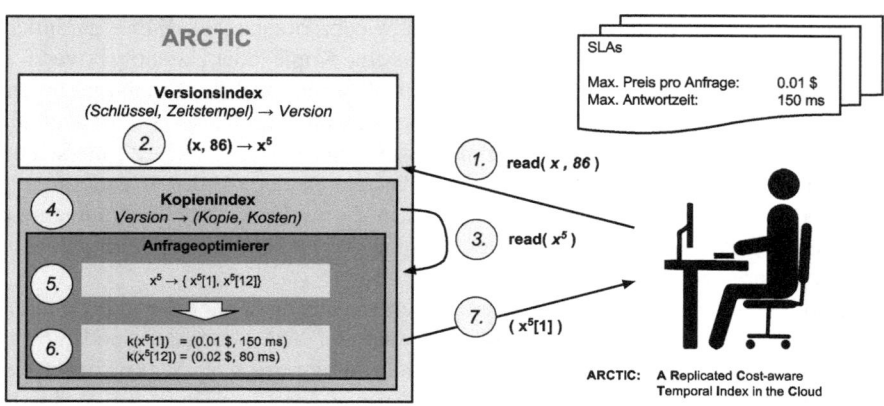

Abb. 9.5 Kostenoptimierter Zugriff auf verteilte Archivdaten mittels ARCTIC

Datenbankbenutzung bezahlen möchte, während Kunde 2 (ein Geschäftskunde, welcher die Datenbank für seinen Webshop verwendet) eine möglichst geringe Antwortzeit möchte, dann sollten auch jeweils unterschiedliche und damit individuelle Optimierungen angewandt werden.

Feingranulare und dynamisch ausgehandelte SLAs sind das zentrale Mittel, um solche Anforderungen auszudrücken – wenn das Datenbanksystem sich auf diese einstellen kann. ARCTIC (A Replicated Cost-aware Temporal Index in the Cloud) ist ein modularer, verteilter und in PolarDBMS integrierter Multiversionsindex für Cloud-Datenbanksysteme, welcher jede einzelne Anfrage gemäß der vorab festgelegten SLAs beantworten kann (Brinkmann et al. 2015).

Abb. 9.5 zeigt ARCTIC bei der Behandlung der Anfrage eines Benutzers, welcher mit dem Systembetreiber ein SLA ausgehandelt hat, bei dem er pro Anfrage einen Preis von 0.01$ zahlt und die Antwortzeit auf 150 ms beschränkt ist. In einem ersten Schritt stellt er seine Anfrage nach einem archivierten Datenobjekt x zu einem Zeitpunkt 86 (1.). Die erste Komponente von ARCTIC, der Versionsindex, der Objektschlüssel und Zeitstempel auf Versionsschlüssel abbildet, liefert dem System den Versionsschlüssel x^5 zurück (2.). Nun sucht das System nach der günstigsten Kopie des Objekts, welches unter diesem Versionsschlüssel abgespeichert ist (3.). Die zweite große Komponente, der Kopienindex (4.), verbindet Versionsschlüssel und Tupel der Form (Kopie, Kosten). Sie kann also die Kopie mit den geringsten Kosten bezüglich der gegebenen SLAs identifizieren. Zunächst wird eine Liste der in Frage kommenden Kopien erstellt (5.). Im Beispiel sind dies die Kopien x^5 (Agrawal et al. 2010) und x^5 (Curino et al. 2011), was in unserer Notation für Kopien des Objekt mit Versionsschlüssel x^5 auf den Knoten 1 und 12 steht. In einem weiteren Schritt identifiziert der Anfrageoptimierer die für den Kunden relevanten Kosten. Die erste Kopie erzeugt monetäre Kosten von 0.01$ und benötigt eine geschätzte Anfragezeit von 150 ms. Die zweite Kopie kostet mehr (0.02$), wird aber bereits nach höchstens 80 ms ausgeliefert. Der Anfrageoptimierer identifiziert also die erste Kopie als die passende für den Kunden und dessen SLA (6.) und leitet den Lesevorgang und die Auslieferung an den Kunden ein (7.).

ARCTIC erlaubt es also nicht nur, anhand von feingranular definierten SLAs bei jedem Lese-Vorgang die Kosten zu minimieren, sondern vor allem auch die Definition von Kriterien für den Zugriff auf Archivdaten (der nicht nur die monetären Kosten berücksichtigt), die sich von Kunde zu Kunde unterscheiden können. ARCTICs modularer Aufbau erlaubt es, sein Laufzeitverhalten dynamisch an eine Vielzahl unterschiedlicher Anfragetypen und Replikationsstrategien anzupassen.

9.6   Verwandte Arbeiten

In den letzten Jahren wurden eine Reihe verschiedener Protokolle für die Optimierung der Datenverwaltung in einer verteilten Umgebung entwickelt, wobei einige davon speziell auf Cloud-Umgebungen ausgerichtet sind. Dazu gehören neue Konsistenzmodelle für Daten, wie z. B. (Daudjee et al. 2006; Elnikety et al. 2005; Jung et al. 2011; Bornea et al. 2011; Cahill et al. 2009; Bernstein et al. 2013). Andere Arbeiten zielen auf die Optimierung bestehender Konsistenzmodelle ab (Kemme et al. 2000). In beiden Fällen ist das wesentliche Ziel der Arbeiten, die Skalierbarkeit der Datenverwaltung zu erhöhen; die Kosten, die für die Ansätze aufgebracht werden müssen, sind hier bei der Optimierung eher untergeordnet.

Lange Zeit wurden DBMS mit dem Ziel gebaut, möglichst viele verschiedene Anwendungen mit den unterschiedlichsten Anforderungen zu unterstützen – das ist auch als „one-size-fits-all"-Ansatz bekannt (Stonebraker et al. 2005). Allerdings sind in den meisten Fällen die Anforderungen viel zu divers, als dass sie von einem einzigen System zufriedenstellend unterstützt werden könnten. Ein Beispiel sind die in der Anfragelast komplett unterschiedlichen Anwendungen aus dem OLTP (On-line Transaction Processing) und dem OLAP (On-line Analytical Processing) (French 1995). In der Zukunft wird es daher vermehrt Spezialsysteme geben, die speziell für bestimmte Anwendungen, Datenformate, und/oder Anfragelasten optimiert werden. Neben der Möglichkeit Insellösungen (d. h. komplett unabhängige Spezialsysteme) für einzelne Anwendungen zu entwickeln, ist auch die Zusammenstellung und dynamische Auswahl unterschiedlicher Module für verschiedene Aufgaben in der Datenverwaltung, wie von PolarDBMS unterstützt, ein möglicher Ansatz.

Die Auswahl und Konfiguration von Modulen ist dabei nicht nur auf die Datenkonsistenz und die Datenarchivierung bzw. Anfrageoptimierung beschränkt, sondern kann wie beispielsweise in OctopusDB (Dittrich et al. 2011) oder in Cloudy (Kossmann et al. 2010) auch die Auswahl des zugrunde liegenden Datenmodells umfassen. Während ältere Ansätze zu modularen Datenbanksystemen von einer statischen Konfiguration und Modulauswahl zum Startzeitpunkt von Anwendungen ausgehen (Dittrich und Geppert 2000), erfolgt die Anpassung in neueren Systemen – unabhängig von den konkreten Modulen und Eigenschaften, die verändert werden – vermehrt dynamisch zur Laufzeit, wie z. B. in (Irmert et al. 2008). Diese dynamische Anpassung ist umso leichter zu realisieren, je stärker DBMS und Betriebssystem integriert sind (Giceva et al. 2013). Das wird auch als „Database/Operating System Co-Design" bezeichnet. Ähnliches gilt, wenn das DBMS direkt in der Hardware implementiert ist (Johnson et al. 2013).

9.7 Ausblick

Das Konzept der modularen Datenverwaltung ist prototypisch im Datenbanksystem PolarDBMS umgesetzt und in diesem Kapitel beispielhaft anhand der kosten-basierten Datenkonsistenz und der kosten-basierten Datenarchivierung beschrieben. Dabei ist der PolarDBMS nicht nur auf die Datenverwaltung beschränkt; die Verfügbarkeit entsprechender Module vorausgesetzt, können mit diesem Konzept sämtliche Ressourcen-Anforderungen von Big Data-Anwendungen (CPU, externe Geräte, etc.) dynamisch und flexibel unterstützt werden. Neben der Konzeption und Entwicklung weiterer dynamisch parametrisierbarer Module für die Datenverwaltung ist auch die automatische Zusammenstellung der geeigneten Module für eine Cloud-Umgebung mit mehreren, potenziell heterogenen SLOs Gegenstand weiterführender Forschung. Für die Auswahl der Module und die Bestimmung der daraus resultierenden Garantien bieten neuere Arbeiten aus dem Bereich der Fuzzy Logic (Schütze et al. 2013) sehr erfolgversprechende Ansätze.

Literatur

Agrawal, D., Abbadi, A.E., Antony, S., Das, S.: Data management challenges in cloud computing infrastructures. In: Proceedings of the 6th International Workshop on Databases in Networked Information Systems (DNIS 2010), Bd. 5999. Springer LNCS, Aizu-Wakamatsu (2010)

Amazon S3: http://aws.amazon.com/s3/. (2015). Zugegriffen im 07.2015

Amazon Web Services: Summary of the Amazon EC2 and Amazon RDS Service Disruption in the US East Region. http://aws.amazon.com/message/65648/ (2011)

Bailis, P., Davidson, A., Fekete, A., Ghodsi, A., Hellerstein, J.M., Stoica, I.: Highly available transactions: virtues and limitations. In: Proceedings of the VLDB Endowment 7(3), S. 181–192 (2013)

Becker, B., Gschwind, S., Ohler, T., Seeger, B., Widmayer, P.: An asymptotically optimal multiversion B-tree. The VLDB Journal 5(4), 264–275 (1996)

Bernstein, P.A., Das, S.: Rethinking eventual consistency. In: Proceedings of the ACM SIGMOD International Conference on Management of Data (SIGMOD 2013). ACM Press, New York (2013)

Bernstein, P.A., Goodman, N.: An algorithm for concurrency control and recovery in replicated distributed databases. ACM Transactions on Database Systems (TODS) 9(4), 596–615 (1984)

Bornea, M.B., Hodson, O., Elnikety, S., Fekete, A.: One-copy serializability with snapshot isolation under the hood. In: Proceedings of the 27th International Conference on Data Engineering (ICDE 2011), IEEE Computer Society, Hannover, S. 625–636 (2011)

Brantner, M., Florescu, D., Graf, D.A., Kossmann, D., Kraska, T.: Building a database on S3. In: Proceedings of the 2008 ACM SIGMOD International Conference on Management of Data (SIGMOD 2008), Vancouver, S. 251–264 (2008)

Brewer, E.A.: Towards robust distributed systems. In: Proceedings of the 19th Annual ACM Symposium on Principles of Distributed Computing (PODC 2000), ACM, Portland, Juli (2000)

Brinkmann, F.-M., Schuldt, H.: Towards archiving-as-a-service: a distributed index for the cost-effective access to replicated multi-version data. In: Proceedings of the 19th International Database Engineering & Applications Symposium (IDEAS 2015), Yokohama, Juli (2015)

Cahill, M.J., Röhm, U., Fekete, A.D.: Serializable isolation for snapshot databases. ACM Transactions on Database Systems (TODS) 34(4), 1–42 (2009)

Curino, C., Jones, E.P.C., Popa, R.A., Malviya, N., Wu, E., Madden, S., Balakrishnan, H., Zeldovich, N.: Relational cloud: a database service for the cloud. In: Proceedings of the 5th Biennial Conference on Innovative Data Systems Research (CIDR 2011), Asilomar, Januar (2011)

Daudjee, K., Salem, K.: Lazy database replication with snapshot isolation. In: Proceedings of the 32nd International Conference on Very Large Data Bases (VLDB 2006), ACM, Seoul, September (2006)

DeCandia, G., Hastorun, D., Jampani, M., Kakulapati, G., Lakshman, A., Pilchin, A., Sivasubramanian, S., Vosshall, P., Vogels, W.: Dynamo: Amazon's highly available key-value store. In: Proceedings of the 21st ACM Symposium on Operating Systems Principles (SOSP 2007), ACM, Stevenson, S. 205–220, Oktober (2007)

Dittrich, K.R., Geppert, A.: Component Database Systems. Morgan Kaufmann, San Francisco (2000)

Dittrich, J., Jindal, A.: Towards a one size fits all database architecture. In: Proceedings of the 5th Biennial Conference on Innovative Data Systems Research (CIDR 2011), Asilomar, Januar (2011)

Eaton, K.: How one second could cost Amazon $1.6 billion in sales. Fast Company 14, 2012. http://www.fastcompany.com/1825005/how-one-second-could-cost-amazon-16-billion-sales

Elmasri, R., Wuu, G.T.J., Kim, Y.-J.: The time index: an access structure for temporal data. In: Proceedings of the 16th International Conference on Very Large Data Bases (VLDB 1990), San Francisco, S. 1–12 (1990)

Elnikety, S., Zwaenepoel, W., Pedone, F.: Database replication using generalized snapshot isolation. In: Proceedings of the 24th IEEE Symposium on Reliable Distributed Systems (SRDS 2005), IEEE Computer Society, Orlando, October (2005)

Fekete, A.: Allocating isolation levels to transactions. In: Proceedings of the 24th ACM SIGACT-SIGMOD-SIGART Symposium on Principles of Database Systems (PODS 2005), ACM, Baltimore, Juni (2005)

Fetai, I., Schuldt, H.: Cost-based data consistency in a data-as-a-service cloud environment. In: Proceedings of the 5th International Conference on Cloud Computing (CLOUD 2012), IEEE, Honolulu, Juni (2012a)

Fetai, I., Schuldt, H.: Cost-based adaptive concurrency control in the cloud. Technischer Bericht CS-2012-001, Universität Basel, Departement Mathematik und Informatik, Februar (2012b)

Fetai, I., Schuldt, H.: SO-1SR: towards a self-optimizing one-copy serializability protocol for data management in the cloud. In: Proceedings of the 5th International Workshop on Cloud Data Management (CloudDB 2013), ACM, San Francisco, Oktober (2013)

Fetai, I., Brinkmann, F.-M., Schuldt, H.: PolarDBMS: towards a cost-effective and policy-based data management in the cloud. In: Proceedings of the 6th International Workshop on Cloud Data Management (CloudDB 2014), IEEE, Chicago, März (2014)

Florescu, D., Kossmann, D.: Rethinking cost and performance of database systems. ACM Sigmod Record 38(1), 43–48 (2009)

French, C.D.: „One size fits all" database architectures do not work for DDS. In: Proceedings of the 1995 ACM SIGMOD International Conference on Management of Data (SIGMOD 1995), ACM, San Jose (1995)

Giceva, J., Salomie, T.-I., Schüpbach, A., Alonso, G., Roscoe, T.: COD: database/operating system co-design. In: Proceedings of the 6th Biennial Conference on Innovative Data Systems Research (CIDR 2013), Asilomar, Januar (2013)

Gilbert, S., Lynch, N.A.: Brewer's conjecture and the feasibility of consistent, available, partition-tolerant web services. SIGACT News 33(2), 51–59 (2002)

Gray, J., Helland, P., O'Neil, P.E., Shasha, D.: The dangers of replication and a solution. In: Proceedings of the ACM SIGMOD International Conference on Management of Data (SIGMOD 1996), ACM, Montréal, Juni, (1996)

Hale, C.: You can't sacrifice partition tolerance. http://codahale.com/you-cant-sacrifice-partition-tolerance (2010)

Irmert, F., Daum, M., Meyer-Wegener, K.: A new approach to modular database systems. In: Proceedings of the 2008 Workshop on Software Engineering for Tailor-made Data Management, Nantes (2008)

Jensen, C.S., Clifford, J., Gadia, S.K., Segev, A., Snodgrass, R.T.: A glossary of temporal database concepts. SIGMOD Record 21(3), 35–43 (1992)

Johnson, R., Pandis, I.: The bionic DBMS is coming, but what will it look like? In: Proceedings of the 6th Biennial Conference on Innovative Data Systems Research (CIDR 2013), Asilomar, Januar 2013

Jung, H., Han, H., Fekete, A., Röhm, U.: Serializable snapshot isolation for replicated databases in high-update scenarios. Proceedings of the VLDB Endowment 4(11), 783–794 (2011)

Kemme, B., Alonso, G.: Don't be lazy, be consistent: Postgres-R, a new way to implement database replication. In: Proceedings of the 26th International Conference on Very Large Data Bases (VLDB 2000), Morgan Kaufmann, Kairo, S. 134–143, September 2000

Kossmann, D., Kraska, T., Loesing, S., Merkli, S., Mittal, R., Pfaffhauser, F.: Cloudy: a modular cloud storage system. Proceedings of the VLDB Endowment 3(2), 2010

Kraska, T., Hentschel, M., Alonso, G., Kossmann, D.: Consistency rationing in the cloud: pay only when it matters. Proceedings of the VLDB Endowment 2(1), 253–264 (2009)

Miller, M.S., Drexler, K.E.: Markets and computation: Agoric open systems. In: Huberman, B.A. (Hrsg.): The Ecology of Computation. Elsevier Science Publishers, North-Holland (1988)

Muth, P., O'Neil, P.E., Pick, A., Weikum, G.: The LHAM log-structured history data access method. The VLDB Journal 8(3–4), 199–221 (2000)

Pepitone, J.: Amazon EC2 outage downs Reddit, Quora. CNN Money, 22 April 2011. http://money.cnn.com/2011/04/21/technology/amazon_server_outage

Röhm, U., Böhm, K., Schek, H.-J., Schuldt, H.: FAS – a freshness-sensitive coordination middleware for a cluster of OLAP components. In: Proceedings of 28th International Conference on Very Large Data Bases (VLDB 2002), Morgan Kaufmann, Hong Kong, S. 754–765, August 2002

Schütze, R.: Intuitionistic Fuzzy Component Failure Analysis (IFCFIA) – a gradual method for SLA dependency mapping and bi-polar impact assessment. Technischer Bericht, Departement Informatik, Universität Fribourg (2013)

Snodgrass, R.T., Ahn, I.: Temporal databases. IEEE Computer 19(9), 35–42 (1986)

Stonebraker, M.: New opportunities for new SQL. Communications of the ACM 55(11), 10–11 (2012)

Stonebraker, M., Çetintemel, U.: „One size fits all": an idea whose time has come and gone. In: Proceedings of the 21st International Conference on Data Engineering (ICDE 2005), IEEE Computer Society, Tokyo, April 2005

Tsotras, V.J., Kangerlaris, N.: The snapshot index: an I/O-optimal access method for timeslice queries. Information Systems 20(3), 237–260 (1995)

Vogels, W.: Eventually consistent. Communications of the ACM 52(1), 40–44 (2009)

In-Memory-Platform SAP HANA als Big Data-Anwendungsplattform

10

Pascal Prassol

Zusammenfassung

Das vorliegende Kapitel befasst sich mit der In-Memory Plattform SAP HANA. Zu Beginn wird aufgezeigt, weshalb SAP HANA überhaupt eine Plattform darstellt. Dazu wird in einem ersten Schritt definiert, was in der (Wirtschafts-)Informatik unter einer Plattform verstanden wird und aus welchen Bestandteilen sich eine solche in diesem Kontext zusammensetzen kann. Anschließend wird kurz beleuchtet, welche Merkmale eine Plattform hinsichtlich der Schaffung eines Mehrwertes für die beteiligten Akteure aufweisen sollte. In der Folge wird dargelegt, inwiefern es sich bei SAP HANA um eine innovative Technologie handelt, worin die Unterschiede zu bestehenden Systemen liegen und welche Möglichkeiten sich bieten, die technische Leistungsfähigkeit der Plattform in neue Geschäftsmodelle und betriebswirtschaftliche Erfolge umzusetzen. Hierfür erfolgt zunächst eine genauere Betrachtung der technischen Merkmale und Besonderheiten von SAP HANA. Insbesondere werden die Vorteile der In-Memory Technologie gegenüber klassischen Disk-basierten Datenbanksystemen beleuchtet. Des Weiteren wird näher auf Spaltenorientierung, Parallelisierung und das Überwinden der herkömmlichen Trennung zwischen transaktionaler und analytischer Datenverarbeitung eingegangen. Das Kapitel schließt mit einer Betrachtung der Einsatzmöglichkeiten von SAP HANA. Einem Blick auf die verschiedenen Architekturgrundmuster der Plattform sowie der Deployment-Optionen folgt eine Darstellung möglicher Einsatzszenarien. Es wird erläutert, dass Unternehmen sich in der heutigen Geschäftswelt einer immer größeren Fülle an verfügbaren

Überarbeiteter Beitrag basierend auf „SAP HANA als Anwendungsplattform für Real-Time Business". In: HMD – Praxis der Wirtschaftsinformatik, HMD-Heft Nr. 303, 52 (3): 358–372, 2015

P. Prassol (✉)
SAP Deutschland SE & Co. KG, St. Ingbert, Deutschland
E-Mail: pascal.prassol@sap.com

© Springer Fachmedien Wiesbaden 2016
D. Fasel, A. Meier (Hrsg.), *Big Data*, Edition HMD,
DOI 10.1007/978-3-658-11589-0_10

Daten ausgesetzt sehen, warum es für ihren zukünftigen Erfolg wichtig ist, sich die darin enthaltenen Informationen zu Nutze zu machen und welche konkreten Anwendungen dies in Kombination mit der SAP HANA Plattform ermöglichen.

Schlüsselwörter

SAP HANA • Plattform • In-Memory • Datenbank • Anwendung • Echtzeit • Spaltenorientierung • Parallelisierung • OLTP/OLAP • Big Data • Analytics • Internet of Things • Predictive

10.1 Einführung

Plattformen haben in der (Wirtschafts-)Informatik eine große Bedeutung. Oftmals entscheiden sie wesentlich mit über Relevanz und Zukunftsfähigkeit von Geschäftsmodellen und unterstützende IT-Lösungen. Die Bandbreite der Einsatzmöglichkeiten von Plattformen ist vielfältig. Sie reicht von Hardwareplattformen (im Trend etwa Embedded Systems und Mobilgeräte) bis zu entsprechender Software (etwa Entwicklungsumgebungen). Auch Autos, Gebäude und gar Textilien können Plattformen für innovative IT-Lösungen sein.

Wie sieht SAP als führender Anbieter von betriebswirtschaftlichen Lösungen mit seiner innovativen SAP HANA-Plattform dieses Umfeld? Was sind beispielhafte Innovationen? Wo liegen Chancen und Möglichkeiten und wo können diese in der Praxis von Vorteil sein?

10.2 Grundlegendes Verständnis zu Plattformen

Im Kontext der (Wirtschafts-)Informatik lässt sich der Begriff „Plattform" keiner einheitlichen Definition unterwerfen. Plattformen treten in unterschiedlichen Ausprägungsformen auf und können sich aus diversen Bestandteilen zusammensetzen.

Grundsätzlich lässt sich eine Plattform dadurch charakterisieren, dass sie eine einheitliche Basis darstellt, die einzelne Komponenten innerhalb eines gemeinsamen technologischen Rahmens vereint. Auf Grundlage dessen können neue Anwendungen, Prozesse und Technologien entwickelt werden.[1]

Typischerweise besteht eine Plattform aus einer bestimmten Hardwarearchitektur und einem dazugehörigen Software-Framework, welches vorgefertigte Funktionalitäten bietet und darüber hinaus die Entwicklung weiterführender Software ermöglicht. Des Weiteren ist die Plattform gekennzeichnet durch verwendete Programmiersprachen, benutzerspezifische Schnittstellen, Applikations-Bibliotheken und Graphical User Interfaces.[2]

---

[1] Techopedia (o. J.).
[2] Princeton University (o. J.).

Entgegen diesem fortgeschrittenen Verständnis einer Plattform als einer aus mehreren miteinander verknüpften Komponenten, lässt sich auch eine bestimmte Hardware oder Software für sich alleine genommen als Plattform betrachten. Sie basieren selbst auf einem bestimmten technologischen Fundament und dienen ihrerseits als Basis für auf sie aufgesetzte Produkte und Technologien. Man spricht dann von Hardware- bzw. Software-Plattformen.[3]

Hardware-Plattformen sind Computertypen, die durch eine bestimmte Architektur gekennzeichnet sind. Beispiel hierfür sind Smartphones oder Embedded Systems, in technischen Produkten enthaltene Miniaturrechner, die einzelne Funktionen überwachen und steuern oder Daten senden. Sie kommen insbesondere in der Automobilbranche, im Anlagenbau oder in Unterhaltungselektronik zur Anwendung.[4]

Typische Beispiele für Software-Plattformen sind Betriebssysteme, Runtime Environments oder Software Frameworks. Das Konzept eines Software Frameworks wird durch die Möglichkeiten des Cloud Computing noch weiter fortgeführt. Der Zugang zu einer aus physischen Hardware-Elementen, bestimmten Technologien und Anwendungsprogrammen bestehenden Plattform kann ihren Nutzern auch per Cloud ermöglicht werden. Die Bereitstellung einer Plattform zusammen mit allen relevanten Services (beispielsweise Persistenz, Berechtigungen, Konnektivität…) nennt man Platform-as-a-Service (PaaS).[5] Die notwendige Infrastruktur zur Bereitstellung der Plattform (also die Hardware-Komponenten wie Computer, Server usw.) wird vom Anbieter aufgebaut und betrieben. Drittanbieter haben die Möglichkeit, alle Funktionalitäten der Plattform über den gesamten Lebenszyklus ihrer Produkte (Entwicklung, Bereitstellung, Update…) hinweg zu nutzen.[6]

10.3 Nutzen von Plattformen

Plattformen können in allen Industriezweigen für zahllose Anwendungsfälle eingesetzt werden und entfalten für ihre Nutzer eine enorme wirtschaftliche Bedeutung. Dies ergibt sich insbesondere aus der Möglichkeit einer Plattform, Daten oder gar Geschäftsprozesse besser zusammenzubringen und somit neue Erkenntnisse abzuleiten, bestehende Prozesse zu verbessern oder gar neue zu etablieren.

Im Kontext einer Industrieplattform als gemeinsames technologisches Fundament sind zudem Unternehmensnetzwerke und übergreifende Kollaborationen wichtige Facetten, welche eine Plattform bereitstellen kann. Die Plattform bietet dann Akteuren einen gemeinsamen Rahmen, innerhalb dessen Ideen, Technologien und Produkte eingebracht, ausgetauscht und darüber hinaus neue Werte geschaffen werden können.

---

[3] Foldoc Dictionary (1994).
[4] Fraunhofer (o. J).
[5] SAP Intranet (o. J a).
[6] Beimborn et al. (2011), S. 371.

Das Unternehmen, welches die Plattform bereitstellt, bringt dabei nicht zwangsläufig alle denkbaren Produkte (z. B. Geschäftsanwendungen) selbst hervor. Die Plattform wird oftmals für Drittanbieter geöffnet und es werden wirtschaftliche Anreize geschaffen, dem Technologiesystem der Plattform beizutreten und dieses zu adaptieren. Denn ohne komplementäre Produkte entfaltet die Plattform nur einen begrenzten Nutzen für das bereitstellende Unternehmen und ihre Anwender.[7] Eine Technologie – und dies gilt aus SAP-Sicht auch für eine Plattform – kann noch so spannend sein, letztlich gilt es einen Nutzen zu erzielen.

10.4 SAP HANA als Plattform

10.4.1 Kurzvorstellung von SAP HANA

SAP HANA ist eine innovative und vielseitige Plattform, die sowohl branchenübergreifend als auch für eine Vielzahl Prozess-spezifischer Anwendungsfälle eingesetzt wird. So ermöglicht SAP HANA z. B. Echtzeit-Applikationen im Handel zur Optimierung von Beständen, adressiert Big Data-Szenarien in der Automobil-Industrie und ermöglicht sogar neue Geschäftsmodelle (vom Produkt-orientierten zum Service-basierten Ansatz). Dabei spielt eine Reihe von technischen Innovationen samt deren intelligenter Verknüpfung eine wesentliche Rolle.

Herzstück der Plattform ist die SAP HANA-Datenbank, ein spaltenorientiertes In-Memory-Datenbanksystem, welches neben transaktionaler Datenverarbeitung auch umfassende analytische Fähigkeiten aufweist. Aus SAP-Sicht besteht die Überzeugung, dass eine Plattform nicht nur Daten sammeln und speichern können muss, sondern eben auch ein Verständnis für Business-Logiken und Prozesse haben sollte; dies beginnt bei einer einfachen Währungsumrechnung, geht über Graph- und Spatial-Funktionalitäten bis hin zu komplexen mathematischen Planungsalgorithmen und Simulationen. Dieser Zusammenhang wird in Abb. 10.1 deutlich. Die SAP HANA Plattform greift mit der Unterstützung von Integrationsservices auf eine Reihe unterschiedlicher Datenquellen zurück – beispielsweise operative Systeme, Maschinendaten oder unstrukturierte Daten aus Texten und sozialen Netzwerken. Die gesammelte Datenbasis wird mit Hilfe integrierter Engines, Logiken und Algorithmen verarbeitet, ausgewertet und aufbereitet. Auf der Plattform aufsitzende Anwendungen profitieren davon, indem sie in Echtzeit auf die Resultate zugreifen können.

SAP HANA schöpft daneben die technischen Möglichkeiten aktueller Hardwaresysteme voll aus, um die Leistungsfähigkeit der Geschäftsanwendungen zu erhöhen, die auf der Plattform laufen. So werden neuartige Szenarien und Geschäftsmodelle eröffnet, die unter technischen oder Kostengesichtspunkten bisher nicht umsetzbar waren. Beispiele hierfür sind vorausschauende Wartung, Fraud Management, intelligente Business-to-Business-Netzwerke, selbstlernende Systeme und Telematics, Integration von Internet of Things oder Big Data-Anwendungsfällen mit bestehenden operativen Umgebungen.

---

[7] Cusumano (2010), S. 5.

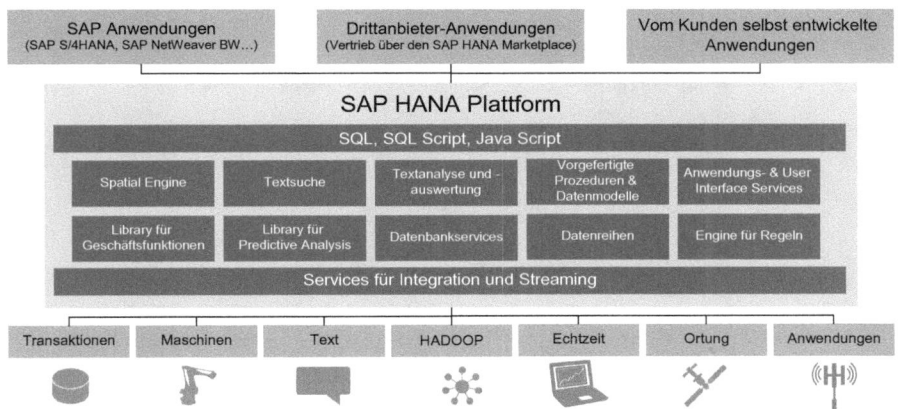

Abb. 10.1 Architektur der SAP HANA Plattform (Eigene Darstellung in Anlehnung an Darstellung an SAP (2015a), S. 8)

Nachfolgend werden ausgewählte technologische Innovationen von SAP HANA dargestellt, welche durch ein ganzheitliches und abgestimmtes Zusammenspiel die leistungsfähige Datenverarbeitung und -analyse ermöglichen. Abschließend erfolgt eine nähere Betrachtung konkreter Einsatzszenarien.

10.4.2 Technologische Grundlagen von SAP HANA

10.4.2.1 In-Memory

SAP HANA ist eine sogenannte In-Memory-Plattform und bietet daher eine bereits für den Hauptspeicher optimierte Datenverarbeitung, ohne die Notwendigkeit, zusätzliche Redundanzen oder Caching-Mechanismen einsetzen zu müssen. Durch die volle Ausrichtung auf den Hauptspeicher als primäres Medium lassen sich sehr große Datenmengen wesentlich schneller durchsuchen, aggregieren und analysieren als dies mit klassischen Disk-basierten Datenbanksystemen (DBS) möglich ist.[8] Traditionelle Festplattenansätze werden innerhalb von SAP HANA daher lediglich für Datensicherung und -wiederherstellung eingesetzt.

Wie Abb. 10.2 zeigt, lag die Herausforderung bei klassischen DBS in der Vergangenheit insbesondere darin, die Leistungsfähigkeit von Hardwaresystemen mit eng begrenztem Main Memory und vergleichsweise langsamen Festplattenzugriff zu erhöhen. Eine Erhöhung der Zugriffsgeschwindigkeit auf die Festplatte wurde beispielsweise erreicht, indem man die Anzahl der Disk Pages verringerte, Pufferungen einsetzte oder materialisierte, speziell für häufig wiederkehrende Anfragen optimierte Objekte (Aggregate, Materialized Views).[9] Datenbankseitig sind immer noch zahlreiche und komplexe Verfahren notwendig, um die Performance zu

---

[8] Innovation Enterprise (2014), S. 2.

[9] SAP (2012), S. 12.

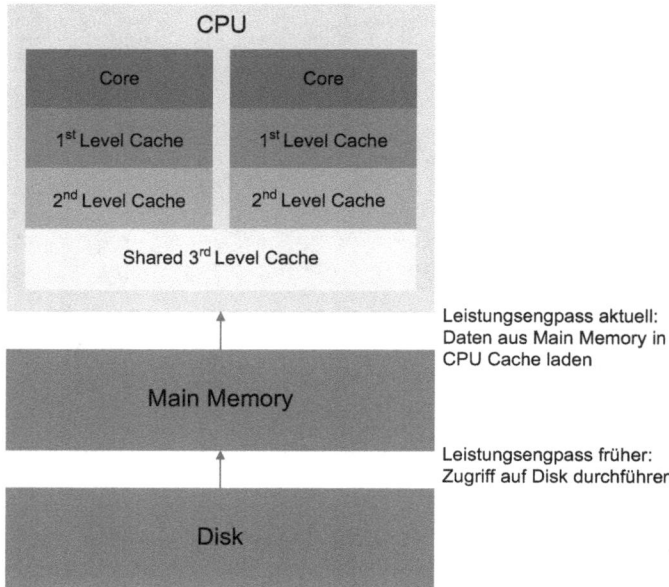

Abb. 10.2 Leistungsengpässe (Eigene Darstellung in Anlehnung an SAP (2012), S. 12)

steigern, wie beispielsweise Anlegen und Wartung von sogenannten Datenbank-Indizes, Histogrammen, Konfiguration und Pflege von verschiedenen Caching-Verfahren bis hin zu intelligenten Plattensubsysteme mit einer zur Anfrage passenden Datenverteilung.

Heute sind jedoch auch sehr große Arbeitsspeicherkonfigurationen erhältlich und kommerziell erschwinglich. Zusätzlich verfolgen Chip-Hersteller heutzutage einen entscheidenden Ansatz: statt noch schnellere und leistungsfähigere Prozessoren zu entwickeln (physische Limitationen, Kosten/Nutzen), werden eher mehrere Prozessoren in einem Systemverbund integriert (Multicore CPUs). Da Multicore CPUs zudem eine parallele Datenverarbeitung mit schnellerer Kommunikation zwischen den einzelnen Prozessorkernen ermöglichen, sind Serverarchitekturen mit hunderten von CPU Cores und mehreren Terabyte an Main Memory bereits heute die Realität. SAP HANA ist vollständig auf diese Architektur ausgelegt und somit in der Lage, große Datenmengen in Echtzeit zu verarbeiten.

Verfügbare Benchmarks wie auch konkrete Implementierungen zeigen beispielsweise Laufzeiten von Milliarden von Datensätzen pro Sekunde pro CPU Core. So lässt sich z. B. die Sequenzierung eines Genomstranges in der Medizin von mehreren Wochen auf wenige Sekunden bis Minuten reduzieren.[10] Dies führt nicht nur zu deutlich geringeren Kosten, sondern unterstützt somit eine bestmögliche Therapie.

Hauptspeicher-basierte Datenverarbeitung ist nicht neu, jedoch sind Softwarelösungen oder Plattformen wie SAP HANA durch entsprechende Entwicklungen nun in der Lage,

---

[10] SAP News (2012).

beispielsweise hunderte von Terabytes im Hauptspeicher effizient zu nutzen. Neben der wachsenden Größe (und auch zunehmender Kostenreduzierung) des Hauptspeichers spielt in der Architektur die RAM-Lokalität eine wichtige Rolle.

Bereits Ende der 1990er-Jahre wurde bei speicherresidenten, klassischen DBS gezeigt, dass CPUs etwa die Hälfte ihrer Ausführungszeiten im Stillstand verbringen, d.h. darauf wartend, dass Daten aus dem Main Memory in den CPU Cache geladen werden (sogenannter CPU Stall).[11] Das Hinzufügen von Hauptspeicher alleine löst somit nicht zwangsläufig Performanceprobleme bzw. schafft keine neuen Geschäftsmodelle.

Bei einer modernen Plattform wie SAP HANA kann die CPU durch die steigende Anzahl an Prozessorkernen schneller immer größere Datenmengen verarbeiten. Einer der Ansätze hierzu nennt sich „Cache Aware Memory Organization". Ziel ist es, die Anzahl der CPU-Taktungen zu verringern, in denen die zur Verarbeitung einer Anfrage benötigten Daten nicht im Arbeitsbereich eines CPU Cores gefunden werden und die Suche auf eine nächste Speicher-Ebene verschoben werden muss (CPU Cache Misses). Zudem sollen CPU Stalls beim Zugriff auf den Main Memory vermieden werden. Ein weiterer – komplementärer – Ansatz hierzu ist die spaltenorientierte (column based) Datenablage im Main Memory.

10.4.2.2 Spaltenorientierung

Eine Datenbank enthält üblicherweise zweidimensionale Datentabellen. Diese Tabellen können nach Zeilen oder nach Reihen aufgegliedert werden. Der Hauptspeicher ist hingegen nicht zweidimensional sondern linear organisiert. Es bedarf also der Umwandlung der Tabellen in eine lineare Form, welche der Hauptspeicher als Voraussetzung benötigt. Dies bezeichnet man als zeilen- oder spaltenorientierte Datenablage.

Bei einer zeilenorientierten Datenablage werden die Zeilen einer Tabelle nacheinander in eine Sequenz von Einträgen übertragen, wobei jeder Eintrag jeweils genau eine Information aus jeder Spalte enthält. Bei einer spaltenorientierten Datenablage wird jede Spalte nacheinander und vollständig in aufeinanderfolgenden Einheiten im Computerspeicher abgelegt. Dieser Zusammenhang wird in Abb. 10.3 grafisch dargestellt.

Klassische relationale Datenbankmanagementsysteme (DBMS) nutzen üblicherweise ausschließlich eine zeilenorientierte Datenablage. Das Konzept der Spaltenorientierung war bisher zwar nicht gänzlich unbekannt, wurde aber hauptsächlich im Kontext des Data Warehousing verwendet. SAP HANA überwindet diese traditionelle Trennung und unterstützt sowohl Zeilen- als auch Spaltenorientierung.

Die Vorteile einer Spaltenorientierung sind[12]:

* Berechnungen werden innerhalb einer einzelnen oder einiger weniger Spalten durchgeführt.

---

[11] Ailamaki et al. (1999): S. 266.
[12] SAP (2011), S. 14.

Kunde	Land	Produkt
A	Deutschland	II
B	Frankreich	I
C	Italien	III

Zeilenorientiert		Spaltenorientiert	
Eintrag 1	A	Kunde	A
	Deutschland		B
	II		C
Eintrag 2	B	Land	Deutschland
	Frankreich		Frankreich
	I		Italien
Eintrag 3	C	Produkt	II
	Italien		I
	II		III

Abb. 10.3 Datenablage (Eigene Darstellung in Anlehnung an SAP (2012), S. 13)

- Die Tabelle wird basierend auf den Ausprägungswerten einiger weniger Spalten durchsucht.
- Es können je nach Struktur sehr hohe Kompressionsraten erzielt werden, da die Mehrzahl der Spalten nur wenige unterschiedliche Ausprägungswerte besitzt.

Die spaltenorientierte Datenablage befähigt Geschäftsanwendungen, die SAP HANA als Plattform nutzen, transaktionale Daten performant zu durchsuchen. Die Nutzung des CPU Caches erfolgt im Vergleich mit zeilenorientierter Ablage wesentlich effizienter. Große Objekte wie Tabellen können stärker komprimiert werden und in kleinere Pakete aufgeteilt werden, was wiederum entlang der CPU-Architektur ausgerichtet wird.

Überflüssig wird außerdem eine zusätzliche Indexbildung über die Daten, da die in Spalten organisierten Tabellen bereits implizit jeweils einen eigenen Index darstellen. Während durch den schnellen Hauptspeicherzugriff und die Vorteile der Datenkomprimierung alle Such- und Leseoperationen in Höchstgeschwindigkeit durchgeführt werden können, werden durch den weitgehenden Verzicht auf die Indizierung auch schreibende Operationen beschleunigt.[13]

Klassische DBMS bilden üblicherweise Aggregate über die in ihnen enthaltenen Daten, um die Geschwindigkeit von Leseoperationen zu erhöhen (z. B. Jahresumsätze einzelner Produkte in bestimmten Regionen). Aggregate stellen redundante Informationen dar, die technisch in zusätzlichen Tabellen abgelegt werden.[14] Dies macht es erforderlich, die Aggregate bei weiteren Datenbeladungen oder zumindest in regelmäßigen Intervallen neu zu berechnen. Auf Grund der hohen Verarbeitungsgeschwindigkeit

---

[13] SAP (2012), S. 15.
[14] SAP (2011), S. 16.

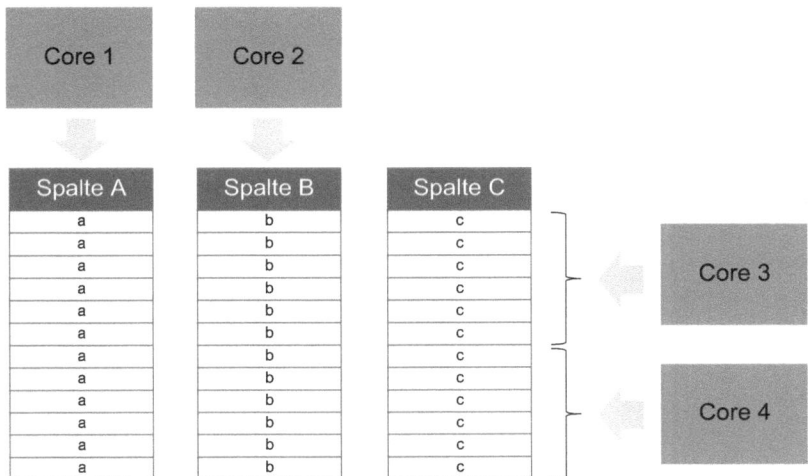

Abb. 10.4   Parallelisierung (Eigene Darstellung in Anlehnung an SAP (2011), S. 15)

macht SAP HANA Aggregate obsolet und kann auch große Datenmengen in Echtzeit prozessieren. Somit lassen sich Datenmodelle und Logiken wiederum stark vereinfachen.

10.4.2.3 Parallelisierung

SAP HANA nutzt die Performancevorteile einer von Multicore CPUs unterstützten Parallelisierung von Operationen. Dies erfordert es, dass die vorliegende Datenbasis in einzelne Pakete aufgeteilt werden kann, innerhalb derer dann wiederum individuelle Berechnungen durchgeführt werden. Diese Voraussetzung ist durch eine spaltenorientierte Datenablage gegeben, da die Daten hier bereits vertikal partitioniert sind. Wenn mehrere Spalten durchsucht oder aggregiert werden, können diese Operationen für jede Spalte einzeln von einem CPU Core durchgeführt werden. Alternativ kann die Durchführung einer Operation für eine einzelne Spalte auf zwei oder mehrere CPU Cores aufgeteilt werden.[15] Abb. 10.4 verdeutlicht dies in einer grafischen Repräsentation anhand drei beispielhafter Spalten.

Somit unterstützt diese Architektur den geschilderten Trend, eher mehrere CPUs bzw. CPU Cores in einem geschlossenen Systemverbund einzusetzen als bestehende CPUs in ihrer Geschwindigkeit zu erhöhen.

10.4.2.4 OLTP und OLAP

Traditionell fokussieren sich Datenbanksysteme und Geschäftsanwendungen entweder auf transaktionale oder analytische Szenarien. Transaktionale Systeme dienen der Abbildung der Geschäftsprozesse eines Unternehmens, beispielsweise Anlegen von Aufträgen, Verarbeitung von Bestellungen und Wareneingängen (Online Transactional Processing, OLTP). Analytische Szenarien stellen hingegen deutlich andere

---

[15] SAP (2012), S. 16.

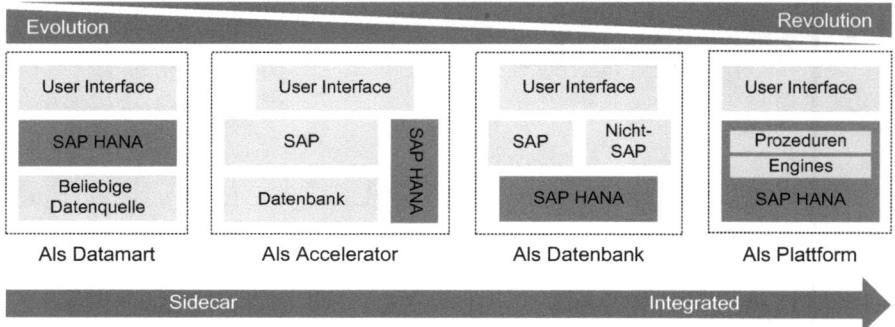

Abb. 10.5 Architekturgrundmuster im Überblick (Eigene Darstellung in Anlehnung an SAP (2014a))

Anforderungen an ein System, wie beispielsweise der komplexen statistischen Analyse von Umsätzen, Beständen und deren Entwicklung über einen längeren Zeitraum (Online Analytical Processing, OLAP).

SAP HANA löst diese Trennung zwischen OLTP und OLAP nahezu komplett auf und erlaubt somit Geschäftsanwendungen mit integrierter Analytik, welche auch tief greifende Auswertungen „on the fly" erlaubt. Datenmodelle, Systemlandschaften und sogar IT-Prozesse können somit optimiert werden.[16] So lässt sich beispielsweise die SAP Business Suite zur Abbildung industriespezifischer Prozesse nicht nur mit SAP HANA als technologischem Fundament betreiben, sondern es werden komplett neue Prozessvereinfachungen und -verknüpfungen erlaubt (z. B. ein zentrales Finanz-Journal in SAP Simple Finance).

10.5 Einsatz von SAP HANA

10.5.1 Grundmuster der Architektur

Basierend auf der Vielzahl von aktuellen Implementierungen im Markt lassen sich die in Abb. 10.5 dargestellten Architekturgrundmuster ableiten, wie SAP HANA als Plattform mit ausgewählten, gezielten Services oder umfassend eingesetzt werden kann.

SAP HANA kann zum einen als flexibler DataMart eingesetzt werden, um in einer unabhängigen Umgebung zeitnah Antworten auf unternehmenskritische Fragen abzuleiten. Zum Beispiel: Welche Auswirkungen auf die Vertriebskosten hätte eine Veränderung der Währungskurse um x%? Wie gestaltet sich die Bilanz von morgen mit den Rahmenparametern von gestern? Sind aktuelle Handels- und Preiskonditionen wirklich optimal? Die erforderlichen Daten können dabei aus jeglicher Quelle geladen, flexibel in SAP HANA modelliert und ausgewertet werden.

---

[16] IDC (2013), S. 14–15.

Als sogenannter Accelerator können SAP-Applikationen in ihrer Performance optimiert werden. Hierbei werden Datenbank-intensive Operationen nicht an die primäre Datenbank des SAP-Systems, sondern an SAP HANA weitergeleitet, das Ergebnis an die Applikation zurückgesendet. Durch diesen „SideCar"-Ansatz kann die hohe Leistungsfähigkeit von SAP HANA schnell für ausgewählte Szenarien (Financial Ledger, Profitabilitätsanalysen, Auflösen von einer Stückliste,…) herangezogen werden, ohne als Voraussetzung bereits das komplette SAP-System auf SAP HANA portiert zu haben.

In einem weiteren Schritt kann die Plattform als komplette Datenbank von SAP-sowie Nicht-SAP-Applikationen dienen, z. B. für kundenspezifische Lösungen, die in JAVA oder .NET entwickelt sind.

SAP HANA ist neben dem Datenbank-Ansatz wie geschildert aber eben eine Plattform, mit Entwicklungsframework und Applikationsservices. SAP HANA beinhaltet einen eigenen Applikationsserver, insofern können Anwendungen direkt in der Plattform entwickelt und betrieben werden. Dies stellt die vierte Option dar.

Neben den vier dargestellten Architekturvarianten ist eine fünfte Option ebenfalls wichtig: die Kombination von allem; beispielsweise ein Szenario, in dem Sensordaten aus Maschinen in SAP HANA prozessiert werden und gleichzeitig weitere Applikationen wie ein Webshop und ein Kundenmanagement-System auf SAP HANA zugreifen.

Neben den Architekturoptionen sind mit der SAP HANA-Plattform verschiedene Deployment-Modelle möglich: in der Cloud, On-Premise – das heißt vor Ort im jeweiligen Rechenzentrum – oder auch eine Kombination aus beidem.[17] Abb. 10.6 zeigt eine vereinfachte Darstellung der Komponenten der SAP HANA Plattform, die auf den genannten Wegen bereitgestellt werden können.

10.5.2 Datenstruktur

SAP HANA ist in der Lage, Daten mit unterschiedlichen Graden an Strukturiertheit zu verarbeiten.[18] Strukturierte Daten liegen bspw. in Form relationaler Tabellen aus operativen Datenbeständen vor. Semi-strukturierte bzw. gänzlich unstrukturierte Daten stellen beispielsweise Graphen, Bilder, Videos, Zeitungsartikel oder Störmeldungen dar.

Verschiedenartige Datenstrukturen werden somit auf einer einzigen Plattform zusammengelegt, verarbeitet und analysiert, ein Wechsel zwischen mehreren Datenbanken ist nicht notwendig. Dies vereinfacht es Entwicklern, neue Anwendungen zu programmieren, die sich zum einen die in SAP HANA eingespeiste Datenbasis und zum anderen die technischen Möglichkeiten der Plattform zu nutzen. Zudem werden Kosten und Komplexität reduziert, beispielsweise für zusätzliche Systeme zur Suche, Analytics, Datenvisualisierung oder Simulationen.

---

[17] SAP Website (o. J.).
[18] Färber et al. (2011), S. 46.

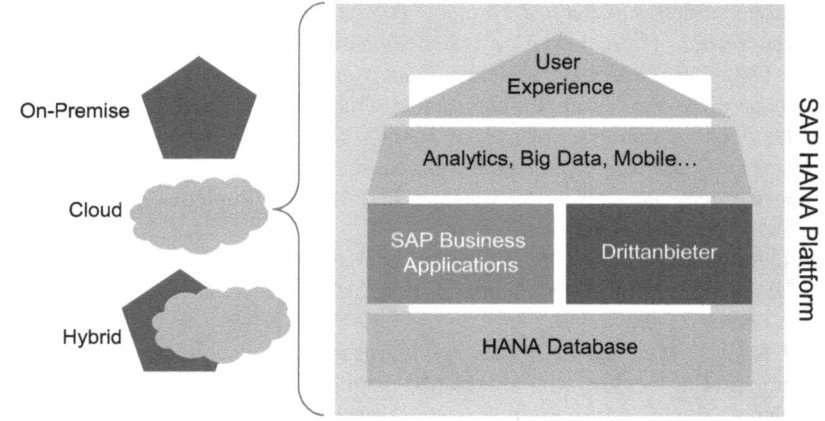

Abb. 10.6 Deployment von SAP HANA (Eigene Darstellung in Anlehnung an SAP (2015b))

10.5.3 Einsatzszenarien und Ausblick

Für Unternehmen aller Branchen ist es entscheidend, schnell auf veränderte Umwelt-bedingungen zu reagieren, aktuelle Markttrends frühzeitig zu erkennen sowie sich echte Wettbewerbsvorteile gegenüber der Konkurrenz zu erarbeiten.

In der heutigen Geschäftswelt sehen sich Unternehmen – unabhängig von der jeweiligen Industrie – zudem einer großen Fülle interner und externer Daten ausge-setzt. Diese entstehen einerseits im Verlauf des eigentlichen Tagesgeschäfts, bspw. Maschinendaten aus den Produktionslinien, Finanzdaten aus der Mittelbeschaffung an den Kapitalmärkten oder Informationen über das Kaufverhalten von Konsumenten in Online-Shops, andererseits aber auch aus sekundären Quellen wie sozialen Netz-werken. Die Herausforderung liegt darin, aus diesen riesigen und größtenteils unstruk-turiert vorliegenden Daten nützliche und verwendbare Informationen zu gewinnen und diese dann wiederum in die operativen, taktischen oder strategischen Prozesse wieder zu integrieren (Forecasting, Demand Sensing, Bestandsmanagement, Preise und Konditionen etc.). Die verfügbare Datenbasis muss nach den entscheiden-den Inhalten durchsucht, wiederkehrende Muster abgeleitet und der gewonnene Informationsgehalt in einen wirtschaftlichen Mehrwert umgesetzt werden.

In Kombination mit den SAP Business Applications, von Drittanbietern entwickel-ter Geschäftsanwendungen und kundenspezifischer Eigenentwicklungen kann dies durch den Einsatz der SAP HANA-Plattform gelingen. Eine schlanke IT-Landschaft, ein effizienter Einsatz der verfügbaren Software und Systeme sowie ein schneller Zugriff auf alle relevanten Datenbestände erleichtern es Unternehmen des Weiteren, erfolgskritische Entscheidungen rechtzeitig zu treffen und ihre Geschäftsprozesse fortlaufend zu optimieren. Dies sind die wesentlichen Anforderungen wie auch Diffe-renzierungsmerkmale moderner Plattformen.

Abb. 10.7 listet einige Einsatzbereiche von SAP HANA auf. Zu dem Bereich Operational Reports, Dashboards & Analytics lässt sich bspw. SAP Simple Finance

Abb.10.7 Einsatzszenarien

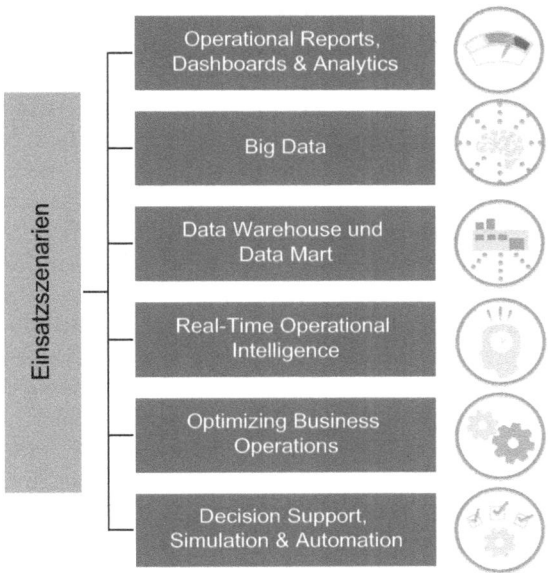

zählen, eine mit der SAP HANA Plattform integrierte Lösung zur Abbildung betriebsnotwendiger Abläufe in Finanzabteilungen in Echtzeit – etwa Finanzplanung, Treasury und Risikomanagement.[19] Lösungen in dem Bereich Real-Time Operational Intelligence dienen bspw. dem Management sogenannter Big Processes, die viele Teilnehmer über mehrere Abteilungen hinweg umfassen, große Datenmengen generieren und typischerweise entscheidenden Einfluss auf den Unternehmenserfolg haben. Im Bereich Logistik ist dies etwas das Shipment Tracking, im Versicherungswesen das Fraud Detection and Management.[20]

Ein Beispiel für den Einsatz von SAP HANA als Plattform im Kontext Big Data ist die Auswertung von Transaktionen auf einem Online Marketplace. Hier kommen täglich Millionen Nutzer zusammen, um den Austausch von Waren durchzuführen. Für das Geschäftsmodell des Betreibers ist es entscheidend, die zunächst unüberschaubare Fülle an Transaktionen zu filtern und versteckte Kauf- bzw. Verkaufsmuster zu erkennen. Entsprechend dieser kann die Struktur des Marketplace angepasst werden, um das Zusammentreffen von Käufer und Verkäufer effektiver zu gestalten bzw. dem Verkäufer eine optimalere Gestaltung seines Angebots zu ermöglichen. Bei der Analyse der Transaktionen sind zehntausende unterschiedlicher Variablen und Hunderte von Metriken denkbar.[21]

---

[19] SAP News (2014).
[20] SAP (2014b), S. 5.
[21] SAP (2014c), S. 79.

Da diese Big Data-Anwendungen zusätzlich auf der gleichen Plattform betrieben werden können wie vorhandene Systeme, können bereits auf Plattformebene Daten geteilt und direkt verarbeitet werden.

Ein weiteres Anwendungsgebiet von SAP HANA ist die Abbildung bzw. Unterstützung von Internet of Things-Szenarien – dem ‚Internet der Dinge'. Darunter versteht man die Verknüpfung physischer Objekte beispielsweise durch Sensoren sowie Steuerungseinheiten in einer internetgleichen Struktur und somit eine Verschmelzung der digitalen mit der physischen Welt.[22] Das Internet of Things hält z.B. in den Produktionslinien großer Industrieunternehmen Einzug. Maschinen sammeln über integrierte Sensoren Daten über ihre eigene Laufleistung, ihre Umwelt und die verarbeiteten Werkstücke. Diese sammeln mittels RFID oder Embedded Systems wiederrum selbst Daten und senden diese an die Maschinen und überwachende IT-Systeme.

Mit SAP Predictive Maintenance & Service – eine SAP HANA-basierte Geschäftsanwendung – können Maschinenfehler vorhergesehen, das Verhalten von Maschinen und Werkstücken überwacht und Wartungstätigkeiten vereinfacht werden. Die Lösung kommt beispielsweise bei einem Hersteller von Kompressoren zur Anwendung. Die Kompressoren sind mit Sensoren ausgestattet, die konstant Daten an den Hersteller senden, und in Echtzeit nach verschiedenen Parametern wie Energieverbrauch, operationale Verfügbarkeit und Luftqualität überwacht (Luftdruck, -feuchtigkeit) werden. Die Kompressoren selbst sind am Standort des Kunden aufgestellt. Service-Ingenieure überwachen und analysieren die gesammelten Daten über ein Portal, ohne selbst beim Kunden vor Ort sein zu müssen. Auftretende Probleme werden so schneller gelöst, Ausfallzeiten minimiert und die Produktion des Kunden kann möglichst unbeeinträchtigt weiter laufen.[23]

Die genannten Praxisbeispiele und Trends stellen ausgewählte Beispiele im Plattform-Business dar. Doch das Marktumfeld entwickelt sich rasant weiter, neue Herausforderungen wie auch Chancen ergeben sich, so auch für SAP. Durch den Plattformansatz finden bereits mehr als die Hälfte aller SAP HANA-Projekte schon heute im non-SAP-Umfeld statt. Dieser Implementierungstrend wird sich weiter fortsetzen und wiederum neue Anforderungen an Plattformen und somit auch an SAP HANA stellen. Technologisch wie auch auf Fachbereichsseite bisher voneinander getrennte Bereiche werden weiter enger zusammenrücken.

Themen wie Cognitive Computing, selbstlernende Systeme und künstliche Intelligenz werden durch derartige Innovationen noch stärker als bisher an Bedeutung zunehmen. Daher gilt es, die bereits heute verfügbaren integrierten Logiken zu Predictive Analytics, statistischen Verfahren, Text- und Such-Algorithmen weiter auszubauen. Im Applikationsbereich ist ein deutlicher Trend erkennbar, dass Analytics mehr und mehr in den Kern transaktionaler Systeme wandert.

Zudem wird die Integration von Internet of Things-Prozessen bei gleichzeitiger Kombination mit klassischen Kernanwendungen (ERP, CRM…) notwendig sein.

---

[22] SAP Intranet (o. J b).
[23] SAP Community Network (2014).

Diese können künftig auf einer Plattform vereint und durch sogenannte „Intelligent and Networked Applications" ergänzt werden, eine große Chance für Unternehmen, effizienter und nachhaltiger zu agieren.

Literatur

Ailamaki et al.: DBMs on a modern processor: Where does time go? In: Atkinson et al. (Hrsg.) Proceedings of the 25th international conference on very large databases. 1. Aufl, S. 266–277. San Francisco (1999)

Beimborn, D., Miletzki, T., Wenzel, S.: Platform as a service (PaaS). Wirtschaftsinformatik, 53, Jahrgang, 371–375 (2011)

Cusumano, M.: Will SaaS and cloud computing become a new industry platform. In: Benlian, A., Hess, T., Buxmann, P. (Hrsg.) Software-as-a-Service – Anbieterstrategien, Kundenbedürfnisse und Wertschöpfungsstrukturen. 1. Aufl. Gabler Verlag, Wiesbaden (2010)

Färber, Franz et al.: SAP HANA Database – Data Management for Modern Business Applications. In: ACM SIGMOD Record, 40. Jahrgang, S. 45–51 (2011)

Foldoc: Platform, unter: http://foldoc.org/platform (1994). Zugegriffen am 15.07.15

Fraunhofer: Embedded Systems/Intelligente Umgebungen, unter: http://www.fraunhofer.de/de/forschungsfelder/kommunikation-wissen/embedded-systems-intelligente-umgebungen.html (o. J), Zugegriffen am 15.07.15

IDC: Whitepaper – blending transactions and analytics in a single in-memory platform (2013)

Innovation Enterprise: Whitepaper – in-memory computing (2014)

Princeton University: Computing platform, unter: https://www.princeton.edu/~achaney/tmve/wiki100k/docs/Computing_platform.html (o. J), Zugegriffen am 15.07.15

SAP: SAP HANA for Next-Generation Business Applications and Real-Time Analytics (2011)

SAP: SAP HANA Architecture Bluebook (2012)

SAP: Kundenpräsentation (2014a)

SAP: SAP Operational Process Intelligence (2014b)

SAP: SAP HANA Use Cases (2014c)

SAP: Product Roadmap SAP HANA (2015a)

SAP: FKOM 2015 Platform Story (2015b)

SAP Community Network: KAESER KOMPRESSOREN, unter: http://scn.sap.com/community/hana-in-memory/use-cases/blog/2014/05/20/kaeser-kompressoren (2014). Zugegriffen am 15.07.15

SAP Intranet: Platform as a Service (o. J a)

SAP Intranet: Internet of Things (o. J b)

SAP News: SAP Further Extends Real-Time Data Platform With „Big Data" Capabilities, unter: http://www.news-sap.com/sap-further-extends-real-time-data-platform-with-big-data-capabilities/ (2012), Zugegriffen am 15.07.15

SAP News: SAP stellt Paket an einfach zu nutzenden Finanzlösungen vor, unter: http://de.news-sap.com/2014/06/03/sap-stellt-paket-einfach-zu-nutzenden-finanzlosungen-vor/ (2014), Zugegriffen am 15.07.15

SAP Website: A Platform that Fits Your Business, unter: http://hana.sap.com/deployment.html (o. J), Zugegriffen am 15.07.15

Techopedia: Plattform, unter: http://www.techopedia.com/definition/3411/platform (o. J), Zugegriffen am 15.07.15

Teil III

Nutzung

Cloud-Servicemanagement und Analytics: Nutzung von Business Intelligence Technologien für das Service Management von Cloud Computing Diensten

11

Thorsten Pröhl und Rüdiger Zarnekow

Zusammenfassung

Der Bezug von Cloud-Services kann weitreichende Prozessveränderungen im IT-Servicemanagement (ITSM) zur Folge haben. Dabei ist aus Anwendersicht vor allem die zunehmende Bedeutung der Phasen Service Strategy und Service Design hervorzuheben. Demgegenüber ist zu erwarten, dass im Rahmen des Cloud Computing die Phasen Service Transition und Service Operation für die Leistungsabnehmer an Relevanz verlieren. Derweilen bleibt das Continual Service Improvement unverändert wichtig. Die weitreichenden Prozessveränderungen im Service Management können durch moderne Business Intelligence Analyseverfahren unterstützt werden. Anhand der ITSM-Prozesse Business Relationship Management, Information Security Management, Event Management, und Incident Management werden im Rahmen des Beitrags konkrete Potenziale von verschiedenen Daten-, Text-, Web- und Netzwerkanalysen dargestellt.

Schlüsselwörter

Cloud-Servicemanagement • IT-Servicemanagement • Cloud Computing • ITSM • Cloud-Services • Big Data Analytics • Business Intelligence Analysen

Vollständig überarbeiteter und erweiterter Beitrag basierend auf „IT-Servicemanagement im Cloud Computing". In: HMD – Praxis der Wirtschaftsinformatik, HMD-Heft Nr. 288, 49(6): 6–14, 2012

T. Pröhl (✉) • R. Zarnekow
Technische Universität Berlin, Berlin, Deutschland
E-Mail: t.proehl@tu-berlin.de; ruediger.zarnekow@tu-berlin.de

© Springer Fachmedien Wiesbaden 2016
D. Fasel, A. Meier (Hrsg.), *Big Data*, Edition HMD,
DOI 10.1007/978-3-658-11589-0_11

11.1   ITSM im Wandel

Kleinen und mittleren Unternehmen steht eine große Auswahl an Public-Cloud-Angeboten zur Verfügung (Repschläger et al. 2012). Große Unternehmen bevorzugen häufig abgeschlossene Private-Cloud-Lösungen, um so Compliance-Richtlinien einzuhalten und einen Kontrollverlust zu vermeiden (Geczy et al. 2012; KPMG 2012; Marston et al. 2011; BITKOM 2010). Dem Geschäftsbereich sind ein kostengünstiger IT-Betrieb und ein hohes Maß an Flexibilität wichtig (Rawal 2011). In diesem Zusammenhang wird das Management von IT-Services zunehmend wichtiger. Für die unternehmensinterne IT-Organisation und deren Ablaufsteuerung hat sich im IT-Servicemanagement das Framework ITIL (IT Infrastructure Library) als De-Facto-Standard mit einer Ansammlung von Best Practices etabliert (Bause 2009). Insbesondere liefert es „… Leitlinien für die Bereitstellung von IT-Services und zu den Prozessen, die für die Unterstützung von Geschäftsbereichen erforderlich sind" (APMG 2011).

Viele Unternehmen stehen dem Thema Cloud Computing aufgeschlossen und interessiert gegenüber (KPMG 2012). Der Bezug von Cloud-Services kann hierbei fundamentale Prozessveränderungen im IT-Servicemanagement zur Folge haben. ITSM-Prozesse können komplett in die Verantwortung des Anbieters übergehen. Je nach Umfang der Cloud-Nutzung unterliegen auf Anwenderseite die prozessbezogenen Aktivitäten in der internen IT-Organisation kleinen bis sehr großen Änderungen. Business Intelligence (BI) Analysemethoden können die geänderten Prozessaktivitäten und damit das Servicemanagement von Cloud Diensten unterstützen. Im Rahmen der Leistungserbringung und des Leistungsbezugs können moderne Verfahren eingesetzt werden. Vor diesem Hintergrund sollen in diesem Beitrag die folgenden Fragen adressiert werden:

• Wie verändert sich die Bedeutung von IT-Servicemanagementprozessen im Cloud Computing am Beispiel von ITIL auf Seiten des Leistungsabnehmers?
• Welches Änderungspotenzial besitzen die bestehenden ITIL-Prozesse für den Leistungsabnehmer im Cloud Computing?
• Welche BI-Analysetechniken können in den Prozessen des Leistungsabnehmers eingesetzt werden?
• Welche Verbesserungen bringen diese Echtzeitanalyseverfahren mit sich?

Für die weiteren Betrachtungen wird davon ausgegangen, dass der Leistungsabnehmer und der Leistungsanbieter ein IT-Servicemanagement nach ITIL implementiert haben (Abb. 11.1). Des Weiteren wird nur die Auswirkung auf die ITIL-Prozesse im Rahmen einer Cloud-Service-Nutzung betrachtet. Marktstudien belegen, dass Cloud-Services hauptsächlich ergänzend zu bestehenden Lösungen und internen Systemen eingesetzt werden. Deshalb wird die Annahme zugrunde gelegt, dass das abnehmende Unternehmen nur einen Teil seiner IT-Services und -Ressourcen aus der Cloud bezieht.

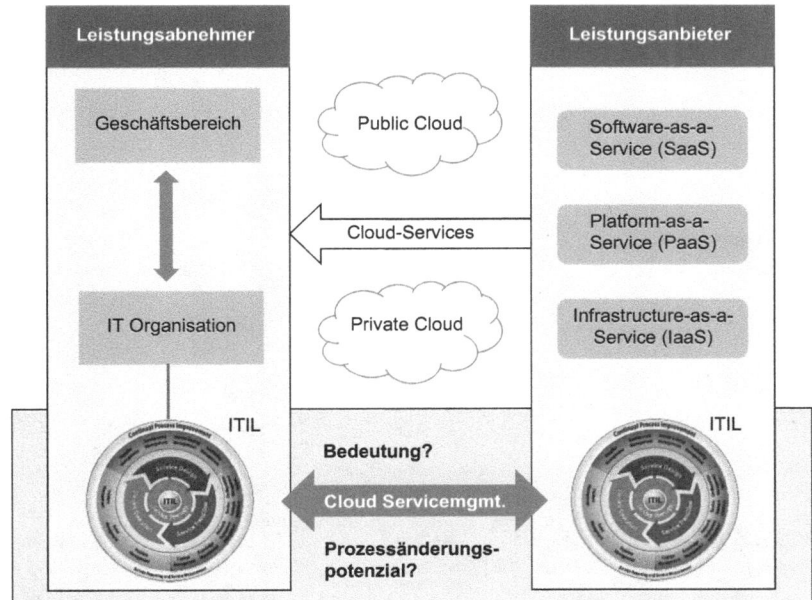

Abb. 11.1 Anwendungsszenario Cloud-Services und ITIL

11.2 Portfolio des Cloud-Servicemanagements

Der zunehmende Bezug von Cloud-Services in IT-Organisationen kann zu einer Veränderung der Bedeutung von ITIL-Prozessen beim Leistungsabnehmer führen. Gleichzeitig schafft die Einführung von Cloud-Services ein wesentliches Potenzial zur Prozessänderung. Darunter fallen Änderungen bei bestehenden Prozessen durch typische Formen des Reengineerings (z. B. Automatisierung, Eliminierung oder Parallelisierung von Prozessschritten). Es bestehen Unterschiede zwischen traditionellen IT-Services und den Cloud-Services. Dies lässt sich u. a. anhand der fünf NIST-Merkmale (Mell und Grance 2011) bemessen, die das Prozessänderungspotenzial der ITSM-Prozesse beeinflussen.

Cloud-Computing-Dienste lassen sich nach dem National Institute of Standards and Technology (NIST) im Wesentlichen durch die folgenden fünf Merkmale charakterisieren (Mell und Grance 2011): Services sind ubiquitär über ein Netzwerk durch einen standardisierten Zugriff erreichbar („Broad Network Access"); es wird ein gemeinsamer, standortunabhängiger Pool aus multimandantenfähigen, virtualisierten Ressourcen verwendet („Resource Pooling"); IT-Ressourcen können bedarfsorientiert und flexibel nach oben oder unten skaliert werden („Rapid Elasticity"); es findet eine verbrauchsorientierte Messung und Abrechnung der Leistungen statt

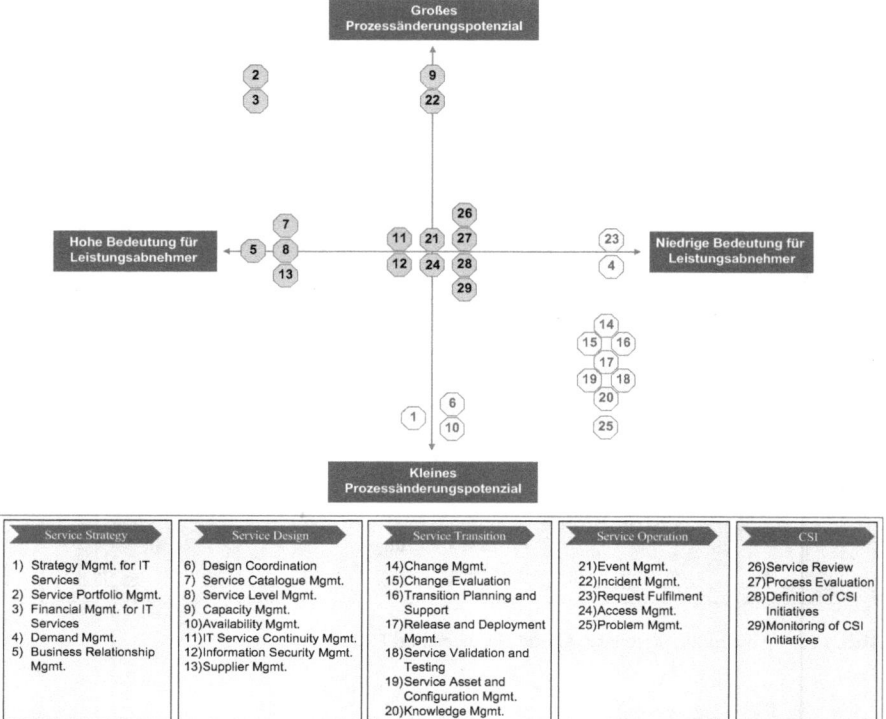

Abb. 11.2 Portfoliodarstellung des Cloud-Servicemanagements

(„Measured Service"); und die Servicebeschaffung erfolgt nutzergetrieben auf Abruf („On-Demand Self-Service").

Unternehmen, die Cloud-Services nutzen, müssen im Rahmen des IT-Servicemanagements mit einer Prozessveränderung hinsichtlich Bedeutung und Ablauf rechnen (Abb. 11.2). Hierbei ist absehbar, dass die Phasen des Service Design und der Service Strategy an Bedeutung gewinnen. Aufgrund von hoher Standardisierung und Automatisierung bei Cloud-Services werden der Betrieb (Service Operation) und die Überführung (Service Transition) von IT-Services vereinfacht und können somit an Bedeutung verlieren. Für den Leistungsabnehmer wird es im Cloud Computing zunehmend wichtiger, den Einsatz von Services zu planen und strategisch im Unternehmen auszurichten. Insbesondere die Service-Strategy-Phase muss die individuell unterschiedlichen Potenziale des Cloud Computing nutzbar machen und die Herausforderungen verstehen. Als übergreifender Prozess zur nachhaltigen Verbesserung ist das Continual Service Improvement (CSI) im Rahmen des Cloud Computing für den Leistungsabnehmer sehr wichtig. Allerdings nimmt durch die Verlagerung von Aufgaben und Ressourcen der Einflussbereich an dieser Stelle ab.

11.3 Prozessbedeutung im Cloud-Servicemanagement am Beispiel von ITIL

Um das Änderungspotenzial für die fünf Phasen des ITIL-Servicelebenszyklus im Cloud Computing diskutieren zu können, werden die ITIL-Prozesse näher beschrieben, die eine hohe Bedeutung oder/und eine maßgebliche Veränderung erfahren (in Abb. 11.2 farblich dunkelgrau markierte Prozesse).

Das **Service Portfolio Management (2)** ist für die Verwaltung des Service Portfolios zuständig und kümmert sich dabei um die richtige Zusammensetzung der IT-Services. Im Rahmen eines Cloud-Portfolios existieren klar definierte Bausteine (Services), sodass eine flexible Orchestrierung möglich ist (Cannon et al. 2011). Hierbei wird ein großes Änderungspotenzial durch die sogenannten Self-Services bedingt, die dem Leistungsabnehmer standortunabhängig und automatisiert zur Verfügung gestellt werden. Ebenso wird das Service Portfolio durch die Anforderungen der Geschäftsbereiche beeinflusst, indem neue Cloud-Services vorgeschlagen werden. Infolgedessen ist eine schnelle Aktualisierung des Portfolios möglich, die den Bedarfen des Geschäftsbereiches genügt. Eine ganzheitliche Überwachung der Servicenutzung gestaltet sich bei Cloud-Services schwierig, da die Einflussmöglichkeiten der IT-Organisation nur beschränkt vorhanden sind ("Schatten-IT"). Besonders die Folgen bei der Ablösung und der Abschaltung von Services stellen Unternehmen vor neuartige Herausforderungen ("Retired Services"). Dabei gilt es Fragen in Bezug auf Datenhaltung, -archivierung und -löschung, z. B. bei IaaS-Angebot wie DropBox, zu beantworten.

Das **Financial Management for IT Services (3)** kümmert sich um die Finanzplanung, -analyse, -reporting und die Leistungsverrechnung der IT-Services (itSMF 2010; Cannon et al. 2011). Gerade Cloud-Services werden unter der Prämisse eingesetzt, dass sich Kostenersparnisse ergeben (Marston et al. 2011). Eine transparente Kostenaufschlüsselung wird durch eine verbrauchsorientierte Abrechnung im Cloud Computing gewährleistet, sodass nur die tatsächlich abgerufene Leistung vom Geschäftsbereich bezahlt wird (Fry 2010). Die interne Fakturierung von selbst gebuchten Cloud-Services, z. B. dem SaaS-Angebot Sales Cloud von Salesforce, setzt voraus, dass die Rechnungsinformationen zwischen Leistungsanbieter und -abnehmer in elektronischer Form (z. B. EDIFACT) ausgetauscht werden. Somit finden weitreichende Prozessänderungen statt, um im Cloud Computing eine flexible und kurzfristige Abrechnung von Services zu ermöglichen. Bei dem Modell der Community Cloud (gemeinsame Benutzung von Ressourcen durch die Mitglieder) gilt es geeignete Abrechnungsmechanismen zu definieren, die eine konsolidierte Leistungsverrechnung für den virtuellen Ressourcenpool der Community sicherstellen.

Das **Business Relationship Management (5)** pflegt Kundenbeziehungen, führt Umfragen zur Zufriedenheit durch und kümmert sich um die Anforderungen des Geschäftsbereiches. Aufgrund von geringfügigen Restriktionen, die bei der Nutzung gelten (z. B. Firewall-Einstellungen), ist der Zugriff auf externe Daten und Anwendungen außerhalb des geschlossenen Systems möglich. Hierbei stellt sich die Frage, inwieweit die IT-Organisation die Cloud-Services unterstützt oder gemäß unternehmensinterner Compliance-Vorgaben strikt ablehnt. Zum anderen wird es im Rahmen des Cloud Computing für Geschäftsbereiche zunehmend einfacher, IT-Services direkt zu bestellen. Dies führt dazu, dass sich viele kleine Insellösungen sowohl bei Applikationen als auch bei Endgeräten im Unternehmen etablieren, die allerdings nicht von der IT-Organisation unterstützt bzw. an die notwendigen Unternehmensanforderungen angepasst werden können. Dieses Phänomen stellt eine Herausforderung für viele IT-Organisationen dar, die den Anforderungen der Geschäftsbereiche nur begrenzt entgegenkommen. Durch klar definierte Servicepakete im Cloud Computing ist eine transparente Kommunikation zwischen der IT-Organisation und dem Geschäftsbereich möglich, die durch eine hohe Nutzerzentrierung und -integration begünstigt wird.

Das **Service Catalogue Management (7)** plant, entwickelt und pflegt den Servicekatalog der IT-Organisation. Durch den Einsatz von Cloud-Services steigt die Bedeutung des Servicekatalogs, da es zum zentralen Planungsinstrument wird und so der „Schatten-IT" entgegen wirken kann (Cannon et al. 2011). Im Idealfall werden die Service Level Agreements (SLAs) der Cloud-Services automatisiert übernommen (Importschnittstelle/standardisierter Datenaustausch), sodass sich ein mittleres Prozessänderungspotenzial ergibt. Gerade die automatisierte Informationsbeschaffung stellt den Leistungsabnehmer vor große Herausforderungen, da Cloud-Services standardisiert und je nach Cloud-Ebene nur begrenzt über existierende Schnittstellen anzusprechen sind. In den Fällen, in denen Informationen automatisch ausgelesen werden können, ist der Informationsgehalt auf grundlegende, meist technische, Daten beschränkt (Latenzzeit, Status der virtuellen Maschine, Anzahl der Nutzer, etc.) Labes et al. 2012. Eine Überprüfung von SLAs oder des Ortes der Datenverarbeitung ist nicht möglich. Zudem wird eine Überwachung von Cloud-Services in verteilten und globalen Nutzungsszenarien wesentlich komplexer.

Durch das **Service Level Management (8)** werden SLAs mit den Geschäftsbereichen ausgehandelt. Bei dem Bezug von Cloud-Services müssen alle Parameter des Service Designs, wie Verfügbarkeiten und Kapazitäten, in die Verträge aufgenommen und im Prozess überwacht werden. In den Verträgen sollen Kennzahlen für die Anwendungen (End-to-End-Service-Levels) berücksichtigt werden, da diese eine höhere Aussagekraft besitzen (Morin et al. 2012; itSMF 2010). Bei (Public-) Cloud-Services gibt es in der Regel nur standardisierte SLAs (BITKOM 2010), welche durch das Service Level Management an den Geschäftsbereich weitergereicht werden. Damit eine angemessene Servicequalität gewährleistet werden kann, gilt es, diese zu überwachen und Verantwortlichkeiten für die Cloud-Services zu bestimmen, die die Kompetenzen und die Machtbefugnis haben, Serviceveränderungen durchzusetzen. Im Cloud Computing wird es zunehmend wichtiger, mehrere Provider und deren Services zu steuern und zu überwachen. Durch die Vielzahl von Cloud-Providern bietet sich ein SLA-Dashboard an (Cannon et al. 2011) bzw. die Anpassung der Prozesse hinsichtlich Multi-Vendor-Strategien.

Im Rahmen des **Capacity Managements (9)** wird sichergestellt, dass die Kapazitäten der IT-Services und der Infrastruktur ausreichen, um die Ziele (Performance und Kapazität) wirtschaftlich zu erbringen. Im Cloud-Szenario beschränkt sich der Prozess auf das Bestimmen (Unterstützung bei der Identifikation von passenden

Cloud-Providern) und Überwachen der Kapazitäten (für eine Rückmeldung zum Financial Management). Bei Cloud-Services lässt sich eine unzutreffende Bestimmung des Bedarfs durch eine flexible Erhöhung der Kapazitäten korrigieren (Elastizität). Im Idealfall skalieren die Cloud-Services automatisch, wodurch sich ein hohes Maß an Prozessänderungspotenzial ergibt, da Aktivitäten aus dem traditionellen Capacity-Management-Prozess entfallen. Die Bedeutung des Prozesses wird größtenteils gleich bleiben, da eine Überwachung der Kapazitäten weiterhin notwendig sein wird. Zum Beispiel können bei den Amazon Web Services (AWS) fehlende oder überflüssige virtuelle Maschinen innerhalb weniger Minuten hinzugebucht oder abgeschaltet werden. Die Überwachung allerdings bleibt in der Verantwortung des Leistungsabnehmers, der in diesem Zusammenhang häufig Unterstützungstools vom Provider angeboten bekommt (z. B. Amazon CloudWatch).

Das **IT Service Continuity Management** (11) managt Risiken und implementiert Mechanismen für die Sicherstellung der Kontinuität, sodass bei Eintritt außergewöhnlicher Ereignisse die in den SLAs vereinbarten Minimalanforderungen erreicht werden können. Im Kontext von Cloud-Services sind die vertragliche Fixierung dieser Anforderungen und das Aufstellen eines Notfallplans unter Einbeziehung von alternativen Providern notwendig. Hierbei sind Restriktionen bei der Interoperabilität von Cloud Provider (möglicher Lock-in-Effekt) ein nicht zu unterschätzendes Problem (Repschläger et al. 2012). Aufgrund von komplexeren Strukturen (fehlende Interoperabilität oder verteilte Ressourcenpools) stellt gerade die Entwicklung von Notfallplänen eine zunehmende Herausforderung dar. Durch den Kontrollverlust des Leistungsabnehmers beim Bezug von Cloud-Services kann ein Notfallmanagement nur eingeschränkt durchgeführt werden. Im Falle von Speicherdiensten aus der Cloud ist eine redundante Nutzung bzw. Wiederherstellung durch den Leistungsabnehmer denkbar. Ein Cloud-ERP-System (z. B. die SaaS-Lösung BusinessByDesign von SAP) dagegen bedingt bei einem Ausfall den Verlust oder die nicht Verfügbarkeit der Daten und lässt dem Leistungsabnehmer keinen Handlungsspielraum.

Im Cloud-Computing-Szenario spielt das **Information Security Management** (12) eine Schlüsselrolle, da der Leistungsabnehmer hinsichtlich Vertraulichkeit, Integrität und Verfügbarkeit jederzeit geschützt sein muss (Morin et al. 2012; itSMF 2012). Der Prozess spielt bei der Auswahl der möglichen Cloud Provider eine wichtige Rolle, indem er die Sicherheitsanforderungen an das Supplier Management kommuniziert. Die Aufzeichnung von sicherheitsrelevanten Vorkommnissen beim Cloud Provider soll – wenn möglich – hier geschehen. Dieser Prozess hat im Kontext der Cloud-Services vorrangig einen planenden und überwachenden Charakter. Die neuen Herausforderungen liegen in der Überwachung des externen Providers und in einem komplexen Sicherheitskonzept, dass eine orts- und geräteunabhängige Nutzung berücksichtigt. Bei Cloud-Services steht der IT-Organisation, im Vergleich zum internen Betrieb oder dem klassischen IT-Outsourcing, nur ein Teil der Steuerungsoptionen (Datenverschlüsselung, sichere Transferprotokolle, Rechtevergabe etc.) zur Verfügung.

Das **Supplier Management** (13) ist für die Verträge mit den Lieferanten zuständig. Gerade bei Cloud-Services sind „saubere" Regelungen zwischen beiden

Parteien notwendig, damit die gestiegenen Anforderungen an Compliance (Services, Prozessen und Systemen) adressiert werden (itSMF 2010; Morin et al. 2012). In diesem Szenario sinkt die Anzahl traditioneller Verhandlungen, weil die Verträge elektronisch geschlossen werden (Prozessveränderung). Doch ist eine sorgfältige Prüfung der Verträge von größter Bedeutung, damit der Cloud Provider u. a. die gesetzlichen (z. B. Serverstandort im Ausland) und organisationalen Anforderungen tatsächlich erfüllt. Ein Verhandeln von Verträgen bzw. ein Nachverhandeln im herkömmlichen Sinne wird sowohl bei Private-Cloud-Providern als auch bei Public-Cloud-Providern möglich sein. Dieser Prozess stellt ein zentrales Element dar, weil im Cloud-Computing-Szenario zunehmend externe Cloud-Services von unterschiedlichen Anbietern bezogen werden (Multi-Vendor-Strategien) (itSMF 2012).

Das **Event Management (21)** überwacht die Configuration Items (CIs) und IT-Services. Darüber hinaus findet eine Filterung von Events statt. Beim Bezug von Cloud-Services sinkt der Überwachungsaufwand von CIs, wohingegen die Überwachung von Cloud-Services wiederum zunimmt (proaktive Überwachung). Die Netzwerk-Monitoring-Software Nagios bietet Möglichkeiten zur Überwachung von Cloud-Services, wie die Amazon Web Services EC2 und S3. Nagios kann wiederrum per Schnittstelle an OTRS, ein ITSM-Ticketsystem, angebunden werden (Leistungsabnehmer). Entsprechende Maßnahmen können nur über eine Anfrage an den Provider weitergeleitet werden, da die IT-Organisation selbst keinen Zugriff auf die IT-Ressourcen besitzt. Vor allem bei SaaS-Lösungen gestaltet sich eine Überwachung aufgrund des hohen technischen Abstraktionslevels schwieriger als bei IaaS- und PaaS-Diensten. Im Idealfall werden Wartungsarbeiten (Einschränkung im Hinblick auf Erreichbarkeit) auf Seiten des Cloud Providers gegenüber dem Leistungsabnehmer automatisiert kommuniziert, damit das Event Management System nicht unnötig Incidents erhebt.

Im **Incident Management (22)** werden sämtliche Vorfälle (Incidents) verwaltet. Dieser Prozess hat das primäre Ziel, die IT-Services für die Geschäftsbereiche möglichst schnell wiederherzustellen. Dem Prozess kommt im Cloud-Szenario eine mittlere Bedeutung zu, da die für Cloud-Service relevanten Incidents (Cloud Incidents) an den Cloud Provider weitergeleitet werden. Die Übertragung der Cloud Incidents kann über eine Verzweigung im Incident-Management-Prozess erfolgen. Aus Compliance-Gründen ist die IT-Organisation des Leistungsabnehmers ebenfalls in den Prozess einzubinden (itSMF 2010). Des Weiteren gewinnen Self-Service-Portale (OTRS Help Desk) für die Erstellung von Tickets oder das Wiederherstellen von Passwörtern an Bedeutung, wobei diese Portale im Idealfall eine direkte Anbindung an die Informationssysteme des Cloud Providers haben sollen. Dem Service Desk kommt die Aufgabe zu, Informationen über die eingesetzten Cloud-Services zur Verfügung zu stellen, wenn diese Informationen nicht als Self-Service zur Verfügung stehen.

Im Rahmen des **Access Managements (24)** werden Anwender (aus dem Geschäftsbereich) für die Nutzung von IT-Services autorisiert. Darüber hinaus führt das Access Management die Vorgaben des Information Security Managements aus. Der Prozess hat eine unveränderte Bedeutung, da Single-Sign-on-Mechanismen zwischen den bestehenden IT-Services und den verschiedenen Cloud-Services nur schwer bis gar nicht zu realisieren sind. Ferner muss nach wie vor eine übergeordnete Autorität existieren, die das Rollenmanagement in der Cloud überwacht und umsetzt. Ein Prozessänderungspotenzial ergibt sich durch die verschiedenen Rollenkonzepte in einer Multi-Cloud-Provider-Umgebung.

Durch das Continual Service Improvement (CSI) wird mit Hilfe von Qualitätsmanagementmethoden die Effizienz und Effektivität von Services und Prozessen fortwährend verbessert. Durch den **Service-Review-**Prozess **(26)** werden Vorschläge zur Optimierung von Services gemacht mit dem Ziel, die Servicequalität zu erhöhen und die Services wirtschaftlicher zu gestalten. In der **Process Evaluation (27)**, **Definition of CSI Initiatives (28)** und **Monitoring of CSI Initiatives (29)** werden Initiativen zur Verbesserung von Prozessen und Services definiert und überwacht. Cloud-Services müssen auch den kontinuierlichen Verbesserungsanforderungen (CSI-Anforderungen) genügen, welche mit dem Cloud Provider vertraglich fixiert werden sollen (itSMF 2010). Eine derart vertragliche Ausgestaltung ist bei Private-Cloud-Providern durchaus möglich, wohingegen bei Public-Cloud-Providern üblicherweise keine individuellen Gestaltungsmöglichkeiten gegeben sind (BITKOM 2010). In den Anforderungen ist vor allem festzuhalten, in welchem Intervall was gemessen, analysiert und verbessert werden soll. In diesem Fall ist die IT-Organisation als transparent anzusehen. Sie gibt die Anforderungen des Geschäftsbereiches an den Cloud Provider weiter (itSMF 2010). Die Prozesse des CSIs behalten die gleiche Bedeutung, da auch bei zunehmendem Bezug von Cloud-Services die ITSM-Prozesse kontinuierlich verbessert werden müssen.

11.4 Einsatz neuartiger Analysemethoden in ITSM-Prozessen

Der dynamische Begriff Big Data charakterisiert den Einfluss der sich ständig wandelnden Anforderungen an moderne BI-Analysen durch die Einbeziehung unternehmensexterner und geschäftsprozessbezogener Daten, die in nahezu Echtzeit ausgewertet werden sollen. Ermöglicht werden derartige Analysen durch neue Technologien und Konzepte, wie NoSQL- und In-Memory-Datenbanken sowie MapReduce-Konzepten, die starken Einfluss auf die Möglichkeiten der heutigen Systeme nehmen und komplexe Analysen im operativen Umfeld einsetzbar machen. Aktuelle Analysemethoden in den Bereichen der Daten-, Text-, Web- und Netzwerkanalyse ermöglichen zudem Auswertungen polystrukturierter und unternehmensexterner Daten, wodurch die Attraktivität derartiger Auswertungen weiter steigt. Durch die Operationalisierung der BI kann der Einsatz derartiger Analysemethoden im Umfeld des IT-Servicemanagements realisiert und Möglichkeiten zur Effizienzsteigerung geboten werden.

Wie oben dargestellt, gibt es für einen Teil der Prozesse des ITIL-Servicelebenszyklus im Cloud Computing Kontext ein großes Änderungspotenzial. Im Folgenden werden vier dieser Prozesse herausgegriffen und im Hinblick auf den Einsatz neuartiger Analysemethoden (Tab. 11.1) tiefergehend untersucht. Bei diesen vier Prozessen handelt es sich um das Business Relationship Management, Information Security Management, Event Management und Incident Management.

Tab. 11.1 Übersicht moderner Analysemethoden

Datenanalysen	Textanalysen	Webanalysen	Netzwerkanalysen
Business process mining	Text opinion mining	Web opinion mining	Community detection
Fraud detection	Topic models	Personalized social search	Expert discovery
Predictive SLA		Question answering	
Operational intelligence			

Das **Business Relationship Management** (BRM) ist der zentrale Prozess, welcher die Sicherstellung einer funktionierenden Beziehung zwischen Service Provider und seinen Kunden übernimmt. Neben der Evaluierung der Kundenzufriedenheit, ist das BRM zugleich der zentrale Prozess zur Initiierung neuer Services durch geänderte oder neue Serviceanforderungen seitens der Kunden. Die Schwierigkeit besteht hierbei in der Erhebung der Anforderungen bezüglich neuer oder zu ändernder Services (Cloud-Services) und der Auswahl geeigneter Methoden, um diese Anforderungen in einer für den IT-Serviceprovider verständlichen Form zu erfassen. Im Folgenden wird der Einsatz neuer Methoden zur Analyse des kundenseitigen Bedarfs (Initiierung durch den Kunden) und daraus resultierender Anforderungen sowie die Evaluierung der Umsetzbarkeit der Anforderungen thematisiert.

Das BRM stellt sicher, dass die kundenseitigen Anforderungen bezüglich neuer oder zu ändernder Services den IT-Serviceprovider erreichen und entsprechend der spezifizierten Anforderungen umgesetzt werden. In diesem Kontext entsteht ein häufig auftretendes Problem: Dem Kunden ist nicht bewusst, wie und auf welchem Wege er seine Bedürfnisse am besten artikulieren kann. Dieser, bisher vornehmlich auf bilateraler Kommunikation zwischen dem Kunden und dem Business Relationship Manger beruhende Prozess, kann proaktiv durch Opinion Mining auf Basis von Texten oder Webinhalten unterstützt werden. Grundlage dessen sind Gespräche und Dokumente, die zwischen Mitarbeitern des IT-Serviceproviders und dem entsprechenden Kunden stattfinden oder webbasierte Plattformen im Intranet und Internet, wie Foren, Blogs oder sozialen Online Netzwerken, in denen kundenseitig Äußerungen zu bestehenden Services oder nicht befriedigten Bedürfnissen erfolgen. Mittels Opinion Mining lassen sich derartige Dokumente oder webbasierte Inhalte nach bestimmten Services oder Attributen der Services durchsuchen (Gamon et al. 2005). Der jeweilige Text wird anschließend bezüglich seines Sentiments untersucht. Äußert sich ein Kunde oder eine als kritisch definierte Menge von Nutzern in einem Forum negativ über die Dokumentationsfunktion der verwendeten CRM-Software, erkennt ein Opinion Mining-System die Polarität der Äußerungen, kann die Informationen bündeln und sie automatisch an den Business Relationship Manager oder den verantwortlichen Fachbereich der IT weiterleiten. Der IT-Serviceprovider kann dadurch eine Plattform bieten, auf der sich Nutzer und Kunden frei und ohne eine streng vorgegebene äußere Form der Kommunikation über das Maß ihrer Zufriedenheit bezüglich der gelieferten Services äußern können. Gleiches gilt für Ideen der Nutzer und Kunden über neue Funktionalitäten oder Services, die mittels der durch die Topic Models definierte

Ontologie themenrelevant kategorisiert und gebündelt werden können. Anschließend lassen sich die kategorisierten Informationen durch den IT-Serviceprovider bezüglich ihrer Umsetzbarkeit evaluieren. Der Kunde wird selbst zum Inkubator neuer Geschäftsideen, die vom IT-Serviceprovider permanent überwacht werden. Das Anwendungsszenario kann zudem mittels Web Opinion Mining um die Analyse konkurrierender Angebote erweitert werden. Berichten Nutzer oder Kunden von vergleichsweise besseren Services anderer Anbieter oder von Technologietrends, ist der IT-Serviceprovider in der Lage, diesen Hinweisen nachzugehen, bevor es zu einem Wechsel des Kunden zu einem konkurrierenden Anbieter kommt. Die dort vollzogene Darstellung bezieht sich auf die Identifikation von Themen, die zeit- und ortsabhängig untersucht werden. Auf diese Weise können über Topic Models Themenbereiche (IT-Services) abgegrenzt werden. Die Wahrnehmung dieser Services durch den Kunden lässt sich dann in Abhängigkeit von Zeit und Ort beobachten. Diese sogenannten spatiotemporalen Analysen werden dem IT-Serviceprovider eine proaktive Kontaktaufnahme mit dem jeweiligen Kunden ermöglichen, mit dem er anschließend neue Services oder Anpassungen erarbeiten kann.

Unabhängig davon, ob neue Anforderungen bzw. Ideen durch einen Business Relationship Manager oder eine der zuvor erwähnten Methoden identifiziert werden, ist es notwendig, die an den IT-Serviceprovider herangetragenen Anforderungen, bezüglich ihrer Umsetzbarkeit und dem eventuellen Vorhandensein bereits bestehender Lösungen, überprüfen zu können. Resultiert eine Anforderung daraus, dass ein Nutzer bzw. ein Kunde eines bereits bestehenden Service, der die zu den Anforderungen passenden Funktionalitäten erbringt, nicht kennt, erscheint eine weitere Umsetzung der Anforderungen in Form neuer Services nicht notwendig. Hier dienen die im Rahmen des Knowledge Managements dokumentierten Services als Grundlage des Business Process Minings. Anhand der dort dokumentierten Workflows können neue Serviceideen bzw. -anpassungen bezüglich möglicher Überdeckungen zu bestehenden Services evaluiert werden. Existiert ein IT-Service, der den Anforderungen entspricht, kann er über die dokumentierten Workflows leichter identifiziert werden. Aktuell gibt es zur Analyse jener Redundanzen zwei Herangehensweisen. Der Ansatz, mit dem sich u. a. Leopold et al. (2012) auseinandersetzen, verfolgt die Identifikation gleichartiger Workflows auf Basis einer semantischen Analyse der einzelnen Aktivitäten und Informationen aus den Event Logs. Der zweite Ansatz, der u. a. von Lau et al. (2009) verfolgt wird, betrachtet die mittels standardisierter Notationen dokumentierten Workflows als Ganzes und versucht Überdeckungen von Aktivitäten in verschiedenen Workflows aufzuzeigen. Der Nutzer kann in beiden Fällen anschließend direkt auf den betreffenden Service verwiesen werden und in Zusammenarbeit mit dem IT-Serviceprovider können Änderungen vorgenommen werden.

Resultiert aus diesem Prozess die Entscheidung, dass ein bestehender Service angepasst oder ein neuer Service entworfen wird, ist es wichtig, alle relevanten Stakeholder, Kunden sowie Nutzer in die Entscheidungsfindung und das Design einzubeziehen. In diesem Anwendungsfall kann der relevante Adressatenkreis mit Hilfe der Community Detection ermittelt werden. Im Vordergrund steht hier die Analyse derjenigen Kunden und Nutzer, welche intensiv am betrachteten Service partizipieren. In Zusammenarbeit mit den identifizierten Ideengebern, Nutzern und Kunden lassen sich dann alle Anpassungen besprechen und gegebenenfalls umsetzen. Ein solches Vorgehen gewährleistet, dass die Interessen aller Beteiligten betrachtet werden. Entsteht aus dieser Zusammenarbeit ein geänderter oder neuer Service, ist diese Information ebenfalls für Nutzer bzw. Kunden relevant, die nicht an der Überarbeitung bzw. Neugestaltung des Services mitgewirkt haben. Jener Nutzerkreis lässt sich anschließend analog mittels Community Detection identifizieren. Handelt es sich um einen externen IT-Serviceprovider, können mit Hilfe der Nutzerprofile auf gleiche Art betroffene Nutzer aller anderen Kunden identifiziert werden, für die die Anpassung relevant sind.

Bei einer ersten Bewertung der Umsetzbarkeit neugestalteter oder veränderter Services in Zusammenarbeit mit dem Kunden spielen die resultierenden Auswirkungen auf die SLA-Konformität des betreffenden Services eine elementare Rolle. Sie können mit Hilfe der Predictive SLA analysiert werden und erlauben eine erste Einschätzung der SLA-Konformität. Handelt es sich um einen zu modifizierenden Service, werden die quantifizierbaren Informationen der SLA des bestehenden Service herangezogen und unter Beachtung anzupassender Attribute, wie durch neue Funktionalitäten hervorgerufene höhere Auslastung der IT-Infrastruktur, extrapoliert. Durch die Predictive SLA kann eine Bewertung der Konformität bereits vor der Anpassung geschehen und dient als Diskussionsgrundlage der involvierten Parteien (BR-Manager, SL-Manager und Kunde).

Die betrachteten Analysemethoden führen zu umfangreichen Automatisierungen. Der Business Relationship Manager bleibt jedoch wichtiger Bestandteil der Kommunikation zwischen Kunde und IT-Serviceprovider. Mit zunehmender Unternehmensgröße des IT-Serviceproviders und damit einhergehender Spezialisierung des Personals kann es für einen Business Relationship Manager jedoch zunehmend schwierig werden, den für bestimmte Aufgaben idealen Ansprechpartner zu ermitteln. Die Expert Discovery kann zur Suche der Experten und Wissensträger genutzt werden, die den BR-Manager bei der Evaluierung und Umsetzung der Anforderung unterstützt.

Das **Information Security Management** (ISM) gewährleistet die Integrität, Verfügbarkeit und Vertraulichkeit aller innerbetrieblichen Assets und umfasst sowohl die aktive Kontrolle der Sicherheit, als auch das Management von Sicherheitsverstößen.

Im Rahmen der Sicherheitskontrollen werden die Richtlinien zur Informationssicherheit umgesetzt und präventive Maßnahmen zur Vermeidung möglicher Sicherheitsverstöße vorgenommen. Präventive Maßnahmen umfassen neben dem im Access Management geregelten Rechtesystem vor allem die präventive Aufklärung der Nutzer bei sicherheitsrelevanten Fragestellungen. Derartige Fragen seitens der Nutzer sind zumeist zeitkritisch und müssen besonders schnell und mit hoher Präzision beantwortet werden. In diesem Fall können QA-Systeme relevante Informationen aus Richtlinien, Dokumentationen oder rechtlichen Schriftstücken selektieren und in einer für den Nutzer übersichtlichen Form bereitstellen. Zudem lassen sich die Suchergebnisse mittels Expert Discovery um alle für das angefragte Thema relevanten Ansprechpartner ergänzen, die dem Nutzer bei sicherheitsrelevanten Fragen beiseite stehen können, falls die mittels QA-Analyse ausgegebenen Informationen für den Nutzer nicht ausreichend sind.

Ein anderes Anliegen des ISM ist die Identifikation von Sicherheitsverstößen, deren Entdeckung aufgrund des oftmals unbewussten Handelns bzw. gezielter Verschleierung schwierig ist. Einsatzszenarien moderner Analysemethoden sind hier vor allem im Rahmen des Web Opinion Mining denkbar. Mittels Webanalysen, wie sie bereits im BRM vorgestellt wurden, lassen sich Inhalte aus Internet und Intranet permanent nach Meldungen über sicherheitsrelevante Vorfälle untersuchen, die mit internen Service-Assets oder Services in Verbindung stehen. Verstöße, die seitens des IT-Serviceproviders noch nicht wahrgenommen wurden, können dann schneller behandelt werden. Das Anwendungsszenario lässt sich zusätzlich um die Analyse krimineller Netzwerke auf Basis der Community Detection ergänzen. Xu und Chen (2008) zeigen dazu wie anhand spezifischer Charakteristika, wie die Verbindungsstärke zwischen Mitgliedern, kriminelle Netzwerke erkannt werden können. Im Rahmen des IT-Servicemanagements ist der Einsatz derartiger Methoden zur Detektion externer Angriffe auf unternehmensinterne Service-Assets, wie durch Botnetze, die durch bestimmte Nutzergruppen verursacht werden, denkbar. Gleichermaßen lassen sich mit dieser Methode Anwendergruppen identifizieren, die Aufgrund von Unkenntnis eine potenzielle Gefahr für die Informationssicherheit des Unternehmens darstellen. Treten bestimmte sicherheitsrelevante Vorfälle überwiegend in bestimmten Nutzerkreisen auf, ist es möglich, die betreffenden Nutzer präventiv zu schulen, sodass weitere Vorfälle vermieden werden.

Die aufgezeigten Anwendungsfälle werden den Nutzer in erster Linie bei der sicherheitsbezogenen Wissensbildung unterstützen und eine frühzeitige Identifikation sicherheitsrelevanter Vorfälle mittels Web Opinion Mining und Fraud Detection ermöglichen.

Im Fokus des **Event Managements** steht der reibungslose Betrieb der Services. Zentrales Anliegen ist ein weitestgehend automatisiertes Management von Events. Diese werden in erster Linie durch Überwachungssysteme initiiert, die Daten aus dem physischen Layer (Software und Hardware) generieren und Statusänderungen von CIs, Umweltbedingungen (Feuerausbruch), Softwarelizenzen oder Sicherheitsaspekten überwachen. Die Daten werden erfasst und nach Relevanz (Information, Warnung oder Ausnahme) bewertet, um automatisierte Maßnahmen einzuleiten. Im Folgenden wird der Einsatz von neuen Methoden zur Entdeckung, Informationsanreicherung und der Identifikation des Adressatenkreises eines Events erörtert.

Die auf diesem Wege erfassten Daten zum Status der CIs entstammen dem physischen Layer und gewähren ausschließlich Informationen über die Performance und Funktionsfähigkeit der jeweiligen Komponenten der IT-Landschaft, die nicht direkt einen Rückschluss auf die Funktionsfähigkeit und Performance eines gesamten Systems oder einzelner Services zulässt. Geringfügige simultane Einschränkungen der Performance bzw. Funktionalität mehrerer CIs können zu einer eingeschränkten Performance bzw. dem Ausfall eines Service führen. Eine ganzheitliche Sicht vom Status aller Services erscheint daher notwendig. Über das Business Process Mining können Daten aus dem logischen Layer extrahiert werden. Es lassen sich somit Events identifizieren, die mittels reiner Betrachtung des physischen Layers nicht entdeckt werden können. Als Grundlage dienen die Event Logs, die permanent Informationen bestimmter Bestandteile eines Workflows (Service-Assets und Aktivitäten) erfassen. Mit Hilfe von vordefinierten Kriterien und Regeln können für den IT-Serviceprovider relevante Events über Complex Event Processing

(CEP) im Datenstrom der Event Logs erfasst werden, die anschließend als Input für das Event und Incident Management dienen. Im Mittelpunkt der Analyse eines IT-Serviceproviders steht die Identifikation von Mustern in den Daten des logischen Layers, mit deren Hilfe ein Rückschluss auf die Funktionsfähigkeit der Service-Assets möglich ist. Zeigen sich simultane Einschränkungen mehrerer Services, in denen das gleiche Service-Asset verwendet wird, liegt mit hoher Wahrscheinlichkeit ein Fehler des Service-Assets vor. Gleichermaßen lassen sich Service-Assets als Fehlerquelle ausschließen, falls der Workflow schon früher gestört ist.

Mit Hilfe der Ausführungen nach Castellanos et al. (2010) kann eine derartige Implementierung der Analysen mittels Operational Intelligence um zusätzliche Informationen des Data Center Infrastructure Managements (DCIM) angereichert werden. Neben der Betrachtung von Business Events werden mittels moderner Architekturen und Konzepten immer detailliertere Betrachtungen einzelner Komponenten möglich. Umfangreiche Analysen der Datenströme bezüglich Mustern und Schwellwerten sind durch CEP in kürzester Zeit realisierbar und ermöglichen eine Echtzeitüberwachung der Datenströme aller zur Verfügung stehender Informationsquellen. Das Ziel derartiger Auswertungen ist die Analyse immer kleinerer Bestandteile der CIs. Wird aktuell lediglich der Ausfall einzelner Komponenten, wie eines Servers erfasst, ist es über ein leistungsfähiges DCIM möglich, alle Bestandteile der IT-Landschaft auf unterster Ebene (Temperatur und Auslastung jeder CPU, jedes RAM-Moduls) permanent und in Echtzeit auszuwerten und mit weiteren Informationen anzureichern, wodurch Events frühzeitig erkannt werden können. Die vollzogenen Abfragen auf den Datenströmen der IT-Komponenten lassen sich auf den logischen Layer erweitern, womit zuvor nicht identifizierbare Muster erkannt und Events mit höherem Informationsgehalt erzeugt werden.

Kann ein Event, welches eine Relevanz für den IT-Serviceprovider hat, trotz umfangreicher interner Analysen nicht identifiziert werden, besteht auch im Event Management die Möglichkeit, auf externe Informationsquellen zurückzugreifen. Im vorangegangenen Text wurde bereits auf die Analyse von Inhalten im Intranet und Internet zur Identifikation der Kundenzufriedenheit eingegangen. In ähnlicher Art und Weise lassen sich Events mit Hilfe der Ontologie der Service-Assets und deren Attributen identifizieren, die aus interner Sicht des IT-Serviceproviders nicht erkannt werden konnten, weil eine Monitoring-Anwendung nicht ordnungsgemäß funktioniert. Webinhalte aus Intranet und Internet werden dabei über Opinion Mining-Methoden permanent analysiert. Berichten Nutzer über Services, die nicht wie gewohnt funktionieren, lassen sich über das Service-Asset und Configuration Management alle zur Erbringung des Services notwendigen Service-Assets ermitteln, die anschließend einer ausführlichen Analyse unterzogen werden müssen. Im Rahmen einer solchen Auswertung werden gleichermaßen externe Fehlerquellen, die auch beim externen Internet Service Provider (ISP) liegen können, betrachtet. Eine schlechte Reputation, die aus der Assoziation einer minderwertigen Qualität mit dem IT-Serviceprovider resultiert, aber eigentlich von Dritten verschuldet ist, lässt sich damit vermeiden. Zudem können eventuelle Zwischenfälle, wie ein Ausfall beim ISP, der sich noch nicht auf die Funktionsfähigkeit der Services des IT-Serviceproviders ausgewirkt hat, frühzeitig erkannt werden. Die Analysen lassen sich mittels Text Opinion Mining ebenfalls auf E-Mails, die den IT-Serviceprovider über den Service Desk erreichen, anwenden.

Die aus dem logischen Layer gewonnen Daten, die externen Webinhalte und die nahezu in Echtzeit durchgeführte Analyse des physischen Layer, gestatten gleichermaßen Aussagen zur SLA-Konformität der einzelnen Services. Dieser Prozess dient als Informationsgrundlage der Predictive SLAs. Diese Muster lassen sich anschließend zeitlich fortschreiben, wodurch Trends in der Entwicklung erkennbar werden, die mit den in den betreffenden SLAs festgehaltenen quantitativen Merkmalen abgeglichen werden. Der IT-Serviceprovider kann auf negative Trends im Livebetrieb rechtzeitig einwirken.

Primäres Ziel des Event Managements ist eine möglichst umfangreiche Automatisierung des Umgangs mit Events. Die Operational Intelligence lässt sich auch zur automatischen Behandlung von Events einsetzen (Castellanos et al. 2010). Durch CEP identifizierte Muster externer und interner Daten erzeugen Events, die die Auslastung der Services evaluieren. Somit können auf deren Grundlage Informationen bezüglich der zu erwartenden Verfügbarkeit von Services gewonnen werden. Auf Basis dieser Informationen lassen sich dann im Rahmen des Demand Managements, über Personalized Social Search, die angebotenen Services automatisch steuern. Services mit aktuell hoher Auslastung werden im Angebot als aktuell schlechter nutzbar markiert und durch eventuell vorhandene alternative Services ergänzt. Hier ist das aktive Anbieten und Bewerben von entsprechenden alternativen Cloud-Services denkbar. Zudem ist ein automatisches Lastenmanagement im Capacity Management realisierbar, das bei Bedarf kapazitative Engpässe bedient, indem es Cloud-Ressourcen hochfährt. Der IT-Serviceprovider ist mit dieser ganzheitlichen Sicht in der Lage, Überlastungen einzelner Service-Assets zu antizipieren und eventuellen Zwischenfällen auf Basis kapazitativer Engpässe entgegen zu wirken.

Erfordert ein Event hingegen den Eingriff eines oder mehrerer Mitarbeiter des IT-Serviceproviders, muss zunächst der für die Benachrichtigung korrekte Empfängerkreis identifiziert werden. Aufgrund der komplexen Zusammenhänge zwischen den Service-Assets und Services, ist eine einfache Zuordnung eines Events zu einem dedizierten Empfängerkreis teilweise schwierig. Mittels Expert Discovery können relevante Personen identifiziert werden. Die durch Events erzeugten Nachrichten können an alle relevanten Empfänger weitergeleitet werden bzw. lassen sich dann Events mit Informationen über weitere Ansprechpartner anreichern, die den Empfänger einer Benachrichtigung bei der Lösung der Aufgabe unterstützen.

Ist der richtige Empfängerkreis identifiziert, stellt die Verständlichkeit der generierten Events, die klassischerweise anhand von Daten des physischen Layer automatisch erstellt werden, ein weiteres Problem dar. Die meist code-basierten Nachrichten sind naturgemäß eine überwiegend technische Darstellung der Ereignisse und variieren je nach Umsetzung der Fehleranalyse in den Service-Assets in Qualität und Aussagekraft. Für einen Bearbeiter, der die detaillierten technischen Zusammenhänge nicht zwingend kennen muss, sind derartige Nachrichten teilweise schwer verständlich. Außerdem wird die zuvor thematisierte Gesamtkomplexität eines Events meist nicht vollständig abgebildet. Im Rahmen des Event Managements stehen dem Mitarbeiter zum Umgang mit Events in der Regel ausschließlich die entsprechenden Dokumentationen zu den betroffenen Service-Assets zur Verfügung. Mit Hilfe der zuvor dargestellten Anwendungsfälle des Business Process Mining und der Operational Intelligence können die durch Events automatisch generierten und an einen Mitarbeiter der IT gerichteten Nachrichten um Informationen aus der logischen Sichtweise und den aktuellen Status der einzelnen Komponenten der Service-Assets angereichert werden. Der Mitarbeiter erhält eine zusätzliche Perspektive, welche die geschäftsorientierte Sicht des Kunden darstellt und zum Verständnis des Events beitragen kann. Zusätzlich dienen externe Informationsquellen, die durch Topic Models und Web Opinion Mining analysiert werden, der Anreicherung von Events mit externen Informationen, sodass die Meinung der Nutzer bei der Untersuchung der Auswirkungen berücksichtigt wird.

Das **Incident Management** behandelt alle ungeplanten Unterbrechungen bzw. temporäre Minderungen der Qualität von Services, die auch als Incidents bezeichnet werden. Der Input für diesen Prozess sind Meldungen von Nutzern, Zulieferern oder Dritten, die den Service Desk durch Telefonanrufe, E-Mails sowie Webschnittstellen erreichen und Events, die im Event Management als Incident klassifiziert werden. Im Folgenden wird der Einsatz neuer Methoden zur Incident-Priorisierung und Service-Wiederherstellung (Diagnose) dargestellt.

Ein Indikator für die Dringlichkeit eines Incidents ist die Meinung des Nutzers bezüglich der Schwere des Zwischenfalls, die er während des ersten Kontakts zum Service Desk äußert. Ein weit verbreitetes System zur nutzerseitigen Kommunikation mit dem Service Desk ist ein Ticketsystem. Im Rahmen eines Ticketsystems kann ein Nutzer entweder in einer E-Mail an den Service Desk oder über eine Weboberfläche einen Freitext zu seinem Anliegen verfassen und einen Kennwert für die Dringlichkeit ausweisen. Der Kennwert wird dann als erster Indikator für die Dringlichkeit eines Incidents zugrunde gelegt. Eine derartige subjektive Bewertung resultiert zumeist in einer hohen Dringlichkeit, da der Nutzer sicherstellen möchte, dass sein Ticket möglichst schnell bearbeitet wird. Zur Vermeidung derartiger Tendenzen ist es denkbar, das Sentiment des im Ticket vorhandenen Freitextes zu bewerten und diesen mit der durch den Nutzer abgegebenen Bewertung abzugleichen. Das Sentiment repräsentiert die Emotionalität, mit welcher der Text vom Nutzer verfasst wurde und kann Aufschluss darüber geben, wie schwer der vorhandene Incident für den Nutzer wirklich wiegt. Grundlage bilden Sentiment-Analysen, die eine Ausprägung des Text Opinion Mining darstellen und die Emotionalität eines Textes auf Phrasen-Level bewertet (Wilson et al. 2005). Resultat dieser Analyse ist eine zweistufige Bewertung der Dringlichkeit eines Tickets, die aus der Priorisierung des Nutzers anhand einer Kennzahl und dem Sentiment seines verfassten Freitextes besteht und somit eine präzisere erste Einstufung der Dringlichkeit des Incidents zulässt.

Für die Bewertung der Dringlichkeit eines Incidents ist eine derartige, erweiterte Bewertung des von einem Nutzer verfassten Tickets ein Indikator für die tatsächliche Dringlichkeit, die durch eine gesamtheitliche Betrachtung des Ausmaßes ergänzt werden muss. Drei kritische Aspekte erscheinen besonders wichtig: Die Betrachtung der betroffenen Nutzer, der Services und der Service-Assets. Eine Evaluierung des Ausmaßes findet herkömmlich durch Mitarbeiter des Service Desk statt. Durch Einbeziehung der Informationen aus den im Event Management vorgestellten Anwendungsfällen moderner Analysemethoden, kann der Prozess aktiv unterstützt werden. Die Informationen des logischen Layers dienen hierbei als zusätzliche Informationsquelle, welche die Auswirkungen des Incidents auf die Services besser repräsentieren. Eine erste Analyse des Ausmaßes ist damit anhand der Informationen aus physischem und logischem Layer möglich. Zusätzlich lassen sich zur Bewertung des Ausmaßes eines Incidents ebenfalls Informationen aus dem Internet und Intranet einbeziehen. Meldungen von Nutzern über nicht ordnungsgemäß funktionierende Services können dabei als Indikator für das lokale Ausmaß des Incidents dienen und geben Aufschluss über Anzahl und Art der betroffenen Nutzer und Services. Grundlage der Analyse sind Opinion Mining-Methoden. Diese können dazu genutzt werden, permanent das Web nach Äußerungen von Nutzern bezüglich der Verfügbarkeit von Services zu durchsuchen, über die durch das CMS ein Rückschluss auf eventuell betroffene Service-Assets möglich ist.

Der von einem Incident betroffene Personenkreis lässt sich anschließend mittels Community Detection ermitteln. Dabei werden die über einen Zwischenfall berichtentenden Nutzer bezüglich ihres Typs (z. B. Abteilung, Standort) kategorisiert. Anhand der gewonnen Informationen ist anschließend ein Rückschluss auf ähnliche Nutzer möglich, die vom Incident betroffen sind, sich jedoch noch nicht über Zwischenfälle geäußert haben. Diese Methode ergänzt die klassischen Nutzer-CI-Relationen, welche aus CMDBs bekannt sind.

Die Informationen über betroffene Nutzer und Services lassen sich anschließend nutzen, um mögliche SLA-Verletzungen zu bewerten. Quantifizierbare Informationen aus externen und internen Quellen werden hierbei als Grundlage zur Vorhersage der SLA-Konformität mittels des Konzepts der Predictive SLA genutzt, die hauptsächlich durch Daten aus den CEP-Systemen mit Informationen versorgt werden (Leitner et al. 2010). Über Meldungen in Foren und Blogs lässt sich grob abschätzen, wie lange Einschränkungen bereits bestehen und welches Ausmaß ein Incident angenommen hat (bessere Bestimmung des tatsächlichen Business Impacts). Die Informationen können dann zur Vorhersage der SLA-Konformität genutzt werden, die als zusätzlicher Entscheidungsfaktor mit in die Priorisierung einfließt. Neben der subjektiven Bewertung eines Incidents seitens der Kunden und Nutzer wird eine Evaluierung der Incidents somit auch aus vertraglicher Sicht vorgenommen, die als eine Art rechtliche Absicherung angesehen werden kann.

Die Form der initialen Diagnose ist abhängig vom Medium. Gelangt die Incident-Benachrichtigung via Telefon zum Service Desk, erfolgt die initiale Diagnose bereits während des ersten Telefonats. Dabei greift der Service Desk Mitarbeiter auf die zur Verfügung stehenden Wissensportale zurück. Da die Suche in Wissensportalen zumeist in einem zeitintensiven Durchsuchen von Dokumenten endet, können Question Answering-Systeme aktiv bei dem Auffinden einer Lösung helfen. Ein Mitarbeiter des First Level Support wird somit bei einer Anfrage an das Wissensportal direkte Antworten erhalten, die sich aus Inhalten von Dokumentationen, Beiträgen in Blogs oder Foren sowie aus aktuellen Informationen zu dem Status der CIs und Expertenempfehlungen, die mittels Expert Discovery identifiziert werden, zusammensetzen. Die aggregierte und umfangreiche Übersicht kann den Mitarbeiter bei der Lösung des Incidents bereits beim ersten Kontakt mit dem Kunden unterstützen. Hierdurch lassen sich zusätzliche Kosten verhindern, die durch lange Lösungszeiten entstehen, und die Kundenzufriedenheit erhöht sich.

Erfolgt der erste Kontakt seitens des Nutzers via E-Mail, können vor allem Opinion Mining-Methoden sowie Topic Models und Expert Discovery zur schnelleren Lösung eines Incidents beitragen. Vorstellbar ist eine erste Analyse des Textes mittels Opinion Mining-Methoden, die diesen auf relevante Assets und den Sentiment hin analysieren. Ein ähnliches Vorgehen wurde bereits im Rahmen der Bewertung eines Tickets bezüglich seiner Dringlichkeit vorgestellt. Berichtet ein Nutzer über eine schlecht funktionierende Anwendung, kann dieses System das betroffene Service-Asset, in diesem Fall die Anwendung, und mit Hilfe des Konfigurationsmodells ebenfalls alle dazugehörigen Service-Assets bestimmen. Das Ticket lässt sich anschließend über Topic Models anhand der im Ticket erwähnten Service und Service-Assets in bestimmte Kategorien einteilen. Mittels Expert Discovery kann das Ticket abschließend anhand seiner Kategorisierung dem richtigen Ansprechpartner (2nd oder 3rd Level) zugeordnet werden. Legt eine derartige Analyse nahe, dass der Incident auf einem Problem mit einem Server beruht, wird die E-Mail direkt an den zuständigen Mitarbeiter weitergeleitet und eine Information an den First Level Support versandt, welcher die Lösung des Incidents weiter verfolgt. Die Belastung des First Level Support sinkt und die Lösungszeiten werden verkürzt.

Die dritte Form des nutzerinitiierten Kontakts besteht in einem Webportal (Self Service Portal), welches die nutzerseitige Erstellung eines Tickets gestattet. Der Self Service lässt sich aktiv vor allem durch Personalized Social Search und Question Answering-Systeme unterstützen. Zentrales Element dieser Analyse ist die Community Detection, die den Nutzertypus des Anwenders identifiziert und ihn einer Nutzergruppe zuweist. Stellt der Nutzer eine Suchanfrage mit dem Inhalt einer Beschreibung seines Bedürfnisses, werden mit Hilfe des Collaborative Filtering alle verfügbaren Informationen der Wissensdatenbank ausgegeben, die mit Erfahrungen über mögliche Lösungen ähnlicher Nutzer angereichert und nach Nutzermeinungen priorisiert sind. Die Ausgabe der Suchergebnisse kann durch Question Answering-Systeme in einer übersichtlichen Darstellung erfolgen, welche die zuvor erwähnten Informationen enthält und gegebenenfalls mit aktuellen Informationen aus dem Web angereichert wird. Analog lassen sich die Analysemethoden des auf E-Mail basierenden Ticketsystems anwenden, falls der Nutzer den Incident nicht eigenständig beheben kann und folglich ein Ticket auslöst.

Während der initialen Diagnose eines Incidents müssen, unabhängig vom Inputmedium, zudem stets Aspekte der Informationssicherheit beachtet werden, die sich mit der Fragestellung auseinander setzen, inwiefern ein Incident durch menschliches Fehlverhalten verschuldet wurde. Analysen zur Sicherheitsrelevanz und Ursachenforschung lassen sich aktiv durch Fraud Detection unterstützen. Das Verhalten der Nutzer wird durch Business Process Mining und die Auswertung der Verhaltensweisen, via Web Usage Mining, erfasst und bezüglich sicherheitsrelevanter Fragestellungen analysiert. Als Grundlage der Bewertung sind charakteristische Attribute, wie Nutzungshäufigkeit und Verwendung externer Medien, denkbar, aus denen mit Hilfe einer Gewichtung eine Gesamtkennzahl gebildet wird. Untypische

Attributwerte dienen als Indikator nutzerbedingter Incidents und müssen durch Mitarbeiter des IT-Serviceproviders bei der Diagnose des Incidents betrachtet werden.

11.5 Neubewertung der ITSM-Prozesse

Unternehmen sollen bestehende ITIL-Prozesse im Hinblick für einen Einsatz von Cloud Computing neu bewerten und an veränderte Bedingungen anpassen. Damit der Einsatz von Cloud-Services dem Unternehmen einen Nutzen bringt, ist die individuelle Ausgangssituation (existierende ITIL-Prozesse und IT-Landschaft) und das geplante Cloud-Szenario zu berücksichtigen. Hierbei sollen die Cloud-Szenarien nach dem Nutzungsbereich (SaaS, PaaS oder IaaS) und dem Bereitstellungsmodell (Public oder Private Cloud) differenziert werden, da sich dementsprechend unterschiedliche Auswirkungen ergeben.

Dieser Beitrag gibt erste Anhaltspunkte, wie sich die Bedeutung von IT-Servicemanagementprozessen auf Seiten des Leistungsabnehmers im Cloud Computing verändert. Dabei ist vor allem die zunehmende Bedeutung der Phasen Service Strategy und Service Design hervorzuheben. Dem gegenüber ist zu erwarten, dass im Rahmen des Cloud Computing die Phasen Service Transition und Service Operation für den Leistungsabnehmer an Relevanz verlieren. Derweilen bleibt das Continual Service Improvement für den Leistungsabnehmer unverändert wichtig. Kritische Erfolgsfaktoren für den Einsatz von Cloud-Services können durchgängige Prozessketten (Geschäftsbereich über die IT-Organisation bis hin zu dem Cloud Provider), Schnittstellen für den Datenaustausch (zwischen Leistungsabnehmer und -anbieter), Automatisierungen, Self-Service-Portale und klare vertragliche Regelungen sein. Das ITIL-Framework eignet sich mit einigen Anpassungen sehr gut für das Management von Cloud-Services.

Weiterhin hat dieser Beitrag dargestellt, dass die Vielzahl neuer und moderner Analysemethoden (Daten-, Text-, Web- und Netzwerkanalysen) die nutzerzentrierte IT-Serviceerbringung und das Management von Cloud-Services unterstützen. Dabei ermöglichen NoSQL-Technologien, wie MongoDB, Apache Cassandra oder Neo4j, die Aggregation polystrukturierter (E-Mails, Dokumentationen, Known Error Beschreibungen, Tickets oder Wiki-Einträge) und unternehmensexternen Daten (Social Media oder Foren) und bilden damit die Grundlage für den Einsatz der oben beschriebenen Analysemethoden. Je nach Anwendungsfall erscheinen unterschiedliche Technologien als besonders geeignet. Für die Darstellung und die Analyse von Communities oder Expertennetzwerken innerhalb einer Organisation spielt Neo4j als Graphdatenbank ihre Stärke aus. Sollen hingegen Themenbereiche aus Tickets (Topic Models) mit bestehendem Wissen aus Knowledge Management Systemen, wie Wikis, in Bezug gebracht werden, so erscheint MongoDB im Zusammenspiel mit Elastic (früher Elasticsearch) als besonders geeignet.

Für den Einsatz der vorgestellten Methoden und deren Anwendung in ITSM-Prozessen sind verschiedene Technologien von entscheidender Bedeutung. Die Menge der Daten, die Vielseitigkeit der Datenquellen und deren Struktur sowie die

Notwendigkeit schnell die Analyseergebnisse (Polarität von Tickets zur Priorisierung) zu bekommen, machen den Einsatz von NoSQL- und In-MemoryDatenbanken sowie MapReduce-Konzepten notwendig. Moderne BI-Analysen werden damit zum essenziellen Geschäftstreiber und ermöglichen heute Anwendungsszenarien auch auf operativer Ebene des Fachbereiches und in der IT-Produktion. Im Rahmen dieses Beitrags konnte zudem die generelle Notwendigkeit des Einsatzes moderner BI-Analysen zum Echtzeitmanagement der IT aufgezeigt werden. Mit Hilfe der Anwendungsszenarien wird ein essenzieller Beitrag zum IT-Servicemanagement geleistet.

Literatur

APMG: ITIL Glossar und Abkürzung. http://www.itil-officialsite.com/InternationalActivities/ ITILGlossaries_2.aspx (2011)

Bause, M.: ITIL und Cloud Computing: Welchen Mehrwert bietet ITIL mit seinem Service Lifecycle-Ansatz für Cloud Computing (2009)

BITKOM: Cloud Computing – Was Entscheider wissen müssen: Ein ganzheitlicher Blick über die Technik hinaus. Positionierung, Vertragsrecht, Datenschutz, Informationssicherheit, Compliance. Berlin (2010)

Cannon, D., Wheeldon, D., Lacy, S., Hanna, A.: ITIL service strategy. TSO, London (2011)

Castellanos, M., Dayal, U., Hsu, M.: Live business intelligence for the real-time enterprise. In: Hutchison, D., Kanade, T., Kittler, J., Kleinberg, J.M., Mattern, F., Mitchell, J.C. (Hrsg.) From Active Data Management to Event-Based Systems and More, Bd. 6462, S. 325–336. Springer, Berlin/Heidelberg (2010)

Fry, M.: 5 questions about ITSM and cloud computing. Whitepaper (2010)

Gamon, M., Aue, A., Corston-Oliver, S., Ringger, E.: Pulse: Mining customer opinions from free text. In: Famili, A.F., Kok, J.N., Peña, J.M., Siebes, A., Feelders, A.J. (Hrsg.) Advances in Intelligent Data Analysis VI – 6th International Symposium on Intelligent Data Analysis. Lecture notes, S. 121–132. Springer, Berlin/Heidelberg (2005)

Geczy, P., Izumi, N., Hasida, K.: Cloudsourcing: Managing cloud adoption. Glob. J. Bus. Res. 6(2), 57–70 (2012)

itSMF: Positionspapier Cloud Computing und IT Servcie Management (2010)

itSMF: At your Service 2, 1 (2012)

KPMG: Cloud Monitor 2012: Eine Studie von KPMG in Zusammenarbeit mit BITKOM – durchgeführt von PAC (2012)

Labes, S., Stanik, A., Repschläger, J., Kao, O., Zarnekow, R.: Standardization approaches within cloud computing: Evaluation of infrastructure as a service architecture. In: Federated Conference on Computer Science and Information Systems (FedCSIS) (2012)

Lau, J.M., Iochpe, C., Thom, L., Reichert, M.: Discovery and analysis of activity pattern cooccurrences in business process models. In: Proceedings of 11th International Conference on Enterprise Information Systems Volume on Information Systems Analysis and Specification, S. 83–88 (2009)

Leitner, P., Wetzstein, B., Rosenberg, F., Michlmayr, A., Dustdar, S., Leymann, F.: Runtime prediction of service level agreement violations for composite services. In: Dan A., Gittler F., Toumani F. (Hrsg.) Service-Oriented Computing – Revised Selected Papers of ICSOC/ ServiceWave 2009 Workshops. Lecture notes, Bd. 6275, S. 176–186. Springer, Heidelberg/ Berlin (2010)

Leopold, H., Niepert, M., Weidlich, M., Mendling, J., Dijkman, R., Stuckenschmidt, H.: Probabilistic optimization of semantic process model matching. In: Hutchison D., Kanade T., Kittler J., Kleinberg J.M., Mattern F., Mitchell J.C., et al. (Hrsg.) Business Process Management. Lecture notes, Bd. 7481, S. 319–334. Springer, Berlin/Heidelberg (2012)

Marston, S., Li, Z., Bandyopadhyay, S., Zhang, J., Ghalsasi, A.: Cloud computing – The business perspective. Decis. Support. Syst. **51**(1), 176–189 (2011)

Mell, P., Grance, T.: The NIST Definition of Cloud Computing. Special Publication 800–145 (2011)

Morin, J.-H., Aubert, J., Gateau, B.: Towards cloud computing SLA risk management: Issues and challenges. In: 2012 45th Hawaii International Conference on System Sciences, S. 5509–5514. IEEE (2012)

Rawal, A.: Adoption of cloud computing in India. J. Technol. Manag. Grow. Econ. **2**(2), 65–78 (2011)

Repschläger, J., Zarnekow, R., Wind, S., Turowski, K.: Cloud requirement framework: Requirements and evaluation criteria to adopt cloud solutions. 20th European Conference on Information Systems (2012)

Wilson, T., Wiebe, J., Hoffmann, P.: Recognizing contextual polarity in phrase-level sentiment analysis. In: Proceedings of the Conference on Human Language Technology and Empirical Methods in Natural Language Processing, S. 347–354 (2005)

Xu, J.J., Chen, H.: The topology of dark networks. Commun. ACM **51**(10), 58–65 (2008)

Big Data in der Mobilität – FCD Modellregion Salzburg

12

Richard Brunauer und Karl Rehrl

Zusammenfassung

Mobilität als System betrachtet ist vielschichtig, hoch dynamisch und komplex. Aufgrund von unterschiedlichen Einflussfaktoren ist das System einem ständigen Wandel unterzogen und nur schwer zu verstehen und zu kontrollieren. Der folgende Artikel beschreibt, wie Fragestellungen im Bereich der Mobilität mit Hilfe von Big Data untersucht und besser verstanden werden können. Hierbei geht es einerseits um den Zugang zu und die Nutzbarmachung von geeigneten Datenquellen, die das System „Mobilität" beschreiben, andererseits aber auch darum, wie die Daten aufbereitet werden müssen, um als Entscheidungsgrundlagen für aktuelle und zukünftige Fragestellungen geeignet zu sein. Erstes wird zeigen, dass vor allem die Integration von unterschiedlichsten Datenquellen neue, bisher nicht betrachtete Blickwinkel auf das Mobilitätsgeschehen zulässt. Zweites geht der Frage nach, wie aus der Vielzahl von heute sowie zukünftig verfügbaren Datenquellen Mobilitätsinformationen extrahiert werden können, die in Folge von unterschiedlichen Stakeholdern unterschiedlich genutzt werden. Für Mobilitätsdienstleister, Mobilitätsentscheidungsträger und Mobilitätsforscher bedeutet Big Data vor allem ein Umdenken von modellbasierten zu (mehr) datengetriebenen Methoden zur Systembeschreibung. Für Mobilitätsteilnehmer bewegt sich Big Data zwischen der optimierten und einfacheren Erfüllung von Mobilitätsbedürfnissen und der totalen Überwachung. Der Beitrag zeigt anhand von konkreten Beispielen, dass Big Data in der Mobilität nicht das Ziel sondern die logische Konsequenz der fortschreitenden Digitalisierung ist. Aus heutiger Sicht scheinen Digitalisierung und Datenintegration allen Stakeholdern einen Vorteil zu verschaffen, wodurch sich ein Nutzen sowohl für den Einzelnen aber auch für die Gesellschaft ergibt.

vollständig neuer Original-Beitrag

R. Brunauer (✉) • K. Rehrl
Salzburg Research Forschungsgesellschaft mbH, Salzburg, Österreich
E-Mail: richard.brunauer@salzburgresearch.at; karl.rehrl@salzburgresearch.at

© Springer Fachmedien Wiesbaden 2016
D. Fasel, A. Meier (Hrsg.), *Big Data*, Edition HMD,
DOI 10.1007/978-3-658-11589-0_12

Schlüsselwörter
Big Data • Mobilität • Mobilitätsdaten • Datenanalyse • Datengetriebene
Entwicklung

12.1 Big Data in der Mobilität

Big Data, einer der großen IT-Trends der letzten Jahre, durchdringt immer mehr
Anwendungsbereiche. Einer dieser Anwendungsbereiche ist die tägliche Personen-
und Gütermobilität. Ausgelöst wird der Trend zu Big Data in der Mobilität vor allem
durch eine technologische Revolution im Mobilitätswesen, die vor allem der fortschreitenden Digitalisierung zuzuschreiben ist. Digitalisierte und vernetzte Fahrzeuge
erzeugen Unmengen von Daten[1] oder virtualisierte Mobilitätsdienste organisieren
multimodale Mobilitätsketten von der Planung, über die Buchung bis hin zur digitalen
Reisebegleitung. Eine kürzlich durchgeführte Studie zur Zukunft des Autofahrens
(Münger et al. 2015) gibt beispielsweise Einblicke in die zukünftige Datenvielfalt.
Elektromobilität, Mobilitätsabhängige Bemautung, Intelligente und Vernetzte Fahr-
zeuge, Autonomes Fahren sind Technologietrends der nächsten Jahre, die eine wahre
Flut an mobilitätsbezogenen Daten voraussetzen bzw. generieren. Nicht verwunder-
lich ist daher, dass die Studie Big Data selbst als Trend in der Mobilität nennt. Big
Data wird zukünftig als Datengrundlage dienen, z.B. für das autonome Fahren, die
Optimierung des Verkehrs und die Entwicklung neuer Geschäftsmodelle. Auch andere
Quellen gehen davon aus, dass zukünftig mit einer bedeutenden Menge an Daten im
Bereich der Mobilität zu rechnen ist (Crist 2015; PTV Group 2014). Gleichzeitig steht
das Mobilitätssystem vor den wahrscheinlich größten Veränderungen seit der
Erfindung des Automobils. Der anhaltende Trend zu einer mobilen Lebensweise, steigende Bevölkerungszahlen, die fortschreitende Urbanisierung sowie die Forderung
nach nachhaltiger Mobilität bedingen einen weitreichenden Wandel. Um weiterhin
einen hohen Grad an Mobilität zu ermöglichen, muss unser Mobilitätssystem besser
verstanden und neu organisiert werden. Big Data kann ein wesentlicher Baustein zu
dieser Neuorganisation sein.

12.1.1 Begriffsbestimmung

Aus technischer Sicht wird Big Data in aller Regel mit den 3V's (Volume, Variety
und Velocity) in Verbindung gebracht (Laney 2001; Soubra 2012). Das heißt, Big
Data liegt dann vor, wenn die zu speichernden und zu verwaltenden Daten einen
großen Umfang (Volume) haben, in einer **großen Strukturvielfalt** vorliegen
(Variety) und in einer **hohen Geschwindigkeit** produziert, verarbeitet oder

---

[1] Futurezone 29.04.2013 „Jedes Auto produziert 10 GB Daten pro Stunde" http://futurezone.at/
science/jedes-auto-produziert-10-gb-daten-pro-stunde/24.595.665 (zuletzt besucht am: 22. Juni
2015).

geändert werden (Velocity). Dies resultiert in zwei wesentlichen technischen Herausforderungen beim Datenmanagement. Zum einen braucht man neue Techniken der Speicherung und Integration, zum anderen neue Techniken zur Verwaltung und Abfrage. In der jüngeren Diskussion wird das Verständnis dahingehend erweitert, dass die Daten auch umfassender gesammelt, dafür aber unschärfer (Veracity) sind. Dies bedeutet, dass auch auf Seiten der Informationsextraktion, also der Abfragesprachen, der Data-Mining-Algorithmen und der Algorithmen des maschinellen Lernens, eine weitere technische Herausforderung besteht. Algorithmen müssen mit unscharfen, heterogenen und großen Datenmengen in Echtzeit umgehen können.

Neben diesen beiden technischen Zugängen über Datenmanagement und Algorithmen nehmen Mayer-Schönberger und Cukier (2013) eine inhaltliche Abgrenzung vor. Für sie ist Big Data das, „was man in großem, aber nicht in kleinem Maßstab tun kann, um neue Erkenntnisse zu gewinnen oder Werte zu schaffen […]" (S. 13). Mit Big Data löst man Aufgaben, indem man die Daten **vollständig** aber **ungenauer** erhebt und sich ausschließlich um **Korrelationen** kümmert. Kausalität ist aus praktischer Sicht nicht notwendig. Es geht mehr um das *Wie* und nicht das *Warum* ein Zusammenhang existiert. Den Autoren zufolge impliziert diese Verschiebung der Prioritäten vor allem eine bestimmte Big Data-Einstellung, die das Ziel Mehrwert oder Nutzen zu stiften verfolgt. Diese Grundeinstellung könnte gerade im Bereich der Mobilität ein Umdenken induzieren.

Im Bereich der Mobilität ist der Begriff „Big Data" noch selten anzutreffen. Er kommt entweder in konzeptuellen Arbeiten oder als Werbeschlagwort vor (PTV Group 2014; Crist 2015; Swarco 2015). In einem Whitepaper der PTV Group (2014) wird **Big Data in der Mobilität** durch eine Abgrenzung zu bisherigen Systemen charakterisiert: **ausgereiftere Analysen, mehrerer Datenquellen, unterschiedliche Technologien und Daten aus unterschiedlichen Anwendungsgebieten.** Der explizite Bezug zu vielen Daten scheint nicht relevant. Bei der Diskussion über Smart Cities ist Big Data und Mobilität gelegentlich in Zusammenhang mit öffentlichem Verkehr oder Transport im Allgemeinen zu finden. In diesem Zusammenhang kommt die Idee eines multimodalen Datenpools vor, der sowohl für Dienste, Planung aber auch zunehmend mehr für den Betrieb herangezogen werden soll (Batty 2015). Smart Cities können aber keinesfalls synonym mit Mobilität verwendet werden, da Mobilität kein ausschließlich städtisches Phänomen ist und der Smart City-Begriff auch andere Themen, wie z. B. Energie und Ressourcen, umfasst. Das deutsche Fraunhofer-Institut FOKUS wirbt hingegen mit Smart Mobility und Big Mobility Data[2] für effektive Verkehrsplanung mittels Echtzeitdaten um Kunden. Smart Mobility hat aber nicht explizit etwas mit Big Data zu tun. Es ist eher ein Sammelbegriff für neue innovative Mobilitätslösungen. An Infrastrukturbetreiber richtet sich das Unternehmen Swarco mit Lösungen im Verkehrsmanagement und benutzt dabei die Begriffe Internet of Things und Internet of Traffic im Kontext der eigenen Big Data-Strategie (Swarco 2015). Auch in der

---

[2] https://www.fokus.fraunhofer.de/64b3b7012f7b8591/smart-mobility (zuletzt besucht am: 22. Juni 2015).

Diskussion über das Internet of Moving Things kommt Big Data als Schlagwort vor. Der Fokus liegt aber weniger auf der Fortbewegung mit einem Verkehrsmittel, sondern auf der Bewegung selbst. Dies trifft auch auf Mobilität und Big Data im Allgemeinen zu. Für die vorliegende Arbeit ist es aber wichtig, Mobilität als Fortbewegung mit einem bestimmten Verkehrsmittel zu verstehen, und zwar mit dem Zweck von einem Ort zu einem anderen Ort zu gelangen. Dies impliziert, dass neben den Verkehrsmitteln auch die dafür notwendige Infrastruktur von Interesse ist. Des Weiteren erscheint uns wichtig, dass bei Big Data in der Mobilität die Mobilitätsdaten nicht nur für einen Zweck gesammelt werden. Das Ausnützen von Synergien zwischen verschiedenen Stakeholder scheint zentral und spiegelt auch die Big Data-Einstellung wider.

12.1.2 Fragestellungen

Wie schon eingangs erwähnt ist von Mobilität praktisch jeder betroffen. Unter Mobilität fällt nicht nur der meist als erstes genannte motorisierte Individualverkehr (MIV), sondern auch der öffentliche Verkehr, der Rad- und Fußgängerverkehr und der ruhende Verkehr. Weiters sind noch unterschiedliche Verkehrsmittel wie z. B. KFZ, Zug, Bus, Flugzeug oder Schiff zu berücksichtigen und die jeweils notwendige Infrastruktur. Letztes impliziert auch die Involvierung von Diensteanbietern, Planern, Betreibern und Politik. Zu guter Letzt darf neben Personenmobilität auch die Gütermobilität nicht vergessen werden. Es ist daher nicht verwunderlich, dass beim Thema Mobilität, je nach Rolle, völlig unterschiedliche Fragestellungen, Aufgaben, Interessen und Wertvorstellungen vorhanden sind. Fragestellungen sind daher mehrdimensional. Es ist aber sinnvoll sie anhand der Stakeholder, der Verkehrsmittel oder der Infrastruktur zu gliedern.

Innerhalb dieser Arbeit werden wir uns ausschließlich mit Fragestellungen zur motorisierten Personenmobilität in einem regionalen Verkehrsnetz beschäftigen und aus diesem Blickwinkel die Potenziale von Big Data untersuchen. Das Potenzial wird vor allem daran erkennbar sein, dass es mit Hilfe einer Big Data-Einstellung, d. h. einem ganzheitlichen und datengetriebenen Ansatz unter Einbeziehung möglichst vieler, unscharfer Datenquellen, möglich sein wird, Lösungen für unterschiedliche Stakeholder aus einem System heraus bereitzustellen. Aus heutiger Sicht ist dies im Bereich der Mobilität keineswegs eine Selbstverständlichkeit, da die unzähligen unterschiedlichen Datenquellen (z. B. verschiedene Betreiber oder Behörden) und Datenarten (z. B. Straßennetz, Sensordaten oder Fahrpläne) großteils nicht standardmäßig zusammengeführt werden und weil die beteiligten Stakeholder völlig unterschiedliche Fragestellungen und Interessen haben und daher oft nicht gemeinsam an der Lösung von Mobilitätsfragen arbeiten. Für eine Einteilung der Fragestellungen bietet sich daher an, diese anhand von Stakeholdergruppen für Mobilitätsteilnehmer, Mobilitätsdienstleister und Mobilitätsentscheidungsträger zu differenzieren (Tab. 12.1)

Tab. 12.1 Stakeholdergruppen und ihre inhaltlichen Fragestellungen an Big Daten

Stakeholdergruppe	Fragestellungen
Mobilitätsteilnehmer MIV, Flottenbetreiber, Taxidienste	Welche Dienste und Informationen können die Qualität und das Angebot einer (multimodalen) Mobilität verbessern?
Mobilitätsdienstleister Infrastrukturbetreiber, Diensteanbieter	Welche Dienste und Informationen können den Betrieb von Infrastruktur verbessern und welche (neuen) Produkte und Dienste können angeboten werden?
Mobilitätsentscheidungsträger Infrastrukturplaner, Infrastrukturbau, Politik	Welche Informationen können zur besseren Planung sowie zum Entwurf verwendet werden und wie können Maßnahmen, Mobilität und Infrastruktur besser bewertet werden?

12.1.3 Datenquellen

Liest man Einführungen zu Big Data, dann wird klar empfohlen: Je mehr Daten, desto besser. Big Data ist dazu da, viele unterschiedliche Datenquellen zu integrieren, zu speichern und auszuwerten. Dabei kommt es nicht darauf an, wie die Daten vorliegen, strukturiert oder unstrukturiert bzw. in hoher Qualität oder unscharf, Hauptsache sie sind verfügbar und sie werden dazu genutzt, um Korrelationen zu finden (Mayer-Schönberger und Cukier 2013).

Diese Beschreibung ist zwar sehr grob, aber die Idee kann, umgelegt auf die Mobilität, durchaus einen großen Vorteil bringen. Heutzutage werden Daten in der Mobilität oft nur für einen bestimmten Zweck von einem bestimmten Stakeholder gesammelt. Busbetreiber sammeln beispielsweise die Positionsdaten ihrer Busse für die Anzeige von Verspätungen, Mitarbeiter der Stadtplanung beauftragen Gutachter zur Maßnahmenbewertung, das Verkehrsmanagement verbaut Induktionsschleifen und Kameras für die adaptive Regelung von Lichtsignalanlagen. Ein Big Data-Experte würde argumentieren: Warum werden diese Daten nicht integriert und stehen allen zur Verfügung? Es könnten sich daraus völlig neue Sichtweisen mit einem Mehrwert für alle ergeben!

Die Auflistung in Tab. 12.2 versucht einen Überblick zu geben, welche Daten und Datenquellen für Big Data in der Mobilität von Interesse sein könnten. Natürlich ist nicht von vornherein ein Nutzen offensichtlich, aber der Gedanke „Was wäre, wenn diese Daten zusammengeführt werden?", soll zumindest zum Nachdenken veranlassen.

Innerhalb der FCD Modellregion Salzburg wurden bereits einige der im Bundeslandes Salzburg vorhandenen Datenquellen zusammengeführt (Tab. 12.2). Eine weitere Integration ist im Gange. Die Potenziale, die sich für unterschiedliche Stakeholder bereits hieraus ergeben, werden in Kap. 2 beschrieben.

Tab. 12.2 Liste von möglichen Datenquellen und in der FCD Modellregion Salzburg (fett) genutzte Datenquellen

Quelle	Daten
Infrastrukturbetreiber	**Verkehrsgraphen** (Rad, Straße, Schiene usw.); **Echtzeitmessungen** (Fahrbahntemperatur; Nebel, Witterung usw.); aktuelle Regelungsstrategie; Status der Wechselverkehrskennzeichen; Parkplatzstellplätze; Erhaltungszustand oder sicherheitskritische Schäden; Trassierungsparameter; Umstiegspunkte; Einrichtungen und öffentliche Gebäude; Daten zu Maut oder Gebühren; aktueller Fahrbahnzustand (Schnee, Streuung usw.)
Diensteanbieter	Öffentlicher Verkehr: **Positionsdaten (FCD)**, Fahrpläne, Echtzeitinformationen, Streckenführung, Haltestellen, Betriebszeiten, Preis- und Ticketinformation; Taxi: Taxistandorte, Ein- und Ausstiegspunkte; Parkplatz- und Parkhausauslastungen und Kapazitäten; Serviceeinrichtungen; Standorte und Auslastungen (Car Sharing, Fahrradausleih); Daten zu Ambulanzdienste; Verkehrsmeldungen
Verkehrsmittel	**Positionsdaten (FCD)**; **Daten aus PKWs** (CAN-Bus, OBD II); Daten aus LKWs oder Bussen (FMS); **Daten aus Smartphone-Apps** (FCD, Sensordaten, Kommentare); eigene Hardwareplattformen (Arduino usw.)
Kommerzielle Flotten	**Positionsdaten (FCD)**; Dispositionsdaten von Logistikunternehmen oder Flottenbetreibern; Flottencharakteristika und -zusammensetzung
Reisende	Routenwahl; Start- und Zielpunkte; Optimierungsstrategie für Routenwahl
Behörden	Meldungen für Baustellen und Sperren (geplant und tatsächlich); Unfallmeldungen; Unfallstatistiken; **Verordnungen (Einbahnen**, Parkraumnutzung usw.); Quell-Ziel-Matrizen; Zensusdaten;
Kalenderdaten	Ferien; Feiertage; Events, Veranstaltungen und Großereignisse; erwarteter Reiseverkehr
Infrastrukturumfeld	Wettervorhersagen; Echtzeit und historisch: meteorologische Daten Immissionsdaten, Umweltschutzdaten, Lärm
Kommunikationsunternehmen	Floating Phone Data (Mobilfunkzellen); Verbindungsaufbau (WLAN, Bluetooth)

12.1.4 Bestehende Einsatzgebiete

Im Bereich Mobilität und Transport gibt es bis heute kaum explizit beworbene Big Data-Produkte oder -anwendungen. Auch der im Frühjahr 2015 erschienene Bericht des International Transport Forums der OECD zu Big Data and Transport (Crist

2015) gibt keine expliziten Beispiele. Big Data steht in der Mobilität erst am Anfang. Der Bericht stellt einige interessante Anwendungsmöglichkeiten von Mobilitätsdaten vor, die der Idee von Big Data schon sehr nahe kommen. Es werden Beispiele zur Analyse von Tweets, Fahrradverkehrsflüssen, Telekommunikationsnetzen, Ein- und Ausstiegspunkten bei Taxis, Erreichbarkeiten oder Verkehrsunfällen gegeben. Big Data liegt aber in all diesen Fällen noch nicht vor, da es sich immer noch um eng fokussierte Einzelanwendungen handelt.

Im wissenschaftlichen Bereich wurde im Rahmen der ersten Horizon 2020-Ausschreibung 2014 im Bereich Mobility for Growth das Projekt OPTIMUM[3] eines internationalen Konsortiums gestartet (Projektstart 01.05.2015). Das Projekt möchte, ganz im Sinne des Big Data-Ansatzes, ein skalierbares, verteiltes Framework zur Verwaltung und Verarbeitung von heterogenen Daten für eine kontinuierliche, (halb-) automatische Überwachung von Transportsystemen zum Zwecke der Entscheidungsfindung bereitstellen. Ein ähnliches Ziel der Sammlung, Auswertung und Visualisierung von Verkehrsdaten verfolgt das Projekt TransDec[4] (2011–2015) der University of California. Das Big Data-Projekt Smart Data for Mobility[5] (SD4M) des Deutschen Forschungszentrums für Künstliche Intelligenz und einiger privater Unternehmen verfolgt das Ziel, eine Big Data-Analytikplattform für multimodale Mobilitätsdienste zu entwickeln (Projektstart ist im 2015).

Demgegenüber stehen eine Reihe von Pressemeldungen, Vorträgen und Produkten von internationalen Datenintegratoren (in der Big Data-Sprache oft als Datenintermediäre bezeichnet) wie INRIX, TomTom und Here sowie die allgemein bekannten Mobilitätsdienste (Verkehrslage und Routing) des US-Konzerns Google. Die drei erstgenannten bieten schon länger transnationale Dienste an, welche technisch und inhaltlich sicherlich der Big Data-Bewegung zuzurechnen sind. Allen gemein ist, dass sie ihre Echtzeitpositionsdaten aus Navigationssystemen, Smartphones oder Flottenmanagementsystemen beziehen und diese auf einen Straßengraphen referenzieren, um sie anschließend zu höherwertigen Mobilitätsinformationen zu veredeln. INRIX bietet seit Mai 2015 den Dienst INRIX Insights[6] an. Dieser Dienst stellt Analysen für Routenwahl und Verkehrsstärken bereit und zielt speziell auf die Zielgruppe der Verkehrsplaner und -manager ab. INRIX bietet somit nicht nur eine Echtzeitverkehrslage inkl. historischer Ansichten, sondern auch Planungs- und Managementdienste. Here bietet neben seinen hochgenauen Straßenkarten auch Spezialdienste[7] für Echtzeitverkehrslage (Real Time Traffic) und historische Analysen für Reisezeiten,

---

[3] Projektankündigung über CORDIS http://cordis.europa.eu/project/rcn/193380_en.html (zuletzt besucht am: 22. Juni 2015).

[4] http://imsc.usc.edu/intelligent-transportation.html (zuletzt besucht am: 22. Juni 2015).

[5] Projektpräsentation am Bitkom Big Data Summit 25.02.2015 http://www.bitkom-bigdata.de/sites/default/files/14.30%20BDS15%20Schwarzer%20DB%20Systel_DrXU%20DFKI_0.pdf (zuletzt besucht am: 22. Juni 2015).

[6] GPS Business News 07.05.2015 „Beyond Traffic: INRIX Launches Location Analytics Products" http://www.gpsbusinessnews.com/Beyond-Traffic-INRIX-Launches-Location-Analytics-Products_a5456.html (zuletzt besucht am: 22. Juni 2015).

[7] https://company.here.com/automotive (zuletzt besucht am: 22. Juni 2015).

Routenwahl und Verkehrslage (Traffic Analytics, Traffic Patterns) sowie Verkehrslageprognosen (Predictive Traffic). Auch TomTom geht einen ähnlichen Weg und stellt schon seit einiger Zeit seine Verkehrslage mit Verkehrsmeldungen (TomTom Traffic[8]) im hochrangigen Straßennetz als Dienst für Straßenbetreiber und Verkehrsmanager zur Verfügung. Für historische Analysen bietet TomTom den Dienst Traffic States an. Weitere Spezialprodukte werden von der PTV Group (PTV Visum), einem führenden Anbieter von Verkehrs- und Logistiksoftwarelösungen, von Swarco Mizar (OMNIA) und Siemens[9] für Infrastrukturbetreiber offiziell mit dem Schlagwort „Big Data" in Verbindung gebracht. Auch eine Kooperation von TomTom und der PTV Group[10] bewirbt Nutzen und Nutzung von historischen und Echtzeitverkehrsdaten für Verkehrsplaner (PTV Group 2014). Eine weitere interessante Entwicklung ergibt sich aus Kooperationen von Automobilherstellern mit INRIX, TomTom[11] und Here.[12] Aus solchen Kooperationen können sich weit mehr Synergien entwickeln als nur Positionsdaten von Fahrzeugen für die Generierung einer Echtzeitverkehrslage zu nutzen. Die Bereitstellung von Fahrzeug- und Umgebungsdaten aus der Fahrzeugelektronik wird auf beiden Seiten Vorteile bringen. Dies zeigt auch der Schritt von TomTom,[13] Daten aus der Fahrzeugelektronik über die OBD II-Schnittstelle abzugreifen und für den Fahrer nutzbringend aufzubereiten. Here[14] arbeitet hingegen an einem Standard für eine Cloud-Lösung, um Daten zu Straßennetz und Verkehr teilen zu können. Die drei Branchengrößen INRIX, TomTom und Here geben bei Big Data in der Mobilität derzeit sicherlich die Richtung vor: Sie nutzen die gesammelten Informationen – ganz im Sinne des Big Data-Gedankens – weit über das Kerngeschäft hinaus, verwenden Daten mehrfach und versuchen, verschiedene Stakeholder zu adressieren und neue Produkte anzubieten.

---

[8] Webportal Live Traffic unter http://livetraffic.tomtom.com und Traffic Index unter https://www.tomtom.com/en_gb/trafficindex/# (zuletzt besucht am: 22. Juni 2015).

[9] Market Watch 04.02.2015 „Siemens Tops ABI Research's Traffic Management Systems Vendor Ranking" http://www.marketwatch.com/story/siemens-tops-abi-researchs-traffic-management-systems-vendor-ranking-2015-02-04 (zuletzt besucht am: 22. Juni 2015).

[10] Pressemeldung PTV Group 08.12.2014 „Big Data in der Verkehrsplanung" http://compass.ptvgroup.com/2014/12/big-data-in-der-verkehrsplanung (zuletzt besucht am: 22. Juni 2015).

[11] PC Welt 12.02.2015 „VW ersetzt Inrix durch TomTom bei Online-Echtzeit-Verkehrsinformationen" http://www.pcwelt.de/news/VW-ersetzt-Inrix-durch-TomTom-bei-Online-Echtzeit-Verkehrsinformationen-Navigation-9563163.html (zuletzt besucht am: 22. Juni 2015).

[12] PC Welt 19.06.2015 „Audi, BMW und Mercedes könnten Nokia here bekommen" http://www.pcwelt.de/news/Uber-will-Nokia-here-Audi-BMW-und-Mercedes-wegschnappen-2-7-Milliarden-Euro-9663986.html (zuletzt besucht am: 22. Juni 2015).

[13] GPS Business News 24.06.2015 „TomTom Telematics Launches Consumer OBD Device & App" http://www.gpsbusinessnews.com/TomTom-Telematics-Launches-Consumer-OBD-Device-App_a5538.html (zuletzt besucht am: 22. Juni 2015).

[14] GPS Business News 25.06.2015 „HERE Issues Open Source Specs to Share Road Data From Car Sensors" http://www.gpsbusinessnews.com/HERE-Issues-Open-Source-Specs-to-Share-Road-Data-From-Car-Sensors_a5539.html (zuletzt besucht am: 22. Juni 2015).

12.1.5 Potenziale und Nutzen

Im Zentrum von Big Data steht immer der Wunsch, dass die gewonnenen Informationen, Dienste oder Produkte nützlich sind oder etwas verbessern – „Mehrwert" ist das Schlagwort. Für die Stakeholder bedeutet das je nach Priorität oder Aufgabe letztendlich: Wie kann Mobilität sicherer, wirtschaftlicher, effizienter, umweltschonender, einfacher oder schneller organisiert werden? Big Data kann hier in mehrerer Hinsicht etwas beitragen (vgl. Crist 2015):

- Die Sammlung und Integration von vielen heterogenen Datenquellen wird **neue Einsichten und Dienste** in der Mobilität zulassen, die bislang nicht möglich waren. Z. B. wird die Integration von Wetterdaten und Daten aus der Fahrzeugelektronik in Zukunft Echtzeitsicherheitsinformationen für andere Verkehrsteilnehmer liefern (vgl. PTV Group 2014; BMVIT 2011).
- Die **Sammlung der Daten** wird **umfassender, vollständiger und günstiger** erfolgen. Z. B. werden in Zukunft (fast) alle Fahrzeuge Informationen zum aktuellen Verkehrsgeschehen völlig selbstverständlich liefern, da Sensoren wie GPS, Beschleunigungssensoren usw. standardmäßig verbaut sind – Stichwort „Autonomes Fahren" und „Smart Cars" (Münger et al. 2015).
- Gesammelte **Daten** werden **für mehrere Zwecke und verschiedene Stakeholder** verwendet werden. Z. B. werden in Zukunft keine speziellen Verkehrszählungen und Erhebungen mehr notwendig sein, wenn man den Erfolg einer Maßnahme bewerten will; die Daten werden einfach aus der Echtzeitverkehrslage flächendeckend vorhanden sein (vgl. PTV Group 2014).
- Die Mobilitätsdienstleister werden **Mobilität als Dienst** verstehen und sich nicht mehr nur auf die Bereitstellung von Infrastruktur beschränken; **multimodale Mobilität wird nahtlos funktionieren.** Z. B. werden Infrastrukturbetreiber völlig selbstverständlich Echtzeitsicherheitsinformationen bereitstellen; oder eine nahtlose multimodale transnationale Mobilität, wie die OV-chipkaart schon heute in den Niederlanden ermöglicht, wird Standard werden (vgl. EU Weißbuch 2011).
- Die günstigere und umfassendere Datensammlung und Auswertung wird **in den Verkehrswissenschaften und der Mobilitätsforschung** zu einem **Umdenken** führen. Z. B. werden viele Problemstellungen in der Verkehrsregelung in Zukunft weniger auf Simulationen, sondern mehr auf Messungen basieren; datengetriebene Methoden sind das Gebot der Stunde.
- Die **technischen Entwicklungen im Bereich Big Data** werden die Sammlung, Integration, Speicherung, Verarbeitung, Abfrage und Auswertung **erst ermöglichen.** Z. B. werden die Speicherungs-, Verteilungs-, Verwaltungs-, Abfrage- und Analysestrategien von Big Data-Technologien erst die notwendige Performance und Funktionalität bereitstellen, um Echtzeitinformationen hinreichend schnell zu generieren (vgl. Markl 2014).

Bei all diesen Entwicklungen wird es aus technischer Sicht darauf ankommen, wie man mit vielen (Volume), kontinuierlich entstehenden (Velocity) und heterogenen

(Variety) und unscharfen (Veracity) Daten umgehen wird. Aus inhaltlicher Sicht wird es wesentlich sein, wie man hieraus echten Nutzen für die unterschiedlichen Stakeholder stiften kann. In der Mobilität muss der Mehrwert nicht zwangsläufig – wie sonst üblich in der Big Data-Diskussion – ein neues Geschäftsmodell oder ein Startup sein. In der Mobilität geht es oft vielmehr um den Nutzen für den mobilen Einzelnen oder die Gesellschaft. Das impliziert aber auch, dass bei dieser Thematik die öffentliche Verwaltung sowie die Politik Position beziehen müssen. Es ist noch offen, ob Integration und Bereitstellung von multimodalen Mobilitätsdaten an kommerzielle Unternehmen abgegeben werden soll oder kann. Eine Zentralisierung von Mobilitätsdaten zur Bereitstellung von Diensten könnte in Zukunft, ähnlich wie bei der Trinkwasserversorgung, von hohem öffentlichen Interesse geprägt sein. Auf Ebene der EU-Kommission gibt es bereits die Zielsetzung, bis 2020 einen Rahmen für ein europäisches multimodales Verkehrsinformations-, Management- und Zahlsystem zu schaffen (EU Weißbuch 2011). Auch die Diskussionen zu Datenbesitz, Datenschutz, Datensicherheit, Anonymität und Privatsphäre sind bisher noch von offenem Ausgang (Crist 2015). Es wird sich zeigen, ob bezüglich der Verwendung der gesammelten Daten Grenzen für die Verwertbarkeit vorgeschrieben werden. Auch hier wurde die EU-Kommission schon tätig und gibt zumindest innerhalb ihrer Richtlinie zu intelligenten Verkehrssystemen bereits Regeln vor (EU Richtlinie 2010).

12.2 Anwendungsbeispiel: FCD Modellregion Salzburg

Im Zentrum des Abschnitts stehen Verkehrsinformationen, die aus dem bestehenden Informationssystem der Floating Car Data (FCD) Modellregion Salzburg[15] bereits heute extrahiert werden. Die FCD Modellregion Salzburg ist hierzu als Forschungsobjekt zu verstehen. Sie steht damit stellvertretend für Informationssysteme im Mobilitätsumfeld, die in vielen Regionen und Städten bereits Informationen bereitstellen und damit ähnliche Zielsetzungen verfolgen. Die Beispiele wurden so ausgewählt, dass ein möglichst breiter Überblick über mögliche Fragestellungen, Stakeholder und Nutzen gegeben wird.

Die angeführten Beispiele sind in drei typische Aufgabenfelder der Datenanalyse aufgeteilt. Ein Teil der Analysen sind **echtzeitnahe Auswertungen**, das heißt, Daten werden unmittelbar nach deren Entstehung verarbeitet, ausgewertet und als Webdienst oder über eine Webschnittstelle bereitgestellt. Der Nutzen derartiger Analysen ist oft nur unmittelbar nach der Datenentstehung gegeben. Als zweite Gruppe werden einige Möglichkeiten für **historische Auswertungen** aufgezeigt. Hierbei handelt es sich um Analysen, die je nach Bedarf und Fragestellung manuell oder automatisiert durchgeführt werden. Die Ergebnisse der Analysen sind Berichte oder aktualisierte Datenbanken. Bei diesen Analysen ist der Nutzen oft erst lange nach der Datenentstehung und nach längerer kontinuierlicher Sammlung gegeben. In der letzten Gruppe werden Möglichkeiten für **Prognosen** dargestellt. Bei Prognosen können sowohl Echtzeitdaten und/oder historische Daten verwendet

---

[15] http://www.fcd-modellregion.at (zuletzt besucht am: 22. Juni 2015).

werden. Diese Gruppe unterscheidet sich dahingehend, dass für Prognosen zusätzliche Modelle benötigt werden, die eine nicht gemessene bzw. nicht messbare Variable berechnen.

Im folgenden Unterabschnitt wird zuerst ein grober Überblick über das bestehende System der FCD Modellregion Salzburg gegeben. In den darauf folgenden Abschnitten werden die Beispiele näher erläutert.

12.2.1 Systembeschreibung

Innerhalb des Projekts FCD Modellregion Salzburg (2011–2014) wurde ein Floating Car Data-System zur Berechnung einer Verkehrslage für das hochrangige Straßennetz des Bundeslandes Salzburg aufgebaut. Das Projektgebiet (ca. 540.000 Einwohner, ca. 7.000km^2) umfasst ein Straßennetz von 140km Autobahnen und 1.400km Landesstraßen. Mit Juli 2015 liefern ca. 1.800 Fahrzeuge aus 12 verschiedenen Flotten mit geografischem Schwerpunkt im Bundesland Salzburg die Daten. Zu Testzwecken wird die Verkehrslage auch außerhalb des Bundeslandes für das höherrangige österreichische Straßennetz und ergänzend auch länderübergreifend für bayrische Grenzregionen berechnet. Es stehen Erweiterungen für extended Floating Car Data (xFCD) sowie Daten- und Ereignisschnittstellen bereit.

Aufgrund der Größe des Systems besteht aus heutiger Sicht noch nicht die Notwendigkeit, gängige Big Data-Technologien einzusetzen. Das FCD-System ist aus unterschiedlichen Servern, Datenbanken, Prozessen und Datenschnittstellen aufgebaut. Zum Einsatz kommen übliche Webserver, relationale Datenbankmanagementsysteme, eine Graphendatenbank und Message Queues. Die Auswertungen erfolgen über Java-Algorithmen, SQL, R, RapidMiner Studio und Quantum GIS.

Bei den Daten machen sogenannte FCD und xFCD den mit Abstand größten Anteil aus. FC-Daten sind Echtzeitpositionsdaten von Fahrzeugen, die sehr zeitnahe an einen Server für weitere Auswertungen übertragen werden. Sie beschreiben den Fahrverlauf eines Fahrzeuges diskret über Positionskoordinaten und Zeitstempel. Für die Bestimmung der Position ist GPS und für die Übertragung der Daten Mobilfunktechnologie im Einsatz. Bei den xFC-Daten werden zusätzlich zu den Positionsdaten und Zeitstempeln auch noch weitere Information, wie z.B. Motordrehzahl, Geschwindigkeit, Außentemperatur, Scheibenwischeraktivität oder Fahrbahnunebenheiten an die Positionsdaten angehängt. Diese zusätzlichen Daten kommen entweder aus dem CAN-Bus des Fahrzeugs, aus zusätzlichen verbauten Sensoren oder aus Sensoren von Smartphones o. ä.

Für die konkrete Datenakquirierung wurden in die FCD Modellregion Salzburg verschiedene Fahrzeugflotten sowie Privatfahrzeuge integriert. Hierzu wurden Fahrzeugflotten entweder für das Projekt mit Telematiksystemen (z.B. Falcom, Aplicom) ausgestattet oder über Schnittstellen an das System angebunden. Für private Teilnehmer steht eine eigens entwickelte Smartphone-App bereit. Die App übernimmt in diesem Fall die Generierung der FC- bzw. xFC-Daten.

Die angebundenen Flotten unterscheiden sich erheblich in ihrer Flottencharakteristik. Neben herkömmlichen PKW-Flotten stammt ein Teil der Daten vom städtischen, regionalen und überregionalen Busverkehr. Dieser unterscheidet sich in seinem Fahrverhalten erheblich von den eingebundenen PKW-Flotten und Ambulanzdiensten. Bei den PKW-Flotten sind Firmenflotten und Taxidienste im Einsatz. Der Unterschied liegt in der Erlaubnis, Busspuren befahren zu dürfen. Bewusst wurden auch unterschiedliche Aufzeichnungstechniken, Aufzeichnungs-intervalle für Positionen, Flottencharakteristiken und Fahrzeugklassen untersucht. Auch die Unterscheidung öffentlicher Verkehr und privater Verkehr war ein wich-tiges Anliegen.

Neben FCD und xFCD sind als weitere Datenquelle für das Bundesland Salzburg statische Verkehrssensoren der Straßenbetreiber (Stadt und Land Salzburg sowie vom nationalen Autobahnbetreiber ASFINAG) an ca. 150 Messquerschnitten an das System angeschlossen. Die Sensoren liefern für den jeweiligen Messquerschnitt minütlich die Anzahl der Fahrzeuge sowie die Durchschnittsgeschwindigkeit in km/h. Je nach Sensorsystem (Induktionsschleifen, Radar) können unterschiedliche Fahrzeugklassen unterschieden werden.

Als letzte Datenquelle dient der multimodale Verkehrsgraph der Öster-reichischen Graphenintegrations-Plattform[16] (GIP.gv.at). Dies ist ein föderal ver-walteter digitaler Verkehrsgraph u. a. aller öffentlichen Verkehrswege in Österreich. Dieser Verkehrsgraph wird alle 2 Monate aktualisiert und in das System über-nommen.

Das System der FCD Modellregion Salzburg besteht derzeit aus mehreren Servern und Datenbanken für unterschiedliche Aufgaben, bei denen die FC- und xFC-Daten Großteils sequenziell durch das System geschleust werden. Am Ende der Kette stehen der *FCD Traffic-* und der *Traffic*-Server mit inkludierten Daten-banken (Abb. 12.1). Die beiden Server stellen für alle weiteren Auswertungen und Anwendungen die Daten über Schnittstellen oder Dienste bereit.

Die für die Verarbeitung und Auswertung notwendigen Arbeitsschritte werden in Abb. 12.1 als logische Server dargestellt. Im FCD-System (blau) werden am Beginn sämtliche FC- und xFC-Daten, das sind Pakete von Punktdaten, Zeitstempeln und ev. Zusatzdaten, im *Collector* gesammelt. Die losen Punktdaten werden dem *Assembler* für den Zusammenbau zu Trajektorien übergeben. Eine Speicherung von abgeschlossenen Trajektorien im *Track Store* erfolgt ausschließlich nach vorange-gangener Anonymisierung. Parallel dazu werden die Daten dem *Realtime*-Server zur Echtzeitauswertung übergeben. Beginnend mit einer Projizierung der Tra-jektorien auf den Straßengraphen (Map Matching) werden anschließend Reise-zeiten, Verzögerungen und weitere Daten berechnet und im *FCD Traffic*-Server gespeichert. Die vollständige Datenintegration aller Verkehrsdaten (orange) erfolgt im *Traffic*-Server. Sowohl *FCD Traffic-* und *Traffic*-Server übernehmen die Histo-risierung aller erzeugten Daten. Ein *Geo Server* und ein *Web Server* übernehmen die Bereitstellung der externen Dienste über Webseiten oder Schnittstellen (grau); ein *Graph Server* verwaltet die unterschiedlichen Straßengraphen und deren Versionen zentral und stellt sie den anderen Servern bereit (grün).

---

[16] http://www.gip.gv.at (zuletzt besucht am: 22. Juni 2015).

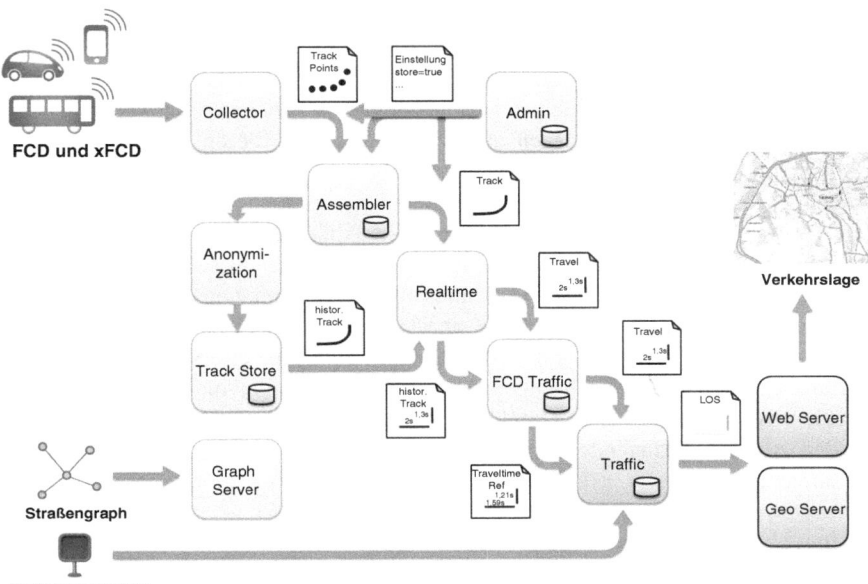

Abb. 12.1   Logische Struktur des vierteiligen Systems der FCD Modellregion Salzburg

12.2.2 Analysen von Echtzeitdaten

Aus heutiger Sicht sind die gängigsten Verkehrsinformationen aktuelle Reisezeiten, Verzögerungen oder Level-of-Services (LOS). Letztere stellen die Verkehrssituation anhand von qualitativen Klassen dar. Üblicherweise werden die Farben Grün, Gelb und Rot für freie Fahrt, leichte Verzögerungen und starke Verzögerungen verwendet. Für die Ermittlung dieser Verkehrsinformationen stehen grundsätzlich zwei Methoden bereit. Die eine ermittelt die Verkehrsinformationen durch netzweite Echtzeitmessungen im Straßennetz, die andere arbeitet mit Simulationen ergänzt durch punktuelle Echtzeitmessungen. Es sind aber auch Mischformen möglich. Die Echtzeitverkehrslage der FCD Modellregion Salzburg wird ausschließlich durch netzweite Echtzeitmessungen ermittelt.

Fragestellung	Stakeholder	Daten im Beispiel
Stelle aktuelle Reisezeiten, Verzögerungen, LOS und Verkehrsmeldungen bereit	Verkehrsteilnehmer, Infrastrukturbetreiber, Diensteanbieter	Positionsdaten versch. Flotten Straßengraph

Die Berechnung einer Echtzeitverkehrslage ist die bekannteste aller FCD-Anwendungen. Für die Bestimmung der Verkehrslage auf einem bestimmten Straßensegment des Straßengraphen werden üblicherweise die aktuellen Reisezeiten mehrerer Befahrungen auf dem Straßensegment gemittelt und mit einer Referenzreisezeit verglichen. Für die FCD Modellregion Salzburg wurde ein eigener Analysealgorithmus (Brunauer und Rehrl 2014) entwickelt. Dieser ermöglicht es, einzelne Verzögerungen zu klassifizieren, um so relevante von nicht relevanten Verzögerungen zu unterscheiden. Zum Beispiel werden nicht relevante Stopps bei Zebrastreifen von relevanten Mehrfachstopps an Signalanlagen unterschieden. Durch diesen Algorithmus ist es möglich, mit wesentlich weniger Befahrungen (geringerer Durchdringungsgrad) eine Verkehrslage zu generieren. Außerdem sind tiefergreifende Analysen von Verzögerungen in einem Verkehrsnetz – sozusagen als „Abfallprodukt" – durchführbar. Der entwickelte Algorithmus ist in der Lage, Verzögerungen wesentlich genauer und unabhängig von Straßenart und Segmentierung zu erkennen. Dies ist wichtig, um bei längeren Segmentabschnitten, wie sie im ländlichen Bereich oder auf Autobahnen vorkommen, Verzögerungen auf Teilabschnitten zu erkennen. Nach erfolgter Auswertung der einzelnen Befahrungen werden aus dem anonymen Gesamtbild aller aktuellen Befahrungen Verkehrsmeldungen abgeleitet. Auf Basis von Straßennamen werden zusammenhängende rote und gelbe Abschnitte zu einer Verkehrsmeldung zusammengefügt.

Nutzen Der Nutzen von Verkehrsinformationen ist vor allem dann gegeben, wenn diese in hoher Qualität, in Echtzeit, relativ vollständig und multimodal vorliegen (vgl. BMVIT 2011). Von Echtzeitverkehrsinformationen, wie gerade beschrieben, profitieren Verkehrsteilnehmer, Infrastrukturbetreiber und Diensteanbieter gleichermaßen. Innerhalb der FCD Modellregion Salzburg wurde bereits für alle drei ein eigener Kanal geschaffen. Die Verkehrsteilnehmer können sich über eine Webpage[17] vor Reiseantritt und während der Fahrt über eine Smartphone-App[18] (Abb. 12.2) über das aktuelle Verkehrsgeschehen informieren. Die Einbindung von Flottenmanagern und Speditionen ist bis jetzt noch nicht erfolgt. Die Gruppe der Infrastrukturbetreiber können vor allem bei ihrer Aufgabe der Verkehrsregelung aus den Echtzeitdaten profitieren. Als Anwendungsfälle sind hier manuelle oder semimanuelle Eingriffe innerhalb einer Verkehrsleitzentrale denkbar, z. B. ein Aktivschalten von Überwachungskameras oder auch die direkte Einspeisung der Verkehrslagedaten in ein adaptives Verkehrsregelungssystem. In der FCD Modellregion Salzburg werden die aktuellen Reisezeiten und LOS bereits über eine eigene Schnittstelle an den zentralen Verkehrsrechner der Stadt Salzburg geliefert; auch der nationale Autobahnbetreiber ASFINAG ist an das System angebunden und erhält alle Verkehrsinformationen über eine Schnittstelle. Die dritte Anwendergruppe, die Diensteanbieter, können von einer qualitativ hochwertigen Verkehrslage insofern profitieren, als dass sie damit wesentlich bessere oder neue Dienste bereitstellen können. Für diesen Zweck werden die Verkehrslagedaten zu Testzwecken an die Verkehrsredaktion eines lokalen Radiosenders geliefert aber auch an die österreichweite Verkehrsauskunft VAO.[19] Letztere verwendet z. B. die

---

[17] https://www.its-austriawest.at/salzburg/verkehrslage (zuletzt besucht am: 22. Juni 2015).

[18] App *Verkehr in Salzburg* bei Google Play.

[19] http://www.verkehrsauskunft.at (zuletzt besucht am: 22. Juni 2015).

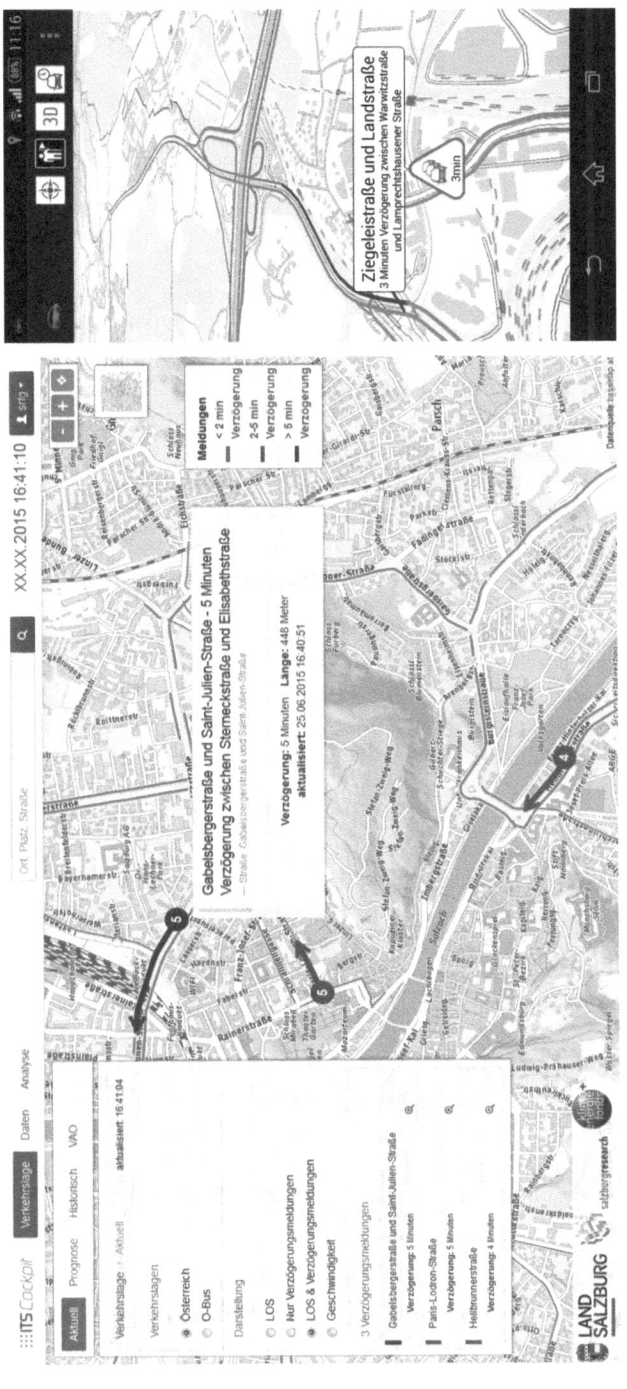

Abb. 12.2 Beispiel der Webseite *Cockpit* (links) und der Smartphone-App *Verkehr in Salzburg* (rechts) mit Darstellungen der LOS und Verkehrsmeldungen

aktuellen Reisezeiten innerhalb des Mandanten *Salzburg Verkehr*[20] für multimodales Echtzeitrouting.

Fragestellung	Stakeholder	Daten im Beispiel
Warne vor sicherheitsrelevanten Ereignissen, Witterungseinflüssen oder Fahrbahnbedingungen	Verkehrsteilnehmer, Infrastrukturbetreiber, Diensteanbieter, Dritte (Wetterdienste)	Positionsdaten PKW-Flotte 13 Werte aus dem CAN-Bus Straßengraph

Mit dem zuvor beschriebenen Informationssystem werden unter der Verwendung von xFC-Daten auch sicherheitsrelevante Ereignisse in Echtzeit erkannt (vgl. BMVIT 2011). Innerhalb der FCD Modellregion Salzburg werden bei ausgesuchten Fahrzeugen 13 Kennwerte aus der Fahrzeugelektronik über den CAN-Bus ausgelesen. Die Integration erfolgt völlig nahtlos in das bestehende FCD-System. Für eine hohe Flexibilität werden xFCD-Werte als Key-Value-Paare den Positionsdaten angehängt. Aufgezeichnet werden z. B. Verbrauch, Außentemperatur, Geschwindigkeit und Fahrzeugbeleuchtung. Mit den Daten des Regensensors bzw. der Scheibenwischeraktivität ist es möglich, für eine Fahrt die Abschnitte mit Regen zu bestimmen. Es sind aber auch andere sicherheitsrelevante Echtzeitinformationen, wie starkes Abbremsen oder die Aktivität der Warnblinkanlage, extrahierbar. Abb. 12.3 zeigt eine Zeitreihe eines Rohsignals aus dem CAN-Bus eines Fahrzeuges. Zusätzlich wird exemplarisch eine mögliche Ereignismeldung „Starkregen" angeführt, wie sie aus dem FCD-System der Modellregion über Datenschnittstellen bereitgestellt wird. Die Ereignismeldung codiert neben dem Typ auch Segment und Fahrtrichtung sowie Start- und Endpunkt des Ereignisses.

Nutzen Die unmittelbaren Adressaten der Echtzeitsicherheitsinformationen sind die Verkehrsteilnehmer, die gegebenenfalls ihre Aufmerksamkeit, ihr Fahrverhalten oder ihre Route anpassen können. Infrastrukturbetreiber[21] und Diensteanbieter sind daran interessiert, dass sie diese Informationen an ihre „Kunden", z. B. mittels Warnschilder oder Smartphone-Apps, weitergeben. Zusätzlich besteht für die Infrastrukturbetreiber das Interesse, eventuelle Schäden oder Gefahrenstellen in der Infrastruktur zu erkennen. Zum Beispiel könnte ein gehäuftes Auftreten von Aquaplaning, Schleudern oder ESP-Aktivität auf den Erhaltungszustand der Fahrbahn schließen lassen. Innerhalb eines Testbetriebs in der FCD Modellregion Salzburg werden bereits Ereignismeldungen an Infrastrukturbetreiber weitergeleitet. Eine direkte Bereitstellung der Meldungen für Verkehrsteilnehmer oder Diensteanbieter ist zurzeit noch nicht geplant. Da mit Hilfe von xFCD aus Fahrzeugen auch flächendeckende Umweltparameter (Außentemperatur, Niederschlag) erhoben werden

---

[20] http://fahrplan.salzburg-verkehr.at (zuletzt besucht am: 22. Juni 2015).

[21] Vgl. DATEX II-Standard für den Austausch von Reise- und Verkehrsinformationen http://www.datex2.eu (zuletzt besucht am: 22. Juni 2015).

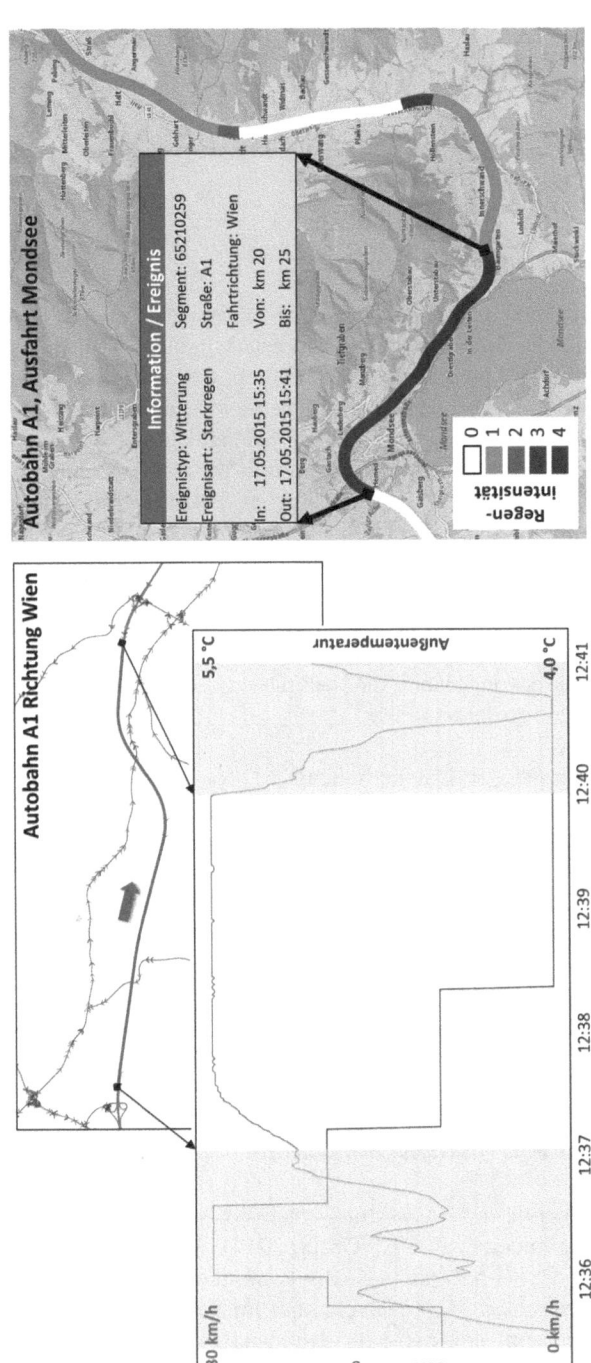

Abb. 12.3 Beispiel für zwei Rohsignale aus dem CAN-Bus eines Fahrzeuges (links) und eine sicherheitsrelevante Ereignismeldung für Starkregen (rechts)

können, könnten diese Daten zur Präzisierung in Wetter- und Luftschadstoffmodelle einfließen.

Fragestellung	Stakeholder	Daten im Beispiel
Erkenne Erhaltungszustand der Fahrbahn und Fahrkomfort	Infrastrukturbetreiber	Positionsdaten MIV-Flotte Beschleunigung 3-achsig Straßengraph

Ein FCD-System kann man auch dahingehend nutzen, dass man Informationen über den Straßenzustand oder den Fahrkomfort sammelt. Möglich wird dies, wenn man z. B. mittels Smartphones oder zusätzlicher Sensoren die dreiachsige Beschleunigung des Fahrzeugs misst. Diese gibt genaue Auskunft über die wirkenden Beschleunigungskräfte. Daraus ist direkt der Fahrkomfort bestimmbar. Schlaglöcher bzw. Längsunebenheiten der Straße resultieren in Schlägen, welche in der Vertikalbeschleunigung erkennbar sind (Abb. 12.4). Innerhalb der FCD Modellregion Salzburg gibt es bereits die Möglichkeit, Beschleunigungsdaten als xFC-Daten mit Hilfe der eigens dafür entwickelten Smartphone-App RoadSense zu erheben und über das FCD-System zu verarbeiten. Das Resultat sind punktuelle Unebenheitsinformationen, wie Verdachtspunkte für stärkere Unebenheiten (Schlaglöcher, Blow-Ups, Fahrbahnübergänge an Brücken), oder streckenbezogene Unebenheitsinformationen, wie ein abschnittsbezogener Mittelwert (Index). Unabhängig davon können die dadurch erhobenen xFC-Daten auch für die aktuelle Verkehrslage verwendet werden.

Nutzen Der Nutzen dieser Datenerhebung ist vor allem für einen Infrastrukturbetreiber gegeben. Werden diese Daten über einen längeren Zeitraum, von unterschiedlichen Fahrzeugen und bei verschiedenen Geschwindigkeiten gesammelt, so erhält der Infrastrukturbetreiber ein umfassendes Bild über den Erhaltungszustand seiner Fahrbahnen aus der Sicht der Verkehrsteilnehmer. Aus den Daten kann in Folge eine historische Entwicklung abgeleitet werden, die z. B. anzeigt, ob sich die Fahrbahn verschlechtert hat. Analysen wie diese könnten daher aufwendige und seltenere Spezialbefahrungen zur Erkennung von Rissen o. ä. Schäden sehr gut ergänzen. Weiters kann die Extraktion von stärkeren Unebenheiten zur Erkennung, Dokumentation oder Meldung von Schlaglöchern genutzt werden.

12.2.3 Analysen von historischen Daten

Ein typisches Beispiel für die Auswertung von historischen Daten ist im Bereich der Verkehrsplanung zu finden (vgl. PTV Group 2014). Stationäre Sensoren dienen in der Regel dazu, die Verkehrsstärke in KFZ/h kontinuierlich und über einen längeren Zeitraum auf ausgesuchten Messquerschnitten im Straßennetz zu dokumentieren. Die Zahlen dienen dann langfristig für Trendanalysen, Vergleiche und Maßnahmenbewertungen. Innerhalb der FCD Modellregion Salzburg werden neben den stationären Sensordaten aber auch alle anderen Daten historisiert. Damit werden alle

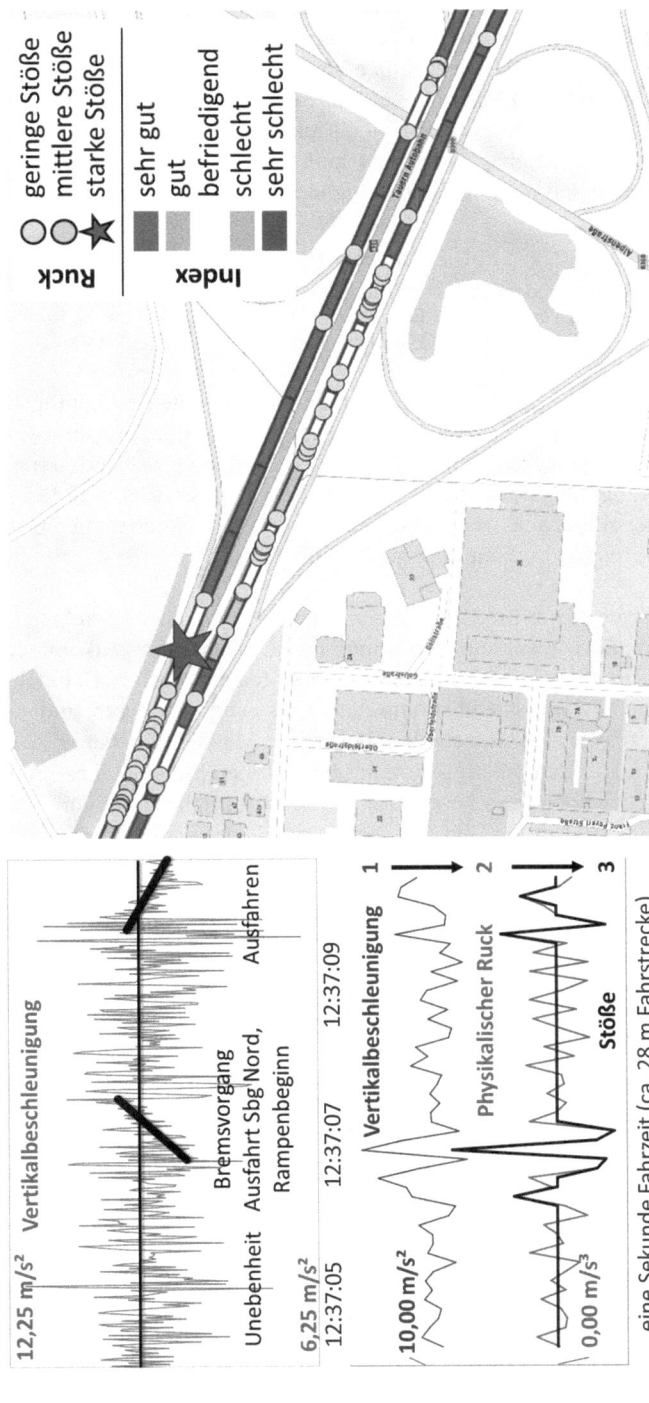

Abb. 12.4 Beispiel für Rohsignal und Signalverarbeitung auf Basis der Vertikalbeschleunigung (links) und einer Auswertung der Fahrbahnqualität innerhalb eines Geoinformationssystems (rechts)

FC- und xFC-Daten gesichert und die unterschiedlichen Straßengraphen versioniert. Neben den anfallenden Daten werden auch alle abgeleiteten Daten historisiert. Das sind alle Befahrungen von Straßensegmenten, alle erkannten Verzögerungsmuster, alle Ereignismeldungen und Verkehrsmeldungen und alle LOSs. Es kann daher eine beliebige Verkehrslage in der Vergangenheit rekonstruiert werden. Der eigentliche Big Data-Gedanke steckt aber darin, dass man die historischen Daten für weitere Analysen verwendet und nicht nur alte Zustände rekonstruiert.

Fragestellung	Stakeholder	Daten im Beispiel
Identifiziere Stauzonen oder Bereiche mit häufigem verzögerten Verkehr	Verkehrsteilnehmer Diensteanbieter Entscheidungsträger	Positionsdaten versch. Flotten Straßengraph

Bei der Auswertung für die Verkehrslage fallen sogenannte Segmentbefahrungen an. Diese beinhalten die Information, wann ein Fahrzeug über ein Straßensegment gefahren ist und wie lange es dafür benötigt hat, ob und wo eine Verzögerung vorlag und welche Verzögerungsart es war. Hieraus lässt sich ein Risiko berechnen, mit welcher Wahrscheinlichkeit man an einem bestimmten Wochentag um eine bestimmte Uhrzeit in eine Verzögerung gerät (Abb. 12.5).

Nutzen Der Nutzen dieser Information besteht darin, dass man Verkehrsteilnehmer direkt oder über Diensteanbieter (Routing) diese Information zukommen lassen kann, damit sie ihre täglichen Mobilitätsgewohnheiten anpassen, z. B. indem sie den Weg zur Arbeit 5 Minuten früher antreten. Entscheidungsträger sind an dieser Information interessiert, da sie verkehrsplanerische Maßnahmen darauf abstimmen können, wenn sie die Regelmäßigkeit einer bestimmten Stauzone bestimmen können. In den Niederlanden wird bereits zur besseren zeitlichen Streuung der Ansatz von finanziellen Anreizen verfolgt, um Verkehrsteilnehmer zu motivieren zu einer bestimmten Tageszeit eine bestimmte Straße zu meiden (Ettema et al. 2010).

Fragestellung	Stakeholder	Daten im Beispiel
Bestimme Referenzreisezeiten und Referenzgeschwindigkeiten	Diensteanbieter Entscheidungsträger Infrastrukturbetreiber	Positionsdaten versch. Flotten Straßengraph

Anhand der historisierten Reisezeiten ist es möglich, für alle Straßensegmente eine „normale" oder „übliche" Reisezeit bzw. Reisegeschwindigkeit auf dem Segment empirisch zu bestimmen. Dies kann z. B. erfolgen, indem ein Perzentil aller gemessenen Reisezeiten auf einem Segment berechnet wird. Für die FCD Modellregion Salzburg wurden Referenzgeschwindigkeiten mit dem 85 %-Perzentil getrennt für MIV und öffentlichen Verkehr berechnet (Abb. 12.5). Es sind auch andere Auswertungen zur Bestimmung der Referenzwerte denkbar. Zusätzliche Histogramme geben Aufschluss über die Verteilung der Reisezeiten oder Geschwindigkeiten auf einem Segment. Auch die Bestimmung von unterschiedlichen Referenzreisezeiten je Flottencharakteristik, Wochentag, Tageszeit usw. gibt einen detaillierteren Einblick in das Verkehrsgeschehen.

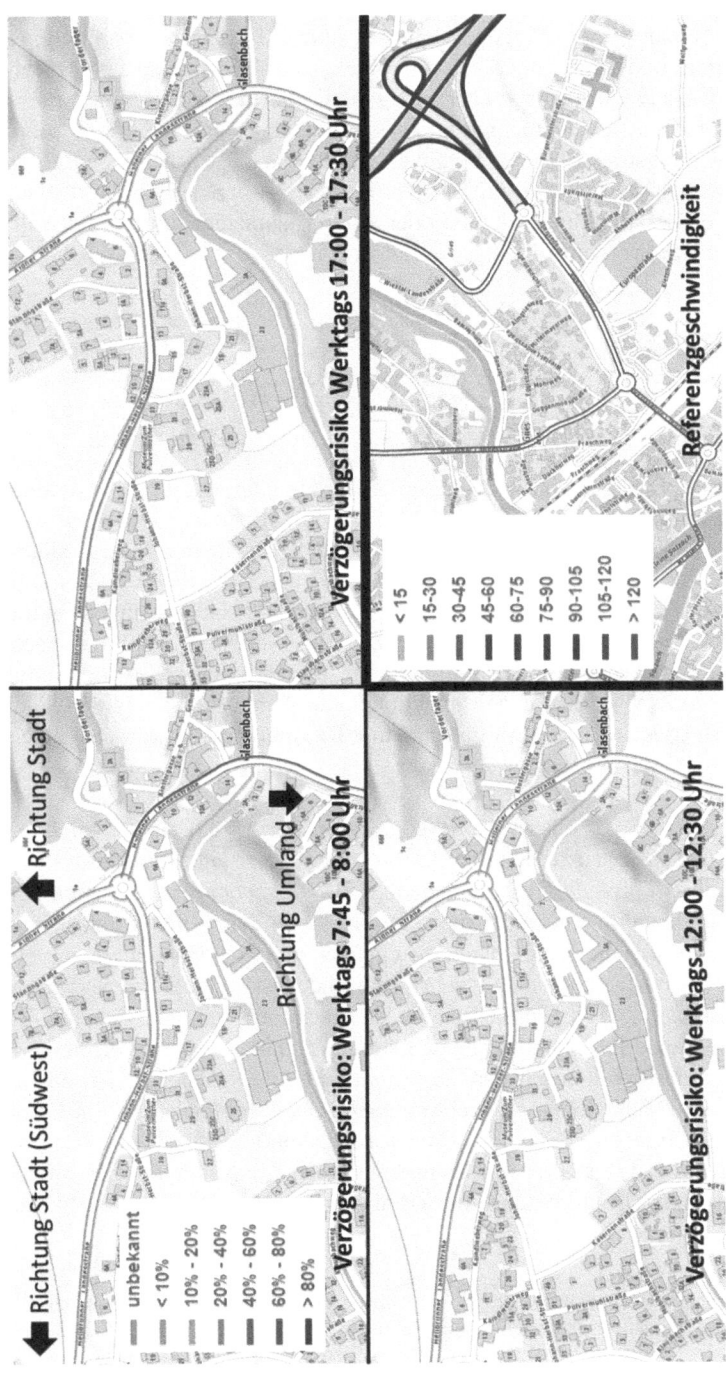

Abb. 12.5 Beispiel für ein Verzögerungsrisikoauswertungen (links) und eine Auswertung der Referenzgeschwindigkeit mit einem 85 %-Perzentil (rechts unten)

Nutzen In der FCD Modellregion Salzburg werden die Referenzgeschwindigkeiten in der Berechnung der Verzögerungen genutzt. Empirisch ermittelte Referenzreisezeiten und -geschwindigkeiten bilden die Wirklichkeit besser ab, als verordnete Geschwindigkeitsbeschränkungen. Diensteanbieter können die Referenzwerte für die Routenberechnung heranziehen und genauere Prognosen abgeben. Entscheidungsträger können hingegen verordnete und tatsächliche Reisezeiten miteinander vergleichen und Infrastrukturbetreiber können erkennen, wie sich Fahrer an die Beschränkungen halten oder, ob Verkehrszeichen richtig positioniert sind oder versetzt werden sollten.

Fragestellung	Stakeholder	Daten im Beispiel
Evaluiere Maßnahmen durch Vorher-Nachher-Vergleich	Entscheidungsträger Infrastrukturbetreiber	Positionsdaten MIV-, ÖPNV-Fl. Straßengraph Fahrplandaten

Für Entscheidungsträger stellt sich die Frage, ob eine durchgeführte Maßnahme zu dem gewünschten Effekt führt. Dabei ist es unerheblich, ob es sich um die Verordnung eines Tempolimits, die Änderung einer Signalsteuerung, den Bau eines Kreisverkehrs oder die Einführung einer Busspur handelt. Durch die kontinuierliche Sensierung und Historisierung des Verkehrszustands von MIV und öffentlichem Verkehr in der FCD Modellregion Salzburg können solche Maßnahmen nachträglich analysiert werden. Abb. 12.6 zeigt hierzu die Ergebnisse für die Reduktion eines Tempolimits von 100 auf 80 km/h auf der Autobahn A1 um die Stadt Salzburg. Das zweite Beispiel zeigt die Einführung einer Busspur stadteinwärts auf einem der Hauptzubringer zur Innenstadt.

Nutzen Die Nutzer von dieser Art von Auswertungen sind vor allem Entscheidungsträger und Infrastrukturbetreiber. Infrastrukturplaner und Infrastrukturbetreiber werden in Zukunft größtenteils auf gesonderte Datenerhebungen verzichten können. Sie können direkt auf historisierte Daten eines längeren Zeitraums zurückgreifen. Für die Politik bietet sich die Möglichkeit, die eingeleiteten Maßnahmen wesentlich kostengünstiger zu evaluieren und verkehrspolitische Diskussionen zu versachlichen. Kritisch muss hier allerdings gesehen werden, dass die Daten hier lediglich Zahlen liefern können, eine Interpretation der Zahlen muss durch Experten erfolgen. Es ist nicht immer offensichtlich, ob das Ergebnis „gut" oder „schlecht" ist, da bei der Verordnung von Maßnahmen oft nicht konkrete, objektive Ziele, z.B. in Form von Zahlen, festgeschrieben werden. Erst die nahe Zukunft wird zeigen, ob die neuen Möglichkeiten der dauerhaften Messung auch einen Einfluss auf die Formulierung von Zielen bei Infrastrukturmaßnahmen (Bau oder Regelung) nehmen.

Fragestellung	Stakeholder	Daten im Beispiel
Evaluiere Verkehrsdienstleistungen des Öffentlichen Verkehrs oder anderer Anbieter	Diensteanbieter	Positionsdaten ÖPNV-Flotte Fahrplandaten

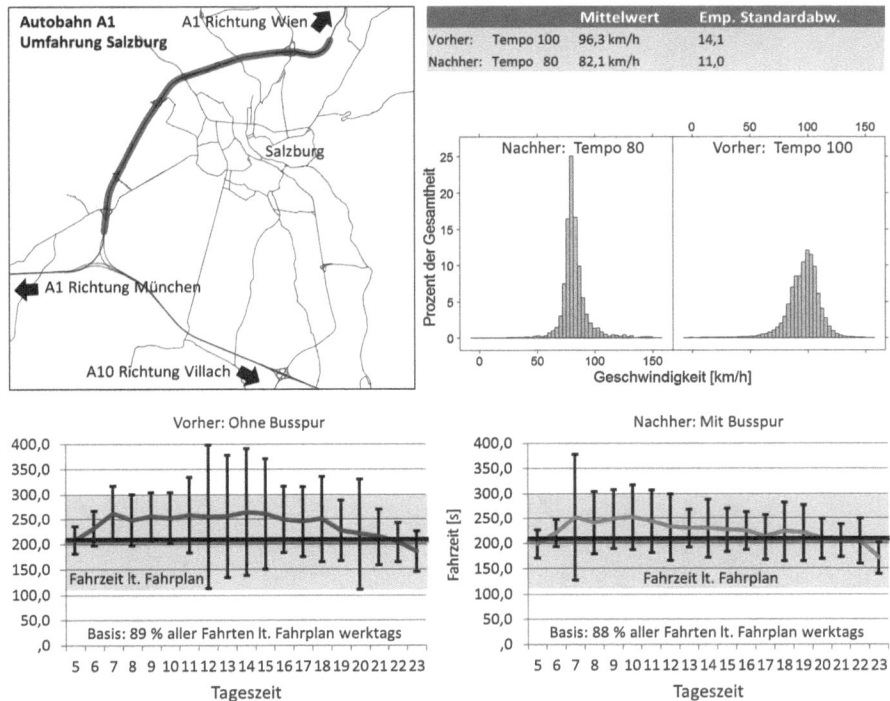

Abb. 12.6 Beispiel für eine Verordnung eines Tempolimits zur Luftschadstoffreduktion (von 100 auf 80 km/h) auf der Autobahn um Salzburg (oben) und der Einführung einer Busspur stadteinwärts am Hauptzubringer der Stadt Salzburg (unten)

Innerhalb der FCD Modellregion Salzburg werden die Daten des städtischen, regionalen und überregionalen Öffentlichen Verkehrs gesammelt und können mit Daten aus dem MIV verglichen werden. Zusätzlich wurden aus Fahrplänen die planmäßigen Regelfahrzeiten ermittelt. Der anschließende Vergleich mit tatsächlichen Fahrzeiten aus den historischen FC-Daten der eingebundenen städtischen Busse (Abb. 12.7) lässt vermuten, dass die Gesamtreisezeit laut aktuellem Fahrplan zu kurz bemessen ist – die aktuelle Verkehrssituation wird ungenügend abgebildet. Neben dieser Auswertung konnten über genaue Lokalisierung aus dem Analysealgorithmus der Verkehrslage festgestellt werden, wo, wie oft und wie stark Verzögerungen auftreten (Abb. 12.7).

Nutzen Der Nutzen dieser oder ähnlicher Analysen ist in erster Linie für die Verbesserung von Diensten relevant, da Mobilität vielfach als Dienstleistung von Verkehrsträgern bereitgestellt wird. Der öffentliche Verkehr, Taxidienste oder Carsharing-Einrichtungen werden den Mobilitätsteilnehmern angeboten. Je nach Qualität des Dienstes werden diese angenommen oder abgelehnt. Für jeden Anbieter stellt sich daher grundsätzlich die Frage nach der Qualität der Mobilitätsdienstleistung.

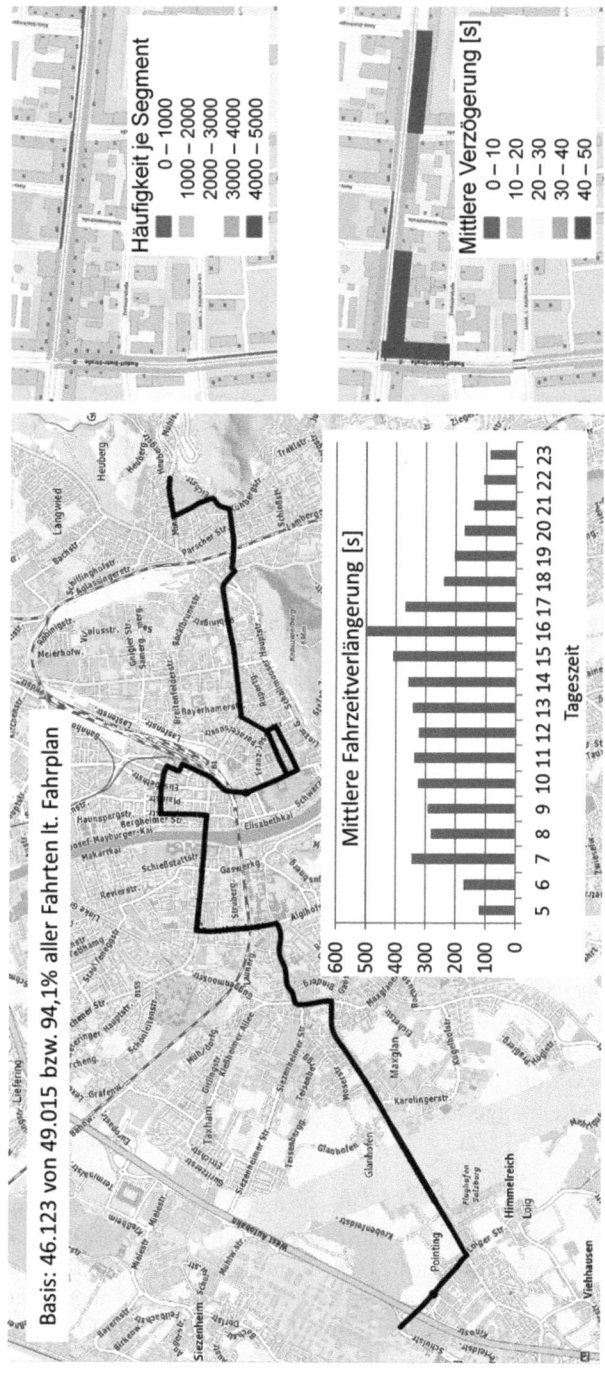

Abb. 12.7 Beispiel für eine Auswertung der Fahrzeiten einer Buslinie (links) und der Lokalisierung von Verzögerungen der gleichen Buslinie auf Straßensegmentbasis (rechts)

Ein integratives System, wie jenes der FCD Modellregion Salzburg, lässt Analysen zu, die sonst für einen Einzelanbieter kaum möglich sind. Es kann zum einen ein ganzheitlicher Blick auf Mobilität gewonnen, zum anderen auch ein Vergleich mit anderen Diensten gemacht werden. Letzteres kann bei Verkehrsträgern als Chance oder auch als Gefahr gesehen werden.

12.2.4 Prognosen

Prognosen zählen zu denjenigen Anwendungsgebieten mit dem größten zukünftigen Mehrwert im Bereich der Mobilität. Im Vergleich zu Analysen sind bei Prognosen immer eigene Prognosemodelle notwendig. Diese Modelle bestimmen für eine definierte Ausgangssituation einen zukünftigen oder nicht gemessenen Zielwert – statistisch gesprochen, Prognosemodelle schätzen eine Zufallsvariable und Big Data soll hierfür die Korrelationen liefern. Beispielhaft hierfür sind kurz- oder mittelfristige Verkehrslageprognosen.

Eine kurz- und mittelfristige zukünftige Verkehrslage (+5, +15, +30, +45 Minuten) auf einem bestimmten Segment hängt erstmals vom Verkehrsaufkommen ab. Die üblichen zyklisch wiederkehrenden Muster (Werktags vs. Wochenende, Morgenspitzen usw.) wurden schon vielfach untersucht und können mit Hilfe der Statistik in der Regel anhand von historischen Daten gut beschrieben werden. Bis zu einem mittelfristigen Prognosehorizont hängt die Verkehrslage zu einem Teil vom gegenwärtigen Verkehrszustand ab, das heißt, die Prognose muss auch aktuell gemessene Daten einfließen lassen. Daneben haben Einfluss: Witterung, aktuelle Fahrbahnbedingungen und Wetterprognosen; Großereignisse und Veranstaltungen; Straßensperren und Baustellen; aktuelle und geplante Regelungsstrategien. Abschließend dürfen zukünftige zufällige Ereignisse, wie z. B. Unfälle, nicht vergessen werden. Diese sind aber im Rahmen einer Prognose nicht behandelbar. Alle anderen Einflussfaktoren können in einem Prognosesystem als Variablen abgebildet werden. Aus heutiger Sicht müsste hierzu eine Vielzahl an Datenquellen und Datenarten integriert und verarbeitet werden. Ein Teil der Variablen kann indirekt erhoben werden, die anderen vielleicht direkt bestimmt; viele Quellen werden nicht ständig Daten liefern und die Daten liegen auch in unterschiedlichen Qualitäten vor. Alles zusammen ergibt einen Datensatz, der zu Recht unter Big Data fällt. Offen bleibt, wie die begehrten Korrelationen für die Prognosen gefunden werden, denn für die Prognose reicht das Vorhandensein von Korrelationen. Kausalität ist aus Sicht der Nutzer nicht relevant. Die Betrachtung von kausalen Zusammenhängen ist aber zur Plausibilisierung des Prognosemodells und zur Vermeidung von Scheinkorrelationen notwendig.

Fragestellung	Stakeholder	Daten im Beispiel
Stelle Prognosen für Reisezeiten, Verzögerungen und/oder LOSs mit kurz- oder mittelfristigem Zeithorizont bereit	Verkehrsteilnehmer, Infrastrukturbetreiber, Diensteanbieter	Positionsdaten MIV-Flotten Straßengraph

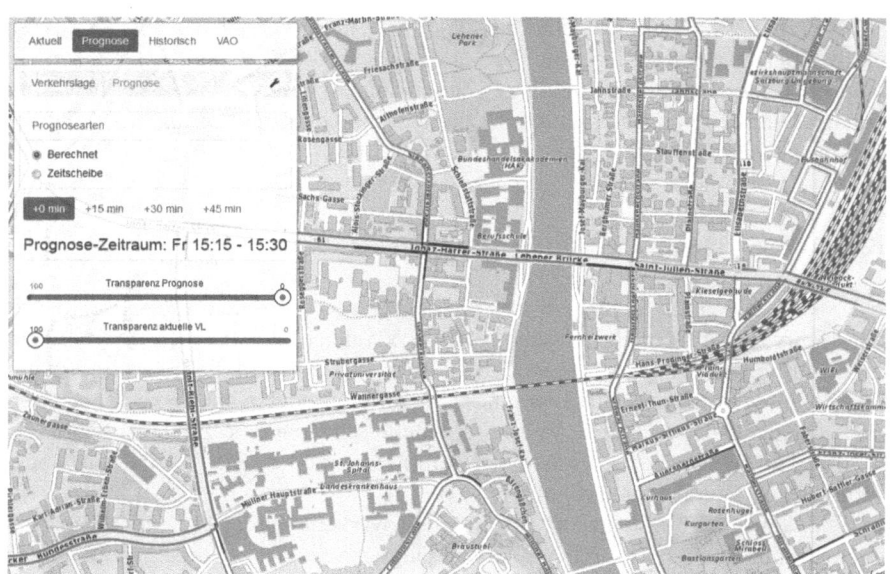

Abb. 12.8 Beispiel für eine Verkehrslageprognose

Innerhalb der FCD Modellregion Salzburg werden kurz- und mittelfristige Prognosen für Reisezeit und LOS erstellt. Als Zeithorizonte wurden +0, +15, +30 und +45 Minuten gewählt. Das Prognosemodell ist derzeit ein ausschließlich Statistisches, welches auf Basis von Wahrscheinlichkeiten für jedes Straßensegment den LOS prognostiziert. Hierzu werden aus den historischen Daten empirisch zwei Wahrscheinlichkeiten für jedes Segment und Fahrtrichtung bestimmt. Zum einen die Wahrscheinlichkeit für LOS „Grün" bzw. „nicht Grün", zum anderen die Wahrscheinlichkeit für LOS „Rot" bzw. „nicht Rot". Beide sind bedingt durch den jeweiligen Wochentag (Mo. bis So.) und durch das jeweilige 15-Minuten-Zeitintervalle (0:00–0:15 bis 23:45–24:00). Je Segment und Fahrtrichtung ergeben sich dann 2 x 7 x 96 = 1.344 Wahrscheinlichkeiten. Die Prognose wird mit einem einfachen Entscheidungsbaum und Schwellwerten abgeleitet. Ist z. B. die Wahrscheinlichkeit für „Grün" <0,5, dann ist zumindest „Gelb" wahrscheinlich; ist zusätzlich noch die Wahrscheinlichkeit für „Rot" ≥0,5, dann ist „Rot" wahrscheinlich (Abb. 12.8).

Zur Verbesserung der Prognose sollen zukünftig weitere Datenquellen sowie alternative Prognosemodelle herangezogen werden. Vor allem soll auch die aktuelle Verkehrssituation berücksichtigt werden. Die Integration von stationären Sensoren steht hierbei im Zentrum, da diese in vielen Städten eine vorhandene Datenquelle darstellen. Eine Fusion von FC-Daten und stationären Verkehrszählungen ist daher anzustreben.

Nutzen Der Nutzen einer qualitativ hochwertigen Verkehrslageprognose (meist Reisezeit, Verzögerung und/oder LOS) ist hoch und für Infrastrukturbetreiber, Diensteanbieter und Verkehrsteilnehmer relevant. Die ersten, um besser regulativ eingreifen zu können, die zweiten, um bessere Dienste für Routing oder Abfahrtzeiten bereitzustellen und die dritten, um Reisen realistischer zu planen oder sich besser an die aktuelle Situation anzupassen. Aus heutiger Sicht erreichen Prognosen noch nicht die Qualität, um ihren Nutzen voll ausschöpfen zu können. Das liegt zum einen an fehlenden Algorithmen (Vlahogianni et al. 2014) und zum anderen an einheitlichen Qualitätsstandards. Die Zeit wird zeigen, ob datengetriebene Ansätze oder Simulationen zu besseren Lösungen führen werden.

12.3   Zukünftige Herausforderungen

Im vorigen Abschnitt wurde aufgezeigt, welche Möglichkeiten der Datennutzung und Mehrfachnutzung bereits innerhalb der FCD Modellregion Salzburg bestehen. Hierfür wurden lediglich Daten aus stationären Verkehrssensoren, FC-Daten verschiedenster Quellen, Daten aus dem CAN-Bus von PKW und Daten aus Smartphones genutzt. Zukünftig ist aber zu erwarten, dass im Bereich der Mobilität durch die fortlaufende Digitalisierung und Datenintegration weitere Anwendungsfälle hinzukommen werden. Dies führt natürlich auch zwangsläufig zu weiteren technischen, inhaltlichen und rechtlichen Herausforderungen, wie die folgenden Abschnitte im Detail aufzeigen werden.

12.3.1 Technische Herausforderungen

Für **Analysen** ist es wesentlich, welcher **Automatisationsgrad und Standardisierungsgrad bei Abfragen** erreicht werden kann. Die FCD Modellregion Salzburg hat gezeigt, dass Abfragen und Analysen grundsätzlich möglich sind. Der mit der Extraktion der Informationen verbundene Aufwand ist teilweise beträchtlich – speziell im multimodalen Bereich. Grund dafür sind aber nicht die großen Datenmengen, sondern der Entwurf und die Verifikation der entsprechenden Abfragen. In der Mobilität handelt es sich fast immer um raum-zeitliche Daten: Analysen werden räumlich und zeitlich eingeschränkt, verknüpft oder aggregiert. Eine Präsentation der Ergebnisse erfolgt dann entweder als Zeitreihe, statistischer Bericht oder innerhalb eines Geoinformationssystems. Diese Vielfalt der Abfragen ist schwierig zu automatisieren und zu standardisieren. Die Abfragen sollen zudem möglichst **in Echtzeit** funktionieren. Es ist daher besonders interessant, was sich aus den gerade angelaufenen Projekten OPTIMUM[22] und TransDec[23] entwickelt.

    Prognosen stellen gerade im Hinblick auf Big Data eine besondere Herausforderung aber auch einen besonderen Mehrwert dar. Die Prognosemodelle müssen entweder vorab (offline) oder während der Datengenerierung (online) erstellt werden. Letztere werden oft auch als adaptiv bezeichnet, da sich die Modelle an die

---

[22] Projektankündigung über CORDIS http://cordis.europa.eu/project/rcn/193380_en.html (zuletzt besucht am: 22. Juni 2015).

[23] http://imsc.usc.edu/intelligent-transportation.html (zuletzt besucht am: 22. Juni 2015).

aktuellen Situationen anpassen. Als Methode kommt oft maschinelles Lernen zum Einsatz, da diese mit den vieldimensionalen Daten gut umgehen können. Verfahren des maschinellen Lernens (wie auch viele Approximationsverfahren) sind aber mit wenigen Ausnahmen **iterative Verfahren**. Historische Datenpakete werden somit viele Male einem System „zum Lernen" übergeben. Im Zuge der Big Data-Diskussion stellt dies eine der größten Herausforderungen dar (Markl 2014), da Datenmengen und Iteration eine **sehr hohe Anforderungen an die Performance** stellen. Laut Markl ist Apache Flink[24] hier eine mögliche zukunftsweisende Lösung für skalierbare Batch- und Stream-Datenverarbeitung.

Es kann aber davon ausgegangen werden, dass viele der rein **technischen Big Data-Herausforderungen zur Datenspeicherung, Verteilung, Verwaltung, Übertragung, Verarbeitung und Abfrage** innerhalb anderer Domänen bereits früher gelöst werden. Aus heutiger Sicht spricht viel dafür, dass, wenn es soweit ist, Big Data in der Mobilität schon auf etablierte Lösungen zurückgreifen kann. Hierfür spricht, dass Internetunternehmen wie Google, Amazon oder Facebook schon viele Beiträge geleistet haben. Produkte wie Hadoop, HBase, Hive, MapReduce, Spark, Storm und Flink sind erhältlich und einsetzbar.

Nicht zu unterschätzen ist jedoch die **Schaffung einer sicheren Kommunikation** zur Datenübertragung zwischen Fahrzeugen und zwischen Fahrzeugen und der Infrastruktur. Fahrzeuge und Infrastruktur werden zukünftig einen wesentlichen Teil der Daten liefern, aber auch konsumieren. Bei dieser Entwicklung wird die Wahrung der Privatsphäre und der Sicherheit zentral von Bedeutung sein, vor allem im Hinblick auf das autonome Fahren. Aber auch hier kann davon ausgegangen werden, dass nicht der Bereich Big Data die treibende Kraft sein wird.

12.3.2 Inhaltliche Herausforderungen

Sowohl bei Analysen als auch bei den Prognosen sind die Daten meist **reellwertig, multivariat und raum-zeitlich strukturiert** (z. B. Trajektorien oder Temperaturverläufe). Folglich ist das Auffinden von den begehrten Big Data-Korrelationen hier besonders erschwert. Die Algorithmiker stehen daher vor der **großen Herausforderung**, hierzu **geeignete und echtzeitfähige Signalverarbeitungsschritte, Analyseverfahren und Extraktionsalgorithmen** zu entwerfen, um die Daten so aufzubereiten, dass sie im Anschluss auch traditionell mittels Statistik bzw. mit Data-Mining-Methoden oder maschinellem Lernen verarbeitet werden können. Zusätzlich kann eine tiefere Einsicht in Problemstellung meist nur über räumliche und zeitliche Verteilungen gewonnen werden. Das bedeutet, dass hinsichtlich der Visualisierung und Informationsaufbereitung hohe Anforderungen gestellt werden. Es ist also ein breites Wissen in den Bereichen Signalverarbeitung, Glättung & Filterung, Data-Mining, maschinelles Lernen, Zeitreihenanalysen, raum-zeitliche Analysen, statistische Modellbildung, multivariate Statistik, Modellierung von geografischen Objekten & Geodatenbanken, Geoinformationssystemen, Visual

---

[24] Apache Flink https://flink.apache.org (zuletzt besucht am: 22. Juni 2015).

Analytics und Berichterstattung notwendig. Das benötigte Wissen geht daher weit über eine Warenkorbanalyse à la Amazon hinaus.

Eine der größten Herausforderungen liegt im Thema der Mobilität selbst. Die **netzwerkartige, heterogene Struktur sowie die hohe Dynamik und Komplexität von multimodalen Verkehrssystemen erschwert Verständnis und Modellierung.** Die traditionelle Näherung über „physikalisch" begründete mikroskopische oder makroskopische Verkehrsmodelle erschwert einen ganzheitlichen Blick auf Mobilität in Echtzeit. Die verwendeten Verkehrsmodelle sind sehr stark auf verschiedene Straßentypen zugeschnitten und benötigen nur wenige Echtzeitdaten zur Kalibrierung. Demgegenüber stehen flächig erfasste Daten aus dem realen Verkehrsgeschehen, z. B. aus FCD-Systemen, jedoch noch kaum Wissen darüber, wie diese zur Erstellung eines netzweiten und straßentypunabhängigen Prognosemodells verwendet werden sollen (Vlahogianni et al. 2014). Big Data hat insofern einen Vorteil, als dass große und vielfältige Datensätze dazu genutzt werden können, um die begehrten Korrelationen zu identifizieren und so das Problemverständnis zu schärfen. Einer der nächsten Schritte in der Forschung wird sein, zu bestimmen, welche Parameter (Verkehrsstärken, Wetter, Uhrzeit) und welche Teile im Netz (Umfahrungsstraße, Parkhaus, Zubringer) eine Korrelation zu einer bestimmten Verkehrslage haben. Das Auffinden von Korrelationen wird hier weitere Einsichten in das System Verkehr liefern können.

Datengetriebene Modelle stellen nach wie vor ein gewisses **Novum in den Verkehrswissenschaften** dar. Zum Beispiel stehen datengetriebene Prognosemodelle immer noch in starker Konkurrenz zu den traditionellen Simulationsmodellen, welche zukünftige Reisezeiten, Verzögerungen oder LOS durch Simulation in die Zukunft bestimmen. Die Möglichkeit Prognosemodelle mittels datengetriebenen Methoden, wie sie z. B. das maschinelle Lernen bietet, zu erstellen, wird aber bereits als zukunftsträchtig erkannt (Vlahogianni et al. 2014). Interessant ist hierbei, dass gerade Big Data für mehr Akzeptanz sorgen kann, da Big Data ein klares Votum zu mehr Daten, unschärferen Daten und Korrelationen abgibt (Mayer-Schönberger und Cukier 2013). Traditionelle Simulationsmodelle basieren auf physikalischen Zusammenhängen und Theorien und werden daher gerne mit wenigen gemessenen Daten, exakteren Daten und Kausalität in Verbindung gebracht. Aber datengetriebene Modelle haben ihre klaren Grenzen und sind nicht immer geeignet. Sie sind immer nur so gut wie ihre zugrunde liegenden Daten und sie können jene Situationen abbilden, die gemessen wurden.

Der **Erfolg von Big Data**-Diensten wird auch maßgeblich davon beeinflusst werden, ob die gewonnenen **Verkehrsinformationen für die Nutzer in ausreichender Qualität und Genauigkeit** vorliegen. Aus heutiger Sicht muss man kritisch anmerken, dass **gegenwärtig keine Standards** zur Berechnung, Qualitätsermittlung und Evaluierung von „Verkehrsinformationen aus Big Data" vorhanden sind. Es gibt auch **keine Evaluierungsstandards**, wie extrahierte Verkehrsinformationen generell evaluiert werden sollen. Verkehrsinformationen werden daher bei verschiedenen Anbietern unterschiedlich berechnet und evaluiert. Sie sind miteinander **schwer vergleichbar**. Ein Vergleich mit Daten von Dritten ist generell erschwert, da dies oftmals bei der Nutzungsvereinbarung ausgeschlossen wird.

Diese Situation hat zur Folge, dass viele Nutzer von Verkehrsinformationen zwar die erwarteten Informationen bekommen, aber von der Qualität oft enttäuscht sind – Akzeptanz und Wirkung leiden. Außerdem werden Entscheidungsträger in Zukunft Mobilitätsdaten auch gezielt zum Zwecke der Bewusstseinsbildung einsetzen, z. B. indem sie eine aktuelle Nachhaltigkeitsverkehrslage einer ganzen Stadt auf öffentlichen Plätzen anzeigen. Auch hier fehlt es noch an Methodenwissen und Standards. Die EU versucht aber bereits seit 2010 lenkend einzugreifen und fordert einen europaweiten einheitlichen multimodalen Verkehrsraum (EU Weißbuch 2011) sowie eine Vereinheitlichung von (Daten-)Schnittstellen zwischen Stakeholder (EU Richtlinie 2010). Trotzdem, die Frage nach Standards, Evaluierung und Qualität von Verkehrsinformationen ist bis dato nicht geklärt.

12.3.3 Rechtliche Herausforderungen

Eine der größten Herausforderungen in der Big Data-Diskussion zum Thema Mobilität besteht in den rechtlichen Rahmenbedingungen. **Viele der generierten Daten** (z. B. Positionsdaten, Wegeketten, Buchungsdaten) sind entweder standardmäßig **personenbezogen** (z. B. durch Bekanntgabe von Nutzerdaten, Verknüpfung mit bestehenden Nutzerkonten oder Abschluss eines Vertrages) **oder** sind **indirekt Personen zuordenbar** (z. B. GPS-Folgen von Fahrten, die mit Adressdaten abgeglichen werden). Einschlägige Literatur geht davon aus, dass beispielsweise Bewegungsdaten von Personen entweder direkt oder zumindest indirekt personenbezogen sind (Fürdös et al. 2011). Im Falle des direkten Personenbezugs sind die europäische Datenschutzrichtlinie (EU-RL 95/46/EG[25] und 2002/58/EU[26]) bzw. die nationalen Datenschutzgesetze, wie das DSG 2000[27] in Österreich, anzuwenden. Bereits vor der Big Data-Zeit hat die EU-Kommission 2010 die Richtlinie (2010/40/EU) „zum Rahmen für die Einführung intelligenter Verkehrssysteme im Straßenverkehr und für deren Schnittstellen zu anderen Verkehrsträgern" (EU Richtlinie 2010) erlassen. Auch ein Teil dieser Richtlinie behandelt Datenschutz und Privatsphäre in Zusammenhang mit intelligenten Verkehrssystemen.

Für **personenbezogene Daten** gelten jedenfalls die sogenannten Betroffenenrechte, das heißt das Recht auf Auskunft, Widerruf und Richtigstellung oder Löschung (Fürdös et al. 2011). Gleichzeitig gelten die **Grundsätze der Datenminimierung**, die Beschränkung der Datenverarbeitung auf konkrete Verwendungszwecke sowie die Löschung der Daten, sobald die Verwendungszwecke erfüllt sind. Speziell die letzteren Grundsätze sind teilweise **diametral zum Big Data-Gedanken**, der davon ausgeht, **möglichst viele Daten zu sammeln** und diese

---

[25] http://eur-lex.europa.eu/legal-content/DE/TXT/?uri=CELEX:31995L0046 (zuletzt besucht am: 22. Juni 2015).

[26] http://eur-lex.europa.eu/legal-content/DE/ALL/?uri=CELEX:32002L0058 (zuletzt besucht am: 22. Juni 2015).

[27] https://www.ris.bka.gv.at/GeltendeFassung.wxe?Abfrage=bundesnormen&Gesetzesnummer=10001597 (zuletzt besucht am: 22. Juni 2015).

in verschiedenster Art und Weise zu analysieren. Einer der Lösungsansätze, der auch in der FCD Modellregion Salzburg verfolgt wird, ist eine frühzeitige Anonymisierung der Daten, um den Personenbezug von vornherein auszuschließen. Dieses Grundprinzip wird oftmals als Privacy-by-Design bezeichnet. Außerdem werden die Daten nur für das höherrangige Netz ausgewertet. Ideal wäre es, bereits bei der Entstehung der Daten (beispielsweise im Fahrzeug) auf Anonymisierung (die Daten werden so codiert, dass keine Zuordnung zu Personen möglich ist) und Minimierung (z. B. nur verkehrsrelevante Ereignisse werden tatsächlich übertragen) zu achten. In diesem Zusammenhang stellt sich auch die Frage, inwieweit Personen überhaupt über die Datensammlung informiert sind, sich bewusst dagegen entscheiden können oder ihre Zustimmung zu einem definierten Verwendungszweck geben und diese auch widerrufen können. Viele der heutigen Big Data-Anwendungen im Mobilitätsbereich orientieren sich nicht an diesen grundlegenden Prinzipien. Daten werden ohne Wissen der betroffenen Personen gesammelt, in verschiedenster Form verarbeitet und analysiert, mehrfach an Dritte weitergegeben, mit beliebig vielen weiteren Quellen korreliert und für die unterschiedlichsten Zwecke genutzt. Mehrere der Daten verarbeitenden Parteien reklamieren ein Eigentum an den Daten (z. B. Automobilhersteller, Datenintegratoren, Mobilitätsdienstleister), wobei viele dieser Daten ohne das Mobilitätsverhalten der Kunden überhaupt nicht entstehen würden und damit diese ein berechtigtes Mitbestimmungsrecht bzw. Interesse an der Datennutzung haben dürften und sollten. Eine **Missachtung von grundlegenden Datenschutzprinzipen** birgt nicht nur die inhärente **Gefahr der totalen Überwachung**, sondern auch die Gefahr, dass das **Vertrauen in Big Data-Anwendungen** bereits verloren ist, bevor der Nutzen überhaupt entstehen kann.

Abschließend ist zu erwähnen, dass speziell räumliche und zeitliche Bewegungsmuster von Personen hoch selektiv sind. Selbst vermeintlich anonymisierte Daten sind **permanent der Gefahr einer De-Anonymisierung** ausgesetzt, wie beispielsweise ein 2013 erschienener Artikel im Wissenschaftsjournal Nature aufgezeigt hat (De Montjoye et al. 2013). Umso mehr sind die Bemühungen der EU-Kommission in Richtung einheitlicher europäischer Datenschutzbestimmungen zu begrüßen.[28] Klare rechtliche Rahmenbedingungen sind, wie fälschlicherweise oft angenommen wird, nicht der Feind von Big Data, sondern umgekehrt, eine unumgängliche Basis, um die Akzeptanz für zukünftige Big Data-Anwendungen zu schaffen und damit wesentlich zu deren Erfolg beizutragen.

12.3.4 Sonstige Herausforderungen

Ein nicht zu unterschätzendes Problem wird der **Fachkräftemangel** für Big Data-Aufgaben generell sein. Schon jetzt gelten Big Data-Spezialisten und Data Scientists als sehr begehrte Berufsgruppe des 21. Jahrhunderts (Davenport und Partil 2012). Da gegenüber anderen Anwendungsgebieten die Mobilität bei Big Data nachhinkt,

---

[28] Position der EU-Kommission 01.07.2015 „Schutz personenbezogener Daten" http://ec.europa.eu/justice/data-protection/index_de.htm (zuletzt besucht am: 22. Juni 2015).

wird es noch schwieriger sein, geeignete Fachkräfte zu finden. Zusätzlich müssen die benötigen Fachkräfte noch ein entsprechendes Domänenwissen in der Mobilität und eine hohe moralische Verantwortung (Mayer-Schönberger, Cukier) aufweisen, da gerade Mobilitätsdaten oft einen Personenbezug aufweisen.

Eine **moralische Verantwortung** ist auch **beim Entwurf der Geschäftsmodelle** notwendig. Nicht jede zukunftsträchtige Idee und nicht jede Nutzung der Mobilitätsdaten wird moralisch und rechtlich vertretbar sein. Schon heute entsteht eine Diskussion, ob die Überwachung des Fahrverhaltens von Versicherungsnehmern Einfluss auf die Prämie haben soll.[29] Diskussionen wie diese fordern von Verantwortlichen ein entsprechendes Problembewusstsein und eine hohe Ethikkompetenz.

Eine weitere Herausforderung wird sein, wie sich **Politik und öffentliche Verwaltung gegenüber kommerziellen Unternehmen behaupten** können. Aus heutiger Sicht haben Unternehmen wie INRIX, TomTom und Here bei Big Data in der Mobilität die Nase weit voraus. Als Datenintermediäre beherrschen sie die Big Data-Wertschöpfungskette in der Mobilität und schaffen ständig neue Datenprodukte (Mayer-Schönberger und Cukier 2013), die die öffentliche Verwaltung für teures Geld zukaufen muss. Der Nutzen von Mobilitätsdaten ist aber in erster Linie gesellschaftlicher und nicht kommerzieller Natur. Mobilität ist ein Grundbedürfnis und betrifft jeden. Es ist daher fraglich, inwieweit das jetzige System den Anforderungen gerecht werden kann. Unparteiische, unabhängige und nicht an Gewinn orientierte Datenintermediäre sind hier durchaus eine Option. Das hat auch Vorteile für den Datenschutz und die Privatsphäre; auch enge Grenzen der Datennutzung sind leichter sicherzustellen. Es kann auch sein, dass für die Gesellschaft nützliche Dienste von kommerziellen Datenintermediären nicht angeboten werden, wenn die Integration und Verarbeitung der Daten für ein Unternehmen unrentabel ist oder zu wenig Gewinne liefert. Abschließend bleibt zu ergänzen, dass kommerzielle Datenintermediäre Open Government Data kaum ermöglichen werden. Dies führt auch unweigerlich zur Diskussion um Datenbesitz und Datenhoheit. Es gibt bereits heute Tendenzen, dass Kommunen ihre Verkehrsdaten im Haus haben wollen und nicht an einem ungewissen Ort in der Cloud.

12.4 Danksagung

Das Projekt FCD Modellregion Salzburg wurde vom Land Salzburg und dem österreichischen Klima- und Energiefonds gefördert.

---

[29] Süddeutsche Zeitung 20.05.2015 „Telematik-Tarife für Kfz-Versicherungen – Billigere Autoversicherung dank Blackbox" und „Big Data und die Folgen – Der vermessene Mensch" http://www.sueddeutsche.de/auto/telematik-tarife-bei-kfz-versicherungen-viel-ueberwachung-fuer-ein-bisschen-ersparnis-1.2486679 und http://www.sueddeutsche.de/digital/daten-der-vermessene-mensch-1.2487012 (zuletzt besucht am: 22. Juni 2015).

Literatur

Batty, M.: Big Data, smart cities and city planing. Dialogue. Hum. Geogr. **3**(3), 274–279 (2015)

BMVIT: Maßnahmenkatalog 2011 – Anhang zum IVS-Aktionsplan Österreich (2011)

Brunauer R., Rehrl, K.: Deriving driver-centric travel information by mining delay patterns from single GPS trajectories. In: Proceedings of the 7th ACM SIGSPATIAL International Workshop on Computational Transportation Science (IWCTS '14), Dallas (2014)

Crist, P.: Big data and transport – understanding and assessing options. Report der International Transport Forum, OECD (2015)

Davenport, T.H., Partil, D.J.: Data Scientist: The Sexiest Job of the 21st Century. Harvard Business Review (2012) https://hbr.org/2012/10/data-scientist-the-sexiest-job-of-the-21st-century/. Zugegriffen am 24.05.2016

De Montjoye, Y.A., Hidalgo, C.A., Verleysen, M., Blondel, V.D.: Unique in the Crowd: The privacy bounds of human mobility. Scientific Reports, 3. doi:10.1038/srep01376 (2013)

Ettema, D., Knockaert, J., Verhoef, E.: Using incentives as traffic management tool: empirical results of the "peak avoidance" experiment. Transp. Lett. **2**(1), 39–51 (2010)

EU Richtlinie: Richtlinie 2010/40/EU zum Rahmen für die Einführung intelligenter Verkehrssysteme im Straßenverkehr und für deren Schnittstellen zu anderen Verkehrsträgern (2010)

EU Weißbuch: Fahrplan zu einem einheitlichen europäischen Verkehrsraum – Hin zu einem wettbewerbsorientierten und ressourcenschonenden Verkehrssystem (KOM(2011) 144) (2011)

Früdös, A., Kreilinger, G., Weiländer, H., Wolf, E.: Leitfaden für den Datenschutz im Verkehrswesen und in der Mobilitätsforschung. Arbeitsgemeinschaft Leitfaden Datenschutz im Verkehrswesen. https://www2.ffg.at/verkehr/file.php?id=328 (2011). Zugegriffen am 22.06.2015

Laney, D.: 3D Data Management: Controlling Data Volume, Velocity, and Variety. META Group (2001)

Markl, V.: Breaking the chains: On declarative data analysis and data independence in the big data era. In: Proceedings of the VLDB Endowment **7**(3), (2014)

Mayer-Schönberger, V., Cukier, C.: Big Data – Die Revolution, die unser Leben verändern wird. Redline Verlag, München (2013)

Münger, R., Büchi, P., Geissbühler, P.: Die Zukunft des Autofahrens – Technologietrends im Straßenverkehr. Präsentation der AWK Group. http://www.awk.ch/de/component/jdownloads/finish/416-awk-fokus-2015-maerz/794-seminarpraesentation (2015). Zugegriffen am 22.06.2015

PTV Group: Whitepaper Big Data für das Verkehrsmodell – Neue Datenquellen für die Verkehrsmodellierung (2014)

Soubra, D.: The 3V's that define Big Data. Blog Post, Juli 2012. http://www.datasciencecentral.com/forum/topics/the-3vs-that-define-big-data (2012). Zugegriffen am 22.06.2015

Swarco: IoT – Internet of Traffic. Präsentation am Technologietag Swarco 13.03.2015 https://www.swarco.com/sts/content/download/30073/1169470/file/Internet%20of%20Traffic%204x3%20v6_pub.pdf (2015). Zugegriffen am 22.06.2015

Vlahogianni, E.I., Karlaftis, M.G., Golias, J.C.: Short-term traffic forecasting: where we are and where we're going. Transp. Res. C Emerg. Technol. **43**(1), 3–19 (2014)

Semantische Suchverfahren in der Welt von Big Data

13

Semantische Suchverfahren – Automatisierte Kategorisierung und Erhöhung der Relevanz bei der thematischen Suche in Big Data

Urs Hengartner

Zusammenfassung

Um relevante Informationen aus der unüberschaubaren heutigen Datenwelt (Big Data) zu identifizieren, genügen heutige Suchmaschinen nicht mehr, wenn bloß nach eingegebenen Stichwörtern (Zeichenketten) in Textinhalten gesucht werden kann. Vielmehr müssen diese fähig sein nach Instanzen von Konzepten einer Ontologie zu suchen, also nach Repräsentationen der zugrunde liegenden Begriffe und derer Zusammenhänge. Durch die Verknüpfungen von Entitäten untereinander werden komplexere Abfragen möglich, da die Inhalte, in denen gesucht wird, thematisch kategorisiert werden können. Vor diesem Hintergrund haben sich viele Berufsbilder in den letzten Jahren sehr verändert und komplett neue sind hinzugekommen. In der Arbeitsforschung hat sich der neue Begriff des Information Workers bzw. Knowledge Workers herausgebildet. Für diese *Information Workers* ist es wichtig mit thematischen Suchtechnologien, große Mengen von Dokumenten schnell zu finden und geschäftskritische Informationen aus ihnen zu extrahieren. Journalisten, Bibliothekare, Banker, Wirtschaftsprüfer, Ärzte, Wissenschaftler, Kundenbetreuer u.v.m. werden vermehrt auf Werkzeuge, die diese Technologien einsetzen, angewiesen sein. Mit dem Produkt Find-it der Canoo Engineering AG wird ein Anwendungsfall in einem Redaktionssystem gezeigt.

Überarbeiteter Beitrag basierend auf „Wie man mit der Wikipedia semantische Verfahren verbessern kann". In: HMD – Praxis der Wirtschaftsinformatik, HMD-Heft Nr. 271, 48 (1): 70–80, 2010.

U. Hengartner (✉)
Canoo Engineering AG, Basel, Schweiz
E-Mail: urs.hengartner@canoo.com

© Springer Fachmedien Wiesbaden 2016
D. Fasel, A. Meier (Hrsg), *Big Data*, Edition HMD,
DOI 10.1007/978-3-658-11589-0_13

Schlüsselwörter
Information Retrieval • Informationsextraktion • Automatische Kategorisierung
• Wortformenanalyse • Inverse Dokumentenhäufigkeit • Semantische Suche •
Wikipedia • Big Data

13.1 Herausforderung automatische Zuordnung von Themen

Diese Arbeit beschreibt einen neuen Ansatz, um beliebige Dokumente semantisch zu strukturieren und automatisch nach Themengebieten zuzuordnen. Auf Grund dieser Zuordnung kann eine automatisierte Alternative zur „normalen" Suche in Datenbanken oder Webseiten bereitgestellt werden, bei der nicht nur nach einzelnen Wörtern, sondern auch nach Themengebieten gesucht oder gefiltert werden kann. Darüber hinaus bieten die gezeigten Ansätze die Möglichkeit, verwandte Dokumente qualitativ besser zu finden.

Eingesetzt und beschrieben werden in dieser Arbeit folgende Verfahren, die im Produkt *Find-it* der Canoo Engineering AG[1] eingesetzt werden:

• Um Dokumente besser analysieren zu können, werden in einem separaten Schritt die Sprachanalysetools *Language Tools* der Schweizer Softwarefirma Canoo Engineering AG verwendet. Diese unterstützen u. a. in der Analyse das „Rauschen" in Dokumenten zu verringern. So werden konjugierte Wörter auf deren Grundform zurückgeführt, sodass beispielsweise die beiden Wörter „gingen" und „gehst" von einem Computer als ein Wort – nämlich „gehen" – begriffen werden kann.
• Zur erweiterten Dokumentenanalyse wird eine externe Wissensquelle (Enzyklopädie) mit umfangreichem, kategorisierbarem Themengebiet genutzt. Die ausgewählte Quelle Wikipedia eignet sich, weil die Artikel semantisch kategorisiert sind. Die vorhandenen Wikipedia-Kategorien der einzelnen Artikel werden verwendet, um bei beliebigen Dokumenten herauszufinden, welche Themen einem Dokument zuzuordnen sind.
• Durch die Einbindung von domänenspezifischen, externen Wissensbasen (Glossaren, Ontologien, speziellen Datenbanken, wie z. B. dem Munzinger-Archiv) wird die Dokumentenanalyse erweitert. Damit können öffentliche Personen erkannt werden und mit dieser Identifikation ist es dann möglich, die Dokumente automatisch mit der entsprechenden Biografie aus dem Munzinger-Archiv[2] zu verlinken. Die Komponente Eigennamenerkenner kann verschiedene Wissensbasen verarbeiten. Mit entsprechenden Wissensbasen werden geografische Eigen- und Firmennamen sowie Organisationsbezeichnungen erkannt.
• Um Ähnlichkeiten zwischen Dokumenten zu finden, wurde ein dafür üblicher Algorithmus „*tf-idf*" (term frequency – inverse document frequency) verwendet.

---

[1] Weitere Information zur Firmen- und Produktbeschreibung unter http://findit.canoo.com/

[2] Die Munzinger-Archiv GmbH ist ein deutscher Verlag und Online-Informationsanbieter mit Sitz in Ravensburg http://www.munzinger.de/

Hierbei werden spezielle Terme (Schlüsselwörter) in einem Dokument festgestellt und dann besonders gewichtet und daraufhin nach deren Vorkommen in anderen Dokumenten gesucht.

13.2   Nutzen von externen Wissensquellen

Beim Aufbau von Hilfsstrukturen zur semantischen Strukturierung von Dokumenten bilden sogenannte externe Wissensquellen eine wichtige Komponente. Als externe Datenquellen (Wissensbasen) zur Strukturierung der Information in semantischen Suchverfahren werden hier „Wissensdatenbanken" wie digital nutzbare Enzyklopädien, Lexika, Online-Nachschlagewerke, Thesauri, Ontologien und Glossare verstanden.

Ein wichtiger Aspekt bei der Nutzung von externen Wissensquellen ist die Qualität. Um Eingriffe im Sinne von Desinformation zu vermeiden, müssen die für die semantischen Suchverfahren benutzten Wissensquellen völlig transparent und unter Kontrolle einer Instanz aufgebaut sein. Durch die Entwicklung und Verbreitung von Web-2.0-Technologien entstanden mit rasanter Geschwindigkeit Wissensquellen, die auf sogenanntem „user generated content" beruhen. Die freie Enzyklopädie Wikipedia wurde kollaborativ mit dem Wissen der Internet-Gemeinschaft erzeugt und hat mittlerweile eine Größenordnung angenommen, die traditionellen Wissensquellen in nichts nachsteht und diese sogar schon übersteigt.

13.2.1 Externe Wissensquelle Wikipedia

Die Wikipedia gehört nach der Wertung von *Alexa.com*[3] zu den zehn häufigsten frequentierten Webseiten der Welt. Die Wikipedia lag im Januar 2015 auf Rang 7 und ist seit ihrer Entstehung einem rasanten linearen Wachstum unterworfen[4] (Siehe Abb. 13.1). Alleine in der deutschen Version gibt es mittlerweile 1.825.432 enzyklopädische Artikel (Stand: 19.6.2015). Zum Vergleich, die englische Version der Wikipedia weist 4.888.568 (Stand: 10.6.2009) auf.[5]

Dies stellt nicht nur eine umfangreiche Dokumentation unseres heutigen Wissens dar, sondern die Wikipedia kann durch diesen Informationsgehalt ebenso zum Analysieren von Dokumenten eingesetzt werden, und zwar aus mehreren Gründen:

1. Viele Wörter eines beliebigen Textes besitzen innerhalb der Wikipedia einen eigenen Artikel und dessen Metastruktur.
2. Diese Artikel sind logisch mit anderen Artikeln verbunden, d. h. es bestehen kausale Verlinkungen zu anderen Artikeln.
3. Fast alle Artikel in der Wikipedia sind semantisch kategorisiert und anhand dieser Kategorien wieder mit anderen Themen und Artikeln verbunden.

---

[3] http://de.wikipedia.org/wiki/Alexa_Internet
[4] http://de.wikipedia.org/wiki/Wikipedia:Meilensteine
[5] http://en.wikipedia.org/wiki/Main_Page

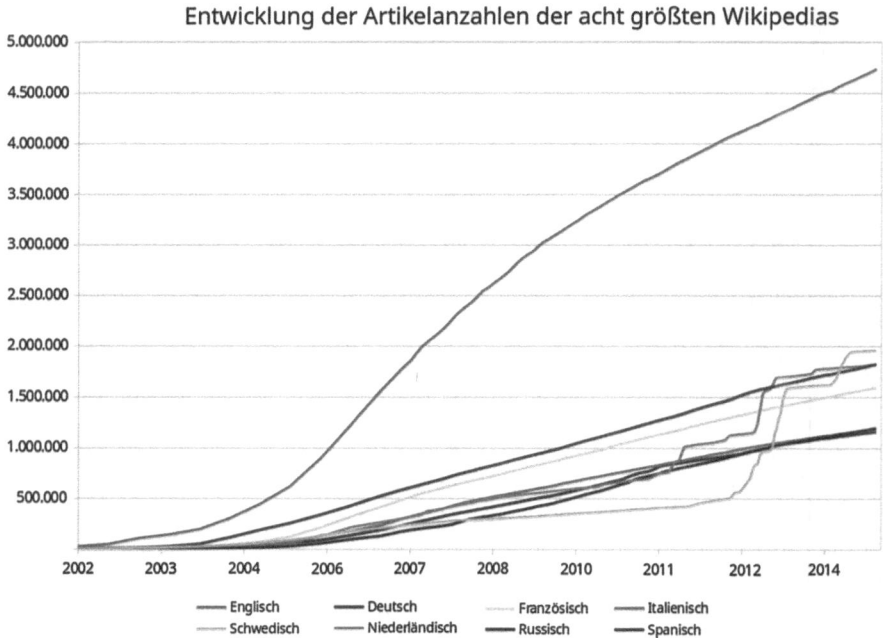

Abb. 13.1 Artikelwachstum der acht größten nationalen Wikipedia seit 2002

4. Die Wikipedia ist äußerst effizient beim Auflösen ambiguer (mehrdeutiger) Wortformen. Mehrdeutige Wörter kommen häufig in Texten vor und stellen jede
maschinelle Verarbeitung vor immense Probleme.

Die Wikipedia wurde schon oft seit dem Projektstart Januar 2001 in der
Wissenschaft Computerlinguistik analysiert und besprochen. In Zesch et al. (2008)
werden exemplarisch Anwendungen von Wikipedia und Wiktionary in der computerlinguistischen Forschung beschrieben. Wichtige Beiträge für die Aufgabe der
automatischen Textklassifikation lieferten Bunescu und Pasca (2006), Cucerzan
(2007), Gabrilovich und Markovitch (2006).

Vor der Entstehung der Wikipedia wurden vor allem Corpora[6] zur Analyse von
Dokumenten verwendet, die über mehrere Jahre hinweg aufwendig, oft manuell
erstellt wurden. Beispiele hierbei sind WordNet[7] oder GermaNet.[8] Gabrilovich und
Markovich (2007) haben bei einer Untersuchung verschiedener Corpora im Vergleich zu Wikipedia festgestellt, dass mit dem durch Finkelstein et al. (2002) aufge-
stellten *WordSimilarity-353 collection* die Wikipedia der menschlichen Semantik
am nächsten kommt.

Das besondere an der Wikipedia ist zudem, dass für viele Eigennamen, die in
„normalen" Corpora nicht erfasst sind, die komplette Struktur ebenso vorliegt, wie

---

[6] Ist eine Sammlung von Texten oder Äußerungen in einer Sprache.

[7] http://wordnet.princeton.edu/

[8] http://www.sfs.uni-tuebingen.de/lsd/

zu gebräuchlicheren Wörtern. Dies betrifft sowohl semantisches Tagging (die automatische Zuweisung eines „Themas" zu einem Dokument), als auch kausale Linkstrukturen.

Gleichzeitig stellt die Fülle an Wörtern den Benutzer der Wikipedia wieder vor ein neues Problem: *Je mehr Wörter es in der Wikipedia gibt, desto größer wird die Anzahl der mehrdeutigen Wörter.* Wenn ein Wort in einem Dokument Einträgen in der Wikipedia nicht eindeutig zugeordnet wird, kann es nicht direkt weiterverwendet werden, da die Bedeutung des Wortes für eine weitere Analyse nicht eindeutig bestimmbar ist.

Milne und Witten (2008) haben ebenfalls mit Hilfe der Wikipedia für dieses Problem eine Lösung gefunden.

Die grundsätzliche Idee ist das bewährte Ähnlichkeitsmaß GSD (Google Similarity Distance) der Google Suchmaschine auf die Artikel in der Wikipedia anzuwenden. Im Wesentlichen lässt sich das Problem der Analyse der kausalen Verlinkung der Wörter in Wikipedia auf die Suche im WWW übertragen. Ein Wikipedia-Artikel entspricht einer Webseite und stellt ein Konzept dar, die eingehenden und ausgehenden Hyperlinks entsprechen den Verbindungen, also den Links der Konzepte.

Der Vorteil dieses Maßes ist die Schlichtheit. Websites, beziehungsweise Wikipedia-Artikel (Wikipedia-Konzepte), welche gemeinsame eingehende Referenzen haben, sind sich ähnlich.

Das Maß der Ähnlichkeit kann nun mit Hilfe des normalisierten Abstandes NGD (Normalized Google Distance) zwischen den beiden Artikeln a und b berechnet werden.

$$NGD(a,b) = \frac{\log\big(\max\big(|A|,|B|\big)\big) - \log\big(|A \cap B|\big)}{\log\big(|W|\big) - \log\big(\min\big(|A|,|B|\big)\big)}$$

Dabei sind A und B die Mengen der jeweils auf a und b verweisenden Links und die Menge W ist die Anzahl aller Konzepte (Artikel mit Kategorien) in der Wikipedia. Je kleiner der Wert, umso geringer der Abstand und umso größer die Ähnlichkeit.

David Milne initiierte mit dieser Idee das Open-Source Projekt Wikipedia-Miner.[9] Die Software bietet die Möglichkeit, das in der Wikipedia vorhandene Wissen für die Indexierung eigener Dokumente zu verwenden. Folgende Services werden zur Verfügung gestellt:

- Berechnung von Ähnlichkeiten zwischen Begriffen (Compare Service)
- Nutzung der Wikipedia als Thesaurus (Search Service)
- Automatische Annotation von Texten mit Links zur Wikipedia (Wikifier Service)

Das im Projekt Wikipedia-Miner verwendete Ähnlichkeitsmaß bringt bei der Extraktion von Schlüsselbegriffen in Dokumenten und der Disambiguierung gegen Wikipedia-Artikel annehmbare Resultate. Pohl (2012) konnte jedoch zeigen, dass anstelle von NGD der Jaccard Koeffizient als Ähnlichkeitsmaß, den

---

[9] Das Projekt findet sich unter http://sourceforge.net/projects/wikipedia-miner/

Disambiguierungs-Algorithmus um bis zu 8 Prozentpunkte verbessert und dies ohne zusätzlichen Rechenaufwand.

Trotzdem ist der alleinige Einsatz der Wikipedia zur Analyse von Dokumenten nicht zufrieden stellend, da es bei vielen Konjugationen (z. B.: *„Bank, Bänke, Banken"*) keine Auflösung auf die richtige Wortform bzw. Bedeutung in der Wikipedia gibt. Auch der Umgang mit zusammengesetzten Worten oder mit „unbekannten" Wortformen ist für jedes System schwer. Um mit diesem Problem umzugehen, wurden zur Disambiguierung der Begriffe die LanguageTools eingesetzt.

Fazit
Die Wikipedia ist eine äußerst große und umfangreiche „Datenbank", deren semantische Struktur und kausale Verlinkung auf andere Artikel hilfreich bei der Analyse von Texten ist. Darüber hinaus ist die Wikipedia für die Dokumente in vielen Sprachen[10] anwendbar.

Die kollaborative Art der Wissenserzeugung der Wikipedia unterliegt nicht den Beschränkungen der traditionellen Methoden, ist transparent und nicht monopolistisch. Eine Beeinflussung aus kommerziellem Interesse von Wenigen wird durch die Kontrolle von Vielen, nämlich den zugehörigen Communities, umgehend erkannt und berichtigt.

13.2.2 Domänenspezifische externe Wissensquellen

Oft reichen die umfangreichen Wissensbasen wie Wikipedia für die Indexierung in den semantischen Suchverfahren nicht aus, da das gespeicherte Wissen zu wenig domänenspezifisch ist. Zum Beispiel ist die Wikipedia in Bezug auf Personen nicht ausreichend, weil nur bekannte öffentliche Personen erfasst sind. Deshalb ist es bei der Identifikation von Eigennamen wichtig, auch spezialisierte Datenquellen in die Informationserschließung einzubeziehen.

Mit einer domänenspezifischen Wissensbasis (z. B. eine regionale VIP-Datenbasis als Glossar) können dann Personen, Organisationen usw. eindeutig erkannt werden. Es werden z. B. in einem Dokument gefundene Namen wie Helga Müller zuverlässig unterschieden und es wird erkannt, ob es sich um die Finanzministerin der Stadt oder eine örtliche Künstlerin handelt.

Mit dem Produkt Find-it konnte in dem Redaktionssystem *red web*[11] gezeigt werden, dass eine Schnittstelle zu bestehenden Glossarsystemen mit einer generischen Analyselogik, wesentlich die Suchresultate und die Kategorisierung des Systems verbessert. Wichtig dabei ist auch, dass diese domänenspezifischen Wissensquellen, ähnlich der Wikipedia gepflegt werden. Deshalb müssen zu diesen Quellen nebst den generischen Analysetools auch Werkzeuge zur effizienten Pflege angeboten werden.

Wie solche domänenspezifische Quellen aufgebaut und gepflegt werden, wird hier nicht weiter verfolgt. Sowohl bei der Erstellung umfassender Ontologien als

---

[10] Die Wikipedia ist in vielen Sprachen verfügbar (http://de.wikipedia.org/wiki/Wikipedia:Sprachen).
[11] Weitere Infos zum Redaktionssystem http://www.red-web.com/

auch bei ihrer Anwendung auf Dokumente ist die Mithilfe einer interessierten Nutzergemeinschaft von großer Bedeutung. Die Semantic-Web-Forschergemeinschaft befasst sich bereits seit einiger Zeit mit Werkzeugen zum gemeinschaftlichen Ontologieaufbau. Derartige Ansätze werden nun massiv ausgebaut und in verschiedener Hinsicht durch Kombinationen von Semantic und Social Web erweitert werden (Ankolekar et al. 2007; Blumauer und Pellegrini, 2008; Hotho und Hoser 2007), darunter beispielsweise semantische Wikis (Buffa et al. 2008; Lange et al. 2008) oder Software für semantisches Blogging (Bojars et al. 2008).

Fazit

Es kann sehr sinnvoll sein, bestimmte Terminologiesysteme mit Fachbegriffen, Ontologien in die semantischen Suchverfahren einzubinden, wenn dieser Fachwortschatz in der Wikipedia nicht ausreichend abgedeckt ist.

13.3   Semantische Suchverfahren

In zahlreichen Forschungs- und auch kommerziellen Projekten wird derzeit versucht, Suchmaschinen intelligenter zu machen, indem die Fortschritte der computerlinguistischen Verfahren in der Suchmaschinentechnologie im Internet oder in einem digitalen Textarchiv integriert werden. Einerseits werden komfortablere Benutzerschnittstellen (natürlich sprachliche Eingabemöglichkeiten) geschaffen und andererseits wird versucht, mit semantischen Methoden die Effektivität der Suchalgorithmen zu verbessern. Voraussetzung für die Anwendung ist jedoch das Vorhandensein von Wissensbasen, die sowohl allgemeines und linguistisches Wissen, als auch domänen-spezifisches Wissen aufbereiten.

Unter einem *semantischen Suchverfahren* wird in dieser Arbeit eine Technik verstanden, die in Anlehnung an Dengel wie folgt definiert werden kann:

Die semantische Suche beschreibt einen Suchprozess, in dem in einer beliebigen Phase der Suche formale Semantiken verwendet werden. (Dengel 2012)

Mit Suchphasen sind die einzelnen Phasen des klassischen IR gemeint, wie die Suchanfragebearbeitung, die Suche oder die Indexierung (Verschlagwortung). Wenn in einer dieser Phasen formale Semantik zum Einsatz kommt, so kann von einer semantischen Suche gesprochen werden.

Für die redaktionelle Arbeit ist es von großem Nutzen, wenn in einem Redaktionssystem nicht nur eine klassische Stichwortsuche, wie bei Google, Bing und Co. eingesetzt wird, sondern mit einem semantischen Suchverfahren der Inhalt der Texte erschlossen werden kann. Zu diesem Zweck wurde im Redaktionssystem *red web* die Stichwortsuche mit einer inhaltsbasierten semantischen Suche (Find-it) ergänzt. Bei der inhaltsbasierten semantischen Suche wird die Bedeutung der Dokumenteninhalte mit Hilfe formaler Wissensrepräsentationen (z. B. Ontologien, Lexikas, Wörterbücher, etc.) explizit gemacht.

Die Güte bei semantischen Suchverfahren wird vor allem durch die Qualität der eingesetzten externen Quellen (formale Wissensrepräsentationen) bestimmt. Find-it setzt für das Redaktionssystem *red web* bei der Redaktionsarbeit folgende Komponenten ein:

* Die Wikipedia der jeweiligen Sprache als primäre Wissensbasis (siehe auch Fazit Abschn. 13.2)
* Eine eigene, pflegbare Wissensbasis zur Erkennung von Eigennamen (mit einer Verlinkung zum Munzinger-Archiv[12])
* Ein domänenspezifisches (für Redaktoren) Terminologiesystem
* Die umfangreichen Wörterbücher der Canoo Engineering AG

Das in dieser Arbeit für das Redaktionssystem vorgestellte semantische Suchverfahren ist eine Teilkomponente von Canoo Find-it. Find-it ist eine Textmining-Software für treffergenaue Suche und intelligente Inhaltsanalyse. Das semantische Suchverfahren besteht aus Verfahren zu *linguistischen Wortanalysen*, zur *statistischen Ähnlichkeit von Dokumenten* und *zur Klassifikation von Texten*. Diese werden in den nächsten Kapiteln weiter beschrieben.

Fazit Der Einsatz verschiedener semantischer Verfahren ist zur Steigerung der Informationsgewinnung in großen Datenquellen nicht nur nötig, sondern unumgänglich. Dabei spielt die Güte der eingesetzten externen Quellen eine zwangläufig bedeutende Rolle.

Sind die Datenquellen, wie z. B. in einem Redaktionssystem, nicht auf eine Domäne begrenzt, ist dies eine zusätzliche Herausforderung. Zudem wächst das sogenannte Weltwissen ständig, also die zu verarbeitende Informationsquellen (Big Data), was zu einer massiven Steigerung der Verarbeitungszeit der Datenquellen führt.

Die semantischen Verfahren müssen deshalb nachhaltig aufgebaut sein. Regelmäßig eingespielte Daten-Updates halten das „Wissen" aktuell, sodass auch neue Begriffe, Entitäten und Themen erkannt und verstanden werden. Die Datenstrukturen müssen so aufgebaut sein, dass sie flexibel im Unterhalt sind und die Kosten dazu nicht exorbitant wachsen.

13.4 Linguistische Wortanalysen

Allgemein bei der Verarbeitung von Texten, aber speziell bei der semantischen Suche spielt die linguistische Wortanalyse eine entscheidende Rolle bei der Beurteilung der Qualität der Systeme. Die linguistische Wortanalyse, also die Güte der Lemmatisierung und der Kompositazerlegung muss qualitativ hochwertig sein, um brauchbare Suchresultate in der Welt von Big Date zu erhalten.

Für Sprachen mit einer reichen Morphologie, wie z. B. das Deutsche, spielt die Berücksichtigung von Flexion und Wortbildung, im einfachsten Fall bei der Ermittlung von Grundformen für Textwörter (die Lemmatisierung), eine wichtige Rolle bei der automatischen Indexierung von digitaler Information. Häufig werden in Suchmaschinen für die Lemmatisierung sogenannte Stemming-Methoden verwendet, die mittels Heuristiken (vermeintliche) Endungen abschneiden. Einige verbreitete

---

[12] Damit ist es möglich Dokumente automatisch mit der entsprechenden Biographie aus dem Munzinger-Archiv zu verlinken https://www.munzinger.de/

Stemming-Ansätze werden in Modern Information Retrieval (*Baeza-Yates* und Ribeiro-Neto 2011) beschrieben. Bereits für schwach flektierende Sprachen wie das Englische, kann das Abschneiden von Endungen ohne Berücksichtigung des Stammes problematisch sein. Wenn sowohl *rating* als auch *rats* zu *rat* reduziert wird, verschlechtert dies die Präzision der Verschlagwortung. Im Deutschen tritt dieses Phänomen bereits bei Flexionsendungen auf. Nimmt man –en als gängige Pluralendung, dann wird Buchen fälschlicherweise zu Buch statt zu Buche reduziert. Da die Flexionsendungen deutscher Substantive nicht nur untereinander mehrdeutig sind, sondern sich zudem mit auslautenden Zeichenfolgen von Stämmen überschneiden, sind sie kaum als Basis für Stemming-Verfahren geeignet.

Fazit
Für die Lemmatisierung und morphologische Wortanalyse gibt es heute ausgereifte sprachtechnologische Werkzeuge. Die Language Tools der Canoo Engineering AG verwenden ein regelbasiertes morphologisches Wörterbuch zur Wortanalyse. Für die Indexierung im Redaktionssystem *red web* zeigten die Language Tools der Canoo Engineering AG bei der Redaktion akzeptierte Suchergebnisse. Mit der Unterstützung der Tools konnte eine hochwertige automatische Indexierung und Klassifikation erreicht werden, die das strukturierte Erfassen von Texten einfacher, einheitlicher und mit höherer Präzision ermöglichen.

13.4.1 Die Technologie der Canoo Language Tools

Die Canoo Language Tools bestehen aus einer Anzahl von unterschiedlichen Analysewerkzeugen, die auf den gleichen Wort-basierten morphologischen Informationen aufbauen. Diese Informationen basieren auf generierten und gesammelten Daten mit Hilfe des WordManager Systems (ten Hacken 2009). WordManager ist ein Autorensystem für Wortformen und Flexionsregeln (Regeln zur Änderung der Gestalt eines Wortes).

Mit dem Autorensystem werden Worte mit den dazugehörenden Wortbildungsregeln erfasst und verwaltet. WordManager unterstützt den Linguisten mit entsprechenden Benutzerschnittstellen in der komplexen Aufgabe die Flexions- und Wortformations-Regeln zu spezifizieren. Die Daten werden in einer zentralen, speziell strukturierten Datenbank verwaltet. Mit Hilfe von Hilfsprogrammen kann die benötigte Information für die verschiedenen Aspekte und Formate der Sprachprodukte generiert werden. Zudem bietet das System Mittel und Werkzeuge zum Auffinden und beheben von Fehlern in den Regeln und der Konsistenzprüfung der Daten für den Linguisten an.

Die Language Tools werden für die Analyse von einzelnen Worten in einem Text verwendet und sind mit nützlichen WordManager Informationen ausgestattet, wie den Flexionsregeln, den Wortfamilien, den Wortableitungen und den Wortkompositionen. Typische Anwendungsbereiche sind Informationsextraktion, spezifische Suche bei Worten, automatische Indexierung, Text Mining, Spracherwerb, Hyperlink-Generierung, Rechtschreibeprüfer, Grammatikprogramme und maschinelle Übersetzung.

Sämtliche Komponenten der Language Tools basieren auf einer weit verbreiteten *Finite-State* Technologie. Diese Technologie verwendet einfache Finite-State Automaten oder *Transducer*, welche in Bezug auf Speicherverbrauch und Performanz als eine effiziente Implementation für die Analyse von Wortformen und Wortgenerationen gelten. Weitere detaillierte Informationen zu dieser Technologie beschreiben Koskenniemi (1983) und Karttunen (1994).

Die Firma Canoo Engineering AG bietet die verschiedenen Softwarekomponenten für effiziente und präzise Wortanalysen als Produkte an. Der Unterschied in den Produkten besteht im Wesentlichen, wie die Information im Produkt codiert und wie diese Information für verschiedene Sprachanwendungen aufbereitet werden kann. Die nachfolgenden Softwarekomponenten wurden im Redaktionssystem *red web* angewendet.

Recognizer

Für das Erkennen der Flexionsinformation steht ein einfacher *Recognizer* zur Verfügung. Der *Recognizer* erkennt, ob ein Wort (sowohl Grundformen als auch flektierte Formen) eine gültige Wortform ist. Das Resultat einer Abfrage ist eine einfache Ja/Nein-Antwort.

Lemmatizer

Der Canoo Language *Lemmatizer* kann als „Part-of-speech Tagging" (POS) den analysierten Worten ihre Wortarten (Verb, Nomen, usw.) zuordnen, aber auch die Zitatform der Worte ausgeben.

Wird das Wort „ging" in einem Text analysiert, erhält man die Information, dass das Wort ein Verb ist, und die Grundform „gehen" lautet. Das folgende Beispiel zeigt die generierte Information der Worte „ging" und „Häuser".

$$Ging \quad \rightarrow \quad gehen \, (Cat \, V)$$
$$Häuser \quad \rightarrow \quad Haus \, (Cat \, N)$$

Diese Information wird bei der Analyse verwendet, um alle Elemente der gleichen Wortfamilie (Lexeme) zu gruppieren und diese dann für die Berechnung der Relevanz eines Wortes zu verwenden.

Inflection Analyzer

Die ausführlichste Information über ein analysiertes Wort gibt der Inflection *Analyzer* aus. Für ein zu analysierendes Wort werden entsprechende Muster (linguistische Paradigmen) und morphosyntaktische Informationen generiert. In Abb. 13.2 wird die generierte Ausgabe des *Inflection Analyzers* für den Begriff „ging" in den Sprachen deutsch, englisch und italienisch gezeigt. Dabei wird das analysierte Wort der Grundform („gehen") mit den entsprechenden linguistischen Paradigmen ausgegeben. Für das angegebene Beispiel sind dies zwei Möglichkeiten: „ich ging" und „er ging". Die maschinell verarbeitbare Ausgabe bedeutet: „Ging" hat die Grundform „gehen", gehört zur Kategorie Verb *(Cat V)*, das Perfekt wird mit dem Hilfsverb sein *(Aux sein)* gebildet, es handelt sich um die erste oder dritte Person Singular *(Pers 1st)* *(Num SG)/(Pers 3rd) (Num SG)* in der Vergangenheitsform (Imperfekt) *(Temp Impf)* und dem Modus (Aussageweise) Indikativ (Wirklichkeitsform) *(Mod Ind)*. *Die Angabe (ID O-1)* ist eine systeminterne Bezeichnung.

```
Deutsch
query    -> ging
result   -> gehen
            (Cat V)(Aux sein)(Mod Ind)(Temp Impf)(Pers 1st)(Num SG)(ID 0-1),
            (Cat V)(Aux sein)(Mod Ind)(Temp Impf)(Pers 3rd)(Num SG)(ID 0-1)

Englisch
query    -> did
result   -> do
            (Cat V)(Variety BCE)(Tense Past)(ID 0-1)

Italienisch
query    -> andai
result   -> andare
            (Cat V)(Aux essere)(Mod Ind)(Temp Pass-Rem)(Pers 1st)(Num SG)(ID 0-1)
```

Abb. 13.2 Ausgabe des Inflection Analyzers

Generator

Im Gegensatz zum *Analyzer* generiert der *Generator* anhand der eingegebenen Zitatform alle möglichen Schreibweisen eines Wortes.

Word Formation Analyzer/Generator

Analog zur Flexionsinformation, gibt es weitere Komponenten für die Aspekte der Wortformationen. Der *Word Formation Analyzer* liefert den Ursprung eines zusammengesetzten Wortes oder den Ursprung dessen Ableitung. Rekursiv angewendet können ganze Ableitungsbäume eines Wortes generiert werden.

Für die umgekehrte Funktionalität wird der *Word Formation Generator* verwendet werden. Damit können z. B. alle möglichen Ableitungen und Wordformationen eines Wortes generiert werden.

Fazit

Die Canoo Language Tools eignen sich durch maßgeschneiderte Produkte für den Einsatz in Sprachanwendungen. Durch die konsistente Datenverwaltung und die umfangreiche Datenbasis kann gegenüber anderen Sprachanalyseverfahren ein besserer Qualitätsstandard der erzeugten Daten gewährleistet werden.

Von den Language Tools ist der *Lemmatizer* eine wichtige Komponente für die in diesem Papier beschriebene Methode. Der Lemmatizer ermittelt für jedes analysierte Wort im Text die Grundform und die Wortart (Verb, Nomen, usw.). Dadurch konnte die Relevanz und die Qualität der Indexierung im Redaktionssystems *red web* wesentlich verbessert werden.

13.4.2 Externe Daten

Die Basis der Daten für die Language Tools von Canoo bilden erfasste Morphologie-Wörterbücher. Verschiedene Linguisten haben bis heute für die Sprachen Deutsch, Französisch und Italienisch Worte mit den entsprechenden Wortbildungsregeln erfasst. Mit Hilfe der erfassten Daten kann die folgende Anzahl an Wortformen in den vier Sprachen generiert werden:

Für Deutsch sind 250.000 Einträge erfasst, aus denen mehr als drei Millionen deutsche Wortformen erzeugt werden.
Für Englisch sind 50.000 Einträge erfasst und es können damit 115.000 englische Wortformen generiert werden.
Für Französisch sind 40.000 Einträge erfasst und es können damit 120.000 französische Wortformen generiert werden.
Für Italienisch können aus den 50.000 Einträgen 460.000 italienische Wortformen generieren werden.

13.5   Statistische Ähnlichkeit von Dokumenten

Um Ähnlichkeiten zwischen Dokumenten zu bestimmen, wird häufig ein Verfahren namens *tf-idf* eingesetzt. Im klassischen *information retrieval* und *text-mining* wird dieses Verfahren schon seit geraumer Zeit zur Beurteilung der Relevanz von Begriffen (Termen, Schlagworten) in Dokumenten einer Dokumentenkollektion eingesetzt. Im Verfahren wird mittels statistischen Merkmalen ein Maß der Ähnlichkeit zwischen den Dokumenten bestimmt. Die Berechnung des Maßes wurde erstmals im Vektorraummodell von Salton und McGill (1983) besprochen.

Die Hauptaufgabe von *tf-idf* ist es herauszufinden, wie *wichtig* einzelne Worte in einem Dokument im Verhältnis zu anderen Dokumenten innerhalb einer Dokumentenkollektion sind. Dazu wird zu jedem Wort innerhalb eines Dokumentes gezählt, wie häufig ein Wort innerhalb eines Dokumentes erscheint (tf = term frequency).

$$tf_{i,j} = \frac{freq_{i,j}}{\max_l \left(freq_{l,j} \right)}$$

Diese Methode wird pro Term (Schlüsselwort) *i* abhängig vom Dokument j betrachtet. *Freqi,j* ist die Auftrittshäufigkeit des betrachteten Terms *i* im Dokument *j*. Im Nenner steht die Maximalhäufigkeit über alle k Terme im Dokument.

Danach wird festgestellt, wie häufig dieses Wort in allen anderen Dokumenten in jener Dokumentenkollektion vorkommt, innerhalb der nach ähnlichen Dokumenten gesucht wird. (idf = inverse document frequency).

$$idf_i = \log \frac{N}{n_i}$$

Hier ist $N = |D|$ die Anzahl der Dokumente im Korpus und n_i die Anzahl der Dokumente, die Term *i* beinhalten.

Das Gewicht w eines Terms i im Dokument *j* ist dann nach *tf-idf*:

$$w_{i,j} = tf_{i,j} \cdot_i df_i = \frac{freq_{i,j}}{\max_l \left(freq_{l,j} \right)} \cdot \log \frac{N}{n_j}$$

Allerdings sollte man sich vor dem Einsatz von *tf-idf* Gedanken darüber machen, welche Worte man für die Analyse einbezieht. Standardmäßig werden bei diesem

Verfahren alle Wörter mit in die Untersuchung einbezogen. Ein einzelnes Wort wird dabei meistens erkannt, wenn es durch ein Leerzeichen von anderen getrennt ist. Hierbei müssen erst alle „unwichtigen" und „zu häufigen" Wörter erkannt und ausgeschlossen werden. Dazu kann man eine Stoppwortliste für die häufigsten Wörter definieren (bspw.: *und, oder, mit, …*) und dadurch viele häufige Wörter ausschliessen. Eine andere Problematik bekommt man jedoch durch einfaches Erstellen einer Stoppwortliste nicht in den Griff: Wortformen. Und diese führen oft zu starken Verfälschungen der Ergebnisse, da beispielsweise schon Pluralformen eines Wortes (etwa „*Bank* oder *Banken*") und Konjugationen („gehen, gehts, ging, …") als unterschiedliche Worte behandelt werden. (Auch Wortbildungen werden als unterschiedliche Wörter vom Rechner wahrgenommen, z. B.: *Vorstandvorsitzender, Vorstandschef, Chef, Vorstand*). Inhaltlich als auch syntaktisch sind sich diese Wörter ähnlich, das *tf-idf* Verfahren stuft sie jedoch alle als unterschiedliche Wörter ein und wertet sie entsprechend.

Fazit
Tf-idf hat sich als etabliertes und robustes Verfahren bewährt, um Ähnlichkeiten zwischen Dokumenten zu analysieren. Jedoch muss für qualitativ hochwertige Ergebnisse, viel Vorarbeit in den Algorithmus investiert werden, um für die Analyse geeignete Schlüsselwörter herauszufiltern.

13.6   Klassifikation von Texten

Im Gegensatz zur manuellen Klassifizierung steht die automatische Klassifikation, die zu klassifizierenden Objekte werden aufgrund ihrer Merkmale automatisch anhand von Regeln kategorisiert oder in Klassen eingeteilt.

Für die Analyse werden alle Substantive eines Textes extrahiert (Durch Canoo Language Tools wird im Vorfeld festgestellt, welche Wörter ein Substantiv sind). Danach werden über alle extrahierten Wörter hinweg die semantischen Kategorien in der Wikipedia der entsprechenden Wörter gesammelt und im Anschluss daran untersucht, welches die häufigsten Kategorien innerhalb eines Textes sind. Die statistisch auffälligsten Kategorien werden dann in der Datenbank mit dem entsprechenden Dokument assoziiert und indexiert. Dadurch ist es möglich die Vielzahl der Kategorien, die es in der Wikipedia gibt, auf wenige relevante zu beschränken und diese einem Text zuzuordnen.

Abb. 13.3 zeigt exemplarisch das Analyseergebnis der gefundenen Kategorien, die mit den verschiedenen semantischen Verfahren gefunden wurden. Analysiert wurde ein Zeitungsartikels des Schweizer Wirtschaftsmagazin Bilanz[13]. Der Artikel berichtet über die Reichstenliste der Schweiz. Diese Liste enthält viele unterschiedliche Namen und zeigt, wie viele Personen und Organisationen mit

---

[13] Quelle Bilanz: http://www.bilanz.ch/bildergalerie/die-zehn-reichsten-der-reichsten

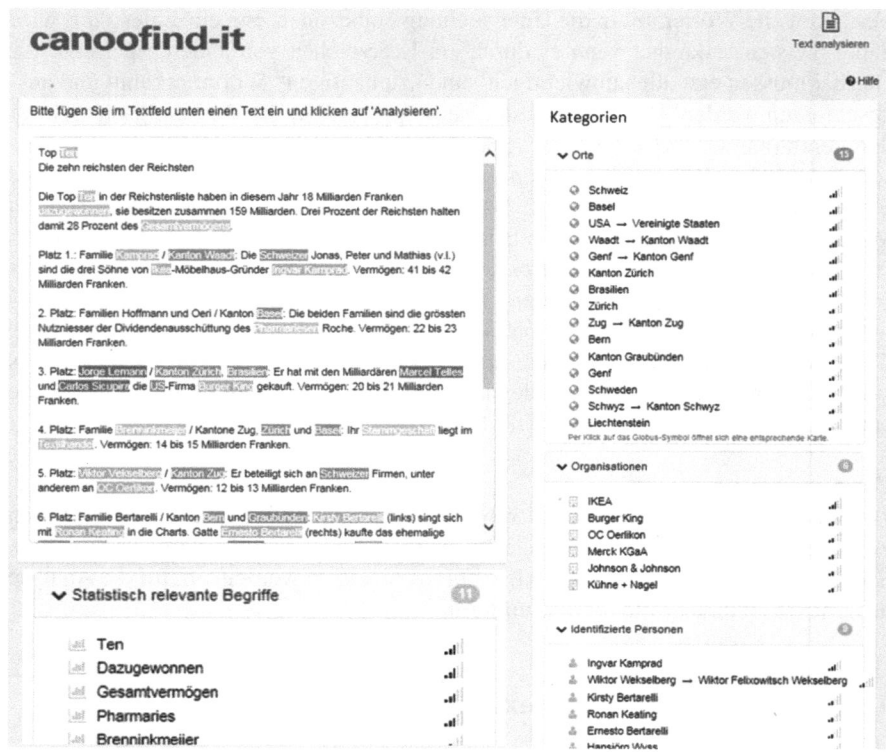

Abb. 13.3 Die Analyse mit Demo Find-it zeigt die gefundenen Kategorien

Hilfe der beschriebenen semantischen Verfahren in der Wissensquelle erkannt wurden.

Weiter wird auch gezeigt, wie die Analyse die gefundenen Schlüsselworte Kategorien zuordnet und gewichtet. Das Analyse-Werkzeug erkennt neben den wichtigen Begriffen auch deren Synonyme.

Erkannt wurden u. a. Synonyme inkl. der Deklination und alternativen Schreibweisen:

- US = USA = Vereinigte Staaten = Vereinigte Staaten von Amerika
- Genfer = Genf
- Viktor Vekselberg = Wiktor Wekselberg = Wiktor Felixowitsch Wekselberg

Dadurch kann man beispielsweise bei Suchen einem Benutzer – alternativ zu einer „normalen" Suche – die Möglichkeit anbieten, seine Ergebnisse durch Themen zu filtern.

13.7 Semantische Kategorisierung und themenbasierte Indexierung von Dokumenten für eine Zeitungsredaktion

Generell kann man sagen, dass die drei beschriebenen Verfahren, *Nutzen von externen Wissensquellen*, *semantische Suchverfahren* und *linguistische Wortanalysen* für sich jeweils starke Vorzüge besitzen.

So ermöglichen externe Wissensquellen eine Unmenge an Sachverhalten digital thematisch nachzuschlagen. Wird die gut aufbereitete Struktur der Wikipedia mit einer Lizenz verwendet, ermöglicht dies auch das kommerzielle Verwenden der Wikipedia[14] und kann zur Analyse von Dokumenten eingesetzt werden.

Allerdings kann man die Wikipedia zwar herunterladen,[15] jedoch ist damit noch nicht viel erreicht. Sie muss für eine effektive Verwendung nach dem Download für die Analyse von Dokumenten weiter strukturell bearbeitet werden. Eine effiziente Architektur muss von Fall konstruiert werden. Die Software des Open-Source Projektes Wikipedia-Miner (Milne und Witten 2009) unterstützt solche Arbeiten.

Werden die Language Tools der Canoo Engineering AG bei semantischen Suchverfahren zur Indexierung eingesetzt, bieten diese die Möglichkeit, digitale Dokumente von starkem „Rauschen" zu befreien und beispielsweise die Suchanfrage in einem System effizienter zu gestalten. Die Tools bieten hier eine Vielzahl von Komponenten an, um Texte besser und produktiver analysieren zu können.

Die statistische Ähnlichkeit von Dokumenten zeigt, dass der Algorithmus *td-idf* an sich zwar robust und effektiv ist, man jedoch noch einiges an Vorarbeit investieren muss, um ordentliche Resultate zu erhalten.

In den beiden nun folgenden Punkten wird gezeigt, wie durch die Kombination der verschiedenen Techniken neue – und vor allem bessere – Ergebnisse aus der Analyse von Dokumenten entstehen.

13.7.1 Das Auffinden ähnlicher Dokumente

Wie bereits oben angesprochen ist *tf-idf* zwar ein robustes Verfahren um Ähnlichkeiten zwischen Dokumenten zu berechnen, jedoch muss einiges in die Vorarbeit investiert werden, um nur die relevanten Worte eines Textes für die Analyse zu nutzen. Es hat sich als sehr effektiv erwiesen hier eine Kombination der Language Tools Produkte und *tf-idf* einzusetzen.

Je nach Datenbasis ist es meistens wünschenswert für die Analyse nur die Substantive eines Dokumentes zu verwenden, was man mit den Language Tools einfach bewerkstelligen kann. Des Weiteren kann man verschiedene Wortformen vollständig erkennen und auf die Grundwortform konjugieren, was – das bereits mehrfach angesprochene – „Rauschen" bei Textanalysen deutlich senkt. Dieses „Rauschen" wird klarer, wenn man sich beispielsweise die verschiedenen

---

[14] http://de.wikipedia.org/wiki/Wikipedia:Lizenzbestimmungen

[15] http://download.wikimedia.org/

Wortformen von *gehen* ansieht: gehe, gehest, gehen, gehet, ginge, gingest, gingen, ginget, gehend, gegangen. Ohne den Einsatz der Language Tools würde *tf-idf* hier 11 unterschiedliche Wörter identifizieren und entsprechend gewichten, anstelle von nur dem einen Wort: *gehen*. Dazu können Wortkombinationen erkannt und ebenfalls auf die jeweilige Grundform zerlegt werden.

Tf-idf kann man jedoch nicht nur auf die Wörter eines Dokumentes verwenden, sondern auch auf die inhaltlichen Strukturen der Wikipedia.

Zu jedem Wort, welches nach der Filterung durch die Language Tools noch zur Analyse zur Verfügung steht, kann man feststellen, ob es dazu einen passenden Wikipedia-Artikel gibt. Daraufhin kann man die dort vorhandenen semantischen Strukturen verwenden, um ein erneutes *tf-idf* auf diese Informationen durchzuführen.

Das folgende Beispiel zeigt den Umgang mit zwei in einem Text gefunden Wörtern: „UBS" und „Credit Suisse". Mit den Language Tools und *tf-idf* alleine sind dies unterschiedliche Wörter und werden in der Analyse auch als solche behandelt. Beim Betrachten der semantischen Struktur innerhalb der Wikipedia erkennt man jedoch die Gemeinsamkeiten beider Wörter:

Die Abb. 13.4 und 13.5 zeigen die Kategorien der Begriffe der Wikipedia-Artikel.

Beide Wörter besitzen die gemeinsamen Kategorien „Kreditinstitut (Schweiz) & Unternehmen (Zürich)".

Bei einer doppelten Analyse von *tf-idf* – einmal über die Wörter der Dokumente und einmal über die zugehörigen semantischen Kategorien der gefundenen Wörter in der Wikipedia – ergeben sich mit einer Vorfilterung durch die Language Tools erstaunlich gute Ergebnisse, da *tf-idf* die mehrfach auftretenden Kategorien als wichtige Schlüsselwörter erkennt und entsprechend aufbereitet und gewichtet.

Fazit

Bei einer Vorfilterung der Worte eines Dokumentes und einer weiteren Analyse der semantischen Kategorien in einer externen Wissensquelle sind die Ergebnisse eines *tf-idf* Verfahrens bedeutend besser, als wenn man keine Filterung vollzieht. Zudem

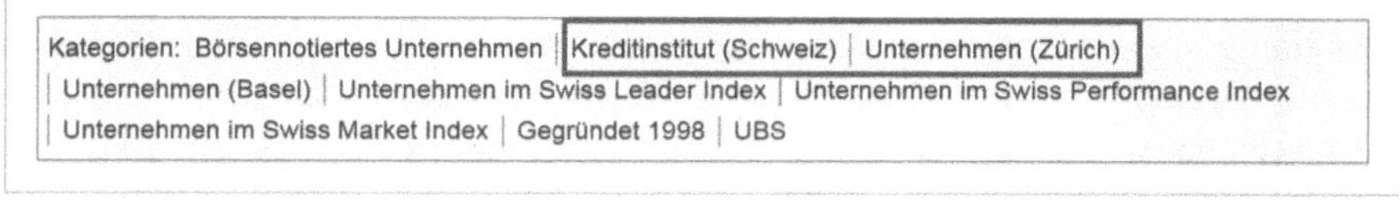

Kategorien: Börsennotiertes Unternehmen | Kreditinstitut (Schweiz) | Unternehmen (Zürich) | Unternehmen (Basel) | Unternehmen im Swiss Leader Index | Unternehmen im Swiss Performance Index | Unternehmen im Swiss Market Index | Gegründet 1998 | UBS

Abb. 13.4 Begriff UBS in Wikipedia-Artikel

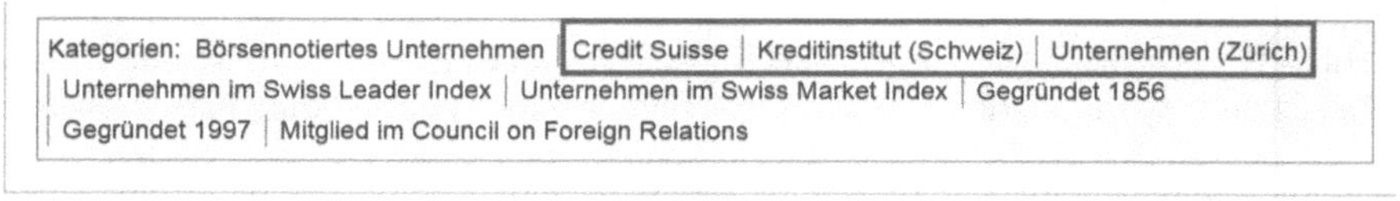

Kategorien: Börsennotiertes Unternehmen | Credit Suisse | Kreditinstitut (Schweiz) | Unternehmen (Zürich) | Unternehmen im Swiss Leader Index | Unternehmen im Swiss Market Index | Gegründet 1856 | Gegründet 1997 | Mitglied im Council on Foreign Relations

Abb. 13.5 Begriff Credit Suisse in Wikipedia-Artikel

werden die Ergebnisse verbessert, indem man *tf-idf* noch in einem zweiten Schritt auf die jeweiligen Kategorien der Artikel anwendet, die als Wörter in einem Dokument vorhanden sind.

13.7.2 Automatisches Kategorisieren und Klassifizieren von Dokumenten

Zur Routinetätigkeit in Redaktionen zählt auch das Ordnen von Informationen. Mit Hilfe von Kategorisierung und Klassifizierung kann eine Vielzahl an Informationen bzw. Daten nach bestimmten Kriterien geordnet, in ihrer Komplexität reduziert und in übersichtlicher Form dargestellt werden.

Beim Kategorisieren wird versucht, eine Menge an Dokumenten, die durch gleiche Merkmale wie gemeinsame Schlagworte gekennzeichnet sind, zusammenzufassen (z. B. bilden alle Personen die in einem Dokument vorkommen, die Bankangestellte sind eine Kategorie Banker).

Beim Klassifizieren wird versucht, regelmäßig auftretende Schlüsselworte, die einem Sachverhalt entsprechen, zu identifizieren und in eine Beziehung bzw. Hierarchie zueinander zu bringen (z. B. können Agenturmeldung nach Ressorts wie Wirtschaft, Kultur, usw. klassifiziert werden).

Mit der Kombination der oben beschriebenen Verfahren kann man Find-it Texten nicht nur Schlagworte zuweisen, sondern ebenso automatisch eine oder mehrere Themenkategorien. Dadurch können Texte organisiert werden, bei Bedarf auch hierarchisch. Die Menge möglicher Zielkategorien (externe Wissensquellen, wie z. B. eine Taxonomie) können vorgeben werden.

Da Find it auch von den Canoo Language Tools gelieferten Schlagworte als Zwischenschritt verwendet, erbt die Klassifikation die hohe Qualität von der Indexierung (Abschn. 13.4 Linguistische Wortanalysen).

Folgende Anwendungen sind damit möglich:

- Zeitungsredaktionen: Eingehende Agenturmeldungen, E-Mails, Dokumente automatisch Ressorts zuweisen
- Informationsdienstleistungen: Eingehende News/Informationen (aus verteilten und heterogenen Inputkanälen) einheitlich klassifizieren und automatisch passenden Outputkanälen (Newsfeeds) zuordnen

13.8 Ausblick

Diese Arbeit zeigt Wege auf, mit der gebräuchliche Textanalysen qualitativ gewinnen können. Einmal ist es erforderlich gute „Werkzeuge" zur Vorverarbeitung von Dokumenten einzusetzen, um das „Rauschen" innerhalb der Analyse möglichst klein zu halten. Die Language Tools eignen sich hierbei in den angewandten Fällen gut und stehen für deutsch, englisch, französisch und italienisch zu Verfügung.

Durch diese „einfachen" Filterungen werden die Ergebnisse bewährter Algorithmen deutlich verbessert.

Das Spezielle an diesem Ansatz ist die Kombination von externen Wissensquellen (Wikipedia, Glossaren, usw.) mit klassischen Verfahren und das daraus entwickelte „semantische Suchverfahren". Mit der Wikipedia steht eine mächtige und gut strukturierte Datenbank zur freien Verfügung. Da die Betreiber der Wikipedia in regelmäßigen Abständen einen aktuellen Download anbieten, kann selbst zeitgemäßer Inhalt angemessen analysiert und verarbeitet werden. Vor allem darf man nicht außer Acht lassen, dass die Wikipedia jeden Tag weiter wächst und die Qualität der Einträge einer relativ guten Selbstkontrolle unterworfen ist. Die Wikipedia hat bis heute eine sehr gute Informationsqualität erreicht. Zwar muss man selbst Hand anlegen, um mit der Wikipedia Textanalysen durchführen zu können, aber diese Mühe lohnt sich.

In dieser Arbeit wurde nur rudimentär auf die weiteren Analyse- und Einsatzmöglichkeiten der Wikipedia eingegangen (Auflösung der Mehrdeutigkeit durch die externe Wissensquelle Wikipedia in Abschn. 13.2.1), es sollte aber erwähnt werden, dass die kausal vorhandenen Linkstrukturen innerhalb der Wikipedia noch in weiteren Fällen herangezogen werden können (Rankings, Auffinden weitere Informationen etc.). Dies wird aber im Rahmen dieser Arbeit nicht weiter besprochen.

Diese Arbeit zeigt wie mit Hilfe der Daten von externen Wissensquellen und domänenspezifischen Quellen in Kombination mit statistischen Indexierungsverfahren der Nutzen in einem Redaktionssystem wie z. B. dem *red web* wesentlich gesteigert werden kann. Durch die automatische Indexierung und Klassifikation mit den Werkzeugen von Canoo Find-it geschieht das strukturierte Erfassen von Texten einfacher, einheitlicher und mit höherer Präzision. Das ermöglicht es, den kommerziellen Wert der Inhalte besser zu realisieren. Es hat sich gezeigt, dass die Redaktion bei ihrer Arbeit durch eine effizientere Suche, beim Schreibprozess und im Themenmanagement besser unterstützt wird. Im Weiteren erlaubt es einem Verlag, Lesern völlig neue Produkte anzubieten, wie z. B. automatische Themenseiten, Abonnieren von Themen, selbstaktualisierende Dossiers, personalisierte Auswahl von Inhalten, u.v.m.

Die semantische Suche ist das Paradebeispiel für Big Data Anwendungen. Bei solchen Anwendungen ist das Management der Daten von zentraler Bedeutung. Neben der Generierung bzw. Beschaffung von Daten ist die Speicherung und das Retrieval komplexer Datenstrukturen ein zentraler Bestandteil der Big Data Methodologie. Weitere Teilaufgaben sind die Annotation von Wissen mittels Textmining Verfahren, die Verknüpfung zu anderen Wissensbasen (z.B. Geoinformationssystemen), die Integration von (explizitem und implizitem) Nutzerfeedback etc. Für das Management und die effiziente Speicherung großer semantischer Datenmengen werden dabei Methoden mit nicht-relationaler Datenspeicherung (NoSQL) eine immer bedeutendere Rolle spielen.

Mit diesen Verfahren ist sich der Autor sicher, dass in absehbarer Zeit noch weitere Einsatzmöglichkeiten mit der Einbindung von zusätzlichen Informationsquellen in den Indexierungsprozess gefunden werden, um nicht in der digitalen Informationsflut von Big Data unterzugehen.

Literatur

Ankolekar, A., Krötzsch, M., Tran, T., Vrandecic, D.: The two cultures: mashing up Web 2.0 and the semantic web. In: 16th International World Wide Web Conference (WWW 2007). Banff, Alberta, (S. 825–834). Curran, Red Hook (2007)

Baeza-Yates, R., Ribeiro-Neto, B.: Modern Information Retrieval. 2. Aufl. Addison-Wesley/ACM Press, New York (2011)

Blumauer, A., Pellegrini, T. (Hrsg.): Social Semantic Web: Web 2.0 – Was nun? Springer, Berlin (2008)

Bojars, U., Breslin, J.G., Finn, A., Decker, S.: Using the semantic web for linking and reusing data across Web 2.0 communities. J. Web Semant. 6(1), 21–28 (2008)

Buffa, M., Gandon, F.L., Sander, P., Faron, C., Ereto, G.: SweetWiki. J. Web Semant. 6(1), 84–97 (2008)

Bunescu, R., Pasca, M.: Using encyclopedic knowledge for named entity disambiguation. In: Proceedings of the 11th Conference of the European Chapter of the Association for Computational Linguistics (EACL-06), Trento (2006)

Cucerzan, S. Large-scale named entity disambiguation based on Wikipedia data. In: Proceedings of Empirical Methods in Natural Language Processing (EMNLP 2007), Prague (2007)

Dengel, A.: Semantische Technologien: Grundlagen. Konzepte. Anwendungen. Spektrum Akademischer Verlag, Heidelberg (2012). ISBN 9783827426635

Finkelstein, L., Gabrilovich, Y.M., Rivlin, E., Solan, Z., Wolfman, G., Ruppin, E.: Placing search in context: the concept revisited. ACM Trans. Inf. Syst. 20(1), 406–414 (2002)

Gabrilovich, E., Markovitch, S.: Overcoming the brittleness bottleneck using Wikipedia: Enhancing text categorization with encyclopedic knowledge. In: Proceedings of the Twenty-First National Conference on Artificial Intelligence, Boston (2006)

Gabrilovich, E., Markovich, S.: Computing semantic relatedness using Wikipedia-based explicit semantic analysis. In: Proceedings of the 20th International Joint Conference on Artificial Intelligence (IJCAI'07), Hyderabad (2007)

Hotho, A., Hoser, B. (Hrsg.): Bridging the Gap between Semantic Web and Web 2.0: Workshop located at the European Semantic Web Conference (ESWC 2007). Innsbruck, Austria. Retrieved 13 Nov 2008, from http://www.kde.cs.uni-kassel.de/ws/eswc2007/program.html (2007). Zgegriffen am 24.05.2016

Karttunen, I.: Constructing lexical transducers. In: The Proceedings of the 15th International Conference on Computational Linguistics. Coling 94, Bd. I, S. 406–411. Kyoto (1994)

Koskenniemi, K.: Two-level morphology. A general computational model for word-form recognition and production. Department of General Linguistics, University of Helsinki (1983)

Lange, C., Schaffert, S., Skal-Molli, H., Völkel, M. (Hrsg.): The Wiki Way of Semantics. In: Proceedings of the 3rd Semantic Wiki Workshop (SemWiki 2008) at the 5th European Semantic Web Conference (ESWC 2008), Tenerife. CEUR Workshop Proceedings, Bd. 360 (2008)

Milne, D., Witten, I.H.: Learning to link with Wikipedia. In: Proceedings of the ACM Conference on Information and Knowledge Management (CIKM'2008), Napa Valley (2008)

Milne, D., Witten, I.H.: An open-Source toolkit for mining Wikipedia. https://github.com/dnmilne/wikipediaminer (2009) . Zgegriffen am 24.05.2016

Pohl, A.: Improving the Wikipedia miner word sense disambiguation algorithm. In: Proceedings of Federated Conference on Computer Science and Information Systems 2012, S. 241–248, Wroclaw 9–12 Sept 2012, ISBN:978-83-60810-51-4

Salton, G., McGill, M.J.: Introduction to Modern Information Retrieval. McGraw-Hill, New York (1983). ISBN 0070544840

Zesch, T., Müller, C., Gurevych, I.: Extracting lexical semantic knowledge from Wikipedia and Wiktionary. In: Proceedings of the 6th International Conference on Language Resources and Evaluation (LREC 2008) S. 1646–1652, Paris (2008)

Skalierbar Anomalien erkennen für Smart City Infrastrukturen

14

Djellel Eddine Difallah, Philippe Cudré-Mauroux,
Sean A. McKenna, und Daniel Fasel

Zusammenfassung

In diesem Kapitel wird ein Informationssystem beschrieben, welches Anomalien in großen Netzwerken erkennen kann. Ein solches Netzwerk ist beispielsweise das Wasserversorgungsnetz einer Stadt. Anhand eines Prototyps wird aufgezeigt, wie potenzielle Anomalien dynamisch und in Echtzeit entdeckt werden können.

Schlüsselwörter

Smart City Infrastrukturen • Streaming Data • Anomaly Detection

Dieser Kapitel basiert auf dem Artikel „Scalable Anomaly Detection for Smart City Infrastructure Networks", Internet Computing, IEEE 17(6):47, 2013.

D.E. Difallah (✉) • P. Cudré-Mauroux
Universität Fribourg, Fribourg, Schweiz
E-Mail: djelleleddine.difallah@unifr.ch; pcm@unifr.ch

S.A. McKenna
IBM Research Smarter Cities Technology Center, Dublin, Irland
E-Mail: seanmcke@ie.ibm.com

D. Fasel
Scigility AG, Marly, Schweiz
E-Mail: df@scigility.com

© Springer Fachmedien Wiesbaden 2016
D. Fasel, A. Meier (Hrsg.), *Big Data*, Edition HMD,
DOI 10.1007/978-3-658-11589-0_14

289

14.1   Einführung

Smart Cities basieren auf physikalischen Systemen, welche die fundamentale Infrastruktur für das Leben in urbanen Gebieten bereitstellen. Diese Systeme setzen sich unter anderem aus Straßen, Kanalisation, Wasserversorgung, Stromversorgung, Gleise, Abfallentsorgung etc. zusammen. Da unsere Gesellschaft sich weiterhin stark urbanisiert, versuchen Städte mehr Wertschöpfung aus ihren existierenden Infrastrukturen herauszuholen. Dabei versuchen sie die Lebensdauer ihrer Infrastruktur zu erweitern und bessere Entscheidungen über Planung und Unterhalt der Infrastrukturen zu treffen. Die schnelle Entwicklung der neuen Sensortechnologien und Sensornetzwerke bergen ein enormes Potenzial für Städte, um ihre Infrastrukturen besser unterhalten und nutzen zu können. Durch die neuen Sensoren können Messwerte in Echtzeit gesammelt werden. Dies Bedarf aber erweiterter und neuer Informationssysteme, um diese Menge an Daten absorbieren und analysieren zu können.

In diesem Kapitel wird die Infrastruktur eines Wasserversorgungsnetzwerks (WVN) genommen und aufgezeigt, wie diese mit Sensoren besser überwacht werden kann. Ein WVN kann durch einen direkten Graphen beschrieben werden, welcher typischerweise auch einige zyklische Abhängigkeiten besitzt. Die Elemente des Graphs sind Rohre als Kanten und die Knoten stellen Endpunkte im Graph dar, bei welchen Rohre miteinander verbunden werden oder wo Wasser entnommen wird. Im Gegensatz zu anderen Infrastrukturnetzwerken wie Stromnetze oder Telekommunikationsnetze wird das Wasser sowohl in den Rohren als auch in den Endpunkten gespeichert. Des Weiteren ist die Geschwindigkeit, wie sich Wasser ausbreitet, langsamer als beispielsweise in Stromnetzen.

Messwerte bei WVN betreffen die Infrastruktur (z. B.: Wasserdruck) und die Wasserqualität (z. B.: Chlorwerte des Wassers). Klassisch werden hydraulische Messwerte kontinuierlich bei wenigen Elementen im Netzwerk gemessen. Wasserqualitätswerte werden heute meist durch manuelle Stichproben gemessen. Echtzeitverarbeitungssysteme, die in den letzten zehn Jahren, aufgebaut wurden, haben eine ähnlich schwache Abdeckung an Messpunkte, wie bei manuellen Messungen. Die Sensoren sind meist fest mit einem zentralen Überwachungssystem verbunden. Dadurch sind solche Systeme nur limitiert in einem WVN einsetzbar und bringen hohe Installations- und Wartungskosten mit sich (siehe auch Walski et al. (2005)). Diese Einschränkungen führen dazu, dass die Anzahl der Messstationen oft nur einen Bruchteil eines gesamten WVN einer Stadt überwachen können. Die Wasserversorgung ist daher heute immer noch stark davon abhängig, dass Einwohner Probleme melden. Die Überwachung dieser Netze kann heute schlicht nicht alle Probleme, wie beispielsweise lokale Wassereinbrüche, messen.

14.2   Weitere Arbeiten über kabellose Sensornetzwerke

Akyildiz et al. (2002) haben einige Anwendungen zur Überwachung von WVN zusammengefasst. Dabei haben die Autoren unter anderem Anwendungen diskutiert, die Überflutungen, Wasserwerte und landwirtschaftliche Wasserentnahme überwachen und steuern sollen. Auch wenn heute noch nicht das volle Potenzial bei Messen und Überwachen von WVN erreicht ist, wurden dennoch bei

Wasserdruck- und Wasserqualitätsüberwachung Fortschritte gemacht (siehe auch Corke et al. (2010)). Stoianov et al. (2007) entwickelten einen Prototypen für die Überwachung der Kanalisation in Boston. Allen et al. (2011) beschreiben eine Applikation, welche Wasserdruck und Akustik in Singapurs Trinkwasserversorgungssystem misst. In diesem Versorgungsystem senden 25 Messstationen 4–8 KB/s Daten über 3G Netzwerke an eine zentrale Verarbeitungsstation. Die durchschnittliche Distanz zwischen Messstation und Verarbeitungsstation liegt hier bei einem Kilometer.

14.3 Herausforderungen der Wasserversorgungsüberwachung

Durch die heutige Miniaturisierung der Sensoren ergeben sich neue Möglichkeiten ein WVN zu überwachen (Akyildiz et al. (2002)). Die Miniaturisierung führt zu sehr stromsparenden Sensoren, die viel einfacher im WVN verteilt werden können und somit eine größere Flächenabdeckung bei der Überwachung der WVN bieten können. Die Datenströme dieser Sensoren erlauben den Versorgern ihr WVN effizienter in Echtzeit zu überwachen, Probleme schneller zu erkennen und auch vorsorgliche Wartungsarbeiten besser zu koordinieren.

Neue Sensoren messen beispielsweise den Wasserkonsum in Endpunkten und übermitteln diese Werte in Abständen von 15 bis 60 Minuten per Internet an den Wasserversorger. Diese Übermittlungsrate kann bei einigen Installationen sogar auf Minuten getaktet werden. Mit dem Einsatz geeigneter analytischer Methoden kann das Potenzial dieser Daten optimal ausgeschöpft werden. So können beispielsweise variable Tarifmodelle erstellt werden, die sich am effektiven Konsum des Endkunden orientieren oder auch Wasserdiebstahl und Wasserlecke können mit diesen Daten entdeckt werden.

Um diese Potenziale bei WVN aber ausschöpfen zu können, müssen zuvor einige Schlüsselprobleme gelöst werden. Flächendeckende Überwachung des WVN bedingt die Installation eines Sensors an jedem Knoten. Die Installation von Sensoren in den Rohren, die über ein Wide-Area-Network (WAN) verbunden sind oder gar die Daten selber verarbeiten können, ist heute noch eine große Herausforderung. Konsequenterweise ist es eminent wichtig, dass eingesetzte Sensoren robust, fehlertolerant und möglichst stromsparend sind.

Wasserdiebstahl und Wassereinbrüche sind zeitkritische Probleme. Das heißt, dass das Erkennen solcher Anomalien in Echtzeit wünschenswert ist, aber durch die Größe und Komplexität des WVN heute kaum möglich ist. Heutige Sensoren und Analysemethoden brauchen für die Erkennung solcher Anomalien teils Stunden. Des Weiteren sind die Daten, die heutige Systeme liefern, oft fehlerhaft und müssen zuerst manuell aufbereitet werden, bevor sie analysiert werden können. Die Systeme und Software, die diese Analysen heute machen, sind sehr effizient mit kleinen Datenmengen, aber bei großen kontinuierlichen Datenströmen stoßen sie an ihre Leistungsgrenzen.

Mit Big Data Analytik können sowohl große Datenmengen von Echtzeitdatenströmen, wie auch historische Daten des WVN analysiert werden. Es gibt aber heute noch kein ausgereiftes Produkt auf dem Markt, das all diese Ansprüche erfüllt. Relationale Datenbanken können diese großen Datenmengen von Time-Series Daten nur unzulänglich verarbeiten. Verarbeitungsplattformen wie Matlab arbeiten auf einfachen Dateistrukturen und sind oft limitiert durch den Arbeitsspeicher. Konsequenterweise braucht es einen neuen Ansatz, diese Daten zu speichern und zu verarbeiten.

In den nachfolgenden Kapiteln wird eine Architektur und ein Prototyp vorgestellt, welche alle genannten Herausforderungen lösen kann.

14.4 Architektur

Eine vereinfachte Darstellung für die Internet Infrastruktur für WVN ist in Abb. 14.1 dargestellt. Die Architektur kann in drei Hauptkomponenten unterteilt werden:

(i) Die Wassersensoren, welche Wasserdruck, Wasserfluss und Wasserqualität lokal messen. Diese übermitteln ihre Werte per Broadcast an die Basisstationen.

(ii) Selbstorganisierende Basisstationen, welche die Sensormesswerte zusammentragen, über eine Echtzeitverarbeitungslogik (siehe rechte Seite auf der Abbildung) fehlerhafte Daten bereinigen und diese dann über ein Overlay Netzwerk zur Verfügung stellen.

(iii) Ein Array Database Management System Backend, das die Werte vom gesamten WVN analysiert und persistiert.

14.4.1 Sensorinfrastruktur

Um feinmaschige Analysen von großen WVN zu erreichen, muss eine große Anzahl von Sensoren verteilt werden, sodass möglichst alle Knoten (potenziell auch Kanten)

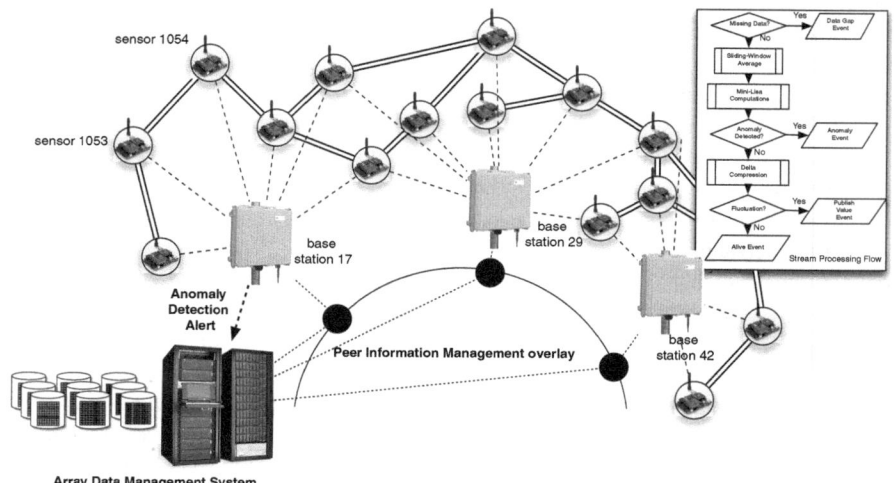

Abb. 14.1 Architekturübersicht für Wasserversorgungssensornetzwerk

überwacht werden. Um dieses Ziel zu erreichen, soll die Funktionalität der Sensoren limitiert sein, um Kosten und Energiekonsum zu reduzieren. Die Sensoren sollen des Weiteren einfach zu installieren und genügend robust für die Umgebung in einem WVN sein. Daher speichern die Sensoren ihre Messwerte nicht, sondern leiten sie permanent und per Broadcast über eine stromsparende Funkverbindung weiter.

Basierend auf der gewählten Funktechnologie (beispielsweise ISA100.11a,[1] IEEE 802.15.4 Media Access Control layer[2] oder Zigbee[3] Module) kann der Sensor entweder als simpler WiFi Transmitter agieren oder sich mit mehreren Sensoren zu einem selbstorganisierenden Netzwerk zusammenschließen. Durch den Zusammenschluss zu einem Netzwerk mit anderen Sensoren, kann ein einzelner Sensor auch weiter entfernte Basisstationen erreichen.

Sensoren mit verschiedenen Messaufgaben können am selben Ort eingesetzt werden. So hat ein Sensor nur einen spezifischen Wert wie Wasserdruck oder Chlorgehalt zu messen und es können weniger komplexe Sensoren benutzt werden.

14.4.2 Datenstromverarbeitungssystem

Alle Messdaten der Sensoren werden von einer kleineren Anzahl an Basisstationen gesammelt, welche sich im WVN verteilt befinden. Unabhängig davon, ob sich die Sensoren zu einem selbstorganisierten Netzwerk zusammenschließen oder nicht, die Messdaten werden von den Sensoren immer redundant über ein Point-to-MulitPoint (P2MP) Broadcast kommuniziert. Dadurch soll Datenverlust minimiert werden.

Die erste Funktion der Basisstation ist es, die Echtzeitdaten der Sensoren in seiner Nachbarschaft zu sammeln. Jede Zelle, welche aus Basisstation und Sensoren in ihrer Nachbarschaft besteht, hat ein eigenes Datenverarbeitungssystem, das die vordefinierten Operationen auf die Datenströme anwendet. Die aggregierten Daten vom Verarbeitungssystem und auch die Rohdaten werden dann periodisch an das analytische Backend geschickt.

Das Datenverarbeitungssystem in der Basisstation appliziert folgende Logik auf den Datenstrom. Zuerst wird versucht zu detektieren, ob der Datenstrom der Sensoren lückenhaft ist. Sobald die Frequenz, welche ein Sensor Daten schickt, unter einen vorgegebenen Schwellwert fällt, wird ein Data Gap Event (siehe Abb. 14.1 rechts) erstellt. In einem zweiten Schritt appliziert das System eine einfache Glättungsfunktion auf die Daten, indem sie eine Sliding Window Average Funktion auf den Datenstrom ausführt. Dadurch kann potenzielles Datenrauschen abgeschwächt werden. Als nächstes wird eine lokale Anomaliedetektion gemacht (siehe Abschn. 14.5). Sollten abnormale Muster entdeckt werden, wird ein Anomaliealarm an das Backend geschickt. Letztlich wird eine Deltakomprimierung auf dem aktuellen Datensatz gemacht und geprüft, ob er sich vom vorherigen Datenwert in einer definierten Größe unterscheidet. Sollte dies der Fall sein, wird dieser Wert an das Backend geschickt.

---

[1] http://www.isa.org/ISA100-11a

[2] http://www.ieee802.org/15/pub/TG4.html

[3] http://www.zigbee.org/

Dieses Muster, wie die Datenströme verarbeitet werden, hat den Vorteil, dass bei einer normal funktionierenden Zelle weniger Daten an das Backend geschickt werden müssen. Solange alles im Regelbetrieb läuft, sendet die Basisstation regelmäßig nur eine Mitteilung, dass sie noch funktioniert, an das Backend. Durch diese dezentrale Verarbeitung der Signale kann sowohl die Frequenz der Datenströme erhöht werden, als auch die Übertragung von Daten über größere Distanzen minimiert werden. Außerdem wird die Abhängigkeiten von Zellen im Netz minimiert und es wird einfacher neue Zellen im WVN zu errichten oder Zellen auszubauen.

Im Prototyp (siehe Abschn. 14.6) wurden alle Basisstationen mit einem WAN Modul ausgestattet. Die Basisstationen teilen die aggregierten Daten sowohl mit dem Backend, sowie auch mit anderen Basisstationen über ein P2P Overlay Netzwerk (Cudré-Mauroux et al. 2007). Sie registrieren einen Datensatz, welcher über das Netzwerk geteilt wird, indem sie ein Consistent Hashing (Karger et al. 1997) auf die ID des Sensors ausführen (beispielsweise: publish(hash(sensor123), ‚sensor123 Wasserdruch um 2015-08-21T08:14:00 : 196000‘)). Alle Daten werden im Overlay Netzwerk mit einem Ablaufzeitstempel (TTL) gespeichert. Sobald der Ablaufzeitpunkt erreicht wird, wird der Datensatz entfernt.

Das Overlay Netzwerk erfüllt hier also zwei Zwecke:

(i)   Alle Sensordaten konsolidieren. Es ist zu Vermerken, dass ein Sensor nur lose an eine Basisstation gekoppelt ist und dass mehrere Basisstationen den gleichen Wert von einem Sensor melden können. Daher muss das Overlay Netzwerk die Datensätze auf ihre Eindeutigkeit prüfen und redundante Einträge entfernen.
(ii) Die Daten an Drittsysteme, wie das Backend, zur Verfügung zu stellen.

14.4.3 Array Datenbank Management System Backend

Die letzte Komponente der Architektur ist ein Backendsystem, welches auf einem Array Datenbank Management System (ADBMS) beruht. Durch das Aufkommen von immer größeren vektorbasierten Datensätzen, wie beispielsweise in der Weltraumerforschung, wird die Entwicklung von ADBMS angetrieben (siehe z. B. SciDB[4] (Cudré-Mauroux et al. 2009), SciLens[5] oder Rasdaman[6]).

Das ADBMS Backend hat zwei Aufgaben:

(i)   Alle Sensordaten über die Zeit sicher zu speichern, da im Overlay Netzwerk die Daten nach Ablauf des TTL gelöscht werden.
(ii) Eine analytische Umgebung zu bieten, wo das WVN in Quasi-Echtzeit überwacht werden kann. Des Weiteren können hier historische Auswertungen der Daten, inklusive den Anomaliedaten, gemacht werden.

---

[4] http://www.scidb.org/

[5] http://www.scilens.org/

[6] http://www.rasdaman.com/

Die Sensordaten werden direkt vom Overlay Netzwerk gesammelt. Es werden zusätzliche Metainformationen zu den Daten, wie Sensor ID und Zeitstempel, gespeichert. Die Sensordaten und Lisa Statistiken (siehe Abschn. 14.5) werden alle kompakt als zweidimensionale Arrays in der ADBMS gespeichert. Die WVN Topologie wird als 3D Umgebungsmatrize gespeichert. Die dritte Dimension in der Umgebungsmatrize ist die Zeitdimension, da die WVN Topologie über Zeit sich ändert (siehe Abschn. 14.6).

Auf diesen Daten kann eine Vielzahl von analytischen Fragestellungen ausgewertet werden. Im Prototyp wurden bis jetzt zwei Fragestellungen ausprogrammiert:

(i) Globale WVN Überwachung mit den Lisa Statistiken auf der gesamten WVN Topologie.

(ii) Historischer Vergleich von Anomalien mit Mustererkennung über die Lisa Statistiken.

Beide Analysen werden kurz im Abschn. 14.6 präsentiert.

14.5   Local Indicators of Spatial Association (Lisa)

Local Indicators of Spatial Association (Lisa) wurde ursprünglich für Anomaliedetektion bei geografischen Studien entwickelt (Anselin 1995). Dabei sollen Beobachtungen auf Koordinaten abgelegt und geografisch gewichteten Verbindungen mit anderen Beobachtungen hergestellt werden. Die benutzte LISA Funktion lautet wie folgt:

$$LISA(v_a) = \frac{v_a - m}{S} \times \left[\sum_{k=1}^{K} \frac{1}{K} \times \frac{(v_k - m)}{S} \right]$$

In der obigen Formel ist v_a eine Messung beim Knoten a, welche K Nachbarknoten hat. Knoten a und alle Nachbarknoten K sind durch die Netzwerktopologie miteinander verbunden. Jeder Nachbarknoten hat eine Messung v_k. Die Messungen sind standardisiert durch den Mittelwert aller momentanen Messungen aller Knoten mean(V) = m und die Standard Abweichung stdev(v) = S. Die Werte, die durch eine LISA Berechnung erhalten werden, gruppieren die Messwerte in logische Gruppen von ähnlichen Messwerten. Das Vorzeichen beim LISA Wert zeigt die Häufung von hohen oder tiefen Werten auf, wenn positiv, oder von Ausreißern auf, wenn negativ. Des Weiteren wird durch den Wert aufgezeigt, wie stark sich ein Messwert von seinen Nachbarmesswerten unterscheidet (Goovaerts und Jacquez 2005). Beim Prototypen wurden mehrfache zufällige Permutationen von Messwerten über das gesamte Netz genommen, um die LISA Werte unter einer NULL Hypothese einer kompletten räumlichen Zufälligkeit gegen die alternative Hypothese von räumlicher Häufung zu berechnen (siehe auch (Anselin 1995; Goovaerts und Jacquez 2004)).

Lisa Statistiken werden erst seit kurzem auf Netzwerktopologien angewendet und bis jetzt noch nicht für WVN. In diesem Kontext werden zusätzliche Erweiterungen zum Lisa Algorithmus vorgeschlagen:

(i) **Temporale Assoziation:** Lisa wurde in den meisten Publikationen für zeitstationäre Probleme angewendet. Bei der hier eingesetzten Implementation werden die Nachbarn (K) eines Knotens (a) um vergangene Messwerte erweitert. Dabei werden nicht nur die vergangenen Messwerte der Nachbarsknoten genommen, sondern auch die eigenen vergangenen Messwerte vom Knoten (a).

(ii) **Mini-Lisa für Echtzeitanalyse:** Um Lisa Statistiken zu berechnen und Signifikanztests zu machen, braucht es das globale Wissen über alle Sensoren des WVN. Dies ist aber aus technischen Gründen nicht wünschenswert (fehlende Daten, schlechte Netzverbindung, etc.). Aus diesem Grund wird die Population für die Mittel- und Standartabweichungsberechnungen auf Knoten limitiert, zu welchen die jeweilige Basisstation die Daten zur Verfügung hat. Um diese räumliche Limitierung zu kompensieren, werden mehr temporale Messwerte in Betracht gezogen. Somit kann der momentane Zustand der Netzwerkzelle mit ihren vergangenen Zuständen verglichen werden.

14.6   Prototyp

Um die Architektur zu validieren, wurde ein Prototyp implementiert. Im Prototyp wurde Apache Strom[7] für die Echtzeitverarbeitung der Datenströme und SciDB als ADBMS genommen. Es wurden einige zusätzliche Annahmen und Konfigurationen basierend auf den technischen Ausprägungen gemacht:

(i) **ADBMS setup:** Ein Netzwerk von N Knoten wurde implementiert als Umgebungsmatrize. Initial wurde das Netzwerk nur mit direkten Verbindungen von Knoten erstellt, sodass ein Eintrag Network[i,j] = 1 eine Kante zwischen Knoten i und j darstellt. Zusätzlich wurde für jeden Knoten die Verbindung zu Nachbarknoten bis zu einer Entfernung von drei Sprüngen gespeichert. Diese Berechnung der Distanz der Knoten wurde mit dem SciDB-spezifischen Operator *multiply()* erreicht. Um temporale Lokalität zu speichern, wurde das Netzwerk um eine Zeitdimension erweitert. Ein Eintrag NetworkT[i,j,t] = k zeigt somit die Distanz k (maximal 3) von Knoten i zu Knoten j in räumlicher und zeitlicher Distanz. Um die vergangenen Messwerte eines Knoten i gegenüber den Messwerten seiner Nachbaren zu favorisieren, wurden die Werte für Einträge NetworkT[i,i,t], auf t x 0.5 gesetzt, anstatt t x 1. Somit wird der Eintrag NetworkT[i,i,1] (Kante i zu i zum Zeitpunkt „jetzt −1") vor dem Eintrag Network[i,j,0] (Kante i zu Nachbar j) favorisiert.

Messwerte der Sensoren werden über das Overlay Netzwerk an das ADBMS gesendet. Diese Messwerte werden in 2-dimensionalen Arrays gespeichert.

(ii) **Lisa Operator und verteilte Signifikanztests:** Es wurde ein Lisa Operator entwickelt, der als Parameter die Anzahl zu beachtenden Nachbarknoten und die Zeitspanne für alte Messwerte erwartet. Mit diesen zwei Parametern wird der Lisa Wert für einen Messwert in einem Knoten berechnet. Zusätzlich wird ein

---

[7] https://storm.apache.org

Signifikanztest mit einem Signifikanzlevel $\alpha = 0.01$ gemacht. Dadurch werden pro Knoten 1000 Werte berechnet. Ein verteiltes System wie SciDB ist für diese sehr rechenintensiven Operationen von entsprechendem Vorteil.

(iii) **Lisa Analytik:** Zusätzlich zur globalen Berechnung der Lisa Statistiken pro Knoten und Messwert wurden einfache Lisa Analysen implementiert. Mit diesen Analysen kann beim Auftreten einer neuen Anomalie nach vergangenen Anomalien gesucht werden, welche ein ähnliches Muster aufwiesen. Des Weiteren können Anomalien durch Pattern Matching miteinander verglichen werden.

14.6.1 Evaluation des Prototypen

Um die Stabilität und die Leistungsfähigkeit des Prototyps zu testen, wurde der Prototyp an einem realen Wasserversorgungsnetzwerk einer Stadt in Großbritannien[8] getestet. Dieses Netzwerk enthält 1.891 Rohrverzweigungen und 2.465 Wasserrohre und versorgt ca. 400.000 Einwohner mit Wasser. Des Weiteren wurde ein Netzwerkgenerator geschrieben, der künstliche Modelle zum Testen erstellt. Ziel war es, die Leistungsfähigkeit des Prototyps sowohl an prädiktiven Modellen wie auch in reellen Situationen zu testen.

Abb. 14.2 zeigt die grafisch aufbereiteten Resultate einer Simulation des Exnet Wasserversorgungsnetzwerks. Grafik (A) zeigt das WVN mit Wasserdruck und Wasserdurchfluss in den Rohren. Grafik (B) legt die aktuellen Messwerte im WVN dar. Grafik (C) gibt die berechneten Lisa Werte mit 8 in Bezug genommenen Nachbarn und einer Zeitspanne von 1 an. Grafik (D) zeigt die aufbereitete Netzkarte mit signifikanten Anomalien. Dabei können verschiedene Gruppen von Anomalien unterschieden werden.

(i) **Gehäufte Anomalien:** Hier handelt es sich um Anomalien, bei denen mehrere Knoten in einer Gruppe betroffen sind. Es lassen sich hier HH (Hohe und Hohe Messwerte) und LL (Tiefe und Tiefe Messwerte) unterscheiden.

(ii) **Ausreiser einzelner Knoten:** Die zweite Art von Anomalien betrifft nur einzelne Knoten, die sich unterschiedlich zu ihren Nachbarn verhalten. So gibt es hier LH-Knoten (tiefe Messwerte in einer Umgebung mit sonst hohen Messwerten) und HL-Knoten (hohe Messwerte in einer Umgebung mit sonst tiefen Messwerten).

Um die Zuverlässigkeit des Prototyps zu testen, wurden bei 5 Knoten die Messwerte verändert und tiefer gesetzt. Diese Anomalie ist in Abb. 14.2 auf Grafik (D) deutlich in der Mitte links (rote Punkte) zu erkennen. Neben der provozierten Anomalie sind weitere Anomalien zu erkennen, die zu diesem Zeitpunkt effektiv im WVN vorhanden waren.

---

[8] http://emps.exeter.ac.uk/engineering/research/cws/

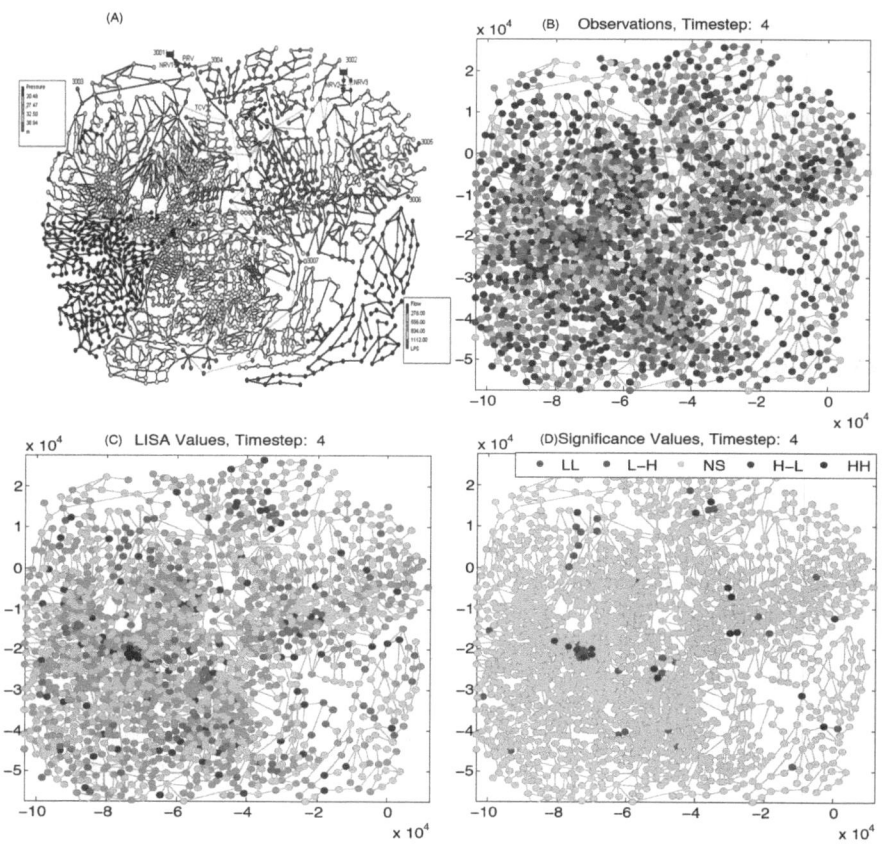

Abb. 14.2 Resultat der Exnet WVN Simulation

14.7 Fazit

Neue Sensor- und Informationsverarbeitungssysteme können in Zukunft die Überwachung und Wartung von klassischen Infrastrukturen, wie die Wasserversorgung, in urbanen Gebieten revolutionieren. Analytische Applikationen angewendet auf Wasserdaten können als Basis von vielen neuen Anwendungen dienen, wie beispielsweise variable Abrechnungstarife, automatische Erkennung von Wassereinbrüchen oder Vorhersagen zum künftigen Wasserverbrauch von Teilregionen. Um diese Technologien aber flächendeckend einzusetzen, müssen noch einige Herausforderungen gelöst werden. Der vorgestellte Prototyp zeigt eine neue Methode auf, mit welcher durch eine 3-schichten Architektur und durch eine adaptierte Lisa Statistik Wasserversorgungsnetzwerke überwacht werden können. Diese Architektur kann leicht aufgebaut werden, da sie auf einfache und robuste Sensoren und eine dezentrale Verarbeitung der Daten beruht. Die Sensoren, Datenkollektion und

Analysekomponenten sind alle unabhängig voneinander und können somit variabel ausgeprägt sein. Keine der Komponenten hat eine statische Abhängigkeit zu einer anderen Komponente. Somit können teure statische Verbindungen zwischen den einzelnen Komponenten verhindert werden und die Infrastruktur wird durch lokale Ausfälle nicht global beeinträchtigt. Durch das horizontal skalierbare Backend ist das gesamte System flexibel skalierbar. Neue Sensornetzwerke können eingebunden werden und alle Komponenten analog dazu dynamisch skaliert werden. Auch können neue Sensortypen eingebunden werden und die Datenmodelle sind schemaflexibel genug, diese neuen Messwerte ohne Anpassungen zu speichern und zu verarbeiten.

Literatur

Akyildiz, I.F., Su, W., Sankarasubramaniam, Y., Cayirci, E.: Wireless sensor networks: a survey. Comput. Netw. **38**(4), 393–422 (2002)

Allen, M., Preis, A., Iqbal, M., Srirangarajan, S., Lim, H.B., Girod, L., Whittle, A.J.: Real-time in-network distribution system monitoring to improve operational efficiency. J. Am. Water Work. Assoc. (AWWA) **103**(7), 63–75 (2011)

Anselin, L.: Local indicators of spatial association lisa. Geogr. Anal. **27**(2), 93–115 (1995)

Corke, P., Wark, T., Jurdak, R., Hu, W., Valencia, P., Moore, D.: Environmental wireless sensor networks. Proc. IEEE **98**(11), 1903–1917 (2010)

Cudré-Mauroux, P., Agarwal, S., Aberer, K.: Gridvine: an infrastructure for peer information management. Internet Comput. IEEE **11**(5), 36–44 (2007)

Cudré-Mauroux, P., Kimura, H., Lim, K.-T., Rogers, J., Simakov, R., Soroush, E., Velikhov, P., Wang, D.L., Balazinska, M., Becla, J.: A demonstration of scidb: a science-oriented dbms. PVLDB **2**(2), 1534–1537 (2009)

Goovaerts, P., Jacquez, G.M.: Accounting for regional background and population size in the detection of spatial clusters and outliers using geostatistical filtering and spatial neutral models. Int. J. Health Geogr. **3**(1), 14 (2004)

Goovaerts, P., Jacquez, G.M.: Detection of temporal changes in the spatial distribution of cancer rates using local moran's i and geostatistically simulated spatial neutral models. J. Geogr. Syst. **7**(1), 137–159 (2005)

Karger, D., Lehman, E., Leighton, T., Panigrahy, R., Levine, M., Lewin D.: Consistent hashing and random trees: distributed caching protocols for relieving hot spots on the world wide web. In: ACM STOC 97, S. 654–663. ACM, New York (1997)

Stoianov, I., Nachman, L., Madden, S., Tokmouline, T., Csail M.: Pipenet: a wireless sensor network for pipeline monitoring. In Information Processing in Sensor Networks, 2007. IPSN 2007. 6th International Symposium on, S. 264–273. IEEE Konferenz, Cambridge (2007)

Walski, T.M., Uber, J.G., Hart, W.E., Phillips, C.A., Berry, J.W.: Water quality sensor placement in water networks with budget constraints. Technical report, Sandia National Laboratories, (2005)

Betriebswirtschaftliche Auswirkungen bei der Nutzung von Hadoop innerhalb des Migros-Genossenschafts-Bund

Christian Gügi und Wolfgang Zimmermann

Zusammenfassung

Das Potenzial von Big Data aus Informationen erfolgskritisches Wissen zu generieren, scheint unendlich zu sein, die Entwicklung steht indes erst am Anfang. Der vorliegende Beitrag beschreibt für Nichttechniker, wie die Migros die sich neu ergebenden Möglichkeiten zukunftsorientiert und wertschöpfend nutzt. Um die steigenden Anforderungen des Fachbereichs zu bedienen, wurde mit Hilfe von innovativen Hadoop-Technologien eine skalierbare Architektur für eine Analyseplattform definiert und realisiert. Die Systemarchitektur, technologische Innovationen sowie die wichtigsten Softwareprodukte werden genannt. Beantwortet werden soll insbesondere die Frage, inwiefern die Technologie durch ihren generischen Ansatz in die bestehende Infrastruktur und die etablierten Prozesse integriert werden kann. Die Ansätze werden anhand eines ausgewählten Fallbeispiels diskutiert.

Die betriebswirtschaftlichen Effekte inklusive einer Kostenbetrachtung werden ebenso beleuchtet, wie die Angabe von System-Kennzahlen.

Schlüsselwörter

Migros • Einzelhandel • Digital Transformation • Big Data • Datenanalyse • Hadoop • Data Lake • Grenznutzen • Business Case • Empfehlungssystem

Vollständig neuer Original-Beitrag

C. Gügi (✉)
Scigility AG, Zürich, Schweiz
E-Mail: christian.guegi@scigility.com

W. Zimmermann
Migros-Genossenschafts-Bund, Zürich, Schweiz
E-Mail: Wolfgang.Zimmermann@mgb.ch

© Springer Fachmedien Wiesbaden 2016
D. Fasel, A. Meier (Hrsg.), *Big Data*, Edition HMD,
DOI 10.1007/978-3-658-11589-0_15

15.1 Über die Migros

Die 1925 durch den Schweizer Pionier Gottlieb Duttweiler gegründete Migros ist die
größte Detailhändlerin der Schweiz und genossenschaftlich organisiert. In den fünf
Strategischen Geschäftsfeldern Genossenschaftlicher Detailhandel, Handel, Industrie
& Großhandel, Finanzdienstleistungen sowie Reisen bietet die Migros ihren Kunden
ein umfangreiches Angebot an Produkten und Dienstleistungen und erreichte im Jahr
2014 einen Gesamtumsatz von 27,3 Mrd. Schweizer Franken (http://m14.migros.
ch/). Der Migros-Genossenschafts-Bund (MGB) repräsentiert die Migros-Gruppe
gegen außen und koordiniert die Geschäftspolitik, die Zielsetzung und die Tätigkeit
der zehn Migros-Genossenschaften und angegliederten Unternehmen. Innerhalb des
MGB ist die Direktion Migros-Business-Intelligence als zentrales Kompetenzzentrum
bei der Nutzung und Analyse der Daten der Migros-Gruppe organisiert.

15.2 Herausforderungen in der Umsetzung von Big Data

15.2.1 Die Digitale Transformation als Treiber neuer Entwicklungen

In der digitalen Transformation werden bestehende Geschäftsprozesse digitalisiert
und neue digitale Services aufgebaut. Im Handel werden aus digitalisierten Prozessen
bereits seit der Einführung digitaler Kassensysteme große Mengen an Daten erzeugt.

Kassendaten beinhalten die gekauften Produkte, die Filiale, den Zeitpunkt des
Kaufs, die Zahlungsmethode und im Falle eines Loyalitätsprogramms auch einen
Kundenschlüssel. Zudem können aus vielfältigen Datenquellen weitere Informationen
rund um die Supply Chain und den Kauf hinzukommen. Aus diesen Daten werden
Kennziffern zur Steuerung des Business erzeugt. Das Stichwort „Data Mining", wel-
ches bereits in den 90er-Jahren entstand, zeigt, wie auf Basis von Kassendaten
Analysen rund um das Einkaufverhalten gemacht werden. So gesehen ist das Thema
„Big Data" in Handelsunternehmen nicht neu, da bei mehreren hundert Filialen
große Mengen an Daten entstehen.

Mit der Einführung des Kundenbindungsprogramms Kumulus im Jahr 1997
wurde den Kassenzetteln zusätzlich noch eine Kunden-ID angehängt, die den Weg
von traditionellem BI zu Customer Intelligence zuließ. Customer Intelligence fügt
den klassischen „4 P" ein fünftes hinzu: Die Person. Aus den Kassendaten lassen
sich nun Kundensegmente bilden, welche gezielt analysiert und mit interessanten
Produkten, Services und Angeboten bedient werden können.

„Big Data" als kundenbezogene Sammlung von Daten wurde in der Migros
bereits im Jahr 1997 vollzogen. Der Business Case hinter der Kundenkarte war
dabei zunächst die Kundenbindung über die Vorteile des Programms. Die systematische Analyse der Daten folgte erst später.

15.2.2 Neue Datenquellen mit neuen Herausforderungen

Zusätzlich zum klassischen Touchpoint, der Filiale, kommen heute mit Online-Plattformen, E-Commerce, Social Media und mobilen Applikationen viele neue Touchpoints hinzu, die zunehmend neue Daten erzeugen. Gleichzeitig erzeugen diese Plattformen „digital added value", der in Form einer „Tit For Tat" Strategie einen Ausgleich zwischen Mehrwerten und Datenabgabe herstellt.

Die Verwendung dieser Daten zur Messung und Ausgestaltung der Customer Journey können neue Erkenntnisse und neue Services für die Kunden hervorbringen. Angereichert werden diese digitalen Daten mit Daten aus dem Bereich Marktforschung und Open Data, wie z. B.: Daten des Bundesamt für Statistik oder Wetterdaten. Aus der Gesamtheit der digitalen Transformation mit Digitalisierung, Analyse der Daten, neuen digitalen Services, und höherer Bequemlichkeit für den Kunden können beträchtliche Kundenvorteile und Business Cases entstehen, die heute aber nicht beziffert werden können.

Liegen die klassischen Kassendaten in strukturierter Form vor, liegen die in den neuen Datenquellen entstehenden Daten oftmals unstrukturiert vor. Die Daten kommen, wie oben beschrieben, aus verschiedenen Quellen, wie Web, Apps, Open Data oder anderen Quellen. Diese Daten zusammenzubringen kann sehr komplex sein und erfordert auch eine neue und agilere Verarbeitung. Lädt man heute Daten zunächst mit ETL Prozessen, säubert und normalisiert diese, bevor man sie in einem Data Warehouse ablegt, erfolgt bei der agilen Analysemethode zunächst eine Ablage der Rohdaten im Data Lake, wo sich die Data Scientisten die Daten dann nehmen und nur die Daten „on the fly" aufbereiten, die zur Analyse nötig sind. Eine bereinigte Ablage zur operativen Verarbeitung erfolgt erst dann, wenn ein konkreter Businessnutzen gefunden wurde. Innerhalb von Big Data sollten alle Prozesse möglichst in Form von „Real-Time" Szenarien geplant werden. Klassische Ladeprozesse gehören eher der Vergangenheit an.

15.2.3 Verschiedene Rollen bei der Verarbeitung von Daten

Im klassischen Verarbeitungsmodell wurden die Daten, wie oben beschrieben, von IT-Mitarbeitern bis ins Data Warehouse gebracht und von Analysten im Auftrag des Business analysiert. Durch die vielfältigen Datenquellen und neue statistische Möglichkeiten (Advanced Analytics), wie z. B. Machine Learning, werden Daten mehr und mehr explorativ bearbeitet. Die „Data Scientisten" suchen in den Daten nach Korrelationen und Mustern und rechnen diese Erkenntnisse im Datenspeicher möglichst auf der vollen Datenmenge. Die Vorgehensweise erfordert nicht unbedingt eine konkrete Hypothese (Business Backward), sondern sucht auch nach unvermuteten Erkenntnissen (Data Forward). Ein weiterer relativ neuer Fokus von „Advanced Analytics" ist die Vorhersage von zukünftigem Verhalten im Gegensatz zur reinen Suche nach Korrelationen.

Abb. 15.1 Data Science Kompetenzen

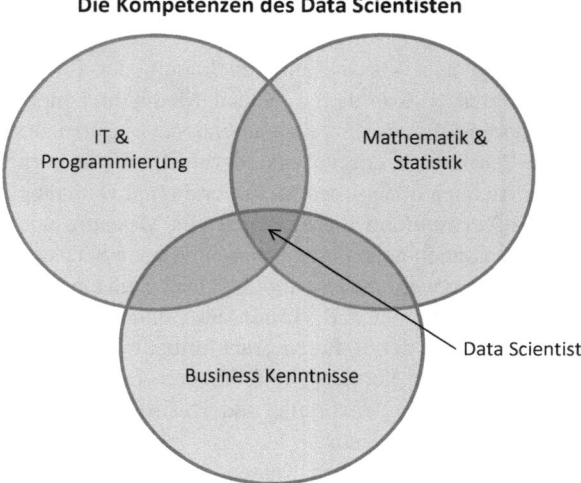

Die Data Scientisten übernehmen die Datenaufbereitung, die statistische Methode und kennen das Business. Diese Aufgabenvielfalt kann heute nur von sehr wenigen Einzelpersonen erfüllt werden, weswegen Data Science Teamwork ist. Das Team setzt sich aus Mitarbeitern zusammen, die in den drei Gebieten (siehe Abb. 15.1) mindestens einen Schwerpunkt haben, sodass die verschiedenen Aufgaben untereinander verteilt werden können und ein starkes Gespür für die Schnittstellen vorhanden ist.

15.2.4 Abnehmender Grenznutzen

Die Theorie vom abnehmenden Grenznutzen in Bezug auf Datenanalyse besagt, dass mit zunehmender Analyse der Daten der Nutzen aus den daraus entstehenden Erkenntnissen je Analyseeinheit abnimmt (vgl. Abb. 15.2).

Die Kostenseite der Analyse setzt sich aus vier Blöcken zusammen: Betriebskosten der nötigen IT-Systeme, Arbeitsstunden der Analyse, Kosten für die Umsetzung notwendiger Business Transformation und Time to Market.

Die Kostenseite der Analyse

- **Betriebskosten der IT-Systeme:** Im Bereich von IT stehen sich klassische IT-Systeme zur Verarbeitung von großen Datenmengen (z. B. Teradata, SAP, SAS) und neue Systeme (z. B. Hadoop, R, Cloud Services) gegenüber. Da die Analyse der Daten von den operationalen Prozessen nicht zu entkoppeln ist, entsteht ein Spannungsfeld zwischen grundsätzlich günstigen Open Source Systemen auf Basis von Commodity Hardware und Enterprise IT Systemen. In großen Unternehmen ist der Einsatz von Open Source oftmals nicht konform mit der Firmenpolitik. Gleichzeitig sind die monetären Unterschiede sehr groß, was zu Disruption des Bestehenden führt.

Abb. 15.2 Abnehmender
Grenznutzen

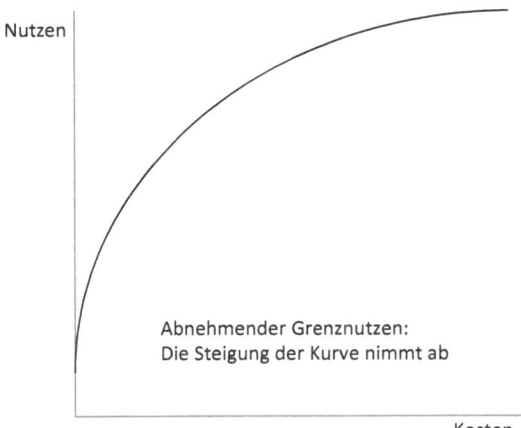

- **Arbeitsstunden der Analyse:** Kann eine Analyse durch den Data Scientisten schnell und effizient abgearbeitet werden? Hat er alle benötigten Daten im Zugriff und sind die Ziele der Analyse klar? Ist die Laufzeit auf den Analysemethoden niedrig? Findet ein stetiger methodischer Austausch zwischen den Data Scientisten statt? Werden auf IT-Seite Systeme eingesetzt, die nicht hoch spezialisierte Experten mit teuer einzukaufenden IT Know-how benötigen, sondern Systeme, für die es eine breite Masse an Anwendern gibt? Wenn man alle Fragen mit Ja beantworten kann, reduzieren sich die Kosten der Analyse.
- **Kosten für die Umsetzung notwendiger Business Transformation:** Gerade im Großunternehmen sind gewachsene Prozesse und Systeme oftmals kompliziert und erfordern bei einer Änderung einen hohen Projektaufwand. Möchte man die in der Analyse gefundenen Anwendungsfälle operationalisieren, müssen diese gewachsenen Prozesse oftmals angepasst werden. Big Data führt also dazu, dass diese Prozesse überprüft und verschlankt werden müssen, damit etwaige Business Cases kostengünstig umgesetzt werden können. Ist ein hoher Aufwand für die Administration der Komplexität nötig, hat man dieses Ziel noch nicht erreicht.
- **Time to Market:** Time to Market entspricht den Kosten, die durch eine verzögerte Markteinführung entstehen. Geht man davon aus, dass gerade am Anfang Wettbewerbsvorteile den größten Nutzen abwerfen, muss der zeitliche Verlust bei einer Markteinführung mit seinen Opportunitätskosten eingerechnet werden.

Ziel muss es sein, an diesen vier Stellschrauben so zu drehen, dass zukünftig auch Erkenntnisse mit geringerem Grenznutzen noch umgesetzt werden können.

Die Nutzenseite der Analyse
Der Nutzen einer Analyse lässt sich in folgende Bereiche aufteilen:

- **Besseres Kundenerlebnis für den Kunden im Einzelhandel:** Stichworte hier sind Erlebnis, Bequemlichkeit, Effektivität und Effizienz. Um so einfacher ich dem Kunden den Einkauf mache und um so mehr seine Wünsche in Bezug auf das Einkaufserlebnis abgebildet werden, um so besser gelingt es den Kunden an sich zu binden. Insbesondere beim physischen Einkaufserlebnis lassen sich immer neue kundenorientierte Services finden.

- **Monetäre Nutzen der Unternehmung:** Wenn Umsatz = Preis x Menge ist, kann der monetäre Nutzen in diese zwei Faktoren aufgeteilt werden.
  - **Preispremiumorientierten Ansatz:** Lässt sich der Kundennutzen in eine Einnahmequelle verwandeln? Dieser Faktor bestimmt den Preispremiumorientierten Ansatz zur Nutzenbewertung, bei dem der Aufpreis für den „Digital Added Value" bestimmt wird.
  - **Markenwertorientierter Ansatz:** Mit Markentreue und Markenbekanntheit bestimmen zwei Faktoren den Markenwert und damit die Häufigkeit des Kundenkontakts. Haupttreiber für den Markenwert ist die effektive und effiziente Bedürfnisbefriedigung des Kunden.

Das Ziel jeder Analyse sollte es sein, den Kundennutzen in den Vordergrund zu stellen. Nur dieser garantiert einen monetären Nutzen auf nachhaltige Art. Unternehmen wie Google oder Apple haben durch hohe Usability und funktionierende Eco-Systeme gezeigt, wie sich hohe Kundenzufriedenheit auf Einnahmen und Frequenz auswirken können.

15.3 Die Antwort der Migros auf die Herausforderungen von Big Data

Die Migros hat mit M360 im Jahr 2013 ein Pilotprojekt gestartet, was sich mit den genannten wesentlichen Fragestellungen auseinandersetzen und eine Zielarchitektur entwickeln soll, die die Herausforderungen adäquat adressiert. Wie werde ich günstiger, schneller und analytisch besser von der Anbahnung eines Analyse Cases bis zur Umsetzung in die Businessprozesse.

15.3.1 IT-Architektur

Das Ziel ist nicht eine einzelne Technologie (z. B. Hadoop, NoSQL), sondern eine Big Data Architektur, die offen und flexible genug ist,

- um verschiedenste Einsatzzwecke bei der Migros abzudecken,
- sich gut in die bestehende IT-Landschaft zu integrieren,
- gut mit zukünftigen Anforderungen an Datenvolumina und der Menge verschiedenartigster Datenquellen umzugehen,
- in den einzelnen Komponenten, Technologien gegeneinander auszutauschen und z. B. auch eine individuelle Entscheidung zwischen Open Source und kommerziellen Angeboten zu treffen,
- eine effiziente, fortschrittliche Suche, Analyse und Exploration der Daten zu gewährleisten,

- ein optimales Zusammenspiel von Batch- und Echtzeitverarbeitung zu gewährleisten.

Kernstück der Big Data IT-Architektur ist ein Hadoop Cluster, der mehrere Aufgaben übernehmen soll:

- Data Lake
- Data Science Plattform
- Datenaufbereitung im Operationalisierungsfall
- Applikationsserver für interne und externe Applikationen

Apache Hadoop
Den Kern der modernen Lösung bildet das Hadoop-Framework.[1] Hadoop ist ein Leuchtturmprojekt der Apache Software Foundation (ASF) und zu 100% Open Source. Es lässt sich als generisches, flexibel einsetzbares Toolset für die Speicherung, Verarbeitung, Analyse und Abfrage von massiven Datenmengen umschreiben. Es kommt als der zentrale „Enabler" für Big-Data-Analytics-Systeme zum Einsatz.

Zu diesem Top-Level-Projekt der ASF gehören mehr als 13 Unterprojekte, die auf verschiedene Weise kombiniert werden können und als Hadoop Ökosystem bezeichnet werden. Die Kernkomponenten, welche die Grundlage für Hadoop bilden, sind

- das verteilte Dateisystem HDFS (Hadoop Distributed Filesystem) für die Datenspeicherung,
- der Allzweck-Scheduler YARN (Yet Another Resource Negotiator), zur Ausführung jeglicher YARN-Anwendungen auf einem Hadoop-Cluster,
- MapReduce, ein batch-basiertes Programmiermodell für die parallele Verarbeitung der Daten.

Neben der kostenlos verfügbaren Basisversion von Apache Hadoop können Anwender mittlerweile verschiedenste Enterprise-Distributionen nutzen. Bei diesen Distributionen sind die wichtigsten Komponenten aus dem Hadoop Ökosystem vorintegriert, so wird ein optimales Zusammenspiel sichergestellt. Teilweise werden gewisse Distributionen noch um spezifische Eigenentwicklungen der Anbieter ergänzt. Ein Vorteil neben dem integrierten Softwarepaket eines Herstellers ist sicherlich, dass man auf Beratung, technischen Support und Training zurückgreifen kann.

Die Migros setzt die Hortonworks Data Platform (HDP)[2] ein und verfügt mit dem aktuellen Cluster über 0.5 PB HDFS Speicherkapazität. Neben den typischen Werkzeugen aus dem Hadoop Ökosystem (MapReduce, Hive, HBase, Pig) benutzt das Data Science Team rHadoop sowie H2O für das maschinelle Lernen.

---

[1] http://hadoop.apache.org/
[2] http://hortonworks.com/hdp/

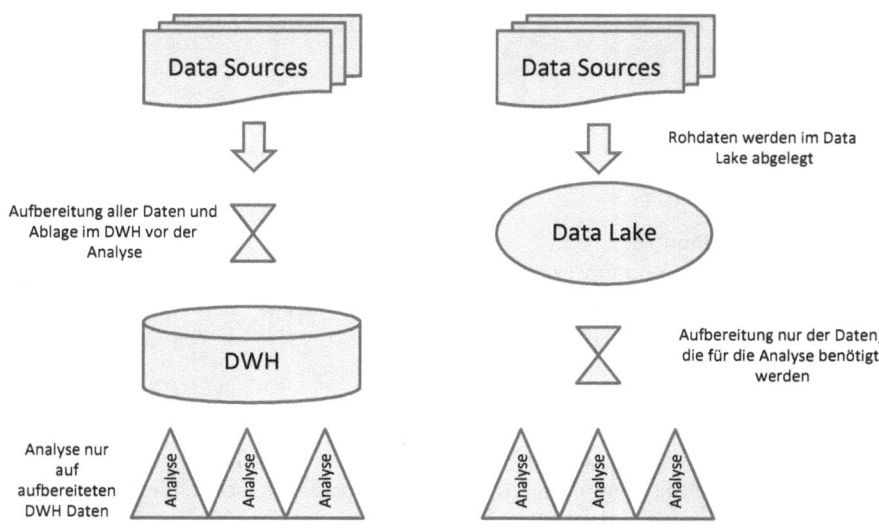

Abb. 15.3 Data Lake

Für den Datenimport aus der relationalen Welt (RDBMS) wird Sqoop sowie der Teradata Connector eingesetzt.

Außerdem liegt in Echtzeitanalysen im Zusammenspiel mit Hadoop ein erheblicher Nutzen. Mit der Nutzung von In-Memory-Technologien für zentral hochverfügbare Daten sind enorme Leistungszuwächse bei Analyse und Abfrage möglich. Apache Spark[3] als Hadoop kompatibles Datenanalysesystem der nächsten Generation ist aus verschiedenen Komponenten aufgebaut. Spark fasst den vorhandenen Hauptspeicher eines Rechenclusters zusammen und macht ihn so für effiziente Datenanalysen nutzbar.

Data Lake

Wie beschrieben soll Hadoop unter anderem die Aufgabe eines „Data Lake" übernehmen.

Was ist ein Data Lake?

Der Data Lake speichert Rohdaten, in welcher Form auch immer sie von einem Quellsystem zur Verfügung gestellt werden. Es gibt keine Informationen zum Schema der Daten, jede Datenquelle kann ein unterschiedliches Schema verwenden. Es liegt an den Verbrauchern dieser Daten, je nach Verwendungszweck, den Daten einen Sinn zu geben. Das Prinzip „schema on read" ist auch der größte Unterschied zu einem klassischen Data Warehouse, wo ein vereinheitlichtes Datenmodell („schema on write") angestrebt wird (vgl. Abb. 15.3).

---

[3] http://spark.apache.org/

Mit diesem Konzept landen im Data Lake unweigerlich Daten mit schlechter Qualität. Viele der hoch entwickelten statistischen Verfahren können heutzutage aber mit Datenqualitätsproblemen umgehen. Data Scientisten sind immer skeptisch, was die Datenqualität angeht, und sind den Umgang mit solchen Daten gewohnt. Darum ist der Data Lake für Data Scientisten wichtig, weil sie ihre Algorithmen direkt an den Rohdaten anwenden können und sie sich nicht um undurchsichtige Datenbereinigungsmechanismen kümmern müssen.

Die Vorteile von einem Data Lake sind:

- zentraler Speicher für strukturierte und unstrukturierte Daten
- Reduktion von Silo-Anwendungen innerhalb einer Organisation
- kostensparende aktive Archivierung (cold data store[4])
- geringere Integrationskosten (da kein Schema beim Schreiben)
- Reduktion der Time-to-Analytics (Agile Analytics)

Lambda Architektur
Die Lambda Architektur (Marz und Warren 2015) ist ein Architekturkonzept, das sich zum Entwurf neuer Big-Data-Anwendungen eignet. Um das Zusammenspiel von Batch- und Echtzeitverarbeitung zu vereinen, führt die Lambda-Architektur ein Zwei-Ebenen-Konzept ein:

Auf der Batch-Ebene wird ein großer Datenbestand zyklisch prozessiert und Funktionen wiederholt falls Fehler auftreten. Ein gewisser Zeitversatz ist dabei akzeptabel. Auf der Speed-Ebene werden die neu eintreffenden Daten schnellstmöglich verarbeitet und im Fehlerfall verworfen. Damit wird ein hoher Durchsatz sichergestellt. Die Architektur garantiert „eventual accuracy": Die allenfalls fehlerhaften Echtzeit-Resultate der Speed-Ebene werden durch die exakten Ergebnisse der Batch-Ebene ersetzt.

Abb. 15.4 zeigt die Komponenten der Lambda Architektur mit exemplarisch ausgewählten Produkten. Es handelt sich um funktionierende Open-Source-Komponenten, die häufig in Big Data Systemen eingesetzt werden. Die Daten treffen am Punkt (A) ein und werden für die Verteilung in HDFS und Storm[5] in das Messaging-System Kafka[6] geschrieben. Hier sind Aspekte wie Datenrate, Lastspitzen und notwendige Puffergrößen zu beachten. In (B) werden die Originaldaten unveränderlich gespeichert, neue Daten werden angefügt. So wächst der historische Datenbestand kontinuierlich an. Wegen seiner Skalierbarkeit und der redundanten, ausfallsicheren Speicherung hat sich HDFS als Datenspeicher etabliert. In (C) werden die im Cluster verteilten Daten aus (B) mit MapReduce parallel verarbeitet. Dank dem Designprinzip der unveränderlichen Datenhaltung können bei einem Fehler in den Analysefunktionen jederzeit aus der gesamten Datenmenge neue Ergebnisse, die so genannten Batch-Views, erzeugt werden. In der Praxis ist es üblich, die

---

[4] http://www.ebaytechblog.com/2015/01/12/hdfs-storage-efficiency-using-tiered-storage/
[5] https://storm.apache.org/
[6] http://kafka.apache.org/

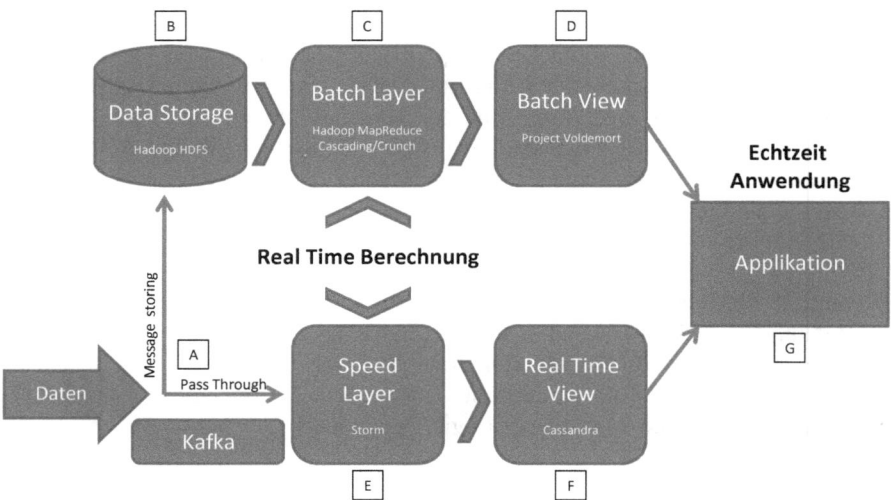

Abb. 15.4 Lambda Architektur

Batch-Funktionen in einer höheren Abstraktionssprache zu definieren und dann in MapReduce-Code zu übersetzen. Cascading[7] oder Crunch[8] leisten genau dies und ermöglichen eine kompakte Formulierung der Funktionen. In (D) werden die Ergebnisse in optimierte Read-Only-Stores gespeichert und für den schnellen Zugriff bereitgestellt. Der horizontal skalierbare Key-Value-Store Voldemort[9] ist leseoptimiert und kann hohe Anfrageraten bedienen. Für die Speicherung der Batch-Views reichen Datenbanken mit simplen Abfragesprachen wie Lesen und Löschen aus. Wichtiger sind ein eingebauter Replikationsmechanismus sowie eine konsistente Datensicht. Ein neues Analyseergebnis aus (C) kann somit schnell gegen die veraltete Version ausgetauscht werden.

Auf der Speed-Ebene müssen die in (E) eintreffenden Daten zeitnah verarbeitet und in (F) verfügbar gemacht werden. Für die Echtzeitverarbeitung bietet Apache Storm das Konzept der Topologie an. Eine Topologie ermöglicht die Konstruktion der Analysefunktionen als Workflow. Die Ergebnisse aus Storm werden bei (F) in einen schreiboptimierten Key-Value-Store maximal für die Zeit von zwei Verarbeitungsläufen der Batch-Ebene gespeichert und können dann entfernt werden. Neben dem Lesen und Löschen müssen auch inkrementelle Änderungen der Views möglich sein. Diese Funktionalitäten bietet die NoSQL-Datenbank Cassandra[10] an. Sie ist ebenfalls horizontal skalierbar und ist optimiert für wahlfreie Schreib- und Lese-Zugriffe. Die Webanwendung in (G) wickelt Anfragen ab und

---

[7] http://www.cascading.org/

[8] http://crunch.apache.org/

[9] http://www.project-voldemort.com/voldemort/

[10] http://cassandra.apache.org/

fasst die Informationen beider Ebenen (Batch-View und Realtime-View) zu einer globalen Ansicht zusammen.

Die Lambda Architektur lässt sich mit einigen Open-Source-Produkten ähnlich gut umsetzen (wenn auch nicht immer im vollen Umfang) und gilt als State of the Art des Big-Data-Applikationsdesign.

15.3.2 Migros Technologiestack

Bei der Migros werden derzeit die in Tab. 15.1 aufgelisteten Produkte aus dem Open-Source-Bereich in verschiedenen Anwendungsgebieten eingesetzt.

15.3.3 IT-Infrastruktur

Die neu verwendeten Komponenten müssen zu bestehenden Infrastrukturelementen passen (siehe Abb. 15.5). Mit R wird neu auf eine Open Source Analyseplattform gesetzt, für die es in Europa eine große Anzahl gut ausgebildeter Data Scientisten gibt. Hadoop ergänzt das bestehende DWH System um eine kostengünstige und für vielfältige Anwendungen gerüstete Umgebung.

Schrittweise Einführung
Mit der neuen IT-Infrastruktur wird keine radikale Abwendung vom bestehenden, sondern eine schrittweise Einführung von Big Data unter Berücksichtigung der

Tab. 15.1 Verwendete Open-Source-Produkte

Verwendungszweck	Produkt
Data Lake	Hadoop (Hortonworks Data Platform)
Batchverarbeitung	MapReduce (Cascading/Crunch)
Statistische Software	R/Shiny → rHadoop Python
Machine Learning	H2O[a]
Data Warehouse on Hadoop	Hive
Such- und Analytics-Engine	ElasticSearch[b]/Kibana
NoSQL Store	HBase
Echtzeitverarbeitung	Storm
In-Memory Analyse	Spark
Import/Export	Sqoop
Messaging System	Kafka
Data Aggregator to HDFS	Flume
Workflow Scheduling	Oozie
Data Pipelines	Pig

[a]http://h2o.ai/
[b]https://www.elastic.co

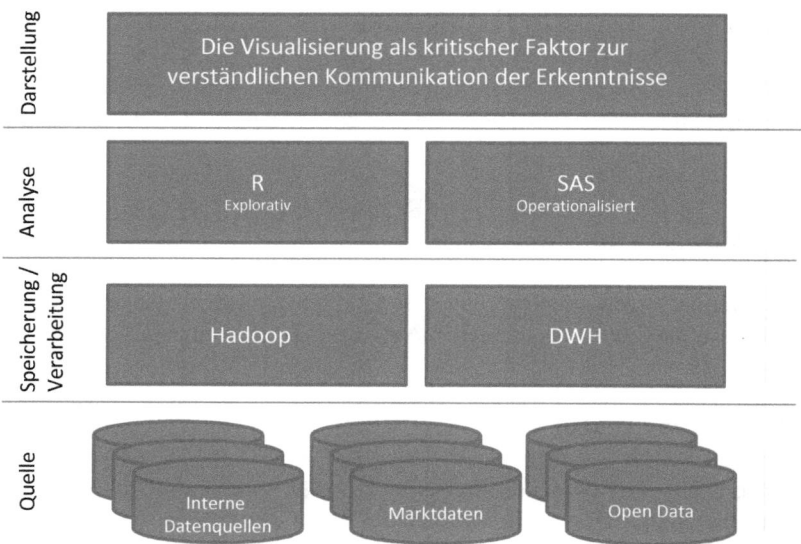

Abb. 15.5 Migros Architektur

betrieblichen Realität gewählt. Die Vorgehensweise führt Big Data als kostengünstige Möglichkeit der Datenverwendung ein und fokussiert auf eine businessorientierte Alternative zum bestehenden, die ihren disruptiven Charakter auf Basis echter USPs beweisen muss. Das neue System ist als komplementäre Komponente zu verstehen und hat nicht das Ziel das etablierte DWH zu ersetzten, sondern die Bereitstellung von attraktiven Diensten, deren Nutzung jeder Fachabteilung Vorteile bringt, zu fördern.

15.4 Fallbeispiel Produkt-Empfehlungssystem

Im Anwendungsfall der Empfehlungen geht es um die Frage von Cross-Category Empfehlungen. Dem Kunden soll, wenn er auf einem bestimmten Produkt ist, das bestmögliche Produkt angezeigt werden, welches typischerweise zusammen mit dem Produkt gekauft wird. Ziel ist der Aufbau von personalisierten Produktempfehlungen auf hochfrequentierten Seiten der Migros-Gruppe. Die Lösung soll zum einen als Anwendungsbeispiel die Fähigkeiten der neuen IT-Infrastruktur aufzeigen und auf der anderen Seite ein echtes Business Problem lösen.

Eine der wesentlichen Grundentscheidungen bei der Erstellung von Empfehlungssystemen ist die Make-or-Buy Entscheidung. Kann man mit gekauften Lösungen sehr schnell beginnen, sind die gekauften Systeme auf der anderen Seite oftmals nicht in der Lage, mit verschiedenen Datenquellen und mit auf das Business zugeschnittenen Algorithmen umzugehen. Zudem gibt es bei den häufig vorkommenden SAAS Lösungen eine Datenschutzproblematik. Umgekehrt bietet einem eine selbst programmierte Lösung die maximale Flexibilität aber höhere Time to Market. Im Anwendungsfall wird der Recommendation Engine selber gebaut.

Prinzipiell folgt der Recommendation Engine dem Prinzip des Collaborative Filtering auf Item-Basis zusammen mit der Market Basket Methodik.

Market Basket Methode: Dabei werden die Häufigkeiten, mit denen Produkte im Warenkorb landen, über sämtliche Warenkörbe ins Verhältnis gesetzt. In diesem Verfahren, welches keine Kundendaten berücksichtigt, kann als Segmentierungen unterschiedliche Zeiträume, Filialen oder z. B. Wetterverhältnisse berücksichtigen.

Item-Based Collaborative Filtering: Hierbei wird für jedes Produkt ermittelt, wie viele Kunden es gekauft haben und dann ermittelt, welche anderen Produkte diese Kunden am häufigsten erworben haben. Optional kann man die Kunden noch segmentieren und die Produkthäufigkeiten dann nach Kundensegment errechnen.

Als Lieferobjekt werden für jedes Produkt mehrere passende Produkte ausgegeben. Produkte, die sehr häufig im Warenkorb sind, aber keine Empfehlung darstellen, müssen herausgefiltert werden, was durch Business-Regeln erfolgt. Ein typisches Beispiel für solch ein Produkt ist die Papiertüte, die in vielen Warenkörben liegt, aber prinzipiell keine sinnvolle Empfehlung darstellt.

15.4.1 Eingangsdaten

Im folgenden Abschnitt wird kurz darauf eingegangen, wie sich die Eingangsdaten präsentieren, die als Grundlage für das Recommender System herhalten. Datenlieferant ist durchgehend das DWH.

Struktur der Daten

Ein auf Benutzerverhalten basiertes Empfehlungssystem beruht auf Präferenzen, die Kunden gegenüber den Produkten auf verschiedene Weise äußern. Grundsätzlich kann man zwischen expliziten und impliziten Bewertungen unterscheiden. Bei einer expliziten Bewertung wird die jeweilige Person konkret zu ihren Vorlieben eines Produktes gefragt und muss das in der Regel anhand einer Skala bewerten. Im Detailhandel liegt hingegen eine implizite Bewertung in Form von Kaufverhalten vor.

In einem ersten Schritt beschränkt sich die Architektur auf die über Transaktionen erzeugten Daten. Klickdaten werden erst in einem zweiten Schritt verwendet.

Verwendete Datenquellen:

* Produkte und Angebote
* Transaktionsdaten mit Timestamp und Kundennummer
* Segmentierte Kundendaten

15.4.2 Architektur

Das Hadoop-basierte Empfehlungssystem muss folgende Funktionalitäten bereitstellen:

- ETL
- Recommendation Algorithmus/Modellgenerierung
- Serving Layer für die Abfragemöglichkeiten
- Testmöglichkeiten der Modelle (Evaluation, A/B Testing)

Das Recommender-System, wie in Abb. 15.6 dargestellt, besteht aus zwei Ebenen: „Offline" werden die Daten auf HDFS gespeichert und mit MapReduce parallelisiert verarbeitet. Mit Hilfe von Mahout werden die Modelle zyklisch vorberechnet und die Resultate in HBase sowie ElasticSearch gespeichert. Die zeitintensiven Berechnungen können auf dem Hadoop Cluster asynchron und parallel ausgeführt werden.

Die „Online"-Ebene ist dafür zuständig eine Anfrage gegen das Modell und den Index abzugleichen und somit die auf die Anfrage passenden Produktempfehlungen zu ermitteln. Normalerweise wird die Anfrage zu diesem Zweck mit zusätzlichen Argumenten angereichert. Für schnelle Antwortzeiten wird hier Suchmaschinentechnologie eingesetzt.

ETL
Im ersten Schritt werden die oben beschriebenen Eingangsdaten per Sqoop und Flume auf HDFS gespeichert. Mit dem „MapReduce"-Algorithmus, mit dem sich Aufgaben auf die Rechnerknoten verteilen lassen, werden die Daten massiv parallel gefiltert und in Korrelation gebracht. Ergebnis dieser Verarbeitungsstufe ist eine User-Item Matrix (auch Utility- oder History Matrix genannt) wie in Abb. 15.7 dargestellt.

Die History Matrix wird als CSV mit folgender Notation abgebildet:

```
userID, itemID, (preference) value
```

Der Input kann implizites (gekauft) oder explizites (rate, like, share, klick) Feedback sein. Der Preference Value kann Boolean (gekauft) aber auch ein Range (z. B. 0–5) sein.

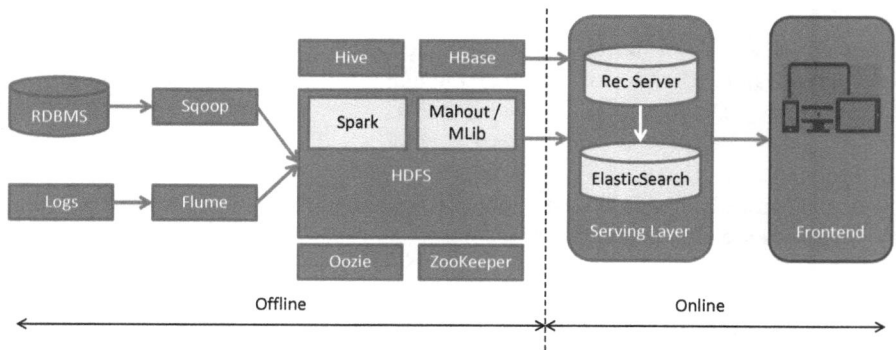

Abb. 15.6 Recommender-System

Item

	i_1	i_2	i_3	i_4	...	i_m
u_1		1	1			
u_2	1			1		
u_3	1	1		1		
. .						
u_n						

User

Abb. 15.7 User-Item Matrix

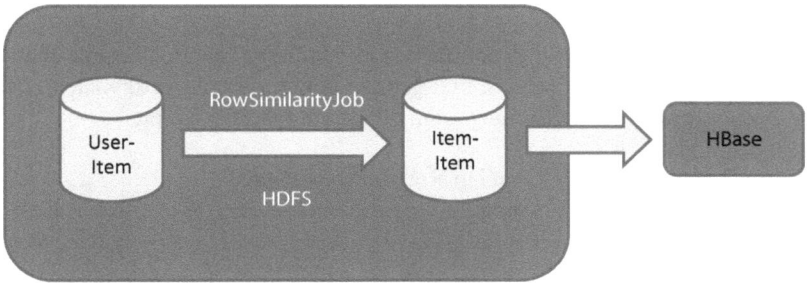

Abb. 15.8 Modellerstellung mit MapReduce und Machine Learning

Modellerstellung

Als nächstes wird auf Grundlage der User-Item Matrix eine Item-Item Matrix (Co-occurence Matrix) erstellt, welche der Recommender-Algorithmus als Eingang benötigt.

Wie in Abb. 15.8 dargestellt, wird für die Erstellung der Co-occurence Matrix wird Mahout's[11] *RowSimilarityJob* Klasse verwendet. RowSimilarityJob benutzt den Log Likelihood Ratio Algorithmus (LLR), um sinnvolle Indikatoren für Empfehlungen zu finden. Außerdem ist Mahout kompatibel mit Hadoop sowie Spark und eröffnet die Möglichkeiten, die Berechnungen auf dem Cluster parallel bearbeiten zu lassen.

Mahout ist ebenfalls unter der Apache Lizenz frei verfügbar und aus dem Bereich des Machine Learning. Das Framework bietet unter anderem Algorithmen für die Klassifikation, dem Clustering und dem Pattern Mining an.

Das Ergebnis der Berechnung, die Co-Occurence Matrix wird in HBase geladen. HBase ist eine verteilte, hochparallelisierte NoSQL Datenbank.

---

[11] http://mahout.apache.org/

Berechnete Recommendations

Für einen Item-basierten Recommender kommen mit dem vorhandenen Technologiestack mehrere Frameworks in Frage:

* Mahout's Item-based Collaborative Filtering
* Spark MLib Alternating Least Squares (ALS)[12]

Im nachfolgenden Beispiel wird Mahout verwendet. Mahout's Item-Recommender
verwendet 10 MapReduce Jobs für die parallele Berechnung auf dem Hadoop Cluster.
Der Job beinhaltet verschiedene Prozessschritte wie z. B. die Datenaufbereitung,
Berechnung der Item-Similarity sowie die Erstellung der finalen Empfehlungen.

Für die verteilte Bearbeitung auf dem Cluster benötigt der Recommender zwei
Eingänge: Die History Matrix in Form einer CSV-Datei sowie eine Datei mit den
Benutzer-ID's, für welche die Produktempfehlungen generiert werden.

Das Ergebnis besteht aus der Benutzer-ID, gefolgt von einer Liste von Item-IDs
und dem zugehörigen Scorewert.

Die „offline" berechneten Recommendations müssen regelmäßig mit den neusten Inputdaten aktualisiert werden und dann in den Serving Layer geladen werden.
Für die Workflow-Automatisierung kann Oozie verwendet werden.

Variante: Suchmaschinen-basierte Recommendations

Um personalisierte Recommendations dem Kunden anzuzeigen, kann auch eine
Suchmaschine wie beispielsweise ElasticSearch verwendet werden. Für die
Berechnung der Recommendations wird das sogenannte Relevance Ranking von
Suchmaschinentechnologie (tf-idf Gewichtung) verwendet. ElasticSearch z. B.
basiert auf Apache Lucene, einem frei verfügbaren Framework zur Volltextsuche.

Als erstes müssen für jedes Produkt (Item) die Metadaten in ElasticSearch
gespeichert werden. Dazu werden die Metadaten in JSON umgewandelt und direkt
mit der nativen REST-Schnittstelle von ElasticSearch hochgeladen. Typischerweise
wird dieser Ladedurchgang einmalig ausgeführt, dann werden die Metadaten nur
noch geändert.

Danach werden an jedes Dokument (Produkt) die vorberechneten Indikatoren
(Co-occurence Matrix) als neues Feld hinzugefügt.

15.5   Lessons Learned

Die Veränderungsprozesse, die durch die Digitale Transformation angestoßen wurden,
sind mit dem Aufbau einer Big Data Infrastruktur nicht abgeschlossen, sondern es
wurde ein Nukleus für Big Data erzeugt. Der Anwendungsfall ist ein Beispiel, wie die
verschiedenen Disziplinen auf agile Art zusammenarbeiten können und eine schnelle
Implementierung ermöglicht werden kann. Die optimale Nutzung der Infrastruktur
hängt nun von der Annahme durch IT, Data Scientist und Business ab. Durch kürzere

---

[12] https://spark.apache.org/docs/latest/mllib-collaborative-filtering.html

Durchlaufzeiten und die unternehmenstypische interne Verrechnung können unterschiedliche Preispunkte erzeugt werden, welche die neue IT-Architektur positioniert. IT-Ideologie und althergebrachte Verfahrensweisen werden so einer Business Ratio unterzogen. Der Change bahnt sich über die geringeren Kosten seinen Weg.

Literatur

Marz, N., Warren, J.: Big Data – Principles and Best Practices of Scalable Real-Time Data Systems. Manning Publications, New York (2015)

Design und Umsetzung eines Big Data Service im Zuge der digitalen Transformation eines Versicherungsunternehmens

16

Darius Zumstein und Dirk Kunischewski

Zusammenfassung

Der folgende Beitrag verschafft einen Überblick über verschiedene Facetten, Dimensionen und Auswirkungen der digitalen Transformation in Unternehmen. Dabei werden im ersten Teil verschiedene Definitionen, Studien und Modelle diskutiert, mit welchen Unternehmen die Ziele sowie ihren digitalen Reifegrad messen, bewerten und verbessern können.

Der zweite Teil geht anhand einer Fallstudie im Versicherungsumfeld auf die Herausforderungen und Erfahrungen einer digitalen Transformation ein, die bei der Umsetzung eines Proof-of-Concepts gemacht wurden. Dabei wird auf die interdisziplinäre Zusammenarbeit zwischen Management, IT, Analytics und den Fachbereichen wie Marketing und Vertrieb eingegangen, die über die verschiedenen Phasen des Projektes hinweg miteinander interagierten.

Schlüsselwörter

Digital Transformation • Digital Analytics • Data Management • Big Data Service

vollständig neuer Original-Beitrag

D. Zumstein (✉) • D. Kunischewski
Sanitas Krankenversicherung, Zürich, Schweiz
E-Mail: darius.zumstein@sanitas.com; dirk.kunischewski@sanitas.com

16.1 Digitale Transformation in Unternehmen

16.1.1 Zu den Facetten und Folgen der Digitalisierung

Die Versicherungs-, Finanz- und Dienstleistungsbranche durchlebte in den letzten Jahren eine turbulente Phase. Nachdem Geschäftsmodelle, betriebliche Organisationen, Infrastrukturen, Kundenbeziehungen, Vertrieb und Marketing Jahrzehnte meist durch vergleichsweise hohe Stabilität, Kontinuität, Übersichtlichkeit, Planbarkeit und Wachstum gekennzeichnet waren, erfuhren sie ab 2010 einen *raschen, tief greifenden Wandel*. Zum einen wurden Prozesse zunehmend automatisiert, die IT-Architekturen erweitert und die rasche Entwicklung und Durchdringung des Internets mit seinen zahlreichen Anwendungsmöglichkeiten zwangen die Firmen zur *Onlineausrichtung*.

Zum anderen führten verändertes Nutzer-, Kauf- und Kundenverhalten in der digitalen Welt zu Anpassungen der betrieblichen Kundenkommunikation und -interaktion. Externe technologische, wirtschaftliche und soziale Faktoren zwangen selbst konservative Firmen zur Neuausrichtung ihrer Geschäfts-, Vertriebs-, Kommunikations- und IT-Strategien.

Mit der Digitalisierung der Geschäftsprozesse, der Neueinführung bzw. Weiterentwicklung verschiedener Informationssysteme, mit der Erweiterung serviceorientierter Architekturen (SOA) und vor allem mit der wachsenden Nutzung verschiedener *Cloud-basierten Lösungen bzw. Diensten* (SaaS) wuchs nicht nur die Anzahl der Datenquellen, sondern auch die Vielfalt und Breite an Methoden und Möglichkeiten der Datenerhebung, –speicherung, –verarbeitung und -nutzung. Jeder zusätzliche Informations- und Kommunikationskanal wie z. B. eMail, digitale Telefonie, Websites, mobile Websites, Apps, Kundenportal, eShops, Blogs oder Chat, Social Media wie z. B. Facebook, Google + und Twitter führt(e) dazu, dass jeweils zusätzliche Datentöpfe anfielen, welche aufgesetzt, bewirtschaftet, integriert und genutzt werden wollen. Dabei änderten sich bekanntlich nicht nur die Datenformate bzw. -vielfalt (Variety), sondern auch deren Struktur, Größe (Volume) und deren Erhebungs- sowie Auswertungsgeschwindigkeit (Velocity).

16.1.2 Zum Begriff der digitalen Transformation

Dass sich Web- und Datenbanktechnologien dank technischem Fortschritt mehr oder weniger rasant entwickeln und dass sich daraus für Unternehmen und Endnutzer neuartige und mannigfaltige Anwendungsmöglichkeiten eröffnen, ist nichts Neues. Dass Organisationen, ihre Geschäftsmodelle und ihre Prozesse einem stetigen Wandel unterzogen sind und sie auf interne und externe Veränderungen reagieren (müssen), ist ebenfalls kein neues Phänomen. Folglich sind in der Vergangenheit viele wissenschaftliche und praxisorientierte Publikationen zum Thema *Change Management* erschienen [vgl. z. B. Baumöl 2007; Doppler und Lauterburg 2014; Lauer 2014; Stolzenberg und Eberle 2013].

Ein vergleichsweise neuer Begriff der im Kontext der Digitalisierung in den letzten Jahren auftauchte und von dem heutzutage häufig die Rede ist, ist jener der *digitalen Transformation*. Dabei überrascht wenig, dass jeder etwas anderes unter dem Begriff versteht und digitale Transformation von verschiedenen Blickwinkeln aus betrachtet werden kann. Definitionen von Informatikern betonen stärker die technologischen Komponenten, jene von Nutzern digitaler Medien das Kundenerlebnis, jene von Trendforschern der Prozess des (gesellschaftlichen und technologischen) Wandels und jene der Betriebswirtschafter fokussieren stärker auf die Transformierung der Geschäftsmodelle, Wertschöpfungsketten, Geschäftsprozessen, IT- bzw. Analytics-Systemen und/oder von der Organisation selbst.

Das Center for Digital Business am Massachusetts Institute of Technology (MIT) betont die Bedeutung von *digitalen Technologien für geschäftliche Verbesserungen*: „We define Digital Transformation as the use of new digital technologies (social media, mobile, analytics or embedded devices) to enable major business improvements (such as enhancing customer experience, streamlining operations or creating new business models)" (MIT und Capgemini 2013, S. 2). Ähnlich sehen das Michael Wade und Donald Marchand von der Business School IMD: „Digital business transformation is organziational change through the use of digital technologies to materially improve performance" (Wade und Marchand 2014).

Aus *zeitlicher Sicht der Veränderung* definiert ein führendes Digital-Beratungsunternehmen: „Digital Transformation is the journey from where a company is, to where it aspires to be digitally"(Econsultancy 2013). Digitale Transformation muss aber nicht einen fest definierten Ziel- bzw. Endzustand haben, sondern kann gemäß KPMG fortlaufend sein: „Der Begriff ‚Digitale Transformation' steht für eine *kontinuierliche Veränderung der Geschäftsmodelle*, der Betriebsprozesse sowie der Kundeninteraktion im Zusammenhang mit neuen Informations- und Kommunikationstechnologien" (KPMG 2014, S. 6).

Zu den verschiedenen Definitionen fasst Sven Ruoss in seiner Masterarbeit passend zusammen: „Unter der digitalen Transformation wird die Reise ins digitale Zeitalter verstanden. Dabei ist digitale Transformation das höchste Level des digitalen Wissens und baut auf der digitalen Kompetenz und der digitalen Nutzung auf. Digitale Transformation setzt digitale Informations- und Kommunikationstechnologien ein, um die Performance von Unternehmen und Organisationen zu erhöhen. Es geht bei der digitalen Transformation um Transformierung und Weiterentwicklung der Unternehmensprozesse, des Kundenerlebnisses und der Geschäftsmodelle" (Ruoss 2015, S. 6).

Berghaus et al. (2015, S. 8) schlussfolgern ebenfalls: „Unter «Digital Transformation» verstehen wir die Kombination von Veränderungen in Strategie, Geschäftsmodell, Prozessen und Kultur in Unternehmen durch Einsatz von digitalen Technologien mit dem Ziel, die Wettbewerbsfähigkeit zu erhalten oder zu steigern."

16.1.3 Forschungsergebnisse zur digitalen Transformation

Um den digitalen Reifegrad von Unternehmen zu messen, definierte die MIT Sloan School of Management in Kooperation mit Capgemini Consulting zwei Dimensionen:

- **Digitale Kompetenz** (Digital Intensity)

- **Intensität des Transformationsmanagements** (Transformation Management Intensity)

Unter *digitaler Kompetenz* werden die Initiativen verstanden, die durch neue Technologien ermöglicht werden. Dies sind z. B. neue interne Prozesse, neues Customer Engagement oder neue digitale Geschäftsmodelle. Bei der *Intensität des Transformationsmanagements* geht es um die Führungsfähigkeit der Organisation, die notwendig ist, um die digitale Transformation in der Organisation voranzutreiben. Sie beinhaltet z. B. eine klare Vision, wie die Zukunft des Unternehmens gestaltet werden kann, sowie Governance und Engagement, um die digitale Transformation zu steuern. Ebenfalls von Bedeutung sind die Beziehungen zwischen Business und IT, die einen Einfluss darauf haben, ob und in welchem Tempo die technologiebasierten Veränderungen umgesetzt werden (Rouss 2014, S. 16).

Die beiden Dimensionen ergeben eine Matrix mit vier Feldern (vgl. Abb. 16.1a): Die *digitalen Anfänger* zeichnen sich durch geringe digitale Kompetenz und Transformationsintensität aus (immerhin 65 % von 1.559 Befragten, vgl. Tab. 16.1). Die *digital Konservativen* (14 %) sind trotz Bemühungen des Managements träge bei der Nutzung neuer Technologien. Bei den *Digital Fashionistas* (6 %) sind einige Unternehmensbereiche bezüglich Digitalisierung schon weit fortgeschritten, andere hingegen stehen erst am Anfang, wobei eine übergeordnete digitale Strategie oft fehlt. Nur 15 % können sich *Digital Digirati* nennen, weil sich durch erfolgreiche Transformation digitale Kultur, Mehrwert und Wettbewerbsvorteile schaff(t)en.

Ein weiteres Bewertungsmodell zur digitalen Reife erarbeitete Forrester mit den Achsen

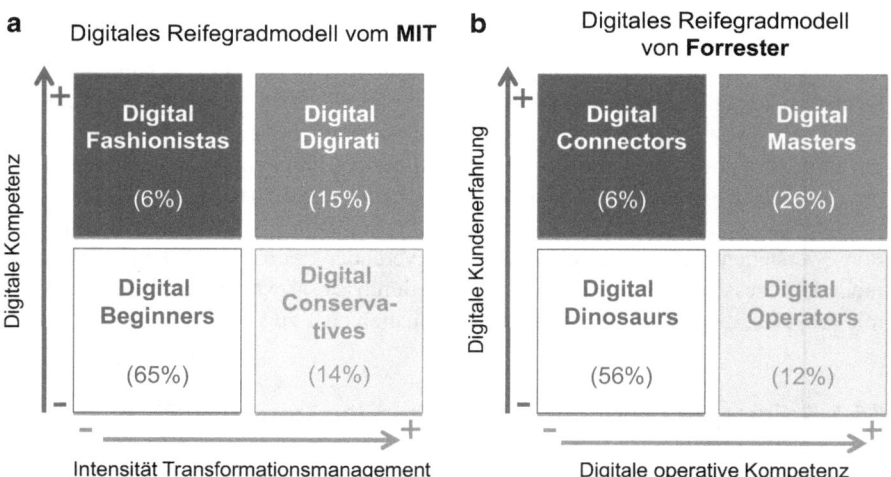

Abb. 16.1 Digitale Maturitätsmodelle nach (a) MIT/Capgemini und (b) Forrester (Quelle: In Anlehnung und frei übersetzt nach (a) MIT und Capgemini (2013), (b) Forrester (2013) und Daten von Ruoss (2015))

Tab. 16.1 Forschungsergebnisse zur digitalen Transformation

Autor	Ergebnisse bzw. Kernaussagen der Studien
MIT und Capgemini (2011)	Auf Basis von Interviews mit Führungskräften wurden drei **digitale Themengebiete** identifiziert: (1) *Customer Experience* (Kundenverständnis, Umsatzwachstum, Kundenkontakte) (2) *Operationelle Prozesse* (Prozessdigitalisierung, Befähigung Mitarbeiter, Performance Mgt.) (3) *Geschäftsmodelle* (Digital erweiterte/neue Geschäftsmodelle, digitale Globalisierung)
MIT und Capgemini (2013)	Das MIT & Capgemini erstellten ein **Digital Transformation Framework** und leiteten eine *Digital Maturity Matrix* ab (vgl. Abb. 16.1a): Von 1.559 Befragten waren 65 % Digital Beginners, 14 % Digital Conservatives und 6 % Digital Fashionistas. Nur 15 % gehörten zu den Digital Digirati
Depaoli und Za (2013)	Beim **E-Business Maturity Model for SMEs** erarbeiteten die Autoren ein Stufenmodell mit den Levels Low, Medium, High und Complete in Bezug auf Lieferanten, Kunden und Mitarbeitenden
Forrester (2013)	Fenwick und Gill (2014) von Forrester definierten zwei **digitale Schlüsselimperative**: (1) *Digitales Kundenerlebnis* (digitalisierte End-to-End-Kundenerlebnis, digitale Produkte und Services als Teil des Ökosystems, vertrauenswürdige Maschinen) (2) *Digitale operative Kompetenz* (betriebliche Ressourcen und digitale Prozesse, schnelle und kundenorientierte Innovationen, Digitalisierung für Agilität über Effizienz)
Sonntag und Müller (2013)	Das **E-Business-Reifegradmodell** von T-Systems Multimedia Solutions umfasst fünf Stufen (Initial, Repeatable, Defined, Managed, Optimizing) anhand von sechs Dimensionen (1) *IT-Unterstützung* betrieblicher Prozesse (2) *Automatisierung* von Kernprozessen (3) Digitale Erweiterung des *Kundenkreises* (4) *Diversifizierung* des Produkt-/Service-Portfolio (5) Umsetzung von *digitalen Geschäftsmodellen* (6) Verankerung der *eBusiness-Strategie*
Esser (2014)	Unternehmen verfolgen nach Esser bei der digitalen Transformation v. a. **drei Ziele**: (1) *Erhöhung der Kundenbindung* (verbessertes digitales Kundenerlebnis & Customer Insights) (2) *Interne Effizienzsteigerung* (Kostenreduktion & Produktivitätssteigerung durch Digitalisierung) (3) *Umsatzsteigerung durch neue Produkte* (neue & erweiterte Produkte/DL im eCommerce)

(Fortsetzung)

Tab. 16.1 (Fortsetzung)

Autor	Ergebnisse bzw. Kernaussagen der Studien
Swiss Post Solution (2014)	Nach der **Studie Digital Transformation** hat für 90 % der Unternehmen Digital Transformation eine hohe Relevanz, wobei sie mit der digitalen Transformation u.a. folgende Ziele verfolgen: (1) *Erhöhung der Prozesseffizienz* (93 %) (2) *Einsparungen von Arbeitszeit* (89 %) (3) *Flexibler Datenzugriff* (80 %) (4) *Einsparung von Kosten* (80 %) (5) Schnelle *Reaktion auf Marktbedürfnisse* (76 %) (6) *Beschleunigung Analyse & Reporting* (75 %)
KPMG (2014)	KPMG entwickelte ein **Digital Maturity Assessment** mit fünf Dimensionen (*Digital Strategy, Culture, Organization, Technology & Analytics*, vgl. Abschn. 16.1.4), an welchem Hunderte von Firmen teilnahmen. Der digitale Reifegrad des eigenen Unternehmens lässt sich anhand eines Web Tools mit dem Landes-/Branchendurchschnitt vergleichen und mit Firmen gleicher Größe
Swisscom (2015)	Swisscom bietet einen **Digital Quick Check** an und definiert vier Erfolgsfaktoren der digitalen Transformation: *digitale Strategie, digitales Onboarding, digitale Expertise und IT-Infrastruktur*
Ruoss (2015)	Gemäß einer Studie unter **Schweizer Unternehmen** glauben 74 % der Befragten, dass die digitale Transformation in den nächsten fünf Jahren eine große *Auswirkung auf die eigene Branche* haben wird und 64 % messen der digitalen Transformation für ihre Organisation eine große Wichtigkeit zu. Die Mehrheit sind digitale Dinosaurier, ¼ digitale Master (vgl. Abb. 16.1b)
Maas und Bühler (2015)	Eine Studie der Universität St. Gallen zeigte, wie wichtig die **Digitalisierung für die Assekuranz** in einer digitalen Welt ist, gerade was die Optimierung der *Kommunikations- und Kundenprozesse* sowie die Vereinfachung der *Vertrags- und Schadensprozesse* anbelangt
Berghaus et al. (2015)	Der **Digital Transformation Report 2015** der HSG definiert acht zentrale **digitale Fähigkeiten:** (1) *Customer Experience* (Firmen richten Angebot konsequent digitalen Kunden aus) (2) *Produktinnovation* (Nutzung digitaler Technologien für innovative Produkte/Services) (3) *Strategie* (konsequente strategische Ausrichtung an der Nutzung digitaler Technologien) (4) *Organisation* (effiziente Bereitstellung von digitalen Kompetenzen) (5) *Prozessdigitalisierung* (digitale Strukturen bei Kommunikation, Transaktion und Führung) (6) *Zusammenarbeit* (mobile Kommunikation und Kollaboration dank digitaler Technologien) (7) *ICT-Betrieb & Entwicklung* (neue digitale Produkte, Services & Kommunikation durch IS) (8) *Kultur & Expertise* (Offenheit gegenüber Technologien, Fähigkeiten & Verhaltensweisen) (9) *Transformationsmanagement* (von Führungsebene gesteuerte Prozesse mit klarer Roadmap)

- **digitale Kundenerlebnis** bzw. Kundenerfahrung (Digital Customer Experience) und
- **digitale operative Kompetenz** (Digital Operational Competence; für Details vergleiche Tab. 16.1).

Diese ergeben wiederum eine Vierfeldermatrix in Abb. 16.1b. Gemäss einer Studie unter 269 Schweizer Unternehmen sind 56 % *digitale Dinosaurier*, die kaum digitales Kundenerlebnis bieten und über geringe digitale operative Kompetenzen verfügen. Rund 12 % sind *digitale Arbeiter*, die sich auf die operationelle Exzellenz fokussieren und diese stark verbessert haben. Gut 6 % zählen zu den *digitalen Konnektoren*, welche das digitale Kundenerlebnis laufend und unternehmensweit optimieren. Bei der digitalen operationellen Exzellenz besteht bei jenen jedoch noch Optimierungspotenzial. 26 % der befragten Unternehmen dürfen sich *digitale Master* nennen. Bei ihnen ist die digitale Transformation sowohl intern bei der operativen Exzellenz als auch extern beim digitalen Kundenerlebnis weit fortgeschritten (Ruoss 2015, S. 60). Tab. 16.1 zeigt abschließend die Ergebnisse von weiteren relevanten Studien zur digitalen Transformation, welche in den letzten Jahren publiziert wurden.

16.1.4 Zum Digital Maturity Assessment der KPMG

Eine umfassende Methodik zur Beurteilung des digitalen Reifegrads von Organisationen erarbeitete das Revisions- und Beratungsunternehmen KPMG. Anhand von strukturierten Interviews und eines ausgeklügelten Online Tools werden damit Führungs- und Fachkräfte im IT- und Digitalbereich zu verschiedenen Themen der digitalen Transformation befragt.

Bis zu 250 Fragen werden beim ganzheitlichen Ansatz des KPMG Digital Maturity Assessment zu folgenden *fünf Dimensionen* aggregiert (vgl. auch Abb. 16.2):

1. **Strategic Alignment & Digital Strategy**: Um digitale Initiativen ganzheitlich und umfassend zu betrachten, müssen diese auf die strategische Ausrichtung des Unternehmens abgestimmt werden. Eine digitale Strategie sollte klar formuliert sein und es muss eine systematische Steuerung des Einsatzes neuer, digitaler Technologien über alle Unternehmensbereiche hinweg stattfinden. Dabei gilt es zunächst herauszufinden, welchen Einfluss digitale Technologien auf die Unternehmensziele haben. In einem weiteren Schritt sollte darauf aufbauend eine *digitale Vision erarbeitet, spezifische Ziele definiert und daraus ein Maßnahmenplan abgeleitet* werden. Wichtig ist die Antwort auf die Frage: „Was wollen wir mit neuen Technologien und den daraus resultierenden Möglichkeiten erreichen?" (KPMG 2014, S. 12).
2. **Digital Culture**: Bei der Dimension digitale Kultur wird u. a. evaluiert, wie greifbar die *digitale, dialogorientierte Kommunikation für Mitarbeitende* ist und wie stark der digitale Kollaborationsgedanke unterstützt wird. Für eine digitale Kultur braucht es Management Support und die Überwindung interner Resistenz. Es zählt ebenso

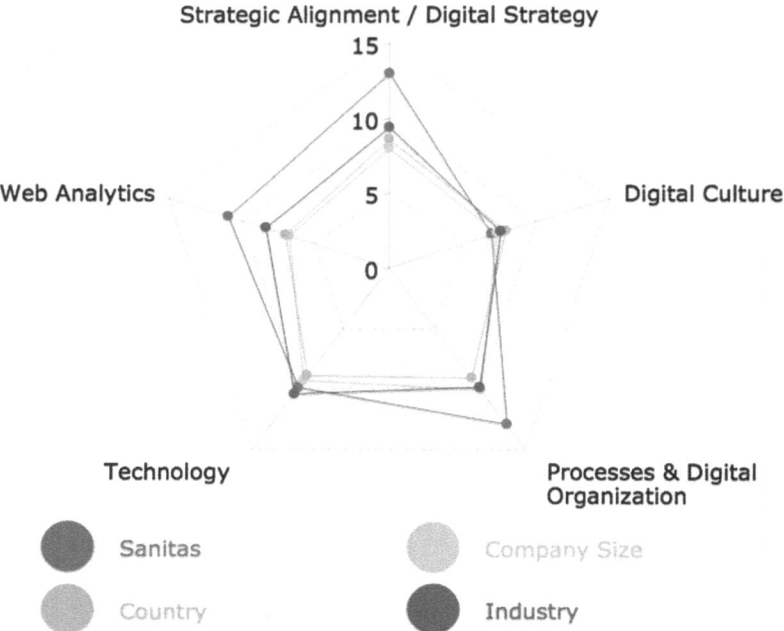

Abb. 16.2 KPMG Digital Maturity Assessment mit fünf Dimensionen am Beispiel Sanitas

das Interesse, welches Mitarbeiter für den Betrieb der digitalen Touchpoints, an der (digitalen) Zusammenarbeit mit anderen Abteilungen und an der Weiterentwicklung bestehender digitaler Prozesse und Ansätze haben. Dabei sollten den Mitarbeitenden auch Regeln, Grundsätze, Guidelines und Schulungen zu digitalen Themen und Tools bereitgestellt werden. Der Idealfall wäre, dass *digital zur DNA der gesamten Organisation* wird.

3. **Processes & Digital Organization**: Bei dieser Dimension wird eruiert, wie viele *Ressourcen und Manpower* Unternehmen in ihre digitale Initiativen stecken. Werden lediglich Teilzeit-Pensen in digitale Aktivitäten investiert, gibt es einen Chief Digital Officer (CDO) bzw. einen Leiter Digital, gibt es digitale Teams oder gar mehrere digitale Teams, welche über verschiedene Unternehmensbereiche hinweg verteilt sind? Weiter stellt sich bei der Ermittlung der digitalen Reife einer Organisation die Frage, auf welchem *funktionalen Level digitale Initiativen gestartet werden:* auf individueller Ebene, auf Funktionsebene, auf Team- bzw. Bereichsebene oder auf C-Level?

4. **Technology**: Zur Meisterung der digitalen Transformation müssen angemessene Technologien zur Steigerung der Effizienz zur Verfügung stehen. Dazu gehören *Systeme zur Verwaltung von Informationen und zum effizienten Publizieren von Inhalten* über verschiedene Kanäle hinweg. Der Betrieb von Web- bzw. Social-Media-Plattformen sollte koordiniert sein und es braucht bei der Nutzung neuer Technologien ein *„Digital Mindset"* im Unternehmen, um damit messbaren Mehrwert zu schaffen.

Abb. 16.3 Das digitale, datengetriebene Geschäftsmodell der Sanitas

5. **Digital Analytics**: Key Performance Indicators (KPIs) des digitalen Geschäfts werden in digital transformierten Unternehmen standardisiert und strukturiert an relevante Stakeholdern berichtet, genauso wie die Zielerreichung von Digital-Projekten. Zu einzelnen digitalen Kanälen und Aktivitäten wie z. B. Website, eCommerce, eMarketing, App oder Social Media findet ein Web Analytics und Web Controlling statt (vgl. Meier und Zumstein 2012).

16.1.5 Digitale Transformation am Beispiel Sanitas

In der Abb. 16.2 ist zu sehen, dass sich die Krankenversicherung Sanitas, gemäß den Interview-Aussagen des CIO, digital groß auf die Fahne geschrieben hat, sprich über eine *klare digitale Strategie und Governance* verfügt und ihre Prozesse und Aktivitäten danach ausrichtet. Dass das KMU gerade im Vergleich zu anderen Versicherungsdienstleistern und Unternehmen ähnlicher Größe gut da steht, ist vor allem dem Verwaltungsrat und der Geschäftsleitung zu verdanken: Schon frühzeitig wurden entsprechende Budgets besprochen, Großprojekte im Digitalbereich (wie z. B. Kundenportal, Onlineausrichtung des Verkaufsprozesses und eine App für Bestandskunden) beschlossen und mit in- und externer Unterstützung in kurzer Zeit erfolgreich umgesetzt. Dabei wurde eine Einheit Digital neu geschaffen, wobei fast alle Stellen im Bereich eSales, eMarketing, eAnalytics und eIT neu besetzt, fehlendes Know-how im Digitalbereich nach innen getragen und weiter aufgebaut wurden. Mitarbeiterentwicklung und organisatorische Maßnahmen halfen, eine *digitale Kultur* zu schaffen, welche sich im traditionellen, offline-getriebenen Unternehmen erst zu etablieren hat(te). Gemäß KPMG schien im Jahr 2014 die digitale Kultur zumindest in einigen Unternehmensbereichen im Vergleich zu anderen Firmen noch nicht stark ausgeprägt. Die Schaffung einer digitalen Kultur braucht seine Zeit.

Vergleichsweise ausgereift und nachweislich auf hohem Niveau ist die *Automatisierung und Digitalisierung der Prozesse. Zum einen erreichte die Leistungsabrechnung* der Apotheken-, Arzt- und Spitalabrechnungen einen sehr hohen Automatisierungsgrad, zum anderen trugen neue Kanäle wie Onlineverkaufsprozess, Kundenportal und App dazu bei, dass die Verkaufs-, Kundenkommunikations- und -interaktionsprozesse digitalisiert wurden.

Technologien wie Kern- und Kollaborationssysteme wurden eher als durchschnittlich bewertet. Überdurchschnittlich stark bei Sanitas ist das Digital Analytics, da eine integrierte Web-Analytics-Lösung (Adobe Analytics) neu implementiert und ein Reporting zu allen digitalen Kanälen und Initiativen aufgesetzt wurde (vgl. Zumstein et al. 2015).

Das Analytics Framework und der Ansatz des Data-driven Managements spielt im digitalen Geschäftsmodell der Sanitas eine wichtige Rolle, wie Abb. 16.3 zeigt. Unter Nutzung von Daten und Regelwerken werden die Kundenangebote und die Kundeninteraktionen unter Berücksichtigung der verschiedenen Kanäle zunehmend personalisiert. Kundenorientiert, zielgruppengerecht und personalisiert sollen nicht nur die Inhalte auf den verschiedenen Kanälen sein, sondern auch das integrierte Produktangebot für Neu- und Bestandskunden.

Voraussetzung resp. Grundlage dieser strategischen Neuausrichtung ist die digitale Transformation, welche durch smarte Mitarbeiter und ihrem Know-how getragen und gelebt wird. Formale Mechanismen fördern dabei die zielgerichtete und ergebnisorientierte Zusammenarbeit genauso wie ein gemeinsames Verständnis und Rollenmodell.

16.1.6 Digital Analytics & Data Management

Im Layer „Datengetriebene Steuerung" in Abb. 16.3 helfen die Mitarbeiter der Einheit „Digital Analytics & Data Management" mit, ein Analytics Framework mitaufzubauen und im digitalen Kundenbeziehungsmanagement den Feedback Loop von den Kunden zum Unternehmen sicherzustellen. Die Datenmanager, Data Scientists und Datenanalysten haben Zugriff auf sämtliche Informations- und Kernsysteme, auf das Data Warehouse und auf die Cloud-Lösungen. Die *Aufgaben im Digital Analytics & Data Management* sind breit definiert:

- Systemübergreifendes Datenmanagement und End-to-End-Datenanalysen
- AdHoc- und Regel-Reporting für die Fachbereiche wie eSales, eMarketing und weitere
- Konzeption, Implementierung, Betrieb und Weiterentwicklung des Web/App Trackings
- Web Analytics und Web Controlling: Datenaufbereitung und Datenanalyse, Ableitung und Diskussion von Handlungsmaßnahmen zur Optimierung des digitalen Geschäfts
- Unterstützung und Beratung der Fachbereiche im eCommerce, eMarketing und eCRM
- Customer Profiling, Scoring, (Predictive) Modeling und Behavioral Targeting

- Online-Marktforschung (wie z. B. Online-Befragungen) und Social Media/Web Monitoring
- Administration der Analytics-Systeme: User-, Berichte- und Variablen-Management
- Forschung und Entwicklung zu neuen Datenbanktechnologien wie z. B. Hadoop/ Hive.

16.2 Funktionen, Architekturen und Technologien

16.2.1 Zur bestehenden Analytics-Architektur

Im Unternehmen wurde die Bedürfnisse für Reporte und Analysen für das tägliche, operative Geschäft vom Business definiert und von den Controlling-, Marktforschungs- sowie Analytics-Teams entsprechend umgesetzt. Die Anforderungen lassen sich grob wie folgt in Tab. 16.2 definieren. Die Analytics-Infrastruktur besteht in Abb. 16.4 aus einer *klassischen Data-Warehouse-Architektur* unterteilt in eine Staging-Area, Warehouse-Area sowie in eine Mart-Area, welche mit Oracle und MicroStrategy implementiert wurden. Die Data Marts bzw. Cubes wurden sauber über KPI-Stammblätter vom Business definiert und entsprechend auf der Data-Warehouse-Seite umgesetzt.

Mit der Digitalisierung des Unternehmens wuchs der Bedarf an Reporte, Analysen und Daten. Gerade die Erfolgsmessung der digitalen Kanäle erhielt erhöhte Aufmerksamkeit:

- Wochenreporte liefern die nötigen KPIs zur Kontrolle der Geschäftsabläufe, sowie die *nötigen Insights für konkrete operative Maßnahmen.*

Tab. 16.2 Ist-Situation im Analytics am Beispiel einer Krankenversicherung

	Reporting	Analysen
Anforderungen	**Regulatorisch**, z. B. Bundesamt für Gesundheit (Berechnung der Prämien) Finanzmarktaufsicht Jahresabschluss Erfolgsrechnung	**Administrativ (Business)** Deskriptive Analysen (z. B. OLAP) Deskriptive Reporte Budgetplanung Cockpit für Geschäftsleitung Geschäftsprozessanalysen
Daten & KPIs	strukturiert definiert dokumentiert	strukturiert definiert
Qualität	operative Ausfallsicherheit Reproduzierbarkeit Vier-Augen-Prinzip kontrollierte Datenbasis	kontext- und fallhängig

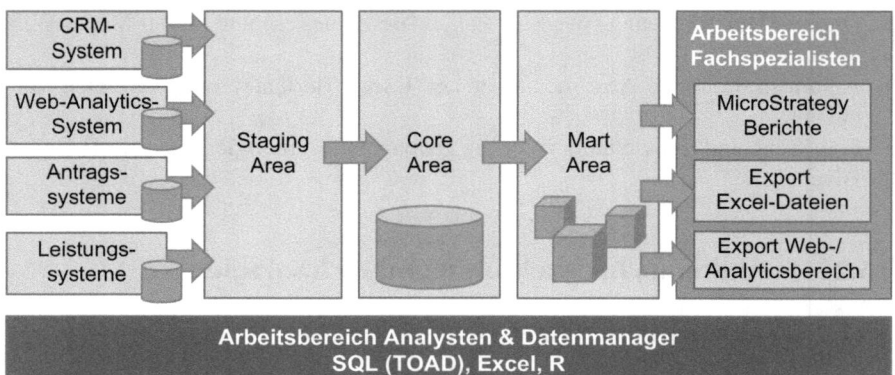

Abb. 16.4 Bestehende Analytics-Architektur bei Sanitas

- Die Umsetzung von KPIs ist vom Aufwand her nicht immer gerechtfertigt:
  - Theoretisch entwickelte KPIs wurden gegen die wirkliche Welt getestet.
  - Die Ursachen und Wirkungen der KPI-Messgrößen (die Kausalzusammenhänge bzw. Kausalitäten des Geschäfts) müssen analysiert werden, nicht nur die KPIs.
- Analyseteams benötigen über die aggregierten Daten hinaus den Data-Marts Zugang zu den *granularen Daten* aus den einzelnen Applikationen.
- Data-Science-Aufgaben erfordern eine entsprechende Infrastruktur, um explorativ mit den Daten umzugehen und zu arbeiten.

Wie der folgende Abschnitt zeigt, wurde im Zuge der Digitalisierung und veränderten Anforderungen *ein Data Lake konzeptioniert und ein Prototyp entwickelt*, wobei erst Business Cases geschaffen werden müssen, um weitere Investitionen zu rechtfertigen.

16.3   Big Data – Proof of Concept

16.3.1 Start Small, Scale Big

Das Krankenversicherungsunternehmen Sanitas war in *klassischen Silos entlang der Wertschöpfungskette* organisiert. Dies spiegelt sich in der Datenhaltung, als auch in den Controlling- und Reporting-Teams wieder, die streng in ihren Silos operierten. Reporte wurden entsprechend in der Hierarchie aggregiert bis hinauf zum Geschäftsleiter-Cockpit.

In dieser Struktur ist es zwar einfach, gesamtbetrachtende Erkenntnisse und Insights aus den obersten aggregierte Daten zu ziehen. Es ist jedoch schwieriger, korrigierende Maßnahmen über die einzelnen operativen Silos hinaus abzuleiten und abzustimmen.

So erstaunt nicht, dass Besuche und Akquise-Bemühungen von Software-Herstellern sowie Beratungsfirmen rund um das Thema Datenhaltung, Big Data sowie

Datenanalysen schon fast an der Tagesordnung waren. Technik wurde oft als Enabler vorgestellt und bei fehlenden internen Kompetenzen Dienstleistungen als „Black-Box" verkauft. Das regulatorische Problem der Datenhaltung wurde dabei von externen meist nicht erkannt. Zum einen konnte auf Anhieb kein Big-Data-Projekt einen *konkreten, messbaren betriebswirtschaftlichen Mehrwert* demonstrieren, zum anderen war es schwierig einzuschätzen, wie die Systeme von den bestehenden Abteilungen betrieben werden sollte.

16.3.2 Speicherung von (semi-)strukturierten und unstrukturierten Daten

Die erste Phase des Big-Data-Projektes bestand darin, die technologischen, fachlichen und kompetenzbezogenen Grundlagen im Unternehmen zu erschließen. Dabei stellte sich die Frage, was neue technologische Entwicklungen bieten und zum zweiten, wozu diese eingesetzt werden sollen. Der Anfang war die Konzeption und Erstellung eines *Prototyps für einen Data Lake*. Bei diesem Betriebslabor wurde ein Hadoop-Cluster aufgesetzt (vgl. Abschn. 16.4.2). Es sollte eine Arbeitsumgebung für den Bereich Digital Analytics bzw. Data Science geschaffen werden, die erweiterte Analysen, auch mit unstrukturierten und großen Daten zulässt. Die wichtigsten betriebswirtschaftlichen Argumente für den Use Case waren:

- **Günstiger Speicherplatz**, deutlich preisgünstiger als proprietäre Datenbankanbieter
- **Genügend Speicherplatz** für Data Mining und vertiefte End-to-Ende-Analysen
- **Mehr Rechenpower** für zeitnahe und schnelle Analyseaufgaben

Ein Artikel von Williams (2014; vgl. Tab. 16.3) sowie die interne Aussage „Fach motiviert Technik, Technik motiviert Fach" bestärkte die Entscheidung des Managements, ein *„Business-driven Big-Data-Projekt"* durchzuführen. Dabei wurden folgende Ziele definiert:

- **Ramp-up**: Die *Akzeptanz der Organisation von Big-Data-Projekten* muss intern erst eruiert und geschaffen werden.
- **Konzeption**: Die *betrieblichen Abläufe bei Big-Data-Projekte* müssen konzeptioniert und implementiert werden.
- **Prototyping**: Die neuen Big-Data-Technologien müssen mit Hilfe eines *Prototypen von IT, DWH, Analytics und Controlling getestet* werden.
- **Betrieb**: Die Nutzung von Big-Data-Technologien soll im Unternehmensbereich Vertrieb und Marketing zum *Unternehmensziel Kundengewinnung und -bindung beitragen.*

Für das Projektteam waren diese Ziele und Vorgehensweise eine Herausforderung, welche groß genug war, um operativen Mehrwert zu messen und klein genug, um im Risikomanagement den – eventuellen negativen – Einfluss zu kontrollieren. Das heißt, dass beim Proof of Concept (PoC) der *operative Betrieb auf keinen Fall gefährdet* werden darf.

Tab. 16.3 Faktoren der geschäfts- und datenbasierten Big-Data-Strategien

Comparison Factor	Business-Driven Big Data Strategy	Discovery-Based Big Data Strategy
Basic Premise	We can figure out in advance how various types of big data content can be used within our business processes to increase revenues, reduce costs, or both	We can't know in advance how various types of big data content can be used to create business value—that needs to be discovered
Investment Hypothesis	Leveraging specific types of big data content will improve one or more core business processes, which will increase profits and enhance strategic performance	There are case studies that illustrate how big data content creates value, so we know big data has value, and we need to discover what that value is or risk falling behind
Strategy Formulation Approach	Structured up-front analysis of relevance of each type of big data content to each core process that impacts revenue growth, cost reduction, or both	Discovery model is the strategy
Primary Business Paradigm	Business process improvement, profit optimization	Research and development
Primary Skill Sets	Typical business analysis and process improvement skills coupled with suitable technical skills to manage big data content	Ph.D. science skills coupled with suitable technical skills to manage big data content
Technology Platform	Typically based on distributed processing and/or parallel processing techniques to deal with large volumes of digital content. Typical storage approach is to leverage low-cost data storage using Hadoop Distributed File Structure and low-cost servers	

Quelle: Williams (2014, S. 9)

16.3.3 Fachlicher Use Case: Daten- und regelbasierter Web Chat

Ein zweiter Use Case wurde ebenfalls vom Datenmanager initiiert: Dieser hatte zum Ziel, die Conversion Rate im Online-Abschluss zu erhöhen bzw. die Anzahl Besuchsabbrüche auf der Website zu reduzieren. Absprunggefährdeten Interessenten, die sich auf den Internetseiten des Versicherungsunternehmens bewegen, werden daten- und regelbasiert nach einer gewissen Zeit über ein *„Pop-Up-Window"* *proaktiv von Mitarbeiter aus dem Contact Center zum Web Chat angesprochen.*

Ziel dieser digitalen und zugleich persönlichen Kundenberatung ist es,

- **technische** Hilfestellung zu bieten, z. B. wie bediene ich den Online-Produktkonfigurator,
- **(fremd)sprachliche** Hilfestellung zu bieten, z. B. Zuzüger mit Verständnisproblemen und
- **fachliche** Hilfestellung zu bieten, z. B. Erklärung komplexer Versicherungsprodukte.

Auf Kundenwunsch wird dieser Kontakt auf den bestehenden Verkaufskanälen des Versicherungsunternehmens, wie eMail, Web, Telefon oder persönlicher Besuch eines Versicherungsberaters, fortgeführt. Im abschlägigen Fall wird die Einladung zum Web Chat direkt vom Websitebesucher abgebrochen resp. es wird nicht darauf reagiert.

Da diese Art der Kontaktaufnahme durch Mitarbeitende des Contact Center aufwendig und teuer ist, werden nicht alle Interessenten auf der Internetseite angesprochen. Es werden nur jene Personen angesprochen, die ein bestimmtes Interaktionsmuster mit der Webseite des Versicherungsunternehmens aufweisen. Diese Muster werden durch *generische und unpersönliche Ja-Nein-Regeln* beschrieben, wie z.B., „der Besucher…"

- hält sich 5 Minuten auf der Website auf"
- hat mindestens vier verschiedene Seiten besucht" oder
- hat nach 5 Minuten den Onlineverkaufsprozess noch nicht besucht".

Die Pop-Up-Chat-Funktion wird vom Web-Server-Framework ausgelöst, wenn eine oder mehrere dieser Ja-Nein-Regeln zutreffen. Um diese unpersönlichen Regeln zu definieren, werden gesamtbetrachtete Analysen über Datenbestände des Versicherungsunternehmens durchgeführt. Daher kann auch von Big-Data-Service gesprochen werden.

Die aus den Analysen entstehende anonymen Interaktionsmuster lassen keinerlei Rückschlüsse auf einzelne Personen zu, sondern enthalten aggregierte Information über das Interaktionsverhalten der anonymen Websitebesucher mit dem Versicherungsunternehmen.

16.4 Design und Umsetzung

16.4.1 Interdisziplinäre Zusammenarbeit bei Big Data Projekten

Das Projektteam stellte sich aus vier Disziplinen zusammen:

- Die **IT** zur Bereitstellung der Infrastruktur
- Das **Digital Analytics** zur Bereitstellung der Daten, Regeln und Auswertungen
- Das **Digital Marketing** zur Erstellung der Ansprache in Form von Bild und Inhalt
- Das **Contact Center** zur Durchführung der Ansprache und den operativen Betrieb

Jede Disziplin brachte ihre Rahmenbedingungen und Ideen an den Tisch, welche von der Projektleitung berücksichtigt wurde.

Das Projekt wurde pragmatisch definiert. Um im Projektteam eine gemeinsame Sprache zu finden, wurden die bestehenden Projekt-Frameworks aus den einzelnen Disziplinen gegenübergestellt und abgeglichen. Wie in Tab. 16.4 dargestellt, verfolgt

Tab. 16.4 Disziplinen bei Big-Data-Projekten

IT-Disziplin	Daten- & Analyse-Disziplin	Marketing-Disziplin
ITIL Framework	CRISP-DM Framework	Category Management Framework
Service Strategies	Business Understanding	Define the category (i.e. what products are included/excluded) Define the role of the category within the retailer
Service Design	Data Understanding	Assess the current performance
	Data Preparation	Set objectives/targets for category
	Modeling	Devise an overall Strategy. Devise specific tactics
	Evaluation	
Service Transition	Deployment	Implementation
Service Operation		The eighth step is one of review which takes us back to step 1

Quelle: In Anlehnung Wikipedia (2015a, b, c)

die IT das ITIL Framework, Analytics das CRISP-DM und das Marketing das Category Management Framework mit den entsprechenden Regelkreisläufen.

Bei der Zusammenführung fiel folgendes auf:

- Jedes Framework deckt alle Phasen „irgendwie" ab.
- Jedes Framework legt besonderen Wert auf die eigene Disziplin und behandelt die Peer-Disziplinen untergeordnet.
- Die Frameworks wurden zusammengelegt und die Schwerpunkte der jeweiligen Disziplin als Projekt-Liefergegenstand definiert.
- Die Corporate Governance wurden durch gesetzliche Vorgaben, Verträge und Dienstleistungsprozesse definiert.

16.4.2 Phasen des Projekts

In diesem Abschnitt wird näher auf die Umsetzung des Proof-of-Concept, auf die Herausforderungen für die einzelnen Fachdisziplinen sowie auf das Projektmanagement eingegangen. Liefergegenstände sowie das Zusammenspiel der Daten und Prozess sind in der nachfolgenden Abb. 16.5 zu entnehmen.

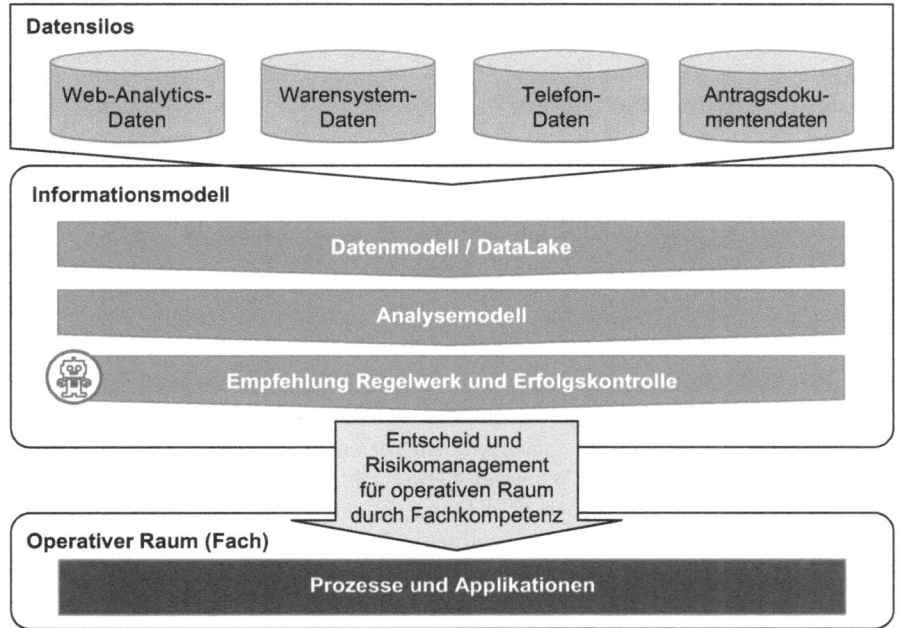

Abb. 16.5 Architektur der Daten und Prozesse

16.4.2.1 Phase 1: Business Understanding

Das Business Unterstanding war bereits fachlich gut dokumentiert (siehe Abschn. 16.3.2) und wurde durch die Zielvorgaben für das Projekt vervollständigt. Dieses Dokument erleichterte die Vorstellung des Projekts an die Fachbereiche, die mit ihren Kompetenzen für die Durchführung des Projekts gebraucht wurden.

16.4.2.2 Phase 2: Data & Application Understanding

Auf den Websites und Kanälen des Unternehmens hinterlässt jeder Nutzer digitale Fußspuren, so auch auf dem Weg vom Interessenten zum Kunden: Als *Besucher* entstehen Web-Analytics-Daten, die das Verhalten während des Besuchs festhalten. Diese sind z. B. Seitenbesuche, Downloads, Besuchsdauer sowie die Anzahl Besuche. Der Besucher wird zum *Interessent* sobald Produkte in den Warenkorb des Onlineverkaufsprozesses gelegt werden. Der Interessent kann sich als Self Service eine Angebotsofferte erstellen, welche die Preise und Bedingungen zu den Versicherungsprodukten enthalten. Der Interessent wird durch eine rechtsverbindliche Unterschrift zum *Antragskandidat*. Im Underwriting wird der Antrag geprüft, sofern eine private Zusatzversicherung abgeschlossen wurde. Nach der produktabhängigen Prüfung und einem telefonischen Willkommensgespräch wird dieser in das Versicherungskollektiv aufgenommen und dadurch zum *Kunden*.

Bis zu diesem Punkt kamen folgende Informationssysteme bzw. Applikationen zum Einsatz:

- **Adobe CQ5 (Adobe Experience Manager)**: Das Content Management System aus der Produktefamilie der Adobe Marketing Cloud zur Erstellung von HTML-Seiten
- **eGate**: Ein webbasiertes Warenkorb- bzw. Onlineverkaufsprozesssystem
- **Adobe Analytics**: Das Web-Analytics-System auf sämtlichen Webplattformen und Apps, welches die Daten auf der Websites und Apps erhebt und in der Adobe Cloud speichert
- **Dialog Master**: Eine Outbound-Lösung des Contact Centers, die einen effizienten Ablauf der Telefonanrufe mit den (Neu-)Kunden sicherstellt
- **DMS:** Ein Dokumentenmanagementsystem, welches den gesamten Antragsvorgang unterstützt, indem z. B. physische Offerten und Anträge mittels XML digitalisiert werden

Die größte Herausforderung aus Sicht des Projektmanagements war es, die noch nicht existierende Lösung für den Web Chat an dieser Stelle zu berücksichtigen. Die Disziplinen IT und Analytics mussten eng zusammenarbeiten und aus den Frameworks ITIL und CRISP-DM ausbrechen. Während CRISP-DM sich in einer späteren Phase „Modeling" mit Themen wie „überwachtes Lernen", unabhängige oder abhängige Variablen auseinandersetzt, um den richtigen Zeitpunkt für die Einladung zum Chat zu berechnen, benötigte IT mit der Phase „ITIL-Service Design" bereits Spezifikation für die zu schaffende IT-Infrastruktur sowie entsprechende Applikationen. Nach einer etwas zeitaufwendigeren Periode der Software-Evaluation wurde folgende IT-Architektur festgelegt.

- **Adobe Target**: Target ist ebenfalls eine Produkt der Adobe Marketing Cloud, das für A/B- und multivariate Tests genutzt wird, um die Conversion Rate auf Websites zu erhöhen. Mit Adobe Target können datenbasierte Regeln hinterlegt und Webinhalte und Angebote regelbasiert und personalisiert ausgespielt werden. Ferner enthält die Premium-Version ein Empfehlungssystem, welches Regeln zu den genutzten Inhalten und Käufe erstellt. Adobe Target wird im Use Case dazu genutzt, um die Einladung zum Web Chat auszulösen und das User Interface über das Content-Management-System einzublenden.
- **Vee24:** Dies ist eine Web-Chat-Lösung, mit welcher absprunggefärdete Nutzer proaktiv und intelligent durch einen Contact-Center-Mitarbeiter angesprochen und beraten wird.

Alle verwendeten Applikationen und deren Datensammlungen wurden analysiert und entsprechend dokumentiert.

16.4.2.3 Phase 3: Data Preparation/Cleansing

Hadoop Cluster

Beim Aufbau des Betriebslabor wurden weitgehend Standard-Hardware-Komponenten verwendet: Ein Apache Ambari-Server, der über ein 1 Gbps Netzwerk mit 4-Nodes kommuniziert. Als Betriebssystem dient Ubuntu 12.04, welches den Hortonworks HDP Stack 2.0 verwendet.

Da die Arbeitsmittel für das Daten- und Analytics-Team bis dahin aus Oracle (SQL) sowie R(Studio) bestand, wurde der Focus für den PoC auf die Hadoop Komponenten HDFS, Hive sowie R (Studio) gelegt. Die Herausforderung für das Team war, Rechenleistung „ohne paralleles programmieren" für die Analysen zur Verfügung gestellt zu bekommen.

Konzept Data Lake

Wie aus Abb. 16.6 ersichtlich, ist im Unternehmen bisher kein Data Lake im Einsatz. Das Fach definierte Reporte, welche mit definierten KPIs wöchentlich dem Fach zur Verfügung gestellt werden. Bei Rückfragen stehen den Controlling- und Reporting-Teams die MicroStrategy-Funktionalitäten zur Verfügung. Mit der digitalen Transformation und Aufbau des digitalen Kanals wuchs der Bedarf an komplexeren Analysen, die durch die KPIs nicht abgedeckt waren. Zum Beispiel ist das Marketing stark daran interessiert, welche Webinhalte in welcher Reihenfolge besucht werden, um die Informationsfindung des Webbesuchers nachvollziehen zu können. Die Erkenntnisse aus diesen Analysen wurden entsprechend verwendet, um den Onlineauftritt und das Kundenerlebnis zu verbessern.

Die fachlichen Anforderungen an das Data Warehousing, welches aggregierte Daten und Kennzahlen enthält, wuchs und bewegte sich zunehmend in Richtung Data Mining.

Die Anzahl und Art an Analysen, die nach Muster und Regelmäßigkeiten hinter den wöchentlichen aggregierten KPI-Reporte suchten, stieg im Verlauf der Jahre. Im Unternehmen wurde die Verantwortlichkeit der wöchentlichen sowie regulatorischen

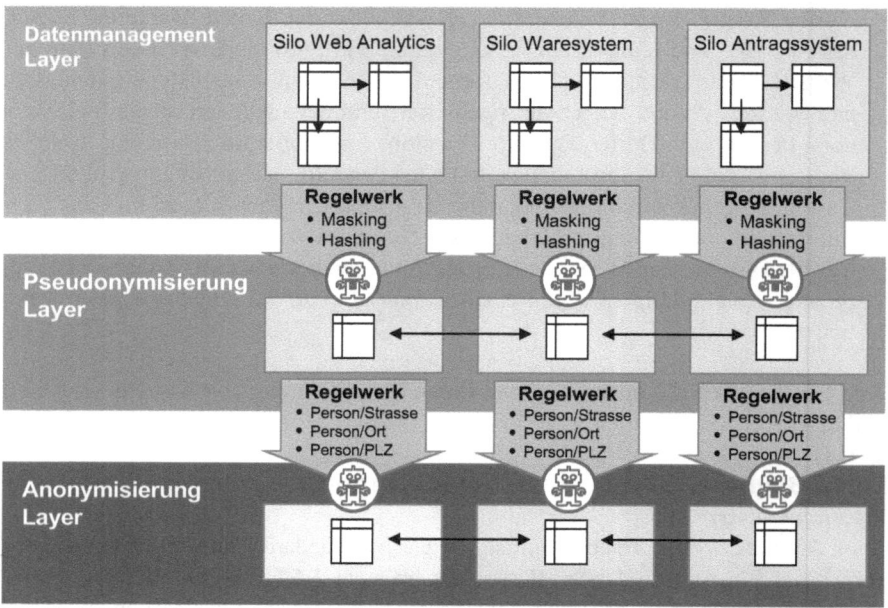

Abb. 16.6 Aufbau des Informationsmodells

Reporte im Controlling-Team verankert. Für die erweiterten Analysen wurde das Digital-Analytics-Team geschaffen. Für jede Analyse werden dieselben Datenquellen herangezogen und zeitaufwendig fallspezifische Daten, z. B. aus der Adobe Marketing Cloud, exportiert um dann wieder in die Oracle Staging Area importiert, um entsprechend der Analyseanforderung angereichert und transformiert zu werden.

Das Konzept des Data Lake wurde als Rohdatenspeicher bzw. Archiv der Applikationsdaten angedacht. Die Daten stehen in ihrer originalen Form im Read-only in Tabellen zur Verfügung. Ein *Datenmanagement-Layer*, bestehend aus Schlüsseltabellen schafft Links zwischen den einzelnen Daten- bzw. Applikations-Silos. Ein *Pseudonymisierungs-Layer* schafft eine sichere und datenschutzkonforme Datenverschlüsselung. Angedacht ist auch ein *Anonymisierungs-Layer*, welche jedoch für diesen Proof of Concept noch nicht umgesetzt wurde, da (noch) keine Personendaten verarbeitet werden. Jeder Analyst hat einen eigenen Bereich zur Verfügung und bekommt entsprechend der Aufgabe die entsprechenden Datenquellen auf den verschiedenen Layern freigeschaltet, die in einem Genehmigungsprozess für jede Analyseanfrage verfestigt ist.

16.4.2.4 Phase 4: Modeling
Aus der Businessanforderung heraus wurden Empfehlungen vom Analyseteam für das Aussprechen einer Einladung zum Web Chat erwartet.

Webbesucher lassen sich in folgende vier Gruppen einteilen:

1. Besucher, die *aus Versehen* auf die Webseite gelangt sind

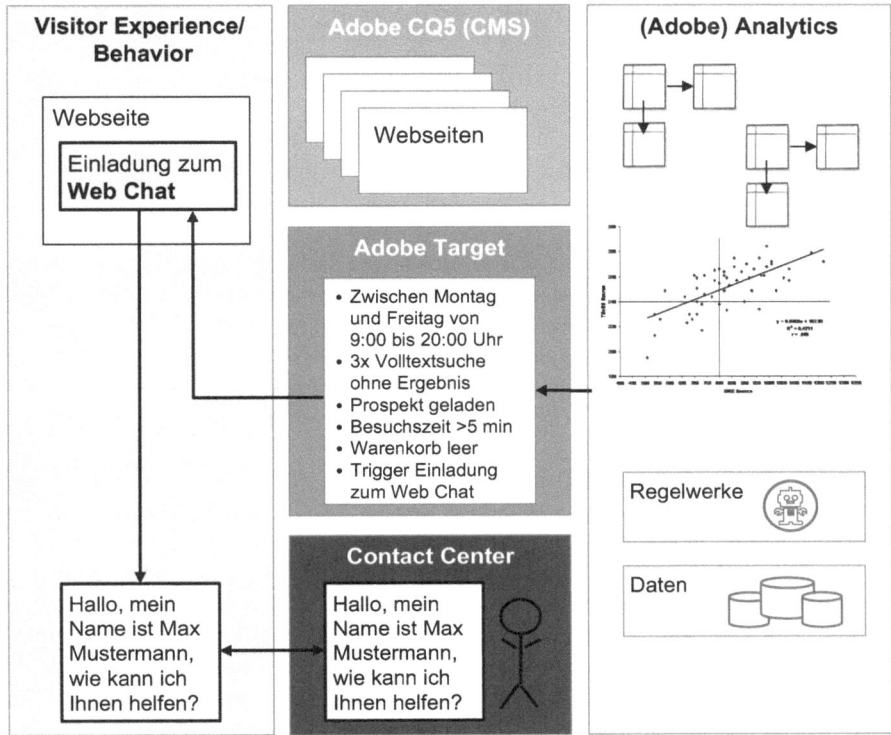

Abb. 16.7 Übersicht der Systemlandschaft mit Kernkomponenten und -disziplinen

2. Besucher, die *keinen Bedarf* an den Produkten haben (z. B. Besucher, welche sich auf der Website lediglich informieren)
3. Besucher, die einen Bedarf an den Produkten haben, aber *unentschlossen sind*
4. Besucher, bei denen die *Kaufentscheidung von Anfang an schon fest steht*

In einer idealen Welt würde das Regelwerk nur für Besucher aus der Kategorie 3 die Einladung zum Web Chat aussprechen, also an die Unentschlossenen und Unsicheren.

Ein Teil der Regeln für das Regelwerk ist bereits durch technologische oder betriebliche Abläufe definiert, die von den Analysten ebenso berücksichtig werden müssen wie die statistisch berechneten Regeln. So ist z. B. das Contact Center, welches die Web Chat mit den Kunden betreibt, von 9:00 bis 20:00 Uhr geöffnet. Außerhalb dieser Zeiten Einladungen zum Web Chat auszusprechen, macht daher keinen Sinn. Auch unterstützt die eingesetzte Software eine Vielzahl, aber jedoch nicht alle von den Webbesuchern verwendeten Technologien (z. B. keine mobilen Geräte). Diese Rahmenbedingung bilden die Grundregeln, die auf alle Besucher angewandt werden müssen (Tab. 16.5). Zum anderen erlaubt die eingesetzte Technologie nur bestimmte Messdaten, die in Echtzeit verwendet werden können, um eine Einladung zum Web Chat auszulösen. Diese sind z. B. Seitentiefe, Seitenaufenthaltsdauer, Downloads von Broschüren oder Warenkörbe bzw. Bestellvorgänge, welche schon ausgelöst worden sind.

Tab. 16.5 Übersicht zum Data Set zur Regelwerkbestimmung

Webtracking Unique Visitor	Daten Web-tracking	Daten Waren-korbsystem	Daten Adobe Target	Daten Antrags-System
Eindeutiger Primärschlüssel	Unabhängige Variable	Unabhängige Variable	Unabhängige Variable	Erklärte Variable

Die historischen Daten aus den Datensilos bilden das Trainings-Datenset, welches das Modell bzw. Regelwerk trainiert, um die *Auslösewerte* für die Einladung zum Web Chat zu bestimmen (Supervised Learning). Konkret werden auf der Webseite *keine Profile von Besuchern* angelegt, sondern nur aus der Erfahrung heraus Besucher mit bestimmten Verhaltensmuster identifiziert, z. b. dreimalige Volltextsuche auf der Webseite ohne nennenswertes Ergebnis, und durch den Web Chat besser bedient.

16.4.2.5 Phase 6: Deployment

Das aus der Phase Modeling entstandene Regelwerk wurde dem Marketing-Team übergeben, um im operativen Raum implementiert zu werden (siehe Abb. 16.5: Architektur der Daten und Prozesse). Wichtig ist hier die Übergabe und Abgrenzung zwischen den Empfehlungen aus dem Informationsmodell in den operativen Raum. Die theoretischen Empfehlungen werden hier noch einmal von der Fachdisziplin auf den Einsatz geprüft (Plausibilisierung).

Aus der Perspektive der Webseitenbesucher ergibt sich folgendes Bild (Abb. 16.7): Der Besucher betritt den Webauftritt, welches mit dem Content Management System (CMS) Adobe CQ5 umgesetzt ist. Die normalen Webtracking-Mechanismen von Adobe Analytics kommen zum Einsatz und erfassen jeden Klick der Besucher. Im Hintergrund vergleicht die dynamische Komponente (Adobe Target) in der Cloud das Verhalten des Besuchers mit den durch Regeln hinterlegten Erfahrungswerten, welche durch Analytics zuvor berechnet wurden. Wenn die festgelegten Schwellwerte überschritten wurden, wird dem Besucher auf der Webseite die Einladung zum Web Chat eingeblendet. Nimmt der Webbesucher die Einladung an, wird zu diesem Zeitpunkt das Contact Center informiert und ein Mitarbeiter kümmert sich in einem persönlichen Gespräch um die Belange des Kunden. Zusätzlich zur Web-Chat-Funktionalität wird der Contact-Center-Mitarbeiter durch vordefinierte Textblöcke, Leitfäden und Dokumente unterstützt. In einer späteren Phase ist angedacht, den Web Chat um Audio und Video zu erweitern.

Bemerkenswert aus Sicht des Projektmanagements ist hier das Zusammentreffen der verschiedenen Framework-Phasen (vgl. Tab. 16.4: Disziplinen bei Big-Data-Projekten):

- Evaluation-Phase des CRISP-DM Frameworks (Disziplin Daten und Analyse)
- Phase 6 „Set targets for category" des Category Management Frameworks (Marketing)
- Phase „Service Validation and Testing" aus dem ITIL Framework „Service Transition".

Das Regelwerk wird im operativen Raum von den Analysesystemen datentechnisch komplett abgegrenzt. Man könnte sich hier ein Echtzeitsystem vorstellen, welches Daten sammelt, berechnet und entsprechend die Regeln im Adobe Target anpasst. Dies ist jedoch für diesen Anwendungsfall mit Versicherungsprodukte nicht notwendig. Ebenso entsteht aus dem operativen Betrieb ein Regelbetrieb, der die Performance des neuen digitalen Chat-Kanals misst und auch wertvolle Einblicke über die Bedürfnisse von Interessenten und Kunden gibt.

Auch hier wurde wieder vom Projektteam festgestellt, dass sich diese Art von Performance nur bedingt mit klassischen DWH-KPIs beschreiben lässt und von der Verantwortung her in die Funktion "Controlling" gehört. Zwar können die Conversion Rates der Chat-Einladungen zu den angenommenen Chats gemessen werden, auch wird durch eine Befragung nach dem Chat die Zufriedenheit der Webbesucher festgehalten, jedoch werden vom Fach die Frage nach den Chat-Inhalten selbst gestellt. Die neue Herausforderung ist es für die Analytiker, durch *Daten- bzw. Text-Mining die Chat-Dialoge effizient auszuwerten.* Aus IT-Sicht entstehen hier neue, komplexe Systeme, die von den betreuenden Mitarbeitern und Service Providern die Fähigkeit abverlangt, sich im Fehlerfall über die Zusammenhänge der Komponenten im Klaren zu sein. Während der Umsetzung des Proof of Concepts war ein relativ kleines operatives Projektteam von fünf Personen involviert. Es wurde eine neue Infrastruktur für einen neuen digitalen Kommunikationskanal geschaffen. Dieser will aber auch mit verschiedenen Inhalten gleichzeitig bespielt werden, idealerweise kanalübergreifend und an den Marketing-Kampagnen orientiert. Dies muss innerhalb eines Unternehmens entwickelt, koordiniert und gesteuert werden. Die technische Herausforderung ist hierbei nicht nur die Systeme initial einzurichten, sondern auch über die Zeit zu pflegen und die Übersicht zu behalten. Es ist ebenfalls eine Herausforderung für die Geschäftsleitung und für das Middle Management, sich in diese komplexen virtuellen Welten hineinzudenken, um diese entsprechend den Unternehmenszielen einzusetzen.

16.5 Schlussfolgerungen und Ausblick

Dieser Beitrag zeigte auf, dass die digitale Transformation und die Umsetzung von Big-Data-Projekten lange Schatten wirft und sowohl die Geschäftsleitung, die IT, das Analytics und die Fachbereiche wie Vertrieb und Marketing von Unternehmen vor neue Chancen und Herausforderungen stellt. Unternehmensbereiche, Teams und Rollen werden neu definiert und an der digitalen Wertschöpfungskette ausgerichtet. Bestehende Frameworks wie ITIL oder CRISP-DM bieten gute Vorlagen um Prozesse und Vorgänge zu definieren und organisieren, jedoch muss inhaltlich die digitale Transformation in der Unternehmenskultur verankert und gelebt werden, um den Change zu schaffen.

In der Praxis sehen die Autoren folgende Herausforderungen entlang der fünf Dimensionen des Digital Maturity Assessment von KPGM, die in Zukunft angegangen werden.

16.5.1 Strategic Alignment/Digital Strategy

- Immer mehr digitale Themen machen auf der Ebene der Geschäftsleitung halt. *Digitale Transformation ist auch eine Chefsache* und braucht dort entsprechende Verbindlichkeit.
- Wichtige digitale Trends und *digitale Chancen müssen frühzeitig erkannt* und in der Unternehmensstrategie und -vision berücksichtigt werden. Nur wer neue Möglichkeiten schnell erkennt und zu nutzen weiß, hat gegenüber der Konkurrenz Wettbewerbsvorteile.
- *Digitale Innovationen* werden vor allem durch die IT, Software-Anbieter und die Fachbereiche getrieben, daher müssen sie in den Organisationen von außen und vor allem *von unten durch die Fachspezialisten getragen, genutzt und gelebt* werden.
- In starren Linien- und Silo-Organisationen kommt man bei digitalen und analytischen Themen oft nicht weit(er). *Interdisziplinäre Zusammenarbeit über Abteilungen und Teams* hinweg ist Voraussetzung, dass digitale Transformation und Analytics-Projekte gelingen.
- Öffentliche und private Meinungen relevanter Stakeholder ändern sich schnell und müssen – gerade in *digitalen Medien und sozialen Netzwerken* – erkannt werden.

16.5.2 Digital Culture

- Im *Umgang mit Social Media* tun sich Arbeitgeber und Arbeitnehmer einiger Branchen nach wie vor schwer, obwohl diese den privaten Raum vieler Menschen längst durchdrangen.
- Eine Social Media Strategie sollte fest in der Corporate Governance verankert werden und *Guidelines zur Nutzung von sozialen Netzwerken* und Kollaborationssystemen definiert, kommuniziert und berücksichtigt werden.
- Die Abgrenzung bzw. *Trennung von Arbeits- und Freizeit* wird in einer digitalisierten Arbeitswelt und bei digitaler, omnipräsenter Kommunikation immer schwieriger.
- Arbeitgeber müssen – gerade für Digital Natives – *attraktive Arbeitsbedingungen und gelebte digitale Kulturen* bieten. Tun sie dies (nicht), schlägt sich dies auch in den Bewertungen (z. B. in Kununu) von Arbeitgebern und deren Image nieder.

16.5.3 Processes & Digital Organisation

- Die digitale Kommunikation und Interaktion mit Kunden zwingt Organisationen dazu, *interne Geschäftsprozesse* wo möglich ebenfalls zu digitalisieren und zu automatisieren.
- Digitale Transformation verlangt auch in klassischen Berufsbildern nach *neuen Fähig- und Fertigkeiten der Mitarbeitenden.* So werden z. B. Mitarbeiter der Service Center, die in der täglichen Arbeit am Telefon noch stark auf Rhetorik und Verkaufspsychologie fokussieren, zukünftig im Video-Chat ebenso auf

Körpersprache achten müssen und bei kurzen App- und Portalnachrichten von Kunden auf schriftliche Fertigkeiten und Ausdruck.

- Aus klassischen Versicherungen und Agenturen mit Kundeninteraktion werden *digitale resp. virtuelle Versicherer und Welten. Physische Touch und Trust Points werden digital.*
- Das (digitale) Marketing wird sich neben digitalen Kampagnen und Initiativen noch stärker mit der *Digital Corporate Identity* auseinander setzen müssen.
- *Regulatorische Rahmenbedingungen* hinken dem technologischen Fortschritt hinterher. Grundrechte, Prinzipien und Regeln sind durch Unternehmen selbst sicherzustellen, auch was den Schutz und Respekt der Privatsphäre und Daten ihrer Kunden anbelangt.

16.5.4 Technology

- Datenmanager, Data Scientists und Data Detectives brauchen Selbstverantwortung, Kompetenz, Handlungsfreiraum und vor allem *neue Skillsets*. Diese müssen durch Aus- und Weiterbildungen, Trainings sowie durch Learning-by-Doing gezielt aufgebaut werden.
- Die *Pseudonymisierung und Anonymisierung* der Daten wird an Relevanz gewinnen. Da sich theoretisch jedes System aushebeln lässt, können Daten durch entsprechenden Aufwand für Dritte unattraktiv gemacht werden.
- Neue Technologien brauchen neue Lösungsansätze und Anwendungsmethoden: Dies sind im Big Data und Digital Analytics u. a. neue *Data-Mining- und Analyse-Methoden.*

16.5.5 Digital Analytics

- Die Anzahl und Art an *digitalen Kanälen und Plattformen* wird sich in Zukunft weiter vergrößern bzw. entwickeln. Die geräte- und kanalübergreifende Analyse von Nutzungs- und Nutzerdaten stellt das *Omni Channel Measurement* vor messtechnische und organisatorische Herausforderungen und auch vor Grenzen.
- Durch die digitale Transformation werten Analytics-Teams zunehmend auch *digitale Geschäftsprozesse* mittels Daten aus. Dabei gibt es neue Kanäle und Prozesse, die sich jedoch nicht so einfach durch *quantitative Auswertungen* beschreiben lassen.
- Im Digital Analytics dominieren bis heute *numerische Daten die Reports und Dashboards* der Digitalabteilungen. Mit den Kennzahlen und KPIs des digitalen Geschäfts herrschen nackte Zahlen, die je nach Kontext wenig aussagekräftig und nicht inspirativ sind.
- In Zukunft werden im *Social Media und Web Monitoring verstärkt Textdaten erfasst*, etwa wenn Nutzer Kommentare in sozialen Netzwerken, Foren, (semantische) Suche, Chat, Websites und Blogs hinterlassen. Je mehr Kommentare, desto wichtiger wird es, sich mit Themen wie Daten- bzw. Text-Mining und dessen Automatisierung auseinanderzusetzen.

Literatur

Baumöl, U.: Change Management in Organisationen: Situative Methodenkonstruktion für flexible Veränderungsprozesse. Gabler, Wiesbaden (2007)

Berghaus, S., Back, A., Kaltenrieder, B.: Digital transformation report 2015, Institut für Wirtschaftsinformatik, Universität St. Gallen, April 2015, Erhältlich unter: https://crosswalk.ch/dtreport2015 (2015). Zugegriffen am 15.08.2015

Capgemini, Digital Transformation, https://www.capgemini-consulting.com/digital-transformation. Zugegriffen 24.05.2016

Davis, B.: Digital transformation: what it is and how to get there, Econsulancy (2013) https://econsultancy.com/blog/63580-digital-transformation-what-it-is-and-how-to-get-there/. Zugegriffen am 24.05.2016

Depaoli, P., Za, S.: Towards the redesign of e-Business maturity models for SMEs. In: Baskerville, R., et al. (Hrsg.) Designing Organizational Systems: An Interdisciplinary Discourse, Bd. 1, S. 285–300. Springer, Berlin (2013)

Doppler, K., Lauterburg, C.: Change Management: Den Unternehmenswandel gestalten. 13. Aufl. Campus, Frankfurt (2014)

Esser, M.: Chancen und Herausforderungen durch Digitale Transformation, Strategy & Transformation Consulting, 7. Juli 2014, Erhältlich unter: strategy-transformation.com/digitale-transformation-verstehen (2014). Zugegriffen am 15.08.2015

Fenwick, N., Gill, M.: Six steps to become a digital business, Forrester Research, 10 Mai 2014, Erhältlich unter: http://images.email.forrester.com (2014). Zugegriffen am 15.08.2015

Forrester Research: Digital Transformation Assessment, Erhältlich unter: https://forrester.co1.qualtrics.com/SE/?SID=SV_7WZBAU12u0dJbWl (2013). Zugegriffen am 15.08.2015

KPMG: Digitale Transformation in der Schweiz, 2014, Erhältlich unter: https://www.kpmg.com/CH/de/Library/Articles-Publications/Documents/Advisory/pub-20141013-digital-transformation-in-der-schweiz-de.pdf (2014). Zugegriffen am 15.08.2015

Lauer, T.: Change Management: Grundlagen und Erfolgsfaktoren. 2. Aufl. Springer Gabler, Berlin (2014)

Maas, P., Bühler, P.: Industrialisierung der Assekuranz in einer digitalen Welt, Universität St. Gallen, 2015. Erhältlich unter: www.ivw.unisg.ch/~/media/internet/content/dateien/instituteundcenters/ivw/studien/industrialisierung-digital2015.pdf (2015). Zugegriffen am 15.08.2015

Meier, A., Zumstein, D.: Web Analytics & Web Controlling: Webbasierte Business Intelligence zur Erfolgssicherung, dpunkt/TDWI (2012)

MIT Sloan Management, Capgemini Consulting: Embracing digital technology – a new strategic imperative, Findings from the 2013 Digital Transformation Global Executive Study and Research Project, Erhältlich unter: http://www.capgemini-consulting.com/resource-file-access/resource/pdf/embracing_digital_technology_a_new_strategic_imperative.pdf (2013). Zugegriffen am 15.08.2015

Ruoss, S.: Digitale Transformation in der Schweiz, Masterarbeit, HWZ Hochschule für Wirtschaft, Zürich (2015)

Rouss, S.: Digitale Transformation, https://svenruoss.ch/category/digitale-transformation/page/2/. Zugegriffen am 24.05.2016

Sonntag, R., Müller, M.: E-Business-Reifegradmodell. Der Wert von E-Business in Ihrem Unternehmen, Dresden, 2013. Erhältlich unter: www.t-systems-mms.com/unternehmen/downloads.html (2013). Zugegriffen am 17.07.2015

Swiss Post Solution, Studie Digitale Transformation, Erhältlich unter: www.post.ch/-/media/post/gk/dokumente/broschuere-digital-transformation.pdf (2014). Zugegriffen am 15.08.2015

Swisscom: Die 4 Erfolgsfaktoren für Ihre digitale Transformation, Erhältlich unter: www.swisscom.ch/digital-transformation (2015). Zugegriffen am 15.08.2015

Stolzenberg, K., Eberle, K.: Change Management: Veränderungsprozesse erfolgreich gestalten – Mitarbeiter mobilisieren. Vision, Kommunikation, Beteiligung, Qualifizierung. 3. Aufl. Springer, Berlin (2013)

Steimel, B., Wichmann, K., Azhari, P., Faraby, N., Rossmann, A.: Digital Transformation Report 2014, neuland GmbH, Köln, Erhältlich unter: http://www.dt-award.de/2014/wp-content/uploads/2014/09/DT-Report-2014.pdf (2014). Zugegriffen am 15.08.2015

Wade, M., Marchand, D.: Are you prepared for your digital business transformation? Understanding the power of technology AMPS in organizational change, IMD, Januar 2014, Erhältlich unter: http://www.imd.org/research/challenges/TC005-14-are-you-prepared-for-your-digital-transformation-wade-marchand.cfm (2014). Zugegriffen am 15.08.2015

Williams, S.: Big data strategy approaches: business-driven or discovery-based. Bus. Intell. J. **19**(4), 8–13 (2014)

Westerman, G., Calméjane, C., Bonnet, D., Ferrraris, P., McAfee, A.: Digital transformation: a roadmap for billion-dollar organizations, Cambridge, www.capgemini.com/resource-file-access/resource/pdf/Digital_Transformation__A_Road-Map_for_Billion-Dollar_Organizations.pdf (2011). Zugegriffen am 15.08.2015

Wikipedia: Definition zum ITIL Framework, Erhältlich unter: http://de.wikipedia.org/wiki/IT_Infrastructure_Library (2015a). Zugegriffen am 15.08.2015

Wikipedia: Definition zum CRISP-DM Framework, Erhältlich unter: http://en.wikipedia.org/wiki/Cross_Industry_Standard_Process_for_Data_Mining (2015b). Zugegriffen am 15.08.2015

Wikipedia: Defintion zum Category Mangement Framework, Erhältlich unter: http://en.wikipedia.org/wiki/Category_management (2015c). Zugegriffen am 17.07.2015

Zumstein, D., Ganesh, H., Exner, J.: Digital transformation driven by Adobe Analytics at Sanitas Health Insurance, In: Adobe Summit, 30.04.15, London; http://content.eventbooking.uk.com/PDF/9027a5af-f6c8-4b7b-bace-19fe8a44b5df.pdf (2015). Zugegriffen am 15.08.2015

Granular Computing – Fallbeispiel Knowledge Carrier Finder System

Alexander Denzler und Marcel Wehrle

Zusammenfassung

Die automatisierte Strukturierung und Speicherung von komplexen, semistrukturierten Daten in einer graph-basierten Wissensdatenbank erfordert eine logische und auch hierarchische Verknüpfung, damit die Information für Anwender und Applikationen leichter zu erreichen und interpretieren sind. Der Aufbau ermöglicht Informationen granular zu clustern und in einer mehrschichtigen, hierarchischen Struktur abzubilden. Die Visualisierung so entstandenen Granules, erlaubt die Entdeckung von Wissen aus bestehenden Informationen. Im Fallbei-spiel werden webbasierte, semistrukturierte Daten einer Question and Answer Plattform in einer Graph Datenbank abgebildet, visualisiert und als Teil eines Knowledge Carrier Finder Systems beschrieben.

Schlüsselwörter

Granular Computing • Finder Systems • Strukturierung von Wissen • Nutzerprofilierung

vollständig neuer Original-Beitrag

A. Denzler (✉) • M. Wehrle
Universität Fribourg, Fribourg, Schweiz
E-Mail: aleksandar.drobnjak@unifr.ch; marcel.wehrle@unifr.ch

© Springer Fachmedien Wiesbaden 2016
D. Fasel, A. Meier (Hrsg.), *Big Data*, Edition HMD,
DOI 10.1007/978-3-658-11589-0_17

17.1 Einführung in Wissensdatenbanken

Zu Beginn dieses Beitrags wird eine kurze Einführung in Wissensdatenbanken gegeben. Diese beinhaltet die begriffliche Abgrenzung von Daten, Informationen und Wissen sowie deren Transformation. Des Weiteren werden die zugrunde liegende Funktionalität sowie die Einsatzmöglichkeiten einer Wissensdatenbank erläutert.

17.1.1 Von Daten zu Wissen

Obwohl die Begriffe Daten, Information und Wissen heutzutage rege genutzt werden, ist deren genaue Bedeutung oft nicht so klar. Es ist aber von entscheidender Bedeutung ein genaues Verständnis dieser Begriffe zu haben und wie Daten zu Wissen transformiert werden können, um die Verständlichkeit dieses Beitrags zu gewährleisten.

Als *Daten* werden rohe, bzw. nicht prozessierte Informationen bezeichnet. Sie sind atomar und besitzen weder Struktur noch eine Beziehung zwischen einander. Daten können manipuliert, gespeichert und transferiert werden (Lakoff et al. 1999).

Informationen sind Daten mit Bedeutung. Bedeutung wird verliehen, in dem Daten strukturiert werden. Dies geschieht anhand von Beziehungen die zwischen Daten gezogen werden und deren Verhältnis zueinander beschreiben. Informationen können erstellt, gespeichert, transferiert und verarbeitet werden (Reddy 1993).

Wissen entsteht durch Ansammlung und Verinnerlichung von Informationen. Dabei steht die Verinnerlichung von Wissen im Zentrum, da diese dafür verantwortlich ist, dass Informationen aus unserer Umwelt verarbeitet und gespeichert werden. Dazu werden zwei wichtige Prozesse benötigt, wovon einer die Absorption und der andere das Verständnis der Materie sind. Das Verständnis setzt dazu auf bereits verinnerlichte Informationen und nutzt vorhandene Muster, um neue Informationen zu speichern (Reddy 1993).

Der Unterschied zwischen Daten, Informationen und Wissen anhand eines Beispiels erklärt würde bedeuten, dass auf einer Website, die alle Postzahlen eines Landes auf einer Karte anzeigt, die einzelnen Postleitzahlen als atomare Dateneinträge in der Datenbank gespeichert sind. Werden die Postleitzahlen innerhalb der Karte geografisch richtig positioniert, so werden sie zu Information. Die Karte wird zudem stärker und schwächer abgedeckte Regionen enthalten, welche von einer Person richtig kombiniert als Ballungszentren oder gar Städte erkannt werden können.

17.1.2 Darstellung von Wissen und dessen Einteilung in Wissensdomänen

Eine Annahme aus der Neurowissenschaft ist, dass Wissen im menschlichen Gehirn in Form von Konzepten und den dazugehörigen Verbindungen gespeichert wird. Konzepte können Ideen, abstrakte Entitäten oder einzelne Gedanken sein, welche mit linguistischen Termen beschrieben und gespeichert werden (Hari und Kujala 2009). Verbindungen zwischen Konzepten dienen einerseits um Beziehungen zwischen einzelnen Konzepten zu ziehen und andererseits um eine Strukturierung vornehmen zu können. Durch die Strukturierung kann ein dynamisches Konstrukt entstehen, welches die einzelnen Wissensdomänen einer Person repräsentiert.

Als Wissensdomäne oder Wissensgebiet wird die Gesamtheit des Wissens innerhalb eines Fachbereichs definiert, wobei einzelne Konzepte in einer Domäne eng und stark miteinander verbunden sind. Konzepte können gleichzeitig auch zu mehr als nur einer einzigen Domäne gehören, weshalb es zu Überlappungen zwischen unterschiedlichen Wissensgebieten kommen kann.

Die Strukturierung von Wissen in Domänen ist für das menschliche Gehirn von Vorteil, weil dadurch neue Informationen leichter assimiliert werden können. Dies beruht auf dem Prinzip, dass bereits verinnerlichtes Wissen als Referenz genutzt werden kann, um neue Informationen leichter zu ordnen und am richtigen Ort abspeichern zu können (Ausubel et al. 1978). Minskey (2006) fügt dem hinzu, dass Informationsentitäten, die nicht Teil einer strukturierten Wissensdomäne sind, nutzlos sind.

17.1.3 Funktionalität & Architektur

Wissensdatenbanken sind digitale, zentrale Speicher, in denen explizites Wissen zusammengeführt und Nutzern zu Verfügung gestellt wird. Dabei kann Wissen, respektive Information in unterschiedlichsten Formen gespeichert und geteilt werden. Die häufigste Speicherform ist als Text, wobei es auch die Möglichkeit gibt, dies in Audio und Video zu tun. Zur Teilung werden meist Foren oder Question and Answer Plattformen eingesetzt.

Der primäre Nutzen von Wissensdatenbanken dient der Effizienzsteigerung bei abrufen und austauschen von Wissen. Dies soll Nutzern dabei helfen, so rasch wie möglich an Informationen zu gelangen, die sie benötigen, um bestehende Fragen beantworten zu können. Die Einspeisung von Wissen in die Datenbank geschieht durch die Nutzergemeinde, wobei einzelne Mitglieder als Prosumer auftreten können, sprich sie konsumieren und teilen ihr Wissen mit anderen.

Die Architektur einer Wissensdatenbank besteht aus mehreren Komponenten, wobei die Datenbank als Speichermedium eine zentrale Rolle einnimmt. Daneben wird ein Graphical User Interface (GUI) benötigt, welches eine hohe Nutzerfreundlichkeit gewährleistet und gleichzeitig den Einsatz von Lösungen zur qualitativ hochwertigen Visualisierung unterschiedlichster Funktionen ermöglicht. Als Schnittstelle zwischen GUI und Datenbank liegt die Applikation, welche als Aufgabe hat alle benötigten Funktionalitäten bereitzustellen. Diese reichen von Nutzeradministration, über Suchfunktion hin zu Instrumenten, die zur Strukturierung von Wissen genutzt werden.

17.1.4 Einsatzmöglichkeiten

Wissensdatenbanken können in unterschiedlichen Bereichen eingesetzt werden, in denen der Transfer von Wissen innerhalb einer Nutzergemeinschaft im Zentrum steht.

Dabei ist deren Einsatz besonders vorteilhaft bei einer größeren Nutzergemeinschaft, sowie wenn die einzelnen Mitglieder geografisch stark verteilt sind.

Dementsprechend werden Wissensdatenbanken oft innerhalb von größeren Unternehmen oder multinationalen Konzernen eingesetzt, um Mitarbeiter zu vernetzen. Es gibt aber auch offene Anwendungen, wie z. B. das Stack Exchange Network, welches als Anlaufstelle für Nutzer dient, die unterschiedlichste Fragen haben und diese von einer weltweit aktiven Nutzergemeinschaft beantworten lassen. Weitere Einsatzmöglichkeiten wären im Bereich von eHealth sowie eGovernment denkbar, in welchen eine Wissensdatenbank als öffentlich zugängliches Portal für Bürger, respektive Patienten und Mediziner fungiert.

17.2   Einsatz von Granular Computing

Granular Computing (GrC) ist ein Paradigma im Computerwesen, konzipiert von Zadeh (1998). GrC variiert in der Terminologie durch eine Theorie, eine Methodologie, eine Technik oder ein Werkzeug, um die Idee der Granulation zu entwickeln. Eine klare Definition ist stark vom jeweiligen Anwendungsfall abhängig. GrC dient daher in erster Linie als formale Grundlage einer Definition. Im Grundgedanken sind Granülen nichts anderes als Klassen, Gruppierungen oder Cluster (Yao 2000). Der zentrale Unterschied ist, das Granülen *überlappen* können, d.h. Objekte mehreren Granülen gleichzeitig zugeordnet werden können. Zadeh (1997) beschreibt eine GrC so:

> Granulation of an object A leads to a collections of granules of A, with a granule being a clump of points (objects) drawn together by indistinguishability, similarity, proximity or functionality.

Die Idee GrC ist dem menschlichen Problemlösungsprozess nachempfunden. Um ein Lösung für ein Problem zu erarbeiten, wird dieses in kleinere, kausal miteinander verknüpfte (Sub-) Probleme unterteilt. Dieser Prozess kann mehrstufig sein. Zadeh (1998) unterscheidet dabei 3 Basiskonzepte: *Granulation (teilen)*, *Organisation (verknüpfen)* und *Kausalität (verbinden)* von Entitäten.

Granülen werden auf 2 Arten strukturiert, einerseits durch das Level der Granulation (Größe einer Granüle), andererseits durch das vertikale Level (Hierarchie). Diese Ausprägungen variieren je nach Anwendungsfall. Dabei werden sowohl auf Levelebene als auch zwischen den Levels Relationen gezogen. Diese Relationen bilden die Nähe, die Abhängigkeit oder Assoziationen zwischen Granülen ab, aus denen Informationen und Wissen extrahiert, analysiert, organisiert und visualisiert werden können (Yao 2000).

In Verbindung zu menschlichem Wissen entspricht eine Granüle einem Konzept. Jedes Konzept kann verstanden werden als Gedankengang. Für das menschliche Wissen ist der Kontext und die Hierarchie charakteristisch. Der Kontext ergibt sich aus der logischen Verknüpfung der Konzepte. Die Hierarchie kann als organisieren von Konzepten verstanden werden. Auf der obersten Ebene sind die fundamentalsten Konzepte und sind abhängig von tieferliegenden Konzepten. Je tiefer das Level, umso detaillierter ist die Ausprägung der Konzepte. Mit Einschränkungen versucht GrC also die Struktur, wie menschliches Wissen organisiert ist, nachzubilden. Die Bildung, Interpretation und die Beschreibung von Granülen und deren hierarchischer Ordnung sind essenziell für das Verständnis, die Repräsentation, die Organisationen und die Synthese der Daten, der Information und des Wissens (Yao 2004).

Gerade weil GrC ein Paradigma ist, das menschliches Strukturieren von Wissen abzubilden versucht, ist das Einsatzgebiet von GrC größtenteils in Domänen der Informationsverarbeitung und Problemlösungsprozessen anzutreffen. Angewandt wurde es schon in diversen Bereichen wie Artifical Intelligence, Machine Learning und Rough Sets Theory (Yao 2004). Vorteile des GrC, insbesondere in der Informationsverarbeitung, zeigen sich durch die Möglichkeit der unscharfen Verarbeitung. Menschliches Wissen, das über Sprache definiert wird, ist oftmals vage und stark individuell abhängig. GrC kann diesen Umstand besser abdecken als scharfe Klassifizierungen. Diese Informationsgranulierung kann effektiv genutzt werden, um intelligente Systeme designen und analysieren zu können.

17.3   Bildung eines Granular Knowledge Cube

Ein Granular Knowledge Cube ist eine Wissensdatenbank, die auf Granular Computing basiert. Durch den Einsatz von Granular Computing ergeben sich mehrere Vorteile bei Strukturierung und Abfrage des gespeicherten Wissens. Diese Vorteile können von unterschiedlichen Applikationen genutzt werden, um deren Effizienz und Potenzial zu steigern. Im folgenden Abschnitt wird deshalb einerseits das zugrunde liegende Konzept eines Granular Knowledge Cube erläutert und andererseits dessen Architektur, sowie Einsatzmöglichkeiten.

17.3.1 Das Konzept

Das Konzept eines Granular Knowledge Cube basiert auf der Annahme, dass Menschen besser, größere Mengen an Informationen verarbeiten und Schlüsse daraus ziehen können, wenn diese in einer hierarchischen Struktur gegliedert sind (Collins und Quillian1996). Wobei die hierarchische Anordnung in mehrere Level dazu dient, den Überblick und die Verarbeitung von Informationen zu verbessern.

Weil aber eine Information aus einer oder mehreren Dateneinheiten zusammengesetzt sein kann, die erst in Verbindung miteinander eine Aussage darstellen, ist es wichtig, die einzelnen Dateneinheiten zu erfassen. Dies geschieht mittels Extraktion, wobei die einzelnen Dateneinheiten in einem Granular Knowledge Cube als Konzepte bezeichnet werden. Konzepte sind somit ein Synonym für atomare Informationseinheiten. Damit bei der Extraktion von Konzepte nicht bestehende Relationen und somit die Aussage verloren geht, werden Relationships zwischen ihnen gezogen und so der Kontext bewahrt.

Konzepte wiederum können, basierend auf ihrem Grad der Granularität, unterschieden werden. Dieser gibt an wie spezifisch bzw. generell ein Konzept ist und lässt somit zu, dass diese in einem mehrstufigen, hierarchischen Konstrukt, wie dem Granular

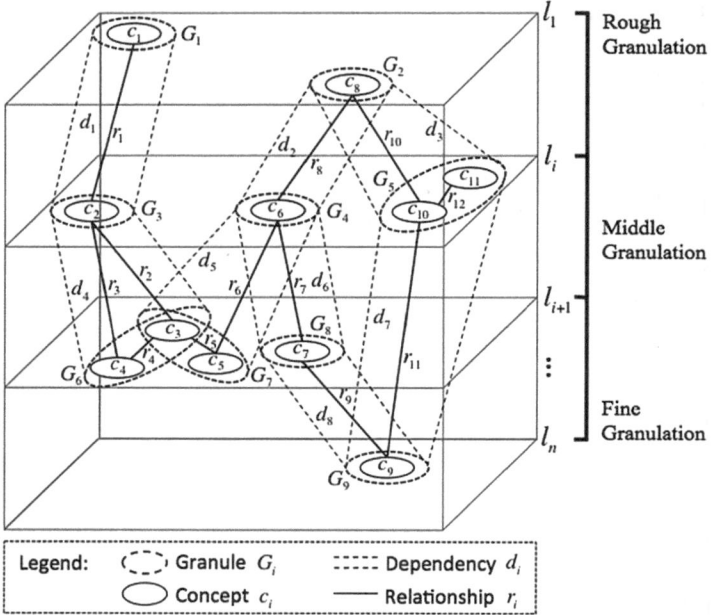

Abb. 17.1 Aufbau eines Granular Knowledge Cube (Denzler et al. 2015)

Knowledge Cube, positioniert werden können. Wobei je spezifischer ein Konzept ist, desto tiefer seine Position in der Hierarchie und umgekehrt. Konzepte im oberen Segment des Cubes werden als Rough, im mittleren als Middle und im unteren als Fine bezeichnet. Dabei ist die Anzahl der Level nicht festgelegt und abhängig vom jeweiligen Datensatz.

Konzepte werden aber nicht nur hierarchisch strukturiert, sondern auch innerhalb der einzelnen Levels. Dies wird ermöglicht durch den Einsatz einer unbestimmten Anzahl von Granules pro Level. Alle Konzepte werden dabei zu einer oder mehreren Granules gleichzeitig, die sich im gleichen Level befinden müssen, zugewiesen. Die Zuweisung geschieht anhand von Faktoren wie Ähnlichkeit, Funktionalität oder Entfernung (Zadeh 1997). Eine Darstellung des soeben beschriebenen Konzepts hinter dem Granular Knowledge Cube ist in Abb. 17.1 illustriert.

17.3.2 Einsatzmöglichkeiten & Vorteile

Die Einsatzmöglichkeiten eines Granular Knowledge Cube sind denen konventioneller Wissensdatenbanken ähnlich, wobei der Fokus aber nicht darauf aus ist, als Speichermedium zu fungieren, sondern als Instrument zur effizienten Handhabung stark verknüpfter Daten.

Vorteile ergeben sich durch den Einsatz von Granular Computing und der hierarchischen Strukturierung von Wissen. Diese umfassen unter anderem die Möglichkeit unterschiedliche Wissensdomänen, sowie den jeweiligen Granularitätsgrad eines Konzepts, zu berechnen. Davon können Applikationen in unterschiedlichsten Bereichen profitieren, wie z. B. bei Abfragen, die darauf aus sind, ähnliches Wissen zu finden, der Visualisierung bestehender Wissensdomänen einer Datenbank oder auch bei der Handhabung größerer Datenmengen.

Vorteile bei der Handhabung größerer Datenmengen sind vergleichbar mit denen eines Online Analytical Processing (OLAP) Cube. Dies ist der Fall, weil beide Cubes ein ähnliches Ziel verfolgen und dafür teilweise ähnliche Ansätze nutzen. Wobei das Ziel eines OLAP Cube ist, Abfragen so rasch und präzise wie möglich abzuwickeln, anhand von optimal gespeicherten und strukturierten Daten, sowie dem Einsatz von Facts und Dimensions (Trash 2015).

Weitere Ähnlichkeiten zwischen einem OLAP Cube und einem Granular Knowledge Cube sind:

- Während in einem Granular Knowledge Cube die kleinsten Dateneinheiten innerhalb von Granules platziert werden, geschieht dies bei einem OLAP Cube innerhalb von Facts.
- Beide Cubes ermöglichen eine Navigation innerhalb von Granules, respektive Facts: dies mit Funktionen wie Drill Down und Drill Up.
- Die hierarchische Strukturierung von Wissen ist ebenfalls ein Merkmal, dass von beiden geteilt wird.

Durch den Einsatz von Facts und Dimensions, respektive Granules und unterschiedlichen Levels, ist es möglich in einem großen Datensatz die Selektion relevanter Daten, die zum Prozessieren benötigt werden, zu fokussieren. Dies geschieht durch den Einsatz einer Indexierung, die sich die Struktur des Cubes zu Nutze macht. Konkret wird jede Granules mit dem Level sowie den dazugehörenden Subgranulen indexiert. Dadurch kann die Reaktionsfähigkeit eines Systems erhöht werden, weil nicht mehr sämtliche Daten als potenziell relevant angesehen werden. Zudem kann bei einer rein visualisierten Navigation durch die Daten der Noise reduziert und interessante Sachverhalte besser zum Ausdruck gebracht werden.

17.3.3 Architektur

Die Erstellung eines Granular Knowledge Cube basiert auf einem drei Schichten Prinzip. Dabei ist die erste Schicht verantwortlich für die Speicherung, die Zweite für die Repräsentation und die Dritte für die Strukturierung von Wissen. Diese Reihenfolge basiert auf dem Prinzip, dass zunächst eine Datenbank benötigt wird, deren Aufgabe es ist repräsentiertes Wissen zu speichern. Zudem kann Wissen erst strukturiert werden, wenn es gespeichert und richtig repräsentiert wurde.

17.3.3.1 Speicherung
Der erste Schritt bei der Erstellung eines Granular Knowledge Cube befasst sich mit der Wahl eines passenden Datenbanktyps. Dies ist ein essenzieller Schritt, da

unterschiedliche Datenbanktypen auch unterschiedliche Möglichkeiten, sowie Vor- und Nachteile mit sich bringen. Aus diesem Grund ist es zunächst nötig, die Anforderungen an eine Datenbank zu erfassen und anschließend, in einem zweiten Schritt, einen Datenbanktyp sowie ein konkretes Produkt auszuwählen und zu implementieren.

Die Anforderungen eines Granular Knowledge Cube können direkt vom zugrunde liegenden Konzept abgeleitet werden. Dabei ist die primäre Herausforderung, eine effiziente und adäquate Speicherlösung zu finden, die es ermöglicht Konzepte sowie Relationships zu speichern. Weil Konzepte und Relationships vom Prinzip her sehr ähnlich sind wie Graphen, die aus Knoten und Kanten bestehen, ist es naheliegend einen Datenbanktyp zu wählen, der explizit dafür konzipiert wurde, Graphen zu speichern. Die Wahl einer relationalen Datenbank oder eines anderen NoSQL Datenbanktyps wäre zwar möglich aber nicht ratsam, weil diese nicht primär darauf ausgelegt sind, stark verknüpfte, graphen-basierte Daten zu speichern.

Die Wahl einer Graph Datenbank bietet nicht nur Vorteile im Bereich der Speicherung, sondern zusätzlich auch bei Abfrage und Manipulation der gespeicherten Daten. Dies aus dem Grund, weil gewisse Funktionalitäten aus der Graphen Theorie ebenfalls bereitgestellt werden. Zu diesen gehören die Berechnung des shortest path zwischen zwei Knoten, die Suche nach Knoten über eine gewisse Anzahl Hops oder auch ein Clustering basierend auf der Dichte von Beziehungen zwischen Knoten. Dies sind alles Charakteristiken, die bei der Implementation eines Granular Knowledge Cube zusätzliche Vorteile bringen und somit die Effizienz, sowie Möglichkeiten steigern.

17.3.3.2 Repräsentation

Im zweiten Schritt geht es darum, eine passende Methode zur Repräsentation von Wissen auszuwählen. Als Repräsentation wird dabei die semantische und logische Erfassung von Wissen, in einer für Maschinen verständlichen Art und Weise bezeichnet [source]. Dadurch wird es für Maschinen möglich, Schlüsse aus gespeichertem Wissen zu ziehen, sowie Entscheidungen zu treffen. Dieser Prozess ist ein wichtiger Bestandteil von Artificial Intelligence.

Die Erzeugung einer Repräsentation kann dabei entweder voll-automatisiert oder semi-manuell vorgenommen werden. Der gewählte Ansatz beeinflusst nicht nur die zum Einsatz kommenden Verfahren sondern gleichzeitig auch die Vorgehensweise.

Bei einem voll-automatisierten Verfahren übernimmt ausschließlich ein Algorithmus die Aufgabe, eine Repräsentation zu erstellen, ohne externen Input zu benötigen. Dies bedingt den Einsatz von Text, Data & Concept Mining Methods. Deren Aufgabe es ist, sämtliche relevanten Konzepte aus einer Informationseinheit zu extrahieren und wenn möglich, semantisch in Verbindung zu bringen.

Im Vergleich zum voll-automatisierten Verfahren kann beim semi-automatisierten Verfahren ein Algorithmus nach externem Input verlangen. So können Einstellungen vorgenommen und Entscheidungen getroffen werden. Zudem steht bei diesem Ansatz eine breite Palette an möglichen Methoden zur Erzeugung einer Repräsentation zur Verfügung. Diese können in die zwei Kategorien Formalisms und Semantic Web Languages unterteilt werden. Bekannte Methoden aus der Gruppe der Formalisms sind Conceptual Graphs (Sowa 1976), Frame Systems (Minsky 1974) und Semantic Networks (Quillian 1975). Bei den Semantic Web Languages sind es primär W3C Standards, wie RDF, RDFS und OWL unter anderen.

Die Autoren empfehlen den Einsatz eines voll-automatisierten Verfahrens, da der Prozess standardisiert ist und es nicht zu unterschiedlichen Repräsentationen kommt, bedingt durch den Input unterschiedlicher Quellen. Zur effizienteren Extraktion der Informationseinheiten können zudem digitale Lexika wie Freebase oder Wikibase genutzt werden, die hilfreich sind bei der Identifikation von Konzepte sowie beim Stemming.

17.3.3.3 Strukturierung

Im dritten und letzten Schritt wird das repräsentierte Wissen strukturiert und somit der Granular Knowledge Cube gebildet. Dazu müssen bei der Strukturierung zwei Aufgaben erfüllt werden. Die Erste besteht darin eine hierarchische Struktur, die aus mehreren Levels besteht, zu erstellen. In der Zweiten sollen innerhalb der einzelnen Levels sämtliche Konzepte zu jeweils einer oder mehrerer Granules gleichzeitig zugewiesen werden.

Dafür stehen wieder ein semi- als auch voll-automatisiertes Verfahren zur Verfügung. Die Auswahl an Methoden, die zur Bildung der Struktur angewandt werden können, hängen dabei direkt vom zugrunde liegenden Repräsentationsverfahren ab. Dies bedeutet, dass semi-automatisierte Strukturierungsmethoden nur dann zum Zug kommen, wenn auch für die Repräsentation das gleiche Verfahren eingesetzt wurde.

Beim semi-automatisierten Verfahren wird zur Erstellung der Hierarchie ausschließlich auf vorhandene Hilfsmittel sowie Tags, Taxonomien und sonstige Strukturierungsinstrumente zurückgegriffen. Dadurch ist es möglich, die Anzahl Levels und deren Bedeutung abzuleiten und zu definieren, wobei dies manuell vorgenommen wird. Für die Erstellung der Granules hingegen ist es nötig, einen Clustering Algorithmus einzusetzen. Am besten dafür geeignet sind graphen-basierte Clustering Algorithmen, weil sie zur Berechnung nicht nur auf Ausprägungen einzelner Knoten fokussiert sind, sondern auch deren Kanten, respektive Verbindungen, mit einbeziehen.

Beim voll-automatisierten Verfahren übernimmt ein Algorithmus beide Aufgaben, wozu mehrere Methoden zur Auswahl stehen. Eine von den Autoren empfohlene Methode setzt auf die Erzeugung multidimensionaler Profile einzelner Konzepte und deren Positionierung sowie Clustering im multidimensionalen Vector Space. Danach können Algorithmen aus Subspace Clustering und Self Organizing Maps genutzt werden, um einerseits die hierarchische Struktur und andererseits die Granules zu erzeugen. Spezifische Algorithmen, die dafür zum Einsatz kommen können, sind der HSOM (Hierarchical Self-Organizing Maps) oder GHSOM (Growing Hierarchical Self-Organizing Maps). Beide können dazu genutzt werden, eine hierarchische Struktur und Cluster zu bilden.

In Abb. 17.2 ist der Gesamtüberblick der beschriebenen Ansätze sowie vorgeschlagenen Methoden illustriert.

17.3.4 Fazit

Der Granular Knowledge Cube ist ein vielseitiges Instrument, das einerseits Lösungsansätze für Probleme, die auf Grund von Big Data entstehen bietet und andererseits attraktiv für Applikationen ist, die mit stark verknüpften Wissensdaten umgehen

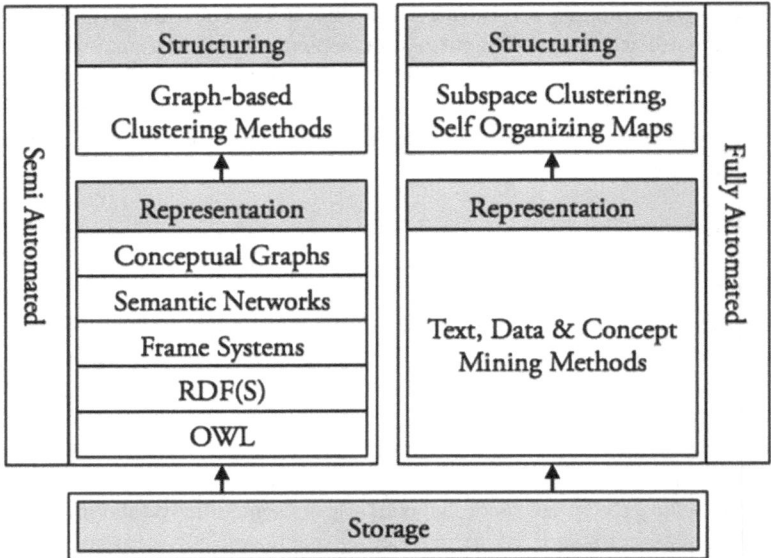

Abb. 17.2 Gesamtüberblick Drei-Schichten Modell (Denzler et al. 2015)

müssen. Gleichzeitig ist es wichtig, die primäre Funktion des Cubes nicht zu verwechseln, welche nicht diejenige eines simplen Speichermediums ist, sondern ein intelligentes Datenstrukturierungsinstrument. Aus diesem Grund kann der Cube als eine Art Intermediär angesehen werden, der zwischen Datenbank und Applikation angesiedelt ist. Die Architektur und das Konzept sind bewusst offen gehalten und ermöglichen den Einsatz unterschiedlicher Methoden und Algorithmen, um die Flexibilität und damit indirekt die Anwendbarkeit so hoch wie möglich zu halten.

17.4 Knowledge Carrier Finder System – Anwendungsfall des Granular Knowledge Cube

Knowledge Carrier Finder Systems (KCFS) gehören zur Gruppe der Wissensmanagementsysteme und befassen sich mit der Sammlung, Speicherung, Organisation und Austausch von Wissen (Becerra-Fernandez und Rodriguez 2001). Dadurch bieten sie ihren Nutzern zahlreiche Vorteile, die diese nutzen können, um schneller und effizienter Antworten auf wissensbasierte Fragen zu finden.

KCFS und andere Wissensmanagementsysteme verfolgen grundsätzlich ähnliche Ziele, setzen aber zu deren Erfüllung auf unterschiedliche Verfahren. Während bei den meisten die Extraktion von Wissen aus unterschiedlichen Quellen und dessen zentrale Speicherung im Vordergrund stehen, ist dies bei KCFS nicht der Fall. Hier besteht der Grundgedanke darin, sämtliches Wissen an der Quelle zu lassen und erst wenn es benötigt wird, dieses direkt und bilateral zu übermitteln. Dabei stellt eine Community mit Nutzern, die unter sich Wissen austauschen, das Fundament dar.

Die Rolle des KCFS ist dabei jene eines Vermittlers, dass einem Knowledge Seeker (Wissenssuchenden) einen oder mehrere passende Knowledge Carrier (Wissensträger) vorschlägt, um dessen Fragen zu beantworten. Durch diese Vermittlung ist es möglich, einen direkten Austausch von Wissen zwischen den zwei Parteien herzustellen und dabei auf weitaus reichere Kommunikationsmittel zum Wissenstransfer zurückzugreifen, als dies bei text-basierten Wissensartikeln in einer Datenbank der Fall ist. Dabei können KCFS entweder als stand-alone Lösung betrieben und genutzt werden oder in Kombination mit einem traditionellen Wissensmanagementsystem.

Das Ziel dieses Kapitels ist es, den Aufbau eines KCFS zu erläutern und dessen Vorteile und Möglichkeiten in Kombination mit einer Wissensdatenbank, die auf einem Granular Knowledge Cube aufgebaut ist.

17.4.1 Die Architektur

Es gibt unterschiedliche Ansätze und Konfigurationsmöglichkeiten zur Implementation eines KCFS, weshalb in diesem Abschnitt der Fokus auf die Erläuterung elementarer Komponenten sowie den Aufbau eines rudimentären aber effektiven Systems gelegt wird. Dieses setzt sich zusammen aus drei unterschiedlichen Sphären, die zusammen die zugrunde liegende Architektur formen. Bei den drei Sphären handelt es sich um Community, Frontend und Backend des Systems, die jeweils noch eine oder mehrere Komponenten enthalten können, ersichtlich in Abb. 17.3.

17.4.1.1 Community
Innerhalb der Community Sphäre werden primär sämtliche benutzerbezogenen Aspekte geregelt. Dies beinhaltet die Erfassung der bestehenden Nutzerrollen innerhalb des Systems sowie deren Evaluation in Bezug auf Anforderungen und Funktionen. Daraus kann anschließend abgeleitet werden, welche Komponenten im Frontend als auch Backend benötigt werden.

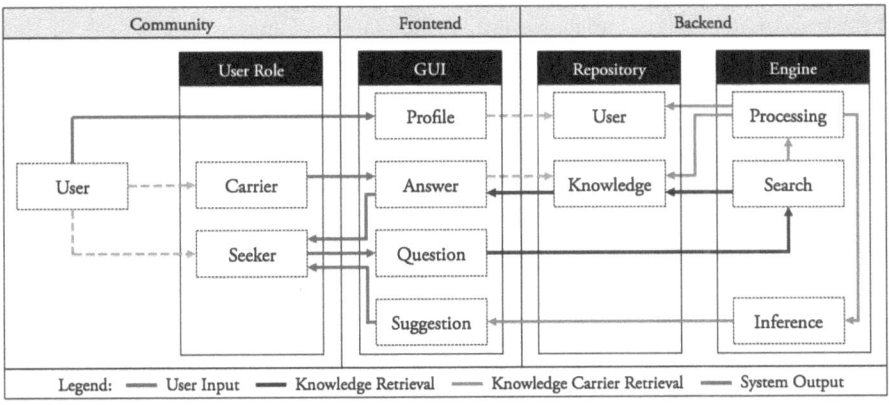

Abb. 17.3 Aufbau eines Knowledge Carrier Finder Systems

Eine Community enthält mindestens die zwei Nutzerrollen Knowledge Carrier und Seeker. Wobei ein Knowledge Carrier definiert wird als jemand, der zu einem gewissen Grad Wissen in einer oder mehrerer Wissensdomänen besitzt. Ein Knowledge Carrier hingegen ist eine wissenssuchende Person, sprich jemand, der entweder nicht das richtige Wissen zur Lösung einer Problemstellung hat, sich eine Zweitmeinung einholen will oder schlicht mit bestehenden Informationen nicht zurechtkommt.

Nutzer können eine oder mehrere Rollen gleichzeitig einnehmen und beliebig dazwischen wechseln, ähnlich wie dies bei Nutzern eines Peer-to-Peer Netzwerks der Fall ist, die Dateien untereinander tauschen. Das Spektrum an möglichen Nutzerrollen ist groß und abhängig von den Anforderungen an das KCFS. Weitere potenzielle Rollen, die zum Einsatz kommen könnten, wären diejenigen eines Kontrollers, der als Kontrollinstanz fungiert oder Vermittlers, welcher bei schwierigen Fällen die Vermittlerrolle übernimmt.

17.4.1.2 Frontend

Das Frontend des Systems wird durch das Graphical User Interface (GUI) repräsentiert. Dieses ist einerseits verantwortlich für die Darstellung unterschiedlichster Informationen und andererseits muss gewährleistet werden, dass Nutzer mit dem System interagieren können. Dementsprechend wichtig ist es, zunächst die bestehenden Nutzerrollen zu erfassen, damit bei der Erstellung des GUI die benötigten Funktionalitäten bereitgestellt werden können. Zu den Grundfunktionen gehören die Benutzerregistration, Profilverwaltung, ein Eingabefeld für Fragen sowie eine visualisierte Darstellung vorgeschlagener Knowledge Carrier.

17.4.1.3 Backend

Im Backend sind zwei zentrale Komponenten angesiedelt. Dies ist zum einen die Repository und zum anderen die Engine.

Repository

Die Aufgabe des Repository ist es, sämtliche relevante Daten zu speichern. Dies beinhaltet Nutzerdaten und gegebenenfalls Wissen, das durch die Beantwortung von Fragen extrahiert und gespeichert werden kann. Die Speicherung von Wissen ist aber nicht ein muss, da ein KCFS auch ohne diese Komponente funktionieren könnte, lediglich mit einigen Einschränken. Die Kombination wäre aber Vorteilhaft, weil damit eine Art Gedächtnis verliehen würde. Dies beruht auf dem Prinzip, dass bereits beantwortete Fragen innerhalb der Wissensdatenbank gespeichert und somit allen Nutzern zugänglich gemacht würden. Dadurch kann auch die Auslastung des KCFS gesenkt und die Ermittlung des bestehenden Wissens der Knowledge Carrier erleichtert werden. Aus diesem Grund wird in diesem Beitrag nur die kombinierte Version beschrieben, in welcher der Granular Knowledge Cube als zentrales Speichermedium für sämtliches Wissen dient.

Engine

Ein KCFS besteht aus mindestens drei Engines, deren Aufgabe es ist, aus den bestehenden Daten den oder die am besten geeignetsten Knowledge Carrier herauszusuchen und eine Empfehlung abzugeben.

Dabei hat die Processing Engine eine zentrale Funktion innerhalb des KCFS inne. Zunächst ist sie dafür verantwortlich, dass bei einer Anfrage für eine Empfehlung eine gewisse Zahl an Top-N Kandidaten herausgefiltert werden. Dies geschieht anhand eines angepassten Case-Based Reasoning Verfahrens. Das Prinzip hinter diesem Verfahren basiert auf der Annahme, dass Menschen zum Lösen von neuen Problemen zunächst nach bereits vorhandenen Lösungsansätzen suchen, die sie darauf anwenden können. Sollte keine passgenaue Lösung vorhanden sein, so wird nach einer möglichst ähnlichen weitergesucht. Dadurch soll der Lösungsfindungsprozess optimal gestaltet und bestehende Ressourcen effizient genutzt werden. Das Verfahren zur Erzeugung einer Selektion von Top-N Kandidaten basiert auf dem gleichen Prinzip. Wobei statt nach ähnlichen Lösungen, die Suche darauf ausgelegt ist, nach Kandidaten zu suchen, die bereits passgenaue oder zumindest möglichst ähnliche Kontributionen geleistet haben. Der genaue Ablauf wird in den folgenden Unterkapiteln erläutert.

Weiter besteht die Aufgabe der Processing Engine darin, die Eignungsparameter der einzelnen Kandidaten zu berechnen und für die Inference Engine vorzubereiten. Dazu wird ein mehrschichtiges Framework genutzt, das unterschiedlichste Eignungsfaktoren berücksichtigt und anhand der Wichtigkeit gewichtet. Dabei handelt es sich um Faktoren wie z. B. der Reputation, dem Aktivitätsgrad innerhalb der Community, der Qualität aller bis anhin gelieferten Antworten sowie der Berücksichtigung des Wissensverlusts über Zeit.

Die Inference Engine nutzt anschließend die prozessierten Werte der Eignungsfaktoren aller Top-N Kandidaten, um anhand dessen eine Empfehlung zu berechnen. Die Berechnung wird mittels eines Adaptiven, Neuro-Fuzzy Inferenzsystems vorgenommen. Dieses setzt sich zusammen aus einem hybriden, lernenden Algorithmus und einem Takagi-Sugeno Typ Fuzzy Inferenz System (Güler und Übeyli 2005). Dadurch ist es der Inference Engine möglich, auf ändernde Nutzerpräferenzen bei der Gewichtung der Wichtigkeit der Eignungsfaktoren zu reagieren und selbstständig Anpassungen vorzunehmen.

Ein weiterer wichtiger Bestandteil ist die Search Engine. Diese hat zur Aufgabe, nach bestehendem Wissen in der Knowledge Base zu suchen. Sollte diese keine hilfreichen Resultate liefern, so besteht die Option in einem nächsten Schritt die Empfehlung eines Knowledge Carrier zu ersuchen. Dies ist gleichzeitig auch der Übergang vom Knowledge Retrieval hin zum Knowledge Carrier Retrieval Kreislauf.

17.4.2 Erfassung & Messung des Wissensstands

Das wichtigste Element eines KCFS besteht darin, ein Verfahren bzw. Instrument zu haben, welches es ermöglicht vorhandenes Wissen von Nutzern zu erfassen und zu messen. Erst dadurch wird es überhaupt möglich akkurate Empfehlungen, hinsichtlich der Eignung einzelner Knowledge Carrier, zu erzeugen. Wichtig ist auch, dass nicht nur erfasst wird, in welchen Domänen sich Nutzer Wissen angeeignet haben, sondern auch wie vertieft dieses ist.

Zur Lösung dieser Problemstellung ist der Granular Knowledge Cube ein geeignetes Instrument. Dies, weil innerhalb des Cubes Wissen in unterschiedliche Domänen aufgeteilt wird und der Vertiefungsrad, respektive Granularitätsgrad einzelner Wissensentitäten anhand der hierarchischen Struktur klar definiert sind. Der letzte

Schritt hin zu einem Verfahren, das in der Lage ist, den Wissensstand zu eruieren, bedingt das zusätzlich innerhalb des Granular Knowledge Cube die Interaktionen der Nutzer mit dem vorhandenen Wissen vermerkt werden. Dabei ist Interaktion als breiter Begriff zu verstehen, der sich nicht nur auf die Kontribution beschränkt, sondern auch den Konsum und die Verteilung von Wissen berücksichtigt.

Implementiert bedeutet diese, dass nebst den bestehenden Verbindungen zwischen einzelnen Konzepte im Granular Knowledge Cube, nun auch noch Verbindungen zwischen Konzepte und Knowledge Carrier hergestellt werden müssen. Anhand dieser Verbindungen ist es möglich, den jeweiligen Wissensstand eines Knowledge Carrier zu messen.

Erläutert an einem Beispiel bedeutet dies, wenn ein Knowledge Carrier viele Kontributionen in nur einer spezifischen Domäne geleistet hat, welche aber alle samt als stark vertieftes Wissen eingestuft werden, so wäre die Dichte an Verbindungen zu Konzepte in diesem Bereich des Granular Knowledge Cubes besonders stark, wohingegen im Rest keine vorhanden wären. Hingegen wäre bei jemandem, der in vielen Domänen nur sehr allgemeines Wissen beigesteuert hat, die Dichte der Abdeckung sehr breit aber nicht tief. In Abb. 17.4 wird ein Granular Knowledge Cube illustriert, der nebst Verbindungen zwischen Konzepte auch jene zwischen Konzepten und Knowledge Carrier darstellt.

17.4.3 Selektion & Empfehlung der Knowledge Carrier

Die Selektion und Empfehlung der Knowledge Carrier wird durch das System in einem zweistufigen Verfahren vorgenommen. Dabei gilt es, in einem ersten Schritt, wie bereits in Abschn. 17.4.1.3.2 erwähnt, durch den Einsatz des abgewandelten Case-Based Reasoning Verfahrens eine Top-N Liste potenzieller Kandidaten zu erstellen. Das Vorgehen dabei besteht darin, zunächst jede gestellte Frage anhand der darin enthaltenen Konzepte aufzulösen. Dazu wird das gleiche Text Mining Verfahren verwendet, wie zur Extraktion der Konzepte für den Granular Cube. Illustriert an einer Beispielfrage wär die Extraktion wie folgt:

$$\underset{c_1}{\underline{\text{Why}}} \text{ do } \underset{c_2}{\underline{\text{Chemists}}} \text{ often use } \underset{c_3}{\underline{\text{D3}}} \text{ as a mean to } \underset{c_4}{\underline{\text{visualize}}} \text{ their } \underset{c_5}{\underline{\text{findings}}}?$$

Dabei stellen c_1 bis c_5 extrahierte Konzepte dar, anhand derer es möglich ist Knowledge Carrier zu lokalisieren. Dies kann auf unterschiedliche Arten erfolgen, wobei das simpelste Verfahren darin besteht, nach Kandidaten mit dem höchsten Abdeckungsgrad zu suchen. Dieses favorisiert Kandidaten, die möglichst viele der extrahierten Konzepte abdecken, respektive direkt in Verbindung stehen und beruht somit auf einer exakten Übereinstimmung. Ein anderer Ansatz setzt auf eine abgeschwächte Version, die nicht ausschließlich auf die extrahierten Konzepte setzt, sondern auch deren Verwandte miteinbezieht. Dies wird durch die bestehenden Verbindungen zwischen Konzepte im Granular Knowledge Cube ermöglicht. Auf diese Art können auch Kandidaten berücksichtigt werden, die zwar keinen direkten Bezug zu den extrahierten Konzepten haben, sich in deren Wissensdomänen dennoch bestens auskennen.

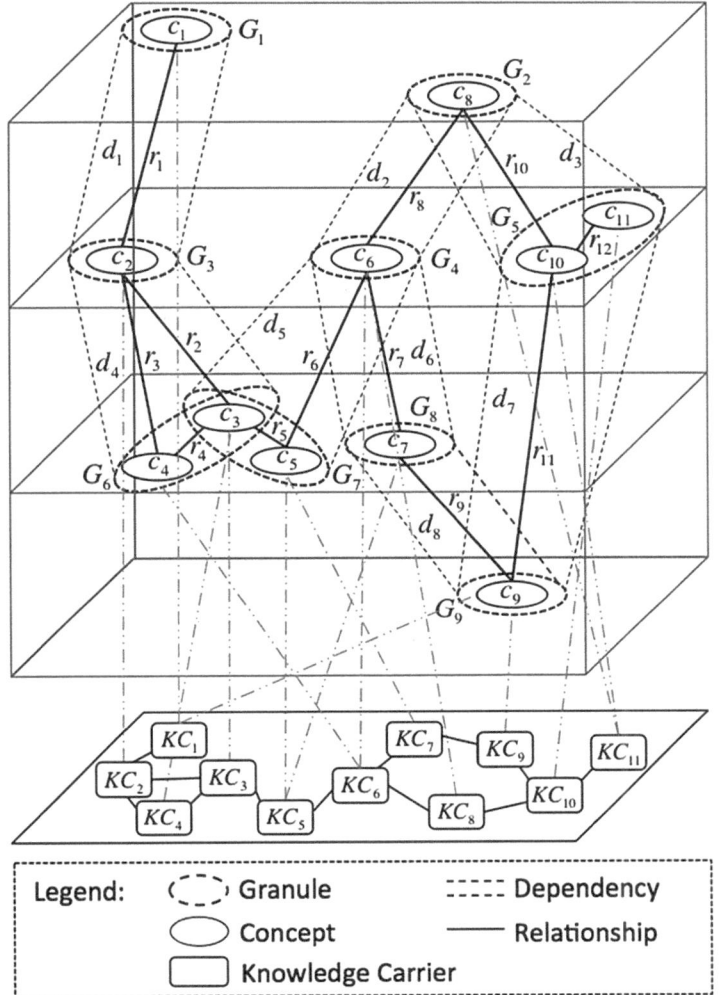

Abb. 17.4 Granular Knowledge Cube & Knowledge Carrier

Im zweiten Schritt steht die Berechnung der individuellen Werte aller Eignungs-parameter der Top-N Kandidaten im Zentrum. Diese sind in die vier Klassen Interconnection, Profile, Communication und Metadata unterteilt. Eine Liste sämtlicher, genutzter Parameter und der jeweiligen Gruppierung ist in Abb. 17.5 dargestellt.

- **Connectivity**:
  Evaluiert die Art der Verbindung. Mögliche Unterscheidungen können zwischen Konsum, Kontribution oder Verteilung gemacht werden.

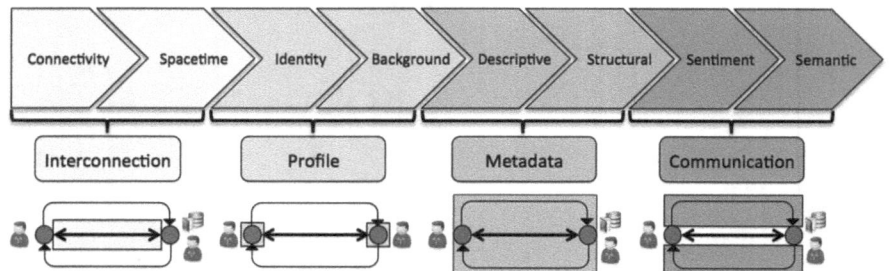

Abb. 17.5 Eignungsparameter und deren Klassifikation

- **Spacetime**:
  Berücksichtigt das Alter der geleisteten Kontributionen und somit die Vergess-lichkeit von Wissen.
- **Identity**:
  Analysiert den Vollständigkeitsgrad von Profilen. Vollständig ausgefüllt Profile werden dabei als positives Merkmal bewertet.
- **Background**:
  Bezieht Faktoren wie Ausbildung, Präferenzen und ähnliche Eigenschaften mit in die Berechnung ein.
- **Descriptive**:
  Analysiert die Interessensschwerpunkte von Kontributionen auf der Metaebene. Dazu werden unter anderem Faktoren wie Titel und Keywords ausgewertet.
- **Structural**:
  Evaluiert die Nutzung von Instrumenten zur Strukturierung von Wissen. Dies beinhaltet Tags, Links und weitere Werkzeuge, die dem gleichen Zweck dienen.
- **Sentiment**:
  Evaluiert die Qualität der geleisteten Kontributionen sowie das generelle Feedback und die Reputation eines Kandidaten innerhalb der Community.
- **Semantic**:
  Dient zur Erfassung und dem Abgleich der Interessensschwerpunkte, anhand der am häufigsten genutzten Konzepte in Artikeln und ähnlichen Kontributionen.

Zur Berechnung der einzelnen Eignungsparameter werden unterschiedliche Methoden und Verfahren eingesetzt, auf deren genauere Erläuterung in diesem Beitrag nicht weiter eingegangen wird. Anhand der berechneten Werte kann der finale Selektionsprozess initiiert werden, in dem die endgültige Liste der am besten geeigneten Knowledge Carrier erstellt wird.

Der finale Selektionsprozess ist darauf ausgelegt, dass einerseits diejenigen Top-N Kandidaten ausgewählt werden, deren Eignungsparameter am vielversprechendsten sind und andererseits individuelle Präferenzen der Knowledge Seeker berücksichtigt werden. Die Berücksichtigung der Präferenzen ist ein wichtiger Bestandteil, da Unterschiede in der Beurteilung der Wichtigkeit der einzelnen Eignungsparameter bestehen können.

Ein Verfahren, welches in der Lage ist, beide Anforderungen zu erfüllen, ist das Adaptive Neuro-Fuzzy Inference System (ANFIS). Dieses funktioniert ähnlich wie ein reguläres Fuzzy Inference System, mit dem Unterschied, dass zusätzlich ein Learning Algorithmus eingebettet ist, dessen Aufgabe darin besteht, das System selbstlernend und somit adaptive zu gestalten. Dies ermöglicht es dem System selbstständig die Gewichtung der Eignungsparameter vorzunehmen und damit die Erfolgsquote bei der Vermittlung zu steigern. Ein weiterer Vorteil des ANFIS besteht darin, dass Knowledge Seeker ihre Präferenzen verbalisiert ausdrücken können und nicht auf numerische Bewertungsverfahren angewiesen sind.

Die Grundarchitektur des ANFIS besteht aus den vier Komponenten Fuzzifier, Rule Base, Inference Engine und Defuzzifier (Bonissone 2015). Dabei werden zunächst sämtliche Werte der Eignungsparameter fuzzifiziert und als Input für weitere Berechnungen bereitgestellt. Der Input wird anschließend durch die Inference Engine prozessiert, wobei bestehende Regeln der Rule Base berücksichtigt werden. Dies ergibt die erwünschte Empfehlung, welche als Output anschließend noch defuzzifiziert werden kann. Der Ablauf der Entscheidungsfindung ist in Abb. 17.6 dargestellt, wobei ω_i die Initiale firing strength darstellt und ϖ_1 die normalisierte. Dies resultiert im adaptiven Output $\varpi_1 z_i$ und summiert im Output z.

Damit die Fuzzy Inference Engine die Entscheidungen vornehmen kann, muss zunächst eine membership function definiert werden, anhand welcher die einzelnen Zugehörigkeitswerte der einzelnen Eignungsparameter bestimmt werden können. Diese hat die Form eines Trapezoid und enthält die Eignungsprädikate Schlecht, Mittel und Gut. Die Skala der membership function reicht von 0–10, da dies dem Wertebereich der Eignungsparameter entspricht. Das Festlegen der Werte, der einzelnen Eignungsprädikate, wurde durch den Autor vorgenommen.

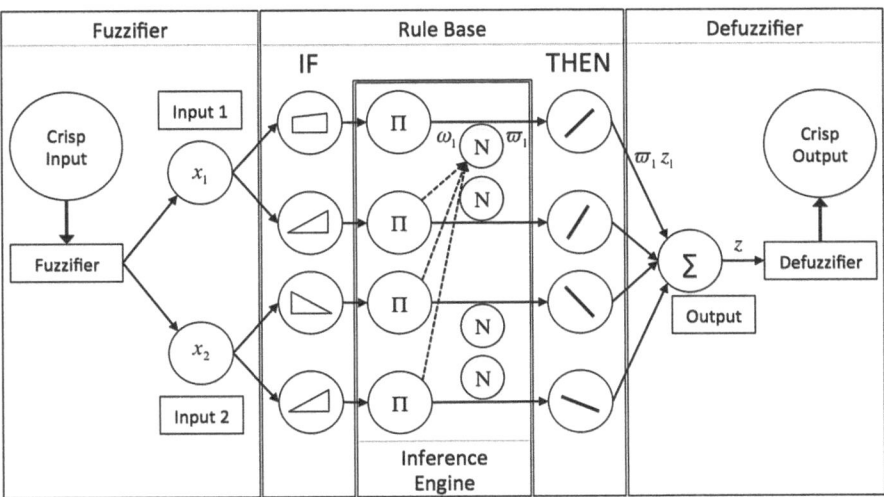

Abb. 17.6 Adaptive Neuro-Fuzzy Inference System (Bonissone 2002)

In einem ersten Schritt gilt es nun den crisp input, der aus den zuvor berechneten Eignungsparametern eines Knowledge Carrier besteht, zu fuzzifizieren. Dies wird anhand der festgelegten membership function vorgenommen und wird in Abb. 17.7 an einem Beispiel illustriert, welches für einen Knowledge Carrier, basierend auf den Eignungsparametern für Sentiment und Semantic, den crips input fuzzifiziert.

Der nächste Schritt besteht darin, die Rules zu definieren, anhand welcher die effektive Eignung eines Knowledge Carrier berechnet werden kann. Dazu werden unterschiedliche Rules aufgestellt, die wie folgt gegliedert sein können:

Rules: **IF** Input 1 **is** X_i **OR** Input *2* **is** Y_i **THEN** Eignung **is** Z_i

Es wird ein OR genutzt, um den Maximalwert beider Inputs 1 & 2 bei der Bestimmung der Eignung auszuwählen und nicht den Minimalwert, welches per AND der Fall wäre. Zusätzlich müssen die membership functions der Rules bestimmt und klar definiert werden und deren Angabe der Eignung Z_i.

Rule 1: **IF** Input 1 **is** *schlecht* **OR** Input 2 **is** *schlecht* **THEN** Eignung **is** *tief*
Rule 2: **IF** Input 1 **is** *mittel* **OR** Input 2 **is** *mittel* **THEN** Eignung **is** *mässig*
Rule 3: **IF** Input 1 **is** *gut* **OR** Input 2 **is** *gut* **THEN** Eignung **is** *hoch*

Dies führt dazu, dass die einzelnen Rules als membership functions ausgedrückt und dargestellt werden können, als Teilbereich eines definierten Wertebereichs. Die Autoren haben dazu ebenfalls eine Skala von 0–10 gewählt und den einzelnen Rules Werte zugewiesen, ersichtlich in Abb. 17.8.

Im letzten Schritt werden die Inputs der Eignungsparameter mit den Rules kombiniert, um die Eignung pro Rule bestimmen zu können. Dieser Prozess ist in Abb. 17.9 dargestellt.

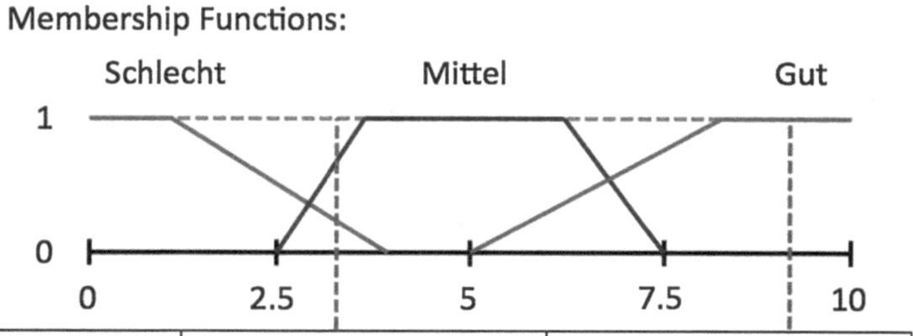

Crisp Input	Sentiment = 3		Semantic = 9	
Fuzzified Output	0.4	Schlecht	0	Schlecht
	0.5	Mittel	0	Mittel
	0	Gut	1	Gut

Abb. 17.7 Fuzzification of Crisp Input

Membership Functions:

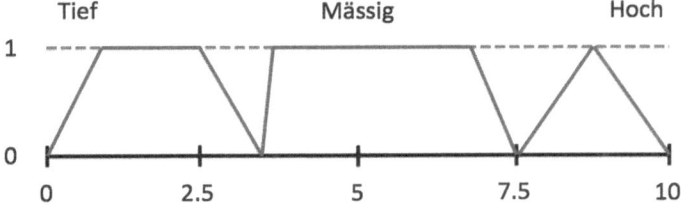

Abb. 17.8 Membership Functions der Rules

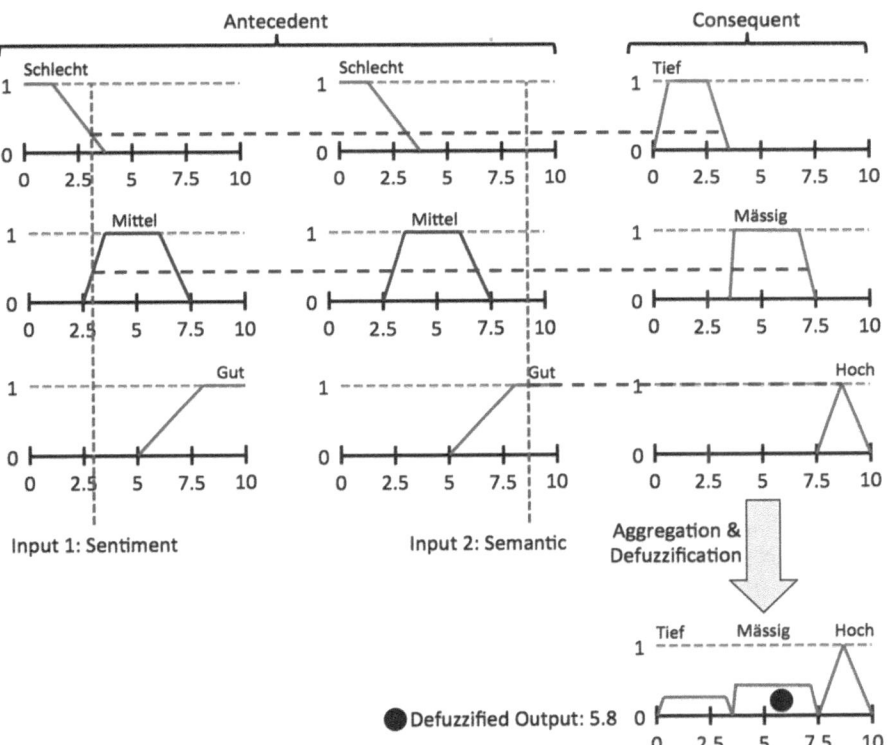

Abb. 17.9 Aggregation & Defuzzification

Die einzelnen Eignungen können anschließend mittels unterschiedlicher Verfahren aggregiert und defuzzifiziert werden, um wieder einen crispen Wert zu erhalten. Zur Auswahl stehen dazu das Centroid, Bisector, Middle of Max, Smallest Max oder Largest Max Verfahren. Im Beispiel in Abb. 17.9 entspricht der erhaltene Wert 5.8. Dies bedeutet, dass der Knowledge Carrier im Bereich der Eignungsparameter von Sentiment und Semantic eine Eignung hat die mässig ist. Dieses Verfahren gilt es nun jeweils mit allen Eignungsparametern vorzunehmen und für alle potenziellen Kandidaten, um deren jeweiligen Eignungswert zu erhalten und darauf die endgültige Auswahl basieren zu können. Beim ANFIS werden noch zusätzlich die einzelnen Rules automatisiert gewichtet, damit diese optimal auf die Bedürfnisse der einzelnen Knowledge Seeker angepasst werden.

17.4.4 Fazit

Das Knowledge Carrier Finder System ist eine vielseitige Applikation mit breitem Spektrum an Einsatzmöglichkeiten im Bereich von Wissensmanagement. Zudem kann sie als Teil eines offenen Systems, wie z. B. eines Frage & Antwort Webportals, aber auch in einer geschlossenen Umgebung als add on einer internen Wissensdatenbank implementiert werden. Dadurch wird selbst Wissen zugänglich gemacht, welches nicht bereits extrahiert wurde und sich in den Köpfen der Nutzer befindet. Zudem kann durch den bilateralen Kontakt zwischen Knowledge Carrier und Seeker eine effiziente Übermittlungsmethode gewählt werden. Der Granular Knowledge Cube liefert dem KCFS die nötigen Werkzeuge, um nach Kandidaten Ausschau halten zu können, die nicht direkt mit der eingegebenen Frage in Verbindung stehen, aber in den oder der zugrunde liegenden Wissensdomäne dennoch stark sind.

17.5   Fallbeispiel zum StackExchange Network

Im letzten Kapitel steht die praktische Umsetzung des Granular Knowledge Cube als zentraler Bestandteil eines Knowledge Carrier Finder System im Vordergrund. Die Umsetzung erfolgt anhand eines Datensatzes, welcher vom StackExchange Network stammt. Durch dessen Nutzung können sowohl Cube als auch Finder System unter realen Bedingungen getestet und optimiert, sowie deren Funktionalität als Teil eines offenen Webportals überprüft werden.

17.5.1 Das StackExchange Network

Das StackExchange Network gehört zur Gruppe der Frage & Antwort Webportals, deren primäre Funktion darin besteht als digitale und zentrale Plattform zum Austausch von Wissen zwischen Nutzern zu fungieren. Der Wissensaustausch geschieht über Fragen und Antworten, die öffentlich eingesehen, kommentiert und bewertet werden können. Dementsprechend ist die Architektur des Systems auch speziell auf diese Art des Wissenstransfers ausgelegt. Dazu werden folgende Funktionalitäten bereitgestellt:

- **Eingabefelder**:
  Grundsätzlich stehen drei Arten von Eingabefeldern zur Verfügung, die uneingeschränkt genutzt werden können. Diese ermöglichen es Fragen, Antworten sowie Kommentaren zu verfassen.

- **Metadaten**:
  Zusätzlich zu den Eingabefeldern besteht die Möglichkeit, unterschiedliche Metadaten beim Verfassen einer Frage hinzuzufügen. Dies ermöglicht eine Klassifikation, Strukturierung und Verlinkung bestehender Fragen.
- **Nutzerverwaltung**:
  Ein weiterer wichtiger Bestandteil besteht in der Nutzerregistration und dem Anlegen von Nutzerprofilen. Dadurch können Nutzer sich selber präsentieren und anderen ihre Kompetenzbereiche signalisieren.
- **Anreizsystem**:
  Damit die Aktivität der Nutzer auf dem Webportal gesteigert werden kann, wird ein Anreizsystem genutzt. Dieses basiert auf einem Reputationssystem, dass Nutzern ermöglicht Bronze-, Silber- und Goldmedaillen für unterschiedlichste Aktivitäten zu akquirieren.
- **Qualitätskontrolle**:
  Die Qualitätskontrolle wird direkt von den Nutzern vorgenommen, mittels Up und Down Votes.

Durch den Einsatz dieser Funktionalitäten erfüllt der StackExchange Datensatz alle Anforderungen zur Erstellung eines Granular Knowledge Cube sowie des Knowledge Carrier Finder Systems. Dies, weil einerseits Wissen in der Form von Fragen, Antworten und Kommentaren vorhanden ist und andererseits die Profilierung von Nutzern vorgenommen werden kann.

Da beim StackExchange Network viele unterschiedliche Themenbereiche abgedeckt werden und zu jedem ein eigenständiger Datensatz angeboten wird, haben sich die Autoren für den History Datensatz entschieden. Dieser enthält spezifische Wissensfragen zur Geschichte.

17.5.2 Implementation

Die Daten werden durch verschiedene Verfahren des Information Retrievals bereinigt und normalisiert (Stopwörter, Lemmatisierung, Tokenisierung) für die spätere Vektorrepräsentation der Konzepte. Die Art der Repräsentation ist abhängig davon, wie die horizontalen Verknüpfungen gezogen werden. Das Fallbeispiel definiert die Repräsentation durch semantische Nähe zwischen den Konzepten. Zuerst wird ein Vokabular aus einem Training-Set aufgebaut, aus dem die Repräsentanten im zweiten Schritt gebildet werden (Mikolov 2013). Diese bilden die Grundlage für die Bildung des Knowlegde Cubes. Verfolgt wird ein Bottom-Up Ansatz, d. h. der Cube wächst hierarchisch aus einer Grundgesamtheit aus Konzepte. Diese Konzepte werden mit Metadaten durch Named Entity Tagging und Wikidata angereichert.

Im ersten Schritt werden die Granules des untersten Levels gebildet. Für die Konstruktion muss die Dimension der Eingabevektoren (Vektorrepräsentation) auf zwei Dimensionen reduziert werden. Diese kann mit Self Organizing Maps (SOM), einem selbstlernendem neuronalen Netzwerk Algorithmus, berechnet werden. Die Idee der SOM wurde von Kohonen (Kohonen 1998) entwickelt. In erster Linie werden sie zur

Visualisierung von Daten verwendet, da sie trotz der Reduktion der Dimensionen, die Topologie der Eingabedaten beibehalten können. SOM sind einfach zu verstehen, haben aber den Nachteil, dass die Eingabevektoren alle dieselbe Dimension haben müssen. Im zweiten Schritt werden die hierarchischen Abstraktionen aufgebaut. Im Fallbeispiel ist das Kriterium die Relevanz der Konzepte, die berechnet wird durch eine Kombination von Key Phrase Extraktion und Tf-Idf.[1] Der Algorithmus der SOM wird im Fallbeispiel auf das Feature der hierarchischen Struktur durch die Autoren weiterentwickelt, sodass auf jedem Level die Granules in einem Zwei Weg Ansatz (Vesanto und Alhoniemi 2002) gebildet werden können. Zur Bildung der Granules können eine Reihe von Clustering Methoden eingesetzt werden, mit der Restriktion, dass Einheiten mehreren Clustern angehören können. Möglich wäre der Einsatz von Fuzzy C-mean Clustering oder Graph Clustering Methoden.

Im letzten Schritt werden die Wissensträger mit dem Granular Knowledge Cube verknüpft, sodass sie den entsprechenden Granules zugeordnet werden können.

17.5.3 Resultate

Analyse des Datensatzes

Insgesamt wurden 11.702 Posts untersucht. Als Basis für den Cube wurden nur Posts berücksichtigt, die eine positive Bewertung besitzen, sprich qualitativ als gut angesehen werden, von denen es insgesamt 9.978 gibt. Diese Post wurden von 2275 Usern geschrieben, wobei 10 % der Nutzer über 83 % der Posts verfasst haben. Mit Berücksichtigung auf die Aussagekraft wurden nur Nutzer berücksichtigt, die mehr als zehn Posts verfasst haben (159 Nutzer). Zudem wurden den Posts insgesamt 10.384 Tags zugeordnet, wobei in Abb. 17.10 die prominentesten in einer Tag-Cloud dargestellt sind.

Die Verteilung der Tags tendiert stark zu Themen, welche mit den USA zu Beginn des 20. Jahrhunderts in Verbindung stehen. Die Cloud zeigt auf, dass der Datensatz nur einen sehr kleinen Prozentsatz des geschichtlichen Wissens abdeckt. Dies hat auch direkte Auswirkungen auf den Cube, der basierend auf den zugrunde liegenden Daten stark auf gewisse Bereiche fokussiert ist, aber gleichzeitig auch einen Einblick ermöglicht, nicht vorhandenes Wissen zu identifizieren.

Bildung des Cubes

Der Cube wird anhand eines Bottom-Up Verfahrens gebildet. Zu Beginn werden die im Datensatz identifizierten Konzepte semantisch miteinander verknüpft (1). Danach werden mittels Clustering die jeweiligen Granules gebildet (2), wobei Abb. 17.9 einen Ausschnitt aus dem untersten Level 1 zeigt. Im nächsten Schritt werden all diejenigen Konzepte berechnet, die auf Level 2 aufsteigen (3). Als Kriterium gilt die Relevanz der Konzepte. (1) bis (3) wiederholen sich bis ein Endkriterium erfüllt ist. Im vorliegenden Datensatz werden 3 Level mit insgesamt 4.268 Konzepten gebildet.

---

[1] Tf-Idf: term frequency – inverse document frequency, eine im Information Retrieval gängige Methode, um die Relevanz von Termen in einer Dokumentensammlung zu messen.

Abb. 17.10 TagCloud StackExchange History Datensatz

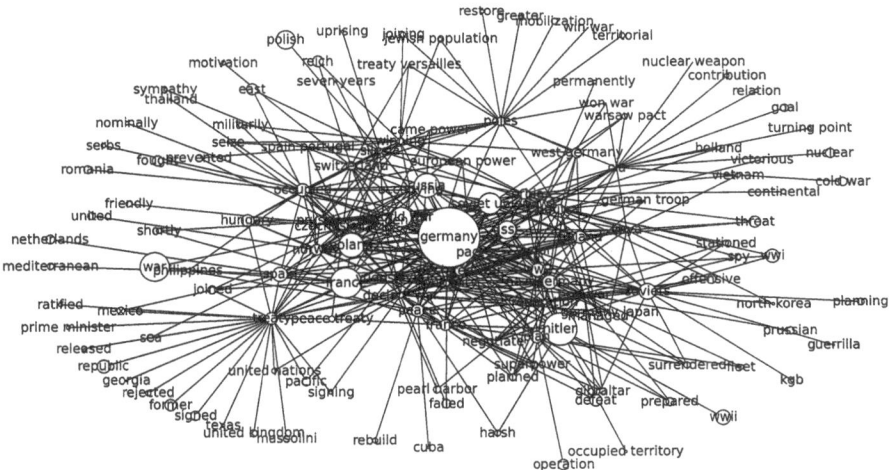

Abb. 17.11 Konzepte Level 1

In Abb. 17.11 ist ein Teil der extrahierten Konzepte des untersten Levels dargestellt. Diese entsprechen aber nur einem kleinen Auszug des gesamten Datensatzes.

Abb. 17.12 illustriert die resultierende Transformation der Konzepte von Level 1 auf
Level 2.

Abb. 17.13 schließlich zeigt illustrativ die farblich abgestuften geclusterten
Granules. Diese können als Repräsentation der Wissensdomänen des jeweiligen Levels
gesehen werden.

Im letzten Prozessionsschritt werden alle Knowledge Carrier berechnet und mit den
entsprechenden Konzepten verlinkt. Dabei können Verbindungen zu unterschiedlichen
Konzepten, in unterschiedlichen Granules, auf unterschiedlichen Levels entstehen.

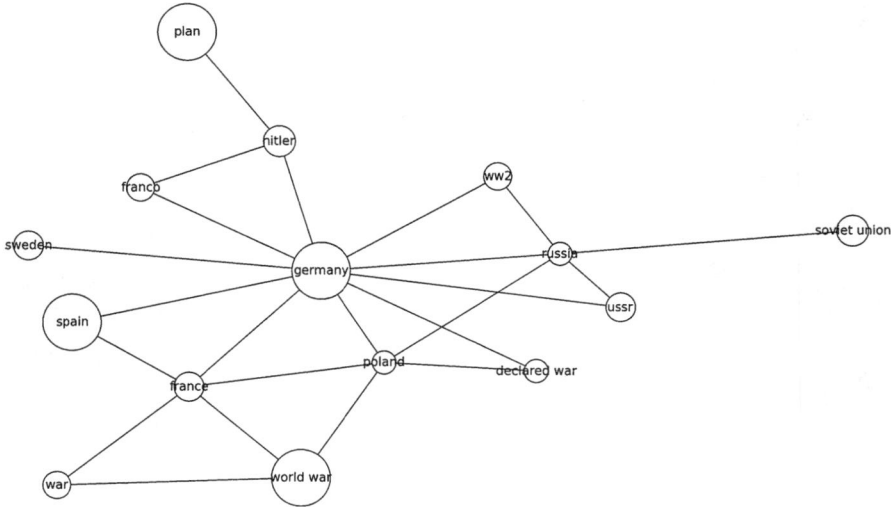

Abb. 17.12 Konzepte Level

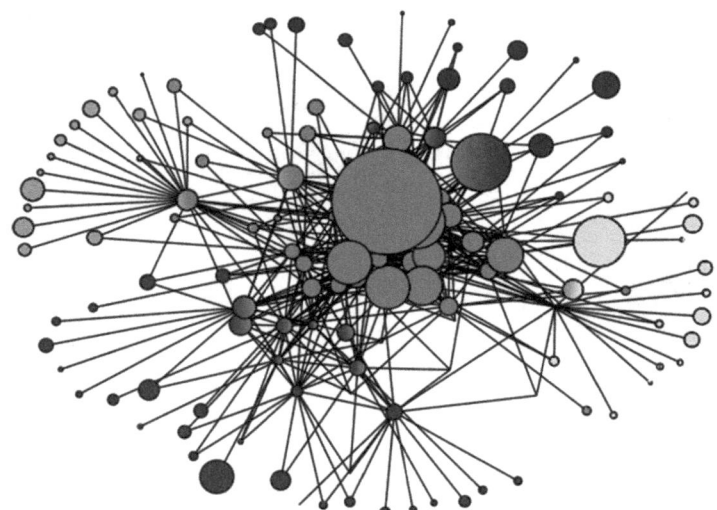

Abb. 17.13 Granular Graph

Knowledge Carrier sind kein direkter Bestandteil des Cube. Dies einerseits um die Komplexität des Cube zu minimieren, da grundsätzlich jeder Carrier mit allen Konzepten in Verbindungen stehen kann und andererseits zur sauberen Trennung zwischen Knowledge und Knowledge Carrier.

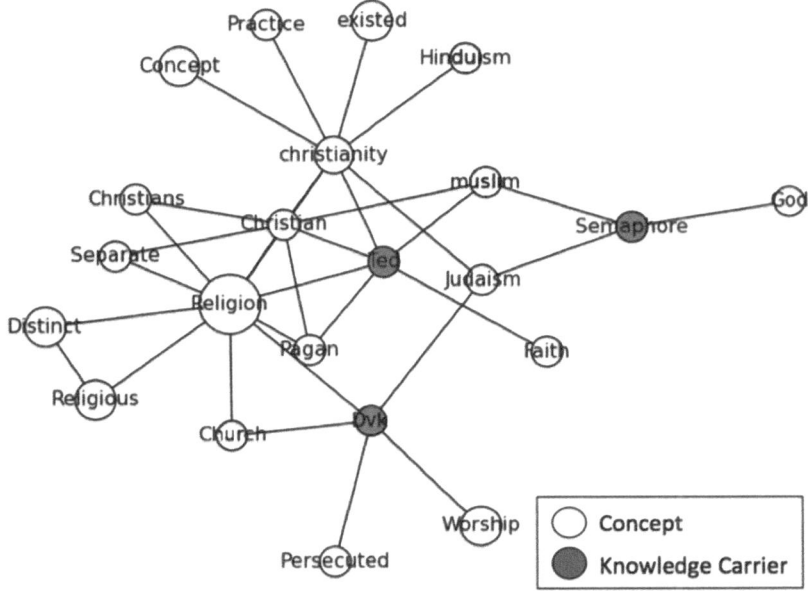

Abb. 17.14 Verknüpfung der Knowledge Carrier

In Abb. 17.14 ist ein kleiner Ausschnitt eines solchen Konstrukts illustriert. Dieses besteht sowohl aus drei Granules als auch drei Knowledge Carrier und einer Vielzahl an Konzepten.

Folglich wird bei der Suche nach einem Knowledge Carrier zunächst nach passenden Konzepten im Cube Ausschau gehalten und anschließend, basierend auf deren Verbindungen zu Carriern, mögliche Kandidaten eruiert. So würde gemäß Abb. 17.14 der Knowledge Carrier mit dem Benutzernamen Semaphore als potenzieller Kandidat betrachtet, Fragen in direktem Zusammenhang mit God, Muslim und Judaism beantworten. Indirekt käme derselbe Nutzer auch für Konzepte wie Christianity und Christian in Frage, da er über nur 1-Hop mit diesen verbunden ist.

Sollten mehrere Kandidaten zur Auswahl stehen, würde die Processing Engine, wie in Abschn. 17.4.1 beschrieben, zusätzliche Eignungsparameter der einzelnen Kandidaten berechnen und diese an die Inference Engine weiterleiten. Basierend darauf würde anschließend eine Empfehlung generiert, die akkurater ist, da noch weitere Faktoren berücksichtigt würden, die im Zusammenhang mit dem Knowledge Carrier selber stehen, als auch den jeweiligen Präferenzen der Knowledge Seeker.

17.5.4 Lessons Learned

Der Granular Knowledge Cube ist eine vielseitige Wissensdatenbank, die das nötige Potenzial zur Handhabung großer und stark verknüpfter Daten birgt. Durch den

Einsatz einer entsprechenden Applikation, die auf dem Cube aufbaut, kann vollumfänglich vom bestehenden Potenzial profitiert und Funktionalitäten implementiert werden, die bei traditionellen Wissensdatenbanken nicht möglich sind. Dies wird einerseits durch die hierarchische Strukturierung von Wissen und andererseits durch die Zugehörigkeit einzelner Konzepte zu unterschiedlichen Granules, respektive Wissensdomänen, gewährleistet.

Für die Speicherung, Manipulation sowie Abfrage des Cubes eignen sich NoSQL perfekt, da sie effizienter mit großen Datenmengen umgehen können, als rein relationale Datenbanksysteme. Der Einsatz von Graph Datenbanken erschließt sich aufgrund des Aufbaus und der Architektur der Applikation. Insbesondere bei stark vernetzten Daten, wie im Fallbeispiel, eignet sich dieser Typ perfekt, erlaubt er doch auf Graphen optimierte Manipulationen wie der kürzeste Weg.

In Kombination mit einer intuitiven Visualisierung können zudem bestehende Datensätze für den Menschen leicht verständlich dargestellt werden. Dies ermöglicht Nutzern, interessante Zusammenhänge zu erforschen, die durch Relationships zwischen Konzepte bestehen, sowie den Aufbau und Inhalt eines Datensatzes schnell zu erfassen, da auf dem obersten Level die Überbegriffe der darunterliegenden Daten zusammengefasst sind. Zusätzlich können Nutzer dadurch leicht fehlendes Wissen identifizieren.

Die Kombination des Cubes mit einem Knowledge Carrier Finder System ist insoweit vorteilhaft, als es eine Wissensdomänen basierte Suche nach Knowledge Carrier ermöglicht. Dies ist ein Ansatz, der viele Möglichkeiten birgt. Einerseits weil auch Kandidaten gefunden und vorgeschlagen werden können, die nicht direkt mit einem Konzept verbunden sind, aber sich in der entsprechenden Domäne gut auskennen und das nötige Wissen besitzen und anderseits, weil das jeweilige Level eines Konzept als Indikator genutzt werden kann, um bei der Wahl nicht nach unter- bzw. überqualifizierten Kandidaten zu suchen. Zudem ermöglicht der Einsatz des KCFS, dass eine feinere und akkuratere Selektion von Knowledge Carriern vorgenommen werden kann. Dies weil zusätzliche Eignungsparameter bei der Berechnung der Empfehlung miteinbezogen werden, sowie die Präferenzen der Knowledge Seeker berücksichtigt werden.

Literatur

Ausubel, D.P., Novak, J.D., Hanesian, H.: Educational Psychology. A Cognitive View. 2. Aufl. Rinehart and Winston, New York/Holt (1978)

Becerra-Fernandez, I., Rodriguez, J.: Web data mining techniques for expertise-Knowledge management systems, FLAIRS-01, AAAI (2001)

Bonissone, P.P.: Adaptive Neural Fuzzy Inference Systems (ANFIS): Analysis and applications. http://homepages.rpi.edu/~bonisp/fuzzy-course/Papers-pdf/anfis.rpi04.pdf (2015). Zugegriffen am 19.06.2015

Collins, A.M., Quillian, *R.: Retrieval time from semantic memory.* J. Verbal Learn. Verbal Behav. **8**, 240–248 (1969)

Denzler, A., Wehrle, M., Meier, A.: A granular knowledge cube, world academy of science, engineering and technology. Comput. Inf. Eng, **2**(6), 305–311 (2015)

Güler, I., Übeyli, E. D.: Adaptive neuro-fuzzy inference system for classification of EEG signals using wavelet coefficients. J. Neurosci. Methods **148**(2), 113–121 (2005)

Hari, R., Kujala, M.V.: Brain basis of human social interaction: from concepts to brain imaging. Physiol. Rev. **89**(2), 453–479 (2009)

Lakoff, G., Johnson, M.: Philosophy in the Flesh: The Embodied Mind and its Challenge to Western Thought. Basic Books, New York (1999)

Kohonen, T.: The self-organizing map. Neurocomputing **21**, 1–6 (1998)

Minsky, M.: The Emotion Machine: Commonsense Thinking, Artificial Intelligence, and the Future of the Human Mind. Simon & Schuster, Inc., New York (2006)

Minsky, M.: A framework for representing knowledge, MIT-AI Laboratory Memo 306 (1974)

Mikolov, T., Le, Q., Sutskever, I.: Exploiting similarities among languages for machine translation in: arXiv preprint arXiv:1309.4168 (2013)

Quillian, M.R.: Semantic memory. In: Minsky, M. (Hrsg.) Semantic Information Processing, S. 227–270. MIT Press, Cambridge, MA (1975)

Reddy, M.I.: The conduit metaphor: a case of frame conflict in our language about language. In: Ortony, A. (Hrsg.) Metaphor and Thought. 2. Aufl. Cambridge University Press, Cambridge, MA/ New York (1993)

Sowa, J.F.: Conceptual graphs for a data base interface. IBM J. Res. Dev. **20**(4), 336–357 (1976)

Trash, W.: When to use an OLAP cube? http://willthrash.com/2010/04/16/when-to-use-an-olap--cube/ (2015). Zugegriffen am 17.06.2015

Vesanto, J., Alhoniemi, E.: Clustering of the self-organizing map. IEEE Trans. Neural Netw. **11**(3), 586–600 (2002)

Yao, Y. Y.: Granular computing: basic issues and possible solutions. In: Proceedings of the 5th joint conference on information sciences, Atlantic (2000)

Yao, Y. Y.: A partition model of granular computing. In: Transactions on Rough Sets I, S. 232–253. Springer, Berlin/New York (2004)

Zadeh, L.A.: Fuzzy sets. Inf. Control **8**, 338–353 (1965)

Zadeh, L.A.: Towards a theory of fuzzy information granulation and its centrality in human reasoning and fuzzy logic. Fuzzy Set. Syst. **19**, 111–127 (1997)

Zadeh, L. A.: Some reflections on soft computing, granular computing and their roles in the conception, design and utilization of information/intelligent systems. Soft Comput. Fusion Found. Methodol. Appl. **1**, 23–25 (1998)

Glossar

Abfragesprache Eine Abfragesprache erlaubt, Datenbanken durch die Angabe von Selektionsbedingungen, eventuell mengenorientiert, auszuwerten.

ACID Die Abkürzung ACID steht für Atomicity, Consistency, Isolation und Durability. Dieses Kürzel drückt aus, dass eine Transaktion immer einen konsistenten Zustand in einen konsistenten Zustand in der Datenbank überführt.

BASE Die Abkürzung BASE steht für Basically Available, Soft State und Eventually Consistent und sagt aus, dass ein konsistenter Zustand in einem verteilten Datenbanksystem eventuell verzögert erfolgt.

Big Data Unter Big Data versteht man Datenbestände, die mindestens die folgenden drei charakteristischen „V" aufweisen: umfangreicher Datenbestand im Tera- bis Zettabytebereich (Volume), Vielfalt von strukturierten, semi-strukturierten und unstrukturierten Datentypen (Variety) sowie hohe Geschwindigkeit in der Verarbeitung von Data Streams (Velocity).

Business Intelligence Business Intelligence oder BI ist ein unternehmensweites Konzept für die Analyse resp. das Reporting von relevanten Unternehmensdaten.

CAP-Theorem Das CAP-Theorem (C = Consistency, A = Availability, P = Partition Tolerance) sagt aus, dass in einem massiv verteilten Datenhaltungssystem jeweils nur zwei Eigenschaften aus den drei der Konsistenz (C), Verfügbarkeit (A) und Ausfalltoleranz (P) garantiert werden können.

Cloud Computing Unter Cloud Computing versteht man das Speichern und Verarbeiten von Daten in entfernten Rechnerknoten.

Column Store Ein Column Store ist eine NoSQL-Datenbank und organisiert die Daten spaltenorientiert.

Data Mining Data Mining bedeutet das Schürfen nach wertvollen Informationen in den Datenbeständen und bezweckt, noch nicht bekannte Datenmuster zu erkennen.

Data Scientist Ein Data Scientist ist ein Spezialist des Business Analytics und beherrscht die Methoden und Werkzeuge von NoSQL-Datenbanken, des Data Mining (Mustererkennung) sowie der Statistik und Visualisierung mehrdimensionaler Zusammenhänge unter den Daten.

© Springer Fachmedien Wiesbaden 2016
D. Fasel, A. Meier (Hrsg.), *Big Data*, Edition HMD,
DOI 10.1007/978-3-658-11589-0

Data Stream   Ein Datenstrom (Data Stream) ist ein kontinuierlicher Fluss von digitalen Daten, wobei die Datenrate (Datensätze pro Zeiteinheit) variieren kann. Die Daten eines Data Streams sind zeitlich geordnet, wobei neben Audio- und Video-Daten auch Messreihen darunter aufgefasst werden.

Data Warehouse   Ein Data Warehouse ist ein multidimensionales Datenbanksystem, das unterschiedliche Analyseoperationen auf dem mehrdimensionalen Würfel zulässt.

Datenbankschema   Unter einem Datenbankschema versteht man die formale Spezifikation der Datenstruktur unter Angabe von Zugriffsschlüsseln sowie von Integritätsbedingungen.

Datenbanksystem   Ein Datenbanksystem besteht aus einer Speicherungs- und einer Verwaltungskomponente. Die Speicherungskomponente erlaubt, Daten und Beziehungen abzulegen; die Verwaltungskomponente stellt Funktionen und Sprachmittel zur Pflege und Verwaltung der Daten zur Verfügung.

Datenmodell   Ein Datenmodell beschreibt auf strukturierte und formale Art die für ein Informationssystem notwendigen Daten und Datenbeziehungen.

Datenschutz   Unter Datenschutz versteht man den Schutz der Daten vor unbefugtem Zugriff und Gebrauch.

Datensicherheit   Bei der Datensicherheit geht es um technische und softwaremäßige Vorkehrungen gegen Verfälschung, Zerstörung oder Verlust von Datenbeständen.

Document Store   Ein Document Store ist eine NoSQL-Datenbank, die ganze Dokumente oder Multimedia-Objekte verwaltet.

Entitäten-Beziehungsmodell   Das Entitäten-Beziehungsmodell ist ein Datenmodell, das Datenklassen (Entitätsmengen genannt) und Beziehungsmengen freilegt. Entitätsmengen werden grafisch durch Rechtecke, Beziehungsmengen durch Rhomben dargestellt.

Graphdatenbank   Eine Graphdatenbank verwaltet Graphen, d. h. Kanten (Objekte oder Konzepte) und Beziehungen (Beziehungen zwischen Objekten oder Konzepten), wobei Knoten wie Kanten attributiert sein können.

Hashing   Hashing ist eine gestreute Speicherorganisation, bei der aufgrund einer Transformation (Hash-Funktion) aus den Schlüsseln direkt die zugehörigen Adressen der Datensätze berechnet werden.

Index   Ein Index ist eine physische Datenstruktur, die für ausgewählte Merkmale die internen Adressen der Datensätze liefert.

InMemory-Datenbank   Bei der InMemory-Datenbank werden die Datensätze im Hauptspeicher des Rechners gehalten.

Integritätsbedingung   Integritätsbedingungen sind formale Spezifikationen über Schlüssel, Merkmale und Wertebereiche. Sie dienen dazu, die Widerspruchsfreiheit der Daten zu gewährleisten.

ITIL®   ITIL ist die Abkürzung für die Information Technology Infrastructure Library, eine herstellerunabhängige Sammlung von Best Practices für Application Management, Service Delivery, Infrastructure Management und Service Support.

Key/Value Store   Ein Key/Value Store ist eine NoSQL-Datenbank, welche die Daten als Schlüssel-Wertpaare ablegt.

Map/Reduce-Verfahren Das Map/Reduce-Verfahren besteht aus zwei Phasen: In der Map-Phase werden Teilaufgaben an diverse Knoten des Rechnernetzes verteilt, um Parallelität für die Berechnung von Zwischenresultaten auszunutzen. Die Reduce-Phase fasst die Zwischenresultate zusammen.

NoSQL NoSQL bedeutet ‚Not only SQL' und charakterisiert Datenbanken, die Big Data unterstützen und keinem fixen Datenbankschema unterworfen sind. Zudem ist das zugrundeliegende Datenmodell nicht relational.

Relationenalgebra Die Relationenalgebra bildet den formalen Rahmen für die relationalen Datenbanksprachen. Sie setzt sich aus den Operatoren Vereinigung, Subtraktion, kartesisches Produkt, Projektion und Selektion zusammen.

Relationenmodell Das Relationenmodell ist ein Datenmodell, das sowohl Daten als auch Datenbeziehungen in Form von Tabellen ausdrückt.

Schlüssel Ein Schlüssel ist eine minimale Merkmalskombination, die Datensätze innerhalb einer Datenbank eindeutig identifiziert.

SLA SLA ist die Abkürzung für das Service Level Agreement, d. h. eine Vereinbarung über die Qualität und Quantität einer Softwaredienstleistung.

SQL SQL (Structured Query Language) ist die wichtigste relationale Abfrage- und Manipulationssprache; sie wurde durch die ISO (International Organization for Standardization) normiert.

Synchronisation Beim Mehrbenutzerbetrieb versteht man unter der Synchronisation die Koordination gleichzeitiger Zugriffe auf eine Datenbank. Bei der pessimistischen Synchronisation werden Konflikte parallel ablaufender Transaktionen von vornherein verhindert, bei der optimistischen werden konfliktträchtige Transaktionen im Nachhinein zurückgesetzt.

Tabelle Eine Tabelle (Relation) ist eine Menge von Tupeln (Datensätzen) bestimmter Merkmalskategorien, wobei ein Merkmal oder eine Merkmalskombination die Tupel innerhalb der Tabelle eindeutig identifiziert.

Transaktion Eine Transaktion ist eine Folge von Operationen, die atomar, konsistent, isoliert und dauerhaft ist. Die Transaktionenverwaltung dient dazu, mehreren Benutzern ein konfliktfreies Arbeiten zu ermöglichen.

XML Die Auszeichnungssprache XML (eXtensible Markup Language) beschreibt semistrukturierte Daten, Inhalt und Form, auf hierarchische Art und Weise.

Zweiphasen-Freigabeprotokoll Das Zweiphasen-Freigabeprotokoll garantiert, dass bei einer verteilten Datenbank alle lokalen Transaktionen mit Erfolg enden und die Datenbestände korrekt nachführen oder dass überhaupt keine Wirkung in der Datenbank erzielt wird.

Zweiphasen-Sperrprotokoll Das Zweiphasen-Sperrprotokoll untersagt es einer Transaktion, nach dem ersten Entsperren eines Datenbankobjektes eine weitere Sperre anzufordern.

Stichwortverzeichnis

© Springer Fachmedien Wiesbaden 2016
D. Fasel, A. Meier (Hrsg.), *Big Data,* Edition HMD,
DOI 10.1007/978-3-658-11589-0

Zeitfracht Medien GmbH
Ferdinand-Jühlke-Straße 7
99095 Erfurt, Deutschland
produktsicherheit@kolibri360.de